原子物理学

量子テクノロジーへの基本概念
［原著第2版］

著｜Dmitry Budker
Derek F. Kimball
David P. DeMille
訳｜清水　康弘

共立出版

ATOMIC PHYSICS: AN EXPLORATION THROUGH PROBLEMS AND SOLUTIONS, SECOND EDITION

by Dmitry Budker, Derek Kimball, and David DeMille

Japanese language edition published by KYORITSU SHUPPAN CO., LTD.

謝辞

多くの問題と解答へのヒントを提供して下さった先生方，同僚，ならびに学生の皆さんの協力なしにして，この本は実現しなかった．彼らの提案，指導，そして度重なる原稿の査読は，極めて有益であった．

特に，以下の方々からの激励に感謝する．

Victor Acosta, Evgeniy B. Alexandrov, Marcis Auzinsh, Lev M. Barkov, Ilya Bezel, Sarah Bickman, Chris J. Bowers, G. A. Brooker, Sid B. Cahn, Arman Cingoz, Eugene D. Commins, Andrew Dawes, Damon English, Victor Flambaum, Daniel Gauthier, Wojciech Gawlik, Jennie Guzman, Erwin Hahn, Theodor W. Hänsch, Robert A. Harris, Chris Hovde, Larry Hunter, J. D. Jackson, Iosif B. Khriplovich, Gleb L. Kotkin, Mikhail G. Kozlov, Vitaliy V. Kresin, Chih-Hao Li, Yongmin Liu, Steve K. Lamoreaux, Alain Lapierre, Jon M. Leinaas, Robert Littlejohn, Richard Marrus, Jonas Metz, Jeff Moffitt, Hitoshi Murayama, Frank A. Narducci, Anh-Tuan D. Nguyen, A. I. Okunevich, J. B. Pendry, Wade Rellergert, Simon M. Rochester, Michael V. Romalis, Yaniv Rosen, Neil Schafer-Ray, Yasuhiro Shimizu, Gennady Shvets, Jason E. Stalnaker, Herbert Steiner, Mark Strovink, Alexander O. Sushkov, Oleg P. Sushkov, Falguni Suthar, Mahiko Suzuki, Jeff T. Urban, Arkady I. Vainshtein, Louis A. Villanueva, Ronald Walsworth, David S. Weiss, Wade Rellergert, Eric Williams, Valeriy V. Yashchuk, Jun Ye, Jerzy Zachorowski, Vladimir G. Zelevinsky, and Max Zolotorev.

特に D. English からの表紙イラストの提供に感謝する．

また，この本の多くの問題の動機づけとなった研究の援助 (the National Science Foundation, the Office of Naval Research, the Miller Institute for Basic Research in Science) に謝辞を申し上げる．

日本語版への前書

私たちの教科書の和訳版が出版されることに，喜びと興奮を感じている．和訳に尽力された名古屋大学の清水康弘氏に深く感謝する．

第一版（2003 年）と第二版（2008 年），およびロシア語版（2009 年）の出版以来，この教科書を使って研究し，教えている学生や同僚から多くの有益なフィードバックを頂戴してきた．和訳によって，より広い物理学者たちへこの本が行き渡り，原子・分子物理学，光学を今後牽引する日本の科学者の役に立つことを望む．10^{-18} の相対不確定性をもつ原子時計，“人工原子”—ダイアモンド中の色素中心欠陥—を用いた量子技術，および量子縮退気体の多体物理を研究する手段の開発が行われてきたが，それらは多くの日本の研究者の成果のごく一部の例に過ぎない．

この日本語版は，英語の第二版に基づき，教科書の視野を広げることなく，いくつかの誤りを訂正したものである．いくつかの新しい参考文献や注釈を追加することで，より発展させることができている．

Dmitry Budker, Derek F. Jackson Kimball, and David DeMille

Mainz, Hayward, and New Haven
April 2017

訳者前書

本書は，現在第一線で活躍する実験科学者によって書かれた“Atomic Physics: 2nd Edition, 5th printing”（原子物理学，第二版）の和訳である．本書のテーマは，原子と外場（電場，磁場，光）との相互作用であり，一般的な大学カリキュラムの量子力学IIやIIIに相当する内容を多く含んでいる．量子力学の基礎を学んだ後，それが実用的な舞台に登場するまでの道のりを実に魅力的な方法で読者を導いてくれる．原子物理学で取り扱う「原子」とは，外場との相互作用によって制御可能な理想的な量子系である．その相互作用は，固体中の原子と比べればシンプルであるが，実に多彩な現象や技術の源となり，現代の量子テクノロジーが切り開かれつつある．なかでも，磁気共鳴，光ポンピング，レーザー冷却などの基本的な概念は，素粒子・宇宙物理学からバイオテクノロジーに至るまで多分野にまたがって重要な技術を提供している．それらを含むさまざまなトピックを網羅した本書は，原子物理学のみならず，それを用いた検出器や情報科学の基礎・応用研究を始めようとする学生や研究者にとって有用なものとなるであろう．

本書には，実に多彩かつユニークなトピックが取り上げられている．特に，磁気センサや電気双極子モーメントといった素粒子や固体物理学に共通した重要な問題も含まれている点はユニークである．実験科学者によって書かれていることもあり，多くのイラストを交えながら解説されているため，単なる式の羅列からなる専門性の高い教科書に比べると，初学者でも理解しやすい内容となっている．すでに一度原子物理学を学んだ読者でも，より直観的な理解を深めることができるだろう．また，全体を通して，問題提起—ヒント—解答という独特の形式で構成されているため，読者は常に問題意識と知的好奇心を維持して読み進めることができる．この形式は，特に大学の講義には有効であり，実際，世界中で多くの教員が大学・大学院の講義で本書を用いている．

近年，量子情報科学の進展に伴い，その原理を与える原子物理学の重要性がますます高まっている．しかし，原子物理学という名の日本語の教科書は，高柳和夫「原子分子物理学」（朝倉書店，2000 年）が刊行されるまでは，半世紀近く前のものしかなく，その内容のほとんどは初期の量子力学もしくは原子核物理 (Nuclear Physics) である．現代版の原子物理学や最先端の技術を総合的に学ぶうえで，本書は最適であろう．多くの学生や研究者の方が，本書を通して原子物理学の未来を切り開く足掛かりとなることを願う．邦訳出版にあたり，原著者のみならず，共立出版社の方々，島田誠氏，ならびに多くの研究者の方々にご支援頂戴したことに深く感謝する．特に，貴重な激励と助言を頂いた旭耕一郎氏，阿部穣里氏，清水裕彦氏，高橋義朗氏，中島秀太氏，田沼肇氏，および香取秀俊氏にこの場をお借りして，厚く御礼申し上げる．

清水康弘

第二版への前書

原子物理学の第一版は，2003年に出版された．この本がすでに多くの学生や教授たちと出会い，研究の参考文献のみならず，講義の手助けとなりえたことに感激している．

この本が出てしばらく経ったが，誤りやミスプリントが比較的少ないのは幸いである．しかし，時間が経つにつれて，些細な誤植や，いくつか本質的な誤りも見つかった．普段からこの本を用いている著者ら自身によって見つかったものあれば，親切な読者が電子メールで指摘してくれたものもある．ご指摘頂いたすべての方に深く感謝する．

ここに提供する第二版は，原本の3人の著者のうち2人によって準備された．この版は，単なるエラー訂正が目的ではない．新たな講義や研究の経験が刺激となって，新たな材料—約20の追加問題や新たな付録—を含む70ページ以上を追加した．それらは，各章の最後に追加されており，問題や付録の番号の順番は第一版と一貫している．

第一版と同様，著者のホームページ (http://budker.berkeley.edu/) に誤りを公開するつもりである．読者からのさらなるフィードバックをお願いしたい．

Dmitry Budker and Derek F. Kimball
(budker@berkeley.edu) (derek.jacksonkimball@csueastbay.edu)

Berkeley, California
November 2007

第一版への前書

何か新しいことを学ぶうえで最善の方法は，具体的な問題を設定し，それを解こうとすることであろう．単純な問題であっても，驚かされ，予期しない答えを与えるときもあれば，複雑そうな問題でも，簡単に解けるときもある．この本では，そのような問題とその答えを集めた．また，著者自身が学部生から実験原子物理学者・技術者へと成長する過程で遭遇した多くの問題も含んでいる．しかし，この本は包括的ではなく，むしろ著者らが興味をもった，重要な原子物理学の側面について述べてある．

原子物理学を推進する中で，他分野との境界域が常に現れる．取り上げる問題の選定は，このグレーゾーンを反映している．“標準的な”原子物理学の教科書にはないような，対称性の破れの問題についても触れるなど，我々の特別な興味も反映している．特定の問題について考えることで，より一般的な課題を理解する手助けとなり，実際，本気で何かを学ぼうとするとき，それが最も有効な方法であるというのが，我々の哲学である．選定した広い領域の問題が興味をそそり，読者がこの分野に新たに参入することを願う．

可能な限り，近似法，次元性の考察，極限的な場合，および対称性の議論について，形式的な数学とは違った形で強調したい．しばしば図，表，およびグラフを用いる．この問題を解く方法は，物理的原理の直観的理解を生むためであり，さらに概算するのに重要な能力を育てる．これらは，研究室で共通して遭遇する問題を解こうとするときに，最も有効な道具となる．もちろん，きっちりした数学的方法（つらいかもしれないが）は重要な知見を導く．一般に，さまざまな物理的概念を深く理解するために，適切な数学的道具だけでなく直観的な図を用いるのは良いことである．

この本は，原子，分子および光学物理に興味のある学部学生や修士課程の大学院生向けに書かれている．したがって，量子力学 [Griffiths (1995), Bransden-Joachain (1989)，もしくは同等の教科書レベル]，電磁気学 [Griffiths (1999), Purcell (1985) など]，および熱力学 [Reif (1965), Kittel-Kroemer (1980)

など] の基本的知識を想定している．しかし，多くの問題は，専門的な科学者にとっても興味深いものであろう．

物理学において，何が最も良い単位系なのか，単位系を標準化すべきかどうか議論され続けてきた．異なる単位系の変換は比較的容易であるから，どの単位系を用いるかは，個人的なものであると感じる．そうはいっても，この本ではCGS単位系を用いる傾向にある．なぜなら，（特に電磁気に関わる問題において）それが最も便利だからだ．また，簡便のため，$\hbar = 1$ とおき，エネルギーを周波数で測るが，それは原子物理学に共通した訓練である（エネルギーの測定は，典型的に周波数を測定することに対応するため）．

この本で取り上げる問題は，それぞれが独立している．学びたい原子物理学の何か特別な問題があるとき，この本にその問題があるかもしれない．すぐに読者がそのページを見つけ，問題を明らかにすることを思い描いている．この演習が終わったとき，その話題に親しみを覚え，より進んだ専門的な文献に向かい，もしくは研究室で仕事を始めることができるだろう．

多くの問題を導入するにあたり，現代原子物理学の話題に関連した議論，その話題に関した文献も上げている．引用文献は，意図して包括的でなく，問題の本質に関する情報を探す手がかりを与えるにすぎない．重要な仕事をしてきた数えきれない科学者について言及していないことに予め陳謝する．また，特に我々にとって大事な原子物理学の分野におけるいくつかの問題に関して，歴史的な点について言及する．もちろん，ほとんどのトピック周辺には，多くの歴史があり，とても我々がすべてを記述できない．それでも，少しのあまり知られていない話は楽しめるだろう．

いくつかの節（T 印）は，原子物理学のさまざまな課題が入門的に書かれている．そこでは，重要な題材を通して読者を導けるように，小問を用意した．読者が単に説明を読み通すよりも楽しめ，相乗効果を見出すことを願う．

我々が楽しんで書いたように，この本を楽しみ，活用して頂きたい．

D. B., D. F. K., D. P. D.

Berkeley, California
May 2003

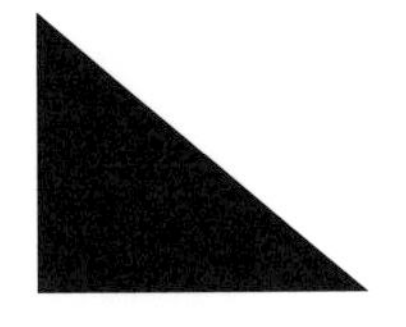

目　次

2　電場，磁場，光の中の原子　73

3　光と原子の相互作用　115

表記法

この本で共通して用いる記号，意味，値について表に挙げる．

ほとんどの場合，それらが登場したときに再度記号の意味を述べる．また，実用的な単位，変換係数，および典型的な変数値は**付録 A** を参照のこと．

スピン 1/2 の系を取り扱うとき，$|+\rangle$ と $|-\rangle$ は，それぞれスピンアップ $(m=+1/2)$ とダウン $(m=-1/2)$ を共通して意味する．ここで，m はプランク定数 $\hbar$ を単位とする量子化軸へのスピンの射影である．

よく使うクレプシュ-ゴルダン係数 [1] は，結合基底 $|J,M\rangle$ と非結合基底 $|J_1,M_1\rangle|J_2,M_2\rangle$ との関係を記述する．J,J_1,J_2 は角運動量，M,M_1,M_2 は量子化軸へ角運動量の射影である：

$$|J,M\rangle=\sum_{M_1,M_2}C(J_1,J_2,J;M_1,M_2,M)|J_1,M_1\rangle|J_2,M_2\rangle$$

$$|J_1,M_1\rangle|J_2,M_2\rangle=\sum_{J,M}C(J_1,J_2,J;M_1,M_2,M)|J,M\rangle\ .$$

本文では，一貫して表記法

$$C(J_1,J_2,J;M_1,M_2,M)\equiv\langle J_1,M_1,J_2,M_2|J,M\rangle\ ,$$

を用い，Condon と Shortley (1970), Edmonds (1996), および Sobelman (1992) で共通して用いられた慣用表記を採用する．

1) クレプシュ-ゴルダン係数は，文献においてベクトル結合係数 (**vector-coupling coefficients**)，ベクトル和定数 (**vector-addition coefficients**)，およびウィグナー係数 (**Wigner coefficients**) ともよばれる．

記号	意味	値
m, m_e	電子質量	9.1094×10^{-28} g
		0.511 MeV/c^2
m_p	陽子質量	1.6726×10^{-24} g
		938.27 MeV/c^2
m_n	中性子質量	1.6750×10^{-24} g
		939.57 MeV/c^2
$m_n - m_p$	核子質量差	1.293 MeV/c^2
e	電荷の大きさ	4.8032×10^{-10} esu
h	プランク定数	6.6261×10^{-27} erg $\cdot$ s
$\hbar = h/(2\pi)$		1.0546×10^{-27} erg $\cdot$ s
c	光の速度	$2.99792458 \times 10^{10}$ cm/s
$\alpha = e^2/(\hbar c)$	微細構造定数	1/137.036
$a_0 = \hbar^2/(me^2)$	ボーア半径	5.292×10^{-9} cm
$\mu_0 = e\hbar/(2mc)$	ボーア磁子	0.93×10^{-20} erg/G
		1.40 MHz/G
		5.79×10^{-9} eV/G
$\mu_N = e\hbar/(2m_pc)$	核磁子	5.05×10^{-24} erg/G
		762 Hz/G
$R_\infty = me^4/(4\pi\hbar^3 c)$	リュードベリ定数	$109,737$ cm^{-1}
		3.2898×10^{15} Hz
k_B	ボルツマン定数	1.38066×10^{-16} erg/K
		8.61735×10^{-5} eV/K
L, l	軌道角運動量	$\hbar$ 単位
S, s	電子スピン	$\hbar$ 単位
J, j	全電子角運動量	$\hbar$ 単位
I	核スピン	$\hbar$ 単位
F	全原子角運動量	$\hbar$ 単位

1
章

原子および原子エネルギー準位内の相互作用

1.1　リンの基底状態

Probrems and Solutions

原子物理学において最も重要なトピックの1つは，原子エネルギー準位の記述である．原子構造の研究は活気のある分野であり続けているが，より高い精度の計測や計算方法の改善により，実験と理論の詳細な比較が可能となりつつある．

この章で取り扱う最初の問題は，多電子原子における原子エネルギー準位の基本的な性質である．最も単純な原子である水素では，エネルギー準位の間隔は異なる状態の主量子数 n で決まる．つまり，水素原子の電子エネルギー E_n は，近似的に，有名なボーアの公式で与えられる：

$$E_n \approx -\frac{me^4}{2\hbar^2}\frac{1}{n^2} \ . \tag{1.1}$$

ここで，m は電子の質量，e は電荷の絶対値である．第一次近似では，より複雑な原子においても，原子核と他の電子の球対称場中を運動しているような個別の電子状態を考えることができる（**中心場近似**）．今，主量子数 n と軌道角運動量 l をそれぞれの電子に与える（さまざまな n や l をもつ状態の電子分布は，電子配置とよばれる）．水素原子の場合，異なる配置の主量子数の違いは，エネルギー準位分裂の起源となる．しかし，水素と異なり，多電子原子におけるある配置の電子エネルギーは，l にも依存する．これは，より大きい l 値を有する電子は平均的に遠心力の障壁よって核から遠ざかり，他の電子が核電荷を遮蔽することによる．これらの2つの一般的な考え方に基づき，n と l が最低となる電子配置は，最低エネルギーをもつと期待される．s と p 軌道の場合，最小の n 値をもつことが最も重要である（“通常”の配置）．しかし，d や f 軌道のいくつかは，高い n のほうがエネルギー的に好まれ，低い l の状態を占有できる（“不規則”配置[1)]）．

次に，電子間の静電的な反発力についてより詳しく考える必要がある．すでに，中心場近似を用いて，核遮蔽を担う電子-電子相互作用ポテンシャルの球対称部分を説明してきた．非球対称部分については，可能な限り遠ざかった電子がエネルギー的に安定となる事実が関係している．ある配置において，原子状態は全軌道角運動量 $\vec{L} = \sum \vec{l}_i$ および全スピン $\vec{S} = \sum \vec{s}_i$ によって区別される（この原子状態の特徴付けは低い Z から中間の原子量 Z をもつ原子おいて成り立ち，Russell-Saunders 結合，もしくは L-S 結合スキームとよばれる）[2)]．電子間の平均的な距離は L や S によって異なるため，状態がエネルギー的に分裂する（1.2 節の問を見よ）．ある L と S で決められた電子配置の状態は，項 (term) とよばれる．**フント則 (Hund's rules)** として知られる経験則[文献 1]で，（Russell-Saunders 結合スキームにおける）電子配置の最低エネルギーをもつ項が決まる．フント則は，以下の要領で最低エネルギーをもつ基底項を記述する．すなわち，

- 最大の S をもつ項が最低エネルギーをもつ．
- ある S において，最も大きな全軌道角運動量 L をもつものが，より低いエネルギーを与える（1 つだけ占有されない殻がある限り）．

これらの規則は，静電反発力を最小化するために，基底状態の電子が可能な限りお互いに遠ざかろうとする性質をもつことによる[訳者注]．一電子か多電

1) そのような不規則な配置の例として，カリウムの基底状態がある．$1s^2 2s^2 2p^6 3s^2 3p^6 3d$ のかわりに $1s^2 2s^2 2p^6 3s^2 3p^6 4s$ をとる．

2) 大きな Z の原子において，（相対論的効果による）スピン軌道エネルギーは，残された非球対称の電子間静電場相互作用よりも重要である．その場合，個々の電子状態を特定するために全角運動量 $\vec{j} = \vec{l} + \vec{s}$ が用いられる．これは，j-j 結合スキームとよばれる．それぞれの結合スキームにおいて，何が原子のエネルギー固有値に近いかを考え始めると，一般的な場合，L-S と j-j 結合のいずれも正しいエネルギー固有値を与えないことがわかる．

[文献 1] 例えば，Bransden-Joachain (2003)，Landau-Lifshitz (1977)，Herzberg (1944)．

訳者注：少なくとも小さな Z の原子において，この記述は自明でない．例えば，He 様原子の一電子励起状態において一重項より三重項状態のエネルギーが低いのは，電子間反発によって，一重項状態の軌道がより広がる（お互い遠ざかる）と同時に，核電荷との静電引力が弱くなるからである．文献として，T. Sakoh *et al.* J. Phys. B 45, 235001 (2012); K. Hongo *et al.* J. Chem. Phys. 121 7144 (2004) などがある．

子原子かによらず，スピン軌道相互作用が存在するため（1.3 節の問を見よ），異なる全電子角運動量 J（軌道 L とスピン S の結合）の値をもつ状態に分裂する．通常この分裂は，先に議論した機構によるエネルギー差より十分小さく，**微細構造 (fine-structure) 分裂**とよばれる．

慣例的に特定の L, S, および J の状態は，**分光学的記法 (spectroscopic notation)** によって表される（**付録 C** 参照）：

$$^{2S+1}L_J \ . \tag{1.2}$$

ここで，リン (P) の基底配置に対応する項についてエネルギー準位構造を求めるために，前述の相互作用すべてについて考えよう．

(a) $Z = 15$ の P の基底配置は何か?

(b) フント則に従う P の基底項と J は何か?

(c) 基底配置として可能な他の項は何か?

(d) (c) で求めた基底配置に対応する最大エネルギーをもつ項において，最大エネルギーをとる J の値を 1 次摂動論を用いて求めよ．

ヒント

問 (b) において，$(1s, 2s, 2p, 3s)$ 殻を満たす電子の全スピン・軌道角運動量がゼロであることを用いれば，外側 $3p$ 殻の 3 電子のみ考えればよい．
基底項については，まず 3 電子の最大スピンと量子化軸へのスピンの最大射影を考えよう（フントの第一則によれば，これは基底項の S であるはずだ）．この場合の軌道波動関数は何であろうか?
問 (d) は難しい! N 個の電子もしくは $2(2l+1) - N$ 個のホールを含む**副殻 (subshell)**[3] を考えよう．スピン軌道分裂は，（一次近似的に）電子とホールで逆符号をもつ．

解

(a) リンは，十分小さい Z をもつため，各殻は規則的に詰められる（d や f 状態は含まない）．副殻には $2(2l+1)$ 個の電子を詰められるが，ここで l は各電子の軌道角運動量量子数である．したがって，基底状態配置は，

$$\boxed{1s^2 2s^2 2p^6 3s^2 3p^3.} \tag{1.3}$$

[3] $2(2l+1)$ 個の電子を詰められる．

(b) 3電子のとりうる最大全スピンは，$S = 3/2$ である．$S = 3/2$ のスピン波動関数は粒子交換に対して対称である．これは，**ストレッチ状態 (stretched state)** $|S, M_s = S\rangle$ が明らかに対称であり

$$|3/2, 3/2\rangle = |+\rangle_1 |+\rangle_2 |+\rangle_3 , \tag{1.4}$$

すべての他の $S = 3/2$ の状態が，対称な降下演算子 $S_- = S_{1-} + S_{2-} + S_{3-}$ を用いて得られ，スピン状態の交換対称性を変えないことによる．

スピン統計定理 (spin-statistics theorem)[4] を満たすためには，粒子交換に関して完全に反対称な空間波動関数を選ぶ必要がある．3つの p 電子は，$l_1 = 1, l_2 = 1$, および $l_3 = 1$ をとり，原理的に $L = 3, 2, 1$ および 0 が可能である．ここで，L は3つの価電子の全角運動量である．しかし，完全に反対称の波動関数をつくるためには，少なくとも存在する電子と同じ数だけのスピン軌道関数の積が必要である．これは，多粒子系の完全反対称波動関数を見つける簡便な方法を与える**スレーター行列式 (Slater determinant)** を考えることで解決する[文献 2]．今，例えば状態 α, β, γ の3つの粒子を考える．すると完全反対称波動関数が以下のように与えられる:

$$\Psi_{AS} = \frac{1}{\sqrt{3!}} \begin{vmatrix} \alpha(1) & \beta(1) & \gamma(1) \\ \alpha(2) & \beta(2) & \gamma(2) \\ \alpha(3) & \beta(3) & \gamma(3) \end{vmatrix} . \tag{1.5}$$

この波動関数は，明らかに交換反対称である．なぜなら2粒子の交換は，行列の2行の交換と等価であり，行列式の符号を変えるからである．さらに，2列が等しいとき，つまり状態 α, β, γ のうちどれか2つが等しいとき，行列式はゼロとなる．このように，**パウリの排他律 (Pauli exclusion principle)** は電子が交換反対称な状態である必要性の帰結とみることができる．

したがって，$S = 3/2$ について，許される空間波動関数 $|\psi_{\rm space}\rangle$ は，$m_l = 1$, $m_l = 0$, および $m_l = -1$ 状態（$|1\rangle, |0\rangle, |-1\rangle$ と略す）の電子状態の**重ね合わせ (superposition)** で表される．つまり，式 (1.5) を用いて

---

[4] **対称化仮説 (symmetrization postulate)** とスピン統計定理には重要な区別がある．対称化仮説では，同一粒子系のあらゆる波動関数は交換対称もしくは交換反対称でなければならない（すなわち，波動関数は置換演算子の固有値でなければならない）．スピン統計定理は，整数スピン粒子（ボース粒子）が交換対称であり，半整数スピン粒子（フェルミ粒子）が交換反対称であることを記述する．

[文献 2] 例えば，Bransden-Joachain (2003).

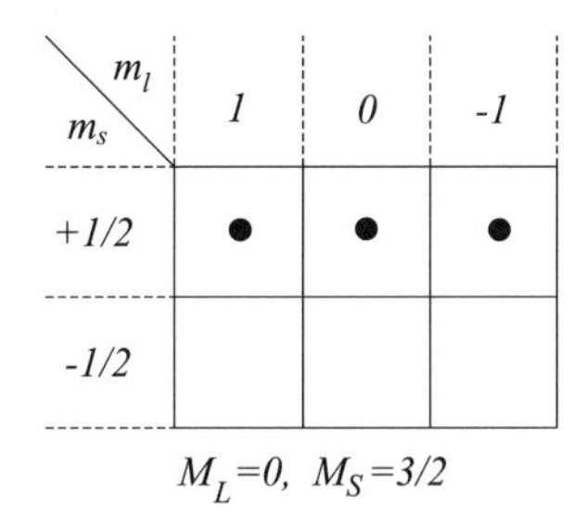

図 1.1 フント則に従って，リンの基底項を求める単純な方法.

$$|\psi_{\text{space}}\rangle = \frac{1}{\sqrt{6}}\Big[|1\rangle_a|0\rangle_b|-1\rangle_c + |0\rangle_a|-1\rangle_b|1\rangle_c + |-1\rangle_a|1\rangle_b|0\rangle_c \\ - |-1\rangle_a|0\rangle_b|1\rangle_c - |1\rangle_a|-1\rangle_b|0\rangle_c - |0\rangle_a|1\rangle_b|-1\rangle_c\Big] \tag{1.6}$$

と書け，z 軸への軌道角運動量の全射影は，$M_L = 0$ となる．このように，全角運動量のとり得る値は，$L = 0$ のみである．

もう 1 つ，簡単にグラフィカルにこの結論に到達できる方法がある．**図 1.1** に示すチャートを考えよう．各欄は，各量子数をもつ電子状態に対応する．ここで，最大の S をもつストレッチ状態を考えよう．パウリの排他律から，各欄には 1 つの電子しか入れることができない（さもなくば交換反対称性状態をつくれない）．M_S（すなわち S）を最大にするべく，すべての電子を $m_s = 1/2$ に入れる．すると，$M_S = 3/2$ に合う M_L の最大射影は，ゼロとなる．これは，リンの基底状態が $L = 0$ であることを意味する．

最後のステップは，J が何であるべきかを明らかにすることだ．幸運にも，この場合 $J = 3/2$ の 1 つの選択肢しかない．その結果，リンの基底は，

$$\boxed{{}^4S_{3/2}\ .} \tag{1.7}$$

(c) 問 (b) でみたように，全スピン $S = 3/2$ のとき，${}^4S_{3/2}$ が唯一可能な項である．ところが，3 電子が全スピン $S = 1/2$ をとることもあるはずで，ある配置ではさらに高エネルギーの項が存在する．交換対称な $S = 3/2$ のスピン波動関数と違い，$S = 1/2$ の場合は必ずしも交換対称性をもたない．そのため，(b) で用いた第一のスピン波動関数の交換対称性および第二の軌道波動関数の交換対称性の考えはうまくいかない．より高エネルギーの項をもつ 3 電子の完全反対称波動関数をつくるには，各電子について空間とスピン状

表 1.1 M_L と M_S でグループ化されたリンの基底状態配置のすべての可能な一粒子状態. 完全を期して, すべての状態を書き下したが, M_L と $-M_L$ 状態間, および M_S と $-M_S$ 状態間の対称性により, 実際はチャートの片方のコーナーだけが必要である.

M_S	$M_L = 2$	$M_L = 1$	$M_L = 0$	$M_L = -1$	$M_L = -2$
$+\frac{3}{2}$			$(1^+)(0^+)(-1^+)$		
$+\frac{1}{2}$	$(1^+)(0^+)(1^-)$	$(1^+)(-1^+)(1^-)$ $(1^+)(0^+)(0^-)$	$(-1^+)(0^+)(1^-)$ $(-1^+)(1^+)(0^-)$ $(1^+)(0^+)(-1^-)$	$(1^+)(-1^+)(-1^-)$ $(-1^+)(0^+)(0^-)$	$(-1^+)(0^+)(-1^-)$
$-\frac{1}{2}$	$(1^+)(0^-)(1^-)$	$(1^+)(-1^-)(1^-)$ $(0^+)(1^-)(0^-)$	$(-1^+)(0^-)(1^-)$ $(1^+)(-1^-)(0^-)$ $(0^+)(1^-)(-1^-)$	$(-1^+)(1^-)(-1^-)$ $(0^+)(-1^-)(0^-)$	$(-1^+)(0^-)(-1^-)$
$-\frac{3}{2}$			$(1^-)(0^-)(-1^-)$		

態の積を考える必要がある.

式 (1.5) の議論で指摘したように, 完全反対称波動関数をつくるには, 少なくとも電子数だけ状態が必要である. 別の項を求めるために, 式 (1.5) に従って3つの状態からつくられた完全反対称波動関数を参考に, すべての可能な状態を省略表記を用いて書き下すと

$$(m_l^{m_s})_a(m_l^{m_s})_b(m_l^{m_s})_c \ .$$

パウリ排他律を満たすために, 3電子のうち2つが同じスピン軌道関数になってはいけない. この表記は, (b) で述べたチャート表現と等価である. つまり, 図1.1で示したチャートは, $(1^+)(0^+)(-1^+)$ に対応する. よって, 全軌道角運動量 M_L と全スピン M_S の射影によって分類されたすべての可能な状態の表をつくることができる (**表 1.1**).

表1.1で述べた状態は, 演算子 L_z と S_z の固有状態であり, 近似的に線形結合をつくることで L^2, S^2, L_z, および S_z の固有状態を構築できる. ある項に対する状態は, 演算子 $\left\{L^2, S^2, J^2, J_z\right\}$ の固有状態である. 固有状態の両方の組が系の完全な基底をつくるから, 各組の固有状態は同じ数だけある. 基底状態で可能な別の項を見つけるために, 特別な項のストレッチ状態 ($M_L = L$, $M_S = S$) から始めよう. さらに, その項が何個の状態をもつか数えよう. 表1.1に挙げた20のすべての状態を説明するまで, このような過程を続ける.

すでに知っている ^4S 項から始めよう．この項はすべて $M_L=0$ の 4 つの状態からなる（$J=3/2$ より）から，表の $M_L=0$ 列にある 4 つの状態を説明する．次に，$M_L=2$ と $M_S=1/2$ をもつ 1 つの状態 $[(1^+)(0^+)(1^-)]$ を考える．これは，^2D 項のストレッチ状態である．^2D 項の全電子角運動量の取り得る値は，$J=5/2$ と $J=3/2$ であり，^2D 項は 10 個の状態（6 つの $J=5/2$ と 4 つの $J=3/2$），うち 2 つは M_L 列，1 つは $M_S=1/2$，他は $M_S=-1/2$ からなる（^2D 項は $S=1/2$ であるから）．

もう 1 つの状態は，$M_L=1$ と $M_S=1/2$ であり，^4S や ^2D では説明できない．これは，^2P 項におけるストレッチ状態（量子化軸方向の全角運動量の最大射影をとる状態）であり，残り 6 つの状態（^2P 項は $J=3/2$ および $J=1/2$ をもつ）からなる．これにはすべての項が含まれる：

$$\boxed{^4S,\ ^2D,\ ^2P\ .} \tag{1.8}$$

(d) ヒントで述べたように，一次近似的にはスピン軌道相互作用は電子とホールで逆符号をもつ．p^3 配置は，3 つのホールもしくは 3 つの電子で構成されるから，スピン軌道相互作用 ΔE_{LS} によるエネルギー分裂は

$$\Delta E_{LS} \approx -\Delta E_{LS}\ , \tag{1.9}$$

$$\boxed{\Delta E_{LS} \approx 0\ .} \tag{1.10}$$

1 次近似的には，$^2P_{1/2}$ と $^2P_{3/2}$ 状態は，同じエネルギーをもつ．

1.2 交換相互作用

Probrems and Solutions

非相対論的極限において，電子と核の相互作用を記述するハミルトニアンは，電子や核スピンに依存しない．にもかかわらず，1.1 節で見たように，多電子原子のエネルギー準位は電子のスピン状態に依存する．ここで，2 電子原子を考えよう．非相対論的ハミルトニアン H は，

$$H = H_0 + H_1\ , \tag{1.11}$$

$$H_0 = -\sum_{i=1}^{2}\left(\frac{\hbar^2}{2m_e}\nabla_{r_i}^2 + \frac{Ze^2}{r_i}\right), \tag{1.12}$$

$$H_1 = \frac{e^2}{|\vec{r}_1 - \vec{r}_2|} \,. \tag{1.13}$$

H_0 は電子と核の間のクーロン引力を含み，H_1 は電子間クーロン斥力を記述する．$\vec{r}_i$ は，i 番目の電子位置であり，$|\vec{r}_1 - \vec{r}_2|$ は電子間距離である．

全電子波動関数 Ψ は，空間波動関数 ψ とスピン関数 χ の積である．フェルミ統計より，Ψ は半整数スピンの同種粒子の交換に関して反対称でなければならない．χ が三重項状態（対称）であれば，ψ は反対称の必要がある．逆に，χ が一重項（反対称）であれば，ψ は対称でなければならない．このように電子スピン状態は，波動関数の空間部分の対称性に左右される．電子間のクーロン反発 (H_1) によって，対称と反対称の空間波動関数は異なるエネルギーをもつことがわかる．これは，**交換相互作用 (exchange interaction)** とよばれる[文献 3]．

(a) 1 つの電子が基底状態にあり，もう 1 つの電子が量子数 (n, l, m_l) の励起状態にあるとき，高いエネルギーをもつのは，どちらのスピン状態（三重項もしくは一重項）か．

(b) 交換相互作用の簡単な例として，1 次元の単純調和振動子 (SHO) ポテンシャル中の 2 電子を考えよう．1 つの電子が基底状態にあり，もう 1 つが第一励起状態にある場合，三重項と一重項スピン状態に関する $\langle (x_2 - x_1)^2 \rangle$ を計算せよ．ただし，x_1 と x_2 は 2 つの電子の位置を表す．

解

(a) 1 つの電子が基底状態 $\psi_{100}(\vec{r}_1)$ をもち，もう 1 つの電子が励起状態 $\psi_{nlm_l}(\vec{r}_2)$ をもつ場合を考えよう．対称な ψ_s と反対称な ψ_a 空間波動関数は，

$$\begin{aligned}\psi_s &= \frac{1}{\sqrt{2}}[\psi_{100}(\vec{r}_1)\cdot\psi_{nlm_l}(\vec{r}_2) + \psi_{100}(\vec{r}_2)\cdot\psi_{nlm_l}(\vec{r}_1)] \,, \\ \psi_a &= \frac{1}{\sqrt{2}}[\psi_{100}(\vec{r}_1)\cdot\psi_{nlm_l}(\vec{r}_2) - \psi_{100}(\vec{r}_2)\cdot\psi_{nlm_l}(\vec{r}_1)] \,.\end{aligned} \tag{1.14}$$

2 電子が ψ_a 状態にあるならば，同じ位置を占有することはできない．なぜなら，$\vec{r}_1 = \vec{r}_2$ のとき，$\psi_a = 0$ となるからである．しかし，$\vec{r}_1 = \vec{r}_2$ であっても $\psi_s \neq 0$ となり，2 つの電子は同じ点に位置することができる．このように，ψ_s の電子は，ψ_a の電子よりもお互い近づこうとすることがわかる．し

[文献 3] 例えば，Griffiths (1995) もしくは Landau-Lifshitz (1977) を参照．

たがって，H_1 は反対称波動関数の状態よりも高いエネルギーをとる対称空間波動関数の状態をもたらし，スピン一重項（χ 反対称 $\to$ ψ 対称）は三重項状態よりも高いエネルギー (χ symmetric $\to$ ψ antisymmetric) をもつ．この理屈に基づけば，一般に高い全スピン S の項は，より“反対称な”空間波動関数をもつことで，電子の波動関数の空間的な重なりが小さくなり，より低いエネルギーをもつといえる．

(b) この原理は，1 次元 SHO ポテンシャル中の 2 電子の期待値 $\langle (x_2 - x_1)^2 \rangle$ を考えることで，より明確に示すことができる．1 次元 SHO は，エネルギー固有値 $\hbar\omega(n+1/2)$ のエネルギー固有状態 $|n\rangle$ をもつ．1 つの電子が基底状態 $|0\rangle$，もう 1 つの電子が第一励起状態 $|1\rangle$ にあると仮定する．スピン三重項状態の電子の空間波動関数は，交換反対称な

$$|\psi_a\rangle = \sqrt{\frac{1}{2}}(|0\rangle_1|1\rangle_2 - |1\rangle_1|0\rangle_2) \tag{1.15}$$

であり，スピン一重項状態は，交換対称な

$$|\psi_s\rangle = \sqrt{\frac{1}{2}}(|0\rangle_1|1\rangle_2 + |1\rangle_1|0\rangle_2) \tag{1.16}$$

でなければならない．2 電子間の距離の期待値は，位置演算子を上昇および降下演算子を用いて表すことで見積もることができる[文献 4]：

$$\hat{x}_i = \sqrt{\frac{\hbar}{2m\omega}}\left(\hat{a}_i + \hat{a}_i^\dagger\right) , \tag{1.17}$$

$$\begin{aligned} \hat{a}_i|n\rangle_i &= \sqrt{n}\;|n-1\rangle_i , \\ \hat{a}_i^\dagger|n\rangle_i &= \sqrt{n+1}\;|n+1\rangle_i . \end{aligned} \tag{1.18}$$

電子間距離を記述する演算子は，

$$(\hat{x}_1 - \hat{x}_2)^2 = \hat{x}_1^2 - 2\hat{x}_1\hat{x}_2 + \hat{x}_2^2 . \tag{1.19}$$

ここで，式 (1.17) を用いると，

$$\hat{x}_i^2 = \frac{\hbar}{2m\omega}\left(\hat{a}_i\hat{a}_i + \hat{a}_i^\dagger\hat{a}_i + \hat{a}_i\hat{a}_i^\dagger + \hat{a}_i^\dagger\hat{a}_i^\dagger\right) , \tag{1.20}$$

$$\hat{x}_1\hat{x}_2 = \frac{\hbar}{2m\omega}\left(\hat{a}_1\hat{a}_2 + \hat{a}_1^\dagger\hat{a}_2 + \hat{a}_1\hat{a}_2^\dagger + \hat{a}_1^\dagger\hat{a}_2^\dagger\right) . \tag{1.21}$$

[文献 4] 例えば，Griffiths (1995) を参照せよ．

上の関係を用いると，直接的に求まる：

$$\boxed{\langle (x_2 - x_1)^2 \rangle_{\text{triplet}} = \frac{3\hbar}{m\omega}} \tag{1.22}$$

$$\boxed{\langle (x_2 - x_1)^2 \rangle_{\text{singlet}} = \frac{\hbar}{m\omega}\ .} \tag{1.23}$$

このように，確かにスピン三重項状態にある電子は，一重項状態に比べてお互いに遠く離れれていることがわかる．

1.3　スピン軌道相互作用

Probrems and Solutions

電子と核との間の静電引力や電子間の静電斥力の次に（1.1 および 1.2 節の問い），低い Z の原子のエネルギー準位分裂を起こす最も重要な原因は，**原子線の微細構造 (fine structure)** として知られる相対論的な効果である．水素の低エネルギー状態において，エネルギー準位の微細構造分裂は $\sim \alpha^2$ 倍程ボーアエネルギー（式 (1.1)）より小さい．この分裂には 2 つの要因がある：(1) 原子核の周りを回る電子が感じる実効的な磁場と電子の磁気モーメントとの相互作用，および (2) 電子の運動とポテンシャルエネルギーへの相対論的な補正である．以下の問題では，重原子の微細構造分裂の主な要因となるスピン軌道相互作用による分裂 (1) についてのみ考えよう．

多電子原子の項 ^5D について考える．

(a) J として可能な値は何か?

(b) エネルギー準位ダイアグラムでスピン軌道相互作用に起因する ^5D 項の分裂について示せ．また，J の値と各準位のエネルギーを A に関して求めよ．ここで，スピン軌道相互作用による一次エネルギーシフトは，有効ハミルトニアン [5)]

[5)] 多電子原子において，“単電子” スピン軌道結合（1 電子スピンと他の軌道運動との相互作用を無視することを意味し，周期表の中間から終わりの元素について良い近似となる）は，

$$H' = \sum_i a\vec{l}_i \cdot \vec{s}_i$$

で与えられる．スピン軌道結合が，電子間の静電反発に比べ小さいと仮定すると，**ラッセル-サンダーズ (Russell-Saunders) 結合スキーム**（1.1 節参照）はまだ妥当であり，

$$H' = A\vec{L} \cdot \vec{S} \tag{1.24}$$

によって記述される．半分以下を占められた副殻の場合，A は正にとる．

(c) "重心"（項のすべての状態平均）においてスピン軌道相互作用はどのような効果をもつか?

ヒント

問 (c) において，和をとるのに以下の公式（帰納的に証明できる）を用いると便利である：

$$\sum_{J=0}^{N} J = \frac{1}{2}N(N+1)\ , \tag{1.25}$$

$$\sum_{J=0}^{N} J^2 = \frac{1}{6}N(N+1)(2N+1)\ , \tag{1.26}$$

$$\sum_{J=0}^{N} J^3 = \frac{1}{4}N^2(N+1)^2\ . \tag{1.27}$$

解

(a) ここでは，角運動量の足し算に関する一般則 $\vec{L} + \vec{S} = \vec{J}$ を用いる:

$$|L - S| \leq J \leq L + S\ . \tag{1.28}$$

これは，三角不等式として知られる．式 (1.28) より，J のとり得る値は，

$$\boxed{{}^5D: \quad S = 2,\ L = 2\ \rightarrow\ J = 4, 3, 2, 1, 0.} \tag{1.29}$$

(b) 全角運動量 J は，関係式

$$\vec{J} = \vec{S} + \vec{L} \tag{1.30}$$

を用いて，両辺 2 乗すると，

$$J^2 = S^2 + L^2 + 2\vec{L} \cdot \vec{S} \tag{1.31}$$

---

1 次近似的には行列要素 $\langle L, S, J, M_J | H' | L, S, J, M_J \rangle$ を計算するだけでよい．全軌道角運動量 $\vec{L}$ と全スピン $\vec{S}$ をもつ原子状態の全体的なシフトを求めると，電子の平均的な軌道角運動量 $\vec{l}$ は，$\propto \vec{L}$ であり，平均的なスピン $\vec{s}$ は，$\propto \vec{S}$ である（ウィグナー-エッカルトの定理の帰結である．**付録 F** を参照）．その結果，式 (1.24) で示したように，H' と書くことができる [例えば，Condon，Shortley (1970), Landau-Lifshitz (1977)].

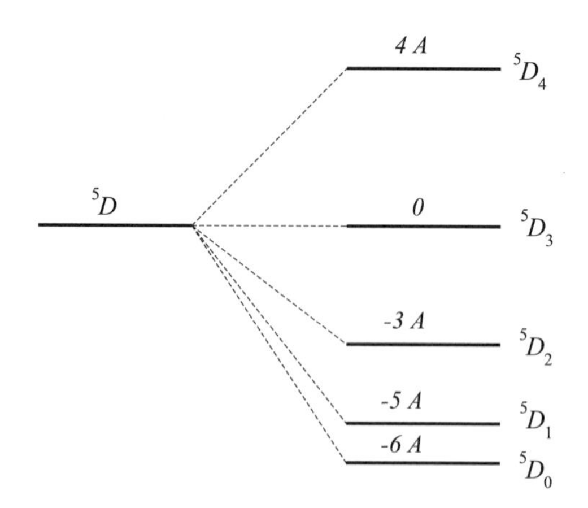

図 1.2　スピン軌道相互作用 $H' = A\vec{L}\cdot\vec{S}$（$A > 0$）による ^5D 項の分裂．簡便のため，$\hbar = 1$ とおく．

を得る．したがって，スピン軌道ハミルトニアン (1.24) は，

$$H' = \frac{A}{2}\left(J^2 - S^2 - L^2\right) . \tag{1.32}$$

スペクトル項 $^{2S+1}L_J$ によって記述される状態は，J^2，S^2，および L^2 の固有値である．したがって，これらは H' の固有状態でもあり，固有値は

$$\Delta E = \frac{A\hbar^2}{2}[J(J+1) - S(S+1) - L(L+1)] . \tag{1.33}$$

式 (1.33) を用いて，$\hbar = 1$ とおくと，$S = 2$，$L = 2$ をとる，さまざまな J 状態のエネルギーシフトを見積もることができる：

$$\Delta E(J = 4) = 4A \tag{1.34}$$

$$\Delta E(J = 3) = 0 \tag{1.35}$$

$$\Delta E(J = 2) = -3A \tag{1.36}$$

$$\Delta E(J = 1) = -5A \tag{1.37}$$

$$\Delta E(J = 0) = -6A . \tag{1.38}$$

この系のエネルギー準位構造は，図 **1.2** に示してある．

ここで注意すべきは，隣接する要素間のエネルギー差が，

$$\Delta E(J) - \Delta E(J-1) = AJ \tag{1.39}$$

と表せることである．この公式は，ランデの間隔則とよばれる．

(c) 項の“重心”は，スピン軌道相互作用によって変わらない．この答えは想像できるだろう．$\vec{L}$ と $\vec{S}$ のすべてのとり得る方位にわたる $\vec{L}\cdot\vec{S}$ の平均がゼロとなるからである．その代わりに，和の公式（式 (1.25)-(1.27)）を用いて重心のシフトを見積もることができる．各 J において，$(2J+1)$ 個のゼーマン準位があるため，平均エネルギーシフト $\langle \Delta E \rangle$ は，それらの和で与えられる：

$$\langle \Delta E \rangle = \frac{A}{2} \sum_{J=|L-S|}^{L+S} (2J+1)[J(J+1) - S(S+1) - L(L+1)] = 0\ . \tag{1.40}$$

1.4 水素の超微細構造とゼーマン効果

Probrems and Solutions

この古典的な問題では，**超微細構造 (hyperfine structure)** に興味がある．それは，原子上の電子と原子核の電気的，磁気的な多極子場（最も重要なのは，磁気双極子と電気四極子）との相互作用である．水素の基底状態における超微細準位間の遷移は，電波天文学で有名な 21 cm 線（電磁波の波長が 21 cm）を与える．また，これらの準位間の分裂は，水素メーザーを用いて極めて正確に計測できる．セシウムの基底状態超微細準位間の遷移は，原子時計として利用され，この遷移周波数によって秒が定義される．

(a) 水素の基底状態において，$F=1$ および $F=0$ の超微細準位分裂を計算せよ（MHz 単位で）．超微細相互作用を記述するハミルトニアンは何か？

(b) 水素の基底状態エネルギーにおける一様磁場 $\vec{B}=B\hat{z}$ の効果を考えよう（一般的な原子における外部磁場の効果は，2 章と 4 章でより詳しく考察する）．今，外部磁場中の陽子の磁気モーメントとの相互作用を無視する．水素原子の基底電子状態準位のエネルギーを外部磁場 B の関数として求めよ．

(c) 磁場と陽子の磁気モーメントとの相互作用を考えれば，2 つのエネルギー準位は，ある磁場で交差する．どの準位が，どの磁場で交差がするか求めよ．

ヒント

問 (a) については，電子が軌道角運動量をもたないため，磁化 $\vec{M}_e(r)$ によっ

てつくられる電子からの磁場 $\vec{B}_e$ を考えればよい．ここで，

$$\vec{M}_e(r) = -g_e\mu_0\vec{S}\left|\psi_{100}(r)\right|^2 \tag{1.41}$$

であり，$g_e = 2$ は電子におけるランデ **(Landé)** の g-因子[6]，また $\psi_{100}(r)$ は $n = 1,\ l = 0,\ m_l = 0$ のときの水素の基底状態波動関数である．

解

(a) 波動関数 $\psi_{100}(r)$ は，球対称であり，電子の平均磁化 (1.41) は，一定磁化 $\vec{M}_i$ をもつ同心球状のボールの集まりからなるとみなせるから，

$$\sum_i \vec{M}_i = \vec{M}_e(r). \tag{1.42}$$

古典電磁気学から，球状のボール内部の磁場は，一定磁化 $\vec{M}$ を用いて

$$\vec{B} = \frac{8\pi}{3}\vec{M} \tag{1.43}$$

と与えられる[文献 5]．$r = 0$ における磁場は，

$$\vec{B}(0) = \frac{8\pi}{3}\sum_i \vec{M}_i = \frac{8\pi}{3}\vec{M}_e(0) \tag{1.44}$$

であり，これから式 (1.41) を用いて，陽子からみた磁場を計算できる．水素の体積にわたって $\left|\psi_{100}(r)\right|^2 = \left|\psi_{100}(0)\right|^2$ が成り立つと仮定すると[7]，

$$\vec{B}_e = -\frac{16\pi}{3}\mu_0\left|\psi_{100}(0)\right|^2\vec{S} = -\frac{16}{3a_0^3}\mu_0\vec{S}\ , \tag{1.45}$$

$$\left|\psi_{100}(0)\right|^2 = \frac{1}{\pi a_0^3}\ . \tag{1.46}$$

このように，陽子の磁気モーメント $\vec{\mu}_p$ と磁場との相互作用を記述するハミルトニアン H_{hf} は，

$$H_{\mathrm{hf}} = -\vec{\mu}_p\cdot\vec{B}_e = \frac{16}{3a_0^3}g_p\mu_N\mu_0\vec{I}\cdot\vec{S}\ . \tag{1.47}$$

ここで，$g_p = 5.58$ は陽子の g 因子，μ_N は核磁子である．

---

6) ボーア磁子の標準的な符号は慣例的に正とし，電子の磁気双極子は $\mu_e = -g_e\mu_0$ である．

[文献 5] Griffiths (1999).

7) 重要な点は，この場合の超微細相互作用は陽子と電子の波動関数の重なりに由来することである．一様に磁化したボールを小さなボールに切り分けた場合を取り扱う解析（2.5 節）と比べてみると，これはやや滑稽なことである．

微細構造分裂を導出したときと同じトリック（1.3 節）を使うと，ハミルトニアンは

$$H_{\mathrm{hf}} = a\vec{I}\cdot\vec{S} = \frac{a}{2}\left(F^2 - I^2 - S^2\right) \tag{1.48}$$

と書けることがわかる．$\hbar = 1$ の単位では，

$$a \approx 5.58\frac{16}{3a_0^3}\mu_N\mu_0 \approx 1420\ \mathrm{MHz} \tag{1.49}$$

であり，軌道角運動量演算子の固有値は，

$$\boxed{H_{\mathrm{hf}} = \frac{a}{2}[F(F+1) - I(I+1) - S(S+1)]} \tag{1.50}$$

と書ける．したがって，水素の基底状態における超微細分裂は

$$\boxed{\Delta E_{\mathrm{hf}} \approx 1420\ \mathrm{MHz}} \tag{1.51}$$

となり，波長 $\lambda = 21\,\mathrm{cm}$ の電磁波に対応するエネルギーをもつ．

(b) 式 (1.50) より，超微細相互作用を記述するハミルトニアンに対するエネルギー固有状態は，演算子 $\left\{F^2, F_z, I^2, S^2\right\}$ の固有状態でもある．よって，ハミルトニアンの行列を結合した基底で書き下すと対角的になる．一方，電子の磁気モーメントと外部磁場との相互作用のハミルトニアン H_B

$$H_B = -\vec{\mu}_e\cdot\vec{B} = 2\mu_0 B S_z \tag{1.52}$$

は，結合していない基底（演算子 $\left\{I^2, I_z, S^2, S_z\right\}$ の固有状態からなる）に対して対角的である．結合および非結合基底の関係は，以下の通りである：

$$|F=1, M_F=1\rangle = |+\rangle_S|+\rangle_I, \tag{1.53}$$

$$|F=1, M_F=0\rangle = \frac{1}{\sqrt{2}}(|+\rangle_S|-\rangle_I + |-\rangle_S|+\rangle_I)\ , \tag{1.54}$$

$$|F=1, M_F=-1\rangle = |-\rangle_S|-\rangle_I, \tag{1.55}$$

$$|F=0, M_F=0\rangle = \frac{1}{\sqrt{2}}(|+\rangle_S|-\rangle_I - |-\rangle_S|+\rangle_I). \tag{1.56}$$

式 (1.50) と式 (1.52) を使うと，結合基底において，全体のハミルトニアン $(H_{\mathrm{hf}} + H_B)$ の行列 $\mathbf{H}$ が求まる．

	$\|1,1\rangle$	$\|1,-1\rangle$	$\|1,0\rangle$	$\|0,0\rangle$
$\langle 1,1\|$	$\frac{a}{4}+\mu_0 B$	0	0	0
$\langle 1,-1\|$	0	$\frac{a}{4}-\mu_0 B$	0	0
$\langle 1,0\|$	0	0	$\frac{a}{4}$	$\mu_0 B$
$\langle 0,0\|$	0	0	$\mu_0 B$	$-\frac{3a}{4}$

この行列を，状態のエネルギーを B の関数として解くのに使える．シュレディンガー方程式

$$\mathbf{H}|\psi\rangle = E|\psi\rangle \tag{1.57}$$

を用いると，

$$(\mathbf{H}-E\mathbf{1})|\psi\rangle = 0\ . \tag{1.58}$$

ここで，$\mathbf{1}$ は単位行列である．$(\mathbf{H}-E\mathbf{1})$ に逆行列があれば，式 (1.58) の両側から $(\mathbf{H}-E\mathbf{1})^{-1}$ をかけて，$|\psi\rangle = 0$ を示すことができる．$|\psi\rangle \neq 0$ を仮定すると，式 (1.58) を満たすためには，行列 $(\mathbf{H}-E\mathbf{1})$ は非正則でなければならない．これは行列式がゼロであることを示唆する．すなわち，

$$\begin{vmatrix} \frac{a}{4}+\mu_0 B-E & 0 & 0 & 0 \\ 0 & \frac{a}{4}-\mu_0 B-E & 0 & 0 \\ 0 & 0 & \frac{a}{4}-E & \mu_0 B \\ 0 & 0 & \mu_0 B & -\frac{3a}{4}-E \end{vmatrix} = 0. \tag{1.59}$$

上の表式は，**永年方程式 (secular equation)** とよばれる．その行列はブロック対角であり，エネルギーは

$$\frac{a}{4}+\mu_0 B-E = 0\ , \tag{1.60}$$

$$\frac{a}{4}-\mu_0 B-E = 0\ , \tag{1.61}$$

$$\left(\frac{a}{4}-E\right)\left(-\frac{3a}{4}-E\right)-\mu_0^2 B^2 = 0 \tag{1.62}$$

を解くことで得られる．つまり，エネルギーは

$$E_1 = \frac{a}{4}+\mu_0 B\ , \tag{1.63}$$

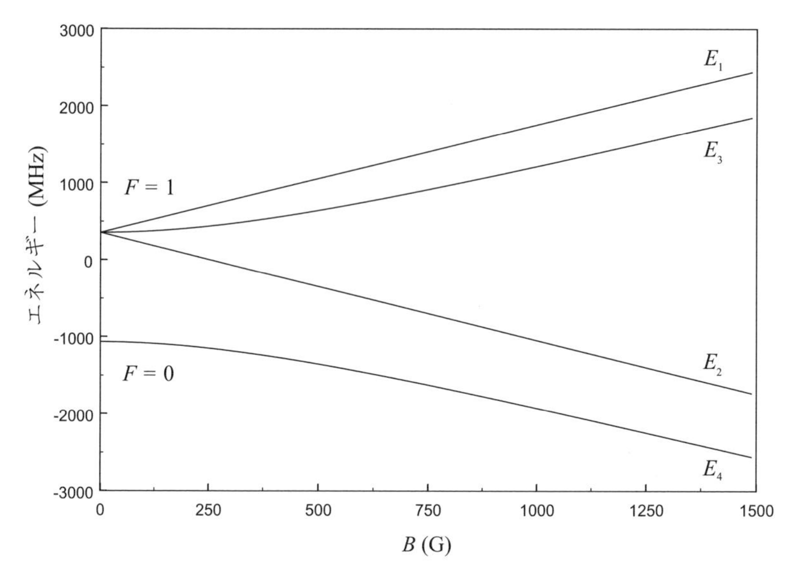

図 1.3 外部磁場の関数とした水素の基底超微細構造のエネルギー．このようなプロットは，ブライト-ラビ・ダイアグラム **(Breit-Rabi diagram)** とよばれる．低磁場において，系は結合基底 $(F = 1, 0)$ で良く記述されるが，高磁場ではエネルギー固有状態は非結合基底で最も良く近似される．$|F = 1, M_F = 1\rangle$ および $|F = 1, M_F = -1\rangle$ 状態のエネルギーは磁場に線形であるが，それは磁場によって他の状態と混ざらないからである（式 (1.53) および (1.55) を見よ）．

$$E_2 = \frac{a}{4} - \mu_0 B \ , \tag{1.64}$$

$$E_3 = -\frac{a}{4} + \frac{a}{2}\sqrt{1 + 4\frac{\mu_0^2 B^2}{a^2}} \ , \tag{1.65}$$

$$E_4 = -\frac{a}{4} - \frac{a}{2}\sqrt{1 + 4\frac{\mu_0^2 B^2}{a^2}} \tag{1.66}$$

となり，B の関数として**図 1.3** のようになる．

(c) 陽子の磁気モーメントの影響を含めると，

$$\vec{\mu} = \vec{\mu}_e + \vec{\mu}_p \ , \tag{1.67}$$

$$H_B = -\vec{\mu} \cdot \vec{B} = g_e \mu_0 B S_z - g_p \mu_N B I_z \ . \tag{1.68}$$

高磁場極限では，最も高いエネルギー状態は $|+\rangle_S |-\rangle_I$ 状態と期待される．低磁場極限では，$|1, 1\rangle = |+\rangle_S |+\rangle_I$ 状態が最も高くなり，これらの 2 つの準位

はどこかの磁場で交差しなければならない.

(b) で陽子の磁気モーメントを無視したが，十分高磁場では ($2\mu_0 B/a \gg 1$)，2 つの最高エネルギー準位の差は（式 (1.63) と (1.65) 参照）：

$$E_1 - E_3 \approx \frac{a}{2} \,. \tag{1.69}$$

$|+\rangle_I$ と $|-\rangle_I$ とのエネルギー差がこのエネルギー差に等しいとき，陽子の磁気モーメントと磁場の相互作用によって，2 つの準位は交差する．これが起こるときの磁場は，

$$\boxed{B \approx \frac{a}{2 \times 5.58 \times \mu_N} \approx 167\ \mathrm{kG}\ .} \tag{1.70}$$

1.5　水素様イオン

Probrems and Solutions

水素は，その単純さゆえに，実験と比較できる厳密な理論計算が可能であり，原子構造の研究にとって魅力的である．水素のエネルギー準位構造における多くの特徴は，より大きな核電荷をもつ水素様イオン（$Z > 1$ の原子核に束縛された 1 電子からなる原子）においてより顕著である．水素様イオンは，量子電磁気学をテストする精密実験で興味がもたれている[文献 6]．電子の質量の測定[文献 7]，微細構造定数の決定[文献 8]，および弱い電気相互作用の標準模型[文献 9]などがその例である.

原子核電荷 Z の水素様イオンにおいて，Z にスケールするものを探せ：

(a) r, $1/r$, および $1/r^3$ の期待値，ここで r は核から電子までの距離である.

(b) ポテンシャルエネルギー V の期待値.

(c) 全エネルギー E.

(d) 原点における電子の存在確率，$|\psi(r=0)|^2$.

(e) $\left|\frac{\partial}{\partial r}\psi(r=0)\right|^2$.

[文献 6] Silver (2001).

[文献 7] Quint (2001).

[文献 8] Quint (2001).

[文献 9] Zolotorev and Budker (1997).

(f) 微細構造エネルギー分裂（1.3 節を参照）．

(g) 原子核の磁気双極子モーメントによる超微細構造分裂（1.4 節を参照）．この問いでは，核双極子モーメントの不規則な Z 依存性を無視する．

ヒント

具体的な波動関数を用いる必要はない．問題の量の次元を考慮すればよい．

解

まず，水素の自然な長さスケール，ボーア半径 $a_0 = \hbar^2/me^2$，および水素様イオンのものとを比べよう．水素様イオンのハミルトニアンは，

$$H = -\frac{\hbar^2}{2m}\nabla^2 - \frac{Ze^2}{r} \ . \tag{1.71}$$

r を $\rho = r/Z$ で置き換えれば，ハミルトニアン (1.71) は，

$$\nabla^2 \to Z^2\nabla_\rho^2 \tag{1.72}$$

を考慮して，

$$H = Z^2\left(-\frac{\hbar^2}{2m}\nabla_\rho^2 - \frac{e^2}{\rho}\right). \tag{1.73}$$

このように水素様イオンのハミルトニアンは，r に Z^{-1} をかけた，水素のハミルトニアンと一対一の対応関係がある．それゆえ，水素様イオンの自然長スケールは，

$$a = \frac{a_0}{Z}. \tag{1.74}$$

また式 (1.73) から，全エネルギーは水素と比べ Z^2 にスケールすることがわかる．これが (c) の答えである．

(a) 上述のように，$a = a_0/Z$ は系の長さスケールにすぎない．したがって，[長さ]^n を単位とした量は Z^{-n} にスケールしなければならない．このように，任意の n に関して，以下の式が成り立つ．

$$\boxed{\langle r^n\rangle \propto Z^{-n}\ .} \tag{1.75}$$

(b) 水素様イオンにおける電子のポテンシャルエネルギーは，

$$V(r) = -\frac{Ze^2}{r} \tag{1.76}$$

であり，(a) によれば，$r^{-1} \propto Z$ であるから，

$$\boxed{\langle V \rangle \propto Z^2\ .} \tag{1.77}$$

(c) すでに式 (1.73) で見たように，$\langle E \rangle \propto Z^2$ であり，全エネルギーとポテンシャルエネルギーを関係づけることでこの結果を得る．ビリアル定理から，中心力で相互作用する2粒子の運動エネルギー $\langle T \rangle$ の期待値が与えられる:

$$\langle T \rangle = \frac{n}{2}\langle V \rangle. \tag{1.78}$$

核と電子の静電斥力では，$n = -1$ である．したがって，

$$\langle E \rangle = \langle T \rangle + \langle V \rangle = \frac{1}{2}\langle V \rangle, \tag{1.79}$$

$$\boxed{\langle E \rangle \propto Z^2.} \tag{1.80}$$

(d) 水素様原子の波動関数は，規格化されているから，

$$\int_0^\infty |\psi(r)|^2\, d^3r = 1\ . \tag{1.81}$$

また，$|\psi(r=0)|^2$ が [長さ]$^{-3}$ の次元をもつことは明白である．したがって，

$$\boxed{|\psi(r=0)|^2 \propto Z^3\ .} \tag{1.82}$$

(e) $\left|\frac{\partial}{\partial r}\psi(r=0)\right|^2$ は，[長さ]$^{-5}$ の次元である．すなわち，

$$\boxed{\left|\frac{\partial}{\partial r}\psi(r=0)\right|^2 \propto Z^5\ .} \tag{1.83}$$

(f) 電子の視点からみれば，電荷 Z の原子核が速度 $v \approx Z\alpha c$（**付録 A** を参照）で回っている．原子核による電場 $\mathcal{E}$ は，

$$\mathcal{E} = \frac{Ze}{r^2} \tag{1.84}$$

であるから，電子と原子核の相対運動による磁場 B は，

$$B = \left|\frac{\vec{v} \times \vec{\mathcal{E}}}{c}\right| \approx \frac{Z^2 \alpha e}{r^2}\ . \tag{1.85}$$

この磁場は，電子のスピン磁気双極子と相互作用し，エネルギーシフト

$$\Delta E_f \approx \mu_0 B \propto \frac{Z^2}{r^2} \tag{1.86}$$

をもたらす．$1/r^2$ の期待値は，Z^2 にスケールするから，微細構造分裂は，

$$\boxed{\Delta E_f \propto Z^4} \tag{1.87}$$

にスケールする．

(g) 1.4 節の問 (a) において，s 状態の超微細エネルギー分裂 ΔE_{hf} が $\propto |\psi(0)|^2$ であることをみたが，それは超微細シフトが電子スピンの磁気双極子モーメントによってつくられる磁場と核双極子モーメントとの相互作用に起因するためである．問 (d) の結果を使って，

$$\boxed{\Delta E_{\mathrm{hf}} \propto Z^3} \tag{1.88}$$

であることがわかる．同様の結果は，より高い軌道角運動量状態についても得られる．実際，核双極子モーメントによる磁場と電子磁気モーメントとの相互作用による超微細シフトが見られる（この問題は大局的にも解くことができる）．双極子磁場は，$1/r^3$ で減衰するため，この節の問 (a) によれば，$\Delta E_{\mathrm{hf}} \propto \langle r^{-3} \rangle \propto Z^3$ である．

核四重極モーメント Q_{ij} からの超微細エネルギー分裂の寄与（Q と電子からの電場 $E = e/r^2$ との相互作用による）は，同様にスケールする．

$$\Delta E_{\mathrm{hf}}{}^{(Q)} = Q_{ij} \cdot \frac{\partial E_i}{\partial x_j} \sim Q \frac{\partial E}{\partial r} \sim \frac{Qe}{r^3} \propto Z^3 \ . \tag{1.89}$$

1.6 ジオニウム

Probrems and Solutions

美しく，非常に便利な“原子系”は，ハンス・デーメルトと共同研究者[文献 10]によって発明され，完成された．これは，ペニングトラップ（図 **1.4**）内部に閉じ込められた単一電子（または陽電子）で構成されている．それは本質的に地球に束縛された電子であるため，デーメルトは，このシステムを**ジオニウム (geonium)**[文献 11]とよんだ．ジオニウム原子は，電子と陽電子の g 因子の正確な測定を可能にし，木下の計算 (1996) とを組み合わせて，量子電磁力学の基礎理論のベストな試験法の 1 つとして，また最も正確な微細構

[文献 10] Dehmelt (1989).

[文献 11] Van Dyck, Jr. 他 (1976).

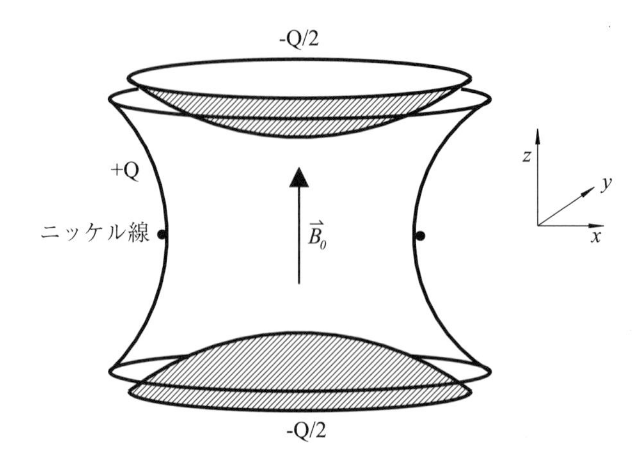

図 1.4　ペニングトラップの模式図．天辺と底辺に伝導性のキャップが，$-Q/2$ に帯電されている．輪は $+Q$ に帯電し，四重極静電場をつくる．強く均一な磁場 $\vec{B}_0$ が $\hat{z}$ 方向にかけられる．ニッケル線（$\vec{B}_0$ によって飽和磁化している）が輪の電極の中心に巻かれ，トラップされた電子の性質を測定するための "ボトル場" に使われる．

造定数の測定値の 1 つとなっている．これらの結果は，1987 年の測定以来，20 年近い新技術の開発の集大成として，最近ガブリエルと共同研究者によって一桁近く改善された[文献 12]．

ペニングトラップの電極によってつくられる四重極の静電場は，スカラーポテンシャルによって表される：

$$\Phi = \aleph\left(x^2 + y^2 - 2z^2\right) . \tag{1.90}$$

静電場に加え，均一な主要磁場 $\vec{B}_0 = B_0\hat{z}$ がある．これらの場は，何ヵ月もの間，トラップの軸付近の領域に電子を閉じ込めることができる！ 電子の運動は，軸方向の振動（トラップの対称軸 z に沿って電子が移動しながら，それが負に帯電したキャップの一方に近づきすぎると方向を反転させる）と xy 面内の運動（サイクロトロン運動，およびマグネトロン運動とよばれる遅いドリフト）に分けることができる．

(a) Z に沿った電子の運動に関して，軸方向の振動周波数 ω_z はいくらか（電子が $x = y = 0$ の軸上にいると仮定する）．

(b) 電気四重極場の影響を無視し，電子がトラップ軸の周りを周回するサイ

[文献 12] Odom 他，(2006); Gabrielse 他，(2007).

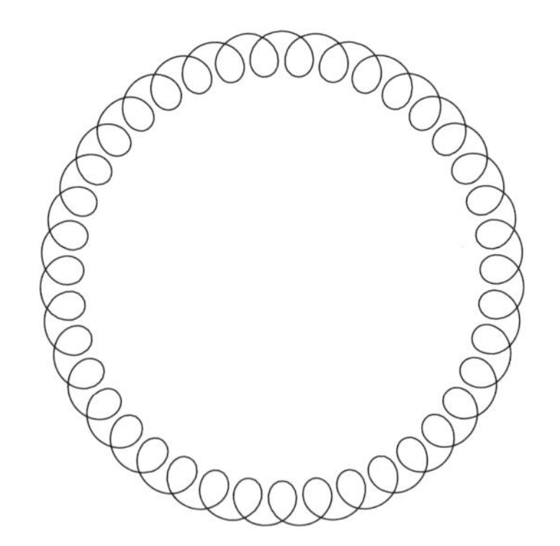

図 1.5 マグネトロンとサイクロトロン運動するペニングトラップ中心面における電子のパス．サイクロトロン運動とより大きな半径軌道のマグネトロン運動の軌道の重ね合わせとなる．図示するために，マグネトロン運動とサイクロトロン運動の周期の比は，典型的な実験条件の場合と比較して $\sim 10^5$ 倍に増やしてある．

クロトロン周波数 ω_c を計算せよ．

(c) サイクロトロン運動のハミルトニアンは，1D-SHO のハミルトニアンと 1 対 1 に対応されることができる．この理由を示せ（これは 1930 年にランダウによって初めて記述され，対応するエネルギー準位はランダウ準位とよばれる）．ここでは，電気四重極場は無視してよい．

(d) トラップの中心面 ($z = 0$) にある電子を考えよう．均質な z 方向の磁場 B_0 と電気的な力の両方を含め，円運動の周波数を計算せよ．

より速い周波数はシフトしたサイクロトロン周波数 ω_c' で，遅い周波数 ω_m は**マグネトロン運動 (magnetron motion)** を記述する（**図 1.5**）．マグネトロン運動は，一般的に $\vec{E} \times \vec{B}$ ドリフトとよばれ[文献 13]，非平行な磁場と電場中にある荷電粒子が双方の場に直交する方向へ“ドリフト”する．今，磁場は $\hat{z}$ 方向にあり，電場が動径方向であるから，トラップ軸を中心とした円形の経路[8] で電子はドリフトする．

マグネトロン量子数 q が増加するとマグネトロンのエネルギーが減少することを除いて，マグネトロン運動は，サイクロトロン運動のような 1D-SHO の公式で記述できることが判明した[文献 14]．これは，トラップの中心面上の

[文献 13] 例えば Jackson (1975) を参照．

8) xy 面内の運動を，円形のサイクロトロンとマグネトロン運動に分解した．

[文献 14] Brown-Gabrielse (1986).

電子の静電ポテンシャルが $\Phi = \aleph(x^2 + y^2)$ であるためであり，マグネトロン軌道の半径が大きくなるほど，エネルギーが低くなることを意味している．したがって，電子はエネルギーを消費するにつれて，粒子がリング電極に衝突するまで，q が大きくなるという意味で，マグネトロン運動は束縛されていない．

(e) ワシントン大学のデーメルトが用いたペニングトラップにおける軸性振動周波数は $\omega_z = 2\pi \times 60$ MHz であった．5 T (50,000 G) の磁場がトラップ軸に掛けられた．ジオニウムのエネルギー準位ダイアグラムをこれらの実験パラメータを用いて描け．また，ジオニウム状態 $|m = +1/2, n, k, q\rangle$ と $|m = -1/2, n+1, k, q\rangle$ のエネルギー差はいくらか．ここで，m は z 方向の電子スピン射影を記述する量子数，n および q は，サイクロトロンとマグネトロン量子数，k は軸性振動を記述する量子数である．

(f) この節の導入部で議論した場に加えて，弱い "ボトル" 磁場 $\vec{B}_b$ が電子に掛けられる．ここで，

$$\vec{B}_b = -\beta\left[zx\hat{x} + zy\hat{y} - \left(z^2 - \frac{x^2+y^2}{2}\right)\hat{z}\right]. \tag{1.91}$$

ボトル場によって，"連続シュテルン-ゲルラッハ" 技術とよばれるものを用いたサイクロトロン，スピン，およびマグネトロン量子数の測定が可能となった[文献 15]．不均一なボトル場は，スピンと電子の運動と相互作用する（マグネトロンとサイクロトロン運動は，円軌道で移動する荷電粒子を伴うため，ボトル場と相互作用する磁気双極子モーメントを生成する）．これらの相互作用は，高周波共振回路を用いて測定される軸対称振動周波数をシフトさせる．初期のジオニウム実験において，磁気ボトル場は，リング電極に巻いたニッケル線（$\vec{B}_0$ で飽和磁化している）によって生成された（図 1.4）．

スピンの向き，サイクロトロン運動，およびマグネトロン運動による軸方向の振動周波数 ω_z の補正が，以下の式で与えられることを示せ．

$$\delta\omega_z \approx \left(m + n + \frac{1}{2} + \frac{\omega_m}{\omega_c}q\right)\frac{2\mu_0\beta}{m_e\omega_z}. \tag{1.92}$$

ヒント

問 (c) において，磁気ベクトルポテンシャル $\vec{A}$ の存在下での電子の運動角運

[文献 15] Dehmelt (1989).

動量 $m\vec{v}$ は，正準運動量 $\vec{p}$ と次のような関係がある[文献 16]：

$$m_e\vec{v} = \vec{p} - \frac{e}{c}\vec{A} \ . \tag{1.93}$$

また，これはハミルトニアンにおける運動エネルギー項に入る角運動量である．例えば，ベクトルポテンシャルを

$$\vec{A} = -B_0 y\hat{x} \tag{1.94}$$

のように選択すると，xy-平面での運動を記述する有効ハミルトニアン H'_c が，

$$H'_c = \frac{1}{2m_e}p_y^2 + \frac{1}{2}m_e\omega_c^2(y-y_0)^2 \tag{1.95}$$

と書けることを示せ．ここで，y_0 は定数である．

問 (f) では，効果的な磁気双極子モーメント μ は μB_0 に等しいランダウ準位のエネルギーを設定することにより，マグネトロンとサイクロトロン運動に割り当てることができる．

解

(a) ペニングトラップの軸上では，復元力が働く：

$$F_z = e\frac{\partial\Phi}{\partial z} = -4e\aleph z \ . \tag{1.96}$$

この単振動の有効ばね定数は，$4e\aleph$ であるから，軸方向の振動周波数は，

$$\boxed{\omega_z = \sqrt{\frac{4e\aleph}{m_e}}.} \tag{1.97}$$

(b) B_0 が電子に及ぼす力は，軌道上の電子を保持するために，遠心力

$$m_e\omega_c^2 r = e\frac{v}{c}B_0 = e\frac{\omega_c r}{c}B_0 \tag{1.98}$$

でバランスを取る必要がある．ここで，$r=\sqrt{x^2+y^2}$ は電子軌道の半径であり，$v=\omega_c r$ は電子の速度である．サイクロトロン周波数は，

$$\boxed{\omega_c = \frac{eB_0}{m_e c}\ .} \tag{1.99}$$

(c) z 方向の一様場のベクトルポテンシャル $\vec{A}$ は，例えば次のように書ける:

[文献 16] 例えば，Griffiths (1999), Landau-Lifshitz (1987).

$$\vec{A} = -B_0 y\hat{x} \ . \tag{1.100}$$

式 (1.93) を用いて，サイクロトロン運動を支配するハミルトニアン H_c は，

$$H_c = \frac{1}{2m_e}\left[\left(p_x - \frac{e}{c}B_0 y\right)^2 + p_y^2 + p_z^2\right] \ . \tag{1.101}$$

ここで注意すべきは，ハミルトニアンが x と z 座標を含まないことである．そのため，x と z 方向の運動量と交換する：

$$[H_c, p_x] = [H_c, p_z] = 0 \ . \tag{1.102}$$

したがって，軸方向の運動は，サイクロトロン運動から分離され，p_x は定数として扱える．xy 平面内の運動を記述する有効ハミルトニアン H_c を

$$\boxed{H_c' = \frac{1}{2m_e}p_y^2 + \frac{1}{2}m_e\omega_c^2(y - y_0)^2} \tag{1.103}$$

と書き換える．ここで，$y_0 = cp_x/(eB_0)$ である．よって，サイクロトロン運動は 2 次元の問題であるが，1D-SHO の形式を用いて説明できる．

(d) トラップの中心面では，電気四重極場による力 $\vec{F}_e$ は，放射状であり，

$$\vec{F}_e = e\frac{\partial\Phi}{\partial r}\hat{r} = 2e\aleph r\hat{r} = \frac{m_e}{2}\omega_z^2 r\hat{r} \tag{1.104}$$

と書ける．ここで，式 (1.97) を採用した．この力を，磁場による半径方向の力（式 (1.98)）から引けばよい：

$$m_e\omega^2 r = e\frac{\omega r}{c}B_0 - \frac{m_e}{2}\omega_z^2 r \ . \tag{1.105}$$

この関係式は，中心面での円運動の新しい周波数 ω に関する 2 次方程式を与える（式 (1.99) を用いる）：

$$\omega^2 - \omega_c\omega + \frac{\omega_z^2}{2} = 0 \ . \tag{1.106}$$

この式の 2 つの根は，シフトしたサイクロトロン周波数 ω_c' とマグネトロン周波数 ω_m を与える：

$$\boxed{\omega_c' \approx \omega_c - \frac{\omega_z^2}{2\omega_c},} \tag{1.107}$$

$$\boxed{\omega_m \approx \frac{\omega_z^2}{2\omega_c} \ .} \tag{1.108}$$

これらは，実験の場合のように，$\omega_c \gg \omega_z$ の仮定のもとの近似解である．

(e) 問 (a) と (c)，さらに (d) の記述から，軸性のサイクロトロンおよびマグネトロン運動が 1D-SHO の形式を用いて記述できる．また，磁場 B_0 下では電子スピンアップとスピンダウン状態間にエネルギー分裂がある．ジオニウムのエネルギー準位は，4 つの量子数–z 軸に沿ったスピン射影を示す m，サイクロトロン運動を記述する n，軸方向の量子数 k，およびマグネトロン量子数 q–によって指定される．スピン量子数は，$\pm 1/2$ の値を取ることができ，n，k，および q は $0, 1, 2, 3$ に等しいはずである．

特定の状態 $|n, m, k, q\rangle$ のゲオニウムのエネルギーは，

$$E_{nmkq} = g_e \mu_0 B_0 m + \hbar\omega_c' \left(n + \frac{1}{2}\right) + \hbar\omega_z \left(k + \frac{1}{2}\right) - \hbar\omega_m \left(q + \frac{1}{2}\right) \tag{1.109}$$

で与えられる．ここで，g_e は電子の g 因子である．問題の記述で挙げた実験条件において，エネルギー分裂の値は，

$$g_e \mu_0 B_0 \approx 2 \times 1.4 \text{ MHz/G} \times 50,000 \text{ G} = 140 \text{ GHz} , \tag{1.110}$$

$$\frac{\omega_c'}{2\pi} \approx \frac{eB_0}{2\pi m_e c} \approx \frac{4.8 \times 10^{-10} \text{ esu} \times 50,000 \text{ G}}{2\pi \times 9.1 \times 10^{-28} \text{ g} \times 3 \times 10^{10} \text{ cm/s}} = 140 \text{ GHz} , \tag{1.111}$$

$$\frac{\omega_z}{2\pi} = 60 \text{ MHz} , \tag{1.112}$$

$$\frac{\omega_m}{2\pi} = \frac{\omega_z^2}{4\pi\omega_c} \approx \frac{(60 \text{ MHz})^2}{2 \times 140 \text{ GHz}} \approx 13 \text{ kHz} . \tag{1.113}$$

ここで，$\omega_c' \approx \omega_c$ を用いた．

これは，ジオニウムのエネルギー分裂の基本的な考え方を与える．もちろん，式 (1.110) と (1.111) の周波数がほぼ一致しているのは偶然ではない．異なるスピン状態とサイクロトロン状態間のほぼ等しい分裂を詳しく見てみよう．

$$\mu_0 = \frac{e\hbar}{2m_e c} . \tag{1.114}$$

より，ジオニウム状態 $|m = +1/2, n, k, q\rangle$ と $|m = -1/2, n+1, k, q\rangle$ 間のエネルギー差 ΔE は，

$$\boxed{\Delta E \approx (g_e - 2)\mu_0 B_0 \approx 164 \text{ MHz} .} \tag{1.115}$$

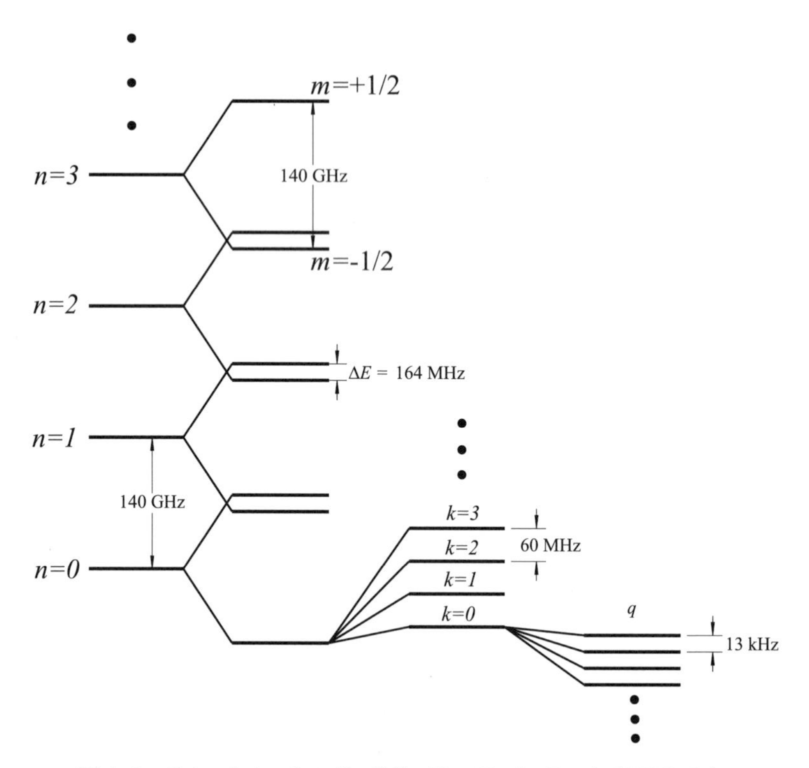

図 **1.6**　ジオニウムエネルギー準位. Van Dyck, Jr. ら (1978) より.

このように，周波数差から $g_e - 2$ の測定が可能となる．電子の g 因子は，2 から $\approx \alpha/(2\pi)$ だけ異なり，正確には量子電磁力学を用いて計算できる．ジオニウムエネルギー準位の概略スケッチを図 **1.6** に示す．

(f) あらゆる動きに連動したボトル場を考慮し，再び軸上 $(x = y = 0)$ の軸性振動周波数を考える．軸性運動を支配するハミルトニアン H は，

$$H = \frac{p_z^2}{2m_e} - \vec{\mu} \cdot \vec{B}_b - e\Phi = \frac{p_z^2}{2m_e} - \mu_{\rm eff}\beta z^2 + 2e\aleph z^2 \qquad (1.116)$$

で与えられる．ここで，$\mu_{\rm eff}$ は，スピン，サイクロトロン，マグネトロン運動による電子の有効磁気モーメントである (以下に詳述)．式 (1.116) は，1D-SHO のハミルトニアンである:

$$H = \frac{p_z^2}{2m_e} + \frac{1}{2} m_e \omega_z'^2 z^2 \ . \qquad (1.117)$$

ここで，新たな軸性振動周波数 ω_z' は，

$$\omega_z'^2 = -\frac{2\mu_{\text{eff}}\beta}{m_e} + \frac{4e\aleph}{m_e} \tag{1.118}$$

で与えられる．式 (1.118) の第 2 項は，非摂動の軸性振動周波数 ω_z (1.97) の 2 乗であり，ボトル場中の軸性振動周波数は，

$$\omega_z' = \left(-\frac{2\mu_{\text{eff}}\beta}{m_e} + \omega_z^2\right)^{1/2} \approx \omega_z - \frac{\mu_{\text{eff}}\beta}{m_e\omega_z} \ . \tag{1.119}$$

よって，軸性振動周波数の補正は，

$$\delta\omega_z \approx -\frac{\mu_{\text{eff}}\beta}{m_e\omega_z} \ . \tag{1.120}$$

ここで，μ_{eff} を決定する必要があるが，それは以下で与えられる：

$$\mu_{\text{eff}} = \mu_s + \mu_c + \mu_m. \tag{1.121}$$

μ_s はスピン磁気モーメント，μ_c はサイクロトロン磁気モーメント，μ_m はマグネトロン運動による磁気モーメントである．μ_s は，

$$\mu_s = -g_e\mu_0 m \approx -2\mu_0 m \tag{1.122}$$

である．エネルギー $-\mu_c B_0$ をサイクロトロン運動の各ランダウ準位に割り当てると，

$$\hbar\omega_c\left(n + \frac{1}{2}\right) = \frac{e\hbar}{m_e c}\left(n + \frac{1}{2}\right)B_0 = -\mu_c B_0 \tag{1.123}$$

に従い，磁気モーメントとサイクロトロン周波数を関連付けられるから，

$$\mu_c = -2\mu_0\left(n + \frac{1}{2}\right) . \tag{1.124}$$

マグネトロン運動も同様に説明することができる：

$$\mu_m = -2\mu_0\left(\frac{\omega_m}{\omega_c}\right)\left(q + \frac{1}{2}\right) . \tag{1.125}$$

上の関係を式 (1.120) で採用して，

$$\boxed{\delta\omega_z \approx \frac{2\mu_0\beta}{\omega_z m_e}\left(m + n + \frac{1}{2} + (q + 1/2)\frac{\omega_m}{\omega_c}\right).} \tag{1.126}$$

これは，マグネトロン運動に関する 1/2 を無視すれば問題の式 (1.92) と一致する．（典型的な実験条件は $q \gg 1$ であるから）軸性振動周波数は，サイクロトロン，スピン，およびマグネトロン量子数に敏感である．これは，電

子がエネルギー準位間の量子ジャンプをする度に，ω_z の急なシフトとして観察される．実際には，ω_z を測定するため，振動駆動電圧は電極のキャップ（図 1.4）に印加され，駆動周波数が共鳴したときに，軸性振動振幅が大幅に増加する．この検出方法は，原子ビーム中の銀原子の軌跡が磁場勾配との双極子モーメントの相互作用により摂動を受ける古典的な実験と似ているので，「連続シュテルン-ゲルラッハ効果」[文献 17] とよばれる．

巧妙な技術は，$g_e - 2$ 異常を測定するのに用いられる（問 (e) で議論した）．$\omega_{\rm rf} \approx 2\pi \times 164$ MHz の不均一な高周波磁場を，電子に印加する．不均一場が直流の場合，その場によって動く電子は，サイクロトロン周波数で振動する磁場を見ることになる．磁場が周波数 $\omega_{\rm rf}$ で振動しているため，電子は $\omega = \omega_c \pm \omega_{\rm rf}$ のサイドバンドを（静止座標系で）見ている．式 (1.115) より，$\omega_{\rm rf}$ が異なるスピンの向き，または異なるサイクロトロン準位間のエネルギー準位分裂 ΔE に相当するとき，スピンフリップが起こる（$\omega = \omega_c + \omega_{\rm rf} = g_e \mu_0 B_0$ であるから）．スピン反転の増加率が連続シュテルン-ゲルラッハの効果を用いて検出される．これは，$g_e - 2$ 異常の直接的な測定の 1 つである．

1.7　トーマス-フェルミ模型 (T)

Probrems and Solutions

複雑な多電子原子において，原子エネルギー準位の正確な数値計算の出発点は，トーマスとフェルミが独立に開発した理論である[文献 18]．トーマス-フェルミ模型では，電子雲がゼロ温度フェルミ気体であると仮定する．この模型の主な結果は，パウリの排他原理の帰結である圧力勾配 ($\vec{\nabla} P$) と静電力のバランスをとることによって導出される．つまり，

$$\vec{\nabla} P(r) = \rho(r) \vec{\mathcal{E}}(r) = -en(r) \left[-\vec{\nabla} \phi(r) \right] . \tag{1.127}$$

ここで，$\rho(r) = -en(r)$ は電荷密度，$n(r)$ は電子数密度，$\vec{\mathcal{E}}(r) = -\vec{\nabla} \phi(r)$ は電場，および $\phi(r)$ は静電ポテンシャルである．

式 (1.127) は静水圧平衡の条件である．これは，トーマス-フェルミ模型が，地球の大気のような流体として電子雲を扱うことを意味する．重力の代

[文献 17] 例えば，Griffiths (1995) もしくは Bransden-Joachain (2003) を参照．

[文献 18] 例えば，Bransden, Joachain (2003)，もしくは Landau, Lifshitz (1977) を参照．

わりに原子核の静電気力が流体を捕まえている．このように電子雲を記述するには，電子を半古典的に扱い，統計論の適用を仮定する．原子が多数の電子 $(N \gg 1)$ をもっていれば，この方法が正当化される．

(a) 条件 $N \gg 1$ において，なぜ半古典近似を用いることができるかを論じよ．

(b) 小容量 V の電子気体のフェルミ運動量 p_F（最も高いエネルギーをもつ電子の運動量）を計算せよ．電子波動関数は，半古典的であるから，平面波で近似することができる．また，V 内の電子数は統計論を適用できるほど十分大きいことを仮定せよ．

(c) 電子気体の全運動量 K を求めよ．

(d) フェルミ圧力 $P = -dK/dV$ に関する熱力学関係を用いて[文献 19]，密度の関数として電子気体の圧力を求めよ．トーマス-フェルミ模型は，V が原子の体積に比べて小さいことを前提としているため，P は核から特定の距離における局所的圧力である．

(e) 式 (1.127) とともに式 (1.137) を用いて，静電ポテンシャル $\phi(r)$ と電子密度 $n(r)$ の関係を求めよ．

解

(a) $N \gg 1$ ならば，パウリの排他原理のために，電子の多くは大きな動径量子数 n の状態を占有する必要がある．半古典近似を採用する必要条件は，ポテンシャルが大きく変化する空間領域にわたって，波動関数に多くの振動が存在することである．つまり，ド・ブロイ波長 $\lambda_{\mathrm{dB}} \sim \hbar/p$ は，核からの距離に対してゆっくりと変化する必要がある：

$$\frac{\partial \lambda_{\mathrm{dB}}}{\partial r} \ll 1 \ . \tag{1.128}$$

動径量子数 n をもつ電子の典型的な角運動量は，

$$L = rp \sim n\hbar \ . \tag{1.129}$$

これは，$\lambda_{\mathrm{dB}} \sim r/n$ を示唆する．条件 (1.128) は

$$n \gg 1 \tag{1.130}$$

を要求するが，$N \gg 1$ であれば，ほとんどの電子において成り立つ．

(b) 小容量 V を占める p と $p + dp$ 間の運動量をもつ電子状態数 dN は，

[文献 19] 絶対零度で有効，Reif (1965) 参照．

$$dN = \frac{1}{\pi^2}\frac{p^2 dp}{\hbar^3}V \tag{1.131}$$

で与えられる．ただし，単位体積あたり可能な状態数はスピンによって（スピンのない粒子と比べて），2倍される．単位体積あたりの電子状態数（絶対零度ではそれぞれの状態が占有されるから電子密度に等しい）は式 (1.131) を0から p_F（フェルミ運動量）まで積分することで得られる：

$$\frac{N}{V} = \frac{1}{3\pi^2}\frac{p_F^3}{\hbar^3} \ . \tag{1.132}$$

式 (1.132) より，

$$\boxed{p_F = \hbar\left(\frac{3\pi^2 N}{V}\right)^{1/3} \ .} \tag{1.133}$$

(c) 全運動量 K は，式 (1.131) より，電子あたりの運動エネルギー $p^2/2m$ に dN をかけ，0から p_F まで積分することで得られる：

$$K = \frac{p_F^5 V}{10\pi^2 m\hbar^3} \ . \tag{1.134}$$

式 (1.133) より p_F の値を運動エネルギーの表式 (1.134) へ代入することで，

$$\boxed{K = \frac{\hbar^2}{10\pi^2 m}\frac{\left(3\pi^2 N\right)^{5/3}}{V^{2/3}} \ .} \tag{1.135}$$

(d) 熱力学の関係式 $P = -dK/dV$ を用いて，

$$P = \frac{\hbar^2}{15\pi^2 m}\left(3\pi^2\frac{N}{V}\right)^{5/3} \ . \tag{1.136}$$

これは，原子における電子密度 $n(r)$ の関数とした圧力を与える．

$$\boxed{P(r) = \frac{3^{2/3}\pi^{4/3}}{5}\frac{\hbar^2}{m}\left[n(r)\right]^{5/3} \ .} \tag{1.137}$$

(e) 式 (1.127) において，式 (1.137) を用いて積分すると，

$$\boxed{\frac{\hbar^2}{2m}\left[3\pi^2 n(r)\right]^{2/3} = e[\phi(r) - \phi_0] \ .} \tag{1.138}$$

ここで，ϕ_0 は積分定数である．式 (1.138) は，トーマス-フェルミ模型の中心的な結果である．

式 (1.138) は，ポアッソン方程式と合わせて，

$$\nabla^2\phi(r) = 4\pi e n(r) \tag{1.139}$$

となり，2 つの未知関数 $n(r)$ と $\phi(r)$ の 2 つの独立な方程式を得る．また，適当な境界条件を考慮して，さまざまな r におけるこれらの関数の値が数値的に得られる[文献 20]．

1.8 殻の中の電子

Probrems and Solutions

ここでは，トーマス-フェルミ模型の基本的な原理を示すために，入り込めない壁をもつ半径 a の球形の空洞内部に置かれた，絶対零度にある大多数の電子を考える[文献 21]．これは，核のない原子のようなものである（もちろん，壁は電子が静電反発力によって飛んでいかないように必要なものである）．以下の問題では，表記の簡便化とさまざまな効果のスケーリングに特化するために，4π といったすべての数値的な係数を無視する．$a \gg a_0$（$a_0 = \hbar^2/(me^2)$ はボーア半径）を仮定する．ただし，述べた条件下で，トーマス-フェルミ模型（1.7 節）が適用できるものとする．

(a) 球状空洞端の厚み δ の薄い殻に電子が集まることを論ぜよ．電子数 N と空洞半径 a に関して，δ のスケーリングを求めよ．

(b) 電子が非相対論的である仮定は，どの N において破たんしているか．

(c) トーマス-フェルミ模型の仮定が満たされている N の下限はどの程度か．低い N の場合の δ を見積もれ．

ヒント

問 (a) では，空洞内で殻が半分の電子を含有しているものとせよ．

解

(a) この問題における境界条件は，もちろん，原子のものとは全く異なる．今，正に帯電した核のかわりに，$r = a$ で無限に高いポテンシャル障壁があ

[文献 20] 例えば，Bransde-Joachain (2003), Landau-Lifshitz (1977), もしくは Messiah (1966) を参照．

[文献 21] Budker (1998a).

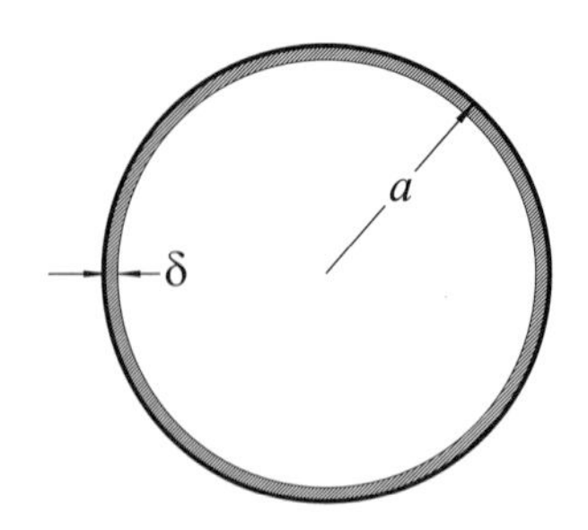

図 1.7 電子は，壁近傍の厚さ δ の殻に集まる．

る．例えば，境界で $\phi = 0$ とした静電ポテンシャルを選択すると関数 $\phi(r)$ および $n(r)$ は，トーマス-フェルミの式の数値積分から得られる．

詳細な計算に頼らずに，空洞内の電子の空間分布について，一般的な考え方を得ることができる．電子の半分を収容する空洞の壁で閉ざされた厚さ δ の殻を考えよう（$\delta \ll a$ である）．他の電子からのクーロン反発は全体として殻を圧縮しようとし，壁に向かって殻を押す．殻の単位面積あたりの反発力 ($\sim N^2e^2/a^2$) としてクーロン圧力 P_C を定義する：

$$P_C \sim \frac{N^2e^2}{a^4} \ . \tag{1.140}$$

平衡状態では，このクーロン圧力は1.7節におけるフェルミ圧力 P によってバランスがとれている．つまり，

$$P \sim \frac{\hbar^2}{m}\left(\frac{N}{a^2\delta}\right)^{5/3} \ . \tag{1.141}$$

ここで，$V \sim a^2\delta$ を用いた．$P = P_C$ とおくと，

$$\boxed{\delta \sim \frac{a^{2/5}a_0^{3/5}}{N^{1/5}} \ .} \tag{1.142}$$

式 (1.142) から，$\delta \ll a$ であるから，実際電子は空洞の端の薄い殻に集まる．より多くの電子が空洞内にいるとき，殻の厚さが減少することは特に興味深い．

(b) フェルミ運動量 p_F が mc 程度になったとき，電子が非相対論的であるという仮定は破たんする．p_F の表式（式 (1.133)）に式 (1.142) を代入し，殻の体積が $\sim a^2\delta$ であると仮定すると，N に関するフェルミ運動量の表式を得る：

$$p_F \sim \hbar \frac{N^{2/5}}{a^{4/5} a_0^{1/5}} \ . \tag{1.143}$$

$p_F = mc$ とおくと，非相対論近似が破たんする電子の臨界数 N^* が求まる：

$$\boxed{N^* \sim \left(\frac{a^2}{a_0^2}\right) \alpha^{-5/2} \ .} \tag{1.144}$$

ここで，$\alpha = e^2/\hbar c$ は微細構造定数である．

(c) どの N で，半古典近似が有効であるか確認するために，徐々に空洞内の電子数を増やしていこう．低密度では，すべての電子は最低動径状態を占有している．これは，半古典近似が無効であることを意味する（1.7 節）．低密度では，電子の運動エネルギーの大部分は，動径方向の運動による．

この場合，$E = K + U$ の最小値を見つけることによって，電子を含む殻の厚さ δ を見積もることができる．ここで，K は運動エネルギー，U は電子間クーロン反発によるポテンシャルエネルギーである．δ について，エネルギーは最小化され，

$$\frac{\partial K}{\partial \delta} + \frac{\partial U}{\partial \delta} = 0 \tag{1.145}$$

を満たす．ハイゼンベルクの不安定性をもとに，

$$\Delta p_r \delta \sim \hbar \tag{1.146}$$

を得る．Δp_r は電子運動量の動径成分における不確定性である．K に最も寄与する動径方向の運動エネルギーは

$$N(\Delta p_r)^2/m \sim \frac{N\hbar^2}{m\delta^2} \sim K \ , \tag{1.147}$$

$$\frac{\partial K}{\partial \delta} \sim -\frac{N\hbar^2}{m\delta^3} \ . \tag{1.148}$$

殻のクーロンエネルギーは，$\sim \delta$ の容器の端から電子を移動させるのに必要な仕事より見積もることができる:

$$U \sim \frac{N^2 e^2}{a^2} \delta \ , \tag{1.149}$$

$$\frac{\partial U}{\partial \delta} \sim \frac{N^2 e^2}{a^2} \ . \tag{1.150}$$

式 (1.146)，(1.148)，および (1.150) から，

$$\boxed{\delta \sim \frac{a^{2/3}a_0^{1/3}}{N^{1/3}}\ .} \tag{1.151}$$

式 (1.142) と比較すると，2 つの状況で顕著な違いが明らかである．

パウリの原理を満たすために，容器内の電子数が増加するにつれて，異なる角運動量 l の状態が励起される．電子状態の総数が粒子数 N に等しいとおくと，

$$N = \sum_{l=0}^{L}(2l+1) \sim L^2 \tag{1.152}$$

を得る（式 (1.25) を参照）．L は励起された l の最大値である．

N を増加し続けると，角運動量 L の電子の軌道運動による運動エネルギーは，いくつかの点で，動径運動の運動エネルギーに等しくなる：

$$\frac{\hbar^2 L^2}{ma^2} \sim \frac{\hbar^2}{m\delta^2}\ . \tag{1.153}$$

より高い N では，(a) で議論したトーマス-フェルミ描像の遷移に対応した，高い動径モードの励起がエネルギー的に好まれる．式 (1.152)，(1.151)，および (1.153) から，トーマス-フェルミの考察を適用すると N の下限 N^{**} を得る:

$$\boxed{N^{**} \sim \frac{a^2}{a_0^2}\ .} \tag{1.154}$$

面白いことに，これは大体ボーア半径平方あたりの 1 電子面密度に相当する．

この問題で分析した状況は，実験的に実現することは困難である．なぜなら，すべての材料は原子から作られているからである．そのため，不透過性の壁は非現実的である．しかし，このような状況は，物性物理学における準粒子として生じる可能性がある．

1.9　同位体シフトとキングプロット

原子スペクトルでは，異なる同位体による遷移エネルギーの小さなシフト

表 1.2 Sm 同位体対における，562.18 nm ($^7F_1 \rightarrow {}^7H_2$) と 598.97 nm ($^7F_0 \rightarrow {}^7D_1$) 遷移での同位体シフト（IS）．ブランドらのデータ（1978 年）による．表は測定された遷移周波数の差を示す．例えば 562.18 nm の共鳴周波数は，^{148}Sm よりも ^{144}Sm のほうが 3093.6(16) MHz 高い．

同位体対	562.18 nm の IS (MHz)	598.97 nm の IS (MHz)	ΔN
(144,148)	3093.6(16)	-2794.4(17)	4
(148,150)	1938.3(15)	-1641.2(13)	2
(150,152)	2961.0(15)	-2308.0(19)	2
(152,154)	1362.3(11)	-1242.4(17)	2
(147,148)	970.4(7)	-826.0(4)	1
(148,149)	473.3(4)	-493.8(4)	1

が現れる．このような**同位体シフト (isotope shifts)** は，質量と核の体積との違いによって生じる．実験的に測定された同位体シフトを，質量と体積（または場）によるシフトの寄与に分離する一般的な方法は，いわゆる**キングプロット**[文献 22]に基づいている．

2 つのスペクトル線 A と B を考えよう．同位体シフトによって，共振周波数は各同位体で若干異なる．中性子数の差 ΔN が常に同じで[9]，ΔN が原子質量よりもはるかに小さい同位体の対に関しては，以下の仮定ができる．

- 有限の核の体積に起因する同位体シフトは，電子因子 E（線 A と B で異なるが，スペクトル線の各同位体対で等しい）と核の体積因子 V（同位体の対ごとに異なるが，どの線を使うかに依存しない）の積として表せる．
- 質量効果 M は，すべての同位体対の各線で等しい[10]．

これらの仮定から，線 B の同位体対の同位体シフトを，線 A の同位体対の同位体シフトに対してプロットすると，点が直線上にのる．

元の同位体シフトデータ[文献 23]の例は，**表 1.2** に示されている．この実験では，同位体シフトはレーザー分光と原子ビームを使用してサマリウムの

[文献 22] King (1963).

9) ΔN が同じでなければ，例えば $\Delta N = 1$ か 2 へ同位体シフトを常に規格化できる．

10) 厳密には，核の質量とともに質量シフトの変化を考慮すべきである．ここでは，ΔN が原子質量よりもはるかに小さいと仮定しているため，この節では無視できる小さな補正係数を導入することで考慮される．

[文献 23] Brand ら (1978).

スペクトル線の数で測定している．レーザーと原子ビームは直角に交差し，レーザー誘導蛍光は第3の直交方向で検出された．この装置は，スペクトル線のドップラー広がり（例えば，3.6節を参照）を最小限に抑える．

(a) E_A, E_B, M_A, および M_B について，この線の傾きと切片の表式を導け．

(b) 表1.2のデータを用いて，線 A の 598.97 nm $^7F_0 \to {}^7D_1$ 遷移および線 B の 562.18 nm $^7F_1 \to {}^7H_2$ 遷移に関するキングプロットを作成せよ．

(c) 質量シフト項 M は2つの成分からなる:

$$M = M^{(\mathrm{nms})} + M^{(\mathrm{sms})} \ . \tag{1.155}$$

ここで，略号は**標準質量シフト (normal mass shift: nms)** および**特異（または異常）質量シフト (specific mass shift: sms)** を表す．後者は，さまざまな電子の運動量間の相関による．特異質量シフトは多電子“準粒子”の形成によるもので，核に依存する[文献 24]．

598.97 nm $^7F_0 \to {}^7D_1$ 遷移における sms の寄与が無視できるという経験的な情報を用いて，562.18 nm $^7F_1 \to {}^7H_2$ 遷移における質量シフトを求めよ．その大きさと符号を標準質量シフトで期待されるものと比較せよ．

解

(a) 線 A の同位体シフトが独立変数 x に，線 B の同位体シフトが従属変数 y に依存しないとする．問題で述べた仮定に基づいて，下記のように同位体シフトが求まる:

$$x = E_A V_i + M_A \ , \tag{1.156}$$

$$y = E_B V_i + M_B \ . \tag{1.157}$$

ここで，i は同位体対のラベルである．式 (1.156) を用いて，V_i を x, E_A, および M_A について表すと，

$$V_i = \frac{1}{E_A}x - \frac{M_A}{E_A} \ . \tag{1.158}$$

この表式を y に関する式 (1.157) に代入し，

$$\boxed{y = \frac{E_B}{E_A}x + M_B - \frac{E_B}{E_A}M_A \ .} \tag{1.159}$$

[文献 24] King (1984).

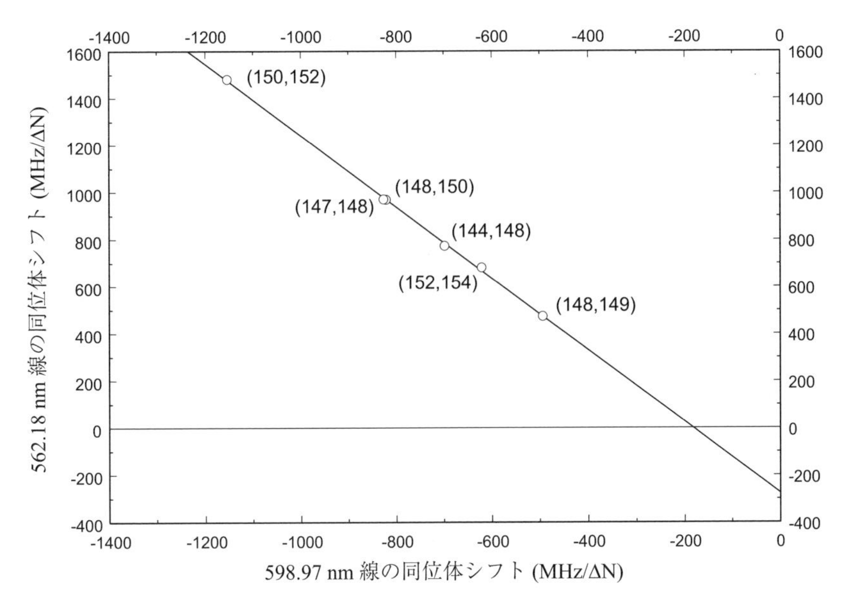

図 1.8 表 1.2 に挙げたサマリウム遷移のキングプロット.

(b) ある対において，中性子数の違い ΔN が，すべての同位体シフトを分割することを確認し，**図 1.8** に示すキングプロットを得る．点が実際に直線上に位置することがわかる.

(c) 標準質量シフトを求めることから始める．単一電子原子の場合，原子核の有限の質量は，無限に重い原子核に対する解を用いて，換算質量 $\mu_{\rm red}$ と電子質量を置換することで取り込まれる：

$$\mu_{\rm red} = \frac{mM_N A}{m + M_N A} \ . \tag{1.160}$$

M_N は核の質量，A は原子質量数である．全原子準位のエネルギーは，この質量に比例するため，質量数 A の同位体に対応する遷移は，無限の核質量をもつ（仮想的な）同位体のものに比べて以下の周波数だけシフトする:

$$\begin{aligned}\Delta\omega &= \frac{\omega_0}{m}(\mu_{\rm red} - m) = \omega_0\left(\frac{M_N A}{m + M_N A} - 1\right) \\ &\approx -\frac{m}{M_N A}\omega_0 \ . \end{aligned} \tag{1.161}$$

同位体 A と $A + \Delta N$ に対応した遷移は,

$$\Delta\omega' = \omega_0\left(-\frac{m}{M_N A + M_N \Delta N} + \frac{m}{M_N A}\right)$$

$$\approx \omega_0 \frac{m\Delta N}{M_N A^2} \tag{1.162}$$

だけシフトする．ここで，$\Delta N \ll A$ を用いた．ここで考えた 600 nm の光学遷移は，キングプロット（図 1.8，$\Delta N = 1$）で，

$$\boxed{\Delta\omega' \approx 5 \times 10^{14}\ \text{Hz} \frac{1}{1836 \times 150^2} \approx 12\ \text{MHz}} \tag{1.163}$$

に相当する．598.97 nm 遷移における質量シフト M_A は，

$$M_A = M_A^{(\text{nms})} + M_A^{(\text{sms})} \tag{1.164}$$

で与えられる．すでに我々は $M_A^{(\text{nms})} \approx 12$ MHz を示したが，実験的には $M_A^{(\text{sms})}$ は無視できることが知られている．キングプロットと式 (1.159) の y 切片から，$M_B - (E_B/E_A)M_A \approx -280$ MHz を得る．キングプロットの傾きは $(E_B/E_A) \approx -1.5$ であるから，562.18 nm 遷移の質量シフトは ≈ -300 MHz と求まる．これは，標準質量シフトに比べて大きな絶対値で符号が逆である．このような大きく，予想できない特異質量シフトの寄与は，f 電子の数が電子配置 $4f^6 6s^2$ と $4f^5 5d 6s^2$ の間にある希土類元素においてしばしば見られる．

1.10　負イオンの粗い模型

Probrems and Solutions

一価マイナスイオン ($K = 1$) は非常に一般的であるが (Massey 1976)，二価 ($K = 2$) マイナスイオンの原子[文献 25]やクラスター[文献 26]もいくつか観察されている．そのような系が束縛されるべきか全く自明でない．余分な電子と元の Z 個の電子間にはたらくクーロン反発が，原子核と余分な電子の引力を上回るかもしれない．そのような結論が必ずしも正しくないことを確認するために，粗い模型を構築する．

静電的な類似を用いて，電荷 $-(Z + K)$，$K > 0$ の電子雲と電荷 $+Z$ の原子核の束縛状態がなぜ可能であるかを説明せよ．

[文献 25] Massey (1976), Chapter 5.8 を参照.

[文献 26] Vandenbosch ら (1997).

ヒント

原子の非常に粗い模型として，導電性の殻のような電子を考え，電子間の交換相互作用を無視する（1.2 節を参照）．交換相互作用は，多くの場合，実際極めて重要であるにもかかわらず，この単純なモデルは，負イオンの存在の背後にある基本的な物理的原理を説明する．

解

次のような静電気の問題を定式化しよう．総電荷 Q に帯電した薄い球状の導体殻を考える．球は 2 つの部分に切断されると仮定する．得られた 2 つの部分のそれぞれは，同じ符号の電荷を有するので，2 つの部分は飛散する傾向があるだろう．2 つの部品を一緒に保つには，球の中心にどのような電荷を配置する必要があるだろうか．

この質問に答えるために，静電気学から次の事実を用いる．

- 電場 E によって発生する圧力は，$-E^2/8\pi$ である．
- 導体内部の電場はゼロである．
- 一様に帯電した球殻からの電場は，殻の内部でゼロであり，殻の外では，すべての電荷が球の中心にあったかのようなものとなる．

中心部に電荷が存在しない場合，球の内部に電場は存在しない．2 つの部分は外部の電場の負圧によって離れ離れに“吸い上げられる”．我々が負の外部圧力を相殺するためにやらなければならないことは，（その表面付近で）殻内部の電場の大きさが外と同じになるように，中心に電荷（Q^* とよぶ）を置くことである（**図 1.9**）．内部の電場は Q^*/R^2 である（R は殻の半径で，当然のことながらキャンセルするだろう）．外では，電場が $(Q+Q^*)/R^2$ である．内側と殻の外の電場の大きさを一致させたいから，

$$Q^* = -(Q+Q^*) \Rightarrow Q^* = -Q/2. \tag{1.165}$$

中央に置かれた Q と逆の符号で，$|Q|/2$ より大きい電荷によって，系は離れずに保持される．

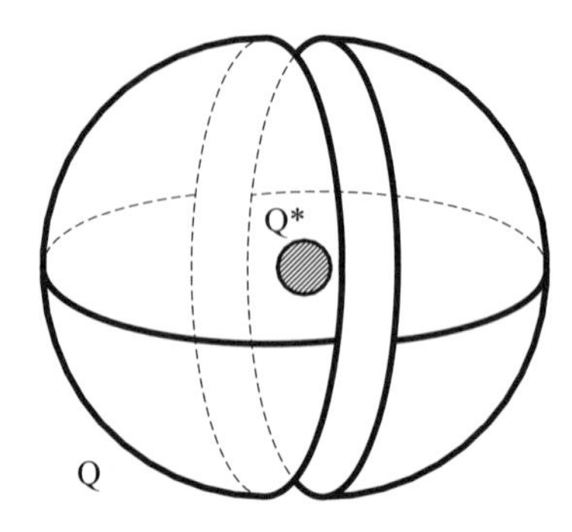

図 **1.9** 電荷 Q^* は，電荷 Q を担う導電球の一部を共有することができる．

1.11 超微細相互作用による異なる J 状態の混成

Probrems and Solutions

多電子原子における 2 原子微細構造 $^2P_{3/2}$ および $^2P_{1/2}$ は，エネルギーギャップ ΔE だけ離れている (図 **1.10**)．系の核スピンは，$I = 1/2$ である．

超微細状態 $^2P_{3/2}, F = 2$ と $^2P_{3/2}, F = 1$ の間のエネルギー分裂が $\Delta E_{\text{hf}} \ll \Delta E$ であるとき，名目上の $^2P_{1/2}, F = 1$ 状態と $^2P_{3/2}, F = 1$ 状態との混成を求めよ．ただし，超微細相互作用がハミルトニアン項式 (1.166) によって支配されているものとする [11]：

$$H_{\text{hf}} = a\vec{I} \cdot \vec{S} \ . \tag{1.166}$$

超微細相互作用によって誘発される異なる J 状態の混成は，微細構造の間隔が比較的小さい状況の超微細構造分裂を理解するうえで重要となる．例えば，He と He 様原子における励起状態で起こる [文献 27]．別の例は，名目上

[11] 一般に，原子核の磁気モーメントと単一原子電子との間の相互作用を記述する超微細ハミルトニアン [Sobelman (1992), 6.2.2 節] は，

$$H_{\text{hf}} = a_l \vec{l} \cdot \vec{I} - a_l [\vec{s} - 3(\vec{s} \cdot \hat{r})\hat{r}] \cdot \vec{I}$$

である．ここで，$\hat{r}$ は $\vec{r}$ 方向の単位ベクトル，a_l は $\langle r^{-3} \rangle$ に比例する定数である．多電子原子において，超微細分裂の一般的表式は，2 つの部分からなる．1 つは $\vec{I} \cdot \vec{S}$ に比例し，もう 1 つは $\vec{I} \cdot \vec{L}$ に比例する．2 つの部分の相対的な重要性は，電子配置に依存する．例えば，1 つの電子が基底状態で，もう 1 つが励起状態 ($l \geq 1$) にある 2 電子原子では，$\vec{I} \cdot \vec{S}$ に比例する項が支配的である [Bethe-Salpeter (1977)]．

[文献 27] Bethe-Salpeter (1977), 44 節.

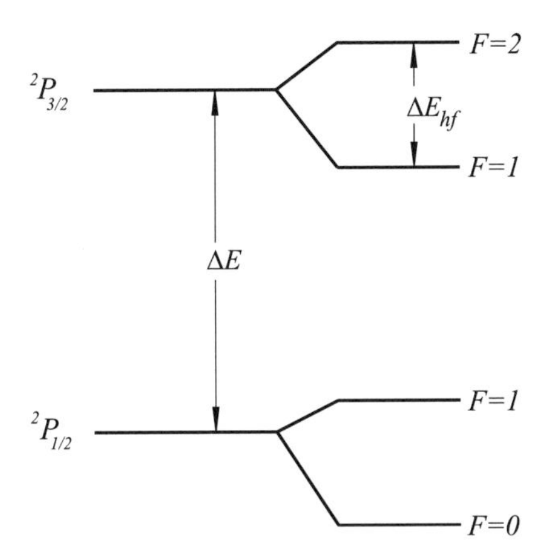

図 1.10　超微細分裂をもつ 2 原子微細構造準位 $^2P_{3/2}$ および $^2P_{1/2}$ のエネルギー準位ダイアグラム．核スピンは，$I = 1/2$ である．

$J = 0$ の 2 準位間の超微細相互作用誘起遷移である[文献 28]．

ヒント

超微細相互作用を記述するハミルトニアンでは，異なる F または M_F の状態が混じり合わないことに注意する．これは，$H_{\rm hf}$ がスカラー演算子であるためである（**付録 F**）．

解

まず，異なる J をもつ状態の混成を無視し，$\Delta E_{\rm hf}$ と式 (1.166) に出てくる係数 a の関係を求める．$^2P_{3/2}, F = 2$ 状態がベクトル $\vec{L}, \vec{S}$ および $\vec{I}$ の最大射影に相当することに注意せよ．この状態の $\vec{I} \cdot \vec{S}$ の期待値は，単純に $\langle \vec{I} \cdot \vec{S} \rangle = 1/4$ である．

超微細分裂は，この問題では項 $a\vec{I} \cdot \vec{S}$ によって支配されているが，超微細構造でよく使われる式に従うと，

$$E_F = \frac{A}{2}[F(F+1) - J(J+1) - I(I+1)] \ , \tag{1.167}$$

$$\Delta E_{\rm hf} = E_F - E_{F-1} = AF \ . \tag{1.168}$$

ここで，A は超微細構造定数，E_F は超微細エネルギーシフトである．これ

[文献 28] Fischer ら (1997), 9.12, 節; Birkett ら (1993).

は，$\vec{S}$ と $\vec{L}$ が両方ベクトル演算子であることによる（**付録 F**）．したがって，$\langle\vec{S}\rangle \propto \langle\vec{J}\rangle$ および $\langle\vec{L}\rangle \propto \langle\vec{J}\rangle$ であり，

$$E_F = \langle H_{\rm hf}\rangle = A\langle\vec{I}\cdot\vec{J}\rangle \tag{1.169}$$

と書ける．これから，公式 (1.167) と (1.168) を得る．今，$J = 3/2, I = 1/2, F = 2, 1$ の場合を考えると，これらの公式から

$$A = \Delta E_{\rm hf}/2\ , \tag{1.170}$$

$$E_{F=2} = \frac{3}{8}\Delta E_{\rm hf}\ . \tag{1.171}$$

ここで，超微細分裂の主な成分は $a\vec{I}\cdot\vec{S}$ であるから，

$$E_{F=2} \approx a\langle\vec{I}\cdot\vec{S}\rangle\ , \tag{1.172}$$

$$a \approx \frac{3}{2}\Delta E_{\rm hf}\ . \tag{1.173}$$

$F = 1$ 状態間の超微細相互作用の行列要素を求めよう．上述のように，相互作用 (1.166) は，F と M_F が同じ状態間のみ混じり合う．$M_F = 1$ について，具体的な計算を行う．その結果は，空間の等方性から M_F に依存してはいけない．$|L, M_L\rangle|M_S\rangle|M_I\rangle$ を基底にとって状態を表す必要がある．$|J, M_J\rangle|M_I\rangle$ で展開すると（クレプシュ-ゴルダン係数を用いる），

$$|\,{}^2P_{3/2}, F = 1, M_F = 1\rangle = \frac{\sqrt{3}}{2}|3/2, 3/2\rangle|-\rangle_I - \frac{1}{2}|3/2, 1/2\rangle|+\rangle_I\ , \tag{1.174}$$

$$|\,{}^2P_{1/2}, F = 1, M_F = 1\rangle = |1/2, 1/2\rangle|+\rangle_I\ . \tag{1.175}$$

次に，$|L, M_L\rangle|M_S\rangle|M_I\rangle$ で展開すると，

$$\begin{aligned}|\,{}^2P_{3/2}, F = 1, M_F = 1\rangle = &\frac{\sqrt{3}}{2}|1, 1\rangle|+\rangle_S|-\rangle_I - \frac{1}{2\sqrt{3}}|1, 1\rangle|-\rangle_S|+\rangle_I \\ &- \frac{1}{\sqrt{6}}|1, 0\rangle|+\rangle_S|+\rangle_I\ ,\end{aligned} \tag{1.176}$$

$$|\,{}^2P_{1/2}, F = 1, M_F = 1\rangle = \sqrt{\frac{2}{3}}|1, 1\rangle|-\rangle_S|+\rangle_I - \frac{1}{\sqrt{3}}|1, 0\rangle|+\rangle_S|+\rangle_I\ . \tag{1.177}$$

状態 (1.176) と (1.177) 間の $\vec{I}\cdot\vec{S}$ の行列要素を求めよう．1つの方法は，

$\vec{I}\cdot\vec{S}$ を角運動量 $\vec{I}$ と $\vec{S}$ の昇降演算子で表すことである[文献 29]：

$$I_\pm = I_x \pm iI_y\ , \tag{1.178}$$

$$S_\pm = S_x \pm iS_y\ . \tag{1.179}$$

$$I_\pm|I,M_I\rangle = \sqrt{I(I+1)-M_I(M_I\pm 1)}\,|I,M_I\pm 1\rangle\ , \tag{1.180}$$

$$S_\pm|S,M_S\rangle = \sqrt{S(S+1)-M_S(M_S\pm 1)}\,|S,M_S\pm 1\rangle\ . \tag{1.181}$$

ここで，式 (1.178) と (1.179) を用いて，

$$\vec{I}\cdot\vec{S} = I_xS_x + I_yS_y + I_zS_z = \frac{1}{2}(I_+S_- + I_-S_+) + I_zS_z\ . \tag{1.182}$$

式 (1.180) - (1.182) の関係と，$|L,M_L\rangle|M_S\rangle|M_I\rangle$ 基底（式 (1.176) および (1.177)）に関する原子状態の表現を用いると，

$$\langle^2P_{3/2},F=1,M_F=1|a\vec{I}\cdot\vec{S}|\,^2P_{1/2},F=1,M_F=1\rangle = \frac{2}{3}\frac{a}{\sqrt{2}}\ , \tag{1.183}$$

$$= \frac{\Delta E_{\rm hf}}{\sqrt{2}}\ . \tag{1.184}$$

最後に，1 次摂動論から，混合した固有状態 $|\widetilde{^2P_{1/2}},F=1\rangle$ を決定する：

$$\boxed{|\widetilde{^2P_{1/2}},F=1\rangle \approx |\,^2P_{1/2},F=1\rangle + \frac{1}{\sqrt{2}}\frac{\Delta E_{\rm hf}}{\Delta E}|\,^2P_{3/2},F=1\rangle\ .} \tag{1.185}$$

異なる J 状態との混成割合は，数値係数まで，微細構造間隔と超微細構造間隔の比によって与えられることがわかる．

1.12 核の中の電子密度 (T)

Probrems and Solutions

原子物理学の多くの現象は，原子核内部の電子密度に依存する．例えば，

[文献 29] 例えば，Griffiths (1995).

超微細構造（1.4と1.5節を参照），同位体シフト（1.9節），およびパリティ非保存（1.13節）がある．この問題では，重い中性の多電子原子において，sやp波価電子の原子核内部の電子密度とZとのスケーリングを求めよう．この結果は，フェルミとセグレ[文献30]によって最初に導出された．以下の議論はランダウとリフシッツ[文献31]やクリプロビッチ[文献32]のものに従う．

(a) 価電子の性質を考えることから始めよう．

重い多電子原子内の単一価電子は，主に核からの距離$\gtrsim a_0$で見出されることを議論せよ．また，内殻電子が距離$\lesssim a_0$で見出されることに注意せよ．

(b) 問(a)に基づき，原子核から$\gtrsim a_0$の領域で，s波価電子の波動関数について何がいえるか．

(c) 原子核に近い領域を考えよう．核からどのくらいの距離まで，核電荷は内殻電子によって完全に遮蔽されずにいるか？この領域のs価電子波動関数はどのような形か？

(d) これら2つの領域の間は，半古典的である（WKB近似を適用する条件を満たしている）[12] ことを示せ．また，rおよび電子の運動量pについて，この領域の波動関数の形を決定せよ．

(e) 上の結果を用いて，$|\psi_s(0)|^2$のZに関するスケーリングを求めよ．

(f) 同様の論理を用い核に近い$\psi_p(\vec{r})$の適切な形を求めよ．

解

(a) 裸の核から始め，1つずつ電子を追加することにより，多電子原子を構築することを想像しよう．追加された最初の電子が水素様イオンを形成し，1.5節で議論したように，核からの電子の平均距離$\langle r \rangle$が$\approx a_0/Z$となるだろう．電子を追加していくと，核はすでにある電子によって遮蔽されているため，続いて追加された各電子は前のものよりも弱く束縛される．この単純な描像に従うと，$\langle r \rangle$は他のどの（内殻）電子よりも価電子のほうが大きな値

[文献30] Fermi-Segrè (1933).

[文献31] Landau-Lifshitz (1977).

[文献32] Khriplovich (1991).

12) この近似は，“短波長の漸近”の方法を最初に適用したウェンツェル，クラマース，およびブリルアンにちなんで命名され，光学から量子力学でよく使用される [例えば，Griffiths (1995), Bransden-Joachain (1989), もしくはLandau-Lifshitz (1977)]．この方法は，実際，あらゆる波の系に適用できる．

をもつと結論付けられる．すなわち，価電子は確かに“外殻”電子である[13]．最後の価電子が追加される直前は，$Z-1$ 個の内殻電子のほぼ球形分布に囲まれた電荷 $+Ze$ の核とみなすことができる．遠くから見れば，ちょうど水素原子核のように見える．したがって，価電子が原子核からの距離 $\sim a_0$ で周回していると期待できる．

また，化学結合や異なる原子半径に関する知識から，Z の関数として原子半径に大きな変化がなく，結合長がたいてい数ボーア半径程度であることを導ける．元素の化学的性質を決定し，原子の半径を定義するのは価電子であるから，価電子はほとんどの時間を距離 $\gtrsim a_0$ で過ごしているという経験的事実を説明できる．

この結論は，トーマス-フェルミ模型（1.7 節）を用いても到達できる．

(b) 我々は，価電子が a_0 を超えたところで多くの時間を費やしていること，ほとんどの内殻電子は $< a_0$ の距離にいることを学んできた．内殻電子は，$r \gtrsim a_0$ の領域で核電荷を遮蔽するので，a_0 を超えた s 価電子の波動関数は，（この範囲の核と内殻電子は電荷 $+e$ を有する原子核と思えるので）水素 $1s$ 状態の場合と似ている:

$$\boxed{\psi_s(r) \approx Ce^{-r/a_0}\ .} \tag{1.186}$$

C は近似的に Z に依存しない定数である．C の Z 非依存性から，

$$4\pi \int_0^\infty |\psi_s(r)|^2 r^2 dr \sim \pi C^2 a_0^3 \sim 1\ . \tag{1.187}$$

価電子が原子核からの距離 $\gtrsim a_0$ で主に見出されるから，原子核の近くで見つかる電子は有限の確率密度があることがわかるが，式 (1.187) は一般に良い近似である．

(c) 我々は，すでに水素様イオンの半径が a_0/Z であることを知っている（1.5 節を参照）が，追加の電子は高いエネルギーをもち，核から $\gtrsim a_0/Z$ だけ離れているであろう．したがって，

$$\boxed{r \lesssim \frac{a_0}{Z}} \tag{1.188}$$

---

[13] 複数の価電子が存在する場合，この議論は，いくつかの電子に対して必ずしも当てはまらない．例えば，遷移金属や希土類原子の複雑な原子価殻において，d と f 価電子が実際 s 波価電子よりも核に強く保持されている．これは，希土類元素の化学的性質がすべて類似している（s 波価電子によって主に決定される）理由となる．

では，完全に遮蔽されていない原子核とみなせる[14]．この領域では，

$$\boxed{\psi_s(r) = Ae^{-Zr/a_0}} \tag{1.189}$$

が成り立つ．ここで，定数 A は，後で決める Z 依存性をもつ．

(d) WKB 近似の仮定を満たすために，波動関数は，ポテンシャルエネルギーが大きく変化する距離内で何回も振動しなければならない．これは，電子のド・ブロイ波長

$$\lambda_{\mathrm{dB}} = 2\pi\frac{\hbar}{p} \tag{1.190}$$

が原子核からの距離に関してゆっくりと変化することを意味する:

$$\frac{\partial\lambda_{\mathrm{dB}}}{\partial r} \ll 1\ . \tag{1.191}$$

WKB 近似は，

$$r \gtrsim a_0 \tag{1.192}$$

では適用できない．この領域では，電子の波動関数が振動しないからである．

領域 $r \ll a_0$ では，核電荷が内殻電子によって十分遮蔽されないので，核の有効電荷は $Z_{\mathrm{eff}}(r) \sim Z$ と荒っぽく見積もられる．価電子の全エネルギーは，さらに小さく（~ 1 eV），電子の運動エネルギーは，この領域では ~ 1 eV にほぼ等しい．この領域の電子の運動量は，古典的な近似を用いると，

$$p(r) \sim \sqrt{\frac{mZe^2}{r}} \tag{1.193}$$

となる．したがって，ド・ブロイ波長は

$$\lambda_{\mathrm{dB}}(r) \sim \sqrt{\frac{ra_0}{Z}}\ , \tag{1.194}$$

$$\frac{\partial\lambda_{\mathrm{dB}}}{\partial r} \sim \sqrt{\frac{a_0}{Zr}}\ . \tag{1.195}$$

式 (1.191) と (1.195) を比較し，再び WKB 近似が $r \gtrsim a_0$ (1.192) で適用できないことに注意すると，WKB 近似 (1.191) の適用条件として，

$$\boxed{\frac{a_0}{Z} \ll r \lesssim a_0} \tag{1.196}$$

---

[14] 実際，トーマス-フェルミ模型は，核遮蔽が $r \ll a_0 Z^{-1/3}$ で，無視できることを示しているが，式 (1.188) は，我々の目的のために十分である．

が満たされればよいことがわかる．

この半古典的な波動関数はどのような形だろうか．動径関数 $u(r)$ として，

$$\psi_s(r) = \frac{u(r)}{r} \tag{1.197}$$

を導入すると，3 次元シュレーディンガー方程式の動径部分が表せる:

$$\frac{d^2u}{dr^2} + \frac{2m}{\hbar^2}[E - V_{\text{eff}}]u(r) = 0 \ . \tag{1.198}$$

これは，1 次元シュレーディンガー方程式に他ならない．半古典解は，

$$u(r) \approx \frac{B}{\sqrt{p}} e^{\pm(i/\hbar)\int p(r)dr} \tag{1.199}$$

の形で書ける[文献 33]．ここで，B は定数である．この問題に関して，我々は位相因子に興味はない．そのため，半古典的な領域において，

$$\boxed{\psi_s(r) \sim \frac{B}{r\sqrt{p}} \ .} \tag{1.200}$$

(e) $|\psi_s(0)|^2$ の Z スケーリングを求めるには，問 (b)，(c)，(d) で求めた $\psi_s(r)$ の 3 つの解を合わせる．$r \sim a_0$ において，式 (1.186) と (1.200) から，

$$\frac{B}{a_0\sqrt{\alpha mc}} \sim Ce^{-1} \ . \tag{1.201}$$

C は Z に依存しないから，B も Z に依存しない．$r \sim a_0/Z$ において，

$$\frac{ZB}{a_0\sqrt{Z\alpha mc}} \sim Ae^{-1} \tag{1.202}$$

が成り立つ．ここで，$r \sim a_0/Z$ 近くにおいて，$p \sim Z\alpha mc$（水素様イオンの運動量）を用いた．式 (1.202) は，$A \propto \sqrt{Z}$ を意味し，その結果

$$\boxed{|\psi_s(0)|^2 \approx \frac{Z}{a_0^3} \ .} \tag{1.203}$$

(f) p 状態についても，s 状態の波動関数を求めるのに用いたものと同様の論理を適用できる．（我々は $r \approx 0$ での波動関数の振る舞いに興味があるから）角度因子を無視し，$\mathcal{O}(r)$ までの項のみを残すと，p 波動関数は

$$\psi_p(r) \sim C_p \frac{r}{a_0} e^{-r/a_0} \qquad r \gtrsim a_0 \ , \tag{1.204}$$

[文献 33] 例えば Griffiths (1995).

$$\sim \frac{B_p}{r\sqrt{p}} \qquad \frac{a_0}{Z} \lesssim r \lesssim a_0\ , \tag{1.205}$$

$$\sim A_p \frac{r}{a_0} e^{-Zr/a_0} \qquad r \lesssim \frac{a_0}{Z} \tag{1.206}$$

として振る舞うべきことがわかる．s 状態に関しては［この節の問 (b)］，内殻電子による原子核電荷の遮蔽のため，C_p は Z に依存しないだろう．$r \sim a_0$ における $\psi_p(r)$ の解に合わせると，定数 B_p もまた Z に依存しないことが示される．$r \sim a_0/Z$ における $\psi_p(r)$ の解のマッチングから，

$$A_p \sim \left(\frac{Z}{a_0}\right)^{3/2}\ . \tag{1.207}$$

したがって，$r \ll a_0/Z$ において，

$$\boxed{\psi_p(r) \sim \left(\frac{Z}{a_0}\right)^{3/2} \frac{r}{a_0} e^{-Zr/a_0}\ .} \tag{1.208}$$

1.13　原子におけるパリティの非保存

Probrems and Solutions

1950 年代半ばまで，物理学者は，自然法則が**空間反転 (spatial inversion)** に対して不変であると信じていた（3 つすべての空間軸方向の反転は，パリティ (P) 変換として知られる）．空間反転は，物体または過程の利き手 (handedness) を変える（P は左手用の手袋を右手用に変える事実に由来する用語）．空間反転は，連続変換とは対照的に，離散変換の例である（例えば，有限回転は無限小回転を繰り返して実現する変換と考えられる）．

1956 年，P-不変性は，弱い相互作用を介して起こる原子核の崩壊において，ほぼ完全にこの対称性が破れていることを示す一連の実験によって打ち砕かれた[文献 34]．

Glashow (1961)，Weinberg (1967) および Salam (1968) が，のちに標準模型とよばれることになる電弱相互作用理論を提唱する中で，Z_0 ボソンとよばれる粒子によって媒介される中性の弱い相互作用の存在を予言した．標

[文献 34] 例えば，Trigg (1975), 10 章.

準模型の発見以前に，Zel'dovich (1959) は電子と核子の間にパリティを破る弱い中性カレント相互作用があれば，原子の通常の電磁相互作用との干渉が起こることを指摘した．しかし，Zel'dovich が求めたこの効果の大きさの推定値は，その当時利用できる実験技術で測定するには小さすぎた．

その後，弱い相互作用の理論に関する新たな展開とレーザー分光法の大幅な進歩によって，Bouchiat ら (1974) は，原子系のパリティ非保存 (PNC) 探索の可能性を再解析した．彼らは，重原子において，その効果はかなり強められ，標準理論の予測によれば観察可能であることを見つけた．この新たな解析に基づいて，世界中の多くのグループが原子の PNC 効果を検索する大規模な実験的な取り組みを開始した．

原子における PNC 効果を観察するための最初の実験は，光回転の技術を用いて，ビスマスにおいてノボシビルスクの Barkov と Zolotorev (1978) によって行われた．また，タリウムにおいてはバークレーの Commins と共同研究者[文献 35]によってシュタルク干渉法を用いて行われた．これらの実験は，弱い中性カレントの存在を確立するうえで，決定的な証拠を提供し，中性の弱い相互作用におけるパリティの破れを最初に示した．

現在，原子の PNC 実験は電弱相互作用の基本理論の厳格なテストや新しい物理学の敏感なプローブを提供し続けている[文献 36]．原子系において PNC 効果の最も正確な測定は，セシウムでシュタルク干渉技術を用い，ウィーマンおよび共同研究者[文献 37]によってボールダーで行われた．この実験は，主に核アナポール運動量による，核スピン依存 PNC 効果も最初に観察した (1.15 節において詳細に議論する)．ここでは，核スピンに依存しない PNC 効果のみを考えることにしよう．

(a) 非相対論的近似と無限 Z_0 質量の極限において，核と 1 電子との弱い相互作用を記述するハミルトニアン H_w は[文献 38]，以下のようにかける：

$$H_w = \frac{G_F}{\sqrt{2}}\frac{1}{2mc\hbar}Q_w\vec{s}\cdot\left[\vec{p}\delta^3(\vec{r})+\delta^3(\vec{r})\vec{p}\right]\ . \tag{1.209}$$

ここでは，核スピン依存の効果を無視する．

[文献 35] Conti ら (1979).

[文献 36] Khriplovich (1991); Bouchiat-Bouchiat (1997); Budker (1998b).

[文献 37] Wood *et al.* (1997).

[文献 38] Bouchiat-Bouchiat (1974).

$$G_F \approx 3 \times 10^{-12} mc^2 \left(\frac{\hbar}{mc}\right)^3 \tag{1.210}$$

はフェルミの定数，$\vec{s}$ は電子スピン，$\vec{p}$ は電子の運動量，そして

$$Q_w = -N + (1 - 4\sin^2\theta_w)Z \tag{1.211}$$

は無次元の**原子核の弱電荷 (weak nuclear charge)**（N は中性子の数，$\sin^2\theta_w \approx 0.23$，$\theta_w$ はワインバーグの混合角である．

H_w がパリティを破ることを示せ．

(b) Z_0 の質量 ($m_Z \approx 92.6$ GeV/c^2) を用いて，中性の弱い相互作用の範囲を求めよ．

(c) 反対のパリティ状態 $|ns_{1/2}\rangle$ と $|n'p_{1/2}\rangle$ の混成を考える（価電子の単粒子状態である）．ここで，n, n' は主量子数である．このとき，Z^3 に比例して，重い原子ほど混合割合が増大することを示せ．

(d) 行列要素 $\langle n'p_{1/2}|H_w|ns_{1/2}\rangle$ の複素成分が存在することの重要性は何か．

(e) 水素原子において，$2S_{1/2}$ と $2P_{1/2}$ 間の PNC 誘起の混成を計算せよ．状態は，ラムシフト ($\Delta E \approx 1058$ MHz) のエネルギーだけ分裂があることを思い出そう．

(f) 水素原子に関する問 (e) の計算をもとに，Cs における $6s_{1/2}$ と $6p_{1/2}$ 間の PNC 誘起混合の大きさのオーダーを求めよ．

ヒント

問 (d) では，H_w がパリティを破るが，時間反転不変性 (T 対称性) を保つことを考える．特に，パリティの固有状態でない状態に電場をかけた場合を考え，行列要素 $\langle n'p_{1/2}|H_w|ns_{1/2}\rangle$ が純複素成分でないならば，系の T 対称性が破れていることを示せばよい．

解

(a) H_w がパリティを破っていることを示すには，パリティ演算子 P と交換しないことを示せば十分である．$[H_w, P] \neq 0$ ならば，原子系のエネルギー固有値は，一般にパリティ演算子の固有値にはならない．この場合，あるパリティの状態は，異なるエネルギー固有値の重ね合わせでなければならない．したがって，系が時間発展するとき，状態のパリティは変化するであろう．つまり，パリティは保存されない．

P の作用のもとで，H_w はどのように変換されるだろうか？ $H_w \propto \vec{s}\cdot\vec{p}$ より，$\vec{s}$ は軌道角運動量のように軸性ベクトル（擬ベクトル）であり，P によって符号を変えない．一方，$\vec{p}$ は極性ベクトルであり，符号を変える：

$$P^\dagger H_w P = -H_w \ . \tag{1.212}$$

P を式 (1.212) の両辺に掛けて，

$$H_w P = -P H_w \ . \tag{1.213}$$

H_w と P は反交換関係にあり，

$$[H_w, P] = H_w P - P H_w = 2 H_w P \neq 0 \ . \tag{1.214}$$

(b) ある Z_0 で電子と原子核が交換するには，エネルギー保存を破らずに十分短い時間で起こる必要がある．ハイゼンベルク不確定性関係によると，

$$\Delta E \Delta t \sim \hbar. \tag{1.215}$$

よって，中性の弱い力が及ぶ領域 R は，

$$R \sim c\Delta t \sim \frac{\hbar c}{\Delta E}. \tag{1.216}$$

Z_0 をつくるのに必要な最小のエネルギー ΔE を $m_Z c^2$ とすると，

$$\boxed{R \sim \frac{\hbar c}{m_Z c^2} \sim \frac{197.3 \ \text{MeV} \cdot \text{fm}}{92.6 \times 10^3 \ \text{MeV}} \sim 2 \times 10^{-3} \ \text{fm}.} \tag{1.217}$$

H_w を点の相互作用として取り扱うことは，原子物理学において非常に良い近似である．

(c) 時間に依存しない摂動論における 1 次摂動項は，弱い相互作用 H_w によって $|n'p\rangle$ 状態のいくつかと $|ns\rangle$ 状態が以下のように混じり合う：

$$|\widetilde{ns}_{1/2}\rangle = |ns_{1/2}\rangle + \frac{\langle n'p_{1/2}|H_w|ns_{1/2}\rangle}{\Delta E}|n'p_{1/2}\rangle \ . \tag{1.218}$$

ここで $\Delta E = E_s - E_p$ は状態間のエネルギー間隔（E_s は $|ns_{1/2}\rangle$ のエネルギー，E_p は $|n'p_{1/2}\rangle$ のエネルギー）である．問 (b) で議論したように，相互作用は点で働くから，s と p 状態間の混成は，原子核近くの s と p の波動関数に依存する．1.12 節から，領域 $r \lesssim a_0/Z$ での s 状態が表せる：

$$\psi_s(r) \sim \frac{\sqrt{Z}}{a_0^{3/2}} \ e^{-Zr/a_0} \ . \tag{1.219}$$

係数 $a_0^{-3/2}$ は波動関数の正しい次元を与える．同じ領域の p 状態は，

$$\psi_p(r) \sim \left(\frac{Z}{a_0}\right)^{3/2} \frac{r}{a_0} e^{-Zr/a_0} \tag{1.220}$$

で与えられる．弱い相互作用 (1.209) は 2 つの項からなる．第 2 項は行列要素に寄与しない．なぜなら，

$$\langle n'p_{1/2}|\delta^3(\vec{r})\vec{s}\cdot\vec{p}|ns_{1/2}\rangle = 0 \tag{1.221}$$

が成り立つからである．これは，s 状態の電子が原点で運動量ゼロとなる事実，および p 波動関数は $r=0$ でゼロとなる事実による．したがって，第 1 項のみが寄与することになり，$|n'p\rangle$ 状態と $|ns\rangle$ 状態の間の行列要素が

$$\langle n'p_{1/2}|H_w|ns_{1/2}\rangle \sim \frac{G_F Q_w}{mc}\int \psi_s(r)\left(\delta^3(r)\frac{\hbar}{i}\frac{\partial}{\partial r}\right)\psi_p(r)\ d^3r \tag{1.222}$$

$$\sim -i\frac{G_F Q_w \hbar}{mc}\psi_s(0)\frac{\partial \psi_p}{\partial r}\bigg|_0 \tag{1.223}$$

と与えられる．上の計算で，$\vec{s}\cdot\vec{p} = \hbar p_r/2$ とおいたが，$\vec{p}$ の角度分布のすそが Z スケーリングに影響しないからである．式 (1.220) から，

$$\frac{\partial \psi_p}{\partial r}\bigg|_0 \sim \frac{Z^{3/2}}{a_0^{5/2}}\ , \tag{1.224}$$

$$\psi_s(0) \sim \frac{\sqrt{Z}}{a_0^{3/2}}\ . \tag{1.225}$$

式 (1.223) を用いて，

$$\langle n'p_{1/2}|H_w|ns_{1/2}\rangle \sim -i\frac{G_F Q_w \hbar}{mca_0^4}Z^2\ . \tag{1.226}$$

弱電荷 Q_w は，大体原子数に比例するから，

$$\boxed{\langle n'p_{1/2}|H_w|ns_{1/2}\rangle \propto Z^3\ .} \tag{1.227}$$

この結果は，(1) s 状態で Z に比例して原子核内に電荷密度 $|\psi_s(0)|^2$ があること，(2) Z に比例した（遮蔽されない）核近くの（H_w に入った）電子の運動量，および (3) Q_w と Z との比例関係の帰結として理解される（1.12 節）．この説明は，p 波状態にはたらく運動量演算子が

$$\frac{\hbar}{i}\frac{\partial \psi_p}{\partial r}\bigg|_{r=0} \sim Z\frac{\hbar}{a_0}\psi_s(0) \tag{1.228}$$

である事実を考慮すると，上の考察と等価である．

PNC 誘起混合が状態間のエネルギー差に逆比例する（式 (1.218)）という観測結果は，ほぼ縮退した反対のパリティ—準位をもつ原子における PNC 測定の提案を導き，水素原子の 2s-2p 系[文献 39]や希土類原子（例えばサマリウム[文献 40]，ディスプロシウム[文献 41]，イッテルビウム[文献 42]）などの重い元素[文献 43]に適用された．

(d) 弱い相互作用はパリティを破るが T 不変性を破らないため，$|n'p\rangle$ と $|ns\rangle$ 状態間の PNC 誘起混合は複素数である．

状態 $|\widetilde{ns}_{1/2}\rangle$ の原子に静電場を（z 方向に）印加する（式 (1.218) を参照）．電場と原子の相互作用を支配するハミルトニアンは，（1 電子近似の範囲で）

$$H_1 = -\vec{d}\cdot\vec{E} = ezE_0 \ . \tag{1.229}$$

ここで，$\vec{d}$ は電気双極子，E_0 は電場 $\vec{E}$ の大きさである．電場による 1 次のエネルギーシフトは，

$$\Delta E^{(1)} = eE_0\langle\widetilde{ns}_{1/2}|z|\widetilde{ns}_{1/2}\rangle \tag{1.230}$$

$$= eE_0\big(\langle ns_{1/2}| - i\eta\langle n'p_{1/2}|\big)z\big(|ns_{1/2}\rangle + i\eta|n'p_{1/2}\rangle\big) \ . \tag{1.231}$$

ここで，状態 $|ns_{1/2}\rangle$ と $|n'p_{1/2}\rangle$ が量子化軸への全角運動量の同じ射影をもつと暗に仮定した（それらはハミルトニアン H_1 (1.229) によって結合できる）．また，$i\eta$（PNC 誘起混合の大きさ）は式 (1.218) と (1.226) より，

$$i\eta = \frac{\langle n'p_{1/2}|H_w|ns_{1/2}\rangle}{\Delta E} \ . \tag{1.232}$$

z は反対のパリティ状態のみ結びつけるから，

$$\Delta E^{(1)} = eE_0\langle ns_{1/2}|z|n'p_{1/2}\rangle(-i\eta + i\eta) = 0 \ . \tag{1.233}$$

$$\langle n'p_{1/2}|z|ns_{1/2}\rangle = \langle ns_{1/2}|z|n'p_{1/2}\rangle \tag{1.234}$$

を用いた．$i\eta$ は純複素数であり，線形なシュタルクシフトはあり得ない．

[文献 39] Hinds (1988) およびその中の文献参照.

[文献 40] Barkov ら (1989); Wolfenden-Baird (1993).

[文献 41] Budker ら (1994); Nguyen ら (1997).

[文献 42] DeMille (1995).

[文献 43] Dzuba ら (1986).

もし $i\eta$ に実部があれば，$\Delta E^{(1)}$ はゼロでなくなり，T 不変性を破る．これを証明するために，$\Delta E^{(1)} = -\langle \vec{d} \cdot \vec{E} \rangle \neq 0$ であれば，$\langle \vec{d} \rangle \neq 0$ が成り立つことに注目する．ウィグナー-エッカルトの定理（**付録 F**）から，あらゆるベクトル量は系の全角運動量に比例する：

$$\langle \vec{d} \rangle \propto \langle \vec{J} \rangle . \tag{1.235}$$

しかし，時間反転演算子 T は，$\vec{d} \to \vec{d}$ をとる一方，$\vec{J} \to -\vec{J}$ をとるから，“永久” 電気双極子モーメント（外部電場なしでも存在する）は，T 不変性を破る（続く議論は，4.8 節を参照）．

(e) 弱い相互作用ハミルトニアンは，スカラー演算子であり，同じ全角運動量 J と同じ角運動量成分 M_J の状態とのみ結合する．それゆえ，$M_J = 1/2$ 状態間の PNC 誘起混合は，

$$i\eta = \frac{\langle 2P_{1/2}\ M_J = 1/2 | H_w | 2S_{1/2}\ M_J = 1/2 \rangle}{\Delta E} \tag{1.236}$$

と表せ，回転不変性から，$M_J = -1/2$ 状態が同じ混合の大きさをもつ．

表記を簡略化するために，式 (1.221) を考慮し，

$$H_w = \beta \vec{s} \cdot \vec{p}\, \delta^3(\vec{r}) \tag{1.237}$$

と書く．ここで，

$$\beta = \frac{G_F}{\sqrt{2}} \frac{1}{2mc\hbar} Q_w . \tag{1.238}$$

S と P 状態は，クレプシュ-ゴルダン係数を用いて，スピン波動関数（$|+\rangle$，$|-\rangle$）と空間波動関数 $|n, l, m_l\rangle$ の積として表せる：

$$|2S_{1/2} M_J = 1/2\rangle = |2,0,0\rangle |+\rangle , \tag{1.239}$$

$$|2P_{1/2} M_J = 1/2\rangle = \sqrt{\frac{2}{3}} |2,1,1\rangle |-\rangle - \sqrt{\frac{1}{3}} |2,1,0\rangle |+\rangle . \tag{1.240}$$

まず，$\vec{s} \cdot \vec{p}\, |2P_{1/2}\ M_J = 1/2\rangle$ であることに気付くだろう．パウリ行列を用いたスピン基底における，演算子 $\vec{s} \cdot \vec{p}$ は，

$$\vec{s} \cdot \vec{p} = s_x p_x + s_y p_y + s_z p_z \tag{1.241}$$

$$= \frac{\hbar}{2} \left[\begin{pmatrix} 0 & p_x \\ p_x & 0 \end{pmatrix} + \begin{pmatrix} 0 & -ip_y \\ ip_y & 0 \end{pmatrix} + \begin{pmatrix} p_z & 0 \\ 0 & -p_z \end{pmatrix} \right] \tag{1.242}$$

$$
= \frac{\hbar}{2} \begin{pmatrix} p_z & p_x - ip_y \\ p_x + ip_y & -p_z \end{pmatrix} . \tag{1.243}
$$

したがって，スピン基底において，

$$
\vec{s} \cdot \vec{p} \, |2P_{1/2} \; M_J = 1/2\rangle = \frac{\hbar}{2} \begin{pmatrix} p_z & p_x - ip_y \\ p_x + ip_y & -p_z \end{pmatrix} \begin{pmatrix} -\sqrt{\frac{1}{3}} \, |2,1,0\rangle \\ \sqrt{\frac{2}{3}} \, |2,1,1\rangle \end{pmatrix} . \tag{1.244}
$$

式 (1.236) で置換すると，

$$
i\eta \Delta E = \frac{\hbar\beta}{2} \times \left(-\sqrt{\frac{1}{3}} \, \langle 2,1,0|p_z \delta^3(\vec{r})|2,0,0\rangle + \sqrt{\frac{2}{3}} \, \langle 2,1,1|(p_x + ip_y)\delta^3(\vec{r})|2,0,0\rangle \right) . \tag{1.245}
$$

上の式で，η の公式 (1.236) で見るように，式 (1.237) で表される H_w を用いると，エルミート共役により，式 (1.244) から ($\langle 2P_{1/2} \; M_J = 1/2| \, \vec{s} \cdot \vec{p}$) を得る．次に，球基底において（**付録 F**），

$$
p_1 = -\frac{1}{\sqrt{2}}(p_x + ip_y) \tag{1.246}
$$

$$
p_0 = p_z \tag{1.247}
$$

$$
p_{-1} = \frac{1}{\sqrt{2}}(p_x - ip_y) \tag{1.248}
$$

を用いると，

$$
i\eta \Delta E = -\frac{\hbar\beta}{2} \left(\frac{1}{\sqrt{3}} \, \langle 2,1,0|p_0 \delta^3(\vec{r})|2,0,0\rangle + \frac{2}{\sqrt{3}} \, \langle 2,1,1|p_1 \delta^3(\vec{r})|2,0,0\rangle \right) . \tag{1.249}
$$

ここで，ウィグナー-エッカルトの定理（**付録 F**）を適用すると，

$$
\langle 2,1,0|p_0 \delta^3(\vec{r})|2,0,0\rangle = \frac{1}{\sqrt{3}} \langle 2,1||p\delta^3(\vec{r})||2,0\rangle \langle 0,0,1,0|1,0\rangle \; , \tag{1.250}
$$

$$
\langle 2,1,1|p_1 \delta^3(\vec{r})|2,0,0\rangle = \frac{1}{\sqrt{3}} \langle 2,1||p\delta^3(\vec{r})||2,0\rangle \langle 0,0,1,1|1,1\rangle \; . \tag{1.251}
$$

$\langle l_1, m_1, \kappa, q | l_2, m_2 \rangle$ は，適当なクレプシュ-ゴルダン係数で，$\langle n_2, l_2 || p\delta^3(\vec{r}) || n_1, l_1 \rangle$ は，その行列要素である．式 (1.251) における両クレプシュ-ゴルダン係数は

1に等しく，

$$\langle 2,1,0|p_0\delta^3(\vec{r})|2,0,0\rangle = \langle 2,1,1|p_1\delta^3(\vec{r})|2,0,0\rangle \tag{1.252}$$

を用いて，式 (1.249) から

$$\eta\Delta E = -\frac{\hbar\beta\sqrt{3}}{2i}\langle 2,1,0|p_0\delta^3(\vec{r})|2,0,0\rangle \ . \tag{1.253}$$

今，上の行列要素に関する積分を実行するために，水素原子の波動関数を用いる．$p_0\psi_{210}(\vec{r})$ を見つけることから始める．z 方向の運動量演算子は，

$$p_0 = p_z = \frac{\hbar}{i}\frac{\partial}{\partial z} \tag{1.254}$$

と与えられる．最も便利な極座標表記でについて，水素原子波動関数を微分するため，$\frac{\partial}{\partial z}$ を極座標表記で表す [15]:

$$\frac{\partial}{\partial z} = \cos\theta\frac{\partial}{\partial r} - \frac{\sin\theta}{r}\frac{\partial}{\partial\theta} \ . \tag{1.260}$$

水素波動関数 $\psi_{210}(r,\theta,\phi)$ は，

$$\psi_{210}(r,\theta,\phi) = \frac{1}{4\sqrt{2\pi}}\frac{1}{a_0^{3/2}}\frac{r}{a_0}e^{-r/2a_0}\cos\theta \tag{1.261}$$

であり，式 (1.260) および (1.261) を用いて，

$$p_0\psi_{210}(\vec{r}) = \frac{\hbar}{i}\frac{\partial}{\partial z}\psi_{210}(\vec{r}) = \frac{-i\hbar}{4\sqrt{2\pi}}\frac{1}{a_0^{5/2}}\left(1 - \frac{r}{2a_0}\cos^2\theta\right)e^{-r/2a_0} \ . \tag{1.262}$$

---

[15] 極座標における勾配は，

$$\vec{\nabla} = \frac{\partial}{\partial r}\hat{r} + \frac{1}{r}\frac{\partial}{\partial\theta}\hat{\theta} + \frac{1}{r\sin\theta}\frac{\partial}{\partial\phi}\hat{\phi} \tag{1.255}$$

で与えられ，デカルト座標系では

$$\vec{\nabla} = \frac{\partial}{\partial x}\hat{x} + \frac{\partial}{\partial y}\hat{y} + \frac{\partial}{\partial z}\hat{z} \ . \tag{1.256}$$

極基底は，デカルト基底と以下の関係がある：

$$\hat{r} = \sin\theta\cos\phi\hat{x} + \sin\theta\sin\phi\hat{y} + \cos\theta\hat{z} \ , \tag{1.257}$$

$$\hat{\theta} = \cos\theta\cos\phi\hat{x} + \cos\theta\sin\phi\hat{y} - \sin\theta\hat{z} \ , \tag{1.258}$$

$$\hat{\phi} = -\sin\phi\hat{x} + \cos\phi\hat{y} \ . \tag{1.259}$$

式 (1.255) で上の関係を用いて，勾配の z 成分が式 (1.260) で与えられることがわかる．

これで，式 (1.253) の積分を計算する準備が整った．式 (1.262) の複素共役をとる必要があることに注意し，水素原子の波動関数 $\psi_{200}(r,\theta,\phi)$ として

$$\psi_{200}(r,\theta,\phi)=\frac{1}{2\sqrt{2\pi}}\frac{1}{a_0^{3/2}}\left(1-\frac{r}{2a_0}\right)e^{-r/2a_0} \tag{1.263}$$

を用いると，

$$\eta\Delta E=-\frac{\hbar^2\beta\sqrt{3}}{32\pi a_0^4}\int\left(1-\frac{r}{2a_0}\cos^2\theta\right)\left(1-\frac{r}{2a_0}\right)e^{-r/a_0}\delta^3(r)d^3r \tag{1.264}$$

$$=-\frac{\hbar^2\beta\sqrt{3}}{32\pi a_0^4}\ . \tag{1.265}$$

式 (1.265) において，式 (1.238) と (1.210) を用いると，

$$\eta\Delta E=-\sqrt{\frac{3}{2}}\ \frac{G_F Q_w}{64\pi}\frac{\hbar}{mca_0^4} \tag{1.266}$$

$$=-\sqrt{\frac{3}{2}}\ \frac{3\times10^{-12}}{64\pi}Q_w\frac{\hbar c}{a_0^4}\left(\frac{\hbar}{mc}\right)^3 \tag{1.267}$$

$$=-\sqrt{\frac{3}{2}}\ \frac{3\times10^{-12}}{64\pi}Q_w\alpha^4 mc^2\ . \tag{1.268}$$

水素原子における弱い電荷は，式 (1.211) によれば，

$$Q_w=1-4\sin^2\theta_w\approx0.08\ . \tag{1.269}$$

よって，

$$\eta\Delta E\approx-2\times10^{-18}\ \mathrm{eV}\ . \tag{1.270}$$

$2S_{1/2}$ と $2P_{1/2}$ 状態間のエネルギー間隔は，ラムシフトによって与えられ，

$$\Delta E\approx1058\ \mathrm{MHz}\approx4\times10^{-6}\ \mathrm{eV}\ . \tag{1.271}$$

したがって，水素原子における $2S_{1/2}$ と $2P_{1/2}$ 状態間の PNC 誘起混合は，

$$\boxed{\eta\approx-5\times10^{-13}\ .} \tag{1.272}$$

注目すべきは，この効果が，弱電荷 $Q_w\approx-1$ となる重水素において 1 桁ほど大きいことである．水素原子の PNC 効果を観測し得る実験努力は，Hinds (1988) によってまとめられている．

(f) 大雑把な見積りとして，水素原子の PNC 誘起の状態混成とセシウムに

おける混成の違いは，Z，Q_w，およびエネルギー分裂間隔だけである．この近似において，Cs の $6s$ と $6p$ 間の PNC 誘起混成の大きさ $\eta(\mathrm{Cs})$ は，水素原子の $2s$ と $2p$ の PNC 誘起混成の大きさ $\eta(H)$ と，以下の関係がある．

$$\eta(\mathrm{Cs}) \sim \eta(\mathrm{H}) \frac{Z^2 Q_w(\mathrm{Cs})}{Q_w(\mathrm{H})} \frac{\Delta E_{\mathrm{H}}(2s, 2p)}{\Delta E_{\mathrm{Cs}}(6s, 6p)} . \tag{1.273}$$

ここで，$Z = 55$ は Cs の原子番号，$\Delta E_{\mathrm{H}}(2s, 2p) \approx 4 \times 10^{-6}$ eV は，ラムシフトによる水素原子の $2S_{1/2}$ と $2P_{1/2}$ 状態の間隔，また，$\Delta E_{\mathrm{Cs}}(6s, 6p)$ は，Cs の $6s$ と $6p$ 準位間のエネルギー差である．

$$\Delta E_{\mathrm{Cs}}(6s, 6p) \sim -10^4\ \mathrm{cm}^{-1} \sim -1.25\ \mathrm{eV} \tag{1.274}$$

式 (1.211) から，Cs の弱電荷 $Q_w(\mathrm{Cs})$ は

$$Q_w(\mathrm{Cs}) \approx -75 \tag{1.275}$$

と見積もられる．これは，実験結果 −72.06(46)（Wood ら 1997）に近いが，放射補正の分だけ異なる [16]．式 (1.273) でこれらの値を用いると，

$$\boxed{\eta(\mathrm{Cs}) \sim -5 \times 10^{-12}\ .} \tag{1.276}$$

Cs に関する詳細な解析によって，約 2 倍大きい結果が導かれる [17][文献 44]．

極めて小さい混成強度でもあれば，セシウムの PNC が 1%の割合で観測されることは，実に驚くべき成果である [文献 45]．

---

[16] **放射補正 (Radiative corrections)** は，相互作用の高次過程による補正である．ファインマン図形で（**付録 H**），始状態と終状態が同一のとき，低次過程よりも多くの頂点を含むような図形の寄与を示す．[例えば，Griffiths (1987)]．ここでは，Q_w の表式 (1.211) が核と電子の Z_0 交換に基づく．Q_w の放射補正を記述するファインマン図形が，核から伝達し，さらにトップクォークや反トップクォークに変わる Z_0 を含む．それらは，続いて崩壊して Z_0 となり，電子と相互作用する．

[17] 気を付けなければならないのは，Cs の全 p 状態が比較的 $6s$ 状態からエネルギー的に離れており，PNC 効果の適切な計算が全 p 状態和を含むことである．しかし，$6p$ と $7p$ 以外の状態との結合強度はかなり小さく，$6s$ への $6p$ や $7p$ の混成を含むだけで，PNC 誘起の合理的で正確な予測ができる．$6p$ と $7p$ の PNC 誘起混成は，$6s - 6p$ 混成よりも ~ 4 程度小さいことがわかる．よって，我々の見積りは，$6s$ 状態への p 状態の混成の正しい結果に近いものを与える．

[文献 44] 例えば，Khriplovich (1991).

[文献 45] Wood ら (1997).

1.14 反原子におけるパリティの非保存

Probrems and Solutions

1.13 節で議論したように，中性の弱い相互作用によるパリティ非保存は，原子遷移において明確に現れる．例えば，非偏光で励起された水素の強く禁じられた一光子崩壊

$$|2S\rangle \to |1S\rangle + \gamma \tag{1.277}$$

において，放出された光子は偏った円偏光をもつ．その効果は，大きい弱電荷 Q_w（式 (1.211)）に起因し，重水素でより大きくなる．重水素における光子の円偏光度合いは，$\sim 2 \times 10^{-4}$ である．

さて，P-不変性が破れる一方，空間反転と**電荷反転変換 (charge conjugation)**，C の合成変換[18] を実行することで，対称性はほぼ回復される．これまでに，CP-破れは，中性の K-と B-中間子の崩壊などの限られた場合に発見されているが，ここでは考慮する必要がないので，以下では CP が良い対称性であると仮定する．

ここで質問：水素が優先的に右円偏光 (R) 光子[19] を放出する場合，反水素で優先的に放出される円偏光の符号は何か？

反水素は，素粒子加速器を用いて CERN[文献 46] と FermiLab[文献 47] で作られた．これらの実験でつくられた反水素は，実験室系でほぼ光の速さで運動するため，精密な分光を行うのが非常に難しい．低エネルギーの反水素や冷たい陽電子は，入れ子になったペニングトラップに同時に蓄えられ[文献 48]，冷たい反水素をつくることに成功している[文献 49]．これは，分光実験に使用可能な反水素をつくる確実な方法である．反水素は，CPT 対称性やローレンツ不変性の検証を行う興味深い実験手段を提供するかもしれない[文献 50]．

---

[18] この変換は物質を反物質へ変える．

[19] 本書では，分光屋の左右円偏光の慣例を使用する．σ_+ 光子（伝播方向に沿った光子スピンと正のヘリシティーをもつ）は，左円偏光と言われ，σ_- 光子は右円偏光と言われる．

[文献 46] G. Baur ら (1996).

[文献 47] G. Blanford ら (1998).

[文献 49] Amoretti ら (2002), Gabrielse ら (2002).

[文献 50] 例えば，Holzscheiter と Charlton (1999), Gabrielse (2001) を参照．

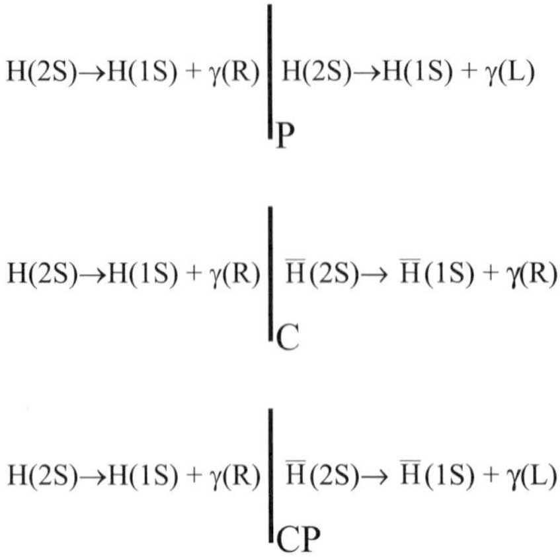

$$\mathrm{H(2S)\rightarrow H(1S)} + \gamma(\mathrm{R}) \;\Big|\; \mathrm{H(2S)\rightarrow H(1S)} + \gamma(\mathrm{L})$$

P

$$\mathrm{H(2S)\rightarrow H(1S)} + \gamma(\mathrm{R}) \;\Big|\; \overline{\mathrm{H}}\mathrm{(2S)\rightarrow} \overline{\mathrm{H}}\mathrm{(1S)} + \gamma(\mathrm{R})$$

C

$$\mathrm{H(2S)\rightarrow H(1S)} + \gamma(\mathrm{R}) \;\Big|\; \overline{\mathrm{H}}\mathrm{(2S)\rightarrow} \overline{\mathrm{H}}\mathrm{(1S)} + \gamma(\mathrm{L})$$

CP

図 1.11　実験室で見られる水素 $|2S\rangle \rightarrow |1S\rangle + \gamma$ 崩壊とそのさまざまな変換: P, C, および CP-変換における崩壊. $\overline{\mathrm{H}}$ は反水素, $\gamma(\mathrm{L})$ と $\gamma(\mathrm{R})$ は格子と好まれる円偏光を表す.

解

実験室とその鏡像（**図 1.11** の上部）に見られるような崩壊を考えよう．鏡面反射は，R 光子を L 光子へ変え（L と R は，左と右円偏光を示す），鏡を見ると，励起された水素が優先的に L 光子に崩壊することがわかる．これは実際には起こらないことが，パリティ非保存の本質である：自然の法則は，実際の実験室と鏡の中の反対側とで同じでない（この場合，自然の法則は，励起された水素が優先的に R 光子に崩壊することである）．

今，座標を反転させる通常の (P) ミラーになぞらえて [20]，電荷を反転する "C-ミラー" を考える．"C-ミラー" は，粒子のすべての電荷を反転して反粒子に置き換えるが，座標には影響しない．（図 1.11 の中段ような）ミラーで元のプロセスを見てみると，反水素が優先的に R 光子に崩壊しているように見えるのだが，繰り返しになるが，これは現実（C-破れ）には起きない．

実際に反水素がどのように崩壊するか決めるために，CP-不変性を用い，"CP-ミラー" における元のプロセス（図 1.11 の下段）を見る．CP-不変性

[20] 実際には，ミラーは 3 つのうちの 1 つのみ反転するが，これは本質的ではない．なぜなら，3 つすべての軸の反転は，どれか 1 つのみの反転とそれに続く反転軸の周りの 180 度回転に相当するからである．

から，"CP-ミラー" で我々が見るものすべてが，少なくとも原理的に，実験室系において再現される現実のプロセスに対応している．

同じ結果を正式に導こう．まず，水素を考える．ハミルトニアンは，

$$H = H_0 + H_w. \tag{1.278}$$

ここで，H_0 はハミルトニアンのパリティ保存部分，H_w はパリティを破っている部分を表す．1.13 節で見たように，パリティを破っている部分は，決まったパリティをもつ H_0 の固有状態の混成を与える．特に，全ハミルトニアンの固有状態は，

$$|\widetilde{2S}\rangle \approx |2S\rangle + \frac{\langle 2P|H_w|2S\rangle}{E_{2S} - E_{2P}}|2P\rangle \equiv |2S\rangle\ + i\eta|2P\rangle. \tag{1.279}$$

ここで，E_{2S} と E_{2P} が H_0 の固有状態エネルギーである 1 次摂動論を用い，$|2P\rangle$ 近く以外は全状態と $|2S\rangle$ との混成を無視した．1.13 節で見たように，定数 $i\eta$ は，T-不変性の結果，複素数であることがわかる．式 (1.279) の形は，いわゆる "スピンヘリックス" に対応する．その符号は，崩壊する光子の好む利き手 (handedness) で決まる[文献 51]．

さて，反水素について分析しよう．場の量子論において，反水素はハミルトニアンに自動的に含まれる．一般化すると，式 (1.278) は，

$$H = H_0 + H_w + \overline{H}_0 + \overline{H}_w\ . \tag{1.280}$$

すなわち，反水素のパリティ保存とパリティ非保存を明示的に含む（バーは，反水素に関係する量を表す）．CP-不変性は，全ハミルトニアン (1.280) が CP について不変であることを意味する．したがって，

$$(CP)H_0(CP)^{-1} = \overline{H}_0; \quad (CP)H_w(CP)^{-1} = \overline{H}_w \tag{1.281}$$

が成り立つ．反水素に関する式 (1.279) の類似性から，

$$|\widetilde{\overline{2S}}\rangle \approx |\overline{2S}\rangle\ + \overline{i\eta}\ |\overline{2P}\rangle. \tag{1.282}$$

今，$\overline{i\eta}$ を見積もるために，$i\eta$ の定義から始め，演算子 H_w の両辺に恒等演算子 $(CP)^{-1}(CP) = 1$ を挿入すると，

[文献 51] 詳しくは，(Khriplovich 1991), Chapter 2.

$$i\eta = \frac{\langle 2P|H_w|2S\rangle}{E_{2S}-E_{2P}} = \frac{\langle 2P|(CP)^{-1}(CP)H_w(CP)^{-1}(CP)|2S\rangle}{E_{2S}-E_{2P}} \tag{1.283}$$

$$= \frac{\langle -\overline{2P}|(CP)H_w(CP)^{-1}|\overline{2S}\rangle}{E_{2S}-E_{2P}} \tag{1.284}$$

$$= -\frac{\langle \overline{2P}|\overline{H}_w|\overline{2S}\rangle}{E_{\overline{2S}}-E_{\overline{2P}}} = -\overline{\delta}\ . \tag{1.285}$$

ここで，波動関数 $CP|2S\rangle = |\overline{2S}\rangle, CP|2P\rangle = -|\overline{2P}\rangle$ の性質（C は単にバーを加えるだけで，P は奇パリティの符号を変える），および CP に対する $H_0 + \overline{H}_0$ の固有エネルギーの不変性を用いた．これは，反水素のパリティ混成の符号が，水素のものと反対であることを示しており，L 光子の放出を示唆する先の結論と一致する．

1.15 アナポールモーメント (T)

Probrems and Solutions

アナポール (anapole)[文献 52] は，電磁的電流分布のベクトルポテンシャルの多極子展開において，磁気双極子などのよく知られたモーメント方向を示す電磁モーメントである [21)]．

系のアナポールモーメント $\vec{a}$ は，

$$\vec{a} = -\pi \int r^2 \vec{j}(\vec{r}) d^3 r \tag{1.286}$$

で定義される．ここで，$\vec{j}(\vec{r})$ は電流密度である．この定義によれば，この問題で示すように，ベクトルポテンシャルにおけるアナポールの寄与は，

$$\vec{A}_a\left(\vec{R}\right) = \vec{a}\delta(\vec{R}) \tag{1.287}$$

に従う．荷電粒子がアナポールモーメントを感じるためには，電流分布の中に突き出している必要がある（**接触相互作用 (contact interaction)**）．

アナポールモーメントをもつ最も単純な系を可視化するために，原点を通らない電流ループ[文献 53] を考えよう．定義 (1.286) より，原点から遠い点に

[文献 52] Zel'dovich (1958).

21) 異なる電磁モーメントは，電荷と電流分布を記述する異なるランクのテンソルである．

[文献 53] Flambaum-Murray (1997).

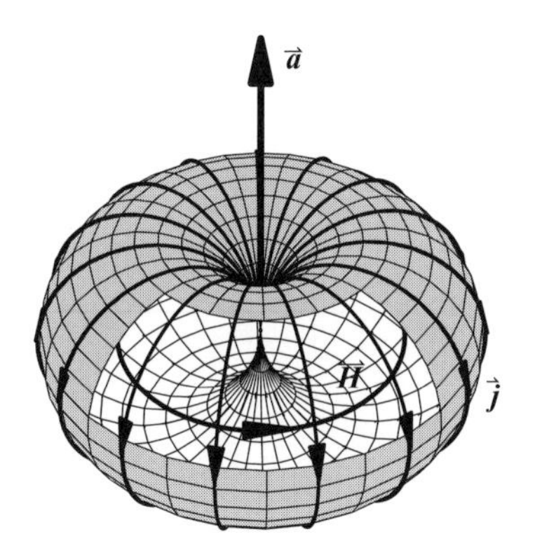

図 1.12　ゼロにならず，“縮小できない” アナポールモーメントをもつ最も単純な系: 原点からずれた電流ループの連続とみなせるトロイダル状の巻き線．図は，S. M. Rochester の好意による．

おける電流と反対方向を向いたゼロでないアナポールモーメントがある．この直接的な一般化は，トロイダルの巻き線（**図 1.12**）であり，電流は一定の速さで一連のループを流れる．単一ループとは違い，電流によってつくられる磁場は，トーラス内に閉じ込められている．さらに，アナポールモーメントの大きさは，原点の選択に依存しない．この状況は，原点にない単一電荷や 2 つの異なる電荷によって形成された双極子に似ている．

トロイダル電流は，“減衰しない” アナポールの単純な例であると言えよう．

では，問題に移ろう．

(a) なぜゼロでないスピンをもつ核だけが，アナポールモーメントをもつことができるのか，なぜアナポールがパリティを破る相互作用によって現れるのかを説明せよ [22]．

(b) では，式 (1.287) の導出に着手しよう．それは，“通常の” モーメント（磁気双極子など）の導出と同様にできる [文献 54]．問題のこの部分は，大学院レベルの数学（テンソル代数）をいくらか使う．

ここで示す導出は，Sushkov ら (1984) と Khriplovich (1989, 1991) のものに従い，ベクトルポテンシャルの一般的な表式から始める：

---

[22] 弱い相互作用（1.13 節）からくる原子核のアナポールモーメントは，Wood ら (1997) によってセシウムを用いた原子 PNC 実験において最近発見された．

[文献 54] 例えば，Jackson (1975) または，Landau-Lifshitz (1987) を参照せよ．

$$\vec{A}\left(\vec{R}\right) = \frac{1}{c}\int \frac{\vec{j}(\vec{r})}{|\vec{R}-\vec{r}|}d^3r \ . \tag{1.288}$$

非積分関数を（$R \gg r$ を仮定して）r/R について展開する [23].

ベクトルポテンシャル (1.288) の展開におけるゼロ次項を考えよう．原子核においてそれが消滅することを示せ.

(c) 今，ベクトルポテンシャルの 1 次項を考えよう．それが磁気双極子によるポテンシャルに対応することを示せ.

(d) 最後に，アナポールモーメントを与えるベクトルポテンシャル (1.288) の多極子展開における 2 次項に移ろう.

$$A_i^{(2)}\left(\vec{R}\right) = \frac{1}{2c}\left(\nabla_k\nabla_l\frac{1}{R}\right)\int j_i r_k r_l d^3r. \tag{1.289}$$

式 (1.289) において，すべての対称項が消滅することを示せ.

(e) ベクトルポテンシャル展開で 2 次項の反対称ランク 2 部分が T-不変性を破ることを示せ.

(f) ベクトルポテンシャルの 2 次項に残った 1 階テンソルが $r^2\vec{j}$ に比例するベクトルであることを示せ.

(g) 上の結果を用いて，ベクトルポテンシャルの展開で 2 次項が

$$A_i^{(2)}\left(\vec{R}\right) = -\frac{1}{3c}\left(\nabla_k\nabla_l\frac{1}{R}\right)\int \epsilon_{kip}V_p r_l d^3r \tag{1.290}$$

によって与えられることを証明せよ．ここで，V_p は反対称 2 階テンソル $j_k r_i - j_i r_k$ の **2 重ベクトル (dual vector)** である [文献 55]：

$$(j_k r_i - j_i r_k) = \epsilon_{kip}V_p \ . \tag{1.291}$$

この形は反対称性を明確に説明する．$\vec{V}$ の成分の明確な表現は，ϵ_{kiq} を式 (1.291) の両辺にかけ,

$$\epsilon_{kip}\epsilon_{kiq} = 2\delta_{pq} \tag{1.292}$$

を考慮すると,

---

[23] $R \gg r$ の極限でベクトルポテンシャルを展開し始め，デルタ関数が残るので（式 (1.287)），勤勉な読者はこのアプローチの妥当性に疑問をもつかもしれない．しかし，より厳密な導出 [Flambaum-Khriplovich (1980); Flambaum-Hanhart (1993)] において，ここで示した結論を確認できる.

[文献 55] 例えば，Arfken (1985), 3.4 章.

$$V_q = \frac{1}{2}\epsilon_{kiq}(j_k r_i - j_i r_k) \ . \tag{1.293}$$

(h) 項 $\vec{A}_i^{(2)}\left(\vec{R}\right)$ は，アナポールモーメントによるベクトルポテンシャルに相当する．式 (1.310) を用いて，式 (1.287) を証明せよ．

解

(a) 系（今の場合は原子核）を特徴づけるランク 1 のテンソル（ベクトル）において正しいように，アナポールモーメントは系 $\vec{I}$ の全角運動量に比例しなければならない（**付録 F**）．空間反転のもと $\vec{a}$ と $\vec{I}$ の振る舞いを考えるとき，アナポールモーメントのパリティを破る性質が明らかになる：後者は擬ベクトルであるのに対して，前者は $\vec{j}$ のような通常のベクトルである（式 (1.286) を参照）．しかし，注意すべきは，$\vec{a}$ と $\vec{I}$ が T-奇であるため，アナポールモーメントの存在は，時間反転不変性を破らないことである．

(b) テイラー展開のベクトル形式を使うと便利である:

$$\frac{1}{|\vec{R}-\vec{r}|} = \frac{1}{R} - \left(\nabla_k \frac{1}{R}\right) r_k + \frac{1}{2}\left(\nabla_k \nabla_l \frac{1}{R}\right) r_k r_l + \dots \ , \tag{1.294}$$

ここで，慣例に従い，繰り返される添字について和をとる．

すると，ベクトルポテンシャル (1.288) の展開でゼロ次項は，

$$\vec{A}^{(0)}\left(\vec{R}\right) = \frac{1}{cR}\int \vec{j}(\vec{r}) d^3 r \tag{1.295}$$

と求まる．定常状態では有限のサイズの系に平均的に電流がないため（電荷の空間分布は，時間とともに変化しない），この量は原子核で消滅する．

(c) ベクトルポテンシャルの各デカルト成分の一次項の非積分関数は，対称と非対称成分に分けることができる：すなわち

$$\begin{aligned} A_i^{(1)}\left(\vec{R}\right) &= -\frac{1}{c}\left(\nabla_k \frac{1}{R}\right)\int j_i r_k d^3 r \\ &= -\frac{1}{c}\left(\nabla_k \frac{1}{R}\right)\int \left[\frac{1}{2}(j_i r_k + j_k r_i) + \frac{1}{2}(j_i r_k - j_k r_i)\right] d^3 r. \end{aligned} \tag{1.296}$$

次に，ガウスの定理と共通の技法を使うと，任意の良い関数 f の空間微分の体積積分が，関数自身の面積分と等しくなる：

$$\int \nabla_m f d^3 r = \int f dS_m \ . \tag{1.297}$$

これは，式 (1.296) で対称な組み合わせの積分が消えることを示す．実際，

$$\int \nabla_m (r_i r_k j_m) d^3 r \tag{1.298}$$

を考えることができる．式 (1.297) に従い体積積分を面積分へと変換し，（電流がゼロである）系の境界の外で積分すると，積分 (1.298) が消えることがわかる．一方，

$$0 = \int \nabla_m (r_i r_k j_m) d^3 r = \int \left(\delta_{mi} r_k j_m + r_i \delta_{mk} j_m + r_i r_k \vec{\nabla} \vec{j} \right) d^3 r. \tag{1.299}$$

電流の発散が定常状態でゼロであるから，式 (1.299) で非積分関数の最後の項は消える．他の 2 つの項は，式 (1.296) で対称な組み合わせに相当する．

式 (1.296) において積分の非対称部分を考える：

$$A_i^{(1)} \left(\vec{R} \right) = \frac{1}{c} \frac{R_k}{R^3} \int \left\{ \frac{1}{2} (j_i r_k - j_k r_i) \right\} d^3 r. \tag{1.300}$$

$$R_k j_i r_k - R_k j_k r_i = j_i \vec{R} \cdot \vec{r} - r_i \vec{R} \cdot \vec{j} = \left\{ \vec{R} \times \left(\vec{j} \times \vec{r} \right) \right\}_i \tag{1.301}$$

より，式 (1.300) は磁気双極子 $\vec{m}$ からのベクトルポテンシャルに関するよく知られた表式であることがわかる：

$$A_i^{(1)} \left(\vec{R} \right) = \frac{\vec{m} \times \vec{R}}{R^3}. \tag{1.302}$$

ここで磁気双極子は，以下で定義される．

$$\vec{m} = \frac{1}{2c} \int \vec{r} \times \vec{j}(\vec{r}) d^3 r. \tag{1.303}$$

(d) 式 (1.289) の非積分関数は，3 階テンソル（3 つのベクトルの組み合わせの結果）で，3，2，1，および 0 階の既約テンソルに分解できる．1 番目は，構成ベクトルの成分に関して完全に対称であり，最後のは完全に反対称である [24]．式 (1.299) で用いたのと同様の技法を使って，テンソルの対称部分が積分してゼロとなることを示す:

---

[24] 3 階の既約テンソルが対称であることをみるために，構成ベクトルのそれぞれ（3 つの独立した座標で記述される）をスピン 1，3 階既約テンソルをスピン 3 のものと考える．3 つのスピン 1 の組み合わせによってスピン 3 を得るには，全対称波動関数をつくる必要がある．0 階については，3 つのベクトル $\vec{v}_{1-3}$ からつくられたスカラーは，混合積 $\vec{v}_1 \cdot (\vec{v}_2 \times \vec{v}_3) = (v_1)_i (v_2)_j (v_3)_k \epsilon_{ijk}$ であり，ϵ_{ijk} は全反対称 **(Levi-Civita)** テンソルである．構成ベクトルのうちの 2 つは同じであり，0 階の項は消える．

$$0 = \int \nabla_m (r_i r_k r_l j_m) d^3 r = \int (\delta_{mi} r_k r_l j_m + r_i \delta_{mk} r_l j_m + r_i r_k \delta_{ml} j_m) d^3 r$$
$$= \int (r_k r_l j_i + r_i r_l j_k + r_i r_k j_l) d^3 r. \qquad (1.304)$$

式 (1.289) の非積分関数でテンソルの残った部分は，反対称のランク 2 テンソルとランク 1 テンソル（ベクトル）である [25)].

(e) 式 (1.289) の非積分関数において，テンソルの残された部分すべては，空間反転（$\vec{r} \to -\vec{r}$ と $\vec{j} \to -\vec{j}$ との変換）と時間反転（$\vec{r} \to \vec{r}$ と $\vec{j} \to -\vec{j}$ との変換）の両方で符号を変えることに注意する．ウィグナー-エッカルトの定理（**付録 F**）によって，全角運動量 I をもつ系（今の場合は原子核）に特徴的な 2 階テンソルは，$\vec{I}$ の成分以外で構成される 2 階既約テンソルのみに比例する必要がある：

$$\frac{1}{2}(I_i I_k + I_k I_i) - \frac{1}{3} I(I+1)\delta_{ik} \ , \qquad (1.305)$$

これは，空間反転と時間反転の両方で成り立つ．したがって，2 階モーメント（**磁気四極子 (magnetic quadrupole moment)** とよばれる）の存在は，パリティ (P) と時間反転 (T) の両方を破る．この問題では，T 保存モーメントに限り，磁気四極子は考えない．

(f) では，$r_i r_k j_l$ 以外で構成されたベクトルの話に移ろう．唯一の可能性は，$r^2 \vec{j}$ と $\vec{r}(\vec{r} \cdot \vec{j})$ である．これら 2 つのベクトルに関する積分は独立ではないことがわかる．これを見るために，式 (1.304) で添え字に関する和がないことに注意すると，どの 2 つの成分でもとれるだろう．そうであれば，これらの成分の和をとっても正しいはずである．特に，(2 つの添え字に関するテンソルの短縮とよばれる）和をとると，

$$0 = \delta_{kl} \int (r_k r_l j_i + r_i r_l j_k + r_i r_k j_l) d^3 r = \int \Big(r^2 j_i + 2 r_i (\vec{r} \cdot \vec{j}) \Big) d^3 r. \qquad (1.306)$$

このように，$r^2 \vec{j}$ の構造を考えるだけで十分である．

(g) 式 (1.289) に戻り，式 (1.304) とテンソル $\left(\nabla_k \nabla_l \frac{1}{R}\right)$ が添字 k と l に関

25) 一般の 3 階テンソル（27 個の独立成分）は，1 つの 3 階既約テンソル（7 成分），2 つの 2 階既約テンソル（2×5 成分），3 つのベクトル (3×3 成分)，およびスカラー（1 成分；例えば [Varshalovich ら (1988), 3.2.2 節]）に分解される; しかし今の場合，構成ベクトルの 2 つは同じであり，対応する成分で対称な構造のみ許されるから，可能なテンソルの数は減る．

して対称であることを考慮して変換する．まず，式 (1.304) から，

$$\int j_i r_k r_l d^3r = -\int (j_k r_i r_l + j_l r_i r_k) d^3r. \tag{1.307}$$

これを式 (1.289) に代入すると，

$$\begin{aligned}\vec{A}_i^{(2)}\left(\vec{R}\right) &= -\frac{1}{2c}\left(\nabla_k \nabla_l \frac{1}{R}\right)\int (j_k r_i r_l + j_l r_i r_k) d^3r \\ &= -\frac{1}{c}\left(\nabla_k \nabla_l \frac{1}{R}\right)\int j_k r_i r_l d^3r.\end{aligned} \tag{1.308}$$

ここで，最後の表式として $\left(\nabla_k \nabla_l \frac{1}{R}\right)$ の対称性を用いた．式 (1.289) と (1.308) を合わせると（式 (1.289) と (1.308) を加え 2 で割る），添字 i と k に反対称な非積分関数の組み合わせを得る:

$$\frac{3}{2}\vec{A}_i^{(2)}\left(\vec{R}\right) = -\frac{1}{2c}\left(\nabla_k \nabla_l \frac{1}{R}\right)\int (j_k r_i - j_i r_k) r_l d^3r. \tag{1.309}$$

式 (1.309) で式 (1.291) を用いて，望んだ結果を得る．

$$\vec{A}_i^{(2)}\left(\vec{R}\right) = -\frac{1}{3c}\left(\nabla_k \nabla_l \frac{1}{R}\right)\int \epsilon_{kip} V_p r_l d^3r. \tag{1.310}$$

(h) 既約構造への非積分関数の展開を完成させるために，テンソル $V_p r_l$ を対称および反対称部分へと分解する．対称部分は，2 階テンソルの磁気四極子モーメントに相当する．すでに議論したように，このモーメントは T 不変性を破るため，この問題では考えない．$V_p r_l$ の反対称部分に移ると，式 (1.291) の類似性から，

$$\frac{1}{2}(V_p r_l - V_l r_p) = \frac{1}{2}\epsilon_{plq} W_q. \tag{1.311}$$

これを式 (1.310) に代入して，恒等式

$$\epsilon_{kip}\epsilon_{plq} = \delta_{kl}\delta_{iq} - \delta_{kq}\delta_{il} \tag{1.312}$$

を用いると，

$$\vec{A}_{i,Anapole}^{(2)}\left(\vec{R}\right) = -\frac{1}{6c}\left(\nabla_k \nabla_l \frac{1}{R}\right)\int (\delta_{kl} W_i - \delta_{il} W_k) d^3r. \tag{1.313}$$

これでベクトルポテンシャルの表式を，系に特徴的な単一ベクトルのみに依存する形（非積分関数 $\vec{W}$）に還元できた．それはアナポールモーメント (1.286) に比例しなければならないことは明らかである．これを明確に示すために，式 (1.293) と $\vec{W}$ の成分の類似性を用いると，

$$\int W_i d^3r = \frac{1}{2}\epsilon_{pli}\int (V_p r_l - V_l r_p) d^3r$$
$$= \frac{1}{4}\epsilon_{pli}\int [\epsilon_{kqp}(j_k r_q - j_q r_k) r_l - \epsilon_{kql}(j_k r_q - j_q r_k) r_p] d^3r$$
$$= \int \left[-j_i r^2 + r_i\left(\vec{j}\cdot\vec{r}\right)\right] d^3r. \tag{1.314}$$

ここで，再び恒等式 (1.312) を用いた．表式 (1.314) は，式 (1.306) の助けを借りて単純化できる:

$$\int W_i d^3r = -\frac{3}{2}\int j_i r^2 d^3r = \frac{3}{2\pi}a_i. \tag{1.315}$$

後者の等号で定義 (1.286) を代入した．

以上でベクトルポテンシャル (1.313) に関する表式に，結果 (1.315) を代入する準備が整った：

$$\vec{A}^{(2)}_{i,Anapole}\left(\vec{R}\right) = -\frac{1}{4\pi c}\left(\nabla_k\nabla_l\frac{1}{R}\right)(\delta_{kl}a_i - \delta_{il}a_k)\ . \tag{1.316}$$

式 (1.316) の第 1 項は，

$$\nabla_k\nabla_l\frac{1}{R}\delta_{kl} = \nabla^2\frac{1}{R} = -4\pi\delta\left(\vec{R}\right)\ . \tag{1.317}$$

最後の等号は，点電荷のスカラーポテンシャルに関するラプラス方程式にすぎない．次に，式 (1.316) の第 2 項について議論しよう．それは，

$$\left(\nabla_k\nabla_l\frac{1}{R}\right)\delta_{il}a_k = \nabla_i\left(\vec{a}\cdot\vec{\nabla}\frac{1}{R}\right)\ . \tag{1.318}$$

すなわち，スカラー関数の勾配に比例する．しかし，ベクトルポテンシャルが 1 つではないことを思い出すと，任意のスカラー関数の勾配として定義でき，その関数の足し合わせは，**ゲージ変換 (gauge transformation)** とよばれる [26),［文献 56］]．実際，我々の出発点である式 (1.288) は，$\vec{\nabla}\cdot\vec{A} = 0$ を満たす特別な**クーロンゲージ (Coulomb gauge)** で書ける．

式 (1.316) の第 2 項はゲージ変換によって排除さるからスキップし，式 (1.317) を用いると，探し求めた式 (1.287) を得る．

---

26) これは，観測量がポテンシャルよりは場であるからである．磁場を得るには，$\vec{A}$ の回転をとる．勾配の回転はゼロであるから，場はゲージ変換に対して不変である．

［文献 56］ 例えば，Landau-Lifshitz (1987).

2 章

電場，磁場，光の中の原子

2.1　水素原子基底状態の電気分極率

Probrems and Solutions

ここで取り扱うのは，一様電場 $\vec{\mathcal{E}}$ に浸された基底状態の水素原子に関する古典的な問題である．電場の 2 次の効果として，基底状態のエネルギーシフトが与えられる:

$$\Delta E_1 = -\frac{1}{2}\alpha\mathcal{E}^2 \ . \tag{2.1}$$

α は**分極率 (polarizability)** である．

水素の基底状態における分極率 α を求めよ．この計算のために，微細（1.3 節）および超微細構造を無視する．つまり，電子スピンに関する効果を無視する．この結果を古典的な半径 a_0 の導体球の分極率と比較せよ．

電気分極率の測定は，核から離れた電子の波動関数の高感度なプローブであり，原子や分子構造の解明に幅広く用いられてきた．

ヒント

分極率を見積もるうえで，$E_1^{(0)} - E_n^{(0)} \approx E_1^{(0)} - E_2^{(0)}$ とする．ただし，$E_i^{(0)}$ は非摂動の水素のエネルギーである．

解

この系を記述するハミルトニアンは，

$$H = H_0 + H_1 \tag{2.2}$$

と与えられる．ただし，

$$H_0 = \frac{p^2}{2m} - \frac{e^2}{r} \tag{2.3}$$

は自由水素原子のハミルトニアンであり，H_1 は電場による摂動ハミルトニアンである．量子化軸 (z) を電場方向にとると，

$$H_1 = -\vec{d} \cdot \vec{\mathcal{E}} = e\mathcal{E}z = e\mathcal{E}r\cos\theta \ . \tag{2.4}$$

H_1 は異なるパリティの状態を結びつけるだけであるから，1 次のシフト $(\Delta E^{(1)})$ は存在しない：

$$\Delta E_1^{(1)} = \langle 1,0,0|H_1|1,0,0\rangle = 0 \ . \tag{2.5}$$

ただし，$|n,l,m\rangle$ は，主量子数 n，軌道角運動量 l，および軌道角運動量の z 軸成分 $m\hbar$ をもつ非摂動状態を表す．よって，2 次摂動を用いる必要があり，エネルギーシフト [1] は，

$$\Delta E_1^{(2)} = \sum_{n,l,m\neq 1,0,0} \frac{|\langle n,l,m|H_1|1,0,0\rangle|^2}{E_1^{(0)} - E_n^{(0)}} \ . \tag{2.6}$$

よって，式 (2.1) と (2.6) に基づいて，分極率 α が求まる:

$$-\frac{1}{2}\alpha\mathcal{E}^2 = \sum_{n,l,m\neq 1,0,0} \frac{|\langle n,l,m|H_1|1,0,0\rangle|^2}{E_1^{(0)} - E_n^{(0)}}. \tag{2.7}$$

ここで，ヒントで提案した近似，$E_1^{(0)} - E_n^{(0)} \approx E_1^{(0)} - E_2^{(0)}$ を用いると，

$$\frac{1}{2}\alpha\mathcal{E}^2 \approx \frac{1}{E_2^{(0)} - E_1^{(0)}} \sum_{n,l,m} |\langle n,l,m|H_1|1,0,0\rangle|^2 \, . \tag{2.8}$$

ただし，（完全性の関係を後で利用するために）和の中に許される $n = 1, l = 0, m = 0$ 状態を含めた．これは，式 (2.5) で示したように，$\langle 1,0,0|H_1|1,0,0\rangle = 0$ が成り立つからである．さて，和

$$\begin{aligned}\sum_{n,l,m} |\langle n,l,m|H_1|1,0,0\rangle|^2 &= \langle 1,0,0|H_1 \left(\sum_{n,l,m} |n,l,m\rangle\langle n,l,m|\right) H_1|1,0,0\rangle \\ &= \langle 1,0,0|H_1^2|1,0,0\rangle \end{aligned}\tag{2.9}$$

---

[1] z に配向した電場下 ($\Delta l = \pm 1$, $\Delta m = 0$) では，電気双極子選択則から，和 (2.6) の多くの項がゼロになるが，計算の完全性を明確にするためにあえて残してある．

について考える．ここで，完全性の関係を用いた:

$$\sum_{n,l,m} |n,l,m\rangle\langle n,l,m| = 1. \tag{2.10}$$

式 (2.8) と (2.9) に基づくと，

$$\frac{1}{2}\alpha\mathcal{E}^2 \approx \frac{\langle 1,0,0|H_1^2|1,0,0\rangle}{E_2^{(0)} - E_1^{(0)}}. \tag{2.11}$$

水素の基底状態の波動関数

$$\psi_{100}(r) = \frac{1}{\sqrt{\pi}}\frac{1}{a_0^{3/2}}e^{-r/a_0} \tag{2.12}$$

から，式 (2.11) における行列要素は，積分

$$\begin{aligned}\langle 1,0,0|H_1^2|1,0,0\rangle &= \frac{e^2\mathcal{E}^2}{\pi a_0^3}\int_0^\infty r^4 e^{-2r/a_0}\ dr \int_0^\pi \cos^2\theta\sin\theta d\theta \int_0^{2\pi} d\phi \\ &= e^2\mathcal{E}^2 a_0^2 \end{aligned} \tag{2.13}$$

で与えられる．水素の基底状態と第一励起状態のエネルギー差は，

$$E_2^{(0)} - E_1^{(0)} = -\frac{e^2}{2a_0}\left(\frac{1}{4} - 1\right) = \frac{3e^2}{8a_0}\ . \tag{2.14}$$

式 (2.11)，式 (2.13)，(2.14) より，水素の基底状態の分極率が求まる:

$$\boxed{\alpha \approx \frac{16}{3}a_0^3 \approx 0.79\times 10^{-24}\ \mathrm{cm}^3\ .} \tag{2.15}$$

式 (2.8) で行った近似より，これが水素の基底状態の分極率における上限であり，厳密解に近いことがわかる[文献 1]：

$$\alpha = \frac{9}{2}a_0^3 \approx 0.67\times 10^{-24}\ \mathrm{cm}^3\ . \tag{2.16}$$

また，α を半径 a_0 の古典的な導体球の分極率と比べると面白い．球の電気双極子 $\vec{d}$ は，分極によって外電場 $\vec{\mathcal{E}}$ と相関がある [2)]：

$$\vec{d} = \alpha\vec{\mathcal{E}}\ . \tag{2.17}$$

[文献 1] 例えば，Bethe-Salpeter (1977).

2) 式 (2.17) と (2.1) を合わせると，以下の関係が導かれる：

$$E = -\int_0^{\mathcal{E}} \vec{d}\cdot d\vec{\mathcal{E}}' = -\int_0^{\mathcal{E}} \alpha\mathcal{E}' d\mathcal{E}' = -\frac{1}{2}\alpha\mathcal{E}^2\ .$$

導体上の電子は，勝手に配列するから，球上の電場は表面に対して垂直である（さもなければ自由電荷にかかる力は接線方向を向く）．球の外では，導体による場が双極子場であると仮定できる [3]．双極子 $\vec{d}$ による電場 $\vec{\mathcal{E}}_d$ は，

$$\vec{\mathcal{E}}_d = \frac{1}{r^3}\Big[3\Big(\vec{d}\cdot\hat{r}\Big)\hat{r} - \vec{d}\,\Big]. \tag{2.18}$$

球の表面 $(r = a_0)$ では，$\hat{r}$ 方向以外の $\vec{\mathcal{E}} + \vec{\mathcal{E}}_d$ の成分は消える．よって，球の等式 $(\vec{d}\cdot\hat{r} = 0)$ は，

$$-\frac{1}{a_0^3}\vec{d} + \vec{\mathcal{E}} = 0. \tag{2.19}$$

このようにして，古典的な導体球の分極率が得られる:

$$\boxed{\alpha = a_0^3\ .} \tag{2.20}$$

2.2　高励起状態原子の分極率

Probrems and Solutions

主量子数 n（高く励起された状態）について，電気分極率の一般的なスケーリングを議論せよ．

解

外部電場のもとで，原子エネルギー準位 k は，

$$\Delta E_k = \sum_i \frac{d_{ik}^2\mathcal{E}^2}{E_k - E_i} \tag{2.21}$$

だけシフトする．ここで，電気双極子演算子 d を介して k と結合したすべての状態 i について和をとると，双極子行列要素 d_{ik}（量子化軸 z）を得る:

$$d_{ik} = \langle i|d|k\rangle = -\langle i|ez|k\rangle = -\langle i|er\cos\theta|k\rangle\ . \tag{2.22}$$

波動関数間の重なりが良いと，エネルギー分母が最小で双極子行列要素が大きいため，和 (2.21) は，主量子数 n に近い準位に対応した項が支配的である：$n_i \approx n_k$．双極子行列要素は，n^2 のように電子軌道半径に比例する．このことは，ビリアル定理（式 (1.79)）によって求まるエネルギー期待値を比

[3] これは，配置の高い対称性から推測できる．この推測は実際ポアッソン方程式を満たし，唯一の解でなければならない [例えば Jackson (1975)].

較することでわかる：

$$\langle E_n \rangle = -\frac{e^2}{2}\left\langle \frac{1}{r} \right\rangle . \tag{2.23}$$

ここで，ボーア公式（式 (1.1)）

$$E_n \approx -\frac{me^4}{2\hbar^2}\frac{1}{n^2} \tag{2.24}$$

を用いた．エネルギー分母のスケーリングは，$E_n \propto n^{-2}$ から求まり，ある状態と結合した状態密度が $(dE_n/dn)^{-1} \propto n^3$ に従う．ただし，この問題の状態数は，異なる量子数 n の状態数 i，l と m（付加係数 $\propto n^2$ をもつ）の全状態数より少ないことに注意しよう．これは，$\hat{z}$ 方向の電場が m と同じ値で，± 1 だけ異なる l の値の準位のみと結合するからである．

式 (2.21) のスケーリング係数 ($d_{ik} \propto n^2$, $E_i - E_k \propto n^{-3}$) と合わせて，高励起状態の分極率 α が

$$\boxed{\alpha \propto n^7} \tag{2.25}$$

に従うことがわかる．これはより複雑な計算によって確かめられる[文献 2]．

2.3 シュタルクシフトを用いた電場測定

Probrems and Solutions

原子エネルギー準位の四重極シュタルクシフトを求め，電場強度を測定したい．シュタルクシフト ΔE は，電場に依存しない絶対確定値 $\delta\Delta E$ まで測定できるものとする．電場 $\mathcal{E} = 10$ kV/cm のとき，その値は，

$$\frac{\delta\Delta E}{|\Delta E|} = 10^{-4}. \tag{2.26}$$

(a) 電場の値が $\mathcal{E} \approx 10$ kV/cm のとき，$\mathcal{E}$ の不確定性 δE はいくらか．

(b) 感度 $\delta\Delta E$ でシュタルクシフトを測定するときの最小電場 $\mathcal{E}^*$ はいくらか．

解

(a) 最小次まででは，シュタルクシフトは電場の 2 乗に比例する（2.1 節）：

$$\Delta E = -\frac{1}{2}\alpha\mathcal{E}^2. \tag{2.27}$$

[文献 2] 例えば，Bethe-Salpeter (1977).

また，シュタルクシフトの感度は，

$$\delta\Delta E = 10^{-4} \cdot |\Delta E(\mathcal{E} = 10\ \mathrm{kV/cm})|\ . \tag{2.28}$$

式 (2.27) から，$\mathcal{E}$ の不確定性とシュタルクシフトの感度との関係は，

$$\delta\Delta E = \alpha\mathcal{E}\delta\mathcal{E}, \tag{2.29}$$

$$\frac{\delta\Delta E}{|\Delta E|} = 2\frac{\delta\mathcal{E}}{\mathcal{E}} = 10^{-4}\ . \tag{2.30}$$

したがって，10 kV/cm の電場を求める不確定性は，

$$\boxed{\delta\mathcal{E} = \frac{1}{2}\ \mathrm{V/cm}\ .} \tag{2.31}$$

(b) シュタルクシフトの感度は，（電場で変化しない）絶対感度であるから，電場 $\mathcal{E}^*$ に対して

$$\frac{\delta\Delta E}{\Delta E(\mathcal{E}^*)} = 10^{-4} \cdot \frac{(10\ \mathrm{kV/cm})^2}{(\mathcal{E}^*)^2}\ . \tag{2.32}$$

最小検出電場は，$\delta\Delta E/|\Delta E| \approx 1$ のときである．これが起こるのは，

$$\boxed{\mathcal{E}^* = 100\ \mathrm{V/cm}}$$

のときである．

最小検出電場 $\mathcal{E}^*$ が，大きな場を求める不確定性に比べて，大幅に大きいのはなぜだろうか．基本的には，大きな電場 $\mathcal{E}_0$ に加えて小さな電場 $\mathcal{E}'$ があるとき，シュタルクシフトは，以下で与えられる：

$$\Delta E = -\frac{\alpha}{2}(\mathcal{E}_0 + \mathcal{E}')^2 \approx -\frac{\alpha}{2}(\mathcal{E}_0^2 + 2\mathcal{E}_0\mathcal{E}')\ . \tag{2.33}$$

小さい場の効果は，大きな電場があるとき干渉により増強される．しかし，小さい電場しかないとき，シュタルクシフトは

$$\Delta E = -\frac{\alpha}{2}(\mathcal{E}')^2 \tag{2.34}$$

にすぎず，より電場の感度が低下する．

このようなアイデアは，小さい遷移強度を測定する原子物理実験においても重要である．例えば，パリティ破れの実験では，弱い相互作用（1.13 節）に伴う非常に小さい遷移強度が，電磁相互作用による大きな遷移強度と干渉

することで，パリティの破れが検出できる．

2.4 アルカリ原子のラーモア周波数

$^2S_{1/2}$ の原子状態（例えば，水素原子，アルカリ原子，周期表の IB 族元素（銅，銀，金）の基底電子状態）におけるランデ因子を計算しよう．核スピン I の効果を含めるが，核磁気モーメントと印加磁場との相互作用は無視してよい．全角運動量 $F = I \pm 1/2$ の状態のランデ因子の相対符号，および異なる I をもつ原子のラーモア周波数の相対的な大きさを定性的に説明せよ．

解

電子の軌道角運動量とスピンによる磁気モーメント，印加磁場との相互作用からくる原子準位のエネルギーシフトは，

$$\Delta E = -\vec{\mu} \cdot \vec{B} \ . \tag{2.35}$$

核磁気モーメントの効果を無視すると，ある原子の磁気モーメントは，

$$\vec{\mu} = -\mu_0 \Big(g_L \vec{L} + g_S \vec{S} \Big) \ . \tag{2.36}$$

$g_L = 1$ と $g_S \approx 2$ は，適当なランデ因子である．磁気モーメントは，状態の全角運動量 $\vec{J} = \vec{L} + \vec{S}$ と次の関係がある：

$$\vec{\mu} \approx -\mu_0 \Big(\vec{L} + 2\vec{S} \Big) = -\mu_0 \Big(\vec{J} + \vec{S} \Big) \ . \tag{2.37}$$

その期待値は，

$$\langle \vec{\mu} \rangle = -\mu_0 \left(\langle \vec{J} \rangle + \frac{\langle \vec{S} \cdot \vec{J} \rangle}{J(J+1)} \langle \vec{J} \rangle \right) \ . \tag{2.38}$$

と表せる．ここで，$\vec{S}$ の平均値

$$\langle \vec{S} \rangle = \frac{\langle \vec{S} \cdot \vec{J} \rangle}{J(J+1)} \langle \vec{J} \rangle \tag{2.39}$$

は，$\vec{J}$ 方向の単位ベクトル成分をかけた $\vec{J}$ の平均値として表せる（この関係は，例えばウィグナー-エッカルトの定理から導ける．**付録 F** 参照）．系の固有値のセットを用いて，$\langle \vec{S} \cdot \vec{J} \rangle$ に関して解くことができる．関係式

$$\vec{L} = \vec{J} - \vec{S} \tag{2.40}$$

$$L^2 = J^2 + S^2 - 2\vec{S} \cdot \vec{J} \tag{2.41}$$

を用いると，

$$\langle \vec{S} \cdot \vec{J} \rangle = \frac{J(J+1) + S(S+1) - L(L+1)}{2} \ . \tag{2.42}$$

よって，系の磁気モーメントと全角運動量 (2.38) の関係は，

$$\vec{\mu} = -g_J \mu_0 \vec{J} \ , \tag{2.43}$$

$$g_J = 1 + \frac{J(J+1) + S(S+1) - L(L+1)}{2J(J+1)} \ . \tag{2.44}$$

原子核の効果を考慮すると，核スピン $\vec{I}$ を含め，全角運動量を $\vec{F} = \vec{I} + \vec{J}$ と書く必要がある．一方，ボーア磁子より十分小さい核磁気モーメントは無視できるから，相互作用ハミルトニアンは同じままである．したがって，g-因子は $\vec{F}$ 方向の $\vec{J}$ の射影に代わる．この計算は上述のものと同様，

$$\vec{\mu} = -g_F \mu_0 \vec{F} \ , \tag{2.45}$$

$$g_F = g_J \left[\frac{F(F+1) + J(J+1) - I(I+1)}{2F(F+1)} \right] . \tag{2.46}$$

$^2S_{1/2}$ 状態については，$S = 1/2$, $L = 0$, $J = 1/2$, および $g_J = 2$ である．この場合の全角運動量は，$F = I \pm 1/2$ である．ランデ因子は，

$$g_F = \frac{F(F+1) + 3/4 - I(I+1)}{F(F+1)} \ . \tag{2.47}$$

$F = I + 1/2$ について，

$$\begin{aligned} g_F &= \frac{F(F+1) + 3/4 - (F-1/2)(F+1/2)}{F(F+1)} \\ &= \frac{F+1}{F(F+1)} = \frac{1}{F} = \frac{1}{I+1/2} \ . \end{aligned} \tag{2.48}$$

一方，$F = I - 1/2$ に関しては，

$$\begin{aligned} g_F &= \frac{F(F+1) + 3/4 - (F+1/2)(F+3/2)}{F(F+1)} \\ &= \frac{-F}{F(F+1)} = \frac{-1}{F+1} = \frac{-1}{I+1/2} \ . \end{aligned} \tag{2.49}$$

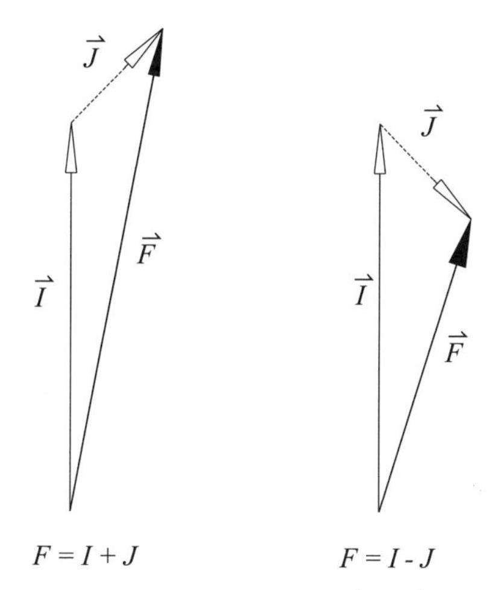

図 **2.1** $F = I \pm J$ における全角運動量 $\vec{F}$ と $\vec{J}$ の向きの相対関係.

よって，$^2S_{1/2}$ 原子状態のランデ因子は，

$$\boxed{g_F = \pm\frac{2}{2I+1}\ .} \tag{2.50}$$

ランデ因子の相対符号とラーモア周波数の大きさは，以下のように理解できる．原子にはたらくトルク $\vec{\tau}$ は，電子の磁気モーメントでほぼ決まる:

$$\vec{\tau} = \frac{d\vec{F}}{dt} \approx \vec{\mu}_e \times \vec{B}\ . \tag{2.51}$$

よって，ランデ因子は電子の角運動量（$\vec{\mu}_e$ を決める）と全角運動量 $\vec{F}$ との関係式から導かれる．**図 2.1** からわかるように，$F = I + 1/2$ のとき，電子の角運動量は全角運動量の方向を向く．しかし，$F = I - 1/2$ のとき，電子の角運動量は，全角運動量と反対方向を向き，g は負になる．また，式 (2.51) より，F が増加しても μ_e は変わらないから，ラーモア周波数 $\Omega_L = g_F\mu_0 B$ は，I が増加すると減少することがわかる．したがって，より大きな角運動量が，トルクによって引きずり回されることになる．

2.5 磁化した球体中の磁場

Probrems and Solutions

一様に磁化した半径 R の球状のボールを考える．その中にある，半径 $r < R$

の球を想像しよう．その小さな球からみた磁場はいくらか？この問題は，蒸気セル[訳者注]中で分極した原子の磁気共鳴に用いられる，光ポンピング磁力計と関係している[文献 3]．

解

まず，一様に磁化した球内の磁場が

$$\vec{B} = \frac{8\pi M}{3}\hat{z} \tag{2.52}$$

と与えられることを思い出そう[文献 4]．ただし，$\hat{z}$ は磁化方向である．重要な点は，磁場が一様で球の半径に依存しないことである．

したがって，大きな球の中にある小さな仮想球内の磁場は，完全にそれ自身で決まる．（反対の磁化をもつ球と重ね合わせることで）球内の空洞を区分けすると，空洞内の磁場はゼロであることがわかる．

よって，仮想球がみる磁場は，

$$\boxed{\vec{B}(\text{小球}) = 0\ .} \tag{2.53}$$

このことは，光ポンピング磁力計にとって都合が良い．なぜなら，分極した原子によってつくられる磁場よりも，他の起源による磁場を検出できるからである（この結果は，球でないセルや原子間の接触相互作用を考慮した場合に対しては成り立たないことに留意しよう）．

2.6　磁気共鳴の古典模型

Probrems and Solutions

ここでは，**磁気共鳴 (magnetic resonance)** という重要な現象について考える．磁気共鳴は，物理，化学，生物学，および医療分野で幅広く使われている技術である．一般に，磁気共鳴の基本原理は，原子状態への周期的摂動の効果として説明される．ここで議論する概念の多くは，後ほど再び登場する．また，ここでの議論は純粋に古典的である．つまり，量子力学には頼っていない（にもかかわらず，若干の修正によって量子系へと適用できる）．

[文献 3] 例えば (Alexandrov ら 1996).

訳者注：高密度のアルカリ原子ガスを閉じ込めたガラスセル．

[文献 4] 例えば，(Griffiths 1999).

(a) 磁気モーメント $\vec{\mu} = \gamma\vec{J}$ の粒子を考えよう．ただし，γ は**磁気回転比 (gyromagnetic ratio)**，$\vec{J}$ は粒子の全角運動量である．$\vec{\mu}$ が静磁場 $\vec{B}_0$ の周りを**ラーモア周波数 (Larmor frequency)**$\Omega_L = \gamma B_0$ で歳差運動することを示せ．磁場 $\vec{B}_0$ は急に印加されるものとする（すなわち，磁場は非断熱的に印加される．これは，(d) で詳しく議論する）．

(b) この歳差運動を，実験室系に対して角速度 $\vec{\omega}$ で回転する座標系について考えよう．回転座標系において，磁気双極子は見かけの磁場 $\vec{B}_f = \vec{\omega}/\gamma$ 中で歳差運動することを示せ．

(c) 次に，$\vec{B}_0$ に垂直な面で回転する追加磁場 $\vec{B}_\perp(t)$ を加える（これも非断熱的に入れられる）．$\hat{z}$ を $\vec{B}_0$ 方向にとると，

$$\vec{B}_\perp(t) = B_\perp \sin\omega t\ \hat{x} + B_\perp \cos\omega t\ \hat{y} \tag{2.54}$$

と書ける．$\vec{B}_\perp(t)$ を一定するために，回転座標系へ移り，z 軸への $\vec{J}$ の射影の時間依存性 $J_z(t)$ を求めよ．ただし，共鳴は，$\omega = \Omega_L$ のときに起こる．

(d) 磁気モーメント $\vec{\mu} = \gamma\vec{J}$ をもつ粒子集団が，$\vec{B}_0$ と反対方向を向いている．$\vec{B}_0$ 方向を向くように，双極子の向きを反転させたい．これを達成する1つの方法は，(a)-(c) で考えた磁気共鳴の技術を使うことである．磁気モーメントの最大数を反転させるために，$\vec{B}_\perp(t)$ の時間 τ と強度を微調整し，π-パルスとよばれるものをつくる必要がある（ただし，$\omega = \Omega_L$ のとき，$\gamma B_\perp \tau = \pi$ である）．この技術は磁場勾配がある場合，つまり集合状態の粒子すべてが，同じ磁場を感じていない場合は，あまり有効でなくなる．

より有効な方法として，**断熱通過 (adiabatic passage)** の概念がある．急に磁場 $\vec{B}_\perp(t)$ を加える代わりに，周波数 $\omega \ll \Omega_L$ で回転する $\vec{B}_\perp(t)$ から始め，$\omega \gg \Omega_L$ で共鳴するまで，ゆっくりと周波数を掃引する [4]．

この方法でどのように磁気双極子が反転し，どのような条件でうまくいくか説明せよ．

解

(a) 磁場 $\vec{B}_0$ が磁気双極子にトルク $\vec{\tau}$

$$\vec{\tau} = \vec{\mu} \times \vec{B}_0 = \gamma\vec{J} \times \vec{B}_0 \tag{2.55}$$

[4] 実際，この方法は $\omega \gg \Omega_L$ から始め，$\omega \ll \Omega_L$ まで掃引するときと Ω_L で $\vec{B}_0$ を変えるときで同等に機能する．

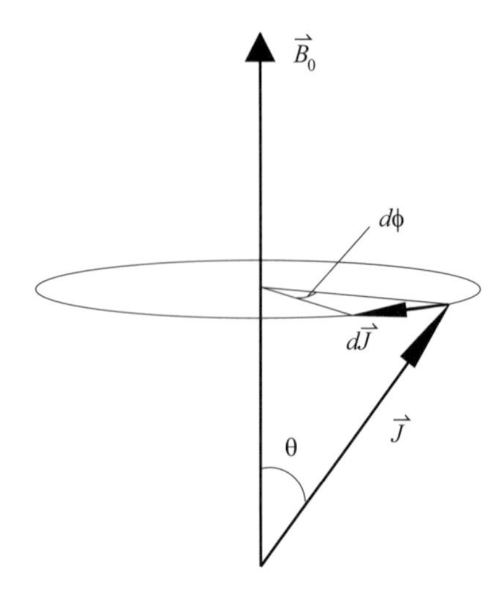

図 2.2　磁場 $\vec{B}_0$ が磁気双極子 $\vec{\mu} = \gamma\vec{J}$ に及ぼすトルクは，磁気双極子の歳差運動を起こす．

を及ぼすから，角運動量は時間とともに変化する．

$$\frac{d\vec{J}}{dt} = \gamma\vec{J} \times \vec{B}_0 \ . \tag{2.56}$$

$\vec{B}_0$ は $\hat{z}$ を向き，$\vec{J}$ は $\vec{B}_0$ に対して角度 θ をなすものとする（図 **2.2**）．すると，式 (2.56) から，$\vec{J}$ の時間 dt 変化をえる:

$$d\vec{J} = \gamma J B_0 \sin\theta \ dt \ \hat{e}_\phi \ . \tag{2.57}$$

ここで，単位ベクトル $\hat{e}_\phi$ は，$\vec{B}_0$ と $\vec{J}$ を含む平面に対して，垂直方向を向き，$J = |\vec{J}|$ である．また，図 2.2 に示したように

$$d\vec{J} = J \sin\theta \ d\phi \ \hat{e}_\phi \ . \tag{2.58}$$

よって，式 (2.57) と (2.58) から，$\vec{J}$ と $\vec{\mu}$ が $\vec{B}_0$ の周りに周波数

$$\boxed{\Omega_L \equiv \frac{d\phi}{dt} = \gamma B_0} \tag{2.59}$$

で歳差運動していることがわかる．

(b) 実験室系におけるベクトル $\vec{v}$ の運動は，角速度 $\vec{\omega}$ で回転する系の運動と以下のような古典的な関係がある[文献 5]:

[文献 5] 例えば，Marion-Thornton (1995).

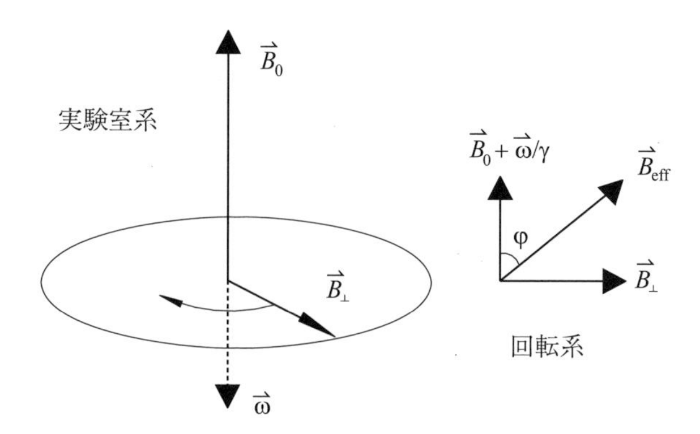

図 2.3 実験室系において，磁場と $\vec{B}_\perp(t)$ とともに回転する座標系.

$$\left.\frac{d\vec{v}}{dt}\right|_{\mathrm{lab}} = \left.\frac{d\vec{v}}{dt}\right|_{\mathrm{rotating}} + \vec{\omega}\times\vec{v}\ . \tag{2.60}$$

我々は実験室系において，$\vec{J}$ が式 (2.56) に従って運動することを知っているから，式 (2.60) を用いて，下記のように回転座標系の運動を表せる:

$$\left.\frac{d\vec{J}}{dt}\right|_{\mathrm{rotating}} = \gamma\vec{J}\times\left[\vec{B}_0+\frac{\vec{\omega}}{\gamma}\right]\ . \tag{2.61}$$

式 (2.61) と (2.56) を比較すると，回転座標系で双極子にはたらく見かけの磁場が $\vec{B}_0$ ではなく，$\vec{B}_0+\vec{B}_f$ であることがわかる．ここで，$\vec{B}_f$ は "見せかけ" の磁場

$$\boxed{\vec{B}_f = \frac{\vec{\omega}}{\gamma}} \tag{2.62}$$

として与えられる．$\vec{\omega}=-\gamma\vec{B}_0$ を選ぶと，双極子は動かないように見える.

(c) $\vec{B}_\perp$ が動かないようにするために，回転座標系に移る．(b) でみたように，$\hat{z}$ 方向の見かけの磁場は，$B_0-\omega/\gamma$ の強さをもつ（**図 2.3**)．よって，回転座標系において，双極子は大きさ

$$B_{\mathrm{eff}} = \sqrt{B_\perp^2+\left(B_0-\frac{\omega}{\gamma}\right)^2} \tag{2.63}$$

の有効静磁場 $\vec{B}_{\mathrm{eff}}$ を "見る" ことになる．$\vec{B}_{\mathrm{eff}}$ と z 軸の角度 φ が求まる:

$$\sin\varphi = \frac{B_\perp}{B_{\mathrm{eff}}} = \frac{\gamma B_\perp}{\sqrt{(\gamma B_\perp)^2+(\Omega_L-\omega)^2}} \tag{2.64}$$

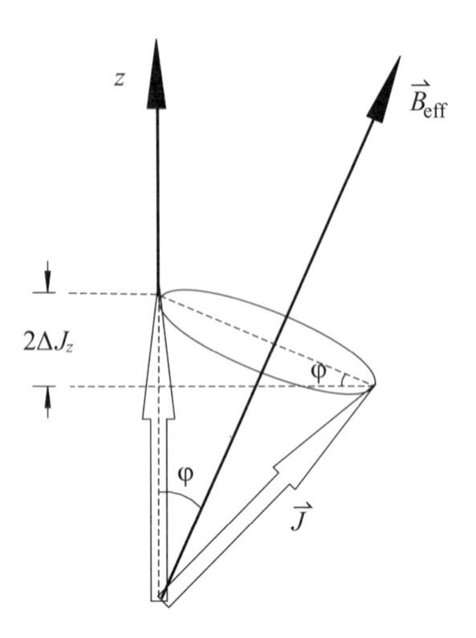

図 2.4　回転座標系における有効磁場まわりの歳差運動．

双極子 $\vec{\mu}$ は磁場 $\vec{B}_{\rm eff}$ のもとで，周波数

$$\Omega = \sqrt{(\gamma B_\perp)^2 + (\Omega_L - \omega)^2} \tag{2.65}$$

で歳差運動する．**図 2.4** からもわかるように，$\vec{J}$ の z 軸射影成分の変化は，

$$\frac{\Delta J_z}{J} = \sin^2\varphi = \frac{(\gamma B_\perp)^2}{(\gamma B_\perp)^2 + (\Omega_L - \omega)^2}\ . \tag{2.66}$$

三角関数の置換と代数計算によって，J_z の全体的な時間依存性は，

$$\boxed{\frac{J_z(t)}{J} = 1 - 2\sin^2\varphi\ \sin^2\left(\frac{\Omega t}{2}\right)\ .} \tag{2.67}$$

ただし，Ω は式 (2.65) で与えられ，$\sin^2\varphi$ は式 (2.66) で与えられる．

式 (2.66) と (2.65) より，$\omega = \Omega_L$ のとき，$\sin^2\varphi = 1$ および $\Omega = \gamma B_\perp$ であることがわかる．式 (2.67) によると，J_z が周波数 Ω で $\pm J$ の間を振動することを意味する．これは，$\vec{B}_\perp$ が Ω_L で回転するとき，回転座標系で z 方向に磁場がないためであり，双極子は $B_\perp$ の周りを適当なラーモア周波数 $\gamma B_\perp$ で歳差運動する．これが磁気共鳴の肝である．

(d) 再び $\vec{B}_\perp(t)$ とともに回転する座標系を考える．ここでは，式 (2.63) の強度をもち，$\vec{B}_0$ の方向から角度 φ（式 (2.64)）だけ傾いた方向の有効磁場 $\vec{B}_{\rm eff}$ を磁気双極子は感じる（図 2.3）．ゆっくりと周波数 ω を振ると，磁気双

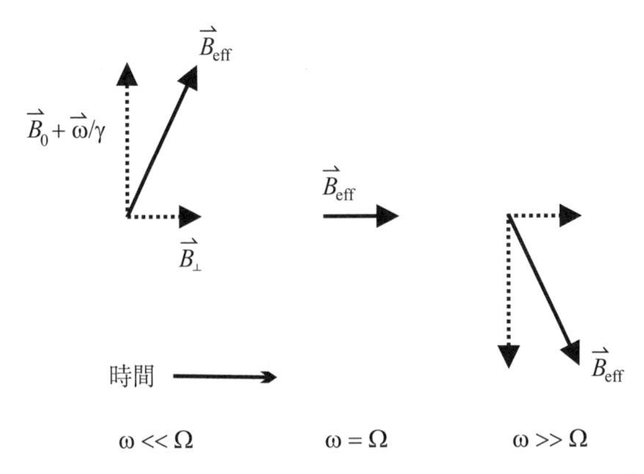

図 2.5　横磁場の周波数が共鳴を横切って掃引されるときの回転座標系の有効磁場.

極子は断熱的に有効磁場に追随する．**図 2.5** に時間の関数として描かれた有効磁場は，$\vec{B}_0$ 方向から $\vec{B}_0$ と反対方向へと回転する．これは，すべてのスピンが反転する過程である．

ここで断熱性を保証する条件は何か？

$\vec{B}_{\text{eff}}$ の周りを磁場が変化する時間の間，スピンは何度も歳差運動する：

$$\gamma B_{\text{eff}} \gg \left| \frac{1}{\vec{B}_{\text{eff}}} \frac{\partial \vec{B}_{\text{eff}}}{\partial t} \right| . \tag{2.68}$$

周波数 $\dot{\omega}$ の一定掃引速度では，以下を満たす限り断熱条件が保たれる：

$$\boxed{\dot{\omega} \ll \gamma^2 B_{\perp}^2 .} \tag{2.69}$$

2.7　振動磁場によるエネルギー準位シフト (T)

Probrems and Solutions

ここでは，AC シュタルク効果として知られる，時間変化する電場による原子エネルギー準位シフトについて調べる．AC シュタルク効果は，レーザートラップや冷却に欠かせない技術であり，また多くの非線形光学効果の背後にある基本的機構である．

時間変化する磁場（AC ゼーマン効果）の場合も，強い静磁場 $\vec{B}_0$ と $\vec{B}_0$ に垂直な弱い振動磁場が原子系にかけられたとき，AC シュタルク効果と完全に類似していることに気付くだろう [5]．

エネルギー ω_0 だけ離れた 2 つの状態 $|a\rangle$ と $|b\rangle$ をもつ原子を考えよう（$\hbar = 1$ とする）．これらは電気双極子演算子 d によって結合しており，正弦波のように変化する電場 $\mathcal{E}_0 \sin \omega_m t$ が原子にかけられている．この問題を通して，エネルギー準位の線幅は無視する，つまり状態間の緩和率 Γ は他のあらゆる周波数よりも十分小さいとする $(|\omega_0 - \omega_m|, \omega_m, \omega_0)$．外場の強度 $\mathcal{E}_0$ が十分小さいとき，電場の効果は弱い摂動として扱われる．つまり，$d\mathcal{E}_0 \ll |\omega_0 - \omega_m|, \omega_m, \omega_0$ である．

また，この議論は周期的摂動による 2 準位間の遷移を取り扱う 3.1 節の問と密接に関連している．

(a) 場の変調が遷移周波数に比べてゆっくりであれば $(\omega_m \ll \omega_0)$，エネルギー準位の平均シフトが次のように与えられることを示せ：

$$\Delta E \approx \pm \frac{d^2 \mathcal{E}_0^2}{2\omega_0} \,. \tag{2.70}$$

ここで，正と負の符号はそれぞれ上と下の準位を意味する．さらに，$\omega_m \ll d^2\mathcal{E}_0^2/\omega_0$ および $\omega_m \gg d^2\mathcal{E}_0^2/\omega_0$ のときのエネルギースペクトルを図示せよ．

(b) 共鳴に近い場合 $(\omega_m \approx \omega_0)$，平均的な AC シュタルクシフトを見出す比較的率直な方法は，演算子 U

$$U = \begin{pmatrix} 1 & 0 \\ 0 & e^{-i\omega_m t} \end{pmatrix} \tag{2.71}$$

を用い，ユニタリー変換することである．このとき，系のハミルトニアンは

$$H' = U^\dagger H U \tag{2.72}$$

となり，状態は次のように変換される:

$$|\psi'\rangle = U^\dagger |\psi\rangle \,. \tag{2.73}$$

ユニタリー変換は時間依存シュレーディンガー方程式を以下のように修正する（$\hbar = 1$ とする）[6]：

---

[5] ゼーマン効果とシュタルク効果の根本的な違いは，磁場が 1 次のエネルギーシフトを与えるのに対して，電場は 2 次のエネルギーシフトしか起こさないことである．しかし，強い磁場のもとでは，弱い横磁場は 2 次のエネルギーシフトのみを与え，シュタルクシフトと完全に類似している．

[6] 式 (2.74) は，通常の時間依存シュレーディンガー方程式

$$\left(H' - iU^\dagger \frac{\partial U}{\partial t}\right)|\psi'\rangle = i\frac{\partial}{\partial t}|\psi'\rangle \ . \tag{2.74}$$

よって，新しい基底における有効ハミルトニアン $\widetilde{H}$ は，

$$\widetilde{H} = U^\dagger H U - iU^\dagger \frac{\partial U}{\partial t} \ . \tag{2.75}$$

この変換は，数学的に**回転系 (rotating frame)** への移行と等価であることがわかる（2.6 節で磁場中の磁気モーメントを取り扱ったのと同様）．次のステップは，**回転波近似 (rotating wave approximation)** を適用することである（ハミルトニアンにおいて，すべての速い振動項は除かれる）．ここで，有効ハミルトニアンの項 $-iU^\dagger\frac{\partial U}{\partial t}$ は，回転座標系が非慣性的であることを示し，準位間のエネルギー差が，$\omega_0 - \omega_m$ となる（2.6 節）[7]．

このとき，AC シュタルクシフトを求めよ．

(c) 先に述べたように，AC シュタルクシフトと AC ゼーマンシフトの間には，直接的な類似点がある．強い誘導磁場 $\vec{B}_0 = B_0\hat{z}$ 中におかれたスピン 1/2 の系を考える．ゼーマン準位は $\omega_0 = g\mu_0 B_0$ だけ分裂する（ここで，g は適当なランデ因子であり，電子では $g_e \approx 2$ である）．弱い振動横磁場

$$\vec{B}_\perp(t) = B_\perp \sin(\omega_m t)\hat{x} \tag{2.76}$$

を原子にかける．$\mu_0 B_\perp$ は電場の $d\mathcal{E}_0$ と似ている．

$\mu_0 B_\perp \ll |\omega_0 - \omega_m|$（弱磁場極限）を仮定し，ラーモア歳差運動と同様に，ω_m で回転する座標系に移行し，回転波近似を用いることで，横磁場による平均的なエネルギーシフトを解け．このような回転座標系で角運動量の発展

$$H|\psi\rangle = i\frac{\partial}{\partial t}|\psi\rangle$$

の両辺に $U^\dagger$ をかけ，恒等演算子 $UU^\dagger$ を適当な位置に挿入することで導かれる:

$$U^\dagger H U U^\dagger|\psi\rangle = iU^\dagger \frac{\partial}{\partial t} U U^\dagger |\psi\rangle \ ,$$

$$H'|\psi'\rangle = iU^\dagger \frac{\partial}{\partial t} U|\psi'\rangle \ ,$$

$$H'|\psi'\rangle = iU^\dagger \left[\left(\frac{\partial U}{\partial t}\right)|\psi'\rangle + U\frac{\partial}{\partial t}|\psi'\rangle\right] \ .$$

ここで，式 (2.72) と (2.73) を用いた．上の結果から，直接式 (2.74) が得られる．

[7] 「回転座標系への移行」と「回転波近似」は，直接的な数学的変換にすぎない．数学の幾何学的な解釈は，磁気共鳴の場合（2.6 節）に実用的である．しかし，同じ数学的変換をしたい多くの場合において，この幾何学的言語を用いることは不可能である．にもかかわらず，このような状況と磁気共鳴の数学的な類似性から，専門用語は普遍的に用いられる．

を記述するために，さらに回転の効果による見せかけの場（2.6 節）

$$\vec{B}_f = -\frac{\vec{\omega}_m}{g\mu_0} \tag{2.77}$$

を導入すると便利である．

(d) AC シュタルク効果の一般的表現を導くため，より形式的な方法[文献 6]をこれからの問題で用いる．電場がないとき，時間依存するシュレーディンガー方程式から，原子状態が与えられる：

$$|\psi_a^{(0)}(t)\rangle = |a\rangle\ , \tag{2.78}$$

$$|\psi_b^{(0)}(t)\rangle = e^{-i\omega_0 t}|b\rangle\ . \tag{2.79}$$

外場のあるとき，実際の原子状態 $|\psi_a(t)\rangle$ と $|\psi_b(t)\rangle$ は，これらの非摂動状態の重ね合わせである．例えば[8]，

$$|\psi_b(t)\rangle = c_a(t)|a\rangle + c_b(t)e^{-i\omega_0 t}|b\rangle\ . \tag{2.80}$$

強度 $c_a(t)$ と $c_b(t)$ に関する微分方程式を求めよ．

(e) 問 (b) より，微分方程式において $c_a(0) \approx 0$ および $c_b(t) \approx e^{-i\varphi(t)}$ を仮定すると，$\varphi(t)$ に関する積分方程式が求まる．φ の虚部は，原子 $|b\rangle$ の確率振幅の変化を記述する（すなわち，$|b\rangle$ と $|a\rangle$ 間の遷移を表す）．一方，φ の実部は状態の発展において追加の位相シフトを与える．

よって，状態のエネルギーシフトは，（$\hbar = 1$ として）

$$\Delta E = \frac{d}{dt}\mathrm{Re}[\varphi]\ . \tag{2.81}$$

AC シュタルクシフトの一般公式を求めるこの技法を用い，上式が (a) と (b) の解析と一致することを示せ．1 次までの時間依存摂動論を適用するために，この解析で $|\varphi(t)| \ll 1$ を仮定してよい．

(f) 問 (b) と (c) に回転波近似を適用すると，ハミルトニアンの速く回転するすべての項をゼロとおける．実際，速く振動する項（磁場の逆回転成分による）から，**ブロッホ-シーゲルトシフト (Bloch-Siegert shift)** が導かれる．これは，前節（式 (2.120)）で導いた AC シュタルクシフトの一部であることが示される．

[文献 6] 例えば，Townes と Schawlow (1975) の教科書．

8) 原子状態にこのような表式を採用し，**相互作用描像 (interaction picture)** とよばれる混ぜ合わせをする [例えば，Griffiths (1995)]．

問 (b) と (c) で無視した磁場の逆回転成分によるエネルギーレベルのブロッホ-シーゲルトシフトを求めよ．

ヒント

エネルギースペクトルを記述するのに，状態間のエネルギー差がどのような時間依存性をもつ量子力学的位相を導くか考えると便利である．ここで，原子状態は周波数がシュタルク効果によって変調する振動子とみなすことができる．スペクトルは，周波数変調された光のものと似ている（8.3 節）．

エネルギースペクトルは，相対強度がベッセル関数 $J_n(\alpha)$ で与えられる**サイドバンド (sidebands)** で記述できる．ただし，α は**変調指数 (modulation index)** であり，以下の公式[文献 7]を用いて表される：

$$e^{i\alpha\sin\theta} = \sum_{n=-\infty}^{\infty} J_n(\alpha)e^{in\theta} \ . \tag{2.82}$$

解

(a) 場が $\omega_m \ll \omega_0$ で変化していると，短い時間において，電場は実効的に DC とみなせる．すると，時間変化するエネルギー準位シフトは，単純に DC シュタルクシフトの公式 (2.21) で与えられる：

$$\Delta E(t) = \pm\frac{d^2\mathcal{E}_0^2}{\omega_0}\sin^2\omega_m t \ . \tag{2.83}$$

静磁場の代わりに時間依存する場（特別な位相を選択）を用い，正と負の符号はそれぞれ上と下の準位を表す．シフトの平均値は式 (2.70) で与えられる:

$$\boxed{\Delta E \approx \pm\frac{d^2\mathcal{E}_0^2}{2\omega_0} \ .}$$

式 (2.83) によると，例えば状態 $|b\rangle$ の瞬間的なエネルギーは，

$$\omega(t) = \omega_0 + \Delta E(t) \tag{2.84}$$

$$= \omega_0 + \Omega\sin^2\omega_m t \tag{2.85}$$

$$= \omega_0 + \frac{\Omega}{2} - \frac{\Omega}{2}\cos 2\omega_m t \tag{2.86}$$

で与えられる．ここで，$\Omega = d^2\mathcal{E}_0^2/\omega_0$ である．状態 $|b\rangle$ の時間発展で獲得する位相 $\varphi(t)$ は，以下のように積分することで得られる：

[文献 7] 例えば，Arfken (1985), Siegman (1986).

$$\varphi(t) = \int_0^t \omega(t')dt' = \left(\omega_0 + \frac{\Omega}{2}\right)t - \left(\frac{\Omega}{4\omega_m}\right)\sin 2\omega_m t\ . \tag{2.87}$$

時間依存する状態 $|\psi_b(t)\rangle = e^{-i\varphi(t)}|b\rangle$ は，公式 (2.82) を用いて:

$$|\psi_b(t)\rangle = e^{-i(\omega_0+\Omega/2)t}|b\rangle \sum_{-\infty}^{\infty} J_n\left(\frac{\Omega}{4\omega_m}\right)e^{i2n\omega_m t}\ . \tag{2.88}$$

よって，エネルギースペクトルは，$\omega_0 + \Omega/2$ を中心として，周波数間隔 $2\omega_m$ だけ離れた 1 組のサイドバンドで与えられることがわかる．各エネルギーサイドバンドの統計的な重み [9] は，ベッセル関数 $J_n(\alpha)$ の 2 乗で与えられる．ただし，変調指数は $\alpha = \Omega/4\omega_m$ である．

このスペクトルの特徴は，8.3 節で議論する．$\omega_m \ll \Omega$ のとき，変調指数は大きい．これは，周波数のゆっくりとした掃引に応じており，**図 2.6** の下のプロットで示すスペクトルを与える．$\omega_m \gg \Omega$ のとき，$\omega_0 + \Omega/2$ における 1 つの強い線が支配的である．次に際立つサイドバンドは，中心周波数から $\pm 2\omega_m$ で起こる（図 2.6 の上のプロット）．

(b) 系のハミルトニアンは，

$$H = \begin{pmatrix} 0 & -d\mathcal{E}_0 \sin\omega_m t \\ -d\mathcal{E}_0 \sin\omega_m t & \omega_0 \end{pmatrix} \tag{2.89}$$

より，回転座標系における有効ハミルトニアン（式 (2.75)）を得る：

$$\widetilde{H} = U^\dagger H U - iU^\dagger \frac{\partial U}{\partial t} \tag{2.90}$$

$$= \begin{pmatrix} 0 & -\frac{d\mathcal{E}_0}{2i}\left(1 - e^{-2i\omega_m t}\right) \\ \frac{d\mathcal{E}_0}{2i}\left(1 - e^{2i\omega_m t}\right) & \omega_0 \end{pmatrix} + \begin{pmatrix} 0 & 0 \\ 0 & -\omega_m \end{pmatrix}. \tag{2.91}$$

ハミルトニアンは，2 つの成分から構成されることがわかる．1 つは静的であり，もう 1 つは速く回転しており，実効的に平均化して消える（回転波近似において，この速く回転する成分は無視する）．したがって，

$$\widetilde{H} \approx \begin{pmatrix} 0 & -\frac{d\mathcal{E}_0}{2i} \\ \frac{d\mathcal{E}_0}{2i} & \omega_0 - \omega_m \end{pmatrix}. \tag{2.92}$$

回転座標系において，強度 $\mathcal{E}_0/2$ の電場によって $\omega_0 - \omega_m$ のエネルギー差

[9] 統計的な重みが意味するのは次の通りである．はじめに原子を振動電場中である状態におき，プローブ場でエネルギーを測定するとしよう．統計的な重みは，ある特定のエネルギーをもつ状態を測定する確率を与える．

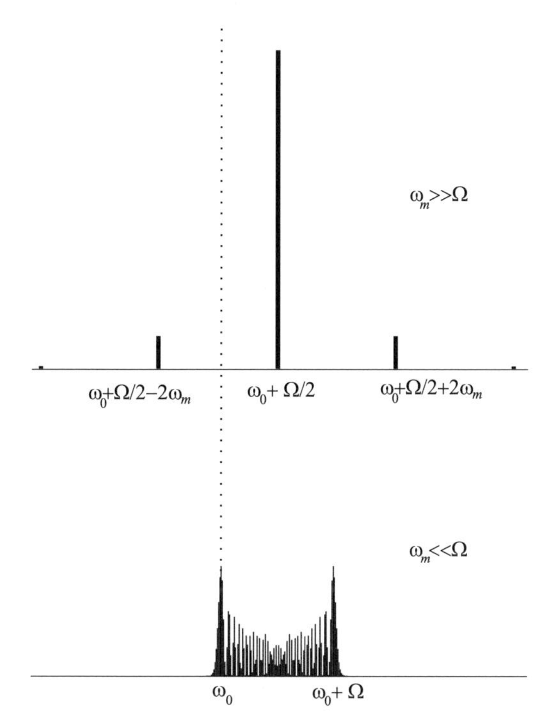

図 2.6 振動電場中の 2 準位系における上の準位のエネルギースペクトル．2 つのプロットで縦軸が同じでないことに注意すること（実際は，下のプロットのサイドバンド強度は，上のプロットよりかなり小さい）．

のある 2 準位の DC シュタルクシフトを考えよう [10]．式 (2.21) によると，この場合の AC シュタルクシフトは，

$$\boxed{\Delta E \approx \pm\frac{d^2\mathcal{E}_0^2}{4(\omega_0-\omega_m)}\ .} \tag{2.93}$$

ここで，再び “+” は上の状態，“−” は下の状態に対応している．

(c) 振動している横磁場 (2.76) は，2 つの逆回転磁場の和として書ける：

$$\vec{B}_\perp(t)=\frac{B_\perp}{2}(\sin\omega_m t\hat{x}+\cos\omega_m t\hat{y})+\frac{B_\perp}{2}(\sin\omega_m t\hat{x}-\cos\omega_m t\hat{y})\ . \tag{2.94}$$

[10] 式 (2.92) において，(DC シュタルク効果の通常のハミルトニアンと比べて) 全係数 i は，位相にすぎない．それは，振動磁場が $\sin(\omega_m t)$ に比例し，$\cos(\omega_m t)$ とは逆位相に選択され，系のエネルギー固有値に影響しないためである．

原子と $\vec{B}_\perp(t)$ の相互作用を記述するハミルトニアンは，

$$H_\perp = -\vec{\mu} \cdot \vec{B}_\perp(t) \tag{2.95}$$

であり，パウリ行列に関する磁気モーメント（電子を仮定すると $g \approx 2$）は，

$$\vec{\mu} = -\mu_0 \left[\begin{pmatrix} 0 & 1 \\ 1 & 0 \end{pmatrix} \hat{x} + \begin{pmatrix} 0 & -i \\ i & 0 \end{pmatrix} \hat{y} + \begin{pmatrix} 1 & 0 \\ 0 & -1 \end{pmatrix} \hat{z} \right] \tag{2.96}$$

と書ける．ここで，スピノール表式を用いている：

$$|b\rangle = |+\rangle = \begin{pmatrix} 1 \\ 0 \end{pmatrix}, \tag{2.97}$$

$$|a\rangle = |-\rangle = \begin{pmatrix} 0 \\ 1 \end{pmatrix}. \tag{2.98}$$

式 (2.95) において，式 (2.94) と (2.96) を用いて，代数計算を施すと，

$$H_\perp = \frac{\mu_0 B_\perp}{2} \left[\begin{pmatrix} 0 & -ie^{i\omega_m t} \\ ie^{-i\omega_m t} & 0 \end{pmatrix} + \begin{pmatrix} 0 & ie^{-i\omega_m t} \\ -ie^{i\omega_m t} & 0 \end{pmatrix} \right]. \tag{2.99}$$

ここで，ω_m で回転している座標系へと移行する．この変換は 2 つの効果をもつ：(1) 横磁場の 1 つの回転成分が時間依存性を失い静磁場となる．もう 1 つの成分は元の周波数の倍で回る．(2) 角運動量の時間発展に影響する．この効果を説明するために，式 (2.77) の見せかけの磁場を導入する（2.6 節）．回転座標系において，摂動ハミルトニアンは

$$H_\perp^{(rot)} = \frac{i\mu_0 B_\perp}{2} \left[\begin{pmatrix} 0 & -1 \\ 1 & 0 \end{pmatrix} + \begin{pmatrix} 0 & e^{-i2\omega_m t} \\ -e^{i2\omega_m t} & 0 \end{pmatrix} \right] \tag{2.100}$$

であるように見える．誘導磁場と見せかけ磁場によるハミルトニアンは

$$H_0^{(rot)} = \begin{pmatrix} \omega_0 - \omega_m & 0 \\ 0 & 0 \end{pmatrix}. \tag{2.101}$$

次のステップは，回転波近似することである．速く振動する項すべてを切り落とし，式 (2.100) の第 2 行列を削除する．これで全ハミルトニアンは

$$H_{\text{tot}}{}^{(rot)} \approx \begin{pmatrix} \omega_0 - \omega_m & -i\mu_0 B_\perp/2 \\ i\mu_0 B_\perp/2 & 0 \end{pmatrix} \tag{2.102}$$

のみとなる．式 (2.102) で非対角項の $\frac{1}{2}$ は，回転波近似で横磁場の半分を捨てたことによる．この行列の固有値を解くと，摂動エネルギーを得る:

$$E_{\pm} = \frac{1}{2}\left(\omega_0 - \omega_m \pm \sqrt{\mu_0^2 B_\perp^2 + (\omega_0 - \omega_m)^2}\right) . \tag{2.103}$$

ここで，式 (2.103) を単純にするために，$\mu_0 B_\perp \ll |\omega_0 - \omega_m|$ を仮定する:

$$E_+ \approx \omega_0 - \omega_m + \frac{\mu_0^2 B_\perp^2}{4(\omega_0 - \omega_m)} , \tag{2.104}$$

$$E_- \approx -\frac{\mu_0^2 B_\perp^2}{4(\omega_0 - \omega_m)} . \tag{2.105}$$

最後に実験座標系に戻り，見せかけ磁場 (2.77) によるエネルギーシフトを削除すると，

$$\boxed{E_+ \approx \omega_0 + \frac{\mu_0^2 B_\perp^2}{4(\omega_0 - \omega_m)} ,} \tag{2.106}$$

$$\boxed{E_- \approx -\frac{\mu_0^2 B_\perp^2}{4(\omega_0 - \omega_m)} .} \tag{2.107}$$

$\mu_0 B_\perp$ を $d\mathcal{E}_0$ で置き換えると，AC シュタルクシフトで求めたものと同一の結果がえられる（式 (2.93)）:

$$\Delta E \approx \pm\frac{d^2\mathcal{E}_0^2}{4(\omega_0 - \omega_m)} .$$

(d) 我々の目標は，式 (2.80) の係数 $c_a(t)$ と $c_b(t)$ に関する微分方程式を求めることである．系のハミルトニアンは，

$$H = \begin{pmatrix} 0 & -d\mathcal{E}_0 \sin\omega_m t \\ -d\mathcal{E}_0 \sin\omega_m t & \omega_0 \end{pmatrix} . \tag{2.108}$$

時間依存シュレーディンガー方程式によれば，原子状態は

$$i\frac{d}{dt}|\psi_b(t)\rangle = H|\psi_b(t)\rangle \tag{2.109}$$

に従って時間発展する．式 (2.80) と (2.108) を使うと，式 (2.109) から

$$i\frac{d}{dt}\begin{pmatrix} c_a(t) \\ c_b(t)e^{-i\omega_0 t} \end{pmatrix} = \begin{pmatrix} -d\mathcal{E}_0 \sin\omega_m t \; c_b(t)e^{-i\omega_0 t} \\ -d\mathcal{E}_0 \sin\omega_m t \; c_a(t) + \omega_0 c_b(t)e^{-i\omega_0 t} \end{pmatrix} . \tag{2.110}$$

$$\boxed{\frac{dc_a}{dt} = id\mathcal{E}_0 \sin\omega_m t\ c_b(t)e^{-i\omega_0 t}\ ,} \tag{2.111}$$

$$\boxed{\frac{dc_b}{dt} = id\mathcal{E}_0 \sin\omega_m t\ c_a(t)e^{i\omega_0 t}\ .} \tag{2.112}$$

(e) 式 (2.112) に $c_b(t) = e^{-i\varphi(t)}$ を代入すると，

$$\frac{d\varphi}{dt}e^{-i\varphi} = -d\mathcal{E}_0 \sin\omega_m t\ c_a(t)e^{i\omega_0 t}\ . \tag{2.113}$$

$\varphi \ll 1$ の仮定から，上式で $e^{-i\varphi} \approx 1$ といえる．よって，

$$\frac{d\varphi}{dt} = -d\mathcal{E}_0 \sin\omega_m t\ c_a(t)e^{i\omega_0 t}\ . \tag{2.114}$$

この方程式を解くには，$c_a(t)$ を決める必要がある．$c_a(t)$ に関する微分方程式（式 (2.111)）と同じ近似 $(e^{-i\varphi} \approx 1)$ を用いて，

$$c_a(t) = \int_0^t id\mathcal{E}_0 \sin\omega_m t'\ e^{-i\omega_0 t'}dt' \tag{2.115}$$

と表される．この積分は，極めて簡単に実行できる：

$$\sin\omega_m t' = \frac{e^{i\omega_m t'} - e^{-i\omega_m t'}}{2i} \tag{2.116}$$

を代入し，

$$c_a(t) = \frac{d\mathcal{E}_0}{2i}\left[\frac{e^{-i(\omega_0-\omega_m)t} - 1}{\omega_m - \omega_0} + \frac{e^{-i(\omega_0+\omega_m)t} - 1}{\omega_m + \omega_0}\right]. \tag{2.117}$$

次に，式 (2.117) から，$c_a(t)$ の表式を (2.114) に代入し，位相に関する積分方程式 $\varphi(t)$:

$$\varphi(t) = \frac{d^2\mathcal{E}_0^2}{4}\int_0^t \left(e^{i\omega_m t'} - e^{-i\omega_m t'}\right)\left(\frac{e^{i\omega_m t'} - e^{i\omega_0 t'}}{\omega_m - \omega_0} + \frac{e^{-i\omega_m t'} - e^{i\omega_0 t'}}{\omega_m + \omega_0}\right)dt' \tag{2.118}$$

を得る．振動成分は時間平均してゼロになるから，

$$\mathrm{Re}[\varphi(t)] = \frac{d^2\mathcal{E}_0^2}{4}\left[\frac{t}{\omega_0 + \omega_m} + \frac{t}{\omega_0 - \omega_m}\right]. \tag{2.119}$$

上式を微分すると（式 (2.81) に従い），AC シュタルクシフトが求まる[11]

[11] $\varphi(t)$ は時間に比例して増大するので，式 (2.119) がなぜはじめの仮定 $|\varphi(t)| \ll 1$ と整合しているのか疑問に思うかもしれない．1 次まで微分方程式を解くために，$|\varphi(t)| \ll 1$ を仮定した．1 次解を得ると，$c_b(t) = e^{-i\Delta Et}$ を微分方程式の右側へ代入して，$\varphi(t)$ の 2 次解を得る．2 次解は ω_0 を $\omega_0 + \Delta E$ で置き換えると式 (2.119) に等しい．$\Delta E \ll \omega_0$ より，この変化は無視でき，実際，我々の解がすべての次数において正しく，$|\varphi(t)| \ll 1$ の制限が解かれることがわかる．

$$\boxed{\Delta E = \frac{d^2\mathcal{E}_0^2}{2}\frac{\omega_0}{\omega_0^2-\omega_m^2}\ .} \tag{2.120}$$

AC シュタルクシフトの符号が，離調によって変化することに注意せよ．原子共鳴の低周波側に離調された光場が，エネルギー準位を押し離す一方，遷移の高周波側に同調した光場は，これらを一緒に押す．このような光シフトはレーザートラップや冷却において重要である．

$\omega_m \ll \omega_0$ の極限では，(a) のように，式 (2.120) から式 (2.70) が導かれることがわかる．$\omega_m \approx \omega_0$ の条件下では，式 (2.93) を得る：

全体を通して，エネルギー準位の幅 Γ を無視したため，上の公式は共鳴近く ($|\omega_0-\omega_m| \lesssim \Gamma$) に適用できないことに再度注意しよう．

変調周波数が遷移周波数 ($\omega_m \gg \omega_0$) を超えるとき，

$$\boxed{\Delta E \approx -\frac{d^2\mathcal{E}_0^2\omega_0}{2\omega_m^2}\ .} \tag{2.121}$$

(f) 直観的には，磁場の逆回転成分によって，周波数 ω_m の代わりに $-\omega_m$ の磁場による AC シュタルクシフトが生じると期待される．したがって，ブロッホ-シーゲルトシフトは式 (2.93) において，$\omega_0-\omega_m$ を $\omega_0+\omega_m$ で置き換えることで示される：

$$\boxed{\Delta E_{\mathrm{BS}} = \pm\frac{d^2\mathcal{E}_0^2}{4(\omega_0+\omega_m)}\ .} \tag{2.122}$$

ここで，"+" は上の状態，"−" は下の状態である．この公式は，逆回転座標系に変換し，式 (2.93) で行ったのと全く同様のステップで得られる．

Bloch-Siegert シフト (2.93) および問 (b) と (c) で計算したシフトの両方とも全エネルギーの小さな摂動であるから，独立に加えられる（相関は，無視できる高次の補正である）．よって，全体のエネルギーシフトは，

$$\Delta E = \pm\left(\frac{d^2\mathcal{E}_0^2}{4(\omega_0-\omega_m)} + \frac{d^2\mathcal{E}_0^2}{4(\omega_0+\omega_m)}\right)\ . \tag{2.123}$$

式 (2.123) は，チュートリアルの (e) で導出した AC シュタルクシフトの一般公式 (2.120) と同一のものである．

2.8　不均一磁場によるスピン緩和

Probrems and Solutions

緩衝気体のない半径 R の蒸気セルに含まれる全角運動量 $F = 1/2$ の原子を考えよう．蒸気セル内壁は，壁との衝突による非分極化を避けるために，反緩和コーティングしてある．しかし，壁との衝突はランダムに原子の速度を変えてしまう．

(a) セルにかけられた平均磁場 $\vec{B}_0$ に沿って分極した原子を考えよう．磁場の小さな勾配による分極緩和率を求めよ．$\vec{B}_0$ に垂直で，$\Delta B \ll B_0$ の 2 乗平均値をもつ磁場勾配がある（縦緩和時間は通常 T_1 と表記され，$\vec{B}_0$ に垂直方向の原子分極の緩和に対応する横緩和時間は T_2 と表される）．ラーモア周波数 $\Omega_L = \gamma B_0$ （γ は磁気回転比）は，原子と壁の衝突率より十分速いものとする（$\Omega_L R/v \gg 1$：v は原子の熱運動速度）．

(b) (a) と同様に，$\Omega_L R/v \ll 1$ を仮定する．

(c) 平均自由行程 $\lambda \ll R$ となるよう，緩衝気体でセルを満たすと，(a) と (b) で求めた $1/T_1$ はどう変わるか．緩衝気体原子との衝突による非分極化が起こらないと仮定してよい．

(d) 緩衝気体のない蒸気セル中の原子において，誘導磁場の小さな変化による横緩和率 $1/T_2$ を見積れ．セルの半分に $B_0 + \Delta B$，もう半分に $B_0 - \Delta B$ の磁場があり，$\Delta B \ll B_0$ と仮定する．

ヒント

(a) において，セルの中を原子が飛び交うと，原子は大きさ $\approx B_0$ で横方向にゆるやかな勾配で変わる磁場を感じる．全磁場がある時間に向いた座標系は，特徴的な角速度 $\vec{\omega}$ で回転する．2.7 節の問のように，付加的な見せかけの磁場 $\vec{B}_f = -\vec{\omega}/\gamma$ を導入すると，回転の効果を説明するのに便利である．

解

(a) 一方の壁からもう一方へと飛ぶ原子を想像しよう．原子は，（ラーモア周波数に比べて）小さくゆっくりと変化する横磁場を「見る」．これは，（全磁場ベクトルに垂直な）角周波数 $\vec{\omega}$ の全磁場ベクトルの回転に相当する．$\vec{\omega}$ の

大きさは,

$$\omega \sim \frac{\Delta B}{B_0}\frac{v}{R}\,. \tag{2.124}$$

ここで, $\Delta B/B_0$ は, 原子がセル中を飛ぶとき, 原子からみて磁場が回転する典型的な角度であり, R/v はセルを横切る原子の移動時間である.

原子とともに動く座標系を考えよう. z 軸は, 全瞬間磁場 $\vec{B}_{\rm tot}$ 方向にとる ($\vec{B}_0$ と小さな不均一磁場からなる). ラーモア周波数は原子の移動頻度 v/R よりも十分速いから, 原子分極は断熱的に $\vec{B}_{\rm tot}$ 方向を向く. この座標系は角周波 $\vec{\omega}$ で回転しているから, 角運動量の時間発展を記述するために, ヒントで提案した見せかけの磁場 $\vec{B}_f = -\vec{\omega}/\gamma$ を導入する. すると, 原子が見る全有効瞬間磁場は, $\vec{B}_{\rm tot} + \vec{B}_f$ と表せる.

次に, 壁と原子との衝突に注目する. $\vec{B}_{\rm tot}$ は変化しないままであるが, 見せかけの磁場 $\vec{B}_f$ は向きと大きさの両方に飛びを生じる. これは, 原子速度が変化し, その結果, $\vec{\omega}$ が変化するからである.

今我々の問題は, 大きさ $\approx B_0$ の誘導磁場方向に向いた角運動量の方向にフリップする確率を求めることへと導かれた. ただし, 大きさが

$$B_\perp \sim \frac{\Delta B}{\gamma B_0}\frac{v}{R} \tag{2.125}$$

であり, 特徴的な相関時間 R/v で揺らいでいる横磁場 $B_\perp$ のもとで考える [12].

ここで, $B_\perp$ は ΔB に比べて十分小さいことに注意しよう.

この問題は,「誘導磁場」$\vec{B}_{\rm tot}$ を排除する回転座標系に移行することで解決できる. 回転座標系では (横磁場は無視する), 2 つの磁気副準位は縮退している. 揺らいでいる横磁場 $B_\perp$ が誘導磁場方向の軸を中心にラーモア周波数 $\Omega_L = \gamma B_{\rm tot} \approx \gamma B_0$ で回転することがわかる.

これらの縮退したゼーマン副準位間の遷移を解析するために, 基底を変更する別の技法を使うこともできる. はじめに誘導磁場 $\vec{B}_{\rm tot}$ が向いた量子化軸を $\hat{z}$ とよぼう. 原子は, すべて状態 $|+\rangle_z$ にある. ただし, 添字 z は量子化軸方向を表す. 量子化軸が $\pi/2$ だけ回転すると, 例えば $\hat{y}$ に向くと, 原子

[12] 壁との衝突を無視したとしても (巨大な体積のセルを想像する), セル中の変動磁場によって, 原子の運動が縦緩和を引き起こすのでは, と思われるかもしれない. この問題の条件のもとでは, その答えは否である. なぜなら原子は断熱的に変化する磁場を感じ, 原子分極が局所磁場の方向を向くからである. この場合のすべての緩和は, 壁との衝突による有効磁場下での非断熱的変化に由来する.

はゼーマン副準位の重ね合わせとみなせる．なぜなら，

$$|+\rangle_z = \frac{1}{\sqrt{2}}\Big(|+\rangle_y + |-\rangle_y\Big)\,. \tag{2.126}$$

空のゼーマン副準位をこの新しい基底で記述するために，

$$|-\rangle_z = \frac{1}{\sqrt{2}}\Big(|+\rangle_y - |-\rangle_y\Big) \tag{2.127}$$

とおく．式 (2.126) と (2.127) から，z 基底の角運動量フリップは，y 基底のゼーマン副準位間の相対的位相シフト π (すなわち ~ 1) に対応する．

揺らいでいる磁場 $B_\perp$ は，小さい強度 $\gamma B_\perp/\Omega_L \approx B_\perp/B_0$ でゼーマン副準位間の位相の速い（周波数 $\approx \Omega_L$ で）偏移を起こす．原子が壁に当たると，同程度の大きさの乱雑な余分の位相を生む．

連続的な壁との衝突で上昇する乱雑位相は，ランダムウォークに相当する．$\approx (B_\perp/B_0)^{-2}$ のランダムウォークステップの結果，蓄積した位相は ~ 1 となり，顕著なフリップ頻度に相当する．各ランダムウォークステップは $\sim R/v$ だけ時間を要するので，結果的に，以下の結果を得る：

$$\boxed{\frac{1}{T_1} \sim \left(\frac{\Delta B}{\gamma B_0^2}\frac{v}{R}\right)^2 \frac{v}{R} \sim \frac{\gamma^2(\vec{\nabla}\cdot\vec{B})^2}{\Omega_L^4}\left(\frac{v^3}{R}\right)\,.} \tag{2.128}$$

5.2 節で議論するように，これは位相拡散を通したスペクトル線の広がりに直接関係する．原子が止まっているとき ($v = 0$)，式 (2.128) に従えば，縦緩和がないことに注意しよう．なぜなら，原子は局所磁場 $\vec{B}_0 + \Delta\vec{B}$ 方向に分極し続け，その勾配がゼーマン準位の状態数を変えないからである．しかし，振動する見せかけの磁場は，原子が感じる磁場を非断熱的に変化させる．それが，ゼーマン準位間の遷移を引き起こす．

(b) この場合，ラーモア歳差運動の周期が，壁との衝突時間より十分長いため，原子がセルに乱されるように，原子分極は断熱的に局所磁場に追随できない[13]．よって，横磁場 ΔB の抑制は起こらない（式 (2.125) と比較せよ）．

$\Omega_L = \gamma B_0$ で回転する座標系に変換すると，誘導磁場 $\vec{B}_0$ を消すことができる（2.6 節）．再び，この基底（$\vec{B}_0$ 方向の量子化軸）で 2 つの磁場の副準位は縮退している．この座標系では，特徴的な時間 R/v で揺らいでいる大き

[13] これをみる 1 つの方法は，局所磁場に断熱的に追随させるために，横成分をキャンセルするぐらい速く原子分極を歳差運動させることである．原子分極は壁との衝突の間に小さな角度 $\approx \gamma B_0 R/v$ でしか歳差運動できないから，分極の横成分は消えない．

さ ΔB の横磁場がある．問 (a) のように，角運動量の射影をフリップする過程は，ランダムウォークで記述される：この場合，他のゼーマン副準位に遷移する確率を得るのに，$\approx (\gamma \Delta B R/v)^2$ だけランダムウォークのステップが必要である．したがって，

$$\boxed{\frac{1}{T_1} \approx \frac{R}{v}(\gamma \Delta B)^2\ .} \tag{2.129}$$

回転座標系に移らずに，この過程を理解することもできる．横磁場成分 ΔB は，$M = \pm 1/2$ のゼーマン準位間の遷移を引き起こす（ここで量子化軸は B_0 方向に選んでおり，ゼーマン副準位は γB_0 だけエネルギー分裂している）．セル中を飛ぶ原子は，高速で変化する横磁場を見ている．$v/R \gg \gamma B_0$ より，高速で変化する磁場の周波数スペクトルは，準位間隔 γB_0 よりも大幅に広い．ゼーマン副準位の幅が $\Gamma \approx 1/T_1$ であれば，$v/R \gg \Gamma$ より，変化する横磁場のエネルギーの一部 $\Gamma R/v$ は遷移を誘導する正しい周波数をもつ．

その結果，$1/T_1$ を遷移確率に等しいとおく（3.7 節の式 (3.159)．$d\mathcal{E}_0$ は $\gamma \Delta B$ で置き換えられる）．すなわち，

$$\boxed{\frac{1}{T_1} \sim \frac{\gamma^2 \Delta B^2}{\Gamma} \frac{\Gamma}{(v/R)} \sim \frac{R}{v}(\gamma \Delta B)^2\ .} \tag{2.130}$$

式 (2.128) と (2.129) で，遷移時間 R/v 依存性が逆になっている．$\Omega_L R/v \gg 1$ かつ原子偏極が局所磁場に従う (a) で考えたのとは逆に，この場合，原子の運動は縦緩和率を実際減少させる．これは，磁場勾配の**運動による平均化 (motional averaging)** の結果—Dicke 尖鋭化（狭窄化）と類似の効果（5.3 節）—である．また，この場合の T_1 は誘導磁場に依存しない．

すばやく揺らぐ磁場成分によるスピン緩和は，マイクロチップの表面近くに導かれる冷却原子のコヒーレントな操作を伴う実験において重要である[文献 8]．この実験では，揺らぐ磁場は導体中の熱流によって生じ（8.16 節），この効果で誘導されたスピンフリップによって，分極原子がトラップポテンシャルから逃れることができる．

(c) 十分高濃度の緩衝気体があるとき，分極した原子の速度は平均自由行程 λ の空間スケールで変化する．λ オーダーの空間領域で横磁場成分の変化ス

[文献 8] Henkel ら (2003 年).

ケールは，$\Delta B\lambda/R \sim \vec{\nabla}\cdot\vec{B}\lambda$ である．したがって，式 (2.128) と (2.129) と同様の表記で書ける．

$$\frac{1}{T_1} \sim \frac{\gamma^2(\vec{\nabla}\cdot\vec{B})^2}{\Omega_L^4}\left(\frac{v^3}{\lambda}\right) \qquad \Omega_L\lambda/v \gg 1\ , \tag{2.131}$$

$$\frac{1}{T_1} \sim \frac{\lambda^3}{v}\left(\gamma\vec{\nabla}\cdot\vec{B}\right)^2 \qquad \Omega_L\lambda/v \ll 1\ . \tag{2.132}$$

この結果は，ある近似の下で，Gamblin と Carver (1965), Schearer と Walters (1965), そして，Cates ら (1988) によって導かれた．

(d) はじめ同じ分極をもったセル中の 2 原子を想像しよう．原子が静止し，一方が磁場 $B_0 + \Delta B$ をもつセルの半分におり，もう一方が磁場 $B_0 - \Delta B$ の片側半分にいるとすると，2 つの原子は非分極化し，蓄積した位相差は

$$2\gamma\Delta BT_2 \sim 1\ . \tag{2.133}$$

しかし，原子はセルに対して運動しているから，磁場は軌跡上で実効的に平均化され，一方の原子が感じる平均磁場ともう一方のものとの違いは，セル中の行程の乱雑な性質のみに由来する：

$$\Delta B_{\mathrm{avg}} \sim \frac{\Delta B}{\sqrt{N}}\ . \tag{2.134}$$

ここで，N は位相が乱れるまでの平均衝突回数である．よって，式 (2.133) は

$$\frac{2\gamma\Delta BT_2}{\sqrt{N}} \sim 1\ . \tag{2.135}$$

N は位相の乱れる時間 T_2 と遷移時間 $\sim R/v$ の比で与えられる：

$$N \sim \frac{v}{R}T_2\ . \tag{2.136}$$

したがって，式 (2.135) と (2.136) から，

$$\frac{1}{T_2} \sim \frac{2\gamma\Delta B}{\sqrt{vT_2/R}}\ , \tag{2.137}$$

$$\boxed{\frac{1}{T_2} \sim \frac{R}{v}(2\gamma\Delta B)^2.} \tag{2.138}$$

この場合の T_2 は，基本的に (b) の T_1 と同じである（式 (2.129)）．これは偶然ではない．両方の場合で，γB_0 で回転する座標系に変換すると，誘導磁

場が消える（2.6 節）．誘導磁場のないとき，T_1 と T_2 に違いはなく，(b) と (d) の考察が等価であることは明らかである．

緩和の問題や量子情報の基本単位である**量子ビット (qubits)** の位相乱れは，量子計算分野で最も重要である．それは，この問題における議論から容易に理解できる．これまでスピン（すなわち量子ビット）が不均一場中を動く状況を考えてきたが，時間変化する磁場を感じながら静止している量子ビットの状況もよく似ている．量子ビットを記述する密度行列の対角要素 (T_1) もしくは非対角要素 (T_2) が減衰する形で，揺らいでいる磁場は量子ビット状態の位相乱れを起こす（**付録 G**）．

2.9 蒸気セルの $\vec{E}\times\vec{v}$ 効果

Probrems and Solutions

蒸気セルに含まれる全角運動量 $F=1/2$ の原子を考えよう．均一磁場 $\vec{B_0}$ がセル中に印加されると，ラーモア周波数 Ω_L の歳差運動が起こる．電場 $\vec{E}$ が $\vec{B_0}$ に平行にかけられたとき，動く磁場による Ω_L のシフトを見積もれ．

この問題は，原子や中性子の永久電気双極子モーメント (EDMs) の探索において極めて重要である[文献 9]．基本粒子である原子や分子は，パリティ (P) と時間反転不変性 (T) が破れると，EDMs をもつであろう（1.13, 4.8 節）．

ヒント

実際に考えるべき状況は 2 つある：(1) Ω_L が速度変化する衝突（セルの壁や緩衝気体の分子と）の頻度よりも十分大きい場合，(2) Ω_L が速度変化する衝突率よりも十分小さい場合である．

解

速度 $\vec{v}$ で運動する原子は，磁場 $\vec{B_0}$ と動的 (もしくは $\vec{E}\times\vec{v}$) 磁場とのベクトル和で表される有効磁場を見ている：

$$\vec{B}=\vec{B_0}+\frac{\vec{E}\times\vec{v}}{c}\ . \tag{2.139}$$

$\langle\vec{v}\rangle=0$ より，セル中の原子集団にわたって平均すると，動的磁場の値はゼロ

[文献 9] 例えば Khriplovich や Lamoreaux ら (1997) によって議論されている，3.5.3 章．

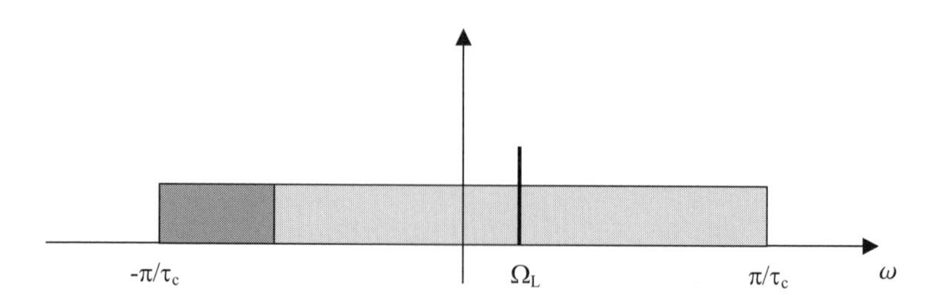

図 2.7　揺らいでいる $\vec{E} \times \vec{v}$ 磁場によってつくられるスペクトルのモデル．周波数 $\Omega_L + \omega$ のスペクトル成分は，$\Omega_L - \omega$ 成分の効果を打ち消す．残りの「補われない」寄与（暗い影の部分）が，副準位の AC ゼーマンシフトを引き起こす．

となる．一方，動的磁場は $\vec{B}$ 強度の 2 乗平均値にゼロでない寄与を与える：

$$B^2 \approx B_0^2 + \left(\frac{E\bar{v}}{c}\right)^2 , \tag{2.140}$$

$$B \approx B_0\sqrt{1 + \frac{E^2\bar{v}^2}{c^2B_0^2}} \approx B_0 + \frac{E^2\bar{v}^2}{2B_0c^2} . \tag{2.141}$$

$\bar{v}$ は熱運動に特徴的な速度であり，$B_0 \gg E\bar{v}/c$ を仮定した．したがって，

$$\Delta B_{\mathrm{rms}} \sim \frac{(E\bar{v}/c)^2}{B_0} . \tag{2.142}$$

ただちに，動的磁場に伴う平均周波数シフトは，

$$\boxed{\Delta\Omega_L = \gamma\Delta B_{rms} \sim \gamma\frac{(E\bar{v}/c)^2}{B_0} .} \tag{2.143}$$

ここで，γ は考えている原子の磁気回転比である（ボーア磁子や核磁子のオーダーであり，常磁性か反磁性の原子かに依存する）．

しかし，式 (2.143) は $\Omega_L\tau_c \gg 1$（τ_c：速度変化衝突間の平均時間）のときのみ正しい．$\Omega_L\tau_c \ll 1$，つまり原子の速度が磁場 $\vec{B_0}$ でのラーモア歳差運動の周期より十分短い，逆の極限的な場合の $\Delta\Omega_L$ について求めよ．

動的な磁場は，τ_c のランダムな変化に特徴的な時間間隔で，ランダムに変化する横磁場（$\vec{E}\|\vec{B_0}$）として原子にかかる．そのような磁場のスペクトルは，特徴的な幅 $2\pi/\tau_c$ をもつ．このスペクトルを $\omega = -\pi/\tau_c$ から $\omega = \pi/\tau_c$ までのシルクハット型のパワー分布（**図 2.7**）にモデル化する．AC ゼーマンシフトの大きさは，共鳴からのずれ $|\Omega_L - \omega|$ と同じであるが，$\omega > \Omega_L$ と $\omega < \Omega_L$ のときでスペクトル成分の符号が反対になる（2.7 節の式 (2.106)

と (2.107)] を参照). 動的な磁場のスペクトル分布は, Ω_L ではなく, $\omega = 0$ に関して対称であるから, 図 2.7 で示したスペクトルの「補われない」部分による 2 準位間の AC ゼーマンシフトを引き起こす. スペクトルの非相補部分は, 全スペクトルに含まれる全出力の $\sim 2\Omega_L/(2\pi/\tau_c)$ を含む. この場合, AC ゼーマンシフトは, 2.7 節の結果を用いて, 非相補的磁場による有効ゼーマンシフトの 2 乗と実効的な離調 (π/τ_c) から求めることができる：

$$\boxed{\Delta\Omega_L \sim \frac{(\gamma E\bar{v}/c)^2}{\pi/\tau_c} \cdot \frac{\Omega_L}{\pi/\tau_c} = \frac{(\gamma E\bar{v}/c)^2\tau_c^2}{\pi^2} \cdot \gamma B_0\ .} \tag{2.144}$$

密度行列公式に基づいたより細かい計算 (**付録 G**) は, 我々が求めた式 (2.144) より因子 $\pi^2/9$ だけ大きい結果を与える[文献 10].

シフトの符号が両極限で等しいことに注意しよう. また, 式 (2.143) と (2.144) で B_0 に対して逆の依存性をもつ. $\Omega_L\tau_c \ll 1$ の極限で, 式 (2.144) より, $\vec{E} \times \vec{v}$ シフトは, τ_c を減らす緩衝気体を用いて減らすことができる.

2.10 水素様原子のイオン化

Probrems and Solutions

原子へ電場 $\vec{\mathcal{E}}$ が $\hat{z}$ 方向にかけられると, $z \to \infty$ における電子のポテンシャルエネルギーは, 無限に大きな負の値となるだろう. 電子は, 生じたポテンシャル障壁をトンネルすることができる. この過程は, **電場イオン化 (field ionization)** とよばれる. 基底状態における水素の電場イオン化の単位時間あたりの確率 W は, 例えば Landau, Lifshitz (1977) の 77 節で与えられる：

$$W = \frac{4m_e^3e^9}{\mathcal{E}\hbar^7}\exp\left(-\frac{2m_e^2e^5}{3\mathcal{E}\hbar^4}\right). \tag{2.145}$$

この表現から始め, 核電荷 Z をもつ水素様イオンの電場イオン化確率を書き下せ. 電場イオン化は, 蓄積リング中の高電荷イオンを用いた実験において重要である[文献 11].

[文献 10] Khriplovich と Lamoreaux (1997).

[文献 11] 例えば, Zolotorev, Budker (1997) および, その参考文献を参照.

解

求めたい Z スケーリングを得るには，非相対論的ハミルトニアン H

$$H = \frac{p^2}{2m_e} - \frac{Ze^2}{r} + e\vec{\mathcal{E}} \cdot \vec{r} \tag{2.146}$$

を水素様イオンについてかき，

$$e = \frac{e'}{\sqrt{Z}} \tag{2.147}$$

と置換することで水素原子のハミルトニアンと変換される．また，

$$\mathcal{E} = \mathcal{E}'\sqrt{Z} \tag{2.148}$$

とおく．したがって，電場イオン化確率は，

$$\boxed{W = \frac{4m_e^3 e^9 Z^5}{\mathcal{E}\hbar^7} \exp\left(-\frac{2m_e^2 e^5 Z^3}{3\mathcal{E}\hbar^4}\right).} \tag{2.149}$$

2.11　磁気分裂したゼーマン準位の電場シフト

Probrems and Solutions

角運動量 $F = 1$ の原子が磁場中に置かれると，磁気的な副準位はしっかりと分裂する．弱い電場 $\vec{\mathcal{E}}$ が，磁場に対する角度 θ でかけられたとき，ゼーマン副準位の付加的な準位シフトを求めよ．すべての副準位を同じだけシフトする**スカラー分極率 (scalar polarizability)**α_0 の効果を無視してよいが，テンソル分極率 (α_2) の効果は含めよ．ここで，z を電場方向にとった座標系の対角ハミルトニアンは，以下の行列要素をもつ:

$$H(M) = -\alpha_2 \frac{\mathcal{E}^2}{2} \frac{3M^2 - F(F+1)}{F(2F-1)} = C\big[3M^2 - F(F+1)\big]\,. \tag{2.150}$$

解

この問題で自然量子化軸は磁場の方向である．ハミルトニアン (2.150) を対応する座標系へ $F = 1$ に関する回転行列

$$\mathcal{D}(0,\beta,0) = \begin{pmatrix} \frac{1}{2}(1+\cos\beta) & \frac{1}{\sqrt{2}}\sin\beta & \frac{1}{2}(1-\cos\beta) \\ -\frac{1}{\sqrt{2}}\sin\beta & \cos\beta & \frac{1}{\sqrt{2}}\sin\beta \\ \frac{1}{2}(1-\cos\beta) & -\frac{1}{\sqrt{2}}\sin\beta & \frac{1}{2}(1+\cos\beta) \end{pmatrix} \tag{2.151}$$

を用いて変換する（**付録 E**）と，

$$H' = \mathcal{D}(0,\theta,0) H \mathcal{D}^{-1}(0,\theta,0) \tag{2.152}$$

$$= C \begin{pmatrix} \frac{3\cos^2\theta - 1}{2} & -\frac{3\sin\theta\cos\theta}{\sqrt{2}} & \frac{3(1-\cos^2\theta)}{2} \\ -\frac{3\sin\theta\cos\theta}{\sqrt{2}} & -(3\cos^2\theta - 1) & \frac{3\sin\theta\cos\theta}{\sqrt{2}} \\ \frac{3(1-\cos^2\theta)}{2} & \frac{3\sin\theta\cos\theta}{\sqrt{2}} & \frac{3\cos^2\theta - 1}{2} \end{pmatrix} . \tag{2.153}$$

電場は弱く，電気的な摂動 ($\propto \mathcal{E}^2$) による 1 次のエネルギー準位シフトへ寄与しないため，非対角行列要素の効果は無視できる．よって，追加の電場シフトは式 (2.153) の対角要素で与えられる．

この問題の結果は，静電場と振動電場の両方において妥当である（2.7 節参照）．また，各ゼーマン副準位のシフトは，θ の関数として，ルジャンドル多項式のように振る舞う：

$$P_2(\theta) = \frac{3\cos^2\theta - 1}{2} . \tag{2.154}$$

このシフトは，電場が磁場に対して「マジック角」（9.4 節）にかけられたときに消える．

この結果は，$F = 1$ に限らないことがわかる．任意の F について，ゼーマン副準位 M のシフト $\Delta E(M)$ は[文献 12]，

$$\Delta E(M) \propto \frac{3\cos^2\theta - 1}{2} \left[3M^2 - F(F+1)\right] . \tag{2.155}$$

この一般的な結果は，以下の方法で理解できる．シュタルクシフトは電場 $\mathcal{E}$ に対する 2 次関数であるから，テンソルシフトは，2 階テンソル α_{ik} の既約表現として，電場成分 $\mathcal{E}_i \mathcal{E}_k$ からなる 2 階テンソルで記述できる．分極率テンソル α_{ik} は，原子の角運動量からなる既約 2 階テンソルに比例しなければならない（原子系を記述するのに，他のベクトルは用いられないため）．よって，**付録 F** の式 (F.42) に従い，

$$\alpha_{ik} \propto F_i F_k - \frac{1}{3} F^2 \to M^2 - \frac{1}{3} F(F+1) . \tag{2.156}$$

大きな磁場 $\vec{B}$ が，$\vec{B}$ に平行でない $\vec{F}$ の成分を打ち消す事実を利用した．

同様にして，磁場は $\vec{B}$ と並行でない $\vec{\mathcal{E}}$ の成分を打ち消し，原子が「見る」

[文献 12] 例えば，Happer (1971).

有効電場の大きさは $\mathcal{E}\cos\theta$ となる．それゆえ，エネルギーシフトは $\cos^2\theta$ に比例するべきである．関係式 (2.155) は，スカラーシフトからテンソルシフトを切り離し，準位の平均的なシフトを差し引くことで得られる．

2.12　幾何学的（ベリー）位相

Probrems and Solutions

時間とともに向きを変える電場もしくは磁場中の原子について考えよう．その向きは，しばらく経って元に戻ってくる．原子がエネルギー固有状態 $\psi(0)$ を初期値として，時間 t 後に最初の向きに磁場が戻ってくるとき，原子の波動関数 $\psi(t)$ は，次のように与えられる:

$$\psi(t) = \psi(0)\exp\left(-\frac{i}{\hbar}\int_0^t E(t')dt'\right). \tag{2.157}$$

$E(t)$ は時間の関数とした原子状態のエネルギーである．実際，原子の波動関数は，式 (2.157) とは位相因子 $e^{i\alpha}$ だけ異なる（断熱的極限でさえ，つまり磁場の向きがゆっくりと変化するときでも）．α は**幾何学的位相 (geometric phase)** または**ベリー位相 (Berry's phase)** である[文献 13]．

幾何学的位相は，永久電気双極子モーメントの探索実験（4.8 節）で問題となる系統的効果であり[文献 14]，それ自体興味深い[文献 15]．

z 軸周りを回転する電場 $\vec{\mathcal{E}}(t)$ 中の $J=1$ 状態の原子について考えよう（**図 2.8**）．電場ベクトルの先端の厳密な軌跡や時間発展は本質ではないが（答えは電場ベクトルが掃き出す立体角のみに依存する），計算を単純にするために，

$$\vec{\mathcal{E}}(t) = \mathcal{E}_0(\sin\theta\cos\omega t\hat{x} + \sin\theta\sin\omega t\ \hat{y} + \cos\theta\ \hat{z}) \tag{2.158}$$

と仮定しよう．

電場が一回転した後に得る幾何学的位相 $(\omega t = 2\pi)$ を求めよ．電場はゆっくりと回転するものとする（すなわち $\omega \ll \Delta/\hbar$，Δ はシュタルク効果によるゼーマン副準位のエネルギー分裂）．

[文献 13] Berry (1984).

[文献 14] Commins (1991).

[文献 15] 例えば Bouchiat (1989).

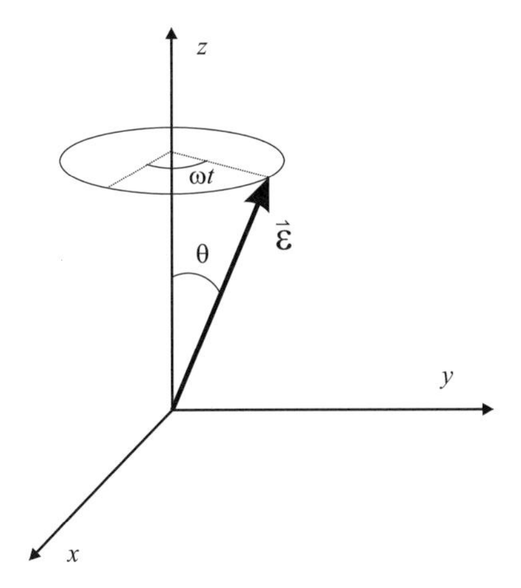

図 2.8　幾何学的位相を図示するのための配置．電場 $\vec{\mathcal{E}}$ は周波数 ω で z 軸周りを回転する．

ヒント

Commins (1991) が用いた方法に従うと，電場 $\vec{\mathcal{E}}$ 方向を量子化軸とする $M = 0, \pm 1$ ゼーマン副準位の“瞬間的な”基底を導入する．オイラー角 $(\omega t, \theta, 0)$ を用いて，回転行列は

$$\mathcal{D}(\omega t, \theta, 0) = \mathcal{D}(\omega t, 0, 0) \cdot \mathcal{D}(0, \theta, 0) \tag{2.159}$$
$$= \begin{pmatrix} \frac{1}{2}(1+\cos\theta)e^{i\omega t} & \frac{1}{\sqrt{2}}\sin\theta e^{i\omega t} & \frac{1}{2}(1-\cos\theta)e^{i\omega t} \\ -\frac{1}{\sqrt{2}}\sin\theta & \cos\theta & \frac{1}{\sqrt{2}}\sin\theta \\ \frac{1}{2}(1-\cos\theta)e^{-i\omega t} & -\frac{1}{\sqrt{2}}\sin\theta e^{-i\omega t} & \frac{1}{2}(1+\cos\theta)e^{-i\omega t} \end{pmatrix}$$

と書ける．式 (2.159) において，行列指数は減少順の M 成分に対応する（**付録 E**）．よって，3 つの瞬間的基底の状態は，

$$\psi_1(t) = \begin{pmatrix} \frac{1}{2}(1+\cos\theta)e^{i\omega t} \\ -\frac{1}{\sqrt{2}}\sin\theta \\ \frac{1}{2}(1-\cos\theta)e^{-i\omega t} \end{pmatrix}, \tag{2.160}$$

$$\psi_0(t) = \begin{pmatrix} \frac{1}{\sqrt{2}}\sin\theta e^{i\omega t} \\ \cos\theta \\ -\frac{1}{\sqrt{2}}\sin\theta e^{-i\omega t} \end{pmatrix}, \tag{2.161}$$

$$\psi_{-1}(t)=\begin{pmatrix}\frac{1}{2}(1-\cos\theta)e^{i\omega t}\\ \frac{1}{\sqrt{2}}\sin\theta\\ \frac{1}{2}(1+\cos\theta)e^{-i\omega t}\end{pmatrix}. \tag{2.162}$$

解

瞬間的基底（式 (2.160)-(2.162)）における，シュレディンガー方程式は，

$$i\hbar\frac{\partial\psi_n}{\partial t}=E_n\psi_n(t). \tag{2.163}$$

E_n は状態のエネルギーである．状態は 2 次のシュタルク効果によって分裂する．計算を簡略化するため，エネルギーをゼロにとる：

$$E_{\pm1}=0, \tag{2.164}$$

$$E_0=-\Delta. \tag{2.165}$$

任意の波動関数 $\Psi(t)$ は，瞬時の基底の状態に分解される：

$$\Psi(t)=\sum_n c_n(t)e^{-iE_nt/\hbar}\psi_n(t). \tag{2.166}$$

$c_n(t)$ は，射影の時間依存係数であり，シュレディンガー方程式 (2.163) に従う基底状態の時間発展の結果，位相因子 $e^{-iE_nt/\hbar}$ だけ分かれる．

$\Psi(t)$ の表式 (2.166) の時間微分をとると，

$$\frac{\partial\Psi}{\partial t}=\sum_n e^{-iE_nt/\hbar}\left(\frac{\partial c_n}{\partial t}\psi_n(t)-i\frac{E_n}{\hbar}c_n(t)\psi_n(t)+c_n(t)\frac{\partial\psi_n}{\partial t}\right). \tag{2.167}$$

式 (2.163) から $\Psi(t)$ の時間微分を求めることもできる：

$$\frac{\partial\Psi}{\partial t}=-\frac{i}{\hbar}\sum_n c_n(t)E_n\psi_n(t)\ e^{-iE_nt/\hbar}. \tag{2.168}$$

表式 (2.167) と (2.168) を合わせると，以下の式にたどり着く：

$$\sum_n e^{-iE_nt/\hbar}\left(\frac{\partial c_n}{\partial t}\psi_n(t)+c_n(t)\frac{\partial\psi_n}{\partial t}\right)=0. \tag{2.169}$$

続いて，式 (2.169) に $\psi_m^\dagger(t)$ をかけ，$\psi_m^\dagger(t)\psi_n(t)=\delta_{mn}$（$\delta_{mn}$：クロネッカーのデルタ）を用いると，

$$\frac{\partial c_m}{\partial t}=-\sum_n e^{-i(E_n-E_m)t/\hbar}c_n(t)\psi_m^\dagger(t)\frac{\partial\psi_n}{\partial t}. \tag{2.170}$$

ゆっくりと回転する電場 $(\omega \ll \Delta/\hbar)$ の場合に興味があるので，式 (2.170) において速く振動する項は無視する．よって，縮退した状態のみ考える必要がある．今，瞬間的な基底の波動関数（式 (2.160)-(2.162)）の形式を用いて，以下の量 $\psi_m^\dagger(t)\dot{\psi}_n$ を計算する：

$$\psi_1^\dagger\dot{\psi}_1 = \frac{i\omega}{4}(1+\cos\theta)^2 - \frac{i\omega}{4}(1-\cos\theta)^2 = i\omega\cos\theta \ , \tag{2.171}$$

$$\psi_1^\dagger\dot{\psi}_{-1} = \frac{i\omega}{4}\left(1-\cos^2\theta\right) - \frac{i\omega}{4}\left(1-\cos^2\theta\right) = 0 \ , \tag{2.172}$$

$$\psi_{-1}^\dagger\dot{\psi}_1 = \frac{i\omega}{4}\left(1-\cos^2\theta\right) - \frac{i\omega}{4}\left(1-\cos^2\theta\right) = 0 \ , \tag{2.173}$$

$$\psi_0^\dagger\dot{\psi}_0 = \frac{i\omega}{2}\sin^2\theta - \frac{i\omega}{2}\sin^2\theta = 0 \ , \tag{2.174}$$

$$\psi_{-1}^\dagger\dot{\psi}_{-1} = \frac{i\omega}{4}(1-\cos\theta)^2 - \frac{i\omega}{4}(1+\cos\theta)^2 = -i\omega\cos\theta \ . \tag{2.175}$$

式 (2.170) の結果（式 (2.171)-(2.175)）を用いると，

$$\frac{\partial c_{\pm1}}{\partial t} = \mp i\omega\cos\theta \ c_{\pm1}(t) \ , \tag{2.176}$$

$$c_{\pm1}(t) = c_{\pm1}(0)e^{\mp i\omega t\cos\theta} \ . \tag{2.177}$$

式 (2.177) から，$\omega t = 2\pi$ のとき，係数 $c_{\pm1}(2\pi/\omega)$ は幾何学的位相因子によって $c_{\pm1}(0)$ だけ異なる．

$$c_{\pm1}(2\pi/\omega) = c_{\pm1}(0)e^{\mp i2\pi\cos\theta} = c_{\pm1}(0)e^{\mp i2\pi(\cos\theta-1)}, \tag{2.178}$$

$$\boxed{c_{\pm1}(2\pi/\omega) = c_{\pm1}(0)e^{\mp i\Omega}.} \tag{2.179}$$

ここで，Ω は電場ベクトルに対する立体角である．

この結果は，ゆっくりと変化する磁場のものと同一である点に注意しよう．また，上で指摘したように，結果は磁場の軌跡に依存しない．全角運動量 F をもつ状態と z 射影 M 状態の一般化により，ベリー位相は，

$$\alpha_M = -M\Omega \tag{2.180}$$

となる．また，古典的な類似性は（例えば，剛体の回転）Hannay (1985) と Montgomery (1991) の論文中で調べられている．

2.13 核双極子—双極子緩和

Probrems and Solutions

固い格子に固定された原子からなる結晶を考えよう．原子が，スピン $I = 1/2$

の核とゼロでない磁気モーメントをもち，原子核が特定の方向を向くとする．

スピン間にのみ相互作用があり（お互いの磁場を感じる），空間的に核が格子に固定され続けるのではなく，格子とは相互作用しないものとして，単純にスピン緩和率を見積もる[文献 16]．双極子磁場は距離の 3 乗で減衰するため，あるスピンにおける緩和は，最近接のもので決まることは明らかである．緩和率は，隣接場中のスピンのラーモア歳差運動として見積もられる：

$$\gamma_{dd} \sim \frac{1}{\hbar}\frac{{\mu_N}^2}{r^3} . \tag{2.181}$$

ここで，μ_N は核磁子で，r は隣接核スピン間の距離である．相互作用するスピン間の距離が，典型的な凝縮系の原子間距離程度 $(r \sim 2a_0)$ であれば，緩和率は kHz 程度である．この緩和は，磁気共鳴線幅の下限を与える．

格子に固定されているが，格子とは相互作用しない 2 つの核スピン系を考えよう．スピン系の全角運動量が一般には保存されないことを示せ．この場合，角運動量が全体として，どのように保存されるかを説明せよ．問題を量子力学的に取り扱え（実際は，必ずしもその必要はないが）．

解

スピン間の相互作用を記述するハミルトニアンは，

$$\hat{H} = -\vec{\mu}_1 \cdot \vec{B}_{21} = -\vec{\mu}_1 \cdot \frac{3(\vec{\mu}_2 \cdot \hat{r}_{12})\hat{r}_{12} - \vec{\mu}_2}{r_{12}^3} . \tag{2.182}$$

$\vec{\mu}_{1,2} = g_{1,2}\mu_N \vec{I}_{1,2}$ は 2 スピンの磁気モーメント，$g_{1,2}$ は核の g 因子，$\vec{I}_{1,2}$ はスピン演算子，$\vec{r}_{12}$ はスピンの間隔，$\hat{r}_{12}$ は $\vec{r}_{12}$ の単位ベクトルである．

ある量子化軸への全スピン射影 $M_1 + M_2$ が保存量かどうかを検討しよう．これを行うには，対応する演算子 $I_z = I_{1z} + I_{2z}$ が次式 (2.182) のハミルトニアンと交換するかどうかをみればよい：

$$\left[I_z, \hat{H}\right] = \frac{-g_1 g_2 \mu_N^2}{r_{12}^3}\left[I_{1z} + I_{2z}, 3\left(\vec{I}_1 \cdot \hat{r}_{12}\right)\left(\vec{I}_2 \cdot \hat{r}_{12}\right) - \vec{I}_1 \cdot \vec{I}_2\right] . \tag{2.183}$$

可換項は，

$$\left[I_{1z} + I_{2z}, \vec{I}_1 \cdot \vec{I}_2\right] = 0 \tag{2.184}$$

[文献 16] 例えば，Kittel (2005), 13 章．

であるが，式 (2.183) の他の項は一般に非可換である．例えば $\vec{I_1} \cdot \hat{r}_{12}$ が演算子 I_{1x}, I_{1y}, および I_{1z} の線形結合であるから，はじめの 2 つは I_{1z} とは交換しない．

よって，全スピン角運動量は双極子-双極子相互作用において保存しないことがわかる．角運動量は，格子と交換しなければならない．双極子-双極子相互作用でつながった 2 つの粒子の衝突の場合，格子から獲得する角運動量は試料の集団運動であり，通常観測するには小さすぎる．このことは，テニスボールが壁から跳ね返る状況と似ている．ボールの直線的な運動量は保存しないが，重たい壁は大して動かない．

格子上の多スピン系の時間発展の詳細な議論は，Sodickson と Waugh (1995) によって与えられる．

2.14 自由な磁石のスピン歳差運動

Probrems and Solutions

回転しない空間に自由に浮かんでいる極間の領域に一様な磁場をつくる永久磁石を考えよう (例えば，自由落下する宇宙船の中)．分極していない常磁性的な原子集団が，この磁場中に置かれている．時刻 $t = 0$ において，磁場に対して垂直に進む，円偏光の短いパルスが原子を照らしている．光子のいくつかが吸収され，原子に角運動量を与える．励起状態の原子は直ちに基底状態へと減衰するが，基底状態の原子分極は長く続く (これが光ポンピングである．たとえば，3.7，3.9，3.10，および 9.7 節参照)．ポンピング後，磁場に垂直方向の原子の角運動量は，ラーモア歳差運動を行う．

角運動量がこの歳差運動の間どのように保存されるか説明せよ．慣性運動量が対角テンソルであると仮定して，磁石の運動を記述せよ (一様に磁化した空洞のある球体は，理想的な性質をもつ)[文献 17]．

解

原子が光ポンプされた直後，角運動量が $\hat{y}$ 軸を向いてるものとする．磁石の磁場が $\hat{z}$ 方向ならば，スピンは $\hat{z}$ 回りに歳差運動する．ラーモア周波数の 1 周期の過程で，いくつかの点について考えよう (図 **2.9**)．

[文献 17] 例えば，Jackson (1975), 5.10. 節.

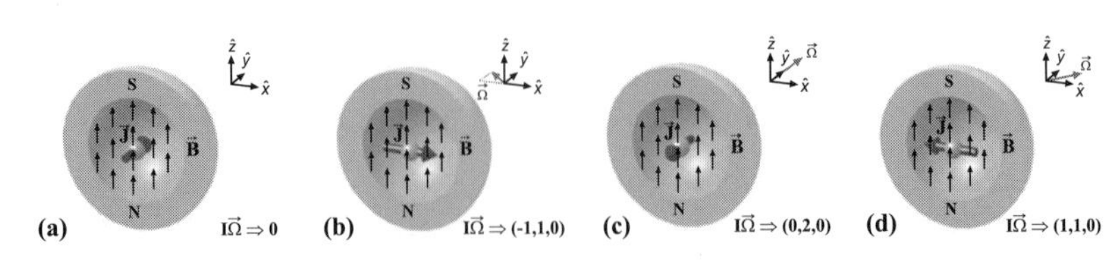

図 2.9　自由に浮かんでいる永久磁石中の光ポンピングとラーモア歳差運動．磁石は，系の全角運動量を保存しながら（角速度 $\vec{\Omega}$ で）全体として回転する（図は Alain Lapierre のご好意による）．

また，磁石の運動の振幅が小さいと仮定すると，ラーモア歳差運動は磁石の運動に影響されないと考えられる．光ポンピングの直後，磁石はまだ休んでいる．ラーモア周期の 1/4 後（図 2.9 (b)），（特定のランデ因子の符号を仮定すると）原子の方向は $\hat{x}$ を向く．この点，角運動量が保存されるためには，磁石は回転していなければならない．小さな回転角では，直行軸周りの回転波を独立に考えることができる（これは一般に正しくない．なぜなら，そのような回転はお互いに交換しないからである）．原子が角運動量に寄与しないことを補うために，磁石は $\hat{y}$ 軸周りに回転する必要がある．また，原子の向きを補うには，$\hat{x}$ 周りに回転しなければならない．ラーモア周期の 1/2 と 1/3 のときの，原子の向きと磁石の回転方向は，それぞれ図 2.9 (c) と (d) に示している．向きがはじめと反対方向となるとき，磁石はラーモア周期の半分で最も速くなる．ラーモア周期の終わりで磁石は休むようになる．

この運動の興味深い特徴は，磁石が休むにもかかわらず，もとの方向に戻らないことである．$\hat{y}$ 周りの回転を蓄積するようになる．

この問題と 2.13 節の問は，共通したテーマをもつ．つまり，我々は量子スピン系と古典的な環境との角運動量の変換を調べた．関連した効果は，アインシュタイン-ド・ハース効果やバーネット効果である[文献 18]．アインシュタイン-ド・ハース効果の本質は，休んでいる強磁性的な試料が，キュリー温度以上で磁化しなくなったときに回転することである．バーネット効果は，回転する試料の磁化によって生じる．

[文献 18] 例えば，Blundell (2003) の 1 章．

3 章

光と原子の相互作用

3.1 周期的摂動下の2準位系 (T)

Probrems and Solutions

この問題では，周期的摂動下にある非縮退2準位系（例えば，原子）を考える．系が初めに低い方の状態にあり，下の状態が減衰しないという仮定のもとに，系の時間発展を記述することが目標である．上の状態は他の状態へある速度 Γ で減衰する．これは，原子物理や光学物理における中心的な問題の1つであり（実際，この題で書かれた完全な本がすでにある）[文献 1]，後の多くの問題で議論するように，実にさまざまな状況からなる．特筆すべきは，この問題の中身は磁気共鳴の現象（2.6 節），AC シュタルク効果やゼーマンシフトの議論（2.7 節）と密接に関係していることである．

(a) 上の状態の時間依存する確率振幅 $b(t)$ と下の状態の振幅 $a(t)$ に関する微分方程式を求めよ．周期的摂動として，以下の形式

$$V(t) = V_0 e^{i\omega t} \tag{3.1}$$

を用いよ．ただし，V_0 は実数である．

(b) 今，方程式を解き進めるために，初期条件

$$|\psi(0)\rangle = \begin{pmatrix} 1 \\ 0 \end{pmatrix} \tag{3.2}$$

を用いる．解析的な解は，多くの極限的な場合において可能である．

[文献 1] 例えば，Allen と Eberly (1987).

$\Delta = \omega - \omega_0 = 0$ かつ緩和がない $(\Gamma = 0)$ 条件下で，上の状態に系を見つける確率 $P(t) = |b(t)|^2$ を求めよ．

ヒント

いわゆる**相互作用描像 (interaction picture)** を用いると，ユニタリー変換によって，$a(t)$ と $b(t)$ について解くことができる．相互作用描像では，非摂動波動関数は時間によって変化しない．2.6 節と 2.7 節の問で議論したように，これは磁気共鳴の解析で用いた周波数 $\omega = \omega_0$ の回転系と非常によく似ている．このような変換はハミルトニアン $\mathbf{H}$（式 (3.6)）の時間依存を取り除き，ω_0 から $\omega_0 - \omega$ への状態間のエネルギー分裂を変化させる．よって，回転系で共鳴する 2 つの状態は縮退し，そのハミルトニアンは，

$$\mathbf{H}^{(rot)} = \begin{pmatrix} 0 & V_0 \\ V_0 & 0 \end{pmatrix}. \tag{3.3}$$

(c) $\Gamma = 0$ のとき，$a(t) \approx 1$（例えば，周波数のずれ $|\omega - \omega_0|$ が大幅に V_0 を超えるとき）を仮定し，上の状態に系を見出す確率 $P(t) = |b(t)|^2$ を求めよ．
(d) 共鳴条件 (3.20) と非共鳴条件 (3.27) を知ることで，$\Gamma = 0$ のときの一般解を推測することができる．この条件は，微分方程式（式 (3.7) と式 (3.8)）を近似なしで解析的に解くことで得られる[文献 2]．
(e) 次に，緩和の効果を調べよう．系の振る舞いをさまざまな領域で見るために，$\Gamma = 0.3$ と $\Gamma = 10$ で共鳴状態にある $(\Delta = 0)$ 式 (3.7) と (3.9) の数値解を図示しよう（図示するには *Mathematica*® を用いる）．

解

(a) 系の状態を記述する波動関数は

$$|\psi(t)\rangle = \begin{pmatrix} a(t) \\ b(t) \end{pmatrix}. \tag{3.4}$$

系の時間発展は（緩和を無視すると）シュレディンガー方程式：

$$i\frac{\partial|\psi\rangle}{\partial t} = \mathbf{H}|\psi(\mathbf{t})\rangle \tag{3.5}$$

によって記述できる．ただし，$\hbar = 1$ とする．ハミルトニアンは，

[文献 2] 例えば，Ramsey (1985), 5 章.

$$\mathbf{H} = \begin{pmatrix} 0 & V(t) \\ V^*(t) & \omega_0 \end{pmatrix} \tag{3.6}$$

で与えられる．ω_0 は，2 準位系の上と下の状態間隔である．ハミルトニアン (3.6) と周期的摂動 (3.1) を仮定したとき，式 (3.5) の明瞭な形は

$$i\frac{da}{dt} = V_0 e^{i\omega t} b(t), \tag{3.7}$$

$$i\frac{db}{dt} = V_0 e^{-i\omega t} a(t) + \omega_0 b(t). \tag{3.8}$$

緩和を含めるには，式 (3.8) の右側に追加の項を加えるべきである [1)]；

$$i\frac{db}{dt} = V_0 e^{-i\omega t} a(t) + (\omega_0 - i\Gamma/2) b(t). \tag{3.9}$$

この項は，振幅 $b(t)$ が緩和率 $\Gamma/2$ で減衰し，状態数が Γ で減衰することを保証する．

(b) もちろんこの問題は，2.6 節の問と厳密に似ており，静磁場 $\vec{B}_0$ と回転する横磁場 $\vec{B}_\perp(t)$ 中に置かれたスピン 1/2 の粒子 2 準位系について解くことができる．このとき 2 準位間の振動は，磁気モーメントの回転系での横磁場周りの歳差運動に対応する．

ここで，もう 1 つの解法を提供しよう．1.4 節で適用したのと同じテクニックを用いて，行列 (3.3) のエネルギー固有値が解け，

$$|1\rangle = \frac{1}{\sqrt{2}} \begin{pmatrix} 1 \\ -1 \end{pmatrix}, \tag{3.10}$$

$$|2\rangle = \frac{1}{\sqrt{2}} \begin{pmatrix} 1 \\ 1 \end{pmatrix}. \tag{3.11}$$

これらの固有状態は，エネルギー固有値

$$E_1 = -V_0\ , \tag{3.12}$$

$$E_2 = V_0 \tag{3.13}$$

---

1) 緩和を導入するこの方法は，式 (3.6) の代わりに，非エルミートハミルトニアン

$$\mathbf{H} = \begin{pmatrix} 0 & V(t) \\ V^*(t) & \omega_0 - i\Gamma/2 \end{pmatrix}$$

を用いるのと等価である．読者に警告しておくと，この場合（他の場合でも）一般にハミルトニアンの中に緩和項を “書き込む” のは正しくない．密度行列の公式 [例えば，付録 **G** や Stenholm (1984)] では，別に “緩和行列” を導入するのが普通である．

と対応する．初期状態 $\psi(0)$（式 (3.2)）は，エネルギー固有状態 $|1\rangle$ と $|2\rangle$ の重ね合わせで書ける：

$$|\psi(0)\rangle = \begin{pmatrix} 1 \\ 0 \end{pmatrix} = \frac{1}{\sqrt{2}}(|1\rangle + |2\rangle) = \frac{1}{2}\left[\begin{pmatrix} 1 \\ -1 \end{pmatrix} + \begin{pmatrix} 1 \\ 1 \end{pmatrix}\right] . \tag{3.14}$$

時間依存シュレディンガー方程式 (3.5) によると，エネルギー固有状態は，時間が進むごとに位相を獲得する：

$$|\psi(t)\rangle = \frac{1}{\sqrt{2}}\left(e^{iV_0 t}|1\rangle + e^{-iV_0 t}|2\rangle\right) . \tag{3.15}$$

上の状態は $|1\rangle$ と $|2\rangle$ の線形重ね合わせでも表せる．つまり，

$$\begin{pmatrix} 0 \\ 1 \end{pmatrix} = \frac{1}{\sqrt{2}}(|2\rangle - |1\rangle) \tag{3.16}$$

であり，上の状態で系を見つける振幅は，

$$b(t) = \frac{1}{2}(-\langle 1| + \langle 2|)\left(e^{iV_0 t}|1\rangle + e^{-iV_0 t}|2\rangle\right) \tag{3.17}$$

$$= -\frac{1}{2}\left(e^{iV_0 t} - e^{-iV_0 t}\right) \tag{3.18}$$

$$= -i\sin(V_0 t) . \tag{3.19}$$

したがって，これらの条件のもと，上の状態に系を見つける確率 $P(t)$ は，

$$\boxed{P(t) = |b(t)|^2 = \sin^2(V_0 t) .} \tag{3.20}$$

図 3.1 は，上の状態に系を見つける確率を示す（このプロットは，全ハミルトニアン (3.9) の時間依存シュレーディンガー方程式を数値的に解くことで得られる）．見てわかるように，この確率は 0 と 1 の間を周波数 $\Omega_R = 2V_0$ で振動する．この周波数は，**共鳴ラビ周波数 (resonant Rabi frequency)** とよばれる[2)]．

微小時間 t では，上の状態に系を見つける確率が時間の 2 乗で増える．これは干渉効果である．無限小の時間間隔 dt を考えよう．上の状態に系を見つける量子力学的振幅は，dt に比例する．もう 1 つの間隔 dt では，上の状態が本質的に "空席" であり，下の状態に戻る誘導放出が無視できる限り，上の状態の振幅へ同様の寄与がある．2 つの時間間隔からの寄与は，このよう

2) 文献では，いくらか異なる係数で定義されていることがある．

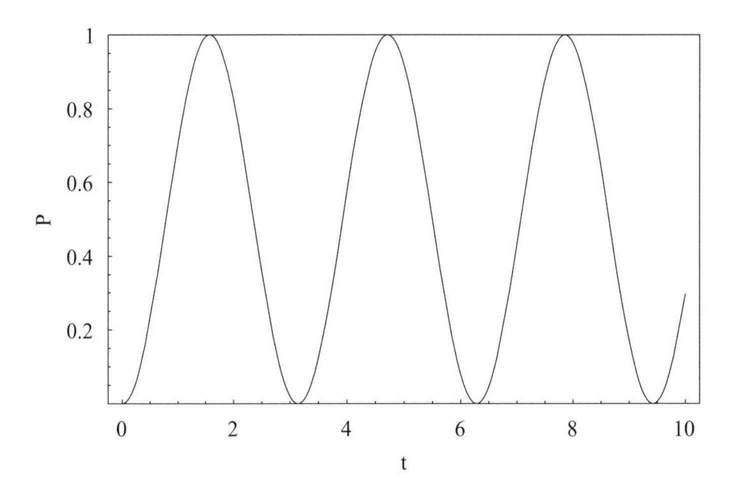

図 3.1 上の状態に系を見つける確率 P. この図において $\Delta=\omega-\omega_0=0$, $\Gamma=0$, また摂動強度は $V_0=1$ に選んであり，時間軸のスケールを決める．ここで，系は最大振幅と周波数 $2V_0$ でラビ振動しており，式 (3.20) と一致する．

に強度的に 2 倍であり，1 つの時間間隔に比べて遷移確率は 4 倍になる．（上の状態へ密度が上昇する前でも）2 次関数的な振る舞いは，異なる時間間隔から振幅への寄与が同位相でないときは制限される．この位相の散逸は，(c) で考える共鳴からの摂動**周波数の離調 (detuning)**，または (e) で考える緩和によって起こる．

(c)

$$b(t)=\beta(t)e^{-i\omega_0 t} \tag{3.21}$$

と書くことから始めよう．この形式を選んだのは，摂動がないとき $\beta(t)$ 一定の式 (3.21) が時間依存シュレーディンガー方程式 (3.5) を満たすからである．よって，摂動のすべての効果は，β の時間依存性に含まれる．微分方程式 (3.8) に表式 (3.21) を代入することで，

$$\frac{d\beta}{dt}e^{-i\omega_0 t}-i\omega_0\beta(t)e^{-i\omega_0 t}=-iV_0e^{-i\omega t}a(t)-i\omega_0\beta(t)e^{-i\omega_0 t}\ . \tag{3.22}$$

式 (3.22) において，共通した成分を落とすと，

$$\frac{d\beta}{dt}=-iV_0e^{-i\Delta t}a(t) \tag{3.23}$$

が残る．$a(t)\approx 1$ を仮定し，$\beta(t)$ について解くために積分すると

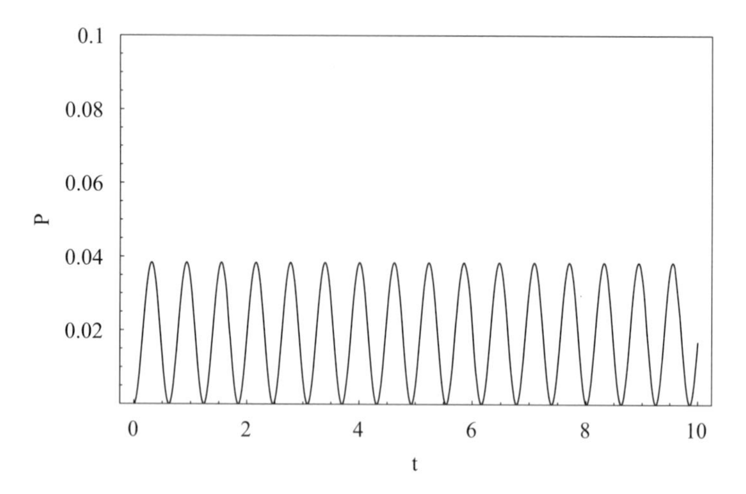

図 3.2　図 3.1 と同様のプロット．ただし，$\Delta = 10$ とした．式 (3.27) に従って，小さい振幅で周波数は Δ に近い値で系は振動している．

$$\beta(t) = -iV_0 \int_0^t e^{-i\Delta t'} dt' \tag{3.24}$$

$$= \frac{V_0}{\Delta}\left(e^{-i\Delta t} - 1\right) \tag{3.25}$$

$$= \frac{V_0}{\Delta} e^{-i\Delta t/2}\left[\frac{2}{i}\sin\left(\frac{\Delta t}{2}\right)\right] . \tag{3.26}$$

よって，式 (3.21) と (3.26) より，励起状態に系を見出す確率は，

$$\boxed{P(t) = |b(t)|^2 = \frac{(2V_0)^2}{\Delta^2}\sin^2\left(\frac{\Delta t}{2}\right) .} \tag{3.27}$$

上の状態に系を見出す確率 $P(t)$ を図 **3.2** に示す．ここでは，$V_0 = 1$ に選んだ（V_0 は周波数の次元なので，時間軸の特別な較正を選択したことになる）．この確率（もしくは上の状態にある粒子数）は，周波数 $\Omega_R \approx \Delta$ で 0 と小さな値の間を振動する．

(d) 式 (3.27) と (3.20) を内挿すると，一般解が得られる:

$$\boxed{P(t) = \frac{(2V_0)^2}{(2V_0)^2 + \Delta^2}\sin^2\left(\frac{1}{2}\left[(2V_0)^2 + \Delta^2\right]^{1/2} t\right) .} \tag{3.28}$$

(e) 図 **3.3** に，図 3.1 と同じ変数の時間発展を示す．ただし，$\Gamma = 0.3$ に変

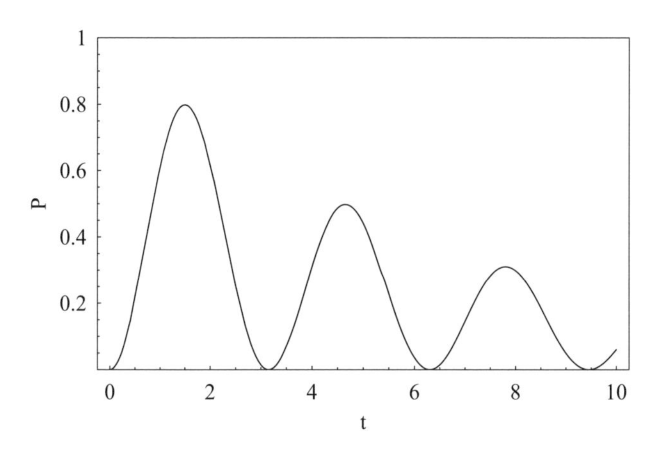

図 3.3 図 3.1 と同様の図．ただし，$\Gamma = 0.3$ のとき．ラビ振動は減衰している．

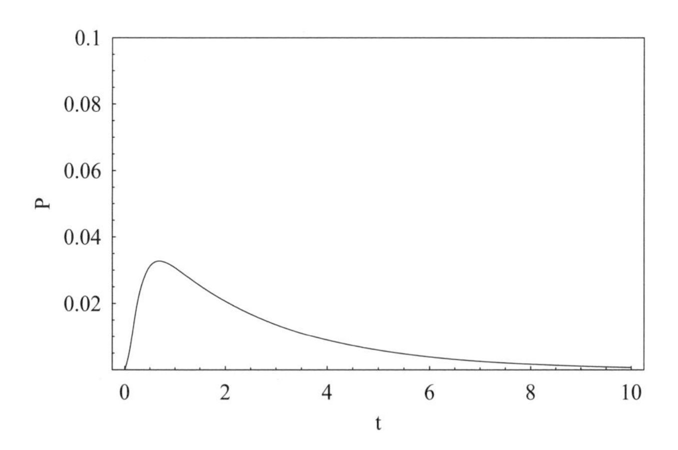

図 3.4 $\Gamma = 10$ のときの図 3.1 と 3.3 と同様の図．系はもはや振動しない（過減衰領域）．縦軸のスケールが変わっていることに注意しよう．

えてある．他の状態へと原子の緩和があるため，振幅が減衰しながらラビ振動する様子が見られる．このような**減衰振動 (damped oscillations)** は，$\Gamma < 2\Omega_R$ のときに起こる．高い Γ のとき，系は**過減衰 (overdamped)** し，振動が止まる．$\Gamma = 10$ のときについて，**図 3.4** に図示した（図で，縦軸が変わっていることに注意しよう）．過減衰領域では，短時間で上の状態の数があたかも緩和がないように増加するが，小さいレベル

$$P_{\max} \sim \left(\frac{\Omega_R}{\Gamma}\right)^2 \tag{3.29}$$

で飽和した後減衰する．上の状態数は，$t_{\max} \sim 2\pi/\Gamma$ で最大となる．

結合した微分方程式 (3.7) と (3.9) を解くと，上の状態の粒子数の時間依存性に関する一般解析公式を得る：

$$P(t) = \frac{(2V_0)^2 e^{-\Gamma t/2 - \mathrm{Im}\left[\sqrt{(2V_0)^2+(\Delta+i\Gamma/2)^2}\right]t}}{\left|(2V_0)^2 + (\Delta + i\Gamma/2)^2\right|} \left|\frac{1}{2}\left(1 - e^{i[(2V_0)^2+(\Delta+i\Gamma/2)^2]^{1/2}t}\right)\right|^2 . \tag{3.30}$$

3.2　電磁場の量子化 (T)

Probrems and Solutions

ここでは，電磁場の量子化について概観する．自発放出（3.3 節），光場のノイズ（8.8 節），**カシミール効果 (Casimir effect)**[文献 3] などの多くの重要な現象を理解するうえで便利な概念を与えてくれるだろう．この重要な議題の詳しい議論は，多くの教科書で見られる[文献 4]．

電磁場の量子化において，電磁場の各モードは，**単純調和振動子 (simple harmonic oscillator (SHO))** に相当する．モードは波数 $\vec{k}$ と分極 $\hat{\epsilon}$ で定義され，簡単のため，ここでは単一モードに限った問題を取り扱う．すべてのモードを含めると，すべての可能な $\vec{k}$（可能な周波数 ω）にわたって得られる結果を足し合わせ，2 つの直行した分極について勘定することになる．

クーロンゲージ ($\vec{\nabla} \cdot \vec{A} = 0$) のもとで，ベクトルポテンシャル $\vec{A}(\vec{r}, t)$ によって記述される光場を考えよう[3]．自由な電流や電荷は考えないから，スカラーポテンシャルはゼロとおける．マクスウェル方程式より，$\vec{A}(\vec{r}, t)$ が波動方程式

$$\nabla^2 \vec{A} - \frac{1}{c^2}\frac{\partial^2 \vec{A}}{\partial t^2} = 0 \tag{3.31}$$

を満たす．電場 $\vec{\mathcal{E}}(\vec{r}, t)$ と磁場 $\vec{B}(\vec{r}, t)$ がベクトルポテンシャルと

[文献 3] 例えば Lamoreaux (1997).

[文献 4] 例えば, Heitler (1954), Sakurai (1967), Shankar (1994), および Loudon (2000).

3) 3.3 節で見るように，ベクトルポテンシャルは，原子系との相互作用を考えるとき，光場をうまく表すことがわかる．

$$\vec{\mathcal{E}}(\vec{r},t) = -\frac{1}{c}\frac{\partial \vec{A}}{\partial t} \ , \tag{3.32}$$

$$\vec{B}(\vec{r},t) = \vec{\nabla} \times \vec{A} \tag{3.33}$$

の関係にあることを思い出そう．

光場のモードと SHO の対応を見るために，あるモード

$$\vec{A}(\vec{r},t) = \frac{1}{\sqrt{V}}\left[C_0\hat{\epsilon}\ e^{i(\vec{k}\cdot\vec{r}-\omega t)} + C_0^*\hat{\epsilon}^* e^{-i(\vec{k}\cdot\vec{r}-\omega t)}\right] \tag{3.34}$$

の波動方程式 (3.31) の一般解から始めよう．ここで，$\vec{A}$ は体積 V の箱で規格化されている（この**箱規格化 (box normalization)** は平面波が見かけ上無限に広がり，積分する体積を限定しない限り規格化できないときに使うテクニックである）．表式

$$C(t) = C_0 e^{-i\omega t} \tag{3.35}$$

と変換することで得られる:

$$\vec{A}(\vec{r},t) = \frac{1}{\sqrt{V}}\left[C(t)\hat{\epsilon}\ e^{i\vec{k}\cdot\vec{r}} + C^*(t)\hat{\epsilon}^* e^{-i\vec{k}\cdot\vec{r}}\right] \tag{3.36}$$

$$\vec{A}(\vec{r},t) = \frac{1}{\sqrt{V}}\left[C(t)\hat{\epsilon}\ e^{i\vec{k}\cdot\vec{r}} +\ c.c.\ \right] . \tag{3.37}$$

時間反転のすべてを $C(t)$ に含ませることができる（$c.c.$ は複素共役を表す）．

(a) 光場の全エネルギー E が，次のようにと表されることを示せ:

$$E = \frac{1}{2\pi}\frac{\omega^2}{c^2}\left|C(t)\right|^2 . \tag{3.38}$$

(b) 古典的な単純調和振動子 (SHO) について考えよう．ハミルトニアンは，

$$H_{\mathrm{SHO}} = \frac{p^2}{2m} + \frac{m\omega^2}{2}q^2 \tag{3.39}$$

で与えられる．q は位置座標，p は質量 m の粒子の運動量である．標準的なトリックでは q と p を

$$p = \sqrt{m\omega}\ P\ , \tag{3.40}$$

$$q = \frac{Q}{\sqrt{m\omega}} \tag{3.41}$$

と再スケールする．すると，

$$H_{\rm sho} = \frac{\omega}{2}(Q^2 + P^2) \ . \tag{3.42}$$

と書き替えられる（この再スケールは同じ次元で Q と P を与える）．

$Q = \alpha_0 \cos \omega t$ を仮定し，Q と P の時間依存性を $C(t)$ の実部と虚部の時間依存性と比較せよ（式 (3.35)）．また，式 (3.38) を用いて電磁場のエネルギー E を SHO のハミルトニアンと比較せよ．

(c) さて，電磁場と SHO をつなげることができたので，量子力学的な SHO のあらゆる性質を電磁場のモードに適応していこう[文献 5]．最初に，量子力学的 SHO のエネルギー固有状態が $|n\rangle$ $(n = 0, 1, 2, 3\ .\ .\ .\ )$ を表せることを見ていこう．それらのエネルギーは，

$$E_n = \hbar\omega\left(n + \frac{1}{2}\right) \ . \tag{3.43}$$

電磁場モードに関して，量子数 n は何を意味するだろうか？

(d) 最後の演習として，生成と消滅演算子をそれぞれ $a^\dagger$ と a として定義する（SHO における昇降演算子と似ている）．

$$a = \frac{Q + iP}{\sqrt{2\hbar}}, \tag{3.44}$$

$$a^\dagger = \frac{Q - iP}{\sqrt{2\hbar}}, \tag{3.45}$$

$$a^\dagger|n\rangle = \sqrt{n+1}|n+1\rangle, \tag{3.46}$$

$$a|n\rangle = \sqrt{n}|n-1\rangle, \tag{3.47}$$

$$\left[a, a^\dagger\right] = 1. \tag{3.48}$$

$$[Q, P] = i\hbar. \tag{3.49}$$

生成と消滅演算子のベクトルポテンシャル (3.37) とハミルトニアン $H_{\rm em}$ を書き下せ．

解

(a) 光場のエネルギーは，

$$E = \frac{1}{8\pi}\int_V (\mathcal{E}^2 + B^2)dV \tag{3.50}$$

[文献 5] 例えば，Griffiths (1995), 問題 1.2.

で与えられる．式 (3.32) と (3.33) においてベクトルポテンシャルの表式 (3.37) を用いると，電場と磁場は，

$$\vec{\mathcal{E}} = -\frac{1}{c}\frac{\partial \vec{A}}{\partial t} = \frac{\omega}{c\sqrt{V}}\left[iC(t)\hat{\epsilon}\ e^{i\vec{k}\cdot\vec{r}} + \ c.c.\right], \tag{3.51}$$

$$\vec{B} = \vec{\nabla} \times \vec{A} = \frac{1}{\sqrt{V}}\left[iC(t)(\vec{k} \times \hat{\epsilon})e^{i\vec{k}\cdot\vec{r}} + \ c.c.\right]. \tag{3.52}$$

ここで，定義 (3.35) に従い，

$$\frac{\partial}{\partial t}C(t) = -i\omega C(t) \tag{3.53}$$

を満たすことを用いた．$\hat{\epsilon}$ は複素ベクトルであることに注意すると，

$$\hat{\epsilon}^* \cdot \hat{\epsilon} = 1 , \tag{3.54}$$

$$(\vec{k} \times \hat{\epsilon}^*) \cdot (\vec{k} \times \hat{\epsilon}) = k^2 = \frac{\omega^2}{c^2} . \tag{3.55}$$

いくつかの計算の後，電場の 2 乗に磁場の 2 乗を足し，4 つの項 $\propto \left|C(t)\right|^2$ があるとき，$\propto C(t)^2$ もしくは $\propto C^*(t)^2$ は打ち消される．これらの項を足し合わせ，箱の体積にわたって積分すると，式 (3.38) が得られる．

(b) q と p の関係

$$p = m\frac{dq}{dt} \tag{3.56}$$

から始め，式 (3.40) と (3.41) で置換すると，

$$\omega P = \frac{dQ}{dt} , \tag{3.57}$$

$$Q(t) = \alpha_0 \cos \omega t , \tag{3.58}$$

$$P(t) = -\alpha_0 \sin \omega t . \tag{3.59}$$

この式は，$C(t)$ の実部と虚部の時間依存性と比較することができる：

$$\mathrm{Re}[C(t)] = C_0 \cos \omega t , \tag{3.60}$$

$$\mathrm{Im}[C(t)] = -C_0 \sin \omega t . \tag{3.61}$$

さらに，SHO のハミルトニアン

$$H_{\mathrm{sho}} = \frac{\omega}{2}\left(Q^2 + P^2\right)$$

と式 (3.38) の電磁場のエネルギー

$$E = \frac{1}{2\pi}\frac{\omega^2}{c^2}\left(\left|\mathrm{Re}[C(t)]\right|^2 + \left|\mathrm{Im}[C(t)]\right|^2\right). \tag{3.62}$$

とを比較する．これから，$C(t)$ の実部と虚部が調和振動子の変数 Q，P であることを意味する．$C(t) \propto Q + iP$ とおき，比例係数を適当に選ぶと，

$$C(t) = \sqrt{\frac{\pi c^2}{\omega}}\,(Q + iP)\,. \tag{3.63}$$

また，自由な電磁場の単一モードのハミルトニアンは，

$$H_{\mathrm{em}} = \frac{\omega}{2}\left(Q^2 + P^2\right). \tag{3.64}$$

(c) それぞれの光子はエネルギー $\hbar\omega$ を運び，光場のモードで光子数は $E_n/(\hbar\omega)$ である．$n \gg 1$ では，$n \approx E_n/(\hbar\omega)$ を得る．n はそのモードでの光子数に相当する．モードに光子がいなくても，モードはエネルギー $\hbar\omega/2$ をもつことに注意しよう．これは有名な**零点エネルギー (zero-point energy)** である．電磁場の零点エネルギーの存在は，例えば，**カシミール効果 (Casimir effect)** として知られる Lamoreaux (1997) による最近の美しい実験[文献 6]を含む，量子電気力学的効果の多くの現象をもって証明された．にもかかわらず，零点エネルギーの存在は不可思議である．なぜなら，電磁場のあらゆる可能なモードを足し合わせると巨大なエネルギー密度が得られるからである．一般相対論によると，このエネルギー密度は，実験的観測と非整合な宇宙の時間発展に深く影響する．真空の物理とよばれるこれらの問題の理解は，現代物理学における最も重要な課題である．

(d) 式 (3.44) と (3.63) から

$$C(t) = \sqrt{\frac{\pi c^2}{\omega}}(Q + iP) = \sqrt{\frac{2\pi\hbar c^2}{\omega}}a. \tag{3.65}$$

よって，式 (3.37) のベクトルポテンシャルは，

$$\boxed{\vec{A} = \sqrt{\frac{2\pi\hbar c^2}{V\omega}}\left[a\hat{\epsilon}e^{i\vec{k}\cdot\vec{r}} + a^\dagger\hat{\epsilon}^* e^{-i\vec{k}\cdot\vec{r}}\right].} \tag{3.66}$$

3.3 節では，ベクトルポテンシャルとしてこの形を用いよう．

a と $a^\dagger$ について H_{em} を表現するために，

[文献 6] Milton (2001) によるレビュー，問題 9.9.

$$a^\dagger a = \frac{1}{2\hbar}(Q - iP)(Q + iP) \tag{3.67}$$
$$= \frac{1}{2\hbar}\left(Q^2 - iPQ + iQP + P^2\right) \tag{3.68}$$
$$= \frac{1}{2\hbar}\left(Q^2 + i[Q, P] + P^2\right) \tag{3.69}$$
$$= \frac{1}{2\hbar}\left(Q^2 + P^2 - \hbar\right) \tag{3.70}$$

を考えると，

$$Q^2 + P^2 = \hbar\left(2a^\dagger a + 1\right). \tag{3.71}$$

式 (3.64) において，式 (3.71) を用いると，

$$\boxed{H_{\mathrm{em}} = \hbar\omega\left(a^\dagger a + \frac{1}{2}\right).} \tag{3.72}$$

問 (c) の解（式 (3.43)）より，演算子 $a^\dagger a$ は電磁場のモードに対応する光子数を与え，**数演算子 (number operator)** として知られる．

3.3 原子による発光 (T)

Probrems and Solutions

長くなるが，重要な問題を取り扱うこの節では，電気双極子 ($E1$) 近似の下で，原子系による光の自然・誘導放出の公式を導く（この近似が意味することは，後で詳細に述べる）．ここで用いるアプローチは，この本における他の問題と違って，やや形式的である．原子遷移のより直観的な模型は，2.6 節と 3.1 節で議論した．その主な理由は，**自然放出 (spontaneous emission)** に関する物理的機構を理解するうえで，量子化された電磁場を思い起こす必要があり（3.2 節），これが形式的な数学のレベルを要求するからである．さらに，ここで用いる数学的な技術（フェルミ黄金律，ウィグナー-エッカルトの定理，クレプシュ-ゴルダン係数など）は，原子分光に関する多くの重要な領域で用いられるので[文献 7]，使いこなせれば便利である．

角運動量 J をもつ基底状態 $|g\rangle$ と角運動量 J' をもつ励起状態 $|e\rangle$ との間の遷移を考えよう．ゼーマン副準位は量子化軸（z）方向の角運動量射影（M_J

[文献 7] 例えば，Sobelman (1992), Scully と Zubairy (1997).

と M'_J）によって分類される [4]．$|e\rangle$ と $|g\rangle$ のエネルギー分裂は $\hbar\omega_0$ である．

最初に必要なツールは，**フェルミの黄金則 (Fermi's Golden Rule)** [文献 8] であり，元々，1 次の時間依存摂動論からディラックによって得られた [5]．フェルミの黄金則から，ハミルトニアン H' の摂動を受ける原子は，始状態 $|i\rangle$ から終状態 $|f\rangle$ への微分遷移率 dW_{fi} が与えられる：

$$dW_{fi} = \frac{2\pi}{\hbar}|\langle f|H'|i\rangle|^2 \rho_f(E)P(E)dE \ . \tag{3.73}$$

$\rho_f(E)$ は**状態密度 (density of states)**—単位エネルギーあたりの状態 $|f\rangle$ の数—，$P(E)$ は遷移を起こすことが許されるエネルギー分布である（これは後ほど詳細に議論する）．以下の計算では，量子化した電磁場（3.2 節）を用い，$|i\rangle$ と $|f\rangle$ は原子状態と光子状態の両方を含む．この問題では，少数の原子状態だけを取り扱うので，$\rho_f(E)$ は本質的に光子の状態密度である．

(a) ある分極 $\hat{\epsilon}$ と微小な立体角 $d\Omega$ で波数 $\vec{k}$ をもつ光子の状態密度関数 $\rho_f(E)$ を計算せよ（座標系は原子を中心とする：光子は $\hat{\epsilon}\cdot\hat{k}=0$ を満たす必要があることを思い出そう）．光子の波動関数の規格化するために，光子は（3.2 節のように）体積 V の箱に入れられているものとする．

(b) 式 (3.86) は，立体角 $d\Omega$ のエネルギー E から $E+dE$ の光子状態の全数を与えるが，遷移の起こる周波数をもつ光子状態を記述する因子も含まなければならない．この関数は，エネルギー保存や運動量保存などの到達できる終状態における制限を考慮している．ここで，無限に重い原子核を仮定すると，原子の反跳に関する効果を妨げる必要はない．また，線幅の起源は，$|e\rangle \to |g\rangle$ の自然放射によって起こる励起状態の有限寿命 $1/\gamma$ が原因であると仮定しよう（後ほど，自然放射率 γ を計算する）．ハイゼンベルクの不確定性関係から，上の状態の有限の寿命は，エネルギーの不確定性を導く：特に，$|e\rangle$ で見られる確率を支配する減衰指数は，許される光子の周波数のローレンツ分布 $P(\omega)$ を与える：

---

[4] 多くの訓練された分光学者は Sobelman (1992) の本を用いるが，彼の表記で遷移の始状態が J，終状態が J' と名付けられている点に注意すべきである．ここでは，慣例とは逆に，放射における上の状態を J，下の状態を J' とする．

[文献 8] 例えば，Griffiths (1995)，または Bransden と Joachain (1989) を参照．

[5] "1 次" は，摂動ハミルトニアン H' によって，波動関数が 1 次の変形を受けることだけを考えている．H' が系に作用する間に，興味のある状態間の遷移が起こる確率は小さいことを意味する．

$$P(\omega) = \frac{\gamma/(2\pi)}{(\omega-\omega_0)^2+(\gamma/2)^2} . \tag{3.74}$$

この分布はすべての周波数にわたる積分が 1 となるよう規格化されている.

γ がゼロに近づく極限で，遷移を起こさせる光子周波数分布 $P(\omega)$ はどうなるか．全光子周波数にわたって積分された全遷移率はいくらか.

(c) 次に，行列要素 $\langle f|H'|i\rangle$ を求めよう．相互作用ハミルトニアン H' の正しい形は何だろうか．クーロンゲージのもと，ベクトルポテンシャル $\vec{A}(\vec{r},t)$ で記述される光場が存在するとき，原子系の全ハミルトニアンを書き下すことから始めよう（3.2 節を参照)．簡単のため，単電子原子を考える（多電子原子への拡張は全電子の和を考えればよい）.

光場のもと一電子の全ハミルトニアンは,

$$H = \frac{1}{2m}\left[\vec{p}+\frac{e}{c}\vec{A}(\vec{r},t)\right]^2 - \frac{Ze^2}{r} \tag{3.75}$$

とおける．$\vec{p}$ は標準運動量である[文献 9].

ハミルトニアンを摂動項 H' と非摂動項 H_0 に分離する，以下のことを示せ.

$$H \approx H_0 + H' , \tag{3.76}$$

ここで,

$$H_0 = \frac{p^2}{2m} - \frac{Ze^2}{r} \tag{3.77}$$

は非摂動一電子原子の通常のハミルトニアンで,

$$H' = \frac{e}{mc}\vec{p}\cdot\vec{A} , \tag{3.78}$$

$$|\vec{p}\,| \gg \frac{e}{c}|\vec{A}| \tag{3.79}$$

と仮定する．条件 (3.79) の物理的意味は何か.

(d) 上述のように，$|i\rangle$ と $|f\rangle$ は，原子状態と光子状態の両方を含む．以下で，電磁場の単一モードの計算を行う—後ほど，フェルミ黄金則における状態密度や分布関数は適当なモードの和で説明できる．よって，原子と光の完全なハミルトニアンとして，電磁場のハミルトニアン $H_{\rm em}$（式 (3.72)）を含まなければならない．つまり,

[文献 9] たとえば，Griffiths (1999) または，Landau と Lifshitz (1987)—この本で電荷を $-e$ と定義している.

$$H_{\mathrm{tot}} = H + H_{\mathrm{em}} = H_0 + H_{\mathrm{em}} + H' \ . \tag{3.80}$$

H_{tot} の解釈は単純である：H_0 は非摂動原子系のハミルトニアン，H_{em} は自由電磁場のハミルトニアン，H' はそれらの結合を記述する．摂動 H' を無視すると，H_0 と H_{em} は完全に離れた系に作用し，非摂動エネルギー固有値は原子と光子の積（$|g, J, M_J\rangle|n\rangle$ と $|e, J', M_J'\rangle|n'\rangle$）として単純に書ける．

H' の表式 (3.78) において，生成と消滅演算子に関するベクトルポテンシャル $\vec{A}$ の表式 (3.66) を用いて，単一光子の放出における行列要素を求めよ．

(e) 放射率を求めるには，まず原子状態間の行列要素を見積もらなければならない．ここで，問題のはじめに述べた電気双極子 ($E1$) 近似を用いる．電子雲の広がりは，光の波長に比べて十分小さいと仮定すると，

$$\vec{k} \cdot \vec{r} \ll 1 \tag{3.81}$$

より，$e^{i\vec{k}\cdot\vec{r}} \sim 1$ である．

$\vec{p}$ の代わりに $\vec{r}$ を用いて，次の原子の行列要素を表せ:

$$\langle g, J, M_J | \vec{p} \cdot \hat{\epsilon}^* | e, J', M_J' \rangle .$$

(f) 双極子 $\vec{d} = -e\vec{r}$ を導入し，球状の基底とウィグナー-エッカルトの定理（**付録 F**）を用いて，クレプシュ-ゴルダン係数と換算行列要素 $\langle g, J || d || e, J' \rangle$ を用い，単一モードの遷移確率を表せ．

(g) 励起状態が分極していないとき，任意の方向へ任意の分極をもつ自然放出確率を求めよ．これは，(b) で述べた自然減衰率 γ である．

解

(a) 位相空間の微小体積中の光子状態数 dN は，

$$dN = \frac{1}{(2\pi)^3} \frac{d^3x \ d^3p}{\hbar^3} \tag{3.82}$$

であるから，箱の体積に渡って積分し，光子の関係式を用いると，

$$\vec{p} = \hbar\vec{k} \ , \tag{3.83}$$

$$dN = \frac{V}{(2\pi)^3} k^2 dk \ d\Omega \ . \tag{3.84}$$

$d\Omega$ は，光子が発せられる微小立体角である．屈折率を 1 とすると，$k = \omega/c =$

$E/(\hbar c)$ である（ω は光子の周波数）．よって，

$$dN = \frac{V}{(2\pi)^3}\frac{E^2 dE}{\hbar^3 c^3}d\Omega\ , \tag{3.85}$$

$$\boxed{\rho_f(E) = \frac{dN}{dE} = \frac{V}{(2\pi)^3}\frac{E^2}{\hbar^3 c^3}d\Omega\ .} \tag{3.86}$$

(b) $\gamma \to 0$ のとき，$P(\omega) \to \delta(\omega - \omega_0)$ となる．$\delta(\omega - \omega_0)$ はディラックのデルタ関数である．これを見るために，$P(\omega)$ の 3 つの性質に注目しよう．

- 関数 $P(\omega)$ の幅は γ であるから，$\gamma \to 0$ でゼロとなる．
- 共鳴 $(\omega = \omega_0)$ のとき，$P(\omega)$ の大きさは $2/(\pi\gamma)$ より，∞ に向かう．
- 積分範囲が ω_0 とゼロを含むとき，$P(\omega)$ の積分は 1 となる．それ以外では，$\gamma \to 0$ の極限でゼロとなる．

このことは，$\gamma \to 0$ で $P(\omega) \to \delta(\omega - \omega_0)$ となることを保証する．この結果は直観的に理解できる．なぜなら，遷移の線幅がゼロに向かうと，遷移を起こす唯一の方法は，エネルギー保存を厳密に満たすことであるからである．この極限で，式 (3.73) は，

$$dW_{fi} = \frac{2\pi}{\hbar}|\langle f|H'|i\rangle|^2 \rho_f(E)\ \delta(\hbar\omega_0 - E)dE\ . \tag{3.87}$$

光子エネルギーにわたって積分し，よく知られたフェルミの黄金則を得る:

$$\boxed{W_{fi} = \frac{2\pi}{\hbar}|\langle f|H'|i\rangle|^2 \rho_f(\hbar\omega_0)\ .} \tag{3.88}$$

(c) 式 (3.75) で与えられるハミルトニアン H の第 1 項を単に展開すると，

$$\frac{1}{2m}\left(\vec{p} + \frac{e}{c}\vec{A}\right)^2 = \frac{p^2}{2m} + \frac{e}{2mc}\left(\vec{p}\cdot\vec{A} + \vec{A}\cdot\vec{p}\right) + \frac{e^2}{2mc^2}A^2\ . \tag{3.89}$$

条件 (3.79) より，他の項に比べて小さい $\propto A^2$ 項を無視できる:

$$H \approx \frac{p^2}{2m} + \frac{e}{2mc}\left(\vec{p}\cdot\vec{A} + \vec{A}\cdot\vec{p}\right) - \frac{Ze^2}{r}\ . \tag{3.90}$$

さらに，条件 (3.79) は，摂動として $\vec{A}$ を含む項を処理できる．すなわち，

$$\boxed{H_0 = \frac{p^2}{2m} - \frac{Ze^2}{r}}$$

が非摂動ハミルトニアンで，

$$H' = \frac{e}{2mc}\left(\vec{p}\cdot\vec{A} + \vec{A}\cdot\vec{p}\right) \tag{3.91}$$

が摂動ハミルトニアンである．

$$\vec{p}\cdot\vec{A} + \vec{A}\cdot\vec{p} = 2\vec{p}\cdot\vec{A} + \vec{A}\cdot\vec{p} - \vec{p}\cdot\vec{A} \tag{3.92}$$

$$= 2\vec{p}\cdot\vec{A} + \left[\vec{A}, \vec{p}\right] \tag{3.93}$$

について考える．$\vec{p}$ が微小な並進の生成子であることを思い出すと[文献 10]，

$$\left[\vec{A}, \vec{p}\right] = i\hbar\vec{\nabla}\cdot\vec{A}\ . \tag{3.94}$$

しかし，クーロンゲージを用いているため，$\vec{\nabla}\cdot\vec{A} = 0$ である．この事実と式 (3.91) と式 (3.93) を用い，表式 (3.78) の後，

$$\boxed{H' = \frac{e}{mc}\vec{p}\cdot\vec{A}\ .}$$

条件 (3.79) は，光場による力が，電子を原子核に結び付ける電磁場に比べて十分小さいことを示すにすぎない．このことは，以下の議論からもわかる．ベクトルポテンシャルは周波数 ω で振動するから，式 (3.32) に基づいて，光電場 $\mathcal{E}_0$ の強度は，

$$\mathcal{E}_0 \sim \frac{1}{c}\frac{\partial A}{\partial t} \sim \frac{\omega}{c}A \tag{3.95}$$

と見積もることができ，光場による電子に作用する力は，

$$F_{\text{light}} \sim e\mathcal{E}_0 \sim \omega\frac{e}{c}A\ . \tag{3.96}$$

共鳴に近いとき，

$$\omega \approx \omega_0 \sim \frac{e^2}{\hbar a_0} \tag{3.97}$$

が成り立つ．核への静電的引力による電子にかかる力 $F_{\text{bind}} \sim e^2/a_0^2$ は，F_{light} より十分大きいことを要請すると，少しの代数計算により，

$$\frac{\hbar}{a_0} \gg \frac{e}{c}A\ . \tag{3.98}$$

ハイゼンベルク不確定性関係から，$p \sim \hbar/a_0$ であり，条件 (3.79) を得る．

[文献 10] 例えば Bransden と Joachain (1989) を参照．

(d) a と $a^\dagger$ を用いると，H' は

$$H' = \frac{e}{m}\sqrt{\frac{2\pi\hbar}{V\omega}}\left[a(\vec{p}\cdot\hat{\epsilon})e^{i\vec{k}\cdot\vec{r}} + a^\dagger(\vec{p}\cdot\hat{\epsilon}^*)e^{-i\vec{k}\cdot\vec{r}}\right] \tag{3.99}$$

と表される．初期状態は $|i\rangle = |e, J', M'_J\rangle|n\rangle$ で，終状態は $|f\rangle = |g, J, M_J\rangle|n'\rangle$ である．エネルギー保存から（問 **(b)** をみよ），原子は $\approx \hbar\omega_0$ のエネルギーを電磁場へと授ける．$n' = n + 1$ は，放出が起こっていることを意味する．$\langle n+1|a|n\rangle = 0$ であるから，式 (3.99) で $a^\dagger$ を含む項のみが行列要素に寄与する．したがって，

$$\boxed{\langle f|H'|i\rangle = \frac{e}{m}\sqrt{\frac{2\pi\hbar(n+1)}{V\omega}}\ \langle g, J, M_J|(\vec{p}\cdot\hat{\epsilon}^*)e^{-i\vec{k}\cdot\vec{r}}|e, J', M'_J\rangle\ .} \tag{3.100}$$

ここで，以下の関係を用いた：

$$\langle n+1|a^\dagger|n\rangle = \sqrt{n+1}\ \langle n+1|n+1\rangle = \sqrt{n+1}\ . \tag{3.101}$$

(e) 原子変数についてのハイゼンベルク運動方程式を呼び起こすことから始める[文献 11]：

$$[\vec{r}, H_0] = i\hbar\frac{d\vec{r}}{dt} = \frac{i\hbar\vec{p}}{m}\ . \tag{3.102}$$

式 (3.102) を用いると[6)]，

$$\langle g, J, M_J|\vec{p}\cdot\hat{\epsilon}^*|e, J', M'_J\rangle = \frac{m}{i\hbar}\langle g, J, M_J|(\vec{r}H_0 - H_0\vec{r})\cdot\hat{\epsilon}^*|e, J', M'_J\rangle \tag{3.103}$$

$$= -im\omega_0\langle g, J, M_J|\vec{r}\cdot\hat{\epsilon}^*|e, J', M'_J\rangle\ . \tag{3.104}$$

(f) 球状の基底において，以下の関係が得られる（式 (F.30) 参照）：

$$\vec{d}\cdot\hat{\epsilon}^* = \sum_q d_q\epsilon_q\ . \tag{3.105}$$

[文献 11] 例えば，Bransden と Joachain (1989), Griffiths (1995), または Landau と Lifshitz (1977) を参照．

6) 一般に，電磁場を記述するポテンシャルに合うゲージの選択は，問題を通して一貫したゲージの選択を要求する．今考えている状況では，原子を結合する内場，および原子と相互作用する電磁波において異なるゲージを用いてきた．この不一致を正すと，式 (3.104) において，ω_0 の代わりに ω の因子を与える．しかし，$\omega = \omega_0$ の共鳴状態においては，実質的な違いをもたらさない．この安定点は，Cohen-Tannoudji ら (1989)，Scully と Zubairy (1997) によって詳しく論じられている．

電気双極子近似，および式 (3.100) と式 (3.105) を式 (3.121) に用いると，

$$\langle f|H'|i\rangle = i\sqrt{\frac{2\pi\hbar\omega_0(n+1)}{V}}\sum_q \langle g,J,M_J|d_q\epsilon_q|e,J',M'_J\rangle\ . \tag{3.106}$$

ウィグナー-エッカルトの定理 (F.1) から，

$$\langle f|H'|i\rangle = i\sqrt{\frac{2\pi\hbar\omega_0(n+1)}{V}}\ \frac{\langle g,J||d||e,J'\rangle}{\sqrt{2J+1}}\sum_q \langle J',M'_J,1,q|J,M_J\rangle\epsilon_q\ . \tag{3.107}$$

行列要素を 2 乗することで，絶対値として

$$|\langle f|H'|i\rangle|^2 = \frac{2\pi\hbar\omega_0(n+1)}{V}\frac{|\langle g,J||d||e,J'\rangle|^2}{2J+1}\left(\sum_q \langle J',M'_J,1,q|J,M_J\rangle\epsilon_q\right)^2 . \tag{3.108}$$

フェルミの黄金律 (3.88) に式 (3.108) と (3.86) を挿入し，$\omega = \omega_0$ とおくと，単一モードへの誘導および自発放出の公式を得る:

$$dW_{ge} = \frac{1}{2\pi}\frac{\omega_0^3}{\hbar c^3}(n+1)\frac{|\langle g,J||d||e,J'\rangle|^2}{2J+1}\left(\sum_q \langle J',M'_J,1,q|J,M_J\rangle\epsilon_q\right)^2 d\Omega\ . \tag{3.109}$$

ただし，係数 $(n+1)$ の 1 は自然放出を，n は誘導放出を表す．

(g) 自然放出された光の分極 $\hat{\epsilon}$ を考えよう．ある $\vec{k}$ の 2 つの独立した分極があると，最終結果に 2 をかける（全く偏極していない試料を想定しているから，空間的に優勢な方向はない）．一般性を失うことなく，$\hat{\epsilon}$ は量子化軸 ($\hat{z}$) にとれ，$\epsilon_0 = 1$ および $\epsilon_{\pm1} = 0$ となる．自然放出は真空のゆらぎ，つまり零点エネルギーによって引き起こされるから，$n = 0$ である．空間のすべての方向は，ここでは等価であるから，可能な基底状態のゼーマン副準位 (M) について和をとり，励起状態の副準位 (M') について平均をとる必要がある [7]．これらの議論から，式 (3.109) を得る：

$$dW_{ge}^{(spont)} = \frac{1}{2\pi}\frac{\omega_0^3}{\hbar c^3}\frac{|\langle g,J||d||e,J'\rangle|^2}{(2J+1)(2J'+1)}\sum_{M_J}\sum_{M'_J}\langle J',M'_J,1,0|J,M_J\rangle^2 d\Omega\ . \tag{3.110}$$

[7] この過程は，ある副準位から 3 つ光偏向に関する減衰率を計算することと等価である．

続いて，クレプシュ-ゴルダン係数の和を計算したい．恒等式より（$|j_1-j_2| \le j \le j_1+j_2$ において正しい）[8)]

$$\sum_{m_1}\sum_{m_2}\langle j_1, m_1, j_2, m_2|j, m\rangle^2 = 1\ . \tag{3.111}$$

この恒等式 (3.111) を用いると，

$$\begin{aligned}\sum_{q}\sum_{M_J}\sum_{M'_J}\langle J', M'_J, 1, q|J, M_J\rangle^2 &= \sum_{M_J}\left(\sum_{M'_J}\sum_{q}\langle J', M'_J, 1, q|J, M_J\rangle^2\right)\\ &= \sum_{M_J} 1 = 2J+1.\end{aligned} \tag{3.112}$$

空間の異方性は，q の異なる選び方によらず同じであるから，ある q についての和は，すべて結果の 1/3 であるべきである．

$$\sum_{M_J}\sum_{M'_J}|\langle J', M'_J, 1, 0|J, M_J\rangle|^2 = \frac{2J+1}{3}\ , \tag{3.113}$$

$$dW_{ge}^{(spont)} = \frac{1}{6\pi}\frac{\omega_0^3}{\hbar c^3}\frac{|\langle g, J||d||e, J'\rangle|^2}{2J'+1}\ . \tag{3.114}$$

可能な分極について，立体角で積分し，2 をかけると，

$$\boxed{\gamma = \frac{4\omega_0^3}{3\hbar c^3}\frac{|\langle g, J||d||e, J'\rangle|^2}{2J'+1}\ .} \tag{3.115}$$

ここで，状態 $|e\rangle$ は $|g\rangle$ のみへ減衰すると仮定しているので，自然放出だけが起こる状況である．実際の原子系でよくあるように，状態 $|e\rangle$ がいくつかの異なる状態 $|g_i\rangle$ へ減衰するならば，

$$\gamma = \sum_i \gamma_i = \sum_i \xi_i \gamma\ . \tag{3.116}$$

γ_i は**部分幅 (partial widths)**，係数 ξ_i は**分岐比 (branching ratios)** として知られる．したがって，実験的に計測可能な変数から 2 状態間の既約行列要素 $|\langle g_i, J||d||e, J'\rangle|$ の大きさを求めるには，寿命 $1/\gamma$ と分岐比 ξ_i の両方を知る必要がある：

---

8) この公式は，状態ベクトル $|j, m\rangle$ を積基底 $|j_1, m_1\rangle|j_2, m_2\rangle$ へ射影することによる．$\langle j, m|j, m\rangle = 1$ から，すべての係数の 2 乗和は，1 に等しい必要があるので，式 (3.111) を得る．

$$|\langle g_i, J||d||e, J'\rangle|^2 = \frac{3\hbar c^3}{4\omega_0^3}(2J'+1)\xi_i\gamma\ . \tag{3.117}$$

3.4　原子による光の吸収

Probrems and Solutions

ここで光の放出に関する 3.3 節で開発した道具を使って，逆の過程，つまり原子系による光子の誘導吸収について考えよう（この計算の結果は異なる方法による 3.1 節で得られたものと比較できる）.

3.3 節と同様，ゼロエネルギーで全角運動量 J をもつ基底状態 $|g\rangle$ とエネルギー $\hbar\omega_0$ で角運動量 J' の励起準位 $|e\rangle$ をもつ原子を考えよう．ゼーマン副準位は，量子化軸 (z) への角運動量の射影であり，それぞれ M_J と M'_J と名付けられる.

単色光ビーム（光のバンド幅は，自然放出率に等しい上の状態幅 γ より大幅に狭い）は，基底状態のゼーマン副準位の原子へ入射されるとする．また，光が共鳴状態 $\omega=\omega_0$ にあり，量子化軸 z 方向へ直線偏光され，かつ強度が十分小さいと仮定する：

$$|\vec{p}\,| \gg \frac{e}{c}|\vec{A}|\ .$$

誘導吸収率を求めるには，再びフェルミの黄金律 (3.73) に頼ることになる：

$$dW_{fi} = \frac{2\pi}{\hbar}|\langle f|H'|i\rangle|^2\rho_f(E)P(E)dE.$$

しかし，式 (3.86) より，光子状態の密度の代わりに，1 つの終状態（あるゼーマン副準位の単一モードと原子から吸収された 1 光子）を考える．すなわち，$\rho_f=\delta(\hbar\omega-\hbar\omega_0)$ である.

(a) ハミルトニアン (3.99) と電気双極子近似を用い，行列要素 $\langle f|H'|i\rangle$ の 2 乗の表式を書け．ただし，誘導吸収は $|i\rangle = |g,J,M_J\rangle|n\rangle$ および $|f\rangle=|e,J',M'_J\rangle|n-1\rangle$ である.

(b) フェルミ黄金則で共鳴状態 $\omega=\omega_0$ にあるローレンツ分布関数 (3.74) を用いて，光電場強度 $\mathcal{E}_0$ のときの誘導吸収率を書け.

(c) $|g,J,M_J\rangle \to |e,J',M'_J\rangle$ 遷移の吸収率が $|e,J',M'_J\rangle \to |g,J,M_J\rangle$ 遷移の誘導放出の確率に等しいことを示せ.

ヒント

(c) において，既約行列要素間の関係式 [9),[文献 12]]

$$\langle e, J'||d||g, J\rangle = (-1)^{J'-J}\langle g, J||d||e, J'\rangle^* \tag{3.118}$$

および，クレプシュ-ゴルダン係数間の関係式 [文献 13] を用いると便利である:

$$\langle J, M_J, \kappa, q|J', M'_J\rangle = (-1)^{J-J'+q}\sqrt{\frac{2J'+1}{2J+1}}\langle J', M'_J, \kappa, -q|J, M_J\rangle. \tag{3.119}$$

解

(a) 電気磁気双極子近似の摂動ハミルトニアンは，式 (3.99) と条件 (3.81) を用いて表せる:

$$H' = \frac{e}{m}\sqrt{\frac{2\pi\hbar}{V\omega}}\Big[a(\vec{p}\cdot\hat{\epsilon}) + a^\dagger(\vec{p}\cdot\hat{\epsilon}^*)\Big]. \tag{3.120}$$

$\langle n-1|a^\dagger|n\rangle = 0$ より，式 (3.99) の a に関する項のみが行列要素に寄与する．よって，

$$\boxed{\langle f|H'|i\rangle = \frac{e}{m}\sqrt{\frac{2\pi\hbar n}{V\omega}}\langle e, J', M'_J|(\vec{p}\cdot\hat{\epsilon})|g, J, M_J\rangle.} \tag{3.121}$$

$$\langle n-1|a|n\rangle = \sqrt{n}\langle n-1|n-1\rangle = \sqrt{n} \tag{3.122}$$

を用いた．行列要素 $\langle e, J', M'_J|(\vec{p}\cdot\hat{\epsilon})|g, J, M_J\rangle$ は，式 (3.104) の複素共役で与えられるから，球面基底を得る:

$$\langle f|H'|i\rangle = -i\sqrt{\frac{2\pi\hbar\omega_0 n}{V}}\sum_q(-1)^q\langle e, J', M'_J|d_q\epsilon_{-q}|g, J, M_J\rangle. \tag{3.123}$$

ウィグナー-エッカルトの定理 (F.1) から，

---

9) 球面調和関数の慣例 (Y_ℓ^m) に従うと，誘導電気双極子モーメントの既約行列要素は実数である．よって，式 (3.118) は，

$$\langle e, J'||d||g, J\rangle = (-1)^{J'-J}\langle g, J||d||e, J'\rangle.$$

[文献 12] Sobelman (1992).

[文献 13] Varshalovich ら (1988).

$$\langle f|H'|i\rangle = -i\sqrt{\frac{2\pi\hbar\omega_0 n}{V}}\frac{\langle e,J'||d||g,J\rangle}{\sqrt{2J'+1}}\sum_q \langle J,M_J,1,q|J',M_J'\rangle(-1)^q\epsilon_{-q}. \tag{3.124}$$

z-偏光の場合，$q=0$ ($\epsilon_0=1$, $\epsilon_{\pm1}=0$) であるから，

$$\langle f|H'|i\rangle = -i\sqrt{\frac{2\pi\hbar\omega_0 n}{V}}\frac{\langle e,J'||d||g,J\rangle}{\sqrt{2J'+1}}\langle J,M_J,1,0|J',M_J'\rangle. \tag{3.125}$$

行列要素を 2 乗して，

$$\boxed{|\langle f|H'|i\rangle|^2 = \frac{2\pi\hbar\omega_0 n}{V}\frac{|\langle e,J'||d||g,J\rangle|^2}{2J'+1}\langle J,M_J,1,0|J',M_J'\rangle^2.} \tag{3.126}$$

(b) 電磁場の単一モードからの光子における吸収率は，ローレンツ分布の共鳴値 $2/(\hbar\pi\gamma)$ での $\int P(E)\rho_f(E)dE$（式 (3.74)）をフェルミ黄金律 (3.73) へ代入することで与えられる：

$$W_{eg} = \frac{4}{\gamma\hbar^2}|\langle f|H'|i\rangle|^2. \tag{3.127}$$

ただし，行列要素の 2 乗は式 (3.126) で与えられる．

残されているのは，モード n の光子数と電場強度 $\mathcal{E}_0$ の関係である．平均の光強度 I は，ポインティングベクトルの時間平均強度

$$I = \frac{c\mathcal{E}_0^2}{8\pi}, \tag{3.128}$$

光子束 nc/V と 1 光子あたりのエネルギー $\hbar\omega$ の積によって与えられる：

$$I = \frac{n}{V}\hbar\omega c. \tag{3.129}$$

光強度 I に関する 2 つの表式を解くと，

$$n = \frac{V\mathcal{E}_0^2}{8\pi\hbar\omega}. \tag{3.130}$$

よって，$\mathcal{E}_0$ についての行列要素の 2 乗 (3.126) は，

$$|\langle f|H'|i\rangle|^2 = \frac{|\langle e,J'||d||g,J\rangle|^2\mathcal{E}_0^2}{4}\frac{\langle J,M_J,1,0|J',M_J'\rangle^2}{2J'+1}. \tag{3.131}$$

吸収率は

$$\boxed{W_{eg} = \frac{1}{\gamma}\frac{|\langle e,J'||d||g,J\rangle|^2\mathcal{E}_0^2}{\hbar^2}\frac{\langle J,M_J,1,0|J',M_J'\rangle^2}{2J'+1}.} \tag{3.132}$$

(c) 考えている条件下では，式 (3.109) より，誘導放出を記述する行列要素を 2 乗した絶対値として，

$$|\langle g, J, M_J|H'|e, J', M_J'\rangle|^2 = \frac{2\pi\hbar\omega_0 n}{V}\frac{|\langle g, J||d||e, J'\rangle|^2}{2J+1}\langle J', M_J', 1, 0|J, M_J\rangle^2. \tag{3.133}$$

(b) で議論したように，式 (3.130) は，電場強度 $\mathcal{E}_0$ のモード n の光子数を表すのに用いられる:

$$\int P(E)\rho_f(E)dE = \frac{2}{\hbar\pi\gamma}. \tag{3.134}$$

よって，誘導放出率は

$$W_{ge} = \frac{1}{\gamma}\frac{|\langle g, J||d||e, J'\rangle|^2\mathcal{E}_0^2}{\hbar^2}\frac{\langle J', M_J', 1, 0|J, M_J\rangle^2}{2J+1}. \tag{3.135}$$

最後に，ヒントで与えた式 (3.135) において，式 (3.118) と (3.119) を用いて，

$$W_{ge} = \frac{1}{\gamma}\frac{|\langle e, J'||d||g, J\rangle|^2\mathcal{E}_0^2}{\hbar^2}\frac{\langle J, M_J, 1, 0|J', M_J'\rangle^2}{2J'+1}. \tag{3.136}$$

実際 $W_{ge} = W_{eg}$ であることがわかる．係数 A と B を導くには，アインシュタインによって与えられた議論と比較すると面白い[文献 14]．

3.5 共鳴吸収断面積

Probrems and Solutions

原子媒体によって光の吸収を研究するとき便利な概念は，吸収断面積 σ_{abs} である．ここで，励起確率は光子束 $\Phi \times \sigma_{\mathrm{abs}}$ で与えられる．

$\hbar\omega_0$ のエネルギーだけ離れた，全角運動量 J の基底状態 $|g\rangle$ と角運動量 J' の励起状態間の遷移を考える．はじめ原子は分極しておらず，入射光は共鳴状態にある ($\omega = \omega_0$) とする．遷移の均一（ローレンツ）広がりのみを仮定して，吸収断面積（始状態 M_J の平均）を求めよ．

解

共鳴吸収断面積 σ_{abs} は，

[文献 14] 例えば，Griffiths (1995).

$$\sigma_{\mathrm{abs}} = \frac{W_{eg}}{\Phi} \tag{3.137}$$

と与えられる．ただし，W_{eg} は誘導吸収による原子の励起率である．W_{eg} は，問題 3.4 の式 (3.132) を用いて計算できる．ここで直線偏光を選ぶと（確かめればよいが，偏光の選び方は最終的な結果に影響しない）：

$$W_{eg} = \frac{1}{\gamma_{\mathrm{tot}}} \frac{|\langle g, J||d||e, J'\rangle|^2 \mathcal{E}_0^2}{\hbar^2(2J'+1)(2J+1)} \sum_{M_J} \sum_{M'_J} |\langle J, M_J, 1, 0|J', M'_J\rangle|^2. \tag{3.138}$$

ただし，γ_{tot} は遷移の全幅（例えば，他の準位への自然減衰，圧力による広がりなども含む）を表し，異なるゼーマン副準位間のすべての可能な遷移を勘定するのに，終状態 (M'_J) を足し合わせ，始状態 (M_J) の平均をとった．公式 (3.113) を用いると，

$$\sum_{M_J} \sum_{M'_J} |\langle J, M_J, 1, 0|J', M'_J\rangle|^2 = \frac{2J'+1}{3}\ , \tag{3.139}$$

$$W_{eg} = \frac{1}{\gamma_{\mathrm{tot}}} \frac{|\langle g, J||d||e, J'\rangle|^2 \mathcal{E}_0^2}{\hbar^2} \frac{1}{3(2J+1)}. \tag{3.140}$$

光子束は，以下のように与えられるから，

$$\Phi = \frac{1}{\hbar\omega_0} \frac{c\mathcal{E}_0^2}{8\pi}\ , \tag{3.141}$$

$$\sigma_{\mathrm{abs}} = \frac{8\pi}{3} \frac{\omega_0}{c} \frac{1}{\hbar\gamma_{\mathrm{tot}}} \frac{|\langle g, J||d||e, J'\rangle|^2}{2J+1}. \tag{3.142}$$

次に，既約双極子モーメント $|\langle g, J||d||e, J'\rangle|$ を $|e\rangle$ と $|g\rangle$（式 (3.115)）間の自然減衰率（部分幅 γ_p として知られる）を用いて表すと，

$$|\langle g, J||d||e, J'\rangle|^2 = (2J'+1) \frac{3}{4} \frac{\hbar c^3}{\omega_0^3} \gamma_p. \tag{3.143}$$

式 (3.142) へ代入すると，

$$\sigma_{\mathrm{abs}} = 2\pi \frac{c^2}{\omega_0^2} \frac{2J'+1}{2J+1} \frac{\gamma_p}{\gamma_{\mathrm{tot}}}\ , \tag{3.144}$$

$$\boxed{\sigma_{\mathrm{abs}} = \frac{\lambda^2}{2\pi} \frac{2J'+1}{2J+1} \frac{\gamma_p}{\gamma_{\mathrm{tot}}}.} \tag{3.145}$$

ここで，λ は遷移の波長である．係数 $2J+1$ と $2J'+1$ はそれぞれ基底と励起状態の統計的な重みである．

これは大変興味深く，かつ重要な結果である．例えば，近い ($\gamma_p = \gamma_{\rm tot}$) $J \to J$ 遷移のとき，

$$\sigma_{\rm abs} = \frac{\lambda^2}{2\pi} \tag{3.146}$$

は光の波長以外に依存しない！よって，共鳴吸収断面積 $\sigma_{\rm abs}$ は，弱くても強い遷移でも同じある．弱い遷移が小さい吸収断面積をもつ共通した表式は，$\gamma_p/\gamma_{\rm tot}$ 因子からくる．また，実際同じ公式 (3.145) が磁気双極子 ($M1$)，電気四重極子 ($E2$) などでも成り立つ．

3.6 ドップラー広がり線の吸収断面積

Probrems and Solutions

希薄で温かい原子蒸気において，光学遷移の線幅の広がりを支配する機構は，動いている原子が「見る」光のドップラーシフトである．$\hat{z}$ 方向の蛍光を考えよう．$\hat{z}$ 方向に速度 v_z で動く原子にとって，放射される光の見た目の周波数は，

$$\omega' \approx \omega\left(1 + \frac{v_z}{c}\right) \tag{3.147}$$

である．蒸気セル中の原子は，マクスウェルの速度分布に従う．すなわち，v_z と $v_z + dv_z$ の間で，z 方向の速度成分をもつ原子密度 $n_v(v_z)dv_z$ は，

$$n_v(v_z)dv_z = n_{\rm tot}\sqrt{\frac{M}{2\pi k_B T}}\; e^{-Mv_z^2/(2k_BT)}dv_z. \tag{3.148}$$

$n_{\rm tot}$ は全原子密度，M は原子質量，k_B はボルツマン定数である．ドップラー広がりが遷移の幅を決めているとき，蛍光スペクトルはガウス分布となる:

$$I_F(\Delta) = I_F(0)e^{-(\Delta/\Gamma_D)^2}. \tag{3.149}$$

ただし，$I_F(\Delta)$ は蛍光強度，$\Delta = \omega - \omega_0$ は共鳴周波数 ω_0 からの光周波数 ω のずれ，

$$\Gamma_D = \frac{\omega_0}{c}\sqrt{\frac{2k_BT}{M}} \tag{3.150}$$

はドップラー幅である.

止まっている原子の最大共鳴光吸収断面積は σ_0（3.5 節を参照），遷移の均一幅 (FWHM) は γ である．原子の熱運動によるドップラー幅が大きいとき（$\Gamma_D \gg \gamma$），最大吸収断面積はどうなるか.

解

ドップラー広がりがないとき，均一な（ローレンツ型の）吸収曲線は，

$$\sigma_{\text{hom}}(\Delta) = \sigma_0 \frac{\gamma^2/4}{\Delta^2 + \gamma^2/4}. \tag{3.151}$$

$\Delta = \omega - \omega_0$ は共鳴周波数 ω_0 からの光周波数 ω のずれである.

大きなドップラー幅の極限では，周波数に依存した断面積は以下の形式で書ける:

$$\sigma(\Delta) = \sigma_D e^{-(\Delta/\Gamma_D)^2}. \tag{3.152}$$

ここで，ドップラー幅は吸収曲線の面積を変化させない．実際，均一幅（異なる原子の共鳴周波数の違いによる幅）は各原子の共鳴周波数を中心に広がるだけで，原子の吸収曲線の形には影響しない:

$$\int_{-\infty}^{\infty} \sigma_{\text{hom}}(\Delta) d\Delta = \frac{\pi}{2}\gamma\sigma_0; \tag{3.153}$$

$$\int_{-\infty}^{\infty} \sigma_D(\Delta) d\Delta = \sqrt{\pi}\Gamma_D\sigma_D. \tag{3.154}$$

これらの 2 つの積分はお互いに等しいとすると，

$$\boxed{\sigma_D = \frac{\sqrt{\pi}}{2}\frac{\gamma}{\Gamma_D}\sigma_0 \approx 0.89 \times \frac{\gamma}{\Gamma_D}\sigma_0.} \tag{3.155}$$

3.7　飽和パラメータ (T)

Probrems and Solutions

光場に照らされている原子の集団を考えよう．光で原子の性質を測定したいとき，例えば，ある遷移の強度の決定したい状況を考えよう．このとき，測定したい原子の性質を，光場自身が乱さないか注意する必要がある．一方，非線形光学過程に興味のあるときや，あるゼーマン副準位へすべての原子を

光ポンピングしたいときもあるかもしれない．これらの場合，光場は原子に強い摂動を与えることになる．光場が原子状態数に影響を与えるか否かを特徴づける重要な変数は，**飽和パラメータ (saturation parameter)**，κ とよばれる．飽和パラメータの一般的な形は，

$$\kappa = \frac{\text{励起レート}}{\text{緩和レート}}. \tag{3.156}$$

技巧的な部分は，κ の厳密な形と κ の関数としての系の振る舞いが，考えている状況（原子準位構造，緩和機構など）に依存することである．この節では，飽和パラメータを計算し，その意味の理解に親近感を得るために，さまざまな系を考察しよう．

以下の問 (a) と (b) では，光を共鳴状態に調整し，光学的深さは小さいものとする．すなわち，

$$n\sigma_{\rm abs}\ell \ll 1, \tag{3.157}$$

ただし，ℓ は原子試料の長さ，n は原子数密度，$\sigma_{\rm abs}$ は適当な吸収断面積である（3.5 節と 3.6 節を参照）．量 $\ell_0 = (n\sigma_{\rm abs})^{-1}$ は，吸収長さとよばれる．条件 (3.157) は，原子試料の長さが小さい限り，光場の強度が，試料を伝わる途中で大きく変化しないこと，および**放射トラッピング (radiation trapping)**[10] などの高原子密度効果が重要でないことを確約する．さらに，原子間の平均距離 $n^{-1/3}$ は，光の波長 λ よりかなり大きいと仮定する．これから，原子の協力的な振る舞いを伴う効果[文献 15] を無視することができる．

(a) 線幅の起源が，上の状態 $|e\rangle$ から下の状態 $|g\rangle$ への自然減衰であるような，静止した 2 準位系原子を考えよう（**図 3.5**）．狭いバンド（単色）の入射光に対する $|g\rangle \to |e\rangle$ 遷移の飽和パラメータ κ を計算し，蛍光強度の κ 依存性を求めよ．

(b) 図 **3.6** のような 3 準位系について考えよう．入射光は $|g\rangle \to |e\rangle$ 遷移と共鳴し，励起状態 $|e\rangle$ は主に準安定状態 $|m\rangle$ へ，確率 γ_0 で主に減衰する．準安定状態 $|m\rangle$ から基底状態へは，遅い緩和率 $\gamma_{\rm rel} \ll \gamma_0$ をもつ．状態 $|m\rangle$ と $|g\rangle$ は，例えば異なる基底状態の微細準位で，$\gamma_{\rm rel}$ は衝突緩和の結果で起こる

---

[10] 原子密度が十分高いとき，自然放射された光子は再び吸収される確率が高いはずである．よって，光子は原子試料から拡散され，例えば励起状態の寿命の測定に影響する．例えば，Corney (1988) を参照．

[文献 15] Dicke 超放射 (Dicke 1954) など，3.14 節の問を参照．

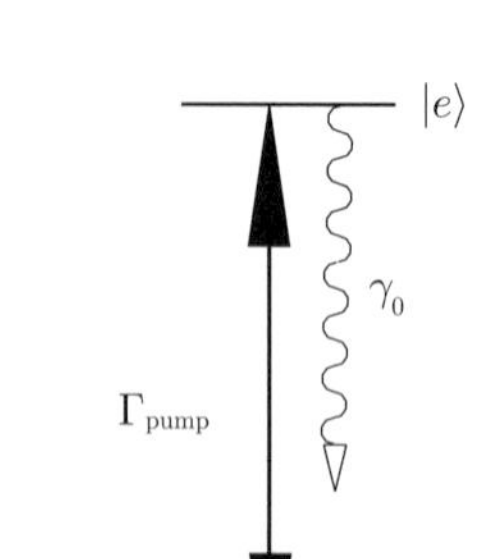

図 3.5　問 **(a)** で考える 2 準位系のレベルダイアグラム．

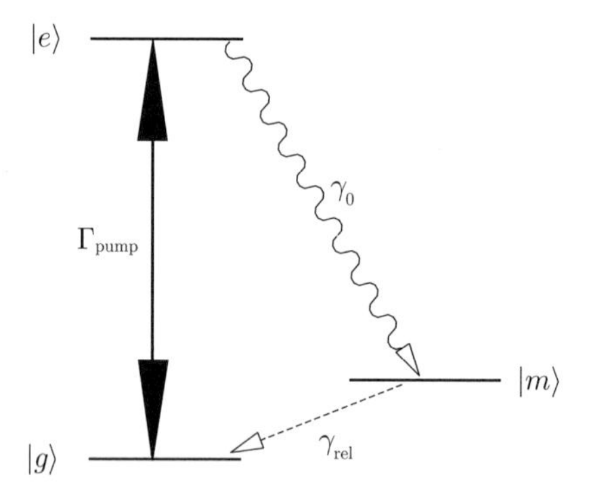

図 3.6　問 (b) で考える 3 準位系のレベルダイアグラム．

だろう．ドップラー広がりは無視でき，励起光が単色であると仮定する．

このとき飽和パラメータ κ を計算し，蛍光強度の κ 依存性を求めよ．

(c) 強度広がり (power broadening) の現象について議論する．(b) で議論した原子系を考えよう（図 3.7）．

低い光強度（$\kappa \ll 1$, κ は式 (3.164) で与えられる）では，原子共鳴によってレーザー周波数をスキャンすると，共鳴周波数のずれの関数として測定した蛍光強度は，幅 γ_0 のローレンツ線形をもつことがわかる．

大きな κ のとき，蛍光強度 $I_F(\Delta)$ の周波数依存性はどうなっているか．

(d) 最後に，ドップラー幅がどのように我々の結果に影響するかを考えよう．試料中の原子がある熱速度分布をもつならば，動いている原子から見て，光

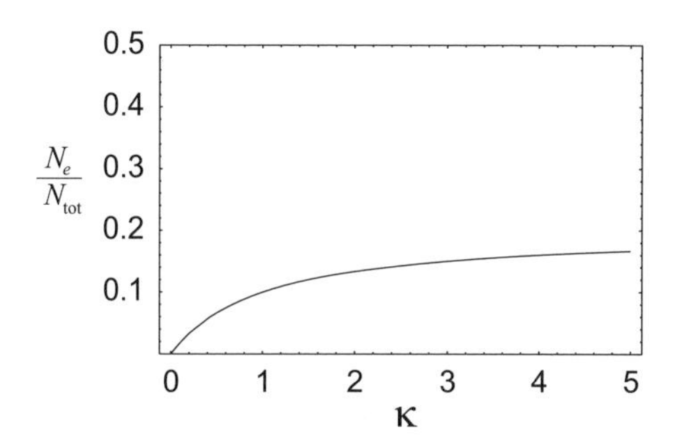

図 3.7 問 (b) で記述した場合の，飽和パラメータ κ の関数とした励起状態の部分状態密度．$\gamma_{\rm rel}/\gamma_0 = 0.2$ と選んだ．

の周波数は $\approx \vec{k}\cdot\vec{v}$ だけシフトする（$\vec{k}$ は光の波数，$\vec{v}$ は原子の速度）．すべての原子の速度を平均すると，3.6 節で述べたように，大きなドップラー幅極限 $\Gamma_D \gg \gamma_0$ での $I_F(\Delta)$ を得る [11]：

$$I_F(\Delta) = I_F(0)e^{-\Delta^2/\Gamma_D^2}. \tag{3.158}$$

前に議論した自然放出や強度広がりのような線幅の広がりの機構とは対照的に，ドップラー広がりは不均一広がりの一例である．つまり，すべての原子で放出と吸収の確率は同じではない．

再び図 3.6 のエネルギー準位構造をもつ原子を考えよう．ただし，今度は原子が熱速度分布をもつとしよう．狭いバンドの励起光がドップラー線幅の広がり内の周波数 ω に合わせられているとき，光は均一幅より小さいドップラーシフトの速度をもつ原子群と主に相互作用する．そのような原子群は，**図 3.8** に示すように，共通して**速度群 (velocity group)** とよばれる．

このドップラー広がりの媒体について，蛍光強度の κ 依存性を求めよ．

解

(a) 励起確率 $\Gamma_{\rm pump}$（光が効率的に原子を励起状態にポンピングすると考えてよい）は，3.4 節の式 (3.132) で与えられる：

$$\Gamma_{\rm pump} = \frac{d^2\mathcal{E}_0^2}{\gamma_0}. \tag{3.159}$$

[11] より正確なスペクトル形状の表式は，均一および不均一幅の機構を考慮すると，フォークト型（ローレンツとガウス型のコンボルーション）となる [例えば，Demtröder (1996) と Khriplovich (1991)].

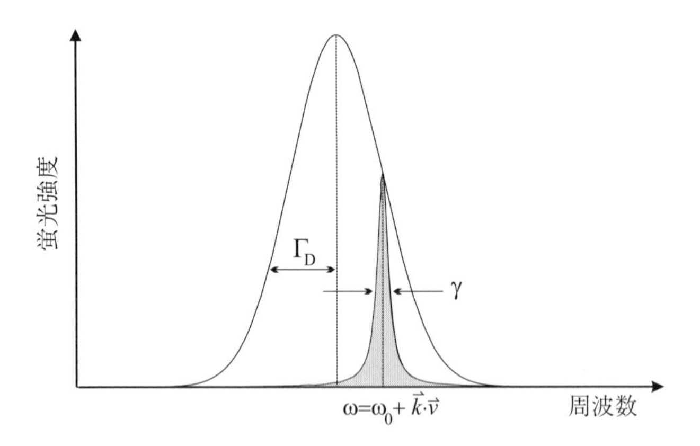

図 3.8　狭いバンドの励起光が，ドップラー線幅の広がり内の周波数 ω に合わせられているとき，蛍光は速度 $\vec{v}$ でドップラーシフト $\lesssim \gamma$ の原子群によって起こる．

ただし，d は状態間の双極子行列要素 $\langle e|d|g\rangle$，$\mathcal{E}_0$ は光電場の強度，γ_0 は $|e\rangle$ から $|g\rangle$ への自然減衰率であり，また $\hbar = 1$ とおく．ここで緩和率は γ_0 であるから，式 (3.156) より

$$\boxed{\kappa = \frac{\Gamma_{\text{pump}}}{\gamma_0} = \frac{d^2 \mathcal{E}_0^2}{\gamma_0^2}.} \tag{3.160}$$

蛍光強度 I_F は，励起状態にある原子の数 N_e に自然減衰率 γ_0 をかけたものに比例する．上の状態数を求めるには，励起状態の原子数 N_e と基底状態の原子数 N_g の速度方程式を書けばよい：

$$\frac{dN_g}{dt} = -\Gamma_{\text{pump}} N_g + (\gamma_0 + \Gamma_{\text{pump}}) N_e, \tag{3.161}$$

$$\frac{dN_e}{dt} = +\Gamma_{\text{pump}} N_g - (\gamma_0 + \Gamma_{\text{pump}}) N_e. \tag{3.162}$$

$N_e + N_g = N_{\text{tot}}$ (N_{tot} は試料の全原子数) がすでにわかっている．十分高い光強度 ($\kappa \gtrsim 1$) では，上の状態からの誘導放出が自然放出に比べて重要になるので，$|g\rangle \to |e\rangle$ 遷移と $|e\rangle \to |g\rangle$ 遷移の両方のポンピング率を含んでいる．明らかに，誘導放出と吸収率は，時間反転対称性から同じであるべきである（これは，光子気体と熱平衡にある原子気体に関するアインシュタインの有名な議論からもわかり，係数 A と B を導くのに用いられる）[文献 16]．

[文献 16] 例えば，Griffiths (1995)，または Bransden と Joachain (1989) を参照．

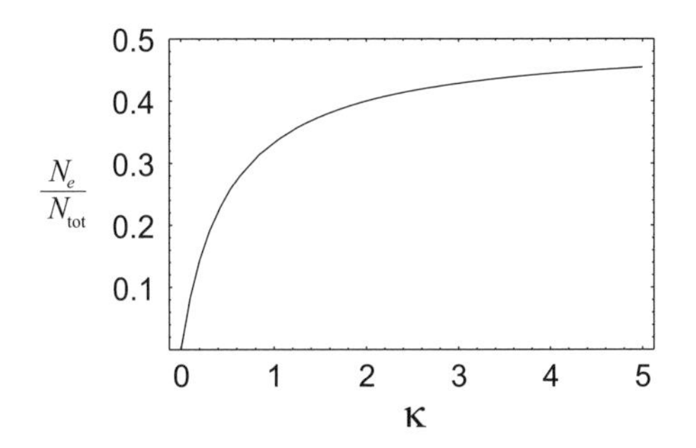

図 3.9 問 (a) の場合における飽和パラメータ κ の関数とした励起状態の割合．蛍光強度 I_F は $\gamma_0 N_e$ に比例する．

平衡状態では，dN_g/dt と dN_e/dt はゼロであり，

$$N_e = \frac{\kappa}{1+2\kappa} N_{\text{tot}}. \tag{3.163}$$

よって，蛍光強度は $\frac{\kappa}{1+2\kappa}$ に比例する（図 **3.9**）．

(b) 式 (3.156) の緩和率は，基底状態へ原子をインコヒーレントに戻す過程を律速するから，一般に系の最も遅い緩和率である．したがって，この場合の飽和パラメータは，最も遅い緩和率 γ_{rel} を用いて表される：

$$\boxed{\kappa = \frac{d^2 \mathcal{E}^2}{\gamma_0 \gamma_{\text{rel}}}.} \tag{3.164}$$

式 (3.164) を確かめ，自然放射強度の κ 依存性を求めるには，問 (a) で行ったように適当な速度方程式を再び書き下す:

$$\frac{dN_g}{dt} = -\Gamma_{\text{pump}} N_g + \gamma_{\text{rel}} N_m, \tag{3.165}$$

$$\frac{dN_e}{dt} = +\Gamma_{\text{pump}} N_g - \gamma_0 N_e, \tag{3.166}$$

$$\frac{dN_m}{dt} = +\gamma_0 N_e - \gamma_{\text{rel}} N_m. \tag{3.167}$$

ただし，誘導放射を無視した（誘導放射が重要になる前に遷移は飽和している）．また，$N_{\text{tot}} = N_g + N_e + N_m$ である．状態数の時間微分をゼロとおくと，定常状態の結果を得る．いくらかの代数計算を行い（$\gamma_{\text{rel}} \ll \gamma_0$ を用いて），励起状態の状態数が求まる（図 **3.7**）：

$$N_e = \frac{\kappa}{1+\kappa} \frac{\gamma_{\text{rel}}}{\gamma_0} N_{\text{tot}}. \tag{3.168}$$

上の状態の最大数は（$\kappa \gg 1$ のとき），

$$N_e(\max) = \frac{\gamma_{\rm rel}}{\gamma_0} N_{\rm tot}. \tag{3.169}$$

蛍光強度は $\gamma_0 N_e$ に比例するから，最大蛍光強度は2準位系より $2\gamma_{\rm rel}/\gamma_0$ 小さい．それは，原子がボトルネック状態 $|m\rangle$ 近傍にいるからである．

(c) 励起光が $|g\rangle \to |e\rangle$ 遷移の共鳴に合わされると，ポンピング率 $\Gamma_{\rm pump}$ はローレンツ型に従う [12]．よって，共鳴からのずれ Δ に依存した有効飽和パラメータ $\kappa_{\rm eff}(\Delta)$ を得る:

$$\kappa_{\rm eff}(\Delta) = \kappa \frac{\gamma_0^2/4}{\Delta^2 + \gamma_0^2/4}. \tag{3.170}$$

κ は共鳴飽和パラメータ（式 (3.164)），ローレンツ型曲線は共鳴状態で1に規格化されている．有効飽和パラメータ $\kappa_{\rm eff}(\Delta)$ は，κ の代わりに速度方程式 (rate equation) で直接用いられるから，式 (3.168) より，共鳴からのずれの関数として蛍光強度 $I_F(\Delta) \propto \gamma_0 N_e$ を得る:

$$I_F(\Delta) \propto \frac{\kappa_{\rm eff}(\Delta)}{1+\kappa_{\rm eff}(\Delta)} \gamma_{\rm rel} N_{\rm tot} \tag{3.171}$$

$$= \kappa \frac{\gamma_0^2/4}{\Delta^2 + \gamma_0^2/4} \frac{1}{1+\kappa\left(\frac{\gamma_0^2/4}{\Delta^2+\gamma_0^2/4}\right)} \gamma_{\rm rel} N_{\rm tot} \tag{3.172}$$

$$= \frac{\gamma_0^2/4}{\Delta^2 + (1+\kappa)\gamma_0^2/4} \kappa \gamma_{\rm rel} N_{\rm tot}. \tag{3.173}$$

これは，**強度広がり幅 (power-broadened linewidth)** とよばれる線幅

$$\boxed{\gamma = \gamma_0 \sqrt{1+\kappa}} \tag{3.174}$$

のローレンツ型曲線に他ならない．

(d) 光が相互作用する全原子数 $N_{\rm tot}$ の一部 δN は，

$$\delta N \sim \frac{\gamma}{\Gamma_D} N_{\rm tot}. \tag{3.175}$$

ただし，γ は均一幅であり，式 (3.174) で与えられる強度広がり幅となる．さもなければ，共鳴速度群の速度方程式は問 (b) で考えたようなものと同じも

[12] このことは，3.4 節で行ったように，励起光が共鳴状態でなくても，誘導吸収率を計算することでわかるが，式 (3.74) よりローレンツ型を用いるほうがよいことがわかる．

のとなり，

$$\boxed{I_F \propto \frac{\kappa}{1+\kappa}\delta N \propto \frac{\kappa}{\sqrt{1+\kappa}}\frac{\gamma_0}{\Gamma_D}N_{\mathrm{tot}}.} \tag{3.176}$$

ドップラーなしの場合とは対照的に，蛍光強度は $\kappa \gg 1$ でも増え続ける．これは $\gamma_0\sqrt{1+\kappa} \ll \Gamma_D$ である限り続く．反対の極限 $\gamma_0\sqrt{1+\kappa} \gg \Gamma_D$ では，ドップラー広がりは無視できる．

3.8　原子蛍光の角度分布と偏極

Probrems and Solutions

角運動量 $J' = 1/2$ をもつ励起状態の副準位 $M'_J = 1/2$ を準備する．$J = 1/2$ の低い状態へ自然に減衰する．外場は一切かけられていないとする．

(a) 放出される光強度の角度分布はどうなっているか．

(b) ある方向へ放出された光の分極状態はどうなっているか．

ヒント

光の分極状態を特定する方法については，**付録 D** の説明を参照．

解

(a) 原子はデカルト座標系の原点にいるものとする．量子化軸 (z) について軸対称であるとき，$x > 0$ の xz 面上のベクトル方向に放出される放射のみ考えれば十分である．したがって，光の伝搬方向は，完全に極角 θ で定義される（**図 3.10**）．ある θ について，2 つの独立で直行した光分極方向は，$\hat{\epsilon}_1 = \hat{y}$，および

$$\hat{\epsilon}_2 = \hat{\theta} \equiv \cos\theta\ \hat{x} - \sin\theta\ \hat{z} \tag{3.177}$$

と選べる．これらの方向は，$\hat{k}$ 方向の光伝搬に直行している（図 3.10）．

2 つの可能な減衰経路がある（**図 3.11**）．終状態 $|J = 1/2, M_J\rangle$ へのある分極 $\hat{\epsilon}$ の放射強度 A は，

$$A \propto \langle J = 1/2, M_J|\hat{\epsilon}\cdot\vec{r}|J' = 1/2, M'_J = 1/2\rangle\ . \tag{3.178}$$

ウィグナー-エッカルトの定理（**付録 F**）より，$\hat{\epsilon}$ の $q = 0$ 球成分のみが $M_J = 1/2$ への減衰における A に寄与し，（$\vec{r}$ の $q = -1$ 成分を取り除いた）

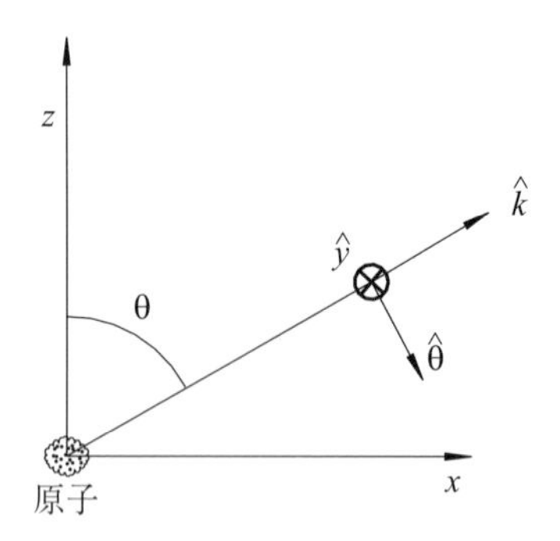

図 3.10　原子蛍光の解析における座標系：$\hat{k}$ は光の伝搬方向，$\hat{y}$（紙面方向）と $\hat{\theta}$ は直行した光の分極方向である．円柱対称性ゆえに，xz 面のみ考えればよい．

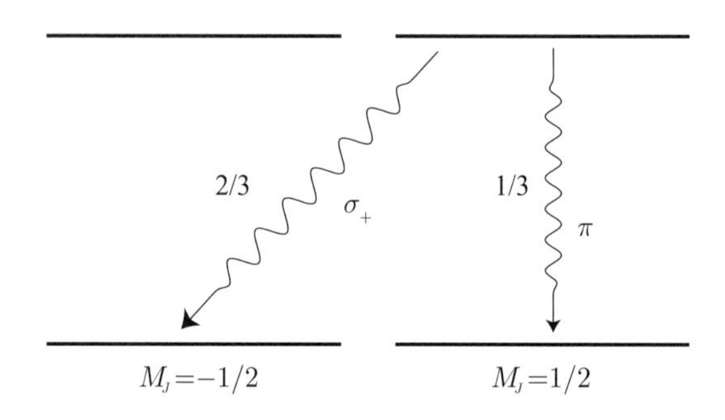

図 3.11　励起状態 $J=1/2$, $M_J=1/2$ の原子は，低い $J=1/2$ 状態の 2 つのゼーマン副準位のどちらかへ減衰する（それぞれ，π と σ_+ 放射）．数字は対応するクレプシュ-ゴルダン係数の 2 乗に比例した相対的な放射強度である．

の $\hat{\epsilon}$ の $q=+1$ 成分のみが $M_J=-1/2$ への減衰における A に寄与する．強度 A は対応するクレプシュ-ゴルダン係数に比例する．σ_+ 放射では，

$$\langle 1/2, 1/2, 1, -1 | 1/2, -1/2 \rangle = \sqrt{\frac{2}{3}}\ . \tag{3.179}$$

π 放射では，

$$\langle 1/2, 1/2, 1, 0 | 1/2, 1/2 \rangle = \sqrt{\frac{1}{3}}. \tag{3.180}$$

まず，π 放射について考えよう．古典的な描像では，この放射は z 方向に振動する双極子によってつくられる．したがって，最大の放射強度は赤道面 $(\theta=\pi/2)$ にあり，z 方向 $(\theta=0,\pi)$ には放射しないと期待される．これら

の期待は，厳密な表式によって確かめられる．（上で導入した）ある θ 方向の分極ベクトルの放射強度は，対応する分極ベクトルと $\hat{z}$ のスカラー積の 2 乗に比例する：

$$I_y^{(\pi)}(\theta) \propto |\hat{y} \cdot \hat{z}|^2 = 0 \ ; \tag{3.181}$$

$$I_\theta^{(\pi)}(\theta) \propto \left|\hat{\theta} \cdot \hat{z}\right|^2 = |(\cos\theta\ \hat{x} - \sin\theta\ \hat{z}) \cdot \hat{z}|^2 = \sin^2\theta \ . \tag{3.182}$$

よって，大体の強度は ${I_{\text{tot}}}^{(\pi)}(\theta) \propto \sin^2\theta$ である．

ここで，σ_+ 放射を考えよう．古典的な描像では，そのような放射は xy 面内の（振動というよりは）双極子回転でつくられる．したがって，最大の放射強度は z $(\theta = 0, \pi)$ 方向と期待され，赤道面 $(\theta = \pi/2)$ では放射は半分の強度となるはずである（なぜなら双極子回転は 2 つの直行した振動に分解され，それらのうち 1 つだけが赤道面で見えるからである）．これらの予想は再び計算で確かめられる．σ_+ 放射の分極ベクトル

$$\hat{\epsilon}_+ = -\frac{1}{\sqrt{2}}(\hat{x} + i\hat{y}) \ , \tag{3.183}$$

を用いて，

$$I_y^{(\sigma)}(\theta) \propto |\hat{y} \cdot \hat{\epsilon}_+|^2 = \left|\hat{y} \cdot \frac{1}{\sqrt{2}}(\hat{x} + i\hat{y})\right|^2 = \frac{1}{2} \ ; \tag{3.184}$$

$$I_\theta^{(\sigma)}(\theta) \propto \left|\hat{\theta} \cdot \hat{\epsilon}_+\right|^2 = \left|(\cos\theta\ \hat{x} - \sin\theta\ \hat{z}) \cdot \frac{1}{\sqrt{2}}(\hat{x} + i\hat{y})\right|^2 = \frac{\cos^2\theta}{2}. \tag{3.185}$$

σ-放射の全強度は，

$${I_{\text{tot}}}^{(\sigma)}(\theta) \propto I_y^{(\sigma)}(\theta) + I_\theta^{(\sigma)}(\theta) = \frac{1 + \cos^2\theta}{2} \ . \tag{3.186}$$

ある方向における大体の放射強度を求めるには，2 つの寄与 ${I_{\text{tot}}}^{(\pi)}(\theta)$ と ${I_{\text{tot}}}^{(\sigma)}(\theta)$ を，各放射の全確率の重み（1/3 と 2/3）付きで加える必要がある．その結果は，θ に依存せず，すべての光強度が等方的に放射されていることを意味する．

π と σ 光における規格化された角度分布と全体の等方的分布を，図 **3.12** に示している．

(b) 計算しなくても，$\theta = 0$ または π で σ 光のみが見え，光は完全に円偏光していることは明白だ．赤道面 $(\theta = \pi/2)$ で鉛直に偏極した π 光と，水平

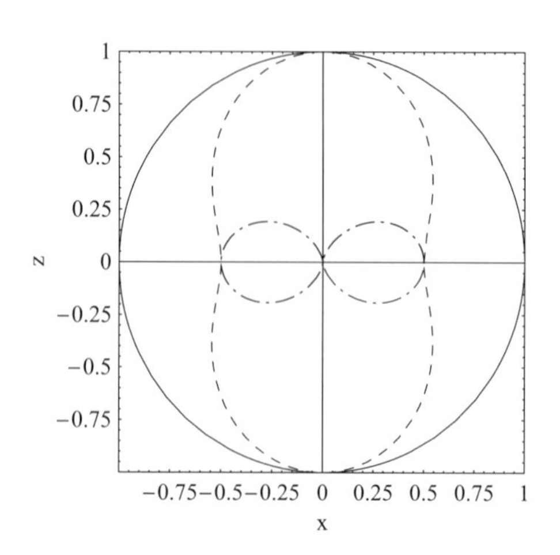

図 3.12　π 放射（点線），σ 放射（破線），および全体分布（実線）における蛍光強度の規格化された角度分布．この場合は等方的である．

に偏極した σ 光が同じ強度でみられる．そのため，光は分極しない．

一般の θ 値で水平に配向された偏光子（$\hat{y}$ 方向）は，σ 光を $\propto 1/2$ の強度で透過させる．一方，鉛直方向の偏光子（$\hat{\theta}$ 方向）は，σ 光を $\propto (\cos^2\theta)/2$ の強度で，π 光を $\propto (\sin^2\theta)/2$ の強度で透過させる．よって，第一ストークスパラメータ（**付録 D**）として，以下の関係を得る：

$$S_1 = \frac{I_x - I_y}{I_0} = \frac{1 - \cos^2\theta - \sin^2\theta}{2} = 0. \tag{3.187}$$

対称性から，$S_2 = 0$ であることも明白である．直線偏光した π 光は，S_3 に寄与できない．問 (a) の議論より（特に式 (3.184) と (3.185)），ある方向に放射された σ_+ 光のベクトル強度は，以下で表せることがわかる：

$$-\frac{i}{\sqrt{2}}\,\hat{y} - \frac{\cos\theta}{\sqrt{2}}\,\hat{\theta} \propto \frac{1}{\sqrt{2}}\Big(\hat{y} - i\cos\theta\,\hat{\theta}\Big). \tag{3.188}$$

ただし，全体の位相因子は取り除いた．左円偏光 [13] の強度ベクトル

$$\hat{\epsilon}'_+ = -\frac{1}{\sqrt{2}}\Big(\hat{y} + i\hat{\theta}\Big)\ , \tag{3.189}$$

および右円偏光の

[13] 円偏光ベクトル $\hat{\epsilon}'_+$ および $\hat{\epsilon}'_-$ は，$\hat{k}$ と垂直に，$\hat{y}$ は水平方向に，$-\hat{\theta}$ は垂直方向に定義され，適当な右手系をつくる（式 (3.183) と比較せよ）．

$$\hat{\epsilon}'_- = \frac{1}{\sqrt{2}}(\hat{y} - i\hat{\theta}) \tag{3.190}$$

との積をとることで，

$$S_3 = \frac{I_+ - I_-}{I_0} = \frac{(1+\cos\theta)^2 - (1-\cos\theta)^2}{4} = \cos\theta. \tag{3.191}$$

これは，$\theta = 0$ で放射された光が左円偏光で，$\theta = \pi$ で放射された光が左円偏光あることを示す．偏光度合いは $p = |\cos\theta|$ で，上の議論と定性的に一致する．

3.9 光ポンピングによる吸収の変化

Probrems and Solutions

$J = 1 \to J'$ の電気双極子 $(E1)$ 遷移 $(J' = 0, 1, 2)$ において，直線偏光で光ポンピングしたとき，$J = 1$ ゼーマン副準位の状態数の相対変化を求めよ（量子化軸は光の偏極方向，すなわち π 偏極方向とする）．励起光は共鳴し，媒体は光学的に薄く，また計算を簡単にするため，光ポンピングの飽和パラメータ κ は 1 より十分小さい“閉じた”遷移（上の準位に励起された原子は下の準位に減衰して戻るだけ）を考える（基底状態ゼーマン副準位間の緩和率は $\gamma_{\mathrm{rel}} \ll \gamma_0$ とする．ただし，γ_0 は自然減衰率（3.3 節））．

$J = 1 \to J' = 0, 1$ の場合，光ポンピングが媒体による光吸収を下げ，$J = 1 \to J' = 2$ の場合，反対のことが成り立つ（光ポンピングで吸収が増える）ことを示せ．これは，$J \to J + 1$ 遷移の一般的な性質で，任意の光分極で成り立つ[文献 17]．今 κ は小さいと仮定しているが，$J \to J - 1, J$ 遷移で光ポンピングが吸収を下げ，閉じた $J \to J + 1$ 遷移で吸収を増やすという定性的な結論は任意の κ で成り立つ．

解

基本的な効果を理解するために，単純な解を許す関連した問題について考えるとわかりやすい．大きな κ の極限で，円偏光による光ポンピングを考えよう（すでに述べたように，一般的な結果は光の偏極によらず，あらゆる κ で成り立つ）．**図 3.13** に示すように，$1 \to 0, 1$ 遷移において，原子は光を吸収

[文献 17] Kazantsev ら (1985).

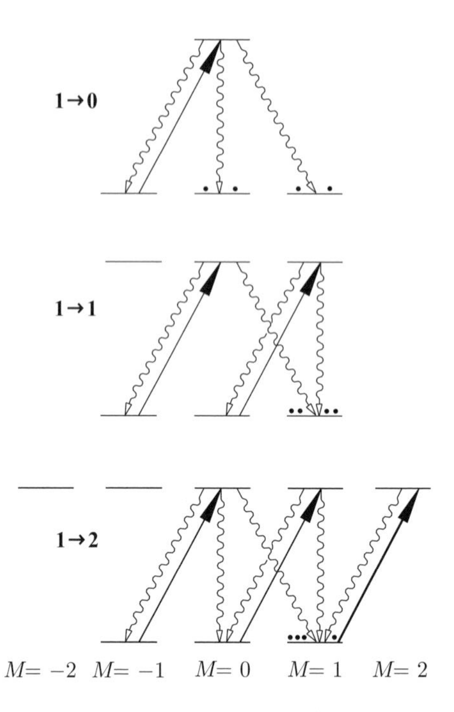

図 3.13　閉じた $J=1 \to J'=0,1,2$ における基底状態ゼーマン副準位状態数の σ_+（左円偏光）光による光ポンピング効果の模式図.

しない状態（**暗状態 (dark states)**）にたどり着く．しかし，$1 \to 2$ 遷移で，原子は光を吸収する状態（**明状態 (bright state)**）へとポンプされる．

3.4 節の結果より，吸収率は下の状態と上の状態との結合を表すクレブシュ-ゴルダン係数の 2 乗に比例する．$J=1 \to J'=2$ 遷移と σ_+ 分極における，関係するクレブシュ-ゴルダン係数は，

$$\langle J, M, 1, 1 | J', M' = M+1 \rangle^2 = \frac{1}{6} \qquad (|1,-1\rangle \to |2,0\rangle)\ , \tag{3.192}$$

$$= \frac{1}{2} \qquad (|1,0\rangle \to |2,1\rangle)\ , \tag{3.193}$$

$$= 1 \qquad (|1,1\rangle \to |2,2\rangle)\ . \tag{3.194}$$

よって，原子は光場とより強い結合をもつ状態へとポンプされ，吸収が増える!

特別な場合を考える前に，問題の一般的な解き方を概観する．最初の仕事は，光がさまざまな基底状態ゼーマン副準位の状態数を再分配する方法を求め

ることである．これは，一般的な場合より技巧的である．ある基底状態副準位 $|J,M\rangle$ にある原子密度 $\rho_g(M)$，および自然放射であらゆる励起状態ゼーマン副準位 $|J',M'\rangle$ から $|J,M\rangle$ に減衰して戻る原子の束 $F_{\rm sp}(M)$ を求める必要がある（状態密度 $\rho_e(M')$ は，状態数と他の基底状態副準位からの励起確率による）．

ある基底状態ゼーマン副準位における基本的な速度方程式は，

$$\frac{d\rho_g(M)}{dt} = -W_{eg}(M)\rho_g(M) + F_{\rm sp}(M) + \gamma_{\rm rel}[\rho_g({\rm avg}) - \rho_g(M)]\ . \tag{3.195}$$

$W_{eg}(M)$ は π 偏光の基底副準位 $|J,M\rangle$ からの励起率，$\rho_g({\rm avg})$ はゼーマン副準位の平均状態数である．平衡状態 $d\rho_g(M)/dt = 0$ において，

$$\rho_g(M) = \frac{F_{\rm sp}(M) + \gamma_{\rm rel}\rho_g({\rm avg})}{W_{eg}(M) + \gamma_{\rm rel}} \tag{3.196}$$

が成り立つ．条件 $\kappa \ll 1$ から，励起率が基底状態緩和率 $\gamma_{\rm rel}$ より十分小さいといえる．よって，

$$\rho_g(M) \approx \rho_g({\rm avg}) + \frac{F_{\rm sp}(M)}{\gamma_{\rm rel}} - \frac{W_{eg}(M)}{\gamma_{\rm rel}}\ . \tag{3.197}$$

3.4 節の結果（式 (3.132)）より，π 偏光の励起率 $W_{eg}(M)$ は，

$$W_{eg}(M) = \frac{|\langle e,J'||d||g,J\rangle|^2\mathcal{E}_0^2}{\gamma_0}\frac{\langle J,M,1,0|J',M\rangle^2}{2J'+1} \tag{3.198}$$

であることがわかる．ただし，π 偏光でクレプシュ-ゴルダン係数が $M = M'$ 以外で消えることを用い，$\hbar = 1$ とした．

$|J,M\rangle$ へ自然減衰する原子の束 $F_{\rm sp}(M)$ は，

$$F_{\rm sp}(M) = \gamma_0\frac{2J'+1}{2J+1}\sum_{M'}\sum_q \rho_e(M')\langle J',M',1,q|J,M\rangle^2 \tag{3.199}$$

で与えられる．ただし，$q = 1, 0, -1$ は自然放出される光子のすべての可能な変更を表す．$\kappa \ll 1$ のとき，3.7 節の問 (b) で用いたのと同じ基本的なアプローチに従い，励起状態数 $\rho_e(M')$ が近似的に表される：

$$\rho_e(M') \approx \rho_g(M')\frac{|\langle e,J'||d||g,J\rangle|^2\mathcal{E}_0^2}{\gamma_0^2}\frac{\langle J,M',1,0|J',M'\rangle^2}{2J'+1} \tag{3.200}$$

$$\approx \rho_g({\rm avg})\frac{|\langle e,J'||d||g,J\rangle|^2\mathcal{E}_0^2}{\gamma_0^2}\frac{\langle J,M',1,0|J',M'\rangle^2}{2J'+1}\ . \tag{3.201}$$

κ は小さいので基底状態数は大きく変化しないと仮定した．よって，

$$F_{\rm sp}(M) \approx \rho_g({\rm avg}) \frac{|\langle e, J'||d||g, J\rangle|^2 \mathcal{E}_0^2}{\gamma_0(2J+1)} \times \sum_{M'} \sum_q \langle J, M', 1, 0|J', M'\rangle^2 \langle J', M', 1, q|J, M\rangle^2 \ . \quad (3.202)$$

式 (3.197)，(3.198)，および (3.202) より，基底状態ゼーマン副準位の状態数の部分的変化は，

$$\delta\rho_g(M) = \frac{\rho_g(M) - \rho_g({\rm avg})}{\rho_g({\rm avg})} \ , \quad (3.203)$$

$$\delta\rho_g(M) \approx \kappa\left[\left(\sum_{M'}\sum_q \frac{\langle J, M', 1, 0|J', M'\rangle^2 \langle J', M', 1, q|J, M\rangle^2}{2J+1}\right) - \frac{\langle J, M, 1, 0|J', M\rangle^2}{2J'+1}\right] , \quad (3.204)$$

によって記述される．ここで，飽和パラメータ κ は，以下で定義される．

$$\kappa \equiv \frac{|\langle e, J'||d||g, J\rangle|^2 \mathcal{E}_0^2}{\gamma_0 \gamma_{\rm rel}} \ . \quad (3.205)$$

これで特別な場合を考える準備が整った．

1 → 0 の場合: 励起状態ゼーマン準位は 1 つだけであるから，基底状態ゼーマン副準位 $M = 0$ のみがポンプ光と相互作用する（図 **3.14** 参照）．上の状態に励起された原子は，基底状態の副準位へ均等な割合で減衰する．このことは，空間の等方性から導出されるが，$|0, 0\rangle$ 状態の原子は分極せず，自然放出がこれまで存在しなかった分極を作り出すからである．それ以外は真空で，自然放出を起こす（3.2 と 3.3 節）．よって，光ポンピングは状態密度 $\rho_g(0)$ を減らし，$\rho_g(\pm 1)$ を増加させる．

この論理は，以下の公式 (3.204) を用いてただちに確認される：

$$\delta\rho_g(0) \approx -\frac{2\kappa}{9} \ , \quad (3.206)$$

$$\delta\rho_g(\pm 1) \approx +\frac{\kappa}{9} \ . \quad (3.207)$$

1 → 0 の場合，光ポンピングが励起光の吸収を減らすことは明らかである．それは光と相互作用する基底状態ゼーマン副準位だけの原子数は減り，光と

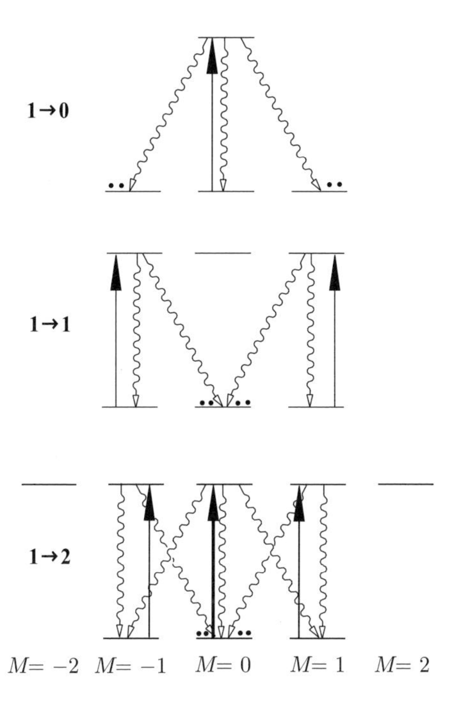

図 3.14 直線偏光 (π) による光ポンピングの，閉じた $J=1\to J'=0,1,2$ 遷移における基底状態ゼーマン副準位にいる粒子数に対する効果.

相互作用しない状態（暗状態）の原子数が増えるからである.

$1\to 1$ の場合: 2 つの基底状態副準位 ($M=1$ と $M=-1$) がポンプ光と相互作用するが，一方 $M=0$ 副準位は暗状態である (図 3.14)．クレプシュ-ゴルダン係数 $\langle 1,0,1,0|1,0\rangle$ が消えるので，$|J=1,M=0\rangle\to|J'=1,M'=0\rangle$ 遷移は禁制である (これは 9.5 節で導出し，説明する)．$M=1$ および $M=-1$ 基底状態副準位からの遷移率は同じであり，上の状態へ励起され，暗状態 $|J=1,M=0\rangle$ へ減衰する確率もある．したがって，この状況も同様に，光ポンピングが吸収を減少させる.

再び，式 (3.204) は直観的な議論を支持する：

$$\delta\rho_g(0)\approx+\frac{\kappa}{6}\,, \tag{3.208}$$

$$\delta\rho_g(\pm 1)\approx-\frac{\kappa}{12}\,. \tag{3.209}$$

$1 \rightarrow 2$ の場合： 3つすべての基底状態副準位がポンプ光と相互作用し，暗状態はない．ポンプ光との相互作用の強さは状態間で異なり，適当なクレプシュ-ゴルダン係数を比較することでわかる．この状況は大変複雑なので，公式 (3.204) が役に立つ．基底状態にある粒子数の相対的変化を計算すると，

$$\delta\rho_g(0) \approx +\frac{\kappa}{18}\ , \tag{3.210}$$

$$\delta\rho_g(\pm 1) \approx -\frac{\kappa}{36}\ . \tag{3.211}$$

$M = 0$ ゼーマン副準位の数は増加し，他の副準位の数は減少する．

式 (3.198) より，クレプシュ-ゴルダン係数 $\langle J, M, 1, 0|J', M\rangle^2$ が大きくなるほど，吸収率が高くなることがわかる．$1 \rightarrow 2$ 遷移のクレプシュ-ゴルダン係数を計算すると，$M = 0$ 副準位は最大の吸収率をもつことがわかる．よって，$1 \rightarrow 0$ や $1 \rightarrow 1$ 遷移と異なり，円偏光の場合同様，この場合光学ポンピングは光吸収を増やす．

注目すべきことは，この問題で議論した効果のために，吸収された光子束が誘導放射でつくられた光子束に等しいとき，すなわち

$$\frac{d^2\mathcal{E}_0^2}{\gamma_0^2} \sim 1 \tag{3.212}$$

を満たすとき，閉じた $J \rightarrow J+1$ は，“色あせる” だけである．このことは，すべての原子が暗状態に吸い上げられたとき，すなわち

$$\frac{d^2\mathcal{E}_0^2}{\gamma_0\gamma_{\rm rel}} \sim 1\ . \tag{3.213}$$

を満たすときに色あせる $J \rightarrow J-1, J$ 遷移と異なる．

3.10　光ポンピングと密度行列

Probrems and Solutions

はじめ $J = 3/2$ をもつ分極していない基底状態の原子が，$J' = 1/2$ の励起状態への遷移を促す共鳴光によって光ポンピングされる．$J' = 1/2$ へ励起されたすべての原子が，基底状態ではなくトラップ状態へ減衰し，他の緩和過程は無視できるとき，光ポンピング後の $J = 3/2$ 状態のゼーマン副準位を記述する 4×4 の密度行列を求めよ（密度行列の詳細は**付録 H** および光ポンピングによってつくられる分極モーメントの議論を参照）．

(a) 左円偏光 (σ_+),
(b) z 方向の直線偏光,
(c) x 方向の直線偏光.

解

(a) この場合，$M_J = -3/2$ と $M_J = -1/2$ の状態が完全にポンプされ，残った 2 つの副準位はこれ以上光ポンピングによって影響されない（図 **3.15**）．各ゼーマン副準位の最初の粒子数が 1 に等しくなるように規格化すると，終状態の密度行列は，

$$\rho = \begin{pmatrix} 1 & 0 & 0 & 0 \\ 0 & 1 & 0 & 0 \\ 0 & 0 & 0 & 0 \\ 0 & 0 & 0 & 0 \end{pmatrix} . \tag{3.214}$$

ただし，行列の添字は M_J 成分に対応する．
(b) この場合，光と結合するのは $M_J = M_J'$ の状態であり，$M_J = \pm 1/2$ は減少する（図 **3.16**）．よって，基底状態の密度行列は

$$\rho = \begin{pmatrix} 1 & 0 & 0 & 0 \\ 0 & 0 & 0 & 0 \\ 0 & 0 & 0 & 0 \\ 0 & 0 & 0 & 1 \end{pmatrix} . \tag{3.215}$$

(c) 副準位の対 $M_J = -3/2$, $M_J = 1/2$ と $M_J = -1/2$, $M_J = 3/2$ のコヒーレントな重ね合わせからなる 2 つの可能な x 非吸収（暗）状態 $|\psi_d^{\pm}\rangle$ を除いた基底状態から，全原子がポンプされることに気が付けば十分である

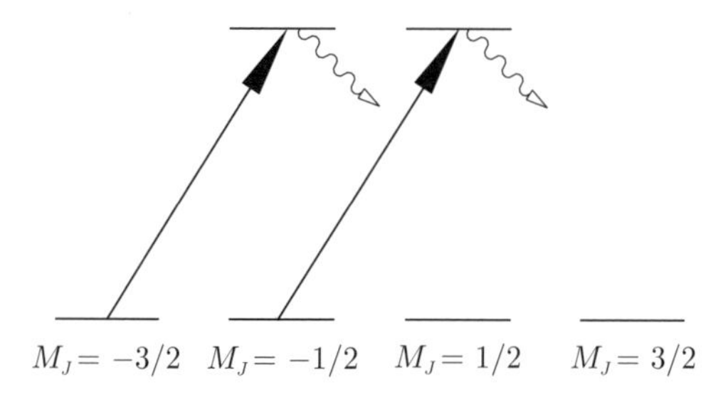

図 3.15 左円偏光の $J = 3/2 \rightarrow J' = 1/2$ 遷移の光ポンピング．

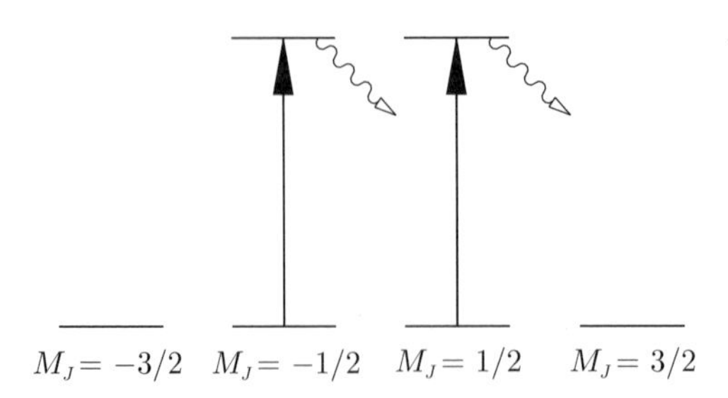

図 3.16　直線偏光による $J = 3/2 \to J' = 1/2$ 遷移の光学遷移.

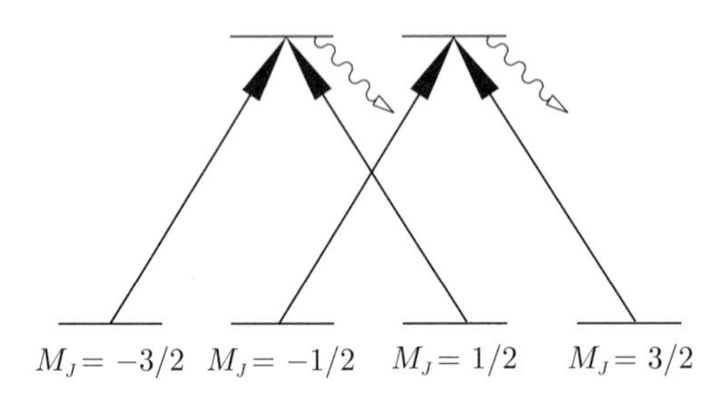

図 3.17　x-偏光による $J = 3/2 \to J' = 1/2$ 遷移の光ポンピング.

(図 **3.17**). この効果は, 全ゼーマン副準位が光場と結合していても, 分布がゼーマン副準位に残るため, **コヒーレント分布トラッピング (coherent population trapping)** とよばれる. 後でわかるように, しゃれた名前にもかかわらず, 問 (b) で考えたものとの唯一の違いは, 量子化軸の選び方のみである.

原子は, 上の副準位への励起の $E1$ 振幅がゼロのとき, すなわち

$$\langle J' = 1/2, M_J' = \pm 1/2|\ e\mathcal{E}(t)\vec{r} \cdot \hat{\varepsilon}\ |\psi_d\rangle = 0 \tag{3.216}$$

であるとき, 暗状態 $|\psi_d\rangle$ にいる.

ここで, $H = -\vec{d} \cdot \vec{\mathcal{E}}(t) = e\mathcal{E}(t)\vec{r} \cdot \hat{\varepsilon}$ は, 原子-光相互作用を記述するハミルトニアン, $\hat{\varepsilon}$ は光分極, また $M_J' = 1/2$ のとき,

$$|\psi_d^+\rangle = C_{-1/2}|J = 3/2, M_J = -1/2\rangle + C_{3/2}|J = 3/2, M_J = 3/2\rangle\ , \tag{3.217}$$

$M_J' = -1/2$ のとき,

$$|\psi_d^-\rangle = C_{-3/2}|J=3/2, M_J=-3/2\rangle + C_{1/2}|J=3/2, M_J=1/2\rangle \ . \tag{3.218}$$

相互作用ハミルトニアンは，ウィグナー-エッカルトの定理（**付録 F**）を利用すると，球テンソルを用いて書ける．この場合，$\hat{\varepsilon} = \hat{x}$ であるから，式 (F.23) および (F.25) を用いて，

$$x = \frac{1}{\sqrt{2}}(r_- - r_+) \ , \tag{3.219}$$

$$H = \frac{e\mathcal{E}(t)}{\sqrt{2}}(r_- - r_+). \tag{3.220}$$

ただし，$r_\pm$ は球基底のときのベクトル演算子 $\vec{r}$ の $q=\pm 1$ 成分である．

式 (3.216) に戻って，ウィグナー-エッカルトの定理 (F.1) を用いると，

$$\langle J', M_J'|r_\pm|J, M_J\rangle = \frac{\langle J'||r||J\rangle}{\sqrt{2J'+1}}\langle J, M_J, 1, \pm 1|J', M_J'\rangle. \tag{3.221}$$

式 (3.217) と (3.218) に従い，条件

$$\langle 3/2, 3/2, 1, -1|1/2, 1/2\rangle C_{3/2} - \langle 3/2, -1/2, 1, 1|1/2, 1/2\rangle C_{-1/2} = 0, \tag{3.222}$$

$$\langle 3/2, 1/2, 1, -1|1/2, -1/2\rangle C_{1/2} - \langle 3/2, -3/2, 1, 1|1/2, -1/2\rangle C_{-3/2} = 0. \tag{3.223}$$

を得る．これらのクレプシュ-ゴルダン係数は，以下の値をもつ：

$$\langle 3/2, 3/2, 1, -1|1/2, 1/2\rangle = \frac{1}{\sqrt{2}} \ , \tag{3.224}$$

$$\langle 3/2, -1/2, 1, 1|1/2, 1/2\rangle = \frac{1}{\sqrt{6}} \ , \tag{3.225}$$

$$\langle 3/2, 1/2, 1, -1|1/2, -1/2\rangle = \frac{1}{\sqrt{6}} \ , \tag{3.226}$$

$$\langle 3/2, -3/2, 1, 1|1/2, -1/2\rangle = \frac{1}{\sqrt{2}} \ , \tag{3.227}$$

これより，

$$C_{-1/2} = C_{3/2}\sqrt{3} \ , \tag{3.228}$$

$$C_{1/2} = C_{-3/2}\sqrt{3} \ . \tag{3.229}$$

暗状態 $|\psi_d^{\pm}\rangle$ に直行する形で，ゼーマン副準位の 2 つの線形結合をつくることもできる；これらは明状態であり，問 (b) の類似性から，完全に光ポンピングによって消える状態である．密度行列の正しい規格化は，暗状態が光ポンピング前後で単位状態数をもつ事実を用いて導出できる．よって，

$$\rho = \frac{1}{4}\begin{pmatrix} 1 & 0 & \sqrt{3} & 0 \\ 0 & 3 & 0 & \sqrt{3} \\ \sqrt{3} & 0 & 3 & 0 \\ 0 & \sqrt{3} & 0 & 1 \end{pmatrix}. \tag{3.230}$$

この解は，(b) で得られた密度行列を y 軸周りに $\pi/2$ 回転することでも得られる（適当な量子力学的な回転行列を用いる—**付録 E** 参照）．実際，暗状態 $|\psi_d^{\pm}\rangle$ は，状態 $|J = 3/2, M_J = \pm 3/2\rangle$ への回転をするだけでよい．

3.11　カスケード減衰

Probrems and Solutions

基底状態 $|g\rangle$ と同じパリティーの励起状態 $|a\rangle$ をもち，基底状態へ減衰する途中で，反対のパリティ状態 $|b\rangle$ へ減衰する原子について考えよう（**図 3.18**）．初期状態で $|a\rangle$ と $|b\rangle$ は占有されていないとする．時刻 $t = t_0$ で，はじめ $|a\rangle$ がすぐに占有される．実験において，$|b\rangle \to |g\rangle$ 遷移の蛍光を検出し，検出系は $|a\rangle \to |b\rangle$ 遷移の波長の蛍光には感度がないものとする．

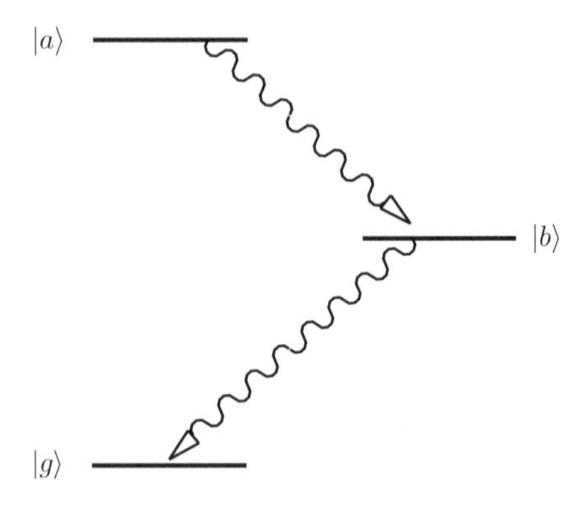

図 **3.18**　カスケード減衰における準位と遷移．

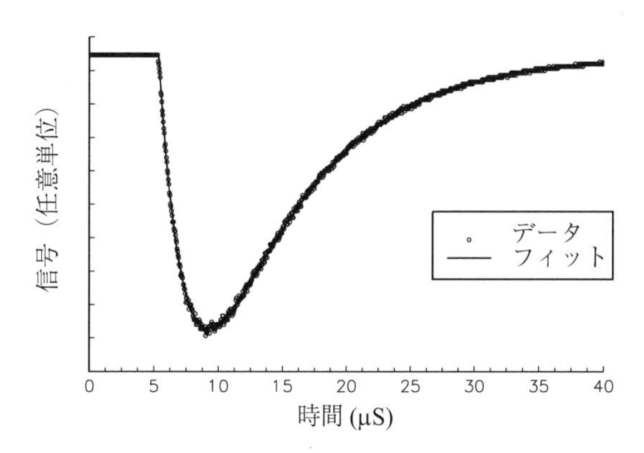

図 3.19 Dy（ディスプロシウム）の $|b\rangle \to |g\rangle$ 遷移における蛍光の時間依存（光増幅器の出力が負の極性をもつため，蛍光のピークが図では逆に現れる）.

(a) 状態 $|a\rangle$ と $|b\rangle$ の寿命 (τ_a と τ_b) を用いて，蛍光信号の時間依存性を導け.

(b) $\tau_a \gg \tau_b$, $\tau_a \ll \tau_b$, および $\tau_a \approx \tau_b$ の極限的な場合について分析せよ.

(c) $|a\rangle$ が $|b\rangle$ 以外に減衰経路をもつとき，上の分析は変わるか.

(d) 図 3.19 にディスプロシウム原子を用いた実験[文献 18]から得た実際のデータを示す．状態 $|a\rangle$ ($E = 19797.96\ \mathrm{cm}^{-1}$) が 2 つの短い（幅 ∼7 ns）レーザーパルスのシークエンスで励起された．$|b\rangle \to |g\rangle$ 遷移の蛍光が，高速光増幅器で検出された．564 nm の $|b\rangle \to |g\rangle$ 遷移の蛍光を選択するために，干渉フィルターが用いられた．図のデータ点は，期待される時間依存性でフィットされた（この問題の (a) で導く）．フィットの自由変数は，t_0，全体の信号強度，τ_a, および τ_b である．図を用いて，τ_a および τ_b を求めよ.

解

(a) 状態 $|a\rangle$ と $|b\rangle$ の状態密度 ρ_a と ρ_b を指定しよう．$|a\rangle$ の状態密度は，$|b\rangle$ への自然放出によって指数関数的に減衰する．よって，

$$\rho_a(t) = \rho_a(t_0)e^{-(t-t_0)/\tau_a}\ . \tag{3.231}$$

$\rho_b(t)$ の時間依存を記述する微分方程式は，$|a\rangle$ からの自然放射による $|b\rangle$ の増加を記述する項と，基底状態へ減衰する $|b\rangle$ の減少項をもつ.

$$\dot{\rho_b}(t) = -\dot{\rho_a}(t) - \frac{\rho_b}{\tau_b} = \rho_a(t_0)\frac{e^{-(t-t_0)/\tau_a}}{\tau_a} - \frac{\rho_b}{\tau_b}\ . \tag{3.232}$$

[文献 18] Budker ら (1994).

式 (3.232) は，不均一な線形微分方程式である．その解は，均一な方程式の一般解

$$\dot{\rho}_b(t) = -\frac{\rho_b}{\tau_b} \tag{3.233}$$

と式 (3.232) の特別な解との和である．後者は, $\rho_b(t)$ の時間依存性 $e^{-(t-t_0)/\tau_a}$ をもつことがわかる．式 (3.232) の解で，定数値は初期状態 $\rho_b(t_0) = 0$ および $\dot{\rho}_b(t_0) = \rho_a(t_0)/\tau_a$ で決まる．したがって，$\rho_b(t)$ の以下の表式を得る:

$$\rho_b(t) = \frac{\tau_b}{\tau_a - \tau_b}\rho_a(t_0)\left(e^{-(t-t_0)/\tau_a} - e^{-(t-t_0)/\tau_b}\right). \tag{3.234}$$

実験で観測される蛍光信号 $\mathcal{F}$ は，原子が $|b\rangle$ から基底状態へと戻る確率に比例する（これは，$|b\rangle \to |g\rangle$ 遷移で一秒間に放出される光子数である）.

$$\boxed{\mathcal{F} \propto \frac{\rho_b(t)}{\tau_b} = \frac{\rho_a(t_0)}{\tau_a - \tau_b}\left(e^{-(t-t_0)/\tau_a} - e^{-(t-t_0)/\tau_b}\right).} \tag{3.235}$$

(b) $\tau_a \ll \tau_b$ のとき，原子はすばやく（時間 $\sim \tau_a$ で）$|b\rangle$ へ減衰し，蛍光パルスの立下りは τ_b で決まる指数関数となる．$\tau_a \gg \tau_b$ のとき，ボトルネックは $|a\rangle$ の減衰であり，$t \gg \tau_b$ で蛍光は時定数 τ_a で減衰する．

$\tau_a \approx \tau_b \approx \tau$ の場合について分析するために，$\tau_a = \tau_b + \delta\tau$ とおく．このとき，式 (3.234) より，

$$\begin{aligned}
\rho_b(t) &\approx \frac{\tau}{\delta\tau}\rho_a(t_0)e^{-(t-t_0)/\tau}\left(1 - e^{-\delta\tau(t-t_0)/\tau^2}\right) \\
&\approx \frac{\tau}{\delta\tau}\rho_a(t_0)e^{-(t-t_0)/\tau}\frac{\delta\tau(t-t_0)}{\tau^2} \\
&\approx \frac{(t-t_0)}{\tau}\rho_a(t_0)e^{-(t-t_0)/\tau}.
\end{aligned} \tag{3.236}$$

ただし，

$$\delta\tau(t-t_0)/\tau^2 \ll 1$$

で妥当な指数関数のテイラー展開を用いた．大きな t では，蛍光信号は指数関数的に減衰する．したがって，式 (3.235) は $\tau_a = \tau_b$ で特異点的に見えるが，この極限では特別なことは何も起きない．

(c) 蛍光信号の時間依存性は，全体の規格化を除いて同じである．

(d) 示したデータは，$\tau_a = 7.9\ \mu\text{s}$, $\tau_b = 2.2\ \mu\text{s}$ の場合である．しかし，注意すべきは，式 (3.235) が状態 $|a\rangle \leftrightarrow |b\rangle$ の交換に関して対称であることで

ある．したがって，系に関するさらなる情報（例えば，$|a\rangle \to |b\rangle$ 遷移の蛍光検出）なしで，どの寿命がより短いか知る手立てはない．

3.12 コヒーレントレーザー励起

Probrems and Solutions

上の $J' = 1$ 状態へ励起されたすべての原子が下の $J = 0$ 状態へと戻る，閉じた $J = 0 \to J' = 1$ の原子遷移を考えよう．原子は，σ_+ 偏光した連続波で狭いバンドの共鳴光によって照射され，飽和パラメータは非常に大きい $\kappa \gg 1$，例えば $\kappa = 1000$ としよう．

(a) 4 つのゼーマン副準位 $|1, 0\rangle$，$|1, \pm 1\rangle$ および $|0, 0\rangle$ のそれぞれで原子を見つける時間平均確率はいくらか．

(b) 問 (a) と同様の純粋な円偏光ではなく，反対の (σ_-) 円偏光とのわずかなコヒーレント混合をもつとする．σ_- 混成度は，σ_+ 光強度の 1% である．

(c) 同様であるが，ここでは σ_+ 光が円偏光板で遮られ，原子は問 (b) と同じ強度の σ_- 光のみを見る．

解

(a) どの原子も $|1, -1\rangle$, $|1, 0\rangle$ 副準位に励起されず，状態密度はゼロである．一方，$|0, 0\rangle$ と $|1, 1\rangle$ 副準位間の遷移は完全に飽和し（3.7 節），時間平均密度は，全密度を 1 とすると各副準位で約 1/2 である．

(b) ここで，光が上の $|1, \pm 1\rangle$ 副準位状態コヒーレントな重ね合わせ

$$\psi_e \approx |1, 1\rangle + a|1, -1\rangle \tag{3.237}$$

を励起する．ただし，$|a|^2 = 0.01$ で，a の位相は光の 2 つのコヒーレント円偏光成分の相対位相によって決まる．

全体の光強度は，(a) と同じくらい大きいため，遷移はまだ飽和しており，上の状態 (3.237) は時間平均密度で $\approx 1/2$，$|1, 1\rangle$ と $|1, -1\rangle$ 副準位の密度はそれぞれ $\approx 1/2$ と $\approx 0.01 \times 1/2$ である．

(c) 光が $|1, -1\rangle$ 副準位のみを励起する．1% の σ_+ 強度は，まだ大きな飽和パラメータ $\kappa = 0.01 \times 1000 = 10$ に対応するため，$|1, -1\rangle$ 副準位の時間平均密度は $\approx 1/2$ である．

(b) と比べて，この副準位密度の同様の増加は，σ_+ 成分を遮る代わりに磁

場が $J'=1$ 副準位を分裂させ，光の周波数が $|1,0\rangle \to |1,-1\rangle$ 遷移のみの共鳴に合わせられていると達成される．

(b) と (c) の場合を比較することで，光誘起遷移確率は（この場合 $|0,0\rangle \to |1,-1\rangle$）近接遷移にかけられた共鳴光場の存在に強く依存する．この効果は**電磁誘起透明化 (electromagnetically induced transparency)** を含む，広い現象のクラスに属し[文献 19]，量子系（原子，分子，固体，核）の多様な状態をもつ多成分の光のコヒーレントな相互作用に基づく．

3.13　通過時間による広がり

Probrems and Solutions

速度 $\vec{v}=v\hat{x}$ で動く原子のビームが $\hat{y}$ 方向に伝達するレーザービームと交わっている．連続波で狭いバンドのレーザービームが周波数 ω_L を有し，z の長さは原子ビームより大きく，強度は $-w<x<w$ で $I(x,z)=I_0$，それ以外でゼロである．レーザー光が十分低い強度で，あらゆる飽和効果は無視できるとする．また，ビームの原子密度は十分低く，原子ビームは光学的に薄い媒体として取り扱えると仮定する．

(a) 原子と光とが相互作用する有限の時間によって生じる，吸収の幅を求めよ（**遷移時間広がり (transit-time broadening)**）．

(b) 放射寿命 τ の原子の基底状態と励起状態間の（$\hbar\omega_0$ だけ離れた）遷移に，レーザーが合わせられている．$v=5\times10^4$ cm/s，直径 $2w=1$ mm のとき，遷移時間広がり効果が線幅を支配するときの τ 値を求めよ．

(c) 古典もしくは量子力学的描像を用いて，遷移によって広がったスペクトル外形の余分なピークについて説明せよ（図 **3.20** を参照）．励起状態の寿命 τ が遷移時間 $\sim 2w/v$ を優に超えると仮定する．

(d) レーザービームのガウシアン型スペクトル形状 $I(x,z)=I_0e^{-2x^2/w^2}$ を仮定すると，遷移広がり線のスペクトルはどうなるか（ビーム半径は電場強度の $1/e$ に相当すると便宜的に定義されるから，因子 2 が指数に現れる）．

解

(a) レーザービームと直行する原子は，幅 $2w/v$ の放射パルスを「見る」．こ

[文献 19] Kocharovskaya (1992), Harris (1997).

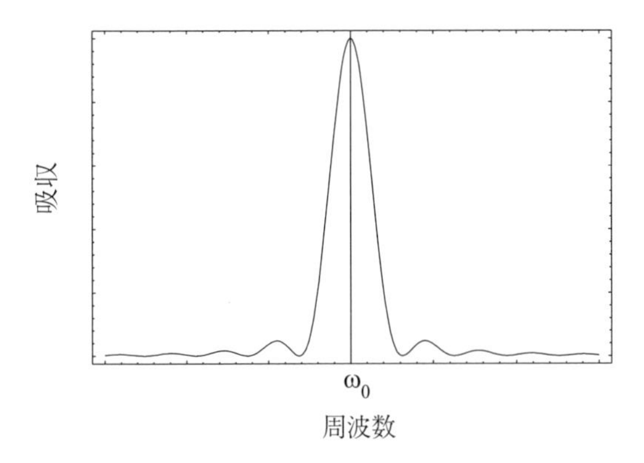

図 3.20 線形が遷移時間広がりによるときの原子遷移の吸収スペクトル.

れは，有効放射スペクトルが不確定条件

$$\Delta\nu\Delta t \sim \frac{1}{2\pi} \tag{3.238}$$

に従って広がることを意味する．したがって，

$$\boxed{\Delta\nu_{\text{transit}} \sim \frac{v}{4\pi w}\ .} \tag{3.239}$$

(b) $v = 5 \times 10^4$ cm/s かつ $2w = 1$ mm のとき，これは

$$\Delta\nu_{\text{transit}} \sim 0.1 \text{ MHz} \tag{3.240}$$

に相当する．放射幅は，

$$\Delta\nu_{\text{radiative}} = \frac{1}{2\pi\tau}\ . \tag{3.241}$$

よって，遷移広がりは，次のときに支配される：

$$\boxed{\tau \gg 2\ \mu\text{s}\ .} \tag{3.242}$$

(c) レーザー光の位相は，原子位置の電場 $\mathcal{E}(t) = \mathcal{E}_0 \cos(\omega_L t)$ で決まるとする．この放射の強度スペクトルはフーリエ成分をとり [14]：

---

[14] 任意の時間依存関数 $F(t)$ のスペクトル分布 **(spectral distribution)** は，

$$F(\omega) = \int_{-\infty}^{\infty} F(t) e^{-i\omega t} dt$$

で定義される．逆変換は，

$$F(t) = \frac{1}{2\pi} \int_{-\infty}^{\infty} F(\omega) e^{i\omega t} d\omega.$$

$$\mathcal{E}(\omega) = \int_{t=-w/v}^{t=w/v} \mathcal{E}_0 \cos(\omega_L t') e^{-i\omega t'} dt' \tag{3.243}$$

量 $I(\omega) \propto \mathcal{E}(\omega)\mathcal{E}(\omega)^*$ を計算することで求まる．いくつかの計算のあと，

$$\boxed{I(\omega) \propto \frac{\sin^2[(\omega-\omega_L)w/v]}{(\omega-\omega_L)^2}\ .} \tag{3.244}$$

この関数は，レーザー周波数 ω_L を中心としている．レーザー周波数を原子共鳴を通ってスキャンすると，吸収スペクトル（から得られる強度分布 (3.244)）は，（$\tau \gg w/v$ の極限で）図 3.20 に示されたものである．

スペクトル形状のこぶは，薄いスリットからの光の回折で現れるものと似ている．薄いスリットの場合，単色の場の性質が空間的な場の広がりを制限することで修正されるのに対して，遷移時間広がりでは，場の性質は時間的な場の広がりを制限することで修正される．

(d) この場合，レーザービームを横切る原子がみる時間依存電場は，

$$\mathcal{E}(t) = \mathcal{E}_0 \cos(\omega_L t) e^{-v^2t^2/w^2} \tag{3.245}$$

で与えられる．ただし，$\mathcal{E}(t)$ は $I(x=vt, z)$ の平方根に等しいとおき，レーザービーム強度の空間依存性を電場の時間依存性へと変換した．(c) 同様，$\mathcal{E}(t)$ のフーリエ変換をする：

$$\mathcal{E}(\omega) = \int_{-\infty}^{\infty} \mathcal{E}_0 \cos(\omega_L t') e^{-v^2t'^2/w^2} e^{-i\omega t'} dt'\ . \tag{3.246}$$

また，$I(\omega) \propto \mathcal{E}(\omega)\mathcal{E}(\omega)^*$ について，

$$I(\omega) \propto e^{-w^2(\omega-\omega_L)^2/(2v^2)}\ . \tag{3.247}$$

ただし，$\exp[-w^2(\omega+\omega_L)^2/(2v^2)]$ の因子を含む，共鳴から遠く離れた項を無視した．この場合のスペクトル形状はガウス型となる．注目すべきは，強度が $|\omega-\omega_L| = \sqrt{2}(v/w)$ で $1/e$ まで落ちることである．一方，図 3.20 において形状の始めのゼロは $|\omega-\omega_L| = \pi v/w$ で起こる．

3.14　蛍光と光散乱に関するクイズ

Probrems and Solutions

ここでは，自然放射と散乱に関する主な考えの理解度をテストするために，

いくつかの概念的な質問を用意し，これらのテーマの直観的な理解を助ける．混乱を最小限にするために，問題となりそうな物理的状況を特定することを試みる．しかし，その問題によって示される概念は，より一般的性質へとつながるはずである．我々がこれらの問題を検証することで，一見自明ではないことを納得することができるだろう．

(a) 基底状態で静止している自由な 2 準位原子に，ガウス型の時間依存性をもつ非共鳴放射パルスが照射されている．光はほぼ単色で，スペクトル幅がパルスの有限の幅で制限されている．共鳴からずれた光の周波数は，上の状態の照射幅と光パルス幅の逆数よりも十分大きい．励起光は，任意に弱くできる．光検出器が励起光の進行方向ではない方向に散乱された光子を検出する．

上で述べた状況において，散乱された光子を検出する確率は P であることがわかる．1 つではなく 2 つの原子があるとき，この確率はどう変わるか．原子ははじめ，光の換算波長 $\lambda/2\pi$ より十分小さい領域に局在している（初期局在は 1 原子の場合と同じである）．励起パルス幅 τ のとき，

$$\tau \ll \frac{Mc\Delta x}{\hbar\omega} \tag{3.248}$$

が成り立つと仮定する．ただし，M は原子質量，Δx は初期局在である．また，光がないとき，2 つの原子は相互作用しないと仮定する．N 個の原子の場合はどうなるか．

(b) $N \gg 1$ 原子が同様に準備され，基底状態ではなくすべて励起状態にいる．光パルスはかけられていない．放射減衰時間は，N に対してどのように依存するか．

(c) 同様に N 原子が用意され，基底状態にいる；励起状態にいる 1 つの原子が系に加えられる．励起パルスはかけられていない．N 個の基底状態原子の存在は，減衰にどのような影響を与えるか．

(d) 同様に N 個の原子が用意され，基底状態にいる．単一の共鳴光子が試料に送られ，吸収されると，N 原子の間で 1 つの励起が起こる．この励起に関して，放射減衰時間の N 依存性はどうなるか．

(e) (a) と同様の状況で，3 準位系原子を考える．検出器はカラーフィルターを装着しており，3 つ目の準位へのラマン散乱から出た光にのみ感度がある．

(f) 上の問いでは，N 原子が絶対零度にあると仮定し，初期運動は空間的に局在している．それが有限温度になるとどう変わるか．励起パルスは，遷移

の逆ドップラー幅に比べて十分小さいものとする．

(g) 上の問いでは，自由な N 原子を仮定した．それらがトラップポテンシャルに束縛されたらどうなるか．内部の励起エネルギー（上と 3 番目の準位）は，束縛ポテンシャルエネルギーを優に超えるものとする．

(h) 弱い共鳴単色光が単一の 2 準位原子によって前方以外へと散乱される（散乱と共鳴蛍光はこの場合同じ過程である）．散乱された放射は，入射光とコヒーレントであるか．もしくは，散乱光と入射光の一部を合わせると，例えば離れたスクリーンに，一定の干渉縞を観測することができるだろうか．ただし，原子の跳ね返りは無視してよい．

解

(a) 散乱された光子を検出する確率は，2 原子の場合 4 倍になる（一般に $\propto N^2$）．設問で特定された条件では，2 つの原子のうちどちらが光子を散乱したか決めるのは，原理的に不可能である．よって，強める方向に干渉した 2 原子の散乱の強度は求まらない．条件 (3.248) から，原子運動（例えば，8.1 節を参照）によるドップラー広がりが，はじめに局在していた原子とは逆に，励起または散乱光のスペクトル幅より十分小さいことがわかる．波長より小さい長さの体積で，はじめ原子が局在すると，初期運動量の不確定性 ($\sim \hbar/\Delta x$) は，光子散乱による運動量変化を超え，散乱後の運動量から光子を散乱した原子を特定することはできない．

(b) (b) と (c) は，元々 R. H. Dicke (1954) による画期的な論文で定式化され，現代光学と分光学の包括的な分野の基礎が築かれた[文献 20]．

(b) への答えは，励起状態の放射寿命が $\sim \tau_0/N$ であることである．ただし，τ_0 は孤立原子の放射寿命である．これは協力的な放射効果であり，**ディッケ超放射 (Dicke superradiance)** として知られる．その起源は，以下のように定性的に理解できる．まず，原子が励起状態に上げられ，お互いを“知らない”状態で自然放射が独立に進む．N 原子あると，はじめの蛍光光子は特徴的な時間 τ_0/N 後に現れる．光子は，すべての原子が局在しているところで生成され，原子-光子相互作用断面積は $\lambda^2/2\pi$ となる（3.5 節を参照）．

[文献 20] 例えば，Andreev らの論文 (1993).

最初の光子は，原子系と相互作用し，各原子双極子を段階的に導入する[15]．したがって，“なだれ”を引き起こし，上の分布をほぼ即座に激減させる．

放出された蛍光の光子数は N，放出時間は $\sim \tau_0/N$ であることに留意すると，放出強度は孤立原子の $\sim N^2$ 倍である[16]．計算[文献 21]によって，強度のピークは $N \gg 1$ のとき単原子強度の $N^2/4$ であることが示される．

(c) 基底状態原子の存在は，本質的に減衰に影響する：初期遷移確率は自由励起原子と同じであるが，光子を放出する全体的な確率は $1/N$ である．これは，$N \gg 1$ のとき放射が媒体中にほぼ“トラップ”されていること意味する．系の 1 原子が励起されるものの（原子は電磁場による励起を交換するため，我々はどの原子が励起されたかを知らない），なぜ系は決して放射しないのか？ 実際は，これは純粋に古典的な効果である．2 つの共存する同一の古典的双極子が，放射によってエネルギーを失うことにすぎない．系の振動には 2 つのモードがある：2 つの双極子が同位相で振動する対称モードとそれぞれが π だけ位相をずらして振動する反対称モードである．明らかに，対称モードでエネルギーが放射されるが，反対称モードでは決して放射されない．1 つの双極子がはじめに励起された系では（対称と反対称モードの重ね合わせ），エネルギーの半分が放射され，残ったエネルギーは反対称集団振動に蓄えられる．N 振動子の場合，古典問題の解[文献 22]として，全 N モードのうち $N-1$ が放射しないことが示される．

ディッケ (1954) の開発した量子力学的取り扱いは，N 個の 2 準位原子の集まりで集団的擬スピンの概念を用いている．実際のスピンとの類似点は，自由な 2 準位原子の代わりに，一様磁場中に置かれた磁気モーメントをもつスピン 1/2 の粒子を考えれば明らかとなる[文献 23]．すべてが基底状態にい

---

[15] 詳細な理論的取り扱い [Andreev ら (1993)] では，集団放射と誘導放射を起こす放射場を通した原子間の相互作用を区別している．

[16] ここで，放射光のスペクトル幅 $\sim N/\tau_0$ が遷移周波数よりも十分小さいとする．また，集団放出によるパルスの短縮がスペクトルの広がりをもたらすため，エネルギーバランスがどのように保たれるか不思議かもしれない．例えば各原子を基底から励起状態へ移す短パルス放射によって初期状態が放射時間よりも短時間に用意されることで説明できる（このような反転パルスは，“π-パルス”とよばれる）．このパルスは短いため，どうしても光子のエネルギーに不確定性が生じ，全体のエネルギーバランスは問題でなくなる．

[文献 21] 例えば，Andreev ら (1993), Sargent ら (1977), また Allen と Eberly (1987).

[文献 22] 例えば，Andreev ら (1993).

[文献 23] Allen-Eberly (1987).

る N 原子は，擬スピン射影 $-N/2$ の対称波動関数に対応する．明らかに，これらの波動関数は両方 $N/2$ の系の全擬スピンに相当する．双極子遷移が同じ全擬スピン状態間のみ可能なことを示すのは容易である．これから直接得られる結論は，1 つ励起された原子をもつ全部で N 個の可能な状態のうち，1 つだけ（全対称状態）が原子励起のない基底状態へと減衰することである．これは，上で議論した古典的な結果と似ている．

これまで，光子放出の全体的な確率がなぜ $1/N$ になるかを説明してきた．(d) では，放射される単一の励起をもつ対称状態のみが，基底状態への双極子モーメント結合をもつことを示そう．それは，単原子のときよりも $\sqrt{N}$ 倍大きい．よって，単一励起の対称状態は，1 つの励起原子よりも N 倍高い強度で放射する．初期状態にあるこの状態の重みは，$1/N$ であり，全強度は孤立した励起原子のものと同じである．一方，全放射エネルギーは N 倍小さいので，特徴的な放射時間は τ_0/N となることを意味する．

(d) 光子を吸収している試料中の各原子は，基底と励起状態のコヒーレントな重ね合わせで用意される．この重ね合わせの励起状態の振幅は $1/\sqrt{N}$ であり，すべての原子にわたって励起状態にいる原子を見出す確率を足し合わせると 1 になる．

上下の原子状態のコヒーレントな重ね合わせは，遷移の周波数で振動する双極子モーメントに対応する（最大値の振幅は $1/\sqrt{N}$）．コヒーレントに振動する双極子が N 個存在することになる．すべての振幅を足して平方根をとると，$(N \cdot 1/\sqrt{N})^2 = N$ を得る．したがって，放射の強度は孤立原子の場合と比べて，N 倍増強され，放射減衰時間は N 倍減少される．

(e) この場合，散乱確率は原子数と線形に比例する．散乱過程は初期状態かと異なる状態の原子を残すため，その後さらなる測定をすれば光を散乱した原子を厳密に見分けることができる．したがって，異なる原子を生む散乱振幅は干渉しない．

(f) 励起パルスが遷移の逆ドップラー幅よりも十分短いとすると，上のどの結果も有限温度の原子を変化させない．近年，量子縮退原子気体，特にボース-アインシュタイン凝縮が，集団放出や散乱過程の実験的研究に関する新たな分野となっている[文献 24]．

[文献 24] レビューとして，Ketterle と Inouye (2001) を参照．

(g) 原子は束縛ポテンシャルのエネルギー準位を占有し，必ずしも 1 つまたは同じ準位を占有する必要はない[17]．ドップラー幅の考察は，十分強いポテンシャルの場合には無関係であるが，光子と散乱する原子が散乱でポテンシャルの同じエネルギー準位に留まれば，前の結果は正しい（よって，問 (c) の場合を除いて，光子を散乱する原子を特定することはできない）．この条件は，孤立原子の跳躍エネルギーがトラップポテンシャルの隣接エネルギー準位間隔より十分小さいことを意味する．これは完全にメスバウアー効果に類似している—放出と吸収するのが結晶光子であるとき，ガンマ線の核放出/吸収による跳躍は起こらない[文献 25]．

(h) 散乱光は，確かに励起光とコヒーレントであり，相対位相はランダムでない．このことは，散乱放射が原子双極子（基底と励起状態の重ね合わせに対応する）からつくられることから理解できる．その振動周波数と位相は駆動場で決まる．これは，はじめ励起状態にいる原子で起こる，ランダムな放出光の位相をもつ自然放出とは対照的である．散乱と共鳴蛍光のコヒーレントな性質は，Loudon (2000) の教科書の 8 章で詳細に議論されている．

3.15　2 光子遷移確率

Probrems and Solutions

図 3.21 に示すエネルギー準位の系を考える．周波数 ω_1, ω_2 の 2 つの光場が作用し，状態 $|i\rangle$ から状態 $|f\rangle$ への原子励起するときの 2 光子遷移確率を求めよ．$|i\rangle \to |k\rangle$ と $|k\rangle \to |f\rangle$ 遷移は，それぞれ遷移モーメント d_{ik} と d_{kf} の電気双極子 ($E1$) 許容である．ドップラー広がりを無視し，2 光子共鳴条件：

$$\hbar\omega_1 + \hbar\omega_2 = E_f - E_i \tag{3.249}$$

を仮定せよ．

一般に，2 光子遷移は，光の電場を摂動として 2 次摂動理論で記述される．振幅は 2 つの項を含み，ω_1 と ω_2 の吸収順が異なる（図 3.21(a),(b)）．単純化のため，

$$|\hbar\omega_1 - (E_k - E_i)| \ll |\hbar\omega_2 - (E_k - E_i)| \tag{3.250}$$

[17] 最大占有数はフェルミ粒子かボース粒子かに依存する．

[文献 25] 例えば，Wertheim (1964).

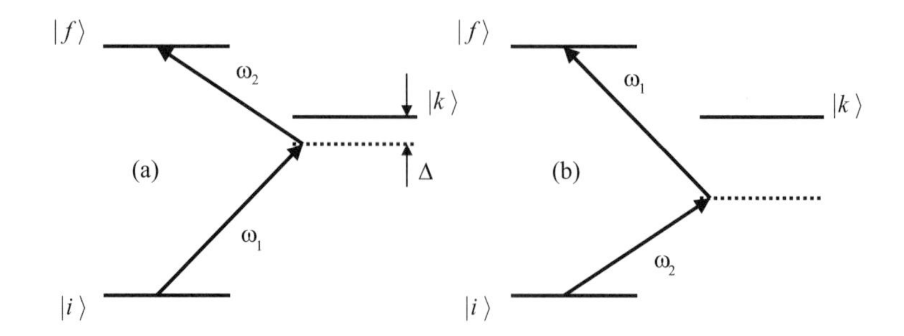

図 3.21　2 光子遷移を伴うエネルギー準位．(a) と (b) は，周波数 ω_1，ω_2 の光子を吸収する順番が異なる．

の場合を考えよう．すると，はじめに吸収された ω_1 光子（図 3.21(a)）の項が，はじめに ω_2 光子を吸収した項（図 3.21(b)）に比べて優位になる．また，単一光子の離調 $\Delta \equiv \hbar\omega_1 - (E_k - E_i) = E_f - E_k - \hbar\omega_2$ において，$|\Delta| \gg \Gamma_k$ が成り立つと仮定する．ただし，Γ_k は中間準位の自然幅である．

解

第一の光場のみあるとき，原子は周波数

$$\Omega_1 = \sqrt{\Delta^2 + \frac{d_{ik}^2 \mathcal{E}_1^2}{\hbar^2}} \tag{3.251}$$

でラビ振動し，状態 $|k\rangle$ に原子を見つける最大振幅は $d_{ik}\mathcal{E}_1/(\hbar\Omega_1)$ である (3.1 節を参照)．ここで，$\mathcal{E}_1$ は ω_1 光の電場振幅である．よって，$|k\rangle$ に原子を見つける時間平均確率 $\langle P_k \rangle$ は，

$$\langle P_k \rangle = \frac{1}{2} \frac{d_{ik}^2 \mathcal{E}_1^2}{\hbar^2 \Omega_1^2} \ . \tag{3.252}$$

今，状態 $|k\rangle$ に原子を見出す有限の振幅があるため，ω_2 光子を吸収する原子の確率が現れ，状態 $|f\rangle$ に移行する．

2 光子吸収条件 (3.249) を一旦止めて，ω_2 の共鳴に関する系の吸収スペクトルを議論することは興味深い．エネルギー保存則から，条件 (3.249) が満たされたときのみ吸収が起こることは明らかである．さもなければ，2 つの吸収された光子のエネルギーと原子励起のエネルギーが不均等になるため，($\hbar\omega_2 = E_f - E_k$ を含め）吸収は起こらない．場 ω_1 のもとでは，**仮想状態 (virtual state)** が励起される（図 3.21 の破線)．それは，エネルギーが

$E_i + \hbar\omega_1$ でなければ，本質的に状態 $|k\rangle$ である．

この描像に従うと，共鳴仮想状態から $|f\rangle$ への単一光子遷移として，励起過程の次の段階について考えることができる．この 2 番目の段階でラビ周波数は，終状態 Γ_f の自然幅より十分小さいとすると（その結果，系は過減衰領域にある，3.1 節参照），遷移率（単位時間あたり，1 原子あたりの 2 光子吸収事象数）は，次のように与えられる：

$$\boxed{W_{2\gamma} \approx \langle P_k \rangle \frac{d_{kf}^2 \mathcal{E}_2^2}{\hbar^2 \Gamma_f} \approx \frac{1}{2} \frac{1}{\hbar^4 \Gamma_f} \left[\frac{(d_{ik}\mathcal{E}_1 d_{kf}\mathcal{E}_2)^2}{\Delta^2 + (d_{ik}\mathcal{E}_1/\hbar)^2} \right].} \tag{3.253}$$

（因子 1/2 は，中間状態の時間平均数からくる（式 (3.252)））．

この表式は，両方の光場が弱いとき，2 光子遷移率がそれらの強度の積にスケールすることを示す．$(d_{ik}\mathcal{E}_1)^2 \gg \Delta^2$ の高い強度の ω_1 光では，遷移率はこの場の強度に依存しない（飽和）．公式 (3.253) は，強い ω_2 光では飽和しないことを示すが，これは導出の過程で暗に仮定した結果である：すなわち，ω_2 場は十分弱いため，ω_1 場のもとで状態 $|i\rangle$ と $|k\rangle$ からなる 2 準位系の発展には影響しない．この過程に頼らない詳細な計算[文献 26]よって，ω_2 の強度の関数として（ある弱い ω_1 で）2 光子遷移率は $(d_{kf}\mathcal{E}_2)^2 \gg \Delta^2$ で飽和することが示される．興味深いことに，ω_1，ω_2 のうちどちらかが弱いとき，どれだけ一方を強くしても，2 光子遷移率は弱場の共鳴にみられる単一光子遷移率を超えることができない．

2 光子遷移に関するさまざまな他の側面は，例えば Krainov ら (1997) によって議論されている．

3.16 消滅したラマン散乱

Probrems and Solutions

ラマン散乱 (**Raman scattering**) は，光子が入射光によってはじき出され，異なる周波数の光子が放出される過程である．ラマン媒体の原子や分子は，散乱過程において初期状態と異なる状態に移される．**図 3.22** の吸収-放出ダイアグラムに示すモデルエネルギー準位系のラマン散乱を考えよう．ファインマンダイアグラム法（**付録 I**）を用いて，過程の振幅を書き下せ．こ

[文献 26] Ter-Mikaelyan (1997).

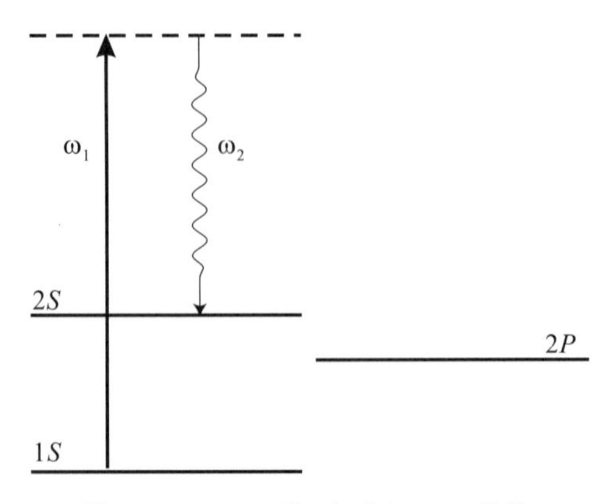

図 **3.22**　モデル系におけるラマン散乱.

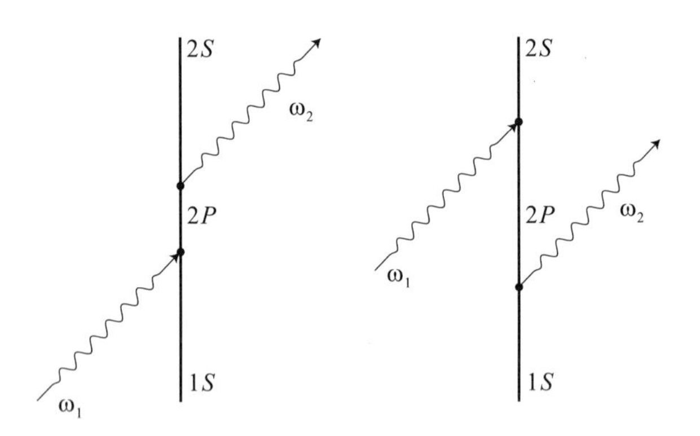

図 **3.23**　図 3.22 で示した過程に対応するファインマンダイアグラム.

の振幅は，“$2P$” 準位のエネルギーが，ちょうど “$2S$” と “$1S$” のエネルギーの中間にあるとき，消滅することを示せ．$1S$ と $2S$ の間の電気双極子遷移の振幅はゼロである．

解

この過程における 2 つの可能なファインマンダイアグラム（**付録 I** を参照）を図 **3.23** に示した．過程の振幅は，

$$V_{1S\to 2S} \propto \frac{d_{21}d_{22}}{E_{2P} - \hbar\omega_1} + \frac{d_{21}d_{22}}{(E_{2P} + \hbar\omega_1 + \hbar\omega_2) - \hbar\omega_1} \tag{3.254}$$

程度となる．ただし，$E_{1S} = 0$ とし，d_{mn} は対応する双極子振幅を指定する．エネルギー保存則から，$\hbar(\omega_1 - \omega_2) = E_{2S}$ である．これと式 (3.254)

から，$E_{2S} = 2E_{2P}$ のとき，振幅が消えることが直接わかる．

$1S$, $2S$, および $2P$ 準位間のエネルギー分裂より，ω_1 が十分大きいとき，準位間の全エネルギー差は，実効的にゼロである．よって，ラマン散乱は高周波極限でも消える．

3.17　非共鳴レーザーパルスによる原子励起

Probrems and Solutions

非共鳴レーザーパルスと相互作用する 2 準位原子（図 **3.24**）を考えよう（最初は状態 $|1\rangle$ にいる）．パルスの時間変化として，半値全幅 (FWHM)τ のガウス関数を想定する．さらに，光は共鳴に近いが，共鳴から $\Delta \gg 1/\tau$ だけ離れ，$\tau \ll 1/\Gamma$ とする．ただし，Γ は上の状態の全放射幅である．

(a) 弱い光強度のとき，パルス入射後，状態 $|2\rangle$ が自然放射によって減衰する前に，原子が状態 $|2\rangle$ で見つかる確率を求めよ．この確率の Δ 依存性を議論せよ．$|2\rangle \to |1\rangle$ 減衰の部分幅は Γ_p である．

(b) 励起スペクトル形状の出力広がり（3.7 節参照）について議論せよ（高い出力のとき，励起線幅は光出力と，どのような関係があるか）．

注意：この問題は，Makarov(1983) の結果に基づいている；また，Letokhov (1987)2 章を参照．

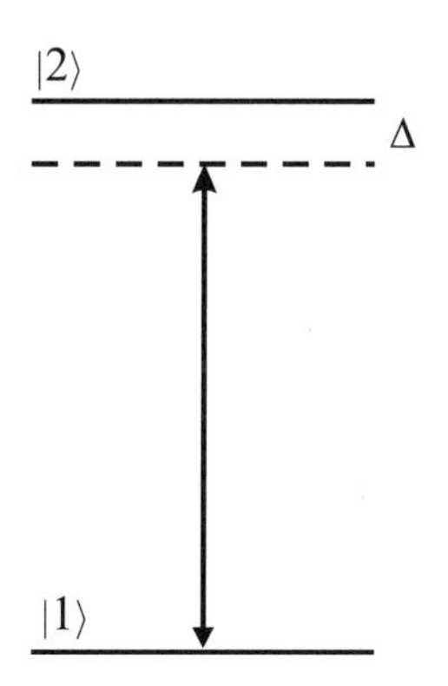

図 **3.24**　非共鳴レーザーパルスの原子励起．

解

(a) 光パルスがオンの間，原子は吸収-放出サイクルを行うが，1 と 2-光子過程を考える限り，常にパルス後は初期状態に戻る．2 光子過程において，2 準位近似では初期状態へと系を戻さなければならない[18]．一方，光子がレーザービームから吸収され，原子がパルス後上の状態に留まる過程は，エネルギー保存則から禁止される．これは，**断熱発展 (adiabatic evolution)** の例であり，系は時間依存摂動のもとで変化しつつ量子状態に追随し，摂動が弱まると初期状態に戻る．

有限の励起確率は，摂動理論の次の次数で起こる．つまり，3 光子過程を考える必要がある：2 つのレーザー光子が吸収され，1 つの光子が自然放出される．自然放出された光子のエネルギーはレーザー光の周波数と一致する必要がないため，3 光子過程は厳密に共鳴である（より正確には，幅 Γ 内での共鳴）．その結果，系はエネルギー保存則を満たすことができる．つまり，過程の断熱性条件を取り除く．

2 つのレーザー光子 (ω_l) が吸収され，1 光子 (ω_s) が自然放出される 3 光子過程で可能なファインマンダイアグラム（**付録 I** 参照）を**図 3.25** に示す．これらのダイアグラム中で，ダイアグラム C が最も重要である．それは，対応する強度の共鳴的な増強が起こるからである：

$$V_{21} \approx V_{21}(C) \sim \frac{d^3 \mathcal{E}_l^2 \mathcal{E}_s}{\hbar^2 \Delta^2}\ . \tag{3.255}$$

式 (3.255) は，離調に対して，状態 $|2\rangle$ に原子を見つける確率が Δ^{-4} に比例することを示す．連続波単色励起の遷移確率を与え，ローレンツ型線形で Δ^{-2} に比例した一般的な減衰と対照的である．

レーザーパルス後，状態 $|2\rangle$ に原子を見つける確率は，付録 I で議論するように，式 (3.255) の振幅から計算できる．ここではその代わりに，以下の定性的な議論からもこの確率を求める．

上の状態 $|2\rangle$ への励起は，3 段階過程とみなせる．まず，原子は状態 $|1\rangle$ から始まり，レーザーパルスが徐々にかけられて，原子が上の状態にいる確率 $d^2\mathcal{E}_l^2/(\Delta^2)$ をもつ（3.1 節を参照）．しかし，パルス中に自然放出が起こらなければ，徐々にパルスが消された後，原子は $|1\rangle$ に断熱的に戻る．

---

[18] ここでは，例えば $M1$ 自発的光子が放出される過程は無視する．

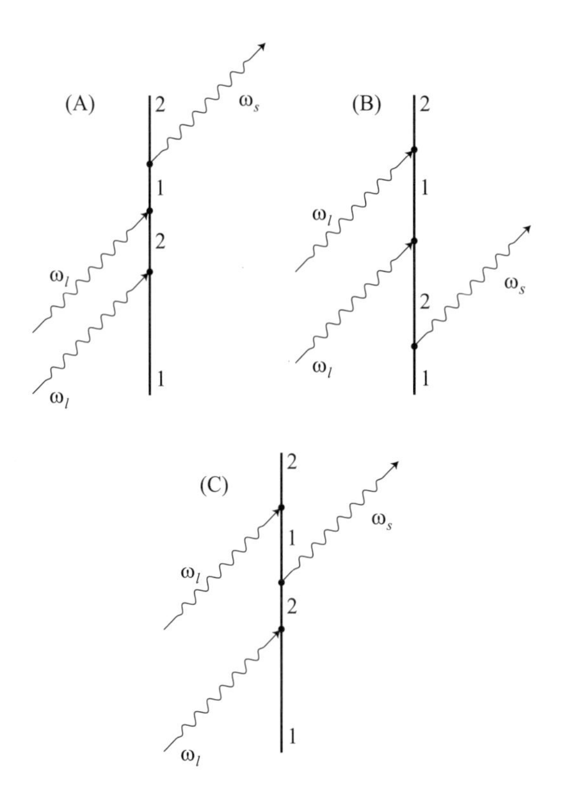

図 3.25　3 光子過程に対応するファインマンダイアグラム．2 つのレーザー光子が吸収され，1 光子が自然放出される．ダイアグラム A および B より，ダイアグラム C は共鳴的に増強される．

したがって，2 つ目の段階が必要となる：パルス中に $|2\rangle$ から $|1\rangle$ へと戻る自然放出は，断熱条件を破る．そのような自然放出が起こる確率 P_{spont} は，パルス中の $|2\rangle$ 密度，自然減衰率 Γ_p，およびパルス幅の積である：

$$P_{\text{spont}} \approx \frac{d^2 \mathcal{E}_l^2}{2\Delta^2} \Gamma_p \tau \ . \tag{3.256}$$

この現象が起こると，光場がまだあるにもかかわらず，この瞬間原子は状態 $|1\rangle$ にリセットされる．

最後に，第 3 段階は $|2\rangle$ へ戻る励起であるが，パルスがゆっくりと消された後，原子は $|2\rangle$ に留まる．この第 3 段階で重要な点は，$|2\rangle$ へと原子を励起しようとする摂動が，**図 3.26** に描いたような時間変化をもつことである．摂動は急激に入れられるため，励起状態に至る確率は $\sim d^2 \mathcal{E}_l^2/(2\Delta^2)$ となる．

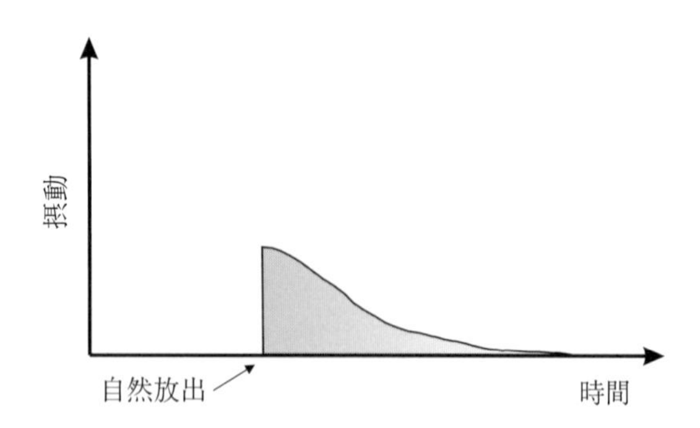

図 3.26　原子が感じる摂動の時間変化．原子はレーザーパルスの間に，基底状態 $|1\rangle$ へ直ちに自発的に減衰する．摂動の急激な変化は，断熱条件を破り，遷移を進める．

これを見る方法は，急に導入する摂動が，急に消えるパルスと等価であることである（その答えは，より明白である）．

これらすべての因子を合わせると，以下の確率を得る：

$$\boxed{P(1 \to 2) \sim \frac{d^4 \mathcal{E}_l^4}{2\hbar^4 \Delta^4} \Gamma_p \tau.} \tag{3.257}$$

(b) 出力広がりは，$d\mathcal{E}_l$ が $\hbar\Delta$ と同等となるとき，すなわち，後者がもはや最大エネルギースケールとならないときに起こる．ある $d\mathcal{E}_l$ のとき，原子を状態 $|2\rangle$ に見出す確率が，式 (3.257) で記述される領域を超えるとき，共鳴のずれ Δ^* は，$\Delta^* \sim d\mathcal{E}_l/\hbar$ で与えられる．すなわち，共鳴スペクトル幅は，パルス強度の平方根にスケールする．これは，出力の広がった共鳴で見られる通常のスケーリングである（3.7 節，式 (3.174) 参照）．

3.18　超微細相互作用誘起の磁気双極子遷移

Probrems and Solutions

閉殻の上に 1 つの s 電子をもつ原子において，同じパリティをもつ $nS_{1/2}$ と $n'S_{1/2}$ 状態間の 1 光子遷移について考えよう（n, n' は主量子数；$n \neq n'$）．例えば，Cs の基底状態からくる $6S_{1/2} \to 7S_{1/2}$ である．パリティ選択則は，$E1$ の手続きから，この遷移は禁止される；磁気的な $(M1)$ 振幅もまた強く抑制されることがわかる．実際，磁気双極子ハミルトニアンは，

$$H_{M1} = -\vec{\mu} \cdot \vec{B} = \mu_0 (\vec{l} + 2\vec{s}) \vec{B} \tag{3.258}$$

で与えられる（例えば，1.4 節を参照）．ただし，$\vec{\mu}$ は磁気モーメント演算子，$\vec{B}$ は光の磁場，また $\vec{l}$ と $\vec{s}$ はそれぞれ軌道とスピン角運動量演算子である（$\vec{l}$ は $S \to S$ 遷移に寄与しないので，この項は後の議論では無視する）．角運動量演算子は動径波動関数に影響せず，動径波動関数は異なる量子数の状態で直行するため，異なる量子数をもつ状態間の遷移を表す演算子 H_{M1} の行列要素はゼロに等しい．$10^{-4}\ \mu_0$ 程度の $M1$ 振幅への有限の寄与は，閉殻から励起された電子をもつ状態と，$6S_{1/2}$ および $7S_{1/2}$ 状態との配置混合による[文献 27]．ここでは，もう 1 つの，同程度の大きさの $M1$ 振幅に核スピンに依存した，非対角超微細相互作用（1.11 節）によるものについて考える．

超微細相互作用で起こる $M1$ 振幅は，上と下の状態（正確に測定される）の超微細分裂 $\Delta E_{\rm hf}$ に関係し，

$$\langle \widetilde{n'S_{1/2}}F'M'|\vec{\mu}|\widetilde{nS_{1/2}}FM\rangle = 2\mu_0 \frac{\sqrt{\Delta E_{\rm hf}{}^{n'}\Delta E_{\rm hf}{}^{n}}}{E_{n'}-E_n}(F-F')\langle F'M'|\vec{s}|FM\rangle, \tag{3.259}$$

に従う[文献 28]．チルダは超微細相互作用による混合状態を表す．

この効果は，Cs などのアルカリ原子におけるパリティの破れを測定する実験において重要であることがわかっている（1.13 節）．

解

s 電子の場合，核と電子の磁気モーメント間の超微細相互作用は，**フェルミ接触 (Fermi contact interaction)** であり，ハミルトニアンは

$$H_{\rm hf} = c\delta(r)\vec{I}\cdot\vec{s} \tag{3.260}$$

と書ける (1.4 節)．ただし，c はスピン演算子である．ハミルトニアン (3.260) は原子波動関数に関するスカラー演算子（**付録 F**）であり，同じ全角運動量 F とその射影 M のみを混合する（一般に，同じ量子数 L および S をもつとき，必ずしも同じ J でなくてもよい，1.11 節参照）：

[文献 27] 例えば，Khriplovich (1991), 5.1 節.

[文献 28] Hoffnagle (1982).

$$
\begin{aligned}
|\widetilde{nS_{1/2}}FM\rangle &= \\
&= |nS_{1/2}FM\rangle + a_{\text{off}}\frac{\langle FM|\vec{I}\cdot\vec{s}|FM\rangle}{E_n - E_{n'}}|n'S_{1/2}FM\rangle \qquad (3.261)\\
&= |nS_{1/2}FM\rangle + \frac{a_{\text{off}}}{2}\frac{F(F+1)-I(I+1)-s(s+1)}{E_n - E_{n'}}|n'S_{1/2}FM\rangle,
\end{aligned}
\tag{3.262}
$$

$$
\begin{aligned}
\langle\widetilde{n'S_{1/2}}F'M'| =&\langle n'S_{1/2}F'M'| \\
&+ \frac{a_{\text{off}}}{2}\frac{F'(F'+1)-I(I+1)-s(s+1)}{E_{n'} - E_n}\langle nS_{1/2}F'M'|.
\end{aligned}
\tag{3.263}
$$

式 (3.262) および (3.263) において，

$$a_{\text{off}} = c\psi_n(0)\psi_{n'}(0), \tag{3.264}$$

ψ_n，$\psi_{n'}$ は対応する s 状態の実波動関数である．状態 (3.262) と (3.263) との間に作用する $\vec{\mu} = -2\mu_0\vec{s}$ の行列要素は，

$$
\begin{aligned}
&\langle\widetilde{n'S_{1/2}}F'M'|\vec{\mu}|\widetilde{nS_{1/2}}FM\rangle \\
&= a_{\text{off}}\mu_0\frac{F(F+1)-F'(F'+1)}{E_n - E_{n'}}\langle F'M'|\vec{s}|FM\rangle.
\end{aligned}
\tag{3.265}
$$

ここで，主量子数の $\vec{s}$ の行列要素は不変であることを用いた．$M1$ 振幅 (3.265) は $F' = F$ で消えることに留意しよう．$l = 0$ より，$F' \neq F$ をもつには 2 つの可能性しかない:

- $F' = I + 1/2;\ F = I - 1/2;\ F' - F = 1$, または
- $F' = I - 1/2;\ F = I + 1/2;\ F' - F = -1$.

どちらの場合も，

$$F(F+1) - F'(F'+1) = (F - F')(2I+1)\ . \tag{3.266}$$

式 (3.259) を導く次のステップは，a_{off} と超微細構造分裂とを関連させることである．ハミルトニアン (3.260) を用いて，準位の超微細シフトは，

$$E_{\text{hf}}{}^n(F) = \langle nF|c\delta(r)\vec{I}\cdot\vec{s}|nF\rangle = c\psi_n^2(0)\frac{F(F+1)-I(I+1)-s(s+1)}{2} \tag{3.267}$$

$$\Delta E_{\mathrm{hf}}{}^{n} = E_{\mathrm{hf}}{}^{n}(F = I + 1/2) - E_{\mathrm{hf}}{}^{n}(F = I - 1/2) = c\psi_n^2(0)(I + 1/2) \tag{3.268}$$

が得られ，n', F' でも同様に求まる．これと式 (3.264) から，

$$a_{\mathrm{off}} = \frac{\sqrt{\Delta E_{\mathrm{hf}}{}^{n'} \Delta E_{\mathrm{hf}}{}^{n}}}{I + 1/2}. \tag{3.269}$$

式 (3.265) で置換し，式 (3.266) より，探し求めていた式 (3.259) を与える．

3.19 分離できない超微細構造による遷移

Probrems and Solutions

全電子角運動量 J および J' をもつ状態間原子遷移を考えよう．ただし，$J = 1/2$ および $J' = 1/2$ である．原子核はスピン $I = 1/2$ をもつ．初期および励起状態は，それぞれ全角運動量 F (or F') $= 0$ および F (or F') $= 1$ の 2 つの超微細成分をもつ．始状態として，波動関数

$$|\psi(0)\rangle = \frac{|F = 1, M = 1\rangle + |F = 1, M = -1\rangle}{\sqrt{2}} \tag{3.270}$$

の状態を用意し，量子化軸 ($\hat{z}$) 方向に進む線形偏光 [例えば，$(\sigma_+ + \sigma_-)/\sqrt{2}$] の吸収を測定する．それから，例えば，$\hat{z}$ にかけられた磁場中のラーモア歳差運動の結果として，始状態の波動関数の時間発展は，

$$|\psi(t)\rangle = \frac{|F = 1, M = 1\rangle - |F = 1, M = -1\rangle}{\sqrt{2}}\ . \tag{3.271}$$

$|\psi(0)\rangle$ から $|\psi(t)\rangle$ への発展は，$\pi/2$ だけラーモア歳差運動することに対応する（ここで全体の位相因子を無視しているが，今の考察では重要でない）．

(a) 全超微細準位がスペクトル的に分離された電気双極子 (E1) 遷移を考え，各可能な超微細構造遷移に合わされた光の相対的な吸収係数を求めよ．初期状態 $|\psi(0)\rangle$ および $|\psi(t)\rangle$ について，これらの係数を比較せよ．

(b) 上の状態の超微細構造を分解できないほど，十分広いバンドの光の場合，始状態 $|\psi(0)\rangle$ および $|\psi(t)\rangle$ について，吸収係数を比較せよ．

(c) (b) の結果を定性的に説明せよ．終状態の超微細構造が分解できないとき，分極状態からの光吸収について，一般的な定理を定式化せよ．

ヒント

この問題を解くにあたって，3.4 節の結果を用いるとよい．また，超微細構造準位間の遷移における換算双極子行列要素が，

$$\langle e, I, J', F' || d || g, I, J, F\rangle = (-1)^{I+1+J+F'}\langle e, J' || d || g, J\rangle\sqrt{(2F'+1)(2F+1)}\begin{Bmatrix} J' & F' & I \\ F & J & 1 \end{Bmatrix} \tag{3.272}$$

に従って求められることを用いよ[文献 29]．この結果は，始状態と終状態を $|J, M_J\rangle|I, M_I\rangle$ 基底のもと展開し，角度係数の結合に関する総和則を適用することで導出できる．もちろん，この問題は，結果 (3.272) を具体的に用いることなく，クレプシュ-ゴルダン係数を適用することによっても解ける．

解

(a) 式 (3.272) および (3.132) より，

$$W_{eg} = \frac{1}{\gamma}\frac{|\langle e, J' || d || g, J\rangle|^2 \mathcal{E}_0^2}{\hbar^2}\frac{\langle J, M_J, 1, 0 | J', M_J'\rangle^2}{2J'+1}$$

が得られ，以下の相対吸収率：

$$\begin{aligned} &|\psi(0)\rangle : \\ &F = 1 \to F' = 0, \quad W \propto 2/3, \\ &F = 1 \to F' = 1, \quad W \propto 0. \\ &|\psi(t)\rangle : \\ &F = 1 \to F' = 0, \quad W \propto 0, \\ &F = 1 \to F' = 1, \quad W \propto 2/3 \end{aligned} \tag{3.273}$$

が求まる．ある光分極，$|\psi(0)\rangle$ を選ぶと，$|\psi(0)\rangle$ は $1 \to 1$ 遷移で暗状態であり，$|\psi(t)\rangle$ は $1 \to 0$ 遷移で暗状態となる点に注意しよう．

(b) 終状態の超微細構造が分解できないとき，全吸収率を求めるには，$1 \to 1$ と $1 \to 0$ 遷移の吸収率を加える必要がある．この場合，波動関数が量子化軸の周りに $\pi/2$ だけ回転したとき，吸収は変化しない．実際，この結果から吸

[文献 29] 例えば，**付録 J** および Sobelman (1992) による教科書，4.3.5 と 9.2.3 節を参照．

収率が $\hat{z}$ 周りの始状態の任意回転に関して不変であることも直接わかる!

(c) 超微細構造の分解能がないとき，吸収が原子状態の回転で不変である理由は，始状態の全電子角運動量が $J = 1/2$ であり，その状態は $2J = 1$ より高い κ 階の分極モーメントを担持できないからである（9.7 節，**付録 H**）．状態 $|\psi(0)\rangle$ と $|\psi(t)\rangle$ に対応する分極モーメントは，$\kappa = 0$（密度）と 2（配向）階をもつ．超微細構造の分解能がないとき，波動関数の核スピン部分を無視できる．しかし，電子状態は配向を維持できないため，光吸収によって始状態の配向を検出できない．

一般的な定理は以下のように定式化できる．電子の角運動量 J，核スピン I，および全角運動量 F をもつ状態を考えよう．この状態のあらゆる分極を用意し，J' をもつ他の状態への遷移に合わせた弱いプローブ光で計測したい．このとき，超微細構造は分解できない．すると信号は階 $0 \leq \kappa \leq \min\{2, 2J\}$ の始状態の分極モーメントのみに敏感である．ここで，光子はスピン 1 をもつから，1 光子遷移は 2 より大きい κ (alignment) をもつ分極モーメントに敏感でないことを考慮した．κ 階の双極子モーメントを検出するために，遷移および光場を伴う原子状態は κ 階の分極モーメントを維持しなければならない．

角運動量の空間対称性は分極モーメントに直接関係することで（9.7 節），**ゼーマンビート (Zeeman beats) の定理**が導かれる．一般に，原子が磁場中でラーモア歳差運動をしていると，検出信号において，（配向によって）ラーモア周波数でビート（うなり）が観測される．しかし，始状態の超微細構造が分解できないとき，$J = 0$ 状態ではビートが観測されず，ラーモア周波数でのビート（しかし，2 倍のラーモア周波数ではない）のみが $J = 1/2$ 状態で観測できる．

3.20　水銀における光ポンピングと量子ビート

Probrems and Solutions

ここでは，遷移の超微細構造が空間的に分解できないときでも，核スピンがどのように光学的に分極されるかを解説する．それは，**超微細量子ビート (hyperfine quantum beats)** の現象の良い実例を与える[文献 30]．量子

[文献 30] 例えば，Haroche (1976) を参照.

ビートが起こるのは，異なるエネルギーをもつ原子ハミルトニアンの固有状態の重ね合わせ状態に，原子が置かれているときである．そのような状況では，原子と相互作用する光は，固有状態間のエネルギー分裂に相当する周波数で振動するように振る舞う．振動的振る舞いは，例えば，特別な方向に放出された蛍光強度，吸収か放出された光偏極において観測される．

水銀原子の基底状態は，全電子角運動量 $J = 0$ をもつが，^{199}Hg の核スピンは $I = 1/2$ である．最初分極していない原子を考え，励起 $J' = 1$ 状態への遷移に共鳴した円偏光短パルスを加える．

(a) 基底および励起状態の超微細構造準位は何か．

(b) 励起パルス直後，原子核分極（光の円偏光方向における核スピンの平均射影）はどうなっているか．この結果について定性的に説明せよ．

(c) 時間の関数として核分極はどうなっているか．

(d) 上の結果は，核スピンの光ポンピングに，どのように関係しているかを説明せよ．(b)-(c) において，励起電子状態にいる原子のみを考えればよい．

解

(a) 取り扱う状態の超微細構造を，レーザー誘起遷移とともに図 **3.27** に示した．明らかに，$J = 0$ であるため，基底状態で超微細分裂はない．

(b) 励起パルス前は，非分極基底状態，すなわち基底状態ゼーマン副準位のインコヒーレントな混合状態にある．左円偏光のもと，$|F = 1/2, M_F = 1/2\rangle$ 副

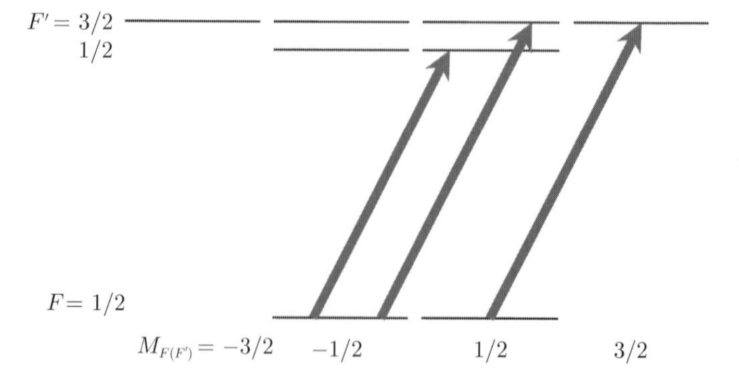

図 **3.27**　^{199}Hg(核スピン $I = 1/2$) の $J = 0 \to J' = 1$ 遷移における超微細構造とレーザー誘起遷移．

準位の原子は，原子ハミルトニアンの固有状態である $|F'=3/2, M_{F'}=3/2\rangle$ 副準位のみに励起される．よって，励起につれて，原子は重ね合わせ状態でなくなり，この状態に関する**量子ビート (quantum beats)** はなくなる．核の分極は，遷移によって影響されないことに留意しよう—核は過程における“見物人”にすぎない．

次に，最初 $|F=1/2, M_F=-1/2\rangle$ 副準位にいた原子たちの運命について考えよう．その原子たちは，$|F'=3/2, M_{F'}=1/2\rangle$ と $|F'=1/2, M_{F'}=1/2\rangle$ の重ね合わせ状態へ，コヒーレントに励起される．遷移 $\langle J'||d||J\rangle$ の換算行列要素について対応する強度を求めよう．そのために，式 (3.272)（3.19 節を参照）に従い換算行列要素の値を求める：

$$
\begin{aligned}
&\langle (J'I)F'||d||(JI)F\rangle \\
&= (-1)^{J'+I+F+1}\sqrt{(2F+1)(2F'+1)}\begin{Bmatrix} J' & F' & I \\ F & J & 1 \end{Bmatrix}\langle J'||d||J\rangle.
\end{aligned}
\tag{3.274}
$$

$F'=1/2$ の場合 $-\sqrt{2}\langle J'||d||J\rangle/3$ であり，$F'=3/2$ の場合 $2\langle J'||d||J\rangle/3$ となる．ウィグナー-エッカルトの定理（**付録 F** と**付録 J**，式 (I.18) を参照）を用いて，

$$
\langle F'M_{F'}|d_q|FM_F\rangle = (-1)^{F'-M_{F'}}\begin{pmatrix} F' & 1 & F \\ -M_{F'} & q & M_F \end{pmatrix}\langle F'||d||F\rangle.
\tag{3.275}
$$

以下の $M_{F'}=1/2$ 状態の重ね合わせによって，$F=1/2, M_F=-1/2$ 状態から励起されることがわかる（3.14 節を参照）：

$$
|\psi\rangle = \frac{1}{\sqrt{3}}|F'=3/2, M_{F'}=1/2\rangle + \sqrt{\frac{2}{3}}\,|F'=1/2, M_{F'}=1/2\rangle.
\tag{3.276}
$$

$|F=1/2, M_F=1/2\rangle$ 状態から励起された原子の波動関数も書くと：

$$
|\varphi\rangle = |F'=3/2, M_{F'}=3/2\rangle.
\tag{3.277}
$$

最初の副準位はインコヒーレントであるから，波動関数 $|\psi\rangle$ と $|\varphi\rangle$ もお互いにインコヒーレントである．

表式 (3.276) は，クレブシュ-ゴルダン係数を用いて非結合基底 $|M_{J'}, M_I\rangle$ へ分解できる：

$$
\begin{aligned}
|\psi\rangle &= \left(\frac{1}{3}+\frac{2}{3}\right)|1,-1/2\rangle + \left(\frac{\sqrt{2}}{3}-\frac{\sqrt{2}}{3}\right)|0,1/2\rangle \\
&= |1,-1/2\rangle\ .
\end{aligned}
\tag{3.278}
$$

これより，電子の $M_{J'}=1$ 状態のみがレーザーパルスによって励起され，核は“ドライブに付き添っている”だけであることがわかる.

同じような波動関数の分解 (3.277) は，自明である:

$$
|\varphi\rangle = |1,1/2\rangle. \tag{3.279}
$$

式 (3.278) と (3.279) から，核は同じ重みの $M_I=\pm 1/2$ 状態のインコヒーレントな混合に対して，短パルス励起でも分極せずにいることがわかる.

(c) 原子核の分極の時間依存を求めるために, 式 (3.276) に戻り, 2 つの超微細状態間のエネルギー分裂に相当する超微細周波数 $\omega=(E_{F'=3/2}-E_{F'=1/2})/\hbar$ を導入し，波動関数の時間依存性を加える：

$$
\begin{aligned}
|\psi(t)\rangle = \Big[&\frac{1}{\sqrt{3}}|F'=3/2, M_{F'}=1/2\rangle e^{-i\omega t} \\
&+\sqrt{\frac{2}{3}}\ |F'=1/2, M_{F'}=1/2\rangle\Big] e^{-t/2\tau}.
\end{aligned}
\tag{3.280}
$$

ただし，τ は $J'=1$ 状態の寿命である．それに応じて，式 (3.278) は,

$$
|\psi(t)\rangle = \left[\left(\frac{1}{3}e^{-i\omega t}+\frac{2}{3}\right)|1,-1/2\rangle + \left(\frac{\sqrt{2}}{3}e^{-i\omega t}-\frac{\sqrt{2}}{3}\right)|0,1/2\rangle\right] e^{-t/2\tau}. \tag{3.281}
$$

励起状態の原子において光偏極の方向で平均原子核射影は,（$M_F=1/2$ 副準位から励起された原子も考慮し，2 つの基底状態副準位において，等しい初期分布を仮定すると）

$$
\begin{aligned}
\langle M_I\rangle \propto &\left[\left|\frac{1}{3}e^{-i\omega t}+\frac{2}{3}\right|^2\cdot\left(-\frac{1}{2}\right)+\left|\frac{\sqrt{2}}{3}e^{-i\omega t}-\frac{\sqrt{2}}{3}\right|^2\cdot\left(\frac{1}{2}\right)+\frac{1}{2}\right]e^{-t/\tau} \\
=&\frac{4}{9}[1-\cos\omega t]e^{-t/\tau}\ .
\end{aligned}
\tag{3.282}
$$

この表式から，核分極は $t=0$ でなくなるが，その後ゼロでなくなる．分極の振動（量子ビート）は，上の状態の指数関数的な減衰に重ね合わされる.

(d) この議論は，短パルス励起と基底状態に戻る自然減衰からなる光ポンピ

ングサイクルが $M_F = M_I = 1/2$ 状態密度を増加させる．一度そこに来ると，続くサイクルで $M_I = 1/2$ 状態から排除できなくなり，原子（より正確には原子核）はトラップされる．もちろん，この結論は連続励起においても正しく，実際 ^{199}Hg 核が光ポンピングされる方法である[文献 31]．超微細構造の決定には必ずしも効率的なポンピングは必要ないが，超微細周波数 ω が自発的緩和率 $1/\tau$ よりも十分小さい必要がある．

3.19 節の結果，基底状態の光ポンピングが終わっても，上の状態の超微細構造が分解できない限り，基底状態の全密度のみを検出できる．言い換えれば，基底状態が分極したものは光学的に検出できない．

3.21 トムソン散乱

Probrems and Solutions

光波と相互作用する自由電子を考えよう．加速した電子の放射による光散乱を考える古典模型に基づいて，全散乱断面積の表式を導出せよ．跳躍効果と光電場の効果を無視せよ．妥当な近似が成り立つ条件を定式化せよ．

解

電子にかかる電場は，

$$\vec{F} = -e\vec{\mathcal{E}}\cos\omega t\ . \tag{3.283}$$

ただし，$\vec{\mathcal{E}}$ は光の電場強度，ω は光の周波数であり，また波の位相は任意に選んだ．この力の作用のもと電子は加速し，時間の 2 階微分

$$\ddot{\vec{d}} = \frac{e^2\vec{\mathcal{E}}}{m}\cos\omega t \tag{3.284}$$

で振動する双極子 $\vec{d}$ をつくる．ただし，m は電子質量である．古典的な双極子放射の公式に従い，振動双極子によって放射される全出力は，

$$P = \frac{2}{3c^3}\left(\ddot{\vec{d}}\right)^2 \tag{3.285}$$

で与えられる[文献 32]．式 (3.284) で置換し，光振動の 1 周期で積分すると，

[文献 31] 例えば，Happer (1972).

[文献 32] Panofsky-Phillips (1962), 20–2 節; Landau-Lifshitz, (1987), 67 節.

$$P = \frac{e^4 \mathcal{E}^2}{3m^2c^3} \ . \tag{3.286}$$

定義から，電子によって単位時間あたり散乱される光子数は，$\Phi\sigma$ で与えられる．ただし，Φ は入射光子束，σ は求めたい散乱断面積である．式 (3.286) とこれらの量をつなげるために，P を単位時間あたりに散乱される光子数と散乱される光子のエネルギー $\hbar\omega$（跳躍を無視する限り，入射光子のものに等しい）との積で置き換える．また，平均入射光強度 $\Phi\hbar\omega$ が平均ポインティングベクトルによって与えられる：

$$\Phi\hbar\omega = \frac{c\mathcal{E}^2}{8\pi} \ . \tag{3.287}$$

$\mathcal{E}^2$ の式 (3.287) を解き，式 (3.286) に相当する置換を行うと，ω とともに $\hbar$ 因子が打ち消され（所詮，導出は古典的だ），

$$\boxed{\sigma = \frac{8\pi}{3}\left(\frac{e^2}{mc^2}\right)^2 = \frac{8\pi}{3} r_0^2 \ .} \tag{3.288}$$

ただし，$r_0 \approx 2.8 \cdot 10^{-13}$ cm は**電子の古典半径 (classical radius of the electron)** である．

式 (3.288) の導出において，光子の跳躍を無視してきた．散乱過程で電子の運動量変化の特徴的大きさは，

$$\Delta p \sim \frac{\hbar\omega}{c}. \tag{3.289}$$

これから，電子の運動エネルギーの変化が導かれる：

$$\Delta E = \frac{\Delta p^2}{2m} \sim \frac{\hbar^2\omega^2}{mc^2} \ . \tag{3.290}$$

$\hbar\omega \ll mc^2$ であるかぎり，電子のエネルギー変化，およびエネルギー保存則による入射と散乱光子のエネルギー差は $\ll \hbar\omega$ である．これは跳躍なしの近似を正当化する．式 (3.288) の導出で，電子における磁気的力の効果も無視した．言い換えれば，

$$\frac{ev}{c} B \ll e\mathcal{E}$$

を仮定した．v は光誘起振動を起こすときの電子速度の大きさ，$B = \mathcal{E}$ は光磁場の大きさである．この条件は，電子の運動が非相対論的 $v \ll c$ であること，もしくは振動の半サイクル間の電子の変位が光波長より十分小さいこと

と等価である．可視光では，相対論的領域を実現するには 10^{17} W/cm^2 オーダーの出力密度が要求されるが，現代の超短パルスで簡単に到達できるレベルである．相対論的領域では，**高場電力学 (high-field electrodynamics)** で記述される興味深い現象が現れる．例えば，電子との光相互作用の過程で起こる，入射周波数の高調での光生成がある．

3.22 磁気双極子遷移の古典模型

Probrems and Solutions

光と原子の電気双極子相互作用を議論するとき，しばしば "ばね上の電子" 模型（例えば，3.21 節を参照）を用いる．

古典的な "ばね上の電子" 模型と，光-原子相互作用の量子力学的模型との対応を考察することは興味深い (3.1，3.3，および 3.4 節参照)．古典的には，双極子放射をもつには，双極子の振動（もしくは回転）が必要である．しかし，あるエネルギー固有値の原子は振動する双極子を示さない．振動する双極子は，反対のパリティの非縮退状態のコヒーレントな重ね合わせを必要とする（これを見るために，例えば，s-と p-軌道の重ね合わせを考えよう，図 **3.28** と **3.29** を参照）．偶然にも，これらの考察から，励起状態からの自然放出の準古典的描像はなく，準古典的に状態は一定であることがわかる．

磁気双極子 (M1) 相互作用について，同様の模型を考えよう．M1 遷移に結合した電子密度を考えることから始めるとよい．例えば，z 方向の静磁場中で，エネルギー分裂した $L=1$ 状態のゼーマン成分間の遷移を考えよう．この状況において，重ね合わせ状態はどのように見えるか？ 時間発展はどう

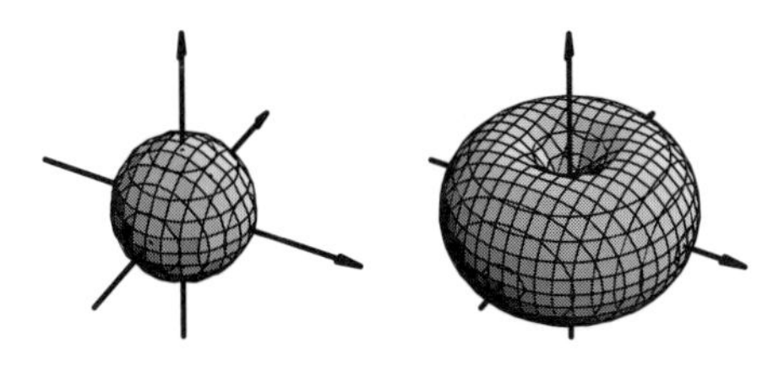

図 3.28 純粋な水素 $1S$ と $2P, M=1$ 状態の電子密度．水素の動径波動関数と球面調和関数を用いた等高線図．電子密度は核に対して対称であるから，S もしくは P 状態のいずれも電子双極子モーメントがない．

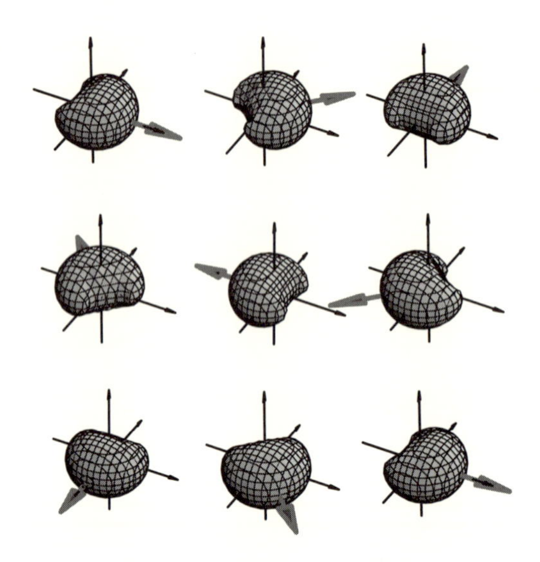

図 3.29　図 3.28 に示した 2 つの状態の重ね合わせ（ここでは，$|n=1, L=0, M=0\rangle + e^{-i\omega_{PS}t}|n=2, L=1, M=1\rangle)/\sqrt{2}$ の場合を示した）は，核の片側を置き換えた電子に相当する．電子密度は，S と P 状態間のエネルギーに等しい周波数で核の周りを回転し（その回転の 1 周期を図に示している），E1 遷移をもたらす．矢印は電子密度の過剰な方向の大きさと点を表す（電荷は負であるから，電気双極子モーメントの一時的な方向に対して反対である）．

なるか？ また，磁気双極子の古典と量子描像の対応について議論せよ．

解

磁気双極子放射の機構を図示するために，z 方向の静磁場中でエネルギー分裂した $L=1$ 状態のゼーマン成分間の単純な M1 遷移の場合に戻る．さまざまな状態に対応する電子密度を見よう（図 **3.30**，**3.31**）．この場合，純固有状態の電気双極子がないだけでなく，コヒーレントな重ね合わせのあらゆる双極子モーメントは存在しない．重ね合わせは，原子核について対称な 2 電子密度 "突起" に相当するが，x-y 平面について反対方向に移動している [19]．z 方向の磁場のもと，これらの突起はラーモア周波数で z 軸周りに回転する．磁気双極子の定義

[19] 突起は，波動関数の $M=0$ と $M=1$ 部分が強め合うように干渉する空間領域，すなわちこれら 2 つの部分が同位相の領域で起こる．逆に，電子密度は逆位相で弱め合う干渉域で低くなる．2 成分の相対位相は球面調和関数の明確な形状を調べることで簡単に導ける．

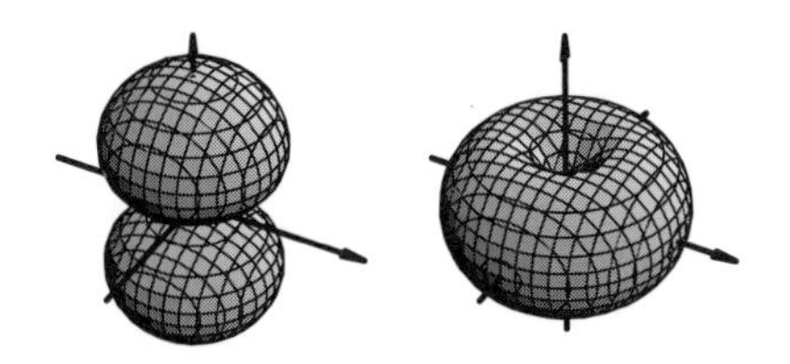

図 3.30 純粋な水素 $2P, M = 0$ および $2P, M = 1$ 状態における電子密度の等高線図.

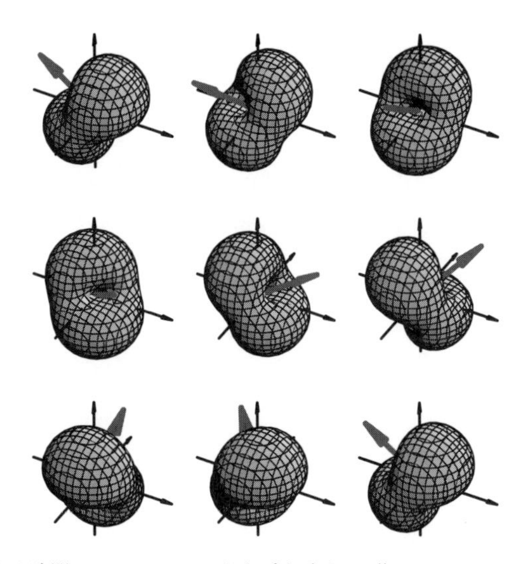

図 3.31 異なる時間でのコヒーレントな重ね合わせ $(|n = 2, L = 1, M = 0\rangle + \exp(-i\omega_{10}t)|n = 2, L = 1, M = 1\rangle)/\sqrt{2}$ における電子密度の等高線図. ω_{10} の有限値は, 静磁場中で $M = 1$ 副準位のゼーマンシフトに由来する. 矢印は, 磁気双極子モーメントの大きさと瞬間的方向を示す.

$$\vec{m} = \frac{1}{2c}\int \vec{r} \times \vec{j}(\vec{r})d^3r \tag{3.291}$$

から (1.15 節を参照, ここで $\vec{j}$ は電流密度である), 系の磁気双極子の瞬間的方向が, z 軸に対して傾き, ラーモア周波数でこの軸周りに回転していることがわかる. これが M1 放射を引き起こす.

x-y 面に対称で, 単独で回転している突起は, この場合十分な模型でない. まず, そのような分布は電気双極子をもつ. 次に, その系は磁気双極子モーメントをもつが，時間変化せずに，M1 放射をつくらない．

3.23　等方性カイラル媒質中の非線形3波混合

Probrems and Solutions

2次の非線形帯磁率 $\chi^{(2)}$ は，等方性媒質で通常ゼロであるが，それは，最も一般的な等方性媒質は，**中心対称的 (centrosymmetric)**，すなわち**空間反転 (spatial inversion)** に不変であるためである[文献 33]．しかし，以下の例で示すように，媒質が等方的でも，中心対称的である必要はない!

カイラル分子の気体もしくは溶液を考えよう．そのような媒質は**光学活性 (optically active)** であり，媒質を通って伝わる線偏光の偏光面を回転させる．媒質が等方的であることは，回転角が光の進行方向や線偏光の方向に依存しないことを意味する．

対称性の考察に基づいて，以下のことを議論せよ：

(a) 2次感受率 $\chi^{(2)}$ は，その媒質中で一般にゼロでない（この議論の過程で，なぜ等方的で中心対称的な媒質において $\chi^{(2)}=0$ となるか思い出そう）．

(b) 和と差周波数発生は，3つすべての光ビーム（2つの入射ビームと非線形混合の結果生成されたビーム）がお互い平行な配置で禁止される．

(c) 第二高調波発生は禁制である．

(d) 電気光学的回転は，“波”の1つが直流電場であるとき，$\chi^{(2)}$ 波混成過程と考えることができる．静電場が等方カイラル媒質中で，線偏光の伝搬方向に印加される．静電場に対して線形な光回転は可能か．

解

(a) 電場強度 $\vec{\mathcal{E}}^1$ と $\vec{\mathcal{E}}^2$ の2つの電磁波が媒質中にある．一般に，2次非線形光学過程（**3波混成**）は，媒質の偏極によって起こり，振幅は双一次である：

$$\mathcal{P}_i^{(2)} \propto \chi_{ijk}^{(2)} \mathcal{E}_j^1 \mathcal{E}_k^2 \,. \tag{3.292}$$

ただし，$\chi_{ijk}^{(2)}$ は2次非線形感受率テンソルである．

等方性媒質において，$\chi_{ijk}^{(2)}$ を含む，媒質を記述する任意の量は，座標系の回転について不変であるべきである．これは，感受率テンソルを構築するう

[文献 33] 例えば Boyd (2003) 参照．

えで選択の余地を残さない．実際，唯一の可能性しかない[文献 34]：

$$\chi^{(2)}_{ijk} \propto \epsilon_{ijk} \ . \tag{3.293}$$

ただし，ϵ_{ijk} は完全反対称テンソルである．したがって，

$$\mathcal{P}^{(2)}_i = c\epsilon_{ijk}\mathcal{E}^1_j\mathcal{E}^2_k \tag{3.294}$$

を得る．ここで，c は比例定数である．これは次のようにも書ける:

$$\vec{\mathcal{P}}^{(2)} = c\vec{\mathcal{E}}^1 \times \vec{\mathcal{E}}^2 \ . \tag{3.295}$$

"通常の" 中心対称性媒質において，媒質の全性質は空間反転に対して不変に保たれるから，比例係数 c はスカラーにすぎない．空間反転のもと，式 (3.295) の左手と右手系で何が起こるかを吟味しよう．媒質の分極 $\vec{\mathcal{P}}^{(2)}$ は，極性のベクトルであり，空間反転で符号を変える．しかし，右手系では空間反転で不変な一軸性ベクトルである，2 つの極性電場ベクトルの積をもつ．これは，c（または，それに対応した $\vec{\mathcal{P}}^{(2)}$）がゼロのときのみ可能である．したがって，空間反転に不変な等方性媒質において，3 波混合が禁制であるという，よく知られた事実が証明される．

しかし，カイラル媒質では，反転操作で左手分子から右手分子もしくはその逆へ変換されるため，反転不変性は成り立たない．よって，比例係数 c は**擬スカラー (pseudoscalar)**，すなわち回転不変スカラー量の一部が，空間反転で符号をひっくり返す可能性がある．これより，式 (3.295) の両辺が，空間反転に対して奇であること，および 2 次非線形分極が一般にゼロでないことが示される．

(b) 一方，式 (3.295) の特別な形は 3 波混合の許容型を制限する．例えば，非線形分極は同じ分極の入射光に対してゼロである．また，2 つの波が並んで伝搬すると，誘導分極は進行方向に沿って現れるため，この分極によってつくられる波は，同じ方向に伝搬できない（並進性を破る—等方非散逸媒質中の光の電磁場は，光の伝搬方向に垂直となる必要がある）．

(c) 今，同じ周波数の 2 つの入射波を考えよう．媒質の各点で，2 つの場を印加し，重ね合わせの原理に従って，場のベクトル和をとると，（一般に複素分極である）唯一の場を得る．しかし，自身のベクトル積はゼロであり，式

[文献 34] 例えば，Riley ら (2002), 21.8-9 章，または Weisstein (2005) 参照.

(3.295) は再び3波混合が禁制であるという結論を導く．すなわち，コヒーレントな第二高調波発生は，等方性カイラル媒質中では起こらない[20]．

(d) 次に，電気光学回転の可能性について考えよう．媒質の薄い膜を伝播する初期光場分極 ε_0，静電場 $\vec{E}_{dc}$，そして，光場分極 $\vec{\varepsilon}'$ が，

$$\vec{\varepsilon}' = \vec{\varepsilon}_0 + a\vec{E}_{dc} \times \vec{\varepsilon}_0 \tag{3.296}$$

と書けるような配置をもつ．ここで，a は c の擬スカラー部分に比例する擬スカラーである．式 (3.296) は，以下のように書き直せる:

$$\vec{\varepsilon}' \times \vec{\varepsilon}_0 = -a\vec{E}_{dc}\ . \tag{3.297}$$

式 (3.297) は，空間反転不変性の検証をパスする：しかし，**時間反転不変性 (time-reversal invariance)** の検証に落ちる．実際，時間の方向を反転させると（この場合，光ビームを後ろ向き送るのと等価である)，初めと終わりの分極ベクトルは交換する必要があり，式 (3.297) の右辺は変化しない．したがって，非線形電気光学活性は禁制であることがわかる．より一般に，等方性カイラル媒質中の3波混合は，3つの異なる非線形波の間でしか起こらないことがわかる．

第二高調波発生といったコヒーレントな波の混合の禁制は，実際試料に基本周波数で光を照らしたとき，試料から全く第二高調波がないことを意味する．ランダムに配向した第二高調波発生試料を多く含む箱を想像しよう．媒質は，巨視的に等方的であるが，局所的には強い異方性をもち，第二高調波発生が各結晶で起こる．全体的な出力は異なる結晶で発生した振幅の不完全な打ち消し合いに依存し，結晶の数に比例する（出力が双極子の2乗，もしくは媒質の長さに比例するコヒーレントな第二高調波発生とは反対である)．異方的な生物 “粒子” の巨視的に等方的な水溶液における第二高調波発生の実験的研究および関連する理論は，Allcock ら (1996) によって議論されてきた．

この問題では，コヒーレントな $\chi^{(2)}$ 過程がバルク禁制であるさまざまな場

---

[20] 同じ周波数の2つの入射波は，等方性媒質中において，双極子近似の枠内でコヒーレントな2次高調波出力を発生できない（波の分極や伝搬方向に依存しない)．単一入射ビームの場合，すべての可能な高次多極子を考慮しても，結果は正しい [Andrews-Blake (1988)]．これは，再び対称性の議論に基づいて，簡単に証明できる [Andrews-Blake (1988) のものとは異なる]．この配置で独立なベクトルは，基本周波数での波の振幅 $\vec{\mathcal{E}}_{1H}$，波数 $\vec{k}$，および2次高調波 $\vec{\mathcal{E}}_{2H}$ の分極（2次高調波は波数 $2\vec{k}$ をもつ必要がある）である．これら以外に，$\vec{\mathcal{E}}_{1H}$ の2乗，$\vec{\mathcal{E}}_{2H}$ に線形な過程，および並進性を破らない過程の振幅表式を築くのは困難である．すなわち，$\vec{\mathcal{E}}_{1H}\cdot\vec{k} = \vec{\mathcal{E}}_{2H}\cdot\vec{k} = 0$ が必要である．

合を考えてきた．しかし，ほとんどの場合，等方的でない異なる媒質間の界面において，この禁制は破たんする．これが，表面や界面を研究する強力な非線形光学技術の基本である[文献 35]．

3.24　負の屈折をもつ原子蒸気？

Probrems and Solutions

左手系物質 (Left-handed materials) は，誘電率 ε と透磁率がいずれも負の媒質である (この意味で "左きき" は，通常利き手が関係するカイラリティとは異なるため，左手系という言葉はややこしい)．マクスウェル方程式からわかるように[文献 36]，この場合，屈折率も負である．すなわち，$n = -\sqrt{\varepsilon\mu}$ である．そのような媒体中を伝播する電磁場は，波数 $(\vec{k})$ が $\vec{\mathcal{E}} \times \vec{H}$ とは反対方向であり，右手則の代わりに左手を用いて，$\vec{H}$ の方向を $\vec{k}$ と $\vec{\mathcal{E}}$ の方向から求める必要がある．

そのような物質は特に興味深く，-1 に等しい屈折率をもつ物質を用いて，通常の回折極限のない"完全な"レンズ[文献 37]をつくることができる[文献 38]．

負の屈折率をもつ物質の多くは，ラジオ波やマイクロ波領域の電磁波でのみ機能する．これらの**メタ物質 (metamaterials)** は，金属の輪や線のような特別素子から構成された人工構造をもつ．しかし，最近 Zhang ら (2005) がつくった金属-誘電体-金属の多層物質は，$2\,\mu$m ほどの波長の赤外光で負の屈折率を示した．この近赤外で機能するメタ物質の製造には，ナノスケールの空間周期構造をつくるために，複雑なナノ微細加工技術を必要とする．

ある条件のもとで，原子蒸気が負の物質として働くことは可能であるか？まず，原子のエネルギー準位と遷移について明らかにしよう．次に，そのような系が実際に見つかるときについて考えよう．求められる原子の密度を求めよ (系は適度に透明であることを確かめよ)．

[文献 35] 例えば，Shen (1989) を参照．

[文献 36] 例えば，Veselago (2003), Pendry と Smith (2004), および Milonni (2004).

[文献 37] Pendry (2000).

[文献 38] 負の屈折率物質を用いた完全なレンズの概念や電磁波伝搬の魅力的な性質については，例えば，Veselago (2003), Pendry (2004a); Smith (2005), Milonni (2004).

解

負に屈折する原子蒸気をつくるアイデアは，原子共鳴より上の光周波数で，蒸気の誘電率が1以下に落ちることに由来する．十分濃い蒸気で，それは負になるかもしれない．求める物質をつくるためには，誘電率と透磁率が同時に負になる必要がある．

誘電率から始め，ばね上の電子模型に限って議論する（その系では単一の共鳴周波数のみであるから，これは2準位原子系である）．この模型において，電気感受率は周波数 ω の関数としてと求まる[文献 39]：

$$\varepsilon = 1 + \frac{4\pi N e^2}{m_e} \cdot \frac{1}{\omega_0^2 - \omega^2 - i\gamma\omega} \,. \tag{3.298}$$

N は原子数密度，ω_0 と γ はそれぞれ共鳴周波数と幅である．共鳴からのずれを $\omega - \omega_0 = \Delta$ と表すと，式 (3.298) を書き直せる:

$$\varepsilon = 1 - \frac{4\pi N e^2}{m_e} \cdot \frac{(\omega_0 + \omega)\Delta - i\gamma\omega}{(\omega_0 + \omega)^2\Delta^2 + \gamma^2\omega^2} \,. \tag{3.299}$$

実部は共鳴から遠ざかるにつれ Δ に比例し，虚部は Δ^2 で減少する．

誘電率 ε を本質的に実数にするには，複素成分の無視できるよう周波数 ω が共鳴から十分離れる必要がある．すなわち，$\Delta \gg \gamma$ であり，

$$\varepsilon \approx 1 - \frac{4\pi N e^2}{m_e} \cdot \frac{1}{(\omega_0 + \omega)\Delta} \,. \tag{3.300}$$

誘電率が負となるよう，$\omega > \omega_0$（すなわち，$\Delta > 0$）にとる必要がある：

$$N > \frac{m_e(\omega_0 + \omega)\Delta}{4\pi e^2} \,. \tag{3.301}$$

式 (3.301) より，原子周波数 ω_0 程度の大きな Δ について，密度の条件を書き直せる:

$$N \gtrsim \frac{m_e\omega_0^2}{e^2} = \frac{m_e\hbar^2\omega_0^2}{\hbar^2 e^2} \sim \frac{m_e\left(m_e e^4/\hbar^2\right)^2}{\hbar^2 e^2} = \left(\frac{m_e e^2}{\hbar^2}\right)^3 = \frac{1}{a_0^3} \,. \tag{3.302}$$

すなわち，密度は凝縮物質の密度よりも大きい（10^{24} atoms/cm^3 程度）．このことは，系がもはや蒸気ではなくなったことを意味する[21]．ここで，原子

[文献 39] 例えば，Griffiths (1999), 9.4.3 章参照．

21) 偶然にも，負の誘電率をもつ固体が実在する．さらに，濃いプラズマも $\varepsilon < 0$ となるようにつくられている．

状態間のエネルギー差 $\hbar\omega_0$ がボーアエネルギー e^2/a_0 程度であることを用いた（**付録 A** を参照）．

一方，密度の要件（式 (3.301)）は，周波数が共鳴周波数 ω_0 に近づくにつれて，大幅に緩和される．式 (3.301) と (3.302) より，共鳴に近づくと，

$$N \gtrsim \frac{1}{a_0^3}\frac{\Delta}{\omega_0} \tag{3.303}$$

が要求される．屈折率を実数に保つには，共鳴の近くまで操作できないことを思い出そう．そのため，Δ に共鳴幅 γ の数倍の下限がある．密度 N は式 (3.303) を満たす必要があり，γ は圧力広がりによって支配される：

$$\gamma \sim N\sigma_p v\ . \tag{3.304}$$

σ_p は圧力広がり断面積，v は原子の熱速度である（室温気体では，$N\sigma_p v \gtrsim 2\pi \times 1$ GHz のとき，圧力広がりが支配的である．ただし，1 GHz は光学遷移のドップラー幅に典型的な値である）．$\Delta \sim \gamma$ とし，γ の表式 (3.304) を用いると，必要条件 (3.303) が書き直され，N に依存しない条件が求まる：

$$1 \gtrsim \frac{1}{a_0^3}\frac{\sigma_p v}{\omega_0}\ . \tag{3.305}$$

問題は，不等式 (3.305) が典型的な原子で満たされるかどうかである．原子の圧力広がり断面積は，通常 $10^{-15} - 10^{-14}$ cm^2 の領域にあるから（付録 A 参照），実際，室温気体で ($v \sim 10^4$ cm/s) 共鳴近くにおいて，負の誘電率を達成することは可能である．これらの条件では，原子密度は $N \sim 10^{18}$ cm^{-3} であり，非共鳴の場合より 6 桁小さく，ε は -1 程度にも及ぶ．式 (3.305) が示唆するように，この点を過ぎて密度を増やしても状況は改善されない．しかし，条件 (3.305) が原子速度 v に依存することに留意すると，レーザー冷却（熱速度が $\lesssim 1$ cm/s に及ぶ）や冷凍技術を用いて，負の誘電率の達成に必要な密度をより減らすことができる．

負の誘電率の原子蒸気を実現する困難を乗り越えるために，次に透磁率の話に移ろう．再び，2 準位模型を用いよう；しかし，ここで準位は電気双極子ではなく磁気双極子で結合している必要がある．式 (3.298) との類似から，透磁率の表式が得られるが，まず遷移双極子モーメント d を導入する．

$$\varepsilon = 1 + \frac{4\pi N d^2}{m_e a_0^2}\cdot\frac{1}{\omega_0^2 - \omega^2 - i\gamma\omega}\ . \tag{3.306}$$

すると，透磁率が

$$\mu = 1 + \frac{4\pi N \mu_0^2}{m_e a_0^2} \cdot \frac{1}{\omega_0'^2 - \omega^2 - i\gamma'\omega} \tag{3.307}$$

という形で表される．ただし，μ_0 はボーア磁子，ω' と γ' は，対応する磁気双極子遷移の周波数と幅である [22)]．

誘電率で用いたのと同様な論理に従って，透磁率を負にするうえで必要な密度に関する条件を簡単に得ることができる．必要な密度は，$(d/\mu_0)^2 \sim 10^5$ の因子分の増加を除いて，誘電率のときと同じである．非共鳴領域において，これは典型的な凝縮物質のものよりも大きな密度を必要とし，可能性が見込めない．一方，$\omega \to \omega_0$ の領域では，圧力広がりの典型的なレベルは，室温気体の μ の負値を禁止する．超低温原子気体において，必要な密度 ($N \sim 10^{19}$ cm^{-3}) は，現在の技術では大きすぎる．

負の誘電率や負の透磁率を原子蒸気で実現する条件は極めて困難なだけでなく，同時に特別な周波数を満たす必要がある．このように，左手系原子蒸気の観点からは悲観的評価となった．

上の考察では，電気双極子 (E1) と磁気双極子 (M1) 遷移は，原子の基底状態と 2 つの異なる上の状態との間で起こると考えてきた．そのため，誘電率と透磁率は独立に計算できた．E1 遷移は反対のパリティ間で起こり，M1 遷移は同じパリティ間で起こるため，この仮定は理にかなっている．最近 Pendry (2004b) は，カイラル媒質では上の必要条件を緩めることができることを提案した（例えば，分子性の蒸気）．そのアイデアは，シュタルク誘起遷移を利用した，原子パリティ破れの検証実験で用いられたものと似ている（4.5 節を参照）．カイラル媒質では，状態が混合パリティをもち，遷移は（d に比例する）E1 および（μ に比例する）M1 振幅の両方をもつ．M1 と E1 振幅間の干渉によって，磁気双極子遷移が強まり，その結果カイラル媒質中の負の透磁率に必要な密度は $\sim d/\mu_0 \sim 2 \times 137$ 倍だけ誘電率より大きいにすぎない．同様の状況は，水素やディスプロシウム [文献 40] のような，ほぼ縮退した逆パリティ準位が外場で混じったときに起こりうる．それでもなお，負の透

---

22) ここで，μ は ε と同じように扱う．対称的に電気・磁気効果を扱う代わりに，電磁波における電場と磁場の関係性の利点を生かし，ε の空間的分散（ε の波数依存）による磁気的効果の導入が好まれることもある [例えば，Landau-Lifshitz (1995), 103 節].

[文献 40] Budker ら (1994).

磁率に必要な蒸気密度 ($\sim 10^{20}$ atoms/cm^3) を狭い非共鳴領域で達成するには，異常に小さな圧力広がりを必要とする．冷たいカイラル分子を用いると，必要な密度を減らすことができるが，現在では負の屈折率の蒸気を実現する道は技術的に困難である．

多準位原子系における電磁誘起透明化 (EIT) が，このジレンマに可能な解決策を与えてくれるかもしれない—狭い線幅と小さい吸収を保ちながら高密度を許す．しかし，EIT をもってしても，透磁率の厳しい必要条件を原子蒸気で達成するのは困難なことがわかる[文献 41]．EIT に似た量子干渉効果を用いると，吸収を最小限にしながら，カイラリティをつくる道を探索できる[文献 42]．

3.25 異方性結晶中の光伝搬

Probrems and Solutions

1 軸性や 2 軸性結晶のような，透明で非旋回向性 (non-gyrotropic) の異方性媒質中において，直線的な平面光の伝搬に関する結果を思い出そう．ただし，誘電テンソル ε_{ij} は実数かつ対称である．これらの性質は，エネルギー保存から導かれる[文献 43]：

- 波数のある方向において，2 つの**分極固有モード (eigenmodes)** がある．ただし，分極は電気変位ベクトル $\vec{D}$ の方向で特徴づけられる．固有モードは，分極を保つ結晶を伝搬する波である．
- 2 つの固有モードは，互いに直行した $\vec{D}$ をもつ線偏光である．

ここで問題：

(a) 固有モードは，なぜ電場 $\vec{\mathcal{E}}$ ではなく，$\vec{D}$ で特徴づけられるのか．

(b) なぜ 2 つの固有モードがあるのか．

(c) なぜ 2 つの固有モードは，互に直行する $\vec{D}$ に対応しているのか．

(d) なぜ固有モードは，線偏光しているのか．

[文献 41] Oktel と Mustecaplioglu (2004).

[文献 42] 例えば，Kästel ら (2007).

[文献 43] Fowles (1975), 6.7 節; Landau ら (1995), 97 節; Born と Wolf (1980), 14 章.

(e) この問題と量子力学との類似点について説明せよ．

解

(a) 単色光の波の場合（周波数 ω，すべての量は時間依存性 $e^{-i\omega t}$ をもつ），**マクスウェル方程式 (Maxwell's equations)** は，以下の形式をとる：

$$\vec{\nabla} \times \vec{\mathcal{E}} = -\frac{1}{c}\frac{\partial \vec{H}}{\partial t} = \frac{i\omega}{c}\vec{H} \ , \tag{3.308}$$

$$\vec{\nabla} \times \vec{H} = \frac{1}{c}\frac{\partial \vec{D}}{\partial t} = -\frac{i\omega}{c}\vec{D} \ . \tag{3.309}$$

$e^{i\vec{k}\cdot\vec{r}}$（$\vec{k}$ は波数ベクトル）の形で全量の空間依存性を置換すると：

$$\vec{k} \times \vec{\mathcal{E}} = \frac{\omega}{c}\vec{H} \ , \tag{3.310}$$

$$\vec{k} \times \vec{H} = -\frac{\omega}{c}\vec{D} \ . \tag{3.311}$$

式 (3.310) は，$\vec{k}$ が $\vec{H}$ と垂直であることを示す．また，式 (3.311) は，$\vec{D}$ が $\vec{k}$ と $\vec{H}$ 両方に垂直であることを示す．よって，$\vec{k}$，$\vec{D}$，および $\vec{H}$ は，すべて互いに垂直である．一方，$\vec{\mathcal{E}}$ は $\vec{H}$ と直行するが（式 (3.310)），一般に異方性媒質中では $\vec{k}$ に直行しない（図 **3.32**）．

(b-d) ここでは，Bredov ら (1985), 29 節に従う．

まず，式 (3.310) と (3.311) から $\vec{H}$ を取り除き，波動方程式を得よう：

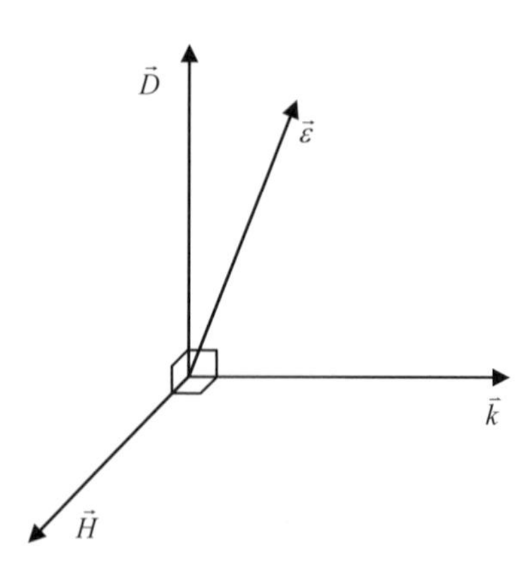

図 3.32　異方的な媒体中において平面波伝搬を記述するさまざまなベクトル．

$$\vec{k} \times \vec{k} \times \vec{\mathcal{E}} = -\frac{\omega^2}{c^2}\vec{D} \ . \tag{3.312}$$

“BAC-−-CAB” ベクトル恒等式を用いると，

$$\vec{k}(\vec{k} \cdot \vec{\mathcal{E}}) - \vec{\mathcal{E}}k^2 = -\frac{\omega^2}{c^2}\vec{D} \ . \tag{3.313}$$

これが，1 つのベクトル方程式である．座標系として $\vec{k}$ 方向の軸の 1 つを選び，$\vec{k}$ と直行する軸 (α) への射影をみよう．$\vec{k}$ は，この軸への射影はゼロであるから，式 (3.313) の第 1 項は寄与しない．よって，

$$\mathcal{E}_\alpha k^2 = \frac{\omega^2}{c^2}D_\alpha \ . \tag{3.314}$$

この時点までは，マクスウェル方程式しか使っておらず，媒質の性質に関する情報は一切用いていない．あらゆる関連する性質は，**物質方程式 (material equations)** に含まれる：

$$D_i = \varepsilon_{ij}\mathcal{E}_j \ . \tag{3.315}$$

この関係は，逆さにすると

$$\mathcal{E}_i = \varepsilon_{ij}^{-1}D_j \ . \tag{3.316}$$

ε_{ij} は対称的であるから，逆誘電率テンソル ε_{ij}^{-1} も対称である[文献 44]．

式 (3.316) を式 (3.314) に代入すると，

$$\varepsilon_{\alpha\beta}^{-1}D_\beta k^2 = \frac{\omega^2}{c^2}D_\alpha \ . \tag{3.317}$$

この方程式で，$\vec{D}$ は平面内に制限されているから，添え字 α と β の 2 つの可能な値しかなく，$\varepsilon_{\alpha\beta}^{-1}$ の関連成分は 2×2 の対称行列である．式 (3.317) は，2×2 テンソル ε^{-1} に関する固有値問題とみなすことができる．ただし，固有値は $n^{-2} = \omega^2/(k^2c^2)$，$n$ はある固有モードの有効屈折率である．ここで，対称テンソルは対角化され，主軸は互いに直行することを思い出そう[文献 45]．したがって，固有分極は，これらの主軸方向で $\vec{D}$ と直行する 2 方向に対応し，2 つの固有分極は線形である．

(e) 量子力学との類推は，完全に行える．量子力学では，しばしばハミルト

[文献 44] 例えば，Riley ら (2002), 8.12 節.

[文献 45] 例えば，Riley ら (2002), 8.13 節.

ニアンで支配された波動関数の時間発展について話す．この場合は，電磁波の空間的な伝播について取り扱い，マクスウェル方程式と物質方程式を用いて，量子力学的 2 準位系の固有値問題を解くのと同様に，伝播問題を固有値問題 (3.317) へと導くことができた．異なる固有値に対応する固有状態の直行性が，（量子力学で通常ヒルベルト空間とよばれるが）文字通り，2 つの固有分極が実空間で直行することとして理解できる．

3.26　電磁誘起透明化 (EIT)

Probrems and Solutions

電磁誘起透明化 (electromagnetically induced transparency, EIT) の基本的現象は，3 つの準位と 2 つの光場が関係する（図 **3.33(a)**）．光がないとき，すべての原子が状態 $|A\rangle$ にいるとする．弱い場（検出場）が，$|A\rangle \to |C\rangle$ 遷移の吸収に合わせて，他の光場がない状態で加えられると，検出場は吸収される．しかし，強い光場（駆動場）が準位 $|B\rangle$ と $|C\rangle$ 間の遷移近くに合わせて加えられると，検出遷移の吸収が消える[文献 46]．

(a) EIT 現象を単純な量子力学を用いて説明せよ．特に，検出または駆動場からの光を吸収しない状態（暗状態）$|A\rangle$ と $|B\rangle$ のコヒーレントな重ね合わせがあることを示せ．簡略化のため，いずれの光場も単色であると仮定せよ．

(b) EIT において自然放出の役割は何か．例えば，自然放出によって，原子

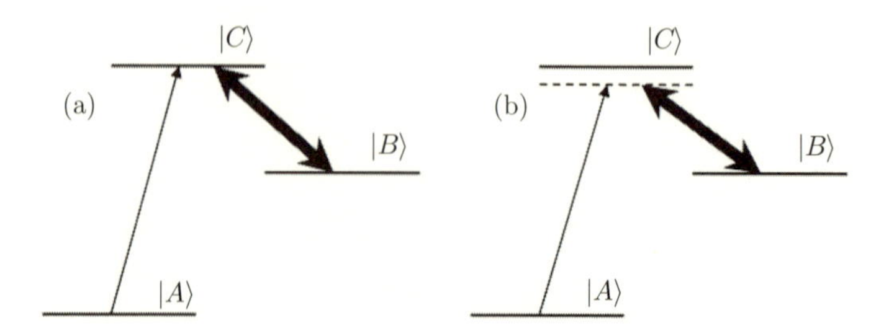

図 3.33　(a) 電磁誘起透明化 (EIT) の基本的現象の模式図．検出 ($|A\rangle \to |C\rangle$) 遷移に伴う吸収は，強い駆動場が準位 $|B\rangle$ と $|C\rangle$ の間に近い遷移で加えられると，抑制される．(b) 光周波数が各 1 光子共鳴からずれたときの EIT．

[文献 46] EIT に関しては多くの文献がある．いくつか挙げるとすれば，Vrijen ら (1996), Harris (1997), および Kasapi (1996) による論文がある．

を元の状態 $|A\rangle$ から，状態 $|A\rangle$ と $|B\rangle$ の暗いコヒーレントな重ね合わせへと移す必要があるか．

(c) (a) において，検出と駆動場が各 1 光子共鳴に合わせられた場合を考える．この場合，2 光子（ラマン）共鳴条件は，

$$\hbar(\omega_p - \omega_d) = E_B - E_A \ . \tag{3.318}$$

ただし，ω_p と ω_d は，それぞれ検出および駆動周波数であり，E_A, E_B は対応する状態のエネルギーである．

次に，光場が厳密に 1 光子遷移に合わせられていないことを除いて，同じ系について考える（図 3.33(b)）．強い駆動光場が非共鳴であるから，準位 $|B\rangle$ と $|C\rangle$ の ac シュタルクシフトが起こり（2.7 節参照），2 光子（ラマン）共鳴条件はもはや式 (3.318) では与えられない．

この場合，どの検出光周波数において，EIT によって吸収は消えるか．

解

(a) 基本的な EIT 現象は，検出・駆動光場からなる 2 色光場と原子系との相互作用によって理解できる．状態 $|A\rangle$ と $|B\rangle$ が光場を介して上の状態 $|C\rangle$ と結合している．一般に，状態 $|A\rangle$ と $|B\rangle$ の**コヒーレントな重ね合わせ (coherent superposition)** である $|C\rangle$ との相互作用を考えられる：

$$|\psi\rangle = a|A\rangle + b|B\rangle \ . \tag{3.319}$$

ただし，a と b は定数の複素係数である．

双極子近似における光子吸収の振幅 $\mathcal{A}$ は，双極子遷移行列と光学電場の積 $\vec{d}\cdot\vec{\mathcal{E}}$ に比例する（例えば，3.4 節を参照）．今の場合，

$$\mathcal{A} \propto \langle C|\vec{d}\cdot\vec{\mathcal{E}}|\psi\rangle = a\langle C|d|A\rangle\mathcal{E}_p + b\langle C|d|B\rangle\mathcal{E}_d = ad_{CA}\mathcal{E}_p + bd_{CB}\mathcal{E}_d \tag{3.320}$$

となる．ただし，$\mathcal{E}_p$ は検出場の振幅であり，$\mathcal{E}_d$ は駆動場の振幅である．なお，$|A\rangle \to |C\rangle$ 遷移と駆動場の直接相互作用のような共鳴から離れた相互作用を無視している．

ここで本質的な点は，遷移強度（確率ではない）を加えたことである．式 (3.320) において，強度 $\mathcal{A}$ は，

$$b = -\frac{d_{CA}\mathcal{E}_p}{d_{CB}\mathcal{E}_d}a \tag{3.321}$$

を満たすとき消滅する．条件 (3.321) が満たされると，原子は暗状態，$|\psi_{\text{dark}}\rangle$ にあり，光と相互作用しない（3.9 と 3.10 節参照）．駆動と検出強度の比を十分高く選ぶと，本質的にすべての原子集団が状態 $|A\rangle$ に残される．

状況を要約しよう．原子は状態 $|A\rangle$ にあり，検出光が $|A\rangle \to |C\rangle$ 遷移と共鳴して加えられる．しかし，$|B\rangle \leftrightarrow |C\rangle$ 遷移を起こす光がないときに起きた吸収が，あるときには起きない．これが EIT である．

しかし，どのように原子系を暗状態にもっていけばよいのだろうか．系は EIT が起きるような状態へと勝手に調整される傾向にあるため，実際に暗状態の系を準備するのは難しくない．原子状態の暗いコヒーレントな重ね合わせをつくる技術は，**コヒーレント分布トラッピング (coherent population trapping)** とよばれる（3.10 節を参照）．これについては，(b) の解で簡単に議論する．コヒーレント分布トラッピングについては Arimondo (1996)，コヒーレント分布移動に関しては Bergmann ら (1998) のレビューがある．

(b) これは，実に厄介な問題である．明らかに，系に自然放出があるはずである：準位 $|A\rangle$ と $|B\rangle$ の上にあり，$|A\rangle$ と $|B\rangle$ の両方とゼロでない電気双極子行列要素結合をもつ準位 $|C\rangle$ がある．したがって，準位 $|C\rangle$ の分布を増やすと，下の準位への自然放出が必要となる．

これは正しいが，EIT 発生に伴う自然放出の役割に関する質問に答えていない．

場合によって，自然放出は EIT 発生において実際に役立つ．全原子が最初状態 $|A\rangle$ にあり，光場が急にオンになる状況を思い浮かべよう．状態 $|A\rangle$ は暗状態と明状態との重ね合わせである（明状態は，$|\psi_{\text{dark}}\rangle$ と直行し，$|A\rangle$ と $|B\rangle$ のコヒーレントな重ね合わせ）．$|A\rangle$ の暗状態成分は光と相互作用せず，いくつかの原子は励起される．励起に伴い，原子は自然と準位 $|A\rangle$ と $|B\rangle$ へ減衰し，明か暗のどちらかにたどり着くだろう．原子は暗状態からは再び励起されないから，全原子は $|\psi_{\text{dark}}\rangle$ へとポンプされる．

しかしながら，このシナリオは自然放射が常に EIT を完結するために必要であることを意味していない．系が低い準位への自然放出なしで暗状態へとたどり着くことは可能である．まず，駆動場のみオンにしよう．この光は 2 つの空の準位（$|B\rangle$ と $|C\rangle$）間に遷移を起こし，蛍光はない．これは，系が偶然すでに暗状態にいることを意味する（特定の光場 $\mathcal{E}_p = 0$ における

$|\psi_{\rm dark}\rangle = |A\rangle$, 式 (3.321) 参照). 次に, 検出場をオンにするとき, 注意が必要である—急にオンにすると, 蛍光がでるだろう. しかし, 断熱的にオンにすれば (2.6 と 3.17 節参照), 系は暗状態に留まる. 原子は状態 $|A\rangle$ と $|B\rangle$ の重ね合わせへと発展し, これ以上自然放出は起こらない!

この状況は, 他の多くの断熱的問題とよく似ている. 例えば, 分極光学の古典問題では, (理想的な) 二色偏光板を用いて, 光ビームの直線偏光方向を回転させることが目標である. 技巧としては, 一連の偏光板に光を通し, 入射線偏光から極小さな角度だけ回転させる. その配置で, 偏光板あたりの偏光回転角は ϕ/N である. ただし, ϕ は全回転角, N は偏光板の数である. 偏光板あたりの光出力ロスは, (十分大きい N に対して) $\frac{1}{2}(\phi/N)^2$ である. したがって, 全ロス (蛍光の問題と同様に) は $\phi^2/(2N)$ であり, N の増加とともに小さく収めることができる.

この問題で議論した準位間の分布のコヒーレント移動法は, **誘導ラマン断熱通過 (Stimulated Raman Adiabatic Passage, STIRAP)** として知られる[文献 47].

(c) 3 準位系における暗状態は光から遮断されるから, 光シフトにさらされない. よって, EIT は条件 (3.318) が満たされれば起こるが, 2 光子 (ラマン) 共鳴は AC シュタルクシフト周波数で起こる.

現実性チェック: さまざまな非線形光学過程が一斉に起こることがしばしばあり, それらを紐解き, 現実の状況において, 上で演習した簡略化した理屈を適用するのは簡単でない.

2 つの光場と相互作用する 3 準位系において, 完全な量子力学計算の結果に対する EIT の理解をチェックしながら図示しよう (図 3.33). 計算は以下の方法で構成される. 原子は確率 γ で 2 色光場と相互作用する領域を離れるとする (原子状態に依存しない). 全分布密度の減少は, 同じ数の原子が相互作用領域に入ることで補われる. 入ってきた原子は基底状態にいる. 図 **3.34** は, さまざまな以下の条件のもと, 薄い原子の試料を通る検出光の透過係数である (相対的な検出周波数の関数として):

(a) 駆動場がないとき

[文献 47] Bergmann ら (1998), 2.6 節の断熱通過の議論を参照.

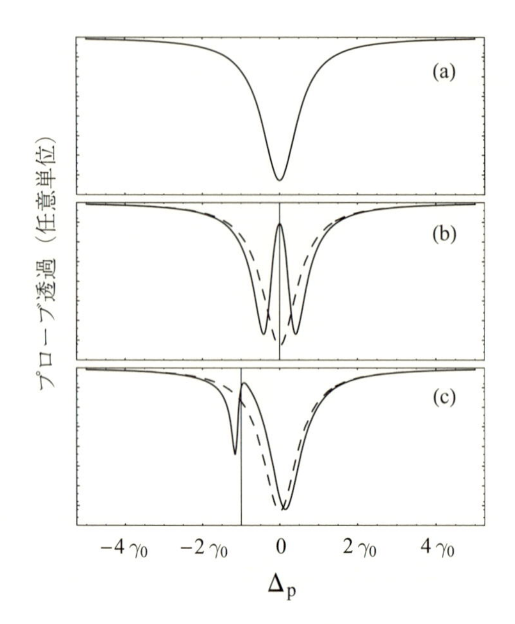

図 3.34　(a) 駆動場がないときの検出光の透過．横軸は，準位 $|C\rangle$ の自然幅 γ_0 を単位とする $|A\rangle \to |C\rangle$ 共鳴周波数からの検出光の周波数ずれ Δ_p．準位 $|A\rangle$ と $|B\rangle$ は減衰しないが，原子は $\gamma = 0.05\gamma_0$ の割合で相互作用域を離れる．(b) 駆動周波数を $|B\rangle \leftrightarrow |C\rangle$ 共鳴に合わせた駆動場があるときの透過（実線）．駆動場の共鳴ラビ周波数は $0.8\gamma_0$．破線は駆動場なしの検出吸収．(c) 駆動周波数を $|B\rangle \leftrightarrow |C\rangle$ 遷移から低い周波数へ γ_0 だけ下げたとき．図は，S. M. Rochester の好意による．

(b) $|B\rangle \leftrightarrow |C\rangle$ 遷移に駆動場が共鳴するとき

(c) 低周波へ準位 $|C\rangle$ の自然幅 γ_0 だけ離調された駆動場のとき

検出周波数の関数として，各状態の定常状態密度をみることも教育的である（**図 3.35**）．ここで，状態 $|C\rangle$ は状態 $|A\rangle$ と $|B\rangle$ へ分岐比 1/2 で減衰すると仮定する．後のプロットは，状態 $|C\rangle$ が自然に $|A\rangle$ と $|B\rangle$ 以外の状態へと減衰する開放系と比較している（**図 3.36**）．後者では，弱い検出場のもと，吸収スペクトルは図 3.34 で示したものと全く同じである．一方，状態 $|B\rangle$ と $|C\rangle$ の密度は明らかに異なる．

図 3.34，3.35 と 3.36 で示した透過と密度分布形状の特徴をとらえ，議論することは読者に委ねる．これは，実験家と理論家の双方にとって共通の研究課題である．すなわち，物理的な模型を適用し，データや計算のグラフの

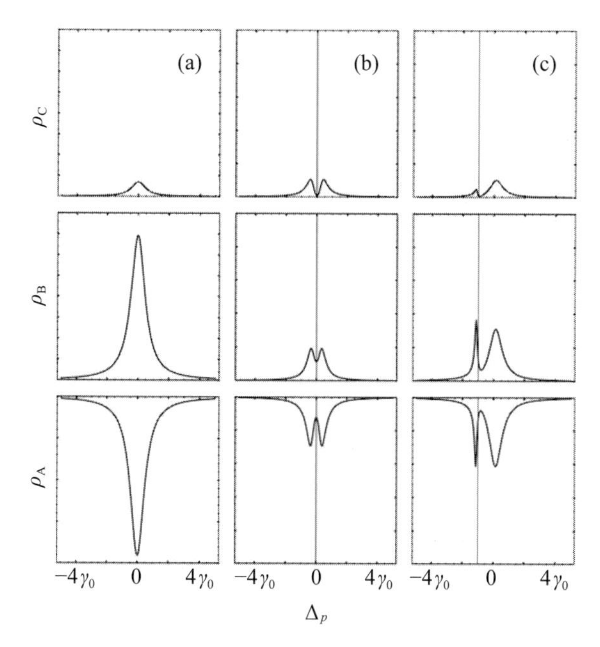

図 3.35 準位 $|C\rangle$ が自然に準位 $|A\rangle$ と $|B\rangle$ へ減衰する閉じた系において，図 3.34 の (a)，(b)，および (c) の場合，準位 $|A\rangle$，$|B\rangle$，および $|C\rangle$ の定常状態密度．プロットは非常に弱い検出場に関するものであり，準位 $|A\rangle$ の密度のほんの一部は光との相互作用によってこの状態を離れる．

意味を理解することである．Lounis と Cohen-Tannoudji (1992) は，同様の振る舞いが観測された問題を詳しく見て，原子が相互作用域に入るか離れるかしたときの閉じた 3 準位系について，線形の解析計算を考察している．

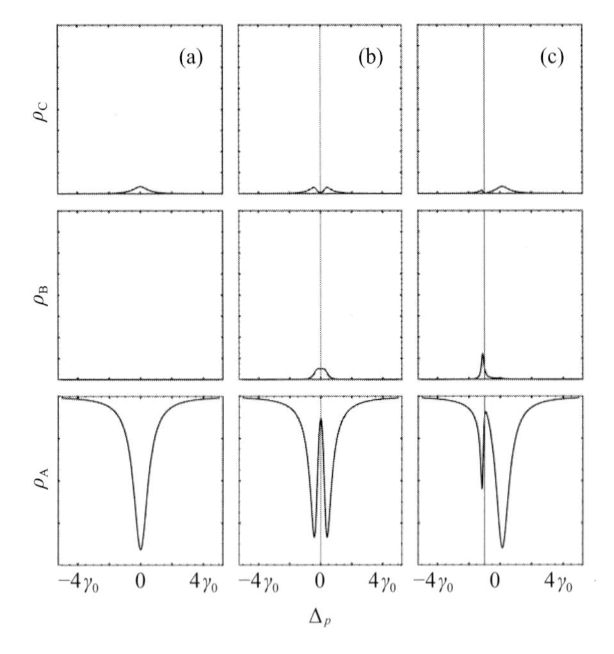

図 3.36　状態 $|C\rangle$ が状態 $|A\rangle$ と $|B\rangle$ 以外の状態へと自然減衰するような開いた系に関する定常状態密度.

4 章

電場・磁場中の原子と光の相互作用

4.1 共鳴ファラデー回転

Probrems and Solutions

直線偏光が磁場をかけられた媒質中を伝播するとき，光偏極面が回転する（**図 4.1**）；この効果は，160 年以上前にマイケル＝ファラデーによって観測された[文献 1]．1898 年にイタリアの物理学者 D. Macaluso と O. M. Corbino が，ファラデー回転が原子吸光線の近くで増大することを発見した[1),文献 2]．

$F = 1 \to F' = 0$ の原子遷移を考えよう（**図 4.2**）；F と F' は，それぞれ上と下の状態の全角運動量である．遷移の幅が上の状態からの自然減衰率 γ_0 で与えられ（ドップラーや他の広がりはない），原子蒸気は長さ ℓ をもつ．磁場が光進行方向にかけられている．ファラデー回転角 φ および原子共鳴 ω_0 からの光周波数 ω のずれに対する変化を導け．

ヒント

磁場，もしくは光進行方向に沿って，量子化軸を選ぶと便利である．

[文献 1] Faraday (1855).

1) この現象は，**共鳴線形ファラデー回転 (resonant linear Faraday rotation)**，または**マカルソ-コルビノ効果 (Macaluso-Corbino effect)** として知られる．マカルソ-コルビノ効果は，十分低い光出力で回転が光出力に依存しないため，線形効果とよばれる [ファラデー回転とそれに密接に関係する現象については，Budker ら (2002) による線形と非線形磁気光学効果のレビューを参照].

[文献 2] Macaluso と Corbino (1898).

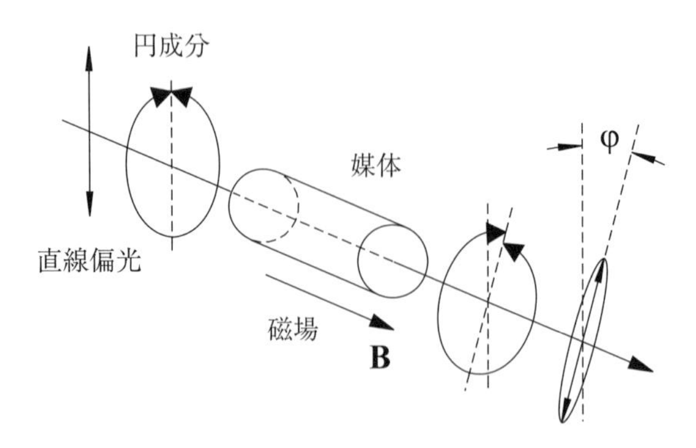

図 4.1　ファラデー回転を観測するための概念的な配置．直線偏光が縦磁場 **B** 下の媒質に入る．光場の左と右偏光（それぞれ σ_+ と σ_-）成分は媒質中を進むにつれて，異なる位相シフトを獲得し，角度 φ だけ偏光軸が回転する（一般に，楕円偏光をもたらす光場の 2 円成分の異なる吸収が出力される）．

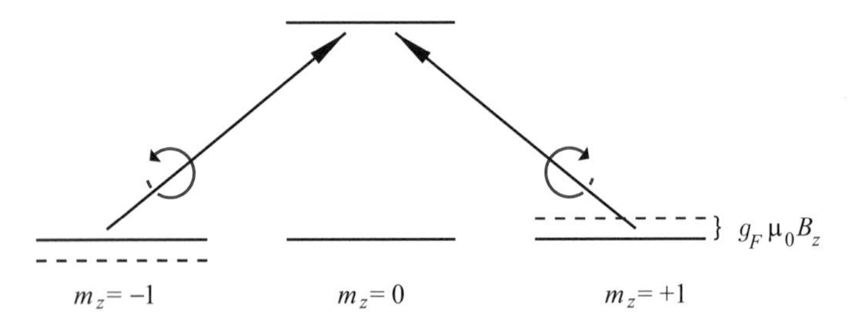

図 4.2　$F = 1 \to F' = 0$ 原子遷移のエネルギー準位ダイアグラム．ゼーマン副準位は，磁場下でシフトし，左および右円偏光の共鳴周波数を変える．

解

原子の試料に入射した直線偏光は，左 (σ_+) と右 (σ_-) 円偏光成分に分離できる．磁場 B_z が光進行方向に沿って試料に印加され（縦方向 $\hat{z}$），隣の磁気副準位（$= g_F \mu_0 B_z$，g_F は Landé 因子，μ_0 はボーア磁子）間のゼーマンシフトが σ_+ と σ_- 光で，異なる屈折率をもたらす（**円複屈折性 (circular birefringence)**）．逆に，これによって直線偏光の円成分が，媒質中を進むにつれて相対的な位相を変える，つまり光学回転をもたらす．

ドップラー-フリーで狭いバンドの光の場合，磁場がなければ，複素屈折率

$n(\omega)$ は，ローレンツ型関数で記述できる[文献 3]：

$$n(\omega) \approx 1 + 2\pi\chi_0 \frac{\gamma_0}{2(\omega - \omega_0) + i\gamma_0} \ . \tag{4.1}$$

ただし，χ_0 は線形帯磁率の大きさである[2)]．磁場は 2 つの円成分の共鳴周波数をシフトさせ，縦磁場中の左と右円偏光の屈折率 $n_\pm(\omega)$ は，

$$n_\pm(\omega) \approx 1 + 2\pi\chi_0 \frac{\gamma_0}{2(\omega - \omega_0 \mp g_F \mu_0 B_z) + i\gamma_0} \ . \tag{4.2}$$

式 (4.2) に従って，σ_+ と σ_- 光の屈折率の差は

$$n_+(\omega) - n_-(\omega) = -2\pi\chi_0 \frac{4g_F\mu_0 B_z/\gamma_0}{(2g_F\mu_0 B_z/\gamma_0)^2 + \left(1 - 2i(\frac{\omega-\omega_0}{\gamma_0})\right)^2} \ . \tag{4.3}$$

偏光面は，2 つの円成分の相対位相で定義される．例えば，

$$\hat{\epsilon}_x = \frac{1}{\sqrt{2}}(\hat{\epsilon}_- - \hat{\epsilon}_+), \quad \hat{\epsilon}_y = \frac{i}{\sqrt{2}}(\hat{\epsilon}_+ + \hat{\epsilon}_-). \tag{4.4}$$

ただし，$\hat{\epsilon}_x$ と $\hat{\epsilon}_y$ は，それぞれ x と y に沿った光分極を表す．

光がはじめに x 軸に線偏光しているとする．そのときの光学電場は，

$$\vec{\mathcal{E}} = \mathcal{E}_0 \ \hat{\epsilon}_x \cos(kz - \omega t) \tag{4.5}$$

$$= \frac{\mathcal{E}_0}{2}\left[\frac{\hat{\epsilon}_-}{\sqrt{2}} \ e^{i(k_- z - \omega t)} - \frac{\hat{\epsilon}_+}{\sqrt{2}} \ e^{i(k_+ z - \omega t)}\right] + \ c.c. \ . \tag{4.6}$$

$\mathcal{E}_0$ は光学電場の振幅，$c.c.$ は複素共役を示す．波数 $k_\pm$ の大きさは，

$$k_\pm = \frac{n_\pm \omega}{c} \tag{4.7}$$

と与えられる．波数の複素成分は吸収，実部は屈折を表す．2 つの円偏光成分の吸収差が，光に楕円偏光を与える（図 4.1）．屈折率の実部の差は，光学回転を引き起こす．

光が原子蒸気を伝播するにつれて，2 つの円偏光成分は位相シフト差 ϕ を得る：

[文献 3] 例えば， Griffiths (1999), 3.1，3.3 節．

2) 線形帯磁率 χ，巨視的原子分極率 α（2.1 と 2.2 節を参照），誘電率 ϵ といった，さまざまな物理量について屈折率の有用な特徴づけができる．すなわち，

$$n = \sqrt{\epsilon} = \sqrt{1 + 4\pi\chi} \approx 1 + 2\pi\chi = 1 + 2\pi N\alpha \ .$$

N は原子密度である．

$$\phi = \frac{\omega \ell}{c} \cdot \mathrm{Re}(n_+ - n_-). \tag{4.8}$$

ただし，ℓ は蒸気の長さである．$\phi = \pi$ ならば，はじめに x 分極された光は，y 分極光となる．すなわち，

$$\varphi = \frac{\phi}{2}\ . \tag{4.9}$$

最後に，$\sigma_\pm$ 光の磁場誘起屈折光差を表現しよう（式 (4.3)）．式 (4.9) から，ファラデー回転の磁場と周波数差 $\Delta = \omega - \omega_0$ 依存性を求めると：

$$\varphi = \frac{2\pi\chi_0\omega\ell}{c} \cdot \frac{b\left[1 + b^2 - (2\Delta/\gamma_0)^2\right]}{(2\Delta/\gamma_0)^2 + \left[1 + b^2 - (2\Delta/\gamma_0)^2\right]^2}\ . \tag{4.10}$$

ただし，$b = 2g_F\mu_0 B_z/\gamma_0$ である．式 (4.10) は，共鳴状態 $\ell_0 = (4\pi\chi_0\omega/c)^{-1}$ の非飽和吸収長に関して表せる（$B_z = 0$ で定義される．吸収長は 3.5 節で議

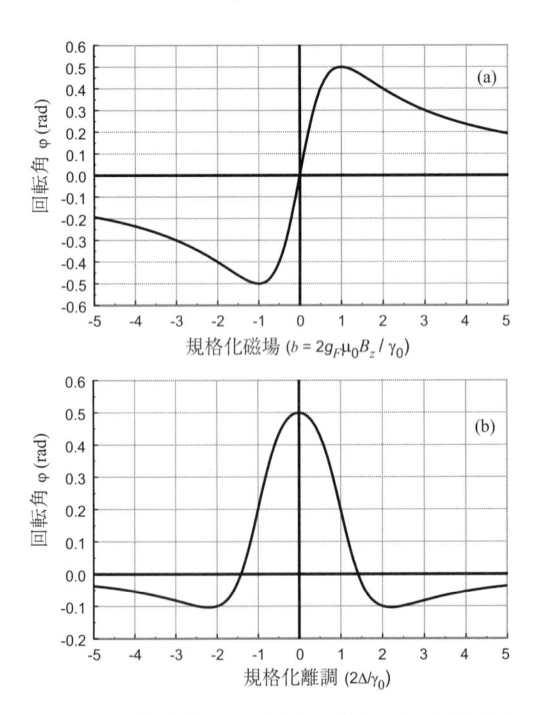

図 4.3　吸収長 ($\ell = \ell_0$) の磁気光学回転．(a) 共鳴状態の磁気光学回転角 φ の縦磁場依存性．(b) 共鳴からのずれ $b = 1$（$B_z = \gamma_0/(2g_F\mu_0)$）の関数とした回転角．

論した）．図 **4.3** は，ファラデー回転の磁場と光周波数ずれ依存性を示す[3]．$\Delta = 0$ のとき，

$$\boxed{\varphi = \frac{2\pi\chi_0\omega\ell}{c}\frac{b}{1+b^2} = \frac{\ell}{2\ell_0}\frac{b}{1+b^2}\ .} \tag{4.11}$$

光周波数のずれに対する角度積分はゼロであることは興味深い（図 4.3(b)）．これは，ファラデー回転が左と右円偏光の屈折率の相対的シフトによるためであり，それぞれの周波数積分はゼロである．

4.2 原子媒質中のカー効果

Probrems and Solutions

透明な等方性物質が外部電場中に置かれているとき，場は媒質の一軸異方性を誘発し，光学特性を変える．特に，場の方向に平行な直線偏光は，場の垂直方向の線偏光と比べて，わずかに異なる屈折率を感じる（カー効果）．屈折率の差は，光に誘起される楕円性を測定することで検出できる．その光ははじめ，場に対して 45° 直線偏光している（図 **4.4**）：

$$\varepsilon = KE^2\frac{\pi l}{\lambda}. \tag{4.12}$$

ただし，K はカー定数，E は外場，l は試料の長さ，そして λ は真空中の光波長である．式 (4.12) から，カー定数が静電場に平行と垂直の直線偏光における屈折率の差を計算できる：

$$KE^2 = n_\parallel - n_\perp\ . \tag{4.13}$$

エネルギー準位が He の $1s^2\ {}^1S_0$ $(|1S\rangle)$，$1s2p\ {}^1P_1$ $(|2P\rangle)$，および $1s2s\ {}^1S_0(|2S\rangle)$ であるとき，近赤外と可視光領域において，以下の系におけるカー定数 K を求めよ（そのような光の周波数 $\omega_{\mathcal{E}}$ は，$|1S\rangle \to |2P\rangle$ 共鳴から離れている）：

(a) 2 準位系の原子（$|1S\rangle$ と $|2P\rangle$ 状態）における K を見積もれ．

[3] $b \ll 1$ の極限で，回転角は $|\omega - \omega_0| = \gamma_0/2$ のときゼロである．均一幅が不均一幅を超える実験（例えば，圧力幅の測定）において，この性質は遷移の均一幅 γ の測定に便利な方法を与える．ゼロを跨ぐ準位間隔は，γ が不均一幅より十分小さくても，γ に線形に依存することも重要である．

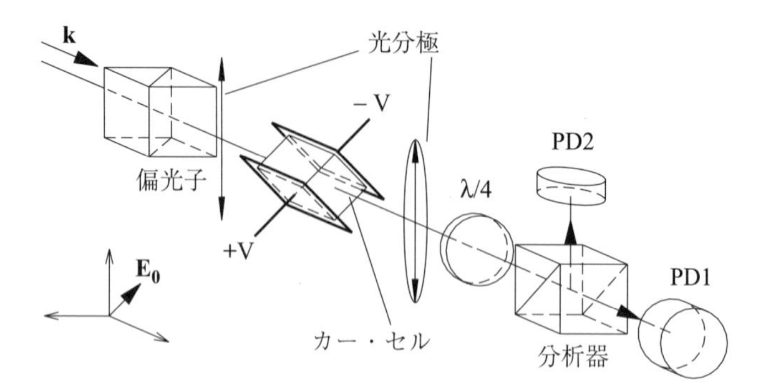

図 **4.4**　カー効果測定の単純な概念図．PD1 と PD2 は光検出器．

(b) 3 準位原子（3 つすべてが上の状態）における K を見積もれ．

(c) 液体ヘリウムにおける K を見積もれ．

ヒント

液体ヘリウムの密度は，$\approx\ 0.1$ g/cm^3 であり，液体ヘリウムの屈折率は $n \approx 1.028$，自由なヘリウム原子の $|2P\rangle$ 状態（基底状態から ≈ 21.22 eV にある）の寿命は ≈ 0.56 ns である．$|2S\rangle$ (d_2) および $|1S\rangle(d_1)$ 状態と $|2P, M=0\rangle$ 状態をつなぐ電気双極子行列要素は，比 $d_2/d_1 \approx 6.9$ をもつ．

解

(a) 以下の方法でカー定数 K を見積もろう．まず，静電場のもとで下の状態の光依存エネルギーシフト δ を求める．続いて，以下の関係式：

$$\delta = -\frac{1}{2}\alpha\mathcal{E}^2 \tag{4.14}$$

を用いて，このシフトと屈折率を関連付ける．ただし，α は分極率（2.1 と 2.2 節を参照），$\alpha\mathcal{E}$ は強度 $\mathcal{E}$ の光電場によって，原子に誘起された双極子モーメントの大きさである（双極子モーメントそのものは外場に比例するので，1/2 の因子は式 (4.14) からくる—例えば 2.1 節参照）．また，

$$n = \sqrt{\epsilon} \approx 1 + 2\pi N\alpha\ . \tag{4.15}$$

ϵ は媒体の誘電定数で，N は原子密度である（式 (4.15) は，電気誘導が $\mathcal{D} = \epsilon\mathcal{E} = \mathcal{E} + 4\pi N\alpha$ であることからくる）．

量子化軸に静電場 $\vec{E}$ 方向を選ぶと，この場によって，基底状態は $d_1^2E^2/\hbar\omega_P$

だけ低い方にシフトし（ω_P は $|1S\rangle \to |2P\rangle$ 遷移の周波数である），上の状態の $M=0$ ゼーマン副準位が同じだけ高い方にシフトする（2.2 節の式 (2.21) 参照）．電場によって混ざった下の状態と上の状態の $M=0$ 成分の波動関数は（小さい混合パラメータ $d_1E/(\hbar\omega_P)$ での 2 準位永年方程式の解を展開することで得られる，1.4 節問 (b) を参照），

$$|a\rangle \approx \left(1 - \frac{1}{2}\frac{d_1^2E^2}{\hbar^2\omega_P^2}\right)|1S\rangle - \frac{d_1E}{\hbar\omega_P}|2P, M=0\rangle, \tag{4.16}$$

$$|b\rangle \approx \frac{d_1E}{\hbar\omega_P}|1S\rangle + \left(1 - \frac{1}{2}\frac{d_1^2E^2}{\hbar^2\omega_P^2}\right)|2P, M=0\rangle\ . \tag{4.17}$$

（$d_1^2E^2/(\hbar^2\omega_P^2)$ 項にかかる 1/2 因子は，波動関数 $|a\rangle$ と $|b\rangle$ の規格化からくる．展開するときに E の 2 次までのみ考える）．

双極子モーメントは，寿命 τ より以下を用いて計算できる（3.3 節）：

$$\frac{1}{\tau} = \frac{4\omega_P^3}{3\hbar c^3}\frac{1}{2J'+1}|\langle 1S||d||2P\rangle|^2. \tag{4.18}$$

ただし，$J'=1$ は上の状態の全角運動量，$\langle 1S||d||2P\rangle$ は誘導した双極子モーメントである（ウィグナー-エッカルトの定理（**付録 F**）は，$\langle 1S||d||2P\rangle$ と d_1 を関係づける）．この計算を実行し，

$$d_1 = \frac{|\langle 1S||d||2P\rangle|}{\sqrt{3}} \approx 0.42\ ea_0\ . \tag{4.19}$$

次に，静電場に平行な光場の場合を考える．新しい基底として静電場の摂動を受けた波動関数 (4.16) と (4.17) を用いて，上と下の状態間の双極子モーメントが

$$d_{ab} = \langle b|d|a\rangle = \left(1 - \frac{2d_1^2E^2}{\hbar^2\omega_P^2}\right)d_1 \tag{4.20}$$

と求まる．光場は $|a\rangle$ と $|b\rangle$ 結合し，光誘起シフトを導く：

$$\delta_\parallel \approx -\frac{d_{ab}^2\mathcal{E}^2}{\hbar\omega_P + 2\frac{d_1^2E^2}{\hbar\omega_P}} \tag{4.21}$$

$$\approx -\frac{d_1^2\mathcal{E}^2}{\hbar\omega_P}\left(1 - \frac{2d_1^2E^2}{\hbar^2\omega_P^2}\right)^2\left(1 - 2\frac{d_1^2E^2}{\hbar^2\omega_P^2}\right) \tag{4.22}$$

$$\approx -\frac{d_1^2\mathcal{E}^2}{\hbar\omega_P}\left(1 - \frac{6d_1^2E^2}{\hbar^2\omega_P^2}\right). \tag{4.23}$$

ただし，$\omega_P - \omega_\mathcal{E} \approx \omega_P$ である．

静電場と垂直方向の光場に対しても同様の計算から，

$$\delta_\perp \approx -\frac{d_1^2\mathcal{E}^2}{\hbar\omega_P}\left(1-\frac{2d_1^2E^2}{\hbar^2\omega_P^2}\right) . \tag{4.24}$$

式 (4.14) と (4.15) より，$n-1$ が光誘起シフトに比例することがわかる:

$$n-1 \approx 2\pi N\alpha = -4\pi N\frac{\delta}{\mathcal{E}^2} , \tag{4.25}$$

$$n_\parallel - n_\perp \approx \frac{4\pi N}{\mathcal{E}^2}(\delta_\perp - \delta_\parallel) \tag{4.26}$$

$$\approx -4\pi N\frac{d_1^2}{\hbar\omega_P}\left(\frac{4d_1^2E^2}{\hbar^2\omega_P^2}\right) \tag{4.27}$$

$$= -\frac{4d_1^2E^2}{\hbar^2\omega_P^2}(n-1) . \tag{4.28}$$

ただし，$n-1 = 4\pi Nd_1^2/(\hbar\omega_P)$ を静電場がないときの屈折率と定義する．

最終的に，式 (4.13) より，

$$\boxed{K \approx -\frac{4d_1^2}{\hbar^2\omega_P^2}(n-1) .} \tag{4.29}$$

(b) 上の見積りでは，He の $|2S\rangle$ 状態の効果を無視してきた．この状態は，エネルギー的に $|2P\rangle$ 状態と非常に近く，実際後者の電気分極へ支配的な寄与を与える．この理由から，$|2S\rangle$ 状態はこの問題の現実的な取り扱いにおいて重要な役割を果たす．

カー効果に効く光媒質相互作用は，非線形光学 4 波混合 ($\chi^{(3)}$) 過程と考えることができる[4)]．ここで，3 つの低周波数場（$\mathcal{E}$，E，および E）が新しい場 ($\mathcal{E}'$) をつくる．このタイプの過程は，放出-吸収ダイアグラムとファインマンダイアグラムによって表される．その例を**図 4.5** に示す．

$|1S\rangle$ を中間状態とするダイアグラムと $|2S\rangle$ を中間状態とするものの強度を比較しよう（静場の置換は何も変化させないので，考慮しない）．ファインマンダイアグラムを用いると（**付録 I**），$|1S\rangle$ の場合のバーテックスとプロパゲータは ($\omega_\mathcal{E} = \omega_{\mathcal{E}'}$)，

$$V_{1S} \propto \frac{d_1^4}{(\omega_P-\omega_\mathcal{E})(-\omega_\mathcal{E})(\omega_P-\omega_\mathcal{E})} + \frac{d_1^4}{(\omega_P+\omega_\mathcal{E})(\omega_\mathcal{E})(\omega_P+\omega_\mathcal{E})}$$

4) 非線形光学の初歩的な本として，Boyd (2003) を推薦する．

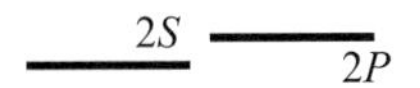

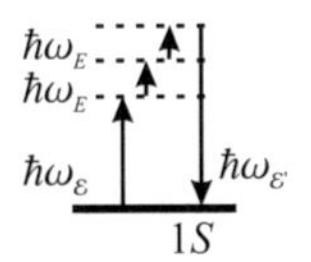

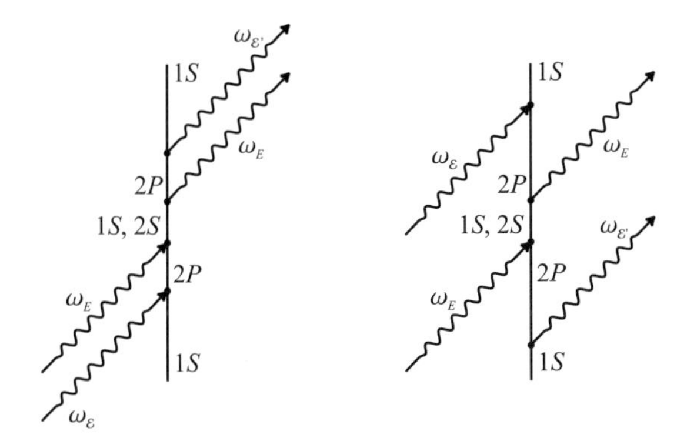

図 4.5 4 波混合過程としてのカー効果．静電場中のカー効果は $\omega_E \to 0$; $\omega_{\mathcal{E}'} \to \omega_{\mathcal{E}}$ の極限で得られる．$|2S\rangle$ 状態が，本文中で議論する過程において重要な役割をする．ただし，$|1S\rangle$ 状態とは直接結合せず，この効果の共鳴的増強はない．

$$\approx -\frac{4d_1^4}{\omega_P^3} \ . \tag{4.30}$$

$|2S\rangle$ を中間状態とするときは，

$$V_{2S} \propto \frac{d_1^2 d_2^2}{(\omega_P - \omega_{\mathcal{E}})(\omega_{2S} - \omega_{\mathcal{E}})(\omega_P - \omega_{\mathcal{E}})} + \frac{d_1^2 d_2^2}{(\omega_P + \omega_{\mathcal{E}})(\omega_{2S} + \omega_{\mathcal{E}})(\omega_P + \omega_{\mathcal{E}})}$$
$$\approx \frac{2d_1^2 d_2^2}{\omega_P^3} \ . \tag{4.31}$$

2 つの強度を比較すると，$d_2 \approx 6.9d$ より，$|2S\rangle$ を中間状態とする強度が，$|1S\rangle$ のものより ≈ 24 倍大きいことがわかる．よって，$|1S\rangle$ の強度を無視できる（1S の各ダイアグラムは分母に小さな量 $\omega_{\mathcal{E}}$ があると共鳴的に増大するが，光量子の吸収と放出によって 2 つのダイアグラムはほぼキャンセルする．我々が興味をもつ光位相の効果は，吸収値の 2 乗よりも，ファインマンダイ

アグラムで与えられる前方散乱強度に比例する).

最後に, V_{1S} と V_{2S} の計算に基づいて, 3 準位系の式 (4.29) において, $-4d_1^2$ を $+2d_2^2$ で置換することで,

$$\boxed{K \approx \frac{2d_2^2}{\hbar^2\omega_P^2}(n-1).} \tag{4.32}$$

(c) 見積もるために, 液体を自由原子の集まりとモデル化する (ヘリウムでは, 分子液体への近似は一般に十分でない). ヒントで与えられた $d_2, \hbar\omega_P, n$ の値を置換し,

$$\boxed{K \approx 2 \times 10^{-14}\ (\mathrm{kV/cm})^{-2}\ .} \tag{4.33}$$

数値的な例として, 図 4.4 で示したセットアップにおいて, 長さ 10 cm の試料, $\lambda = 1\ \mu\mathrm{m}$, および $E = 50\ \mathrm{kV/cm}$ のとき, 誘起される楕円性は $\epsilon \sim 2 \cdot 10^{-5}$ である.

実際の He 系の光学特性は, ここで適用した 3 準位系では十分記述できないので, これは大雑把な見積りに過ぎない. 実際, この模型では屈折率 n 式 (4.14) と (4.15) を用いて,

$$n - 1 \approx \frac{4\pi N d_1^2}{\hbar\omega_P} \tag{4.34}$$

($|2S\rangle$ はこの見積りで役に立たない). 液体 He の値を置換することで, $n - 1 \approx 8 \cdot 10^{-3}$ と求まる. この値は, 液体 He の密度とスケールした He 気体の実験値よりもが ≈ 4 倍小さい.

4.3　アンル効果

Probrems and Solutions

図 4.6 に示す実験配置を考える. ここで, 基底状態角運動量 $J = 0$ をもつ原子集団は, 原点を重心とする小さな体積中に位置する. 時刻 $t = 0$ において, 原子は $\hat{x}$ 方向に進む短い円偏光パルスを浴び, $J = 1$ の励起状態へと遷移を起こす. 原子は磁場 $\vec{B} = B_0\hat{z}$ 中にある. 入射光は円偏光であるから, 励起された原子は, はじめ $\hbar$ (もしくは $-\hbar$) に等しい $\hat{x}$ 方向の角運動量射影をもつ. しかし, 励起された原子は磁気モーメントをもつため, 分極ベクト

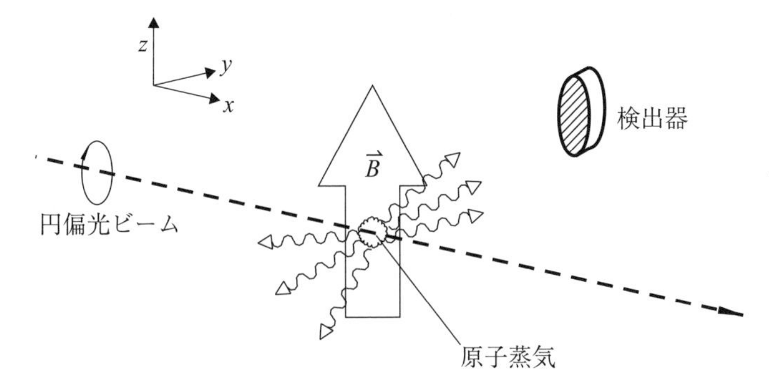

図 4.6 アンル効果を測定する実験装置の概略図．原点にある原子蒸気が $\hat{x}$ 方向に進む円偏光のパルスを浴びる．円偏光アナライザを取り付けた検出器が y 軸方向にある．原子蒸気は $\hat{z}$ 方向を向いた磁場 $\vec{B}$ に浸されている．

ルは周波数 Ω_L（B に比例するラーモア周波数）をもつ（例えば，2.6 節を参照）．励起状態は有限の寿命 $\tau = 1/\gamma$ をもつ．原子が減衰するとき，y 軸方向に位置する検出器に対する立体角で格子を放出する．検出器は円偏光解析器を含み，正のヘリシティ (σ_+) 蛍光が検出される．

検出信号の時間依存性はどうなるか．励起光子の円偏光の符号と磁場の強度 B_0 に対して信号はどのように変わるか．励起状態の寿命測定におけるアンル効果 **(Hanle effect)** として知られる現象を説明せよ．

解

解の各ステップごとに異なる量子化軸を用いると便利である．励起過程を記述するために，$\hat{x}$ 方向に量子化軸をとる．すると，左と右の円偏光子（σ_+ と σ_-）によって励起された $J = 1$ 状態は，それぞれ

$$|J = 1, m = 1\rangle = \begin{pmatrix} 1 \\ 0 \\ 0 \end{pmatrix}, \tag{4.35}$$

$$|J = 1, m = -1\rangle = \begin{pmatrix} 0 \\ 0 \\ 1 \end{pmatrix}. \tag{4.36}$$

磁場は $\hat{z}$ 方向にかけられているので，歳差運動を記述するには，z 方向を量

子化軸にとるとよい．適当な座標系が以下の $J = 1$ 回転行列 $\mathcal{D}(\alpha, \beta, \gamma)$ で与えられるオイラー回転 ($\alpha = 0$, $\beta = -\pi/2$, $\gamma = 0$) による励起を記述することから得られる（**付録 E**）：

$$\mathcal{D}(0, -\pi/2, 0) = \begin{pmatrix} \frac{1}{2} & -\sqrt{\frac{1}{2}} & \frac{1}{2} \\ \sqrt{\frac{1}{2}} & 0 & -\sqrt{\frac{1}{2}} \\ \frac{1}{2} & \sqrt{\frac{1}{2}} & \frac{1}{2} \end{pmatrix} . \tag{4.37}$$

$|J = 1, m = \pm 1\rangle$ 状態へ $\mathcal{D}(0, -\pi/2, 0)$ を適用すると，

$$|\psi(t = 0)\rangle = \frac{1}{2} \begin{pmatrix} 1 \\ \pm\sqrt{2} \\ 1 \end{pmatrix} . \tag{4.38}$$

ただし，2 つの符号は 2 つの入射円偏光に対応する．時間依存シュレディンガー方程式に従い，この波動関数の時間発展は，

$$|\psi(t)\rangle = \frac{e^{-\gamma t/2}}{2} \begin{pmatrix} e^{-i\Omega_L t} \\ \pm\sqrt{2} \\ e^{i\Omega_L t} \end{pmatrix} . \tag{4.39}$$

ここで，$\Omega_L = g\mu_0 B_0$ はラーモア周波数（g は適当なランデ因子）であり，励起状態の自然寿命による強度減衰を含んでいる（ゆえに指数関数の因子は γ でなく，$\gamma/2$ となる）．最後に，検出は y 方向に量子化軸をとった座標系で記述するのが最も都合が良い．この座標系は，以前のオイラー回転 ($\alpha = \pi/2$, $\beta = \pi/2$, $\gamma = 0$) によるものから得られ，新しい座標系で波動関数は以下の形式をとる（付録 E 参照）：

$$|\psi'(t)\rangle = \begin{pmatrix} \frac{1}{2} & \sqrt{\frac{1}{2}} & \frac{1}{2} \\ -\sqrt{\frac{1}{2}} & 0 & \sqrt{\frac{1}{2}} \\ \frac{1}{2} & -\sqrt{\frac{1}{2}} & \frac{1}{2} \end{pmatrix} \cdot \frac{e^{-\gamma t/2}}{2} \begin{pmatrix} ie^{-i\Omega_L t} \\ \pm\sqrt{2} \\ -ie^{i\Omega_L t} \end{pmatrix} \tag{4.40}$$

$$= \begin{pmatrix} \pm\frac{1}{2} + \frac{1}{2}\sin\Omega_L t \\ \frac{1}{\sqrt{2}}\sin\Omega_L t \\ \mp\frac{1}{2} + \frac{1}{2}\sin\Omega_L t \end{pmatrix} e^{-\gamma t/2} . \tag{4.41}$$

検出信号 $S(t)$ は，$m = 1$ 副準位の密度と自然減衰率に比例する:

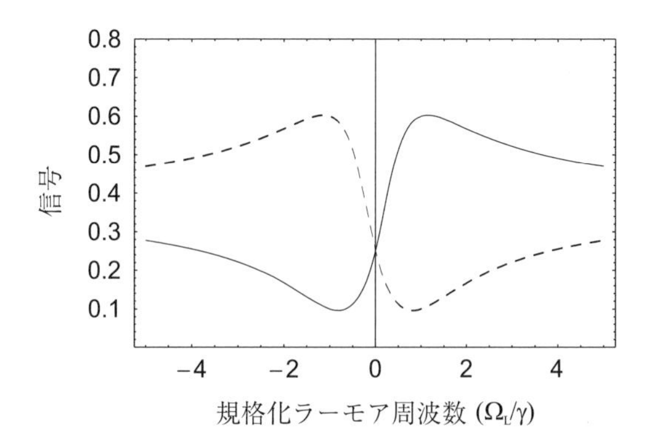

図 4.7　左と右の励起円偏光のラーモア周波数に対する時間積分アンル信号（それぞれ実線と破線）．曲線のフィットによって，励起状態寿命を抽出できる．

$$\boxed{S(t) \propto \frac{\gamma}{4}(1 \pm \sin\Omega_L t)^2 e^{-\gamma t}\ .} \tag{4.42}$$

これは，減衰とともに振動する信号を表す：検出器は，歳差運動する角運動量が検出器に向いたときに最大信号を見る[5]．検出器の時間分解能は，$1/\gamma$ より十分良く，$\gamma = 1/\tau$ をフリーパラメターとして，観測された時間依存性をフィットすることで寿命が測定できる．

検出器の時間分解能が悪いとき（もしくは寿命が短いとき），寿命は時間積分信号の磁場依存性を測定することで決定できる．時間積分信号は

$$S(\Omega_L) \propto \int_0^\infty S(t)dt = \frac{\gamma}{4}\left(\frac{3}{2\gamma} \pm 2\frac{\Omega_L}{\gamma^2+\Omega_L^2} - \frac{1}{2}\frac{\gamma}{\gamma^2+4\Omega_L^2}\right)\ . \tag{4.43}$$

図 4.7 にラーモア周波数の関数として信号 $S(\Omega_L)$ をプロットしている．ここで，外形の分散部分の特徴的幅が γ であることに留意しよう．

4.4　水素 $2\,^2S_{1/2}$ 状態の電場誘起減衰

Probrems and Solutions

水素の $2\,^2S_{1/2}$ 状態は，ラムシフト $\delta = 1058$ MHz によって，$2\,^2P_{1/2}$ 状態より高いエネルギーをもつ．外部電場のないとき，$2\,^2S_{1/2}$ 状態は非常に長い自然寿命 ($\approx 1/8$ s) をもち，基底 $1\,^2S_{1/2}$ 状態へ 2 光子放出によって減

[5] これは $\Omega_L \gg \gamma$ のとき正しい．γ が大きいと，減衰は検出強度の最大をシフトさせる．

衰する．$2\,^2P_{1/2}$ 状態は，単一光子電気双極子 (E1) 放出によって基底状態へ減衰するので（ライマン α 線），短い寿命 ($\tau_{2P} \approx 1.6 \times 10^{-9}$ s) をもつ．外部電場が加えられると，$2\,^2S_{1/2}$ 状態が $2\,^2P_{1/2}$ と混ざり，寿命が短くなる．
(a) 弱い電場 $\mathcal{E}$ のもとでは，$2\,^2S_{1/2}$ 状態の密度が $t = 0$ で高まり，寿命の逆数で密度が減少する：

$$\frac{1}{\tau} = \frac{3\gamma e^2 a_0^2 \mathcal{E}^2}{\hbar^2\left(\omega_{sp}^2 + \gamma^2/4\right)} \ . \tag{4.44}$$

$\omega_{sp} = 2\pi\delta$ はラムシフトである．どの電場が弱いと考えられるか説明せよ．
(b) $\mathcal{E} = 10$ V/cm のときの τ を求めよ．

解

(a) 電場が $\hat{z}$ 方向にかけられたとする．状態 $|2\,^2S_{1/2}, M_J = 1/2\rangle$ と $|2\,^2P_{1/2}, M_J = 1/2\rangle$ によって形成される 2 準位系を考える（表記を簡略化するため，今後 $2\,^2S_{1/2}$ 状態を $2S$，$2\,^2P_{1/2}$ 状態を $2P$ と表す）．電場があるとき，この系のハミルトニアンは，($\hbar = 1$ とする)

$$\mathbf{H} = \begin{pmatrix} \omega_{sp} & -d\mathcal{E} \\ -d\mathcal{E} & -i\gamma/2 \end{pmatrix} \ . \tag{4.45}$$

ここで，非摂動 $2P$ 状態のエネルギーをゼロに選ぶと（$2S$ 状態の幅を無視する），双極子モーメント d は

$$d = -e\langle 2S, M_J = 1/2|z|2P, M_J = 1/2\rangle \tag{4.46}$$

$$= -e\langle 2,0,0|\langle +|z\left(\sqrt{\frac{2}{3}}\ |2,1,1\rangle|-\rangle - \sqrt{\frac{1}{3}}\ |2,1,0\rangle|+\rangle\right) \tag{4.47}$$

$$= \frac{e}{\sqrt{3}}\langle 2,0,0|z|2,1,0\rangle = \frac{e}{\sqrt{3}}\langle 2,0,0|r\cos\theta|2,1,0\rangle \ . \tag{4.48}$$

ただし，空間波動関数を $|n,l,m_l\rangle$ と表し，電子スピン状態として一般的な表式 $|m_s = \pm 1/2\rangle = |\pm\rangle$ を採用した．適当な水素の波動関数を用いて，d の表式が求まる（式 (1.261) と (1.263)）：

$$\psi_{210}(r,\theta,\phi) = \frac{1}{4\sqrt{2\pi}}\frac{1}{a_0^{3/2}}\frac{r}{a_0}e^{-r/2a_0}\cos\theta \ ,$$

$$\psi_{200}(r,\theta,\phi) = \frac{1}{2\sqrt{2\pi}}\frac{1}{a_0^{3/2}}\left(1 - \frac{r}{2a_0}\right)e^{-r/2a_0} \ .$$

積分すると，以下の関係が求まる:

$$d = -\sqrt{3}\, e a_0\ . \tag{4.49}$$

ハミルトニアン行列 **H** に戻ると，電場による摂動は非対角的であるから，1 次エネルギーシフトを起こさないことがわかる．しかし，波動関数が一次補正を得る．$2S$ 状態に対応する摂動波動関数 $|\widetilde{2S}\rangle$ は，$\lambda \approx \omega_{sp}$ を永年方程式に代入することで求まる（エネルギーは一次シフトしない）:

$$\begin{pmatrix} \omega_{sp} - \lambda & -d\mathcal{E} \\ -d\mathcal{E} & -i\gamma/2 - \lambda \end{pmatrix} \cdot \begin{pmatrix} a \\ b \end{pmatrix} = 0\ . \tag{4.50}$$

$b(|b| \ll |a|)$ は $2P$ と $2S$ 状態のわずかの混成度合である．式 (4.50) は，

$$\frac{b}{a} \approx \frac{d\mathcal{E}}{\omega_{sp} + i\gamma/2}\ . \tag{4.51}$$

$|\widetilde{2S}\rangle$ の減衰率は，通知したように，混成 $2P$ 状態に原子を見つける相対確率と $2P$ 減衰率の積で与えられる：

$$\boxed{\frac{1}{\tau} = \gamma \frac{d^2\mathcal{E}^2}{\omega_{sp}^2 + \gamma^2/4} = \frac{3\gamma e^2 a_0^2 \mathcal{E}^2}{\hbar^2\left(\omega_{sp}^2 + \gamma^2/4\right)}\ .} \tag{4.52}$$

“弱い” 電場条件は，

$$\boxed{|d\mathcal{E}| \ll \omega_{sp}\ .} \tag{4.53}$$

逆の場合 $|d\mathcal{E}| \gg \omega_{sp}$，$2S$ と $2P$ 状態が完全に混じり，寿命は $\mathcal{E}$ に依存しない．両固有状態の寿命は，$\approx 2\tau$ である．

(b) 式 (4.52) においてパラメータとして以下の値を得る:

$$\omega_{sp} = 2\pi \times 1.058 \times 10^9\ \mathrm{s}^{-1}; \tag{4.54}$$

$$\gamma = 6 \times 10^8\ \mathrm{s}^{-1}; \tag{4.55}$$

$$\mathcal{E} = 10\ \mathrm{V/cm} = \frac{1}{30}\ \mathrm{esu/cm}. \tag{4.56}$$

$$\boxed{\tau = 3.8\ \mu\mathrm{s}\ .} \tag{4.57}$$

4.5 シュタルク誘起遷移 (T)

Probrems and Solutions

同じパリティ状態 $|n\rangle$ と $|m\rangle$ との間の単一光子電気双極子 ($E1$) 遷移は禁

止されている（非常に小さいパリティ非保存 (PNC) の効果は無視する．以下と 1.13 節を参照）．しかし，ゼロでない $E1$ 遷移強度は，パリティ静電場 $\vec{\mathbb{E}}$ で誘起され，反対のパリティ状態を状態 $|n\rangle$ と $|m\rangle$ の両方へ混合する．

シュタルク誘起遷移[文献 4]は，いくつかの原子パリティ非保存実験に用いられてきた[文献 5]．同じパリティ状態間の遷移率 W は，シュタルク誘起遷移強度 $A_{\rm s}$，パリティ破れ遷移強度 $A_{\rm pnc}$ の両方からの寄与をもつ — 全体の確率は干渉項をもつ：

$$W \propto \left|A_{\rm s}\right|^2 + 2{\rm Re}\left[A_{\rm s}A^*_{\rm pnc}\right] + \left|A_{\rm pnc}\right|^2 \approx \left|A_{\rm s}\right|^2 + 2{\rm Re}\left[A_{\rm s}A^*_{\rm pnc}\right] . \tag{4.58}$$

$A_{\rm pnc}$ を決めるための干渉項 $2{\rm Re}\left[A_{\rm s}A^*_{\rm pnc}\right]$ を測定する実験方法は**シュタルク干渉技術 (Stark-interference technique)** として知られる．この技術は PNC 信号を増大し（$\left|A_{\rm pnc}\right|^2$ とは逆に，$2{\rm Re}\left[A_{\rm s}A^*_{\rm pnc}\right]$ に比例する），バックグランド効果から PNC 信号を区別する方法を与える（例えば，PNC 信号 $2{\rm Re}\left[A_{\rm s}A^*_{\rm pnc}\right]$ は電場の符号を保存する）．

(a) 同じパリティ状態 $|m\rangle$ と $|n\rangle$ 間のシュタルク誘起遷移の強度が，

$$A_{\rm s} = T^{(0)} \cdot \langle m|U^{(0)}|n\rangle + T^{(1)} \cdot \langle m|U^{(1)}|n\rangle + T^{(2)} \cdot \langle m|U^{(2)}|n\rangle \tag{4.59}$$

と表されることを示せ．ただし，$T^{(\kappa)}$ は光電場 $\vec{\mathcal{E}}$ と静電場 $\vec{\mathbb{E}}$ から構成される可約 2 階テンソルの κ 階の既約成分である:

$$T_{ij} = \mathbb{E}_i \mathcal{E}_j . \tag{4.60}$$

$U^{(\kappa)}$ は原子ベクトルからなる適当なテンソルの κ 階の既約部分である．

行列要素 $\langle m|U_{ij}|n\rangle$ はどのような形をとるか．

(b) 球基底で電場からなる既約 $\kappa = 0, 1, 2$ 階テンソルの明確な形を書き下せ．

ヒント

既約球状テンソルについて，κ_1 と κ_2 階の 2 つの既約テンソルからなる κ 階可約テンソルを明確に分解する一般的な方法は，以下の通りである．既約 κ_1 階テンソル $\mathbb{A}^{\kappa_1}$ と既約 κ_2 階テンソル $\mathbb{B}^{\kappa_2}$ があるとき，κ 階の**既約テンソル積 (irreducible tensor product)** を構成できる[文献 6]：

[文献 4] Bouchiat-Bouchiat (1975).

[文献 5] 例えば，Conti ら (1979), Bouchiat ら (1982), Wood ら (1997), Nguyen ら (1997), Guéna ら (2003) を参照.

[文献 6] Varshalovich ら (1988).

$$(\mathbb{A}^{\kappa 1} \otimes \mathbb{B}^{\kappa 2})_q^{\kappa} = \sum_{q_1, q_2} \langle \kappa_1, q_1, \kappa_2, q_2 | \kappa, q \rangle \mathbb{A}_{q_1}^{\kappa 1} \mathbb{B}_{q_2}^{\kappa 2} \ . \tag{4.61}$$

また，$\kappa_1 + \kappa_2$ 階可約テンソル $\mathbb{A}_{q_1}^{\kappa 1} \mathbb{B}_{q_2}^{\kappa 2}$ の逆分解を実行すると，

$$\mathbb{A}_{q_1}^{\kappa 1} \mathbb{B}_{q_2}^{\kappa 2} = \sum_{\kappa = |\kappa_1 - \kappa_2|}^{\kappa_1 + \kappa_2} \langle \kappa_1, q_1, \kappa_2, q_2 | \kappa, q \rangle (\mathbb{A}^{\kappa 1} \otimes \mathbb{B}^{\kappa 2})_q^{\kappa} \ . \tag{4.62}$$

ただし，$q = q_1 + q_2$ である．

2 つの既約 1 階テンソル $\vec{\mathbb{E}}$ と $\vec{\mathcal{E}}$ から構成された可約 2 階テンソル T は，既約 $\kappa = 0, 1, 2$ 階テンソル $T^{(\kappa)}$ に分解できる．その成分は以下で与えられる:

$$T_q^{\kappa} = \sum_{q_1, q_2} \langle 1, q_1, 1, q_2 | \kappa, q \rangle \mathbb{E}_{q_1} \mathcal{E}_{q_2} \ . \tag{4.63}$$

(c) ウィグナー-エッカルトの定理（**付録 F**）を用いて，状態 $|m, F', M'\rangle$ と $|n, F, M\rangle$ 間のシュタルク誘起遷移強度をクレプシュ-ゴルダン係数によって書き下せ．

(d) これらの分極率で記述される遷移における角運動量選択則を議論せよ．

(e) 上の解析で採用した近似の限界について議論せよ．

解

(a) シュタルク誘起遷移は，静電場 $\vec{\mathbb{E}}$ によって反対のパリティ状態 $|m\rangle$ と $|n\rangle$ が混ざるときに起こり，光場 $\vec{\mathcal{E}}$ が混合状態間の遷移を引き起こす．物理的な描像に基づいて，遷移強度は

$$A_{\rm s} = \sum_p \left[\frac{\langle m|\vec{d} \cdot \vec{\mathbb{E}}|p\rangle}{E_m - E_p} \langle p|\vec{d} \cdot \vec{\mathcal{E}}|n\rangle + \langle m|\vec{d} \cdot \vec{\mathcal{E}}|p\rangle \frac{\langle p|\vec{d} \cdot \vec{\mathbb{E}}|n\rangle}{E_n - E_p} \right] \tag{4.64}$$

と書ける．ただし，$\vec{d}$ は電気双極子演算子で，和は状態 $|n\rangle$ と $|m\rangle$ とは逆パリティの中間状態 $|p\rangle$ についてとる．E_n, E_m, および E_p は，状態 $|n\rangle$, $|m\rangle$, および $|p\rangle$ の各非摂動エネルギーであり，式 (4.64) の 2 つの項は状態 $|p\rangle$ と，終状態と始状態との混成に相当する．式 (4.64) は以下の形式で表される（和は繰り返し指数 i, j, p についてとる）:

$$A_{\rm s} = \frac{\langle m|d_i \mathbb{E}_i|p\rangle}{E_m - E_p} \langle p|d_j \mathcal{E}_j|n\rangle + \langle m|d_j \mathcal{E}_j|p\rangle \frac{\langle p|d_i \mathbb{E}_i|n\rangle}{E_n - E_p} \ . \tag{4.65}$$

電場をくくり出すと（原子波動関数と演算子とは明らかに交換する），

$$A_{\rm s} = (\mathbb{E}_i \mathcal{E}_j) \left(\frac{\langle m|d_i|p\rangle \langle p|d_j|n\rangle}{E_m - E_p} + \frac{\langle m|d_j|p\rangle \langle p|d_i|n\rangle}{E_n - E_p} \right) \ . \tag{4.66}$$

したがって，シュタルク誘起強度は，2 階テンソルの縮約によって記述される（2 階テンソル U をもつ $T_{ij}=\mathbb{E}_i\mathcal{E}_j$)）：

$$\boxed{\langle m|U_{ij}|n\rangle=\frac{\langle m|d_i|p\rangle\langle p|d_j|n\rangle}{E_m-E_p}+\frac{\langle m|d_j|p\rangle\langle p|d_i|n\rangle}{E_n-E_p}\ .} \tag{4.67}$$

2 階テンソルの縮約は，まず各テンソルを（0，1，2 階の）既約成分に展開し，同じ κ 階の既約成分のスカラー積の和をとることで求められる（スカラー積は同じ解のテンソル間でのみ可能である，**付録 F** を参照）．したがって，T と $\langle m|U|n\rangle$ のスカラー積は，以下の形式で表される[文献 7]．

$$\boxed{A_{\rm s}=T^{(0)}\cdot\langle m|U^{(0)}|n\rangle+T^{(1)}\cdot\langle m|U^{(1)}|n\rangle+T^{(2)}\cdot\langle m|U^{(2)}|n\rangle\ .} \tag{4.68}$$

(b) 可約テンソル T の 0 階部分は，スカラー積 $\vec{\mathbb{E}}\cdot\vec{\mathcal{E}}$ に比例すると期待される．この結果をヒントで議論した数学的テクニックを使って形式的に示そう．電場ベクトル $\mathbb{E}_i$ と $\mathcal{E}_j$ は，既約 1 階テンソルであり，**付録 F** にある公式 (F.23)-(F.25) より，球基底で表現できる：

$$\mathbb{E}_{\pm1}=\mp\frac{1}{\sqrt{2}}(\mathbb{E}_x\pm i\mathbb{E}_y)\ ,\qquad \mathbb{E}_0=\mathbb{E}_z\ , \tag{4.69}$$

$$\mathcal{E}_{\pm1}=\mp\frac{1}{\sqrt{2}}(\mathcal{E}_x\pm i\mathcal{E}_y)\ ,\qquad \mathcal{E}_0=\mathcal{E}_z\ . \tag{4.70}$$

式 (4.61) より，$\vec{\mathbb{E}}$ と $\vec{\mathcal{E}}$ の既約 0 階テンソル積は，

$$\begin{aligned}\left(\mathbb{E}^1\otimes\mathcal{E}^1\right)^0_0&=\frac{1}{\sqrt{3}}\ \mathbb{E}^1_1\mathcal{E}^1_{-1}-\frac{1}{\sqrt{3}}\ \mathbb{E}^1_0\mathcal{E}^1_0+\frac{1}{\sqrt{3}}\ \mathbb{E}^1_{-1}\mathcal{E}^1_1\\&=-\frac{1}{\sqrt{3}}(\mathbb{E}_x\mathcal{E}_x+\mathbb{E}_y\mathcal{E}_y+\mathbb{E}_z\mathcal{E}_z)=-\frac{1}{\sqrt{3}}\ \vec{\mathbb{E}}\cdot\vec{\mathcal{E}}\ .\end{aligned} \tag{4.71}$$

ベクトルのスカラー積と数値因子だけ異なる．したがって，T^0_0 について

$$\boxed{T^0_0=-\frac{1}{\sqrt{3}}\vec{\mathbb{E}}\cdot\vec{\mathcal{E}}\ .} \tag{4.72}$$

知られているように，2 つのベクトルからなる 1 階テンソルだけはベクトル積であるから，$T^1_q\propto\left(\vec{\mathbb{E}}\times\vec{\mathcal{E}}\right)_q$ である．これは，上で T^0_0 を求めるのに

[文献 7] 例えば，Varshalovich ら (1988) を参照．

使ったのと同じ方法を実行することで形式的に求まる：

$$\begin{aligned}\left(\mathbb{E}^1 \otimes \mathcal{E}^1\right)^1_1 &= \frac{1}{\sqrt{2}}\ \mathbb{E}^1_1 \mathcal{E}^1_0 - \frac{1}{\sqrt{2}}\ \mathbb{E}^1_0 \mathcal{E}^1_1 \\ &= \frac{1}{2}(\mathbb{E}_z \mathcal{E}_x - \mathbb{E}_x \mathcal{E}_z) + \frac{i}{2}(\mathbb{E}_z \mathcal{E}_y - \mathbb{E}_y \mathcal{E}_z)\ .\end{aligned} \tag{4.73}$$

ここで，式 (4.69)，(4.70) および (4.61) を使った．一般に関係式

$$\left(\mathbb{E}^1 \otimes \mathcal{E}^1\right)^1_q = \frac{i}{\sqrt{2}}\left(\vec{\mathbb{E}} \times \vec{\mathcal{E}}\right)_q \tag{4.74}$$

が成り立つから，1 階既約テンソル成分が

$$\boxed{T^1_q = \frac{i}{\sqrt{2}}\left(\vec{\mathbb{E}} \times \vec{\mathcal{E}}\right)_q} \tag{4.75}$$

と与えられる．2 階成分については，

$$\boxed{T^2_q = \left(\mathbb{E}^1 \otimes \mathcal{E}^1\right)^2_q\ .} \tag{4.76}$$

式 (4.61) より，

$$\left(\mathbb{E}^1 \otimes \mathcal{E}^1\right)^2_2 = \mathbb{E}^1_1 \mathcal{E}^1_1\ , \tag{4.77}$$

$$\left(\mathbb{E}^1 \otimes \mathcal{E}^1\right)^2_1 = \frac{1}{\sqrt{2}}\ \left(\mathbb{E}^1_1 \mathcal{E}^1_0 + \mathbb{E}^1_0 \mathcal{E}^1_1\right)\ , \tag{4.78}$$

$$\left(\mathbb{E}^1 \otimes \mathcal{E}^1\right)^2_0 = \frac{1}{\sqrt{6}}\ \left(\mathbb{E}^1_1 \mathcal{E}^1_{-1} + 2\mathbb{E}^1_0 \mathcal{E}^1_0 + \mathbb{E}^1_{-1} \mathcal{E}^1_1\right)\ , \tag{4.79}$$

$$\left(\mathbb{E}^1 \otimes \mathcal{E}^1\right)^2_{-1} = \frac{1}{\sqrt{2}}\ \left(\mathbb{E}^1_{-1} \mathcal{E}^1_0 + \mathbb{E}^1_0 \mathcal{E}^1_{-1}\right)\ , \tag{4.80}$$

$$\left(\mathbb{E}^1 \otimes \mathcal{E}^1\right)^2_{-2} = \mathbb{E}^1_{-1} \mathcal{E}^1_{-1}\ . \tag{4.81}$$

球基底においてテンソル $T^{(\kappa)}$ を表現したのと同様の方法で（式 (4.72)，(4.75)，および (4.76)），テンソル $U^{(\kappa)}$ も球基底で表される．よって，シュタルク誘起遷移強度も，既約球面テンソルを用いて表される（式 (4.68) と付録 **F** の式 (F.31)）：

$$\begin{aligned}A_{\rm s} = &-\frac{1}{\sqrt{3}}\left(\vec{\mathbb{E}} \cdot \vec{\mathcal{E}}\right)\langle m|U^0_0|n\rangle + \sum_q \frac{i}{\sqrt{2}}(-1)^q\left(\vec{\mathbb{E}} \times \vec{\mathcal{E}}\right)_q\langle m|U^1_{-q}|n\rangle \\ &+ \sum_q (-1)^q\left(\mathbb{E}^1 \otimes \mathcal{E}^1\right)^2_q\langle m|U^2_{-q}|n\rangle\ .\end{aligned} \tag{4.82}$$

(c) 式 (4.82) およびウィグナー-エッカルトの定理 (F.1) より，シュタルク誘起遷移強度は

$$\begin{aligned} A_{\mathrm{s}} = &-\frac{1}{\sqrt{3}}\left(\vec{\mathbb{E}}\cdot\vec{\mathcal{E}}\right)\frac{\langle m,F'||U^0||n,F\rangle}{\sqrt{2F'+1}}\langle F,M,0,0|F',M'\rangle \\ &+\frac{i}{\sqrt{2}}(-1)^{M-M'}\left(\vec{\mathbb{E}}\times\vec{\mathcal{E}}\right)_{q=M-M'}\frac{\langle m,F'||U^1||n,F\rangle}{\sqrt{2F'+1}} \\ &\langle F,M,1,M'-M|F',M'\rangle \\ &+(-1)^{M-M'}\left(\mathbb{E}^1\otimes\mathcal{E}^1\right)^{\kappa=2}_{q=M-M'}\frac{\langle m,F'||U^2||n,F\rangle}{\sqrt{2F'+1}} \\ &\langle F,M,2,M'-M|F',M'\rangle\ . \end{aligned} \tag{4.83}$$

文献[文献 8]において，シュタルク誘起強度は**スカラー (scalar)**，**ベクトル (vector)**，および**テンソル遷移分極率 (tensor transition polarizabilities)** とよばれる実変数 α, β, および γ で定義される．これらの変数は，上の表現の 3 つの項に相当する．しかし，これらの変数を規格化する普遍的な慣例はないように思われる．γ 項がゼロの場合（問 **(d)** をみよ），α は互いに平行な静電場と，光分極におけるシュタルク誘起強度を特徴づけるが，β は光分極が静場に垂直のときの強度を特徴づける．$s_{1/2}$ 状態間の遷移の場合（例えば，パリティの破れの実験が行われた Cs における $6s_{1/2}\rightarrow 7s_{1/2}$ 遷移），全角運動量 F と F' をもつ状態間のシュタルク誘起遷移強度は，便宜的に以下のように表せる：

$$A_{\mathrm{s}} = \alpha\,\vec{\mathbb{E}}\cdot\vec{\mathcal{E}}\,\delta_{F,F'}\delta_{M,M'} + i\beta\left(\vec{\mathbb{E}}\times\vec{\mathcal{E}}\right)\cdot\langle F'M'|\vec{\sigma}|FM\rangle\ . \tag{4.84}$$

ただし，$\vec{\sigma}$ はパウリのスピン演算子である．

(d) 式 (4.84) のさまざまな項における角運動量選択則は，適当な階のテンソルで通常用いられる（**表 4.1** を見よ）．これらの選択則はクレプシュ-ゴルダン係数の性質に従う．

遷移に依存して，α,β, および γ の異なる結合が寄与できる．例えば，$F=1/2\rightarrow F'=1/2$ では，電場誘起遷移強度はスカラーとベクトル成分をもつが[文献 9]，$F=0\rightarrow F'=1$ ではベクトル強度のみが寄与する．

[文献 8] 例えば, Bouchiat, Bouchiat (1975); Drell, Commins (1985); Bowers ら (1999); Bennett, Wieman (1999).

[文献 9] Bouchiat, Bouchiat (1975).

表 4.1 全角運動量 F における遷移分極率の寄与と対応する選択則.

	Rank	Selection rules
α	0	$\Delta F = 0$
β	1	$\Delta F = 0,\ \pm 1;\ 0 \nrightarrow 0$
γ	2	$\Delta F = 0, \pm 1, \pm 2;\ 0 \nrightarrow 0;\ \frac{1}{2} \nrightarrow \frac{1}{2};\ 0 \nrightarrow 1;\ 1 \nrightarrow 0$

(e) この節では，1 次摂動を用いてきたが，それに応じた結果の適用性に限界がある．特に，この結果は準位のシュタルクシフトが，準位間隔より十分小さいときにのみ妥当である．

4.6 光の磁気偏向

Probrems and Solutions

磁気光学効果は，光場が磁場中の媒体を横切るときに，ストークス変数の変化（**付録 D**）を測定することによって観測される[文献 10]．ここでは，Schlesser と Weis (1992) によって観測されたもう 1 つの磁気光学効果，すなわち磁場中の媒体を通過する光ビームの偏りを考える．

均一な磁場 $\vec{B}$ が加えられた等方性媒質を考えよう．

(a) 誘導ベクトル $\vec{D}$ と電場 $\vec{E}$ の成分に以下の関係があることを思い出そう：

$$D_i = \varepsilon_{ij} E_j\ . \tag{4.85}$$

ただし，ε_{ij} は誘電率テンソルである．対称性の考察から，ε_{ij} は

$$\varepsilon_{ij}(\vec{B}) = \tilde{\varepsilon}\delta_{ij} + i\tilde{\gamma}\epsilon_{ijk}B_k \tag{4.86}$$

と与えられることを示せ．ただし，$\tilde{\varepsilon}$ と $\tilde{\gamma}$ は周波数に依存する複素スカラーであり，ϵ_{ijk} はレヴィ-チヴィタの完全反対称テンソルである．

(b) 波数 $\vec{k}$ をもつ線偏光が，境界と垂直方向から媒体に入るとき，媒体中（光ビームのエネルギー流の方向）のポインティングベクトル

$$\vec{S} = \frac{c}{4\pi}\vec{E} \times \vec{H} \tag{4.87}$$

が以下の時間平均値をもつことを示せ:

$$\langle \vec{S} \rangle \approx \frac{cE_0^2}{8\pi}\left[\hat{k} + \mathrm{Im}(\tilde{\gamma})\sin\varphi\Big(\cos\varphi\ \vec{B} + \sin\varphi\ (\hat{k} \times \vec{B})\Big)\right]\ . \tag{4.88}$$

[文献 10] 4.1, 4.3, 4.7 節，Budker らによる総説 (2002).

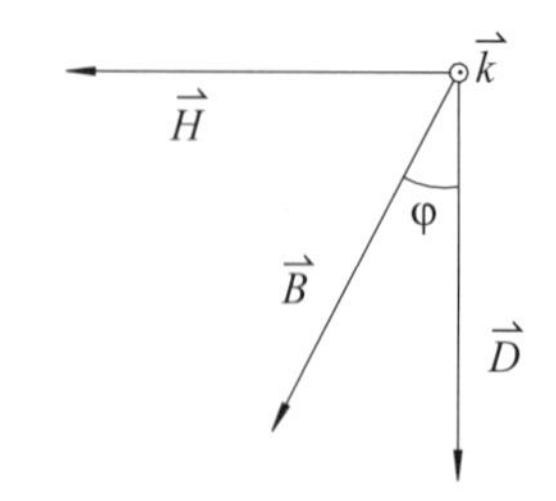

図 4.8　媒質にかけられた波数 $\vec{k}$，光の誘導ベクトル $\vec{D}$ と磁場 $\vec{H}$，および静磁場 $\vec{B}$.

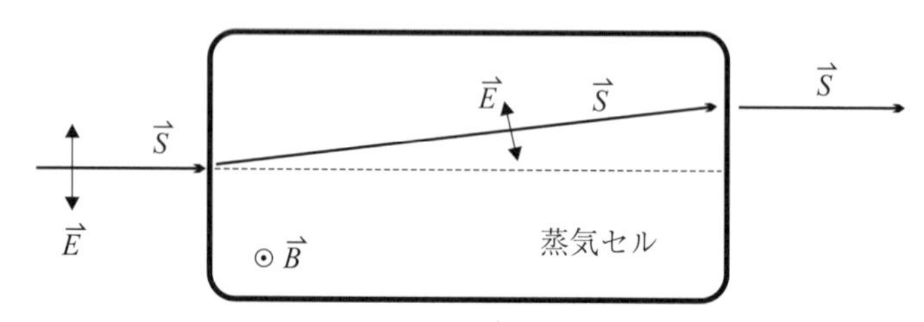

図 4.9　媒質中（例えば，原子蒸気）の $\vec{E}$ 方向，すなわちポインティングベクトル $\vec{S}$ の変化は，光ビームの偏向を引き起こす．図に示した配置は，偏向を観測する最適なもので，$\varphi = \pi/2$ に相当する（本文参照）.

ただし，$\vec{E}$ と $\vec{H}$ はそれぞれ光の電場と磁場であり，φ は入射光偏極と磁場 $\vec{B}$ との角度，$\vec{B}$ は $\hat{k}$ に垂直な平面に横たわるとする（図 **4.8**）．非磁性であまり吸収しない媒質を仮定すると：

$$\mathrm{Im}(\tilde{\varepsilon}), |\mathrm{Im}(\tilde{\gamma}B)| \ll \mathrm{Re}(\tilde{\varepsilon}) \approx 1 \ .$$

E と B は，それぞれ光電場と印加静磁場の大きさ，E_0 は光場の振幅である（$E = E_0 \cos(\omega t)$，ω は光周波数）.

(c) 最も好ましい配置において，共鳴状態にある原子蒸気を含むセル（図 **4.9**）を横切るレーザービームの磁場誘起偏向強度を求めよ．

ヒント

(c) において，磁場誘起円複屈折性，円二色性（4.1 節）などの磁気光学現象に応答する誘電テンソル ε_{ij} の成分は，磁気偏向にも応答することを用いよ．複素屈折率は ε と

$$n = \sqrt{\varepsilon} \tag{4.89}$$

の関係があるから，4.1 節の公式を用いて，屈折率の磁場誘起変化の大きさを

求めることができる.

解

(a) 式 (4.86) の第 1 項は, 等方性媒質における誘電テンソルの通常の形である[文献 11]. そのような媒質では, 特に好ましい方向はなく, 誘導ベクトル $\vec{D}$ は $\vec{E}$ に平行である必要がある:

$$\vec{D} = \tilde{\varepsilon}\vec{E} . \tag{4.90}$$

磁場がかけられたとき, 問題のベクトルからベクトル量をつくるもう 1 つの方法がある (より正確には, 光電場のベクトル $\vec{E}$ と擬ベクトル $\vec{B}$) : $\vec{B} \times \vec{E}$. これは, 式 (4.86) の第 2 項によって表される. 因子 i はこの項で表せる, $\tilde{\varepsilon}$ と $\tilde{\gamma}$ は, 透明な媒質の場合は実数でなければならないからである. $\vec{D}$ と $\vec{E}$ の関係は, 時間反転に対して不変であるべきである. $\vec{D}$ と $\vec{E}$ はいずれも時間反転不変であるが (T-偶), $\vec{B}$ は T-奇である. 時間反転においてすべての演算子の複素共役をとると (1.13 節), i は妥当な時間反転対称性を保証する.

(b) 光は標準的入射で媒質に入るから, $\vec{k}$ の方向は変わらない. 光の磁場方向もまた変わらない. それは, $\hat{k}$, $\vec{D}$, および $\vec{H}$ が互いに垂直であるマクスウェル方程式に従う. よって, 誘導 $\vec{D}$ は入射光の電場, すなわち $\vec{k} \times \vec{H}$ 方向を向く. しかし, 一般に媒質中の電場 $\vec{E}$ は $\vec{D}$ と並行ではない.

式 (4.86) より,

$$\vec{D} = \tilde{\varepsilon}\vec{E} - i\tilde{\gamma}\vec{B} \times \vec{E} . \tag{4.91}$$

$\vec{H} = \hat{k} \times \vec{E}$ であるから, ポインティングベクトルを求めるには,

$$\vec{S} = \frac{c}{4\pi}\vec{E} \times \left(\hat{k} \times \vec{E}\right) \tag{4.92}$$

を見積もる必要がある. よく知られたベクトル恒等式を適用すると,

$$\vec{E} \times \left(\hat{k} \times \vec{E}\right) = \hat{k}\left(E^2\right) - \vec{E}\left(\hat{k} \cdot \vec{E}\right) , \tag{4.93}$$

$$\vec{S} = \frac{cE^2}{4\pi}\left[\hat{k} - \vec{E}\frac{\left(\hat{k} \cdot \vec{E}\right)}{E^2}\right] . \tag{4.94}$$

[文献 11] 例えば, Griffiths (1999), Landau らによる連続媒質中の電磁気学の教科書 (1995).

まず，式(4.91)と$\hat{k}\cdot\vec{D}=0$を用いて$\hat{k}\cdot\vec{E}$を求める（図4.8）：

$$\hat{k}\cdot\vec{E}=\frac{i\tilde{\gamma}}{\tilde{\varepsilon}}\hat{k}\cdot\left(\vec{B}\times\vec{E}\right)\approx\frac{i\tilde{\gamma}}{\tilde{\varepsilon}^2}\hat{k}\cdot\left(\vec{B}\times\vec{D}\right)\,. \tag{4.95}$$

ここで，$\propto\tilde{\gamma}^2B^2$の項は無視した．$\vec{B}\times\vec{D}$は$\hat{k}$を向くこと（図4.8），および誘導ベクトルの大きさが$D\approx\tilde{\varepsilon}E$であることから，

$$\hat{k}\cdot\vec{E}\approx\frac{i\tilde{\gamma}BE}{\tilde{\varepsilon}}\sin\varphi\,. \tag{4.96}$$

したがって，ポインティングベクトルは，

$$\vec{S}\approx\frac{cE^2}{4\pi}\left[\hat{k}-i\tilde{\gamma}\left(\frac{B}{D}\right)\sin\varphi\vec{D}\right]. \tag{4.97}$$

ここで，$\propto\tilde{\gamma}^2B^2$の項は無視した．$\vec{k}\perp\vec{B}$より，

$$\vec{D}=\vec{B}\frac{\left(\vec{D}\cdot\vec{B}\right)}{B^2}+\left(\hat{k}\times\vec{B}\right)\frac{\left[\vec{D}\cdot\left(\hat{k}\times\vec{B}\right)\right]}{B^2}\,. \tag{4.98}$$

式(4.97)で式(4.98)を用いて，式(4.88)を得る：

$$\boxed{\langle\vec{S}\rangle\approx\frac{cE_0^2}{8\pi}\left[\hat{k}+\mathrm{Im}(\tilde{\gamma})\sin\varphi\left(\cos\varphi\vec{B}+\sin\varphi(\hat{k}\times\vec{B})\right)\right]\,.}$$

ここで，電場と同位相の光電場の成分のみが平均ポインティングベクトルに寄与することを考慮し，$\langle E^2\rangle=E_0^2/2$の時間平均を用いた．

(c) 式(4.88)より，最大偏向は$\varphi=\pi/2$で起こることがわかる．

共鳴に近い蒸気において変位の大きさを求めるために，ヒントで述べた通り，媒質の複素屈折率の磁場誘起変化の大きさδnが求まる（4.1節）：

$$\delta n\sim\frac{g\mu B}{\Gamma}(n-1). \tag{4.99}$$

ここで，$g\mu B$はゼーマンシフト，Γは遷移幅（例えば，ドップラー幅），nは磁場に依存しない複素屈折率，および弱い磁場($|g\mu B|\ll\Gamma$)を仮定した．

共鳴の極近くでは，$n-1$の実部と虚部の最大値は同程度であり，

$$4\pi\mathrm{Im}(n)\;\ell_0/\lambda\sim1 \tag{4.100}$$

から計算できる．ただし，ℓ_0は吸収長（3.7節）およびλは光波長である．これを用いて，誘電テンソルにおける関連する磁場依存項の大きさが求まる:

$$\mathrm{Im}(\tilde{\gamma})B\sim\frac{1}{4\pi}\frac{g\mu B}{\Gamma}\frac{\lambda}{\ell_0}\,. \tag{4.101}$$

式 (4.101) と (4.88) を用いて，長さ ℓ の媒質を横切る間に，光ビームは

$$\boxed{\Delta \sim \frac{1}{4\pi}\frac{g\mu B}{\Gamma}\frac{\ell}{\ell_0}\lambda} \tag{4.102}$$

だけ偏向する．ずれのスケールは波長で決まることに注意しよう．

Schlesser と Weis (1992) による仕事では，$\ell/\ell_0 \sim 1$ の室温原子蒸気が用いられた．光は D2 線 (852 nm) に合わせられ，$g\mu B/\Gamma \sim 0.1$ に相当する 50 G の磁場がかけられた．観測されたビームのずれは ~ 30 nm であった．

4.7 光ポンピング磁力計の古典模型

Probrems and Solutions

図 4.10 に，いわゆる M_x スキームで動作する光ポンピング磁力計の模式図を示す（M_x スキームの語源は，この節の後で明らかになる）．

磁力計の中心的要素は，Rb，Cs，もしくは K といったアルカリ金属いずれかの蒸気を含むセルである．蒸気は D1 か D2 遷移に共鳴する円偏光を照らされる．透過光の強度は位相敏感（ロックイン）増幅器に繋がった光検出器によって計測される．ロックインアンプの参照信号は，蒸気セルを囲む磁気コイルを通してラジオ波電流を駆動する発振機からくる．コイルによって発生する磁場は，（ほぼ直流の）電圧によって制御され，その入力はロックインアンプの出力からくる．

この問題では，適切な動作条件のもとで，光検出信号とラジオ波の磁場が磁場 H に相当するラーモア周波数で振動することを示そう．周波数を測定することで（例えば周波数カウンターで），磁気回転比の知られた値を使って H

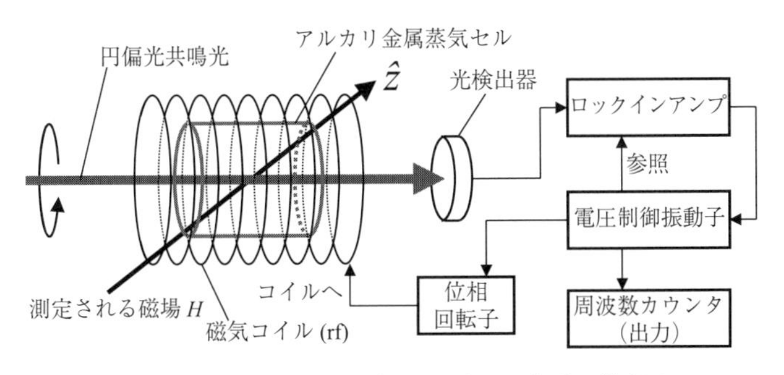

図 4.10　M_x 型光ポンピング磁力計の簡単な模式図．

の大きさを決定することができる[6].

際立った特徴をもつ磁力計の最も単純な模型を示すために，多くの単純化した仮定をする．まず，複雑なアルカリ金属の超微細構造エネルギー準位をもつ量子力学的問題を考える代わりに，磁気回転比 γ の古典スピンとして原子をモデル化することで，静磁場 $\vec{H}$ 中のスピンは磁場の周りをラーモア周波数で歳差運動する．$\vec{H}$ 方向の磁化成分は，確率 Γ_1 で緩和し（**縦緩和 (longitudinal relaxation)**），$\vec{H}$ に垂直な成分は確率 Γ_2 で緩和する（**横緩和 (transverse relaxation)**）[7]．2つ目に，rf 磁場は H と比べて小さく，$\hat{z}$（$\vec{H}$）方向の rf 磁場の成分は無視できると仮定する．この成分は，ラーモア周波数の速い変調をもたらすが，ここでは重要でない．3つ目に，$\hat{z}$ と垂直方向で振動する rf 磁場の残った成分は，逆回転する2成分に分解でき，1つは磁気モーメントと同じ方向に，他は逆方向に回転する．共鳴に近い条件を考えるから，後者は無視する（回転波近似–2.7 節参照）.

光ポンピング率と緩和率はラーモア周波数より十分小さいとしよう．rf 磁場のないとき，$\hat{z}$ 方向に定常磁化（M_0 とおく）がある．実際，光ポンピングは $\hat{z}$ からある角度で磁化を生み出すが，その傾きは xy 面内で円状に均一に分布するため，$\hat{z}$ 成分のみが原子集団の平均で生き残る[8].

(a) 静磁場と回転磁場の効果，および縦 (Γ_1) と横 (Γ_2) 緩和を含め，磁化のデカルト成分の古典的な時間発展を記述する微分方程式を書き下せ．

(b) これらの方程式の定常状態解を求めよ．$\Gamma_2 = \Gamma_1$ および $\Gamma_2 \gg \Gamma_1$ の場合について考えよ．

(c) 図 4.10 を参照し，光透過信号の変調の起源について説明せよ．位相回転の目的は何か．

---

[6] M_x 磁力計が用いられる地磁気程度の精密な磁場測定では，磁場によって起こるアルカリ原子基底状態の異なる超微細成分混合による，ゼーマンエネルギーシフトの非線形性を考慮する必要がある（1.4 節）.

[7] 集団における横と縦緩和の違いは，磁場中で歳差運動する各スピンがわずかに異なる磁場を見ていることによる（2.8 節）．この状況では，例えば，スピンはもともと磁場に対してある同じ角度方向を向いていても，結果的に異なる歳差運動速度によって広がる．そのため，横磁化は消え，縦磁化が残る．$\Gamma_2 \geq \Gamma_1$ は常に正しい．

[8] 光の伝搬方向に垂直な $\vec{H}$ をかける特別な場合は，全体として磁化は発生しない．結果的に，磁力計のダークゾーン—磁場に対する感度が消える装置の配向—が出現する．M_x 磁力計の場合，もう1つのダークゾーンは磁場 $\vec{H}$ が光伝搬方向のときであり，rf 磁気コイルによってかけられた磁場は完全に縦方向である．

ヒント

回転座標系 (rotating frame)，すなわち回転 rf 場が止まった座標系において，方程式を書くと便利である．まず，緩和を無視した式を書き，次に緩和項を手で加える．得られる方程式は**ブロッホ方程式 (Bloch equations)** として知られ，磁気共鳴の先駆者 Felix Bloch によって 1946 年に初めて導出された．

解

(a) 磁気回転比 γ は，原子の磁気モーメント $\vec{M}$ と角運動量 $\vec{F}$ の間の比例係数である:

$$\vec{M} = \gamma \vec{F} \ . \tag{4.103}$$

磁気トルクによる角運動量の時間微分は，

$$\frac{d\vec{F}}{dt} = \vec{M} \times \vec{H}_t. \tag{4.104}$$

ここで，$\vec{H}_t$ は全磁場（静磁場と回転磁場）であり（式 (4.104) の両辺に γ を掛け，式 (4.104) を用いると），

$$\frac{d\vec{M}}{dt} = \gamma \vec{M} \times \vec{H}_t \ . \tag{4.105}$$

次に，磁場の明確な時間依存性を排除するために，周波数 ω で rf 場とともに回転する座標系に移る．回転座標系と実験室座標系の磁気モーメントの時間微分には，以下の関係がある（2.6 節）：

$$\left(\frac{d\vec{M}}{dt}\right)_{\text{rot}} = \left(\frac{d\vec{M}}{dt}\right)_{\text{lab}} - \vec{\omega} \times \vec{M} = \gamma \vec{M} \times \left(\vec{H}_t + \frac{\vec{\omega}}{\gamma}\right) . \tag{4.106}$$

回転座標系 $[x', y', z]$ で計算を実行し，下付きを書かないことにしよう．回転場が $\hat{x}'$ 方向を向いているとして，デカルト成分に関して式 (4.106) を書き直し，緩和項を加えると，求めたいブロッホ方程式を得る:

$$\frac{dM_{x'}}{dt} = \gamma M_{y'}\left(H - \frac{\omega}{\gamma}\right) - \Gamma_2 M_{x'}, \tag{4.107}$$

$$\frac{dM_{y'}}{dt} = -\gamma M_{x'}\left(H - \frac{\omega}{\gamma}\right) + \gamma M_z H_r - \Gamma_2 M_{y'}, \tag{4.108}$$

$$\frac{dM_z}{dt} = -\gamma M_{y'} H_r - \Gamma_1(M_z - M_0) \ . \tag{4.109}$$

ここで，H_r は回転場の大きさ，M_0 は rf 場のないときの平衡磁化である．rf 場の回転方向を選んだことで，z に向いた磁場の大きさが回転座標系で減少したことに注意しよう．

(b) 式 (4.107,4.108,4.109) の左辺の微分係数をゼロとおくと（回転座標系で止まっているので許される），不均一な線形な系を得る:

$$\begin{pmatrix} -\Gamma_2 & \Delta & 0 \\ -\Delta & -\Gamma_2 & \omega_r \\ 0 & -\omega_r & -\Gamma_1 \end{pmatrix} \begin{pmatrix} M_{x'} \\ M_{y'} \\ M_z \end{pmatrix} = \begin{pmatrix} 0 \\ 0 \\ -\Gamma_1 M_0 \end{pmatrix} . \tag{4.110}$$

ここで，$\Delta = \gamma H - \omega$, $\omega_r = \gamma H_r$ である．磁化の成分について解くと，

$$M_{x'} = M_0 \frac{\omega_r \Delta}{\Gamma_2^2 + \Delta^2 + \frac{\Gamma_2}{\Gamma_1}\omega_r^2}, \tag{4.111}$$

$$M_{y'} = M_0 \frac{\omega_r \Gamma_2}{\Gamma_2^2 + \Delta^2 + \frac{\Gamma_2}{\Gamma_1}\omega_r^2}, \tag{4.112}$$

$$M_z = M_0 \frac{\Delta^2 + \Gamma_2^2}{\Gamma_2^2 + \Delta^2 + \frac{\Gamma_2}{\Gamma_1}\omega_r^2} \ . \tag{4.113}$$

共鳴状態 $(\Delta = 0)$ では，

$$M_{x'} = 0, \tag{4.114}$$

$$M_{y'} = M_0 \frac{\omega_r \Gamma_2}{\Gamma_2^2 + \frac{\Gamma_2}{\Gamma_1}\omega_r^2} = M_0 \frac{\omega_r \Gamma_1}{\Gamma_1 \Gamma_2 + \omega_r^2}, \tag{4.115}$$

$$M_z = M_0 \frac{\Gamma_2^2}{\Gamma_2^2 + \frac{\Gamma_2}{\Gamma_1}\omega_r^2} = M_0 \frac{\Gamma_1 \Gamma_2}{\Gamma_1 \Gamma_2 + \omega_r^2} \tag{4.116}$$

が得られ，回転座標系では，平均磁化の $y'z$ 面内の z 軸からの角度は

$$\tan^{-1}\left(\frac{\omega_r}{\Gamma_2}\right). \tag{4.117}$$

$M_{y'}$ 成分の大きさは ω_r の関数として，$\omega_r = \sqrt{\Gamma_1 \Gamma_2}$ で最大値に到達する．ω_r がこの値に等しいとき，$\Gamma_1 = \Gamma_2$, $M_{y'} = M_z$ で，磁化は z 方向から $\pi/4$ にある．$\Gamma_2 \gg \Gamma_1$ では，磁化は z 軸から小さい角度 $\sqrt{\Gamma_1/\Gamma_2}$ にある．

(c) 実験室系に戻ると，定常状態（回転系では時間に依存しない）の磁化は，z 軸周りに周波数 ω で歳差運動する．この歳差運動は光伝搬方向への磁化射

影の時間変化（周波数 ω）を起こす．光は円偏光であるから，これは透過係数の変調を起こす（3.9 節参照）．重要な点は，$M_{x'}$ と $M_{y'}$ からくる変調において $\pi/2$ の位相シフトがあることである．

rf 場とロックインアンプの位相を適当に選ぶと（図 4.10 に示した位相回転子を用いる），検出器は $M_{x'}$ による変調に敏感になる．式 (4.111) によると，M_x は測定された磁場 H に相当するラーモア周波数と rf 周波数とのずれ Δ に関する奇関数である．位相は電圧制御発振機からの周波数出力をロックする方法でラーモア周波数に調整される．よって，磁力計は自身で振動する周波数発振器であり，周波数は外部磁場で決まる．

4.8 永久電気双極子モーメントの探索 (T)

Probrems and Solutions

ここでは，原子が永久 **(permanent)** 電気双極子 (EDM) をもつ可能性について探求する．電子が EDM をもつときに起こる事例を示す．長きにわたってさまざまな素粒子の EDM 探索実験が行われてきた：最も際立っているのは中性子，さまざまな核，および電子である．優れた総説は Khriplovich と Lamoreaux (1997) による教科書である．この問題では，電子の EDM d_e の探索を考える．現在，最善の上限は Commins と共同研究者による原子タリウムを使った実験で得られている[9),［文献 12］]．

$$|d_e| \lesssim 1.5 \times 10^{-27}\ e \cdot \mathrm{cm}\ . \tag{4.118}$$

(a) 水のような極性分子は "永久" 双極子をもつことがよく知られているが，なぜそこまで多くの努力が素粒子の EDM 探索に注がれてきたかのかと思われるかもしれない．実際，極性分子の値は標準表で調べることができる．しかし，極性分子は真に永久の EDM をもたない．極性分子のパリティの異なる準位は，エネルギー的に近く，それらの間のシュタルク混成で小さな電場は飽和し，分子は局所的な電場で自ら完全に整列する（7.6 節）．したがって，それらは線形シュタルクシフトを示し，永久双極子モーメントをもつように

[9] 訳者注：最近の研究の進展として，例えば，J. Baron *et al.* Science **343**, 269–272 (2014).

［文献 12］ Regan ら (2002).

なる．

これと同じことが，ラムシフトでのみ離れた水素原子の $2S$ と $2P$ 状態で起こる．外部電場の関数としてこれらの準位のシュタルクシフトを計算し，$d_{sp}E \gg \omega_{sp}$ の極限でシュタルクシフトが E と線形であることを示せ（d_{sp} は電気双極子行列，$\omega_{sp} = 2\pi \times 1058$ MHz は $2S$, $2P$ 分裂）．どの E の値において，シュタルクシフトが線形であるか．

解

水素原子にかけられた $\hat{z}$ 方向の電場 $\vec{E}$ は，$2S$ と $2P$ 準位を混ぜ，電気双極子の選択則より（2.1 節），$\vec{E}$ は状態 $M_J = M_J{}'$，すなわち $|2,0,1/2,1/2\rangle$ と $|2,1,1/2,1/2\rangle$ を混成する（ここでは，$2^2S_{1/2}$ と $2^2P_{1/2}$ 状態を $|n,e,J,M_J\rangle$ で表記する）．この系を記述するハミルトニアン $\mathbf{H}$ について永年方程式 $(\hbar = 1)$

$$\mathbf{H} = \begin{pmatrix} \omega_{sp} & -d_{sp}E \\ -d_{sp}E & 0 \end{pmatrix} \tag{4.119}$$

を解くと（1.4 節参照），固有エネルギーを得る：

$$E_1 = \frac{\omega_{sp}}{2}\left(1 - \sqrt{1 + 4\frac{d_{sp}^2E^2}{\omega_{sp}^2}}\right) , \tag{4.120}$$

$$E_2 = \frac{\omega_{sp}}{2}\left(1 + \sqrt{1 + 4\frac{d_{sp}^2E^2}{\omega_{sp}^2}}\right) . \tag{4.121}$$

ここで，準位の緩和を無視した．小さな電場 $dE \ll \omega_{sp}$ では，エネルギーの電場に対する 2 次依存性を呼び起こす：

$$E_1 \approx -\frac{d_{sp}^2E^2}{\omega_{sp}} , \tag{4.122}$$

$$E_2 \approx \omega_{sp} + \frac{d_{sp}^2E^2}{\omega_{sp}} . \tag{4.123}$$

一方，大きな電場 $dE \gg \omega_{sp}$ では，

$$E_1 \approx -d_{sp}E , \tag{4.124}$$

$$E_2 \approx +d_{sp}E . \tag{4.125}$$

実際，大きな電場では，線形シュタルクシフトが観測され，原子は永久双極子モーメントをもつが，これは状態が電場で完全に混じったためである．原

子は電場の印加しない限り，固有の電気双極子モーメントをもたない．

双極子行列要素

$$d_{sp} = -e\langle 2, 1, 1/2, 1/2|z|2, 0, 1/2, 1/2\rangle \tag{4.126}$$

は 4.4 節より，

$$d_{sp} = -\sqrt{3}\, ea_0 \tag{4.127}$$

であることが求まっている（式 (4.49)）．$ea_0 \approx 1.28$ MHz/(V/cm)（**付録 A**）であるから，線形シュタルクシフトは，以下のときに起こる．

$$\boxed{E \gg \left|\frac{\omega_{sp}}{2d_{sp}}\right| \approx 250\ \mathrm{V/cm}\ .} \tag{4.128}$$

(b) 原子 EDM$\vec{d_a}$ の結果について考える 1 つの方法は，ハミルトニアン

$$H_{\mathrm{edm}} = -\vec{d_a}\cdot\vec{E} \tag{4.129}$$

を考えることである．

この双極子モーメントの存在はパリティ (P) と時間反転 (T) 不変性を破ることを示せ（どのベクトルが $\vec{d_a}$ に向くか）．

この破れは，EDM が非常に興味をもたれる理由である．巨視的観点からは，自然が時間の矢をもつことは明らかに思える [10]．しかし，ミクロな系における T-非保存の唯一の根拠は，中性 K および B-メソンの CP 対称性の破れの観測からくる（自然法則が複合変換 CPT の下で対称であるという広く信じられている性質を受け入れれば，T 対称性の破れを示唆する）．CP 対称性の破れは，標準模型に現象論的に組み込まれており，この CP 対称性の破れによる電子の EDM の大きさに関する標準模型の予言は，現在の実験精度を何桁も下回る．CP 対称性の破れの起源はほとんど解明されておらず，この現象を説明するためのさまざまな提案が（超対称性理論など），現在の実験

[10] “時間の矢” の典型例は，孤立系のエントロピーが減少できないという熱力学の第二法則である．この法則は，ある巨視的状態（マクロ状態）に有用な微視的状態（ミクロ状態）が増えるにつれて，より系がマクロ状態に近くなることに基づく．しかし，そのような時間の矢は，T-不変性を破る系のダイナミクスを支配する物理法則を示唆しなければ，依存もしない．よって，原理的に系が高いエントロピーの状態から低いエントロピーの状態へ移ることは物理的に可能である．これが統計的に大きな系で起こることは極めてあり得ない．その問題は，Sachs (1987) による本で詳細に議論されている．

技術でも測定可能な d_e の値を予言している．したがって，EDM 探索は素粒子物理学における新たな理論を検証するための良い方法であることがわかる．

解

永久原子 EDM$\vec{d}_a$ と電場 $\vec{E}$ との相互作用を記述するハミルトニアン

$$H_{\mathrm{edm}} = -\vec{d}_a \cdot \vec{E} \tag{4.130}$$

を考える．ウィグナー-エッカルトの定理より，$\vec{d}_a$ の期待値は $\langle\vec{F}\rangle$ に比例しなけならない．ただし，$\langle\vec{F}\rangle$ は原子状態の全角運動量である（**付録 F**）．したがって，ウィグナー-エッカルトの定理から $\vec{d}_a$ が軸性ベクトルであることが要求される，すなわちパリティ変換でも偶である必要がある．一方，$\vec{E}$ は極性ベクトルであり，すなわち P に対して奇であるため，H_{edm} は P-odd，すなわちパリティを破ることがわかる（1.13 節参照）．

同様に，時間反転 $\vec{F} \to -\vec{F}$ に対して，$\vec{d}_a \to -\vec{d}_a$ が示唆されるが，$\vec{E}$ は不変である．したがって，H_{edm} もまた時間反転 (T) に対して奇である．

(c) 電子が永久 EDMd_e をもつとする．なぜ自由電子の EDM の探索は，あまり現実的でないのか．

解

電子は電荷をもつため，自由電子の EDM を測定するのは困難である．d_e と電場の相互作用を探しているが，外部電場は電子を加速して測定装置の外に出してしまい，測定を継続できなくなる．

電子を閉じ込めるトラップのようなものも考えられるが（1.6 節で議論したペニングトラップ），問 (d) で見るように，相対論的な効果を通してのみ d_e は観測可能となる[11)]．電子の場合，中性原子の EDM を探すのがずっと現実的であり，（相対論効果のおかげで）d_e に比例することがわかる．

(d) 問 (c) から，電子 EDM を探すより良い方法は，中性原子の EDM 測定であることがわかったが，電子 EDM は原子 EDM を生み出すだろうか．

非相対論的量子力学に基づいて，電子 EDM が原子において測定可能な効果を生み出さないことを論じよ．これは，シッフの定理 **(Schiff's theo-**

---

11) 実際，磁気貯蔵リング内に閉じ込めた相対論的ミューオンを用いて，ミューオンの EDM の探索が実現できる [例えば，Semertzidis らの論文 (2001) を参照]．原理的に，同様の実験が電子でも実行できるかもしれないが，原子の実験で得られる d_e の限界は，今のところ相手になりそうにない．

rem) [文献 13] として広く知られている.

解

非相対論的には，原子は静電的な力のみが重要な完全導体とみなすことができる．電場をかけられると，核周りの電子の再配置によってつくられる内部電場によって，原子内で外部電場が打ち消されるように原子は分極する．これは，電場中の中性原子が加速されないことから明白であり，結果的に力を感じない．よって，各構成粒子の感じる平均電場はゼロとなる．

(e) 幸運なことに，相対論的効果によって，外部電場は遮蔽されなくなる．実際には，原子の EDM d_a が，電子の EDM と比べて増大する．このことは，Sandars (1965) の先駆的な発見であり，常磁性原子（不対電子をもつ）を使ったさまざまな電子 EDM 探索実験への道を開いた．

原子数 Z の常磁性中性原子の基底状態において，

$$d_a \sim Z^3 \alpha^2 d_e \tag{4.131}$$

であることについて論ぜよ．

Cs のような 1 つの価電子をもつ重原子の基底状態を見てみよう．相対論的効果が原子核近くの $r \lesssim a_0/Z$ 領域で最も顕著になることを用いよ（1.13 節の類似の議論を参照）．

ヒント

電子の EDM が逆のパリティをもつ状態の混合によって誘起されることを用いよ．混合への主な寄与は，電子の運動が特に相対論的になる核の近く $(r \lesssim a_0/Z)$ で起こる．

解

電子の EDM d_e が逆パリティの状態を混合することで，原子の EDM d_a を誘起する．以下の議論で d_a と d_e の比が求められる．

EDM を測定するには，外部電場 $\vec{E}$ を印加し，エネルギーシフト $-\vec{d}_a \cdot \vec{E}$ を調べる．すなわち，$\vec{E}_{\text{ind}}$ を電子の感じる誘起電場としたときのエネルギーシフトが $-\langle \vec{d}_e \cdot \vec{E}_{\text{ind}} \rangle$ であるといえる．実際，この問題を巡る微妙な点（さ

[文献 13] Schiff (1963).

まざまな文献でも誤解が広まっている）が最近指摘されている．Commins ら (2007) は，相対論的な場合でさえ，$\langle \vec{E}_{\rm ind} \rangle = 0$ となることを指摘した．よって，相対論的な場合に消えないのは，期待値 $\langle \vec{d}_e \cdot \vec{E}_{\rm ind} \rangle$ である．

単純な議論によって積 $\langle \vec{d}_e \cdot \vec{E}_{\rm ind} \rangle$ の大体の大きさを見積ることができる．$\vec{E}_{\rm ind}$ は，小さな外部電場に対して $\vec{E}$ に比例し，原子が完全に分極すると飽和する．EDM の増大因子を見積るにあたり，完全に分極したときの $\langle \vec{d}_e \cdot \vec{E}_{\rm ind} \rangle \equiv d_e E_{\rm eff}$ の大きさを考えよう（$E_{\rm eff}$ は有効場の大きさ）．

シッフの定理 (問 (d) で議論した) より，非相対論的極限で $d_e E_{\rm eff}$ がゼロであることから，$d_e E_{\rm eff}$ は完全に電子の運動によって生じる．電子の速度 $\vec{v}$ 平均値に比例する量はゼロであるから，1 次の摂動項はなく，$d_e E_{\rm eff} \sim (v^2/c^2) d_e E_{\rm int}$ が期待される．ただし，$E_{\rm int}$ は原子の内部電場である．相対論的効果が顕著となる領域 $r \lesssim a_0/Z$ で，$v \sim Z\alpha c$ であり，遮蔽されない核による電場は，

$$E_{\rm int} \sim \frac{Z^3 e}{a_0^2} \tag{4.132}$$

である．したがって，$r \lesssim a_0/Z$ において

$$d_e E_{\rm eff} \sim d_e Z^5 \alpha^2 \frac{e}{a_0^2} \ . \tag{4.133}$$

完全に分極した原子のエネルギーシフト $\vec{d}_a \cdot \vec{E} \sim d_a E$ と比較するとどうだろう．原子が完全に分極したとき，1 つの価電子をもつ原子において

$$d_a E \sim d_a \frac{e}{a_0^2} \tag{4.134}$$

と見積もられる．式 (4.134) と (4.133) より見積もった $d_e E_{\rm eff}$ を用いると，

$$\boxed{d_a \sim Z^3 \alpha^2 d_e \ .} \tag{4.135}$$

比 d_a/d_e は，EDM 増大因子として知られ，重い原子では明らかに $\gg 1$ である．増大因子は，弱い電場下で便利な概念である（電場が完全に原子を分極するほど大きくないとき，EDM 誘起エネルギーシフトは $d_a E$ に比例する）．しかし，上で述べたように，場が原子分極を飽和するほど大きいと，エネルギーシフトは E に依存しなくなる．この完全分極領域は，（この問題の (a) で述べたように）ほぼ縮退した反対のパリティをもつ準位をもつ原子や分子において容易に到達できる．

(f) 最後に，（空間的に）離れた距離において，振動する場の方法[文献 14] を

[文献 14] Ramsey (1985).

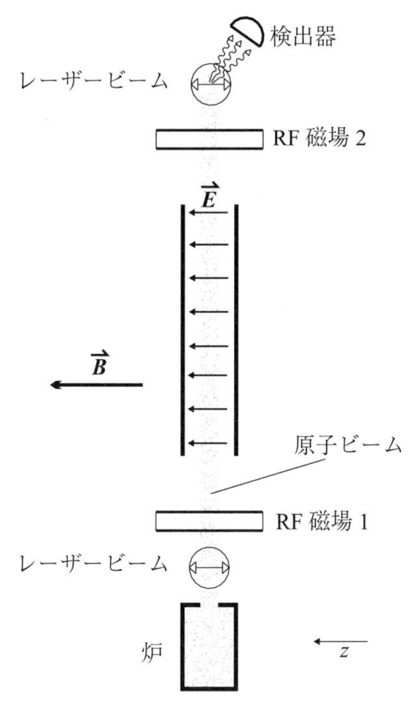

図 4.11 別々の振動場のラムゼー法を用いた EDM 実験の模式図．レーザービームは紙面に向かって進み，z 方向に線偏光している．

用いた EDM 測定のモデル実験について分析する．これは多くの EDM 実験[12]や原子時計の作製で採用された基本的な技術である．その主な利点は，通過時間広がり（3.13 節）をかなり減らすことができることであり，後に原子分極の歳差運動測定を可能とする精度まで改善された[13]．

図 4.11 に示した実験装置を考える．実験の領域にわたって，静磁場 $\vec{B}$ があり，装置の中心に $\vec{B}$ と平行に電場 $\vec{E}$ をつくる電場プレートがある．これらの場は，量子化軸 (z) を定義する．

---

[12] 例えば，パーセルとラムゼー (1950) は，別々の振動場を用いた中性子 EDM 探索を提案し，実際に実験を行った [Smith ら (1957)]．これは電子 EDM の現在最上限を得た方法でもある [Regan ら (2002)]．

[13] （空間的に）距離が離れた場を用いる代わりに，大きな相互作用領域をもつ–ラムゼーの方法における rf 領域間の間隔と同程度の大きさ–伝統的なラビ技術を採用することもできるだろう [例えば，ラムゼーによる本 (1985) の議論を参照]．このアプローチは，技術的な理由で不十分であり，大きな領域にわたって，均一なラジオ波場を維持し，勾配による共鳴の広がりを回避することが困難である．

オーブンから放出した後，原子はレーザービームを通してあるゼーマン副準位に光ポンピングされる．原子の基底状態が全角運動量 $F=1$ をもち，レーザーが $F=1\to F'=1$ $E1$ 遷移に合わされているとする．

関連する飽和パラメータを $\kappa\gg 1$ とすると，レーザーによる相互作用領域を離れた後，原子の状態はどうなるか（図 4.11 の 2 重矢印で示すように，レーザーは z 方向に線偏光されている）．

最初のレーザービームと相互作用した後，原子は rf 磁場（紙面に垂直）をかけられた領域に入り，ラーモア周波数 $g_F\mu_0B$ で歳差運動する．rf 場の強度は原子分極の軸が $\pi/2$ 回転するように選択される（この段階で磁気共鳴の技術を用いる，2.6 節参照）．最初の領域を離れた後（スピノール表記で表される）原子の状態はどうなるか．

次に，通常の 2 次のシュタルク効果によって，$M_F=\pm1$ 状態から離れて $M_F=0$ 状態のエネルギーへと $\vec{E}$ がシフトする電場領域を原子が通過する（例えば，2.1 節参照）．$M_F=\pm1$ 状態は磁場によって分裂する．原子が EDM をもつならば，$M_F=\pm1$ 状態間の分裂に d_a からの小さな寄与がある．

電場領域を出ると，原子は最初と同一の第二 rf 領域を通る．第二の rf 磁場の位相は，最初の領域と ϕ だけオフセットの位相が異なる．検出される信号は第二のレーザービーム相互作用領域で励起された原子からの蛍光である．第二のビームは，$F=1\to F'=1$ 遷移と共鳴し，z 方向に線偏光している．

ϕ を適当に選択すると，蛍光信号は d_a に線形であることを示せ（$\phi=0$，$E=0$ のとき，第二 rf 領域は原子を第一レーザー相互作用領域でポンプされた状態へと戻す）．

この基本的な装置には，致命的な問題があることに留意しよう．電場中を動く原子は，動く磁場を見ることになる（2.9 節）：

$$\vec{B}_{\rm mot}=\vec{E}\times\frac{\vec{v}}{c}\,. \tag{4.136}$$

これは，原子の磁気モーメントと結合し，$\vec{E}$ に線形で付加的な歳差運動を引き起こす．実際は，この効果は 2 つの逆に伝搬する原子ビームによって EDM 信号と区別できる．この $\vec{E}\times\vec{v}$ 効果に加えて，他にも多くの些細な効果（幾何学的ベリー位相（2.12 節），リーク電流など）があり，それらを理解し，制御する必要がある．

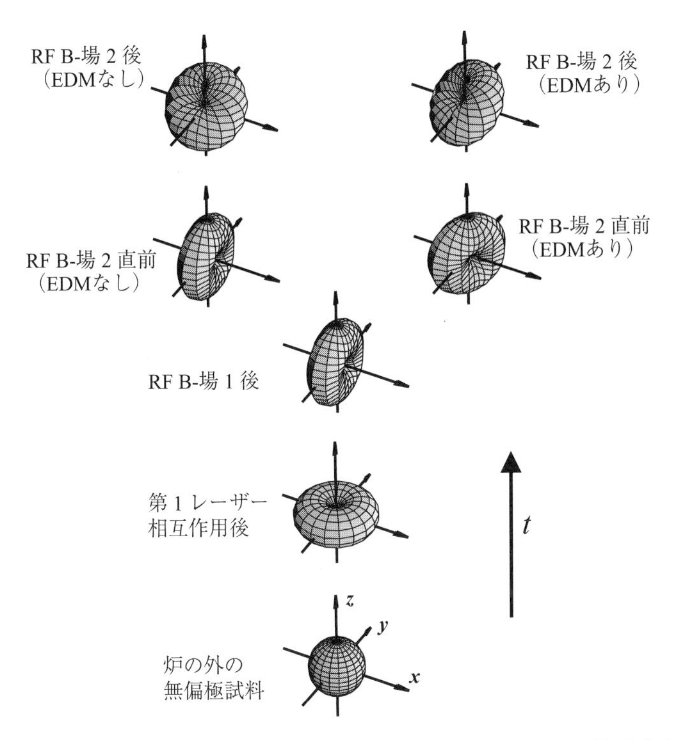

図 4.12 本文で述べるモデル EDM 実験の異なるステージにおける原子分極を表す確率表面（原点までの距離は射影 $M = F$ を見出す確率に比例する，9.7 節参照）.

解

第一レーザー相互作用領域において，原子は $M_F = 0$ 副準位に光ポンピングされる（$F \to F$ 遷移の光ポンピングは 3.9 節で議論した）．$\kappa \gg 1$ であるから，原子はスピノール表記の状態

$$|\psi_1\rangle = \begin{pmatrix} 0 \\ 1 \\ 0 \end{pmatrix} \tag{4.137}$$

に完全にポンプされる（**図 4.12**）．レーザー光に関して，$|\psi_1\rangle$ は暗状態にある（3.9 節参照）．また，分極軸は $\vec{B}$ 方向を向いているから，磁場はこの状態に影響しない．

第一 rf 領域の rf 磁場は原子状態を y 周りに $\pi/2$ だけ回転する．適当な回

転行列 $\mathcal{D}(0, \pi/2, 0)$ を用いると，そのような変換において（**付録 E**），

$$|\psi_2\rangle = \begin{pmatrix} 1/2 & 1/\sqrt{2} & 1/2 \\ -1/\sqrt{2} & 0 & 1/\sqrt{2} \\ 1/2 & -1/\sqrt{2} & 1/2 \end{pmatrix} \cdot \begin{pmatrix} 0 \\ 1 \\ 0 \end{pmatrix} = \frac{1}{\sqrt{2}} \begin{pmatrix} 1 \\ 0 \\ -1 \end{pmatrix} . \tag{4.138}$$

その回転における条件は，ラーモア周波数 $\Omega_L = g\mu_0 B$ で回転する座標系で見るとよい（2.6 節）．直線偏光 rf 場 $B_{\rm rf}$ は，2 つの円偏光場として表される．共鳴した回転座標系では，1 つの円成分は強度の $B_{\rm rf}/2$ の静横場であり，もう 1 つは $2\Omega_L$ で回転することがわかる．回転波近似（2.7 節）をすると，速い回転成分は無視できる．原子分極は周波数 $g\mu_0 B_{\rm rf}/2$ の静横場で歳差運動する．原子が平均移動時間 τ をもつとき，rf 場の強度は

$$g\mu_0 B_{\rm rf}\, \tau = \pi \tag{4.139}$$

と最適化され，理想的な回転をする．

原子分極軸が $\vec{B}$ に垂直で，分極がラーモア周波数 Ω_L で歳差運動するとき，

$$|\psi_3(t)\rangle = \frac{1}{\sqrt{2}} \begin{pmatrix} e^{-i\Omega_L t} \\ 0 \\ -e^{i\Omega_L t} \end{pmatrix} . \tag{4.140}$$

原子が EDM をもつならば，状態間の追加の位相シフトは，

$$|\psi_3(t)\rangle = \frac{1}{\sqrt{2}} \begin{pmatrix} e^{-i(\Omega_L + d_a E)t} \\ 0 \\ -e^{i(\Omega_L + d_a E)t} \end{pmatrix} . \tag{4.141}$$

再び，Ω_L で回転する座標系に移行すると，

$$|\psi_3^{(rot)}(t)\rangle = \frac{1}{\sqrt{2}} \begin{pmatrix} e^{-id_a E t} \\ 0 \\ -e^{id_a E t} \end{pmatrix} . \tag{4.142}$$

最後に，原子が第二高周波 (rf) 領域に入る．この領域の rf 場は第一 rf 場に対して ϕ だけ回転する座標系でシフトしている．よって，第二領域で rf 場方向の量子化軸をもつ座標系では，原子の状態は領域に入ったのと同様，

$$|\psi_4^{(rot)}(t)\rangle = \frac{1}{\sqrt{2}} \begin{pmatrix} e^{-i(d_a E t + \phi)} \\ 0 \\ -e^{i(d_a E t + \phi)} \end{pmatrix} \tag{4.143}$$

rf 場は原子分極を以下に従って変換する:

$$|\psi_4'\rangle = \mathcal{D}(0,\pi/2,0)|\psi_4^{(rot)}(t)\rangle \tag{4.144}$$

$$= \begin{pmatrix} 1/2 & 1/\sqrt{2} & 1/2 \\ -1/\sqrt{2} & 0 & 1/\sqrt{2} \\ 1/2 & -1/\sqrt{2} & 1/2 \end{pmatrix} \cdot \frac{1}{\sqrt{2}} \begin{pmatrix} e^{-i(d_a Et+\phi)} \\ 0 \\ -e^{i(d_a Et+\phi)} \end{pmatrix} \tag{4.145}$$

$$= \begin{pmatrix} \frac{i}{\sqrt{2}} \sin(d_a Et+\phi) \\ -\cos(d_a Et+\phi) \\ \frac{i}{\sqrt{2}} \sin(d_a Et+\phi) \end{pmatrix} . \tag{4.146}$$

蛍光信号 $\mathcal{F}$ は，原子が第二レーザー相互作用領域に入ったとき，$M_F = \pm 1$ 状態の密度に比例する：

$$\mathcal{F} \propto \sin^2(d_a Et+\phi) = \frac{1}{2}[1-\cos(2d_a Et+2\phi)] . \tag{4.147}$$

$\phi = \pi/4$ と選ぶと，（もちろん $d_a Et \ll 1$ と仮定して）

$$\boxed{\mathcal{F} \propto \frac{1}{2} + d_a Et .} \tag{4.148}$$

磁場に対する電場の方向が逆のとき，

$$\mathcal{F} \propto \frac{1}{2} - d_a Et \tag{4.149}$$

を得るが，これは EDM の兆候である．

4.9 電気双極子モーメントの観測に必要な感度

Probrems and Solutions

4.8 節において，永久電気双極子モーメント (EDM) の実験的探索について，さまざまな側面を考えた．この節では (Budker ら (2006) の考察に基づいて)，さまざまな実験で EDM に対する感度を決めるパラメタ—が何であるかを調査する．

(a) 原子ビームや蒸気で行われた[文献 15]伝統的なスピン歳差運動型 EDM 実験における信号-ノイズ比 (S/N) を見積もれ．粒子/原子の数 $\mathcal{N}$，EDMd，印

[文献 15] Khriplovich, Lamoreaux (1997).

加電場 E，スピン緩和時間 τ，および全測定時間 T を用いて (S/N) を表せ．
(b) 続いて，Shapiro (1968), Vasil'iev と Kolycheva (1978), Lamoreaux (2002)，およびその他によって議論された凝縮物質を用いたEDM実験について考えよう．実験は試料に電場を印加し，EDM誘起磁化を理想的な（ノイズフリー）磁力計によって測定することで行われる．試料の温度 $\mathcal{T}$ として，電場によって異なるスピン配向に相当するエネルギー準位の密度がボルツマン因子で記述されると仮定する．この場合の (S/N) 比を求めよ．
(c) 凝縮物質試料の温度 $\mathcal{T}$ が十分低くスピン-スピン相互作用（例えば，2.13節で議論した双極子–双極子相互作用）のエネルギースケール ϵ が $k\mathcal{T}$ を上回るとき，試料は強磁性もしくは反強磁性状態に移るだろう．この状況では，試料はもはやEDMに感度がない．(b) で考えた凝縮物質試料のスピン緩和時間 τ がスピン–スピン相互作用で決まるものとし $(\epsilon \sim 1/\tau)$，信号-ノイズ比が (b) で考えた伝統的なスピン歳差運動型と同一であることを示せ．

解

(a) 一般に，あらゆる測定配置において，EDM誘起スピン歳差運動角は $\sim dEt$ である．ただし，t は歳差運動時間である（例えば，4.8節の式 (4.149) は，考えている状況において，EDM誘起蛍光信号が $\propto dEt$ であることを示す）．最大歳差運動時間は，スピン緩和時間 τ で与えられ，信号は原子数 $\mathcal{N}$ とともに線形に増加する．したがって，単発測定で得られる信号は

$$S_1 \sim \mathcal{N} dE\tau \ . \tag{4.150}$$

不確定性原理から，スピン射影測定は，異なるゼーマン副準位の状態数 $\sqrt{\mathcal{N}}$ 間のばらつきを生む．よって，そのような測定に伴うノイズは $N_1 \sim \sqrt{\mathcal{N}}$ となる．

信号-ノイズ比は，全実験時間 T まで時間をかけて繰り返し測定することで改善されるため，実験は $n = T/\tau$ 回行われ，通常 S/N は $\sqrt{n}$ だけ改善される[14]．よって，伝統的なEDM実験におけるS/N比は，

[14] S/N比の改善は，以下のように理解できる．理想的には，繰り返し測定は信号の平均値を変えない；

$$\overline{S} = S = \frac{1}{n}\sum_{i=1}^{n} S_i = \mathcal{N} dE\tau = S_1 \ . \tag{4.151}$$

また，S の不確定性は（非相関の）各測定の不確定性 $N_i = \sqrt{\mathcal{N}}$ と2乗で結合して，

$$(S/N) = \frac{1}{\sqrt{n}}\frac{S_1}{N_1} = \frac{S_1}{N_1}\sqrt{\frac{T}{\tau}} = dE\sqrt{\mathcal{N}T\tau}\ . \tag{4.155}$$

(b) 単発測定の信号は，試料の EDM 誘起磁化であり，電場と同じ方向を向いているスピン数の違いおよび反対方向を向いているスピン数によって与えられる．電場に対して異なるスピン配向における EDM 誘起エネルギー差は，極めて小さく，信号は

$$S_1 \sim \mathcal{N}\mu\frac{dE}{k\mathcal{T}}\ . \tag{4.156}$$

μ は 1 スピンの磁気モーメント，k はボルツマン定数である．信号はスピン緩和時間 τ に依存しないことに留意しよう．

外場がないとき，いかなるときもランダムな全磁化は，

$$N_1 \propto \mu\sqrt{\mathcal{N}}\ . \tag{4.157}$$

歳差運動実験の場合，このノイズ磁化がランダムで，時間変化することは，S/N 比の改善に役立つ．スピン緩和時間 τ はゆらぎの相関時間を特徴づけ，ランダム磁化がどれだけ持続するか教えてくれる．時間が長すぎると，これは実験上深刻な問題をもたらす．つまりスピンが緩和しないとき，試料が用意されるたびに，ランダム信号があり，時間で平均されない．

より正式には，長い測定時間 $T \gg \tau$ の (S/N) を書くことで，表式 (4.156) と (4.157) を得る：

$$(S/N) \sim \frac{S_1}{N_1}\sqrt{\frac{T}{\tau}} \sim \frac{dE}{k\mathcal{T}}\sqrt{\frac{\mathcal{N}T}{\tau}}\ . \tag{4.158}$$

このタイプの実験で鍵となる変数は，緩和時間 τ と温度 $\mathcal{T}$ である．これらの変数が独立であると仮定すると，誘起分極の大きさを増大させるために，実験は可能な再低温で行われるべきである．さらに，速いスピン緩和（小さい

$$\delta S = \frac{1}{n}\sqrt{\sum_{i=1}^{n} N_i^2} \tag{4.152}$$

と与えられる．n を式 (4.152) の両辺にかけて，2 乗をとると，

$$n^2\delta S^2 = n\mathcal{N} \tag{4.153}$$

$$\delta S = N = \sqrt{\frac{\mathcal{N}}{n}}\ . \tag{4.154}$$

τ）を得ることで，10回繰り返し測定する時間が短縮できる（ランダム磁化を効果的に平均化できる）．感度の τ 依存性は，歳差運動実験の場合と逆であることに注意しよう（式(4.155)）．

(c) スピン-スピン相互作用の特徴的なエネルギースケール $\epsilon \sim 1/\tau$ は試料の最低温 $k\mathcal{T}_{\min} \sim \epsilon \sim 1/\tau$ で決まる．式(4.158)における $\mathcal{T}_{\min}$ の値を用いて，スピン歳差運動型実験のS/N比は回復する：

$$(S/N) \sim dE\sqrt{\mathcal{N}T\tau}\ . \tag{4.159}$$

これらの考察は，高精度の測定を設計し，異なる実験方法の感度を比較するうえで，非常に重要な最初のステップである．

4.10　吸収，分散，光回転，誘起楕円性

Probrems and Solutions

平面波で誘電媒体中を z 方向に伝搬する単色電磁波 $\vec{E}$ の波動方程式

$$\left(\frac{\omega^2}{c^2} + \frac{\partial^2}{\partial z^2}\right)\vec{E} = \frac{4\pi}{c^2}\frac{\partial^2}{\partial t^2}\vec{P} \tag{4.160}$$

から始める[文献16]．ただし，ω は周波数，$\vec{P}$ は光-原子相互作用で生じた媒体の誘導電気分極である．分極 $\vec{P}$ および入射場 $\vec{E}(z=0)$ のとき，以下の量について一般的な表式を求めよ．

1. 媒体の分散に伴う屈折率 n の実部 $\mathrm{Re}(n)$．

2. 吸収に伴う屈折率 n の虚部 $\mathrm{Im}(n)$．

3. 単位長さあたりの光学回転 $\frac{d\varphi}{dz}$．

4. 単位長さあたりの光の誘導楕円性 $\frac{d\varepsilon}{dz}$．

波がはじめに（$z=0$ で）x 方向に線偏光し，波として分極の横成分 P_y が媒質または外部電場・磁場の異方性によって伝播すると仮定する[15]．小さい角度での光学回転角は，

$$\varphi = \mathrm{Re}\left(\frac{E_y}{E_x}\right) \tag{4.161}$$

[文献16] 例えば，Boyd (2003), 2.1節．

15) 一般に異方性媒質において，分極の縦成分が誘起される．ここでは，横分極をもつ電磁波に限る．

と定義され，小角誘起楕円性は，次のように定義される．

$$\varepsilon = \mathrm{Im}\left(\frac{E_y}{E_x}\right) . \tag{4.162}$$

ヒント

$z = 0$ で電場は $\vec{E}(0,t) = E_0 e^{-i\omega t}\hat{x}$（$E_0$ は実数）であり，z において

$$\vec{E}(z,t) = [E_x(z)\hat{x} + E_y(z)\hat{y}]e^{i(kz-\omega t)} . \tag{4.163}$$

ただし，場の位相の速い変化 e^{ikz}，および場の強度の遅い変化 $E_x(z)$ と $E_y(z)$ を分離した．同様に，誘導分極は，

$$\vec{P}(z,t) = [P_x(z)\hat{x} + P_y(z)\hat{y}]e^{i(kz-\omega t)} \tag{4.164}$$

さらに，（入射場 $E(0,t)$ に対する）分極の同位相と逆位相の成分は，

$$P_x \equiv P_1 - iP_2 , \tag{4.165}$$

$$P_y \equiv P_3 - iP_4 \tag{4.166}$$

と書ける．$E_x(z)$ と $E_y(z)$ は非常に遅く，$E_x(z)$ と $E_y(z)$ の z に関する 2 階微分に比例する項が無視できるものとする．

解

屈折率 n において，適当な表式

$$n \approx 1 + 2\pi\chi = 1 + 2\pi\frac{P}{E} \tag{4.167}$$

を用いる．χ は感受率，P と E はそれぞれ分極と場の大きさである．場と分極の誘導成分は x 成分委比べて小さいとすると，

$$n \approx 1 + 2\pi\frac{P_x}{E_x} \approx 1 + \frac{2\pi}{E_0}(P_1 - iP_2) . \tag{4.168}$$

ただし，表式 (4.165) を採用した．よって，

$$\boxed{\mathrm{Re}(n) = 1 + 2\pi\frac{P_1}{E_0}} \tag{4.169}$$

$$\boxed{\mathrm{Im}(n) = -2\pi\frac{P_2}{E_0} .} \tag{4.170}$$

光学回転および誘導楕円性に関しては，波動方程式 (4.160) からはじめ，場の各分極成分 $(s = x, y)$ の微分方程式が

$$\left(\frac{\omega^2}{c^2} + \frac{\partial^2}{\partial z^2}\right) E_s(z) e^{i(kz-\omega t)} = \frac{4\pi}{c^2} \frac{\partial^2}{\partial t^2} P_s(z) e^{i(kz-\omega t)} \tag{4.171}$$

と書ける．微分係数を求め，$\frac{\partial^2}{\partial z^2} E_s$ と $\frac{\partial^2}{\partial z^2} P_s$ に比例する項を落とすと，

$$\left(\frac{\omega^2}{c^2} E_s(z) - k^2 E_s(z) + 2ik \frac{dE_s}{dz}\right) e^{i(kz-\omega t)} = -4\pi \frac{\omega^2}{c^2} P_s(z) e^{i(kz-\omega t)} . \tag{4.172}$$

より簡単には，

$$\frac{\omega^2}{c^2} E_s(z) - k^2 E_s(z) + 2ik \frac{dE_s}{dz} = -4\pi \frac{\omega^2}{c^2} P_s(z) . \tag{4.173}$$

$z = 0$ で y 成分について式 (4.173) を見積もり，$E_x \approx E_0$ および $n \approx 1 (k \approx \omega/c)$ とおくと，

$$ik \frac{dE_y}{dz} = -2\pi \frac{\omega^2}{c^2} P_y(0) . \tag{4.174}$$

P_y について表式 (4.166) を用いて，

$$\frac{1}{E_0} \frac{dEy}{dz} = \frac{2\pi\omega}{cE_0} (iP_3 + P_4). \tag{4.175}$$

式 (4.161) と (4.162) より，

$$\boxed{\frac{d\varphi}{dz} = \frac{2\pi\omega}{c} \frac{P_4}{E_0}} \tag{4.176}$$

$$\boxed{\frac{d\varepsilon}{dz} = \frac{2\pi\omega}{c} \frac{P_3}{E_0} .} \tag{4.177}$$

やや直観とは逆に，光学回転は入射光と $\pi/2$ だけ位相のずれた分極成分に比例し，楕円性は同位相の分極に比例する．

$P_\perp = N d_\perp$（N は媒質の原子密度，$d_\perp$ は入射光分極に垂直な原子あたりの誘導双極子モーメントの大きさ）とすると，

$$\frac{d\varphi}{dz} = \frac{2\pi\omega}{cE_0} N \ \mathrm{Im}(d_\perp) . \tag{4.178}$$

ファラデー回転の場合，関係する遷移幅は自然幅 γ_0 で与えられ（4.1 節），上

の表式は式 (4.11) と比べると，小さな磁場に対して（$B_z \ll \gamma_0/(2g_F\mu_0)$，$g_F$ はランデ因子），

$$\mathrm{Im}(d_\perp) \approx 2\alpha E_0 \frac{g_F\mu_0 B_z}{\gamma_0} \tag{4.179}$$

であることがわかる．ただし，α は媒質の分極率である．

4.11 偏極中性子気体における光回転

Probrems and Solutions

数密度 N の分極中性子からなる媒質を考えよう．直線偏光が分極方向と平行に伝搬するとする．光は媒質中を進むにつれて分極回転をするであろう．

光学回転を起こす物理的な機構を特定し，効果の大まかな見積りをせよ（1 程度の因子は無視せよ）．数値的な例として，凝縮物質と同程度の数密度をもつ完全偏極中性子気体における単位長さあたりの光回転を求めよ．

解

光学回転は中性子の磁気モーメントからくる．光の磁場 $\vec{H}$ が光の進行方向および中性子の分極方向に垂直である．この場が中性子の磁気モーメントを生み，光波の半周期の間に中性子が歳差運動する小さな角は，

$$\varphi \sim \frac{\mu_N H}{\hbar\omega}. \tag{4.180}$$

ただし，μ_N は核磁子，ω は光の角周波数である（これは非共鳴極限における 2.6 節の結果，式 (2.64) の小角近似である）．

したがって，光の磁場と入射中性子分極に垂直な磁気モーメントの振動成分が現れ，強度は

$$\mu_\perp \sim \mu_N \cdot \frac{\mu_N H}{\hbar\omega} \tag{4.181}$$

程度である．誘導横磁化が光場と $\pi/2$ 位相がずれていることに留意しよう．

このことから，媒質中の電気分極のとき（例えば，式 (4.178)，および 4.10 節の議論を参照）と同様，ただちに単位長さあたりの光回転が求まる．

$$\frac{d\varphi}{d\ell} \sim \frac{2\pi\omega}{Hc}\mu_\perp N \sim \frac{2\pi\mu_N^2}{\hbar c}N. \tag{4.182}$$

誘導磁化は入射中性子磁化の逆符号で変化するので，非分極気体によって

生じる光回転はないことは特筆すべきことである．式 (4.182) で記述される光回転の顕著な性質は，光の周波数の回転角に依存しないことである．もう 1 つの面白い特徴は，光磁場方向の誘導磁化はないため，少なくともこの議論で用いた 1 次摂動の範囲では通常の屈折はない．

数値を入れると，ガウス単位で $\mu_N \sim 10^{-3}\mu_B \approx 10^{-23}$ であり，$N = 10^{22}\ \mathrm{cm}^{-3}$ のとき，式 (4.182) より，光回転は 10^{-7} rad/cm のオーダーであることがわかる．

5 章

原子同士の衝突

5.1 緩衝気体における衝突

Probrems and Solutions

衝突断面積 σ をもつ密度 n の分子気体を含む容器を考える．

衝突間の分子の平均自由行程，および衝突間の平均時間はいくらか．

さらに，もう1種類の気体（緩衝気体）を容器に加える．もともとあった分子間の衝突確率における，緩衝気体の効果はどうか[1]．

解

衝突間の分子の平均自由行程 λ は，

$$\lambda = \frac{1}{n\sigma} \tag{5.1}$$

で与えられる．ただし，n は密度，σ は衝突断面積である．衝突間の特徴的な時間は $\sim \lambda/\bar{v}$ である．ただし，$\bar{v}$ は平均相対熱速度である．

密度 n'，（もとの分子との衝突）断面積 σ' をもつ緩衝気体が系に加えられると，もとの分子との全衝突率 γ は，

$$\gamma = n\sigma\bar{v} + n'\sigma'\bar{v}' = \gamma_{\text{self}} + \gamma_{\text{buffer}}. \tag{5.2}$$

ただし，$\bar{v}'$ は分子と緩衝気体との平均相対速度，γ_{self} と γ_{buffer} は自身もしくは緩衝気体との衝突率である．もとの分子間の衝突率は，実際変更を受けず，単に全衝突が増えるだけであることに気付く．したがって，緩衝気体の導入によって，もとの分子同士の衝突間の時間は変化しない．

---

[1] この問題は，V.V.Yashchuk 氏の提案による．

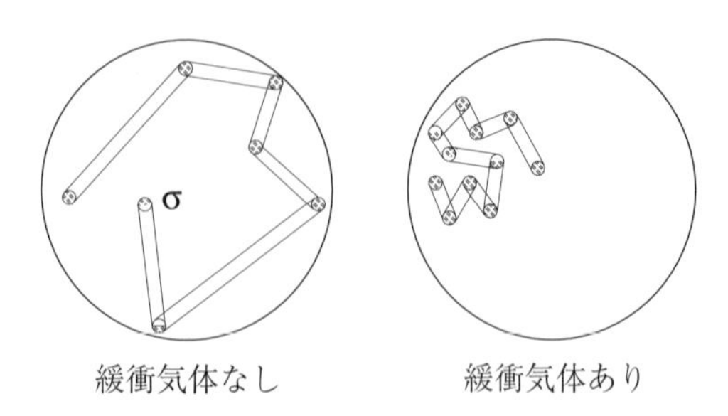

図 5.1　緩衝気体がないときと，あるときのセル中を動く分子．緩衝気体のあるセルでは全衝突周波数が高いが，ある時間 t で分子がなぞる有効体積は変わらない．

この結果は，**図 5.1** に描いている：セル中を動く分子は有効体積 $V_{\mathrm{eff}} = \sigma\bar{v}t$ をなぞり，衝突の確率は $V_{\mathrm{eff}} = 1/n$ のとき約 1 となる．これらの変数は緩衝気体の衝突周波数に依存しない．この結果は平衡状態でのみ正しい；例えば，気体はセル中で十分混ざっていると仮定している．

5.2　位相拡散によるスペクトル線の広がり

Probrems and Solutions

試料の放射原子がランダムな位相シフトを受けるとき，スペクトル線の広がりについて考えよう．位相シフトは，他の原子との衝突（圧力広がり）と蒸気セル壁をコートした反緩和の衝突によって起こる．関連する現象は，レーザー振動子の位相拡散であり，レーザーモードの自発的もしくは熱的な発振によって起こる．これはレーザー線幅の根本的な限界である[文献 1]．

(a) $t = 0$ において，お互い同位相の周波数 ω_0 で振動する，同一の双極子集団を考える．$t > 0$ では，それぞれが永久に振動する．しかし，振動子はランダムで小さな“キック”を受け，非摂動振動子の位相はランダムウォークする（ステップサイズは $\phi_1 \ll 1$；ステップは時間間隔 t_c で起こる）．位相シフトは，同じ確率で正もしくは負をとることが許される．そのような集団の放射スペクトルはどのようなものか．

(b) 今度はわずかにより複雑な問題について考えよう．

まず，時間 t にわたる原子の n 回のキックの統計的分布が，ポアッソン分

[文献 1] いわゆる **Schawlow-Townes** 限界；例えば Yariv (1989).

布であるとする：

$$p(n,t) = \frac{e^{-t/t_c}(t/t_c)^n}{n!}. \tag{5.3}$$

$p(n,t)$ は，原子が時間 t に受ける n 回の衝突確率である（分布 (5.3) に相当する平均キック数は $\langle n \rangle = t/t_c$ である）．

次に，1 回のキックあたりの位相シフトが同じでないとしよう．平均値 ϕ ($|\phi| \ll 1$)，分散 ϕ^2 をもつ通常の（ガウス）分布を仮定しよう [2)]．

この場合，放射スペクトルのシフトおよび広がりを求めよ．

解

(a) 時刻 t における同位相のランダムウォークの結果，振動子はガウス分布に従って同位相で分布する：

$$P(\phi,t) = \frac{1}{\sqrt{2\pi}\ \phi_0} e^{-\frac{\phi^2}{2\phi_0^2(t)}}. \tag{5.4}$$

ここで，ガウス分布幅は

$$\phi_0(t) = \phi_1\sqrt{t/t_c}\ . \tag{5.5}$$

実際，ランダムウォークにおけるガウス分布幅は，ステップサイズとステップ数の 2 乗根との積となる [文献 2]．

時刻 t における集団の放射強度は，各振動子からの強度の和である．これは以下の量に比例する：

$$A(t) = \int_{-\infty}^{\infty} P(\phi,t)e^{i(\omega_0 t+\phi)}d\phi = e^{-\frac{\phi_1^2 t}{2t_c}+i\omega_0 t}\ . \tag{5.6}$$

この強度のフーリエ変換を行い，その結果を 2 乗して絶対値をとると，放射強度のスペクトル分布はローレンツ関数で与えられる：

$$\boxed{I(\omega) \propto \frac{\gamma^2/4}{(\omega-\omega_0)^2+\gamma^2/4}.} \tag{5.7}$$

ここで，半値全幅は

---

2) 例えば，位相シフトがセル壁を覆った反緩和の衝突によって起こるとき，後者の性質は保たれる．k_BT を超え，普遍的な結合エネルギーをもつ壁にくっつく時間分布から導かれる [Goldenberg ら (1961)]．

[文献 2] 例えば，Reif (1965)．

$$\boxed{\gamma = \frac{\phi_1^2}{t_c}\ .} \tag{5.8}$$

この例から，系が位相コヒーレンスを失う時間の逆数で線幅が与えられるという一般的な点が得られる[3)]：振動子が位相角 ~ 1 得るのに，$1/\phi_1^2$ ステップかかり，時間にして t_c/ϕ_1^2 かかる．

(b) 原子が $n \gg 1$ 回キックを受ける状況を考えよう．n 回のキックで原子に蓄積される全位相を ϕ_n とする．各キックの位相シフトは標準分布であるから（位相のランダムウォーク），蓄積された位相のガウス分布を得る：

$$p(\phi_n, n) = \frac{1}{\sqrt{2\pi n\phi^2}} e^{-\frac{(\phi_n - n\phi)^2}{2n\phi^2}}\ . \tag{5.9}$$

ここで，$n\phi$ は n 回のキックで蓄積された平均位相，$n\phi^2$ は分散である．

分布 (5.3) および (5.9) を考慮すると，原子集団の平均的な振動子強度は各原子からの寄与の重みを入れた和であることがわかる（$\propto e^{i(\omega_0 t + \phi_i)}$，ただし，$\phi_i$ は各原子によって蓄積された位相）：

$$A(t) \propto \sum_{n=0}^{\infty} \frac{e^{-t/t_c}(t/t_c)^n}{n!} \int_{-\infty}^{\infty} \frac{e^{i(\omega_0 t + \phi_n)}}{\sqrt{2\pi n\phi^2}} e^{-\frac{(\phi_n - n\phi)^2}{2n\phi^2}} d\phi_n \tag{5.10}$$

$$= e^{i\omega_0 t - t/t_c\left(1 - e^{-i\phi - \phi^2/2}\right)}. \tag{5.11}$$

ただし，最後のステップにおいて，積分と和を具体的に求めた．次に，$|\phi| \ll 1$ を使って，ϕ の2次まで指数関数因子を展開すると，

$$A(t) \propto e^{i(\omega_0 - \phi/t_c)t - \phi^2 t/t_c}. \tag{5.12}$$

これは，振動の周波数が，$-\phi/t_c$ だけシフトすることを意味し，強度は ϕ^2/t_c の速さで減衰するため，線幅の広がりをもたらす．

[3)] 例えば，この概念はドップラー幅を起こす単純な方法を与える．2つの原子が静止系で周波数 ω_0 の光を放出しているが，それらは（観測方向に）相対速度 v をもつとする．原子間の距離が変わると，2つの原子からの光の位相差が変わる：

$$\Delta\phi = \frac{2\pi\Delta x}{\lambda} \approx \frac{2\pi vt}{\lambda}\ .$$

また，$\Delta\phi \sim 1$ のとき，

$$\Gamma_D = \frac{1}{t} \approx \frac{2\pi v}{\lambda}\ .$$

強度のフーリエ変換をとると，再びスペクトル分布として

$$I(\omega) \propto \frac{\gamma^2/4}{(\omega - \omega_0 + \phi/t_c)^2 + \gamma^2/4} \tag{5.13}$$

が求まる．しかし，この場合

$$\gamma = \frac{2\phi^2}{t_c} . \tag{5.14}$$

面白いことに，2 つのランダム因子のいずれも—原子の衝突数，もしくは単位衝突あたりの位相シフト—2 倍だけ遅い減衰率を与える．

5.3 ディッケの狭窄化

Probrems and Solutions

動く原子において，共鳴周波数 ω_0 はドップラー効果によって

$$\Delta\omega = \omega_0\left(1 - \frac{v}{c}\right) \tag{5.15}$$

だけシフトする．ただし，v は光の伝搬方向の速度成分である．異なる速度の原子集団において，これはスペクトル線のドップラー広がりをもたらす．しかし，原子は内部状態を変えずに，頻繁に運動の方向を変える（例えば，他の原子との衝突による）．この場合，v の平均値はゼロであり，ドップラー広がりは起きえない．よって，どれだけ頻繁に速度変化が起こるかによって，明らかに 2 つの定性的に異なる広がり方がある[文献 5]．

赤外およびマイクロ波の原子・分子遷移において，衝突によるドップラー幅減少（ディッケ狭窄化）は，容易に観測される．**図 5.2** はマイクロ波遷移のディッケ狭窄化を示す実験結果である[4]．マイクロ波遷移周波数は，（自由

[文献 3] Budker ら (2003).
[文献 4] 原子時計 – Audoin と Guinot (2001) および Major (1998).
[文献 5] Dicke (1953).

4) 緩和防止パラフィンコートした 10 cm 径の蒸気セルにおける ^{85}Rb 原子のデータがとられた (Alexandrov ら 2002)．原子蒸気密度は，非飽和吸収強度がセル径と同程度となるようにしてある．原子は D1 共鳴の超微細成分の 1 つに合わされた周波数のレーザー光を浴びる．レーザー光は原子を光ポンプし（3.10 節），共鳴基底状態の超微細成分は減り，光吸収も減少する．超微細成分間の遷移と共鳴するマイクロ波磁場がかけられると，原子は共鳴超微細状態に戻り，光吸収は保持される．したがって，プロットに示したように，マイクロ波遷移は，マイクロ波の関数として光透過を観測することで得られる．

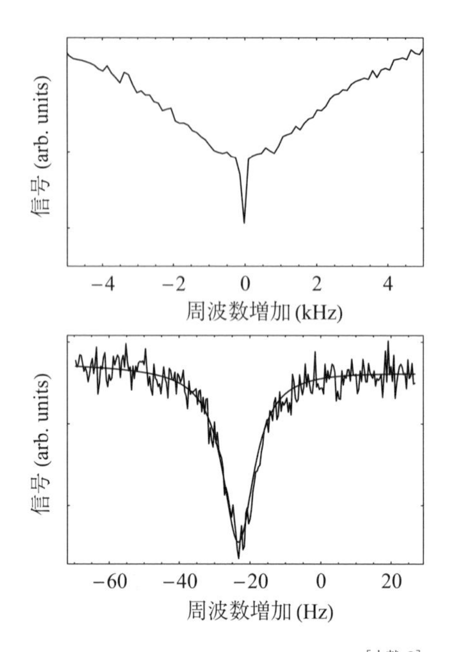

図 5.2　マイクロ波遷移のディッケ狭窄化を示す実験データ[文献 3] (本文参照)．ここで示したスペクトルは $F = 3$, $M = 0 \to F' = 2$, $M' = 0$ 遷移に対応する．アルカリ原子における $0 \to 0$ 超微細構造遷移は，磁場に鈍感であり，周波数標準に利用される[文献 4]．下の図は，上の図のドップラーフリーの特徴を拡大したもので，線形バックグランドに重なったローレンツ関数フィットを示す．半値全幅 (FWHM) は 10.9(3) Hz であり，残留光広がりによって，壁との衝突で決まる 8.7 Hz 程度の本質幅よりもわずかに大きい．中心周波数は，壁との衝突によって，自由原子の遷移周波数から位相シフトだけゼロでないオフセットをもつ（5.2 節）．

原子の場合）3,035,732,440 Hz であるから，マイクロ波の波長 ($\approx$ 10 cm) はセルの長さと同程度であり，通常のドップラー広がりとディッケ効果による完全な抑制との間の周波数領域に相当する．その結果，狭くてドップラー広がりのないピークは，幅広い [$\sim$ 4 kHz (FWHM)] ドップラー広がりピークに重なって見える．

この節では，ディッケ狭窄化を吟味し，緩衝気体との衝突による速度変更を伴う光学遷移として観測可能か見極める．

(a) 古典的また量子力学の議論では，以下のことが示される．2 つの広がり機構の入れ換わりは，速度の変わる衝突間の平均自由行程 L が条件 $L \sim \lambda$ を満たすときに起こる．ここで，$\lambda = 2\pi c/\omega_0$ は放射波長である．$L \ll \lambda$ のとき残留ドップラー幅の適当な表式を与えよ．

(b) 典型的な光学遷移と熱速度をもつ原子において，緩衝気体との速度変更衝突によって，この条件達成に必要な常圧気体圧力（torr 単位で）を求めよ．典型的な値：温度 $T \sim 1000$ K，速度変更衝突断面積 $\sigma_{\mathrm{vcc}} \sim 10^{-15}$ cm^2 を用いよ．

(c) 内部の原子状態が衝突によって変化しないとき，ディッケ狭窄化の観測可能な範囲を強く制限する．すなわち，衝突による線幅広がりがドップラー幅よりも小さい必要がある．圧力広がり断面積 σ_{pb} について，この条件を書き下せ．σ_{pb} を圧力広がり係数 η_{pb}（MHz/torr 単位で）に変換せよ．また，得られた値を典型的な値 ~10 MHz/torr と比較せよ．

解

(a) 速度を変える放射原子を変調周波数の振動として考える．8.3 節で詳細に議論するように，変調指数である変調振幅と変調周波数の比が大きいとき，変調振幅で与えられる幅をもつ，広く連続的なスペクトルを得る．この節では，周波数変調振幅に対応するのはドップラー幅であり，変調周波数に対応するのは速度変更の衝突周波数である．よって，広い連続的スペクトルは，衝突がないときのドップラー広がりスペクトルに相当する．

逆に，変調指数が小さいとき，スペクトルは変調周波数だけ分裂したサイドバンドからなる．中心のシフトしないピークのサイドバンド振幅は，変調指数の減少とともに急速に減少する．これがディッケ狭窄化に対応する．

変調指数は，速度変更衝突の周波数が自由原子のドップラー幅 Γ_D に等しいとき，1 のオーダーになるはずである：

$$\Gamma_D \sim \frac{\bar{v}}{L} \,. \tag{5.16}$$

$$\bar{v} = \sqrt{\frac{2k_BT}{M}} \tag{5.17}$$

は原子の熱速度である（M は原子の質量である）．

原子が乱されることなく動いているとき，ドップラーシフト $\Delta\omega_D$ は，

$$\Delta\omega_D = \omega\frac{v}{c} = \frac{2\pi v}{\lambda} = \frac{2\pi}{t_\lambda} \tag{5.18}$$

で与えられる．ただし，t_λ は距離 λ 進むのに要する時間である．フーリエ描

像より，この結果は速度変更でも保たれることがわかる．$L \ll \lambda$ のとき，原子はランダムウォークし，時刻 t における平均的な移動距離 δ は

$$\delta = L\sqrt{\frac{vt}{L}} \ . \tag{5.19}$$

平方根はランダムウォークのステップ数である．よって，$L \ll \lambda$ において，

$$t_\lambda = \frac{\lambda^2}{Lv}. \tag{5.20}$$

残留ドップラー幅は，

$$\boxed{\Gamma_D \sim 2\pi\frac{L\bar{v}}{\lambda^2}\ .} \tag{5.21}$$

よって，式 (5.16) と (5.21) から，原子が速度方向を頻繁に変更し，ディッケ狭窄化を起こす条件は，平均自由行程が放射波長より十分小さいという条件に焼き直すことができる．

(b) 光学遷移では，

$$\frac{\lambda}{2\pi} \sim 10^{-5}\ \mathrm{cm}\ . \tag{5.22}$$

平均自由行程は $(n\sigma_{\mathrm{vcc}})^{-1}$（$n$ は標準気体密度）であるから，n の条件は：

$$\boxed{n \gtrsim 10^{20}\ \mathrm{cm}^{-3}} \tag{5.23}$$

となり，$\sim 10^4$ torr (10 atm) に相当する．

(c) 原子の内部状態が速度変更衝突で変化しない条件は，単に

$$\boxed{\sigma_{\mathrm{pb}} \ll \sigma_{\mathrm{vcc}}} \tag{5.24}$$

と書ける．内部状態を変える衝突間の時間は，

$$t_c \sim \frac{1}{n\sigma_{\mathrm{pb}}\bar{v}} \tag{5.25}$$

であり，相当するスペクトル広がりは

$$\Gamma_{\mathrm{pb}} \sim n\sigma_{\mathrm{pb}}\bar{v} \tag{5.26}$$

である．$\sigma_{\mathrm{pb}} \ll 10^{-15}\ \mathrm{cm}^2$ のとき，圧力広がり係数において，1 torr が $n \approx 10^{16}\ \mathrm{cm}^{-3}$ および $\bar{v} \approx 3 \times 10^4$ cm/s 相当することを用いて，

$$\begin{aligned}\eta_{\mathrm{pb}} &\ll \frac{(10^{16}\ \mathrm{cm}^{-3}) \times (10^{-15}\ \mathrm{cm}^2) \times (3 \times 10^4\ \mathrm{cm/s})}{2\pi} \\ &\approx 5 \times 10^{-2}\ \mathrm{MHz/torr}\ .\end{aligned} \tag{5.27}$$

これは，典型的な値より十分小さく，光学遷移で観測する緩衝気体誘起ディッケ狭窄化が（できれば圧力広がりが）小さい状況を必要とすることを示す．この値に近づく小さい圧力広がりをもつ光学遷移は，閉殻の希土類元素でしばしば起こる[文献 6]．しかし，数々の実験的な試みにもかかわらず，光学遷移の緩衝気体誘起ディッケ狭窄化は，未だに観測されていない．

5.4　スピン交換の基本概念

Probrems and Solutions

スピン交換 (SE) は，原子から原子への分極移動を伴う衝突現象を記述する言葉であり，場合によっては原子分極の衝突緩和を伴う．スピン交換は，例えば緩和抑制（大抵パラフィン）コーティングした蒸気セル中の光ポンピングアルカリ原子において重要であり，原子分極の平衡状態やポンピングと緩和のダイナミクスを決める主要因子となる．スピン交換衝突の主な用途は，直接光ポンピングが難しい系を分極させることである．例えば，光ポンプされたアルカリ蒸気のスピン交換衝突によって，気体が核偏極される．

スピン交換衝突の物理と応用に関しては，Happer (1972), Happer と van Wijngaarden (1987), Knize ら (1988), および Happer ら (2003) の総説がある．ここでは，スピン交換の理論に関する基本的考え方と結果議論する．

2 つの $j = s = 1/2$ の原子 A と B の衝突を考える．ある量子化軸において，各原子の 2 つの可能なスピン状態は，“上向きスピン” $|+\rangle$ と “下向きスピン” $|-\rangle$ である．スピン交換衝突は，上向きスピン原子と下向きスピン原子の衝突に対応し，前者は下向きスピンへ，後者は上向きスピンになる：

$$|+\rangle_A|-\rangle_B \to |-\rangle_A|+\rangle_B \,. \tag{5.28}$$

衝突の前に，2 つの原子の全スピンは 0（1 重項）または 1（3 重項）をとる．スピン交換の起源は，この 2 つの原子間ポテンシャル差による；この差は 1.2 節で議論した**交換相互作用**の概念と密接に関係する．1 重項状態では，電子の空間分布は重なり合い（スピン波動関数が反対称であるから，空間的な波動関数は対称），電子の波動関数が 2 つの核の間に集中し，それらを結びつける安定な分子を作る．実際，最も豊富に存在する 2 原子分子の多くは

[文献 6] Alexandrov ら (1984), Vedenin ら (1986), Barkov ら (1989).

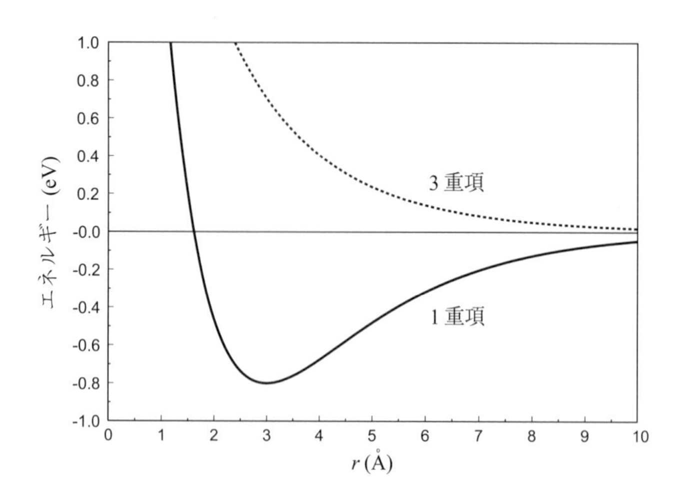

図 5.3 2 つのスピン 1/2 原子の典型的な原子間ポテンシャルエネルギー曲線．全スピンは 3 重項（破線）1 重項（実線）状態に相当する．1 重項状態は分子項 $^1\Sigma^+$（例えばアルカリ 2 量体の基底状態），3 重項状態は分子項 $^3\Sigma^+$ に対応する．

$^1\Sigma^+$ 基底状態をもつ（ゼロ全スピンの完全対称，7.4 節と**付録 C** 参照）．3 重項状態では，電子は離れようとし，結合分子状態はつくれない．この理由により，3 重項ポテンシャルは完全反発（例えば H-H 衝突）か広い範囲で非常に浅い最小をもつ．対照的に，1 重項ポテンシャルは比較的深い井戸 ($\sim$ eV) をもち，非常に短距離 ($\sim a_0$) を除いて引力的である．**図 5.3** に 2 つの場合で対照的なモデルポテンシャルを図示した．

原子間ポテンシャルは，スピンに依存しない部分 $V_0(r)$ とスピンに依存する部分 $V_1(r)$ からなると考えられる:

$$V(r) = V_0(r) + \vec{S}_A \cdot \vec{S}_B \ V_1(r). \tag{5.29}$$

(a) 3 重項と 1 重項ポテンシャル $V_t(r)$ と $V_s(r)$ の具体的な形を $V_0(r)$ と $V_1(r)$ を用いて求めよ．

(b) スピン交換断面積の大きさを見積もれ．図 5.3 に示した情報を用い，原子間距離 $r \gtrsim 10$ Å のとき，$V_1(r) \propto r^{-6}$ とせよ（ファンデルワールスポテンシャル）．どの角運動量の性質がスピン交換衝突で保存されるか．

(c) “スピン交換演算子” に適当な表式は，以下のようになることを示せ:

$$\mathcal{P} = \frac{1}{2} + 2\vec{S}_A \cdot \vec{S}_B. \tag{5.30}$$

解

(a) 3 重項と 1 重項ポテンシャルの形は式 (5.29) に従い，以下の量

$$\vec{S}_A \cdot \vec{S}_B = \frac{S^2 - S_A^2 - S_B^2}{2} = \frac{1}{2}\left[S(S+1) - \frac{3}{2}\right] \tag{5.31}$$

の具体的な計算によって，

$$\boxed{V_t(r) = V_0(r) + \frac{1}{4}V_1(r)} \tag{5.32}$$

$$\boxed{V_s(r) = V_0(r) - \frac{3}{4}V_1(r).} \tag{5.33}$$

ここで，$\vec{S} = \vec{S}_A + \vec{S}_B$ は衝突するペアの全スピンである．

(b) 3 重項および 1 重項ポテンシャルの差 $V_1(r)$ は，静電的な性質を有し（多電子原子の異なるスピン状態エネルギー差同様，1.2 節参照），数オングストロームを超える eV 程度となる（図 5.3）．

上向きスピン原子と下向きスピン原子の衝突を考えよう．最初，原子が遠く離れており，波動関数 $|\psi\rangle$ は 1 重項 $|0,0\rangle$ と 3 重項 $|1,0\rangle$ の重ね合わせで書ける（ここでは表式 $|S, M_S\rangle$ を用いる）:

$$|\psi(0)\rangle = |+\rangle_A|-\rangle_B = \frac{1}{\sqrt{2}}(|1,0\rangle + |0,0\rangle)\ . \tag{5.34}$$

原子がお互い十分に近いとき，3 重項と 1 重項状態は $V_1(r)$ による相対位相を獲得する．

$$|\psi(t)\rangle = \frac{1}{\sqrt{2}}\left(|1,0\rangle + e^{i\Delta\phi(t)}|0,0\rangle\right) \tag{5.35}$$

$$\Delta\phi(t) = \frac{1}{\hbar}\int_0^t V_1[r(t)]dt\ . \tag{5.36}$$

荒っぽい見積りのために，衝突によって蓄積された位相差を衝突間隔 $\tau_c = r_c/v$ を用いて表す．ただし，r_c は衝突の間の原子間平均距離，v は相対速度である．

$$\Delta\phi \sim V_1(r_c)\frac{\tau_c}{\hbar} \sim V_1(r_c)\frac{r_c}{\hbar v}\ . \tag{5.37}$$

$\Delta\phi \approx \pi$ のとき，式 (5.35) より，原子を記述する波動関数は $|-\rangle_A|+\rangle_B$ とな

り，実際スピン交換衝突が起きたことがわかる．したがって，スピン交換の起きる条件は，

$$V_1(r_c)r_c \sim \pi\hbar v = \pi\hbar c\frac{v}{c} \sim 6 \times 10^{-3}\ \text{eV} \cdot \text{Å}\ . \tag{5.38}$$

ただし，室温原子蒸気の場合，$v \sim 3 \times 10^4$ cm/s とする[5)]．図 5.3 のプロットからわかるように，領域 $r \gtrsim 5$ Å では，$V_1(r)$ は r^{-6} に比例し，

$$V_1(r) = \frac{10^5}{\left[r(\text{Å})\right]^6}\ \text{eV} \qquad r \gtrsim 10\ \text{Å}\ . \tag{5.39}$$

必要条件 (5.38) と合わせると，

$$r_c \sim 25\ \text{Å} \tag{5.40}$$

と求まる．よって，断面積の大きさの程度が $\sigma_{se} \sim 2 \times 10^{-13}\ \text{cm}^2$ であることが求った．この大雑把な見積りは，1 桁ほど大きすぎる—典型アルカリ原子のスピン交換断面積は，

$$\boxed{\sigma_{se} \sim 2 \times 10^{-14}\ \text{cm}^2.} \tag{5.41}$$

各原子のスピンは，スピン交換衝突の間に変化するが，系の全スピンは近似的に保存される．(何桁も小さな断面積をもつスピン破壊効果とよばれるものがあるが (5.8 節参照)，ここでは考察の範疇を超える)．

(c) 適当なスピン交換演算子 $\mathcal{P}$ は，以下の性質を満たす必要がある：

$$\mathcal{P}|+\rangle_A|+\rangle_B = |+\rangle_A|+\rangle_B\ , \tag{5.42}$$

$$\mathcal{P}|+\rangle_A|-\rangle_B = |-\rangle_A|+\rangle_B\ , \tag{5.43}$$

$$\mathcal{P}|-\rangle_A|+\rangle_B = |+\rangle_A|-\rangle_B\ , \tag{5.44}$$

$$\mathcal{P}|-\rangle_A|-\rangle_B = |-\rangle_A|-\rangle_B\ . \tag{5.45}$$

標準のスピン 1/2 昇降演算子

$$S_\pm = S_x \pm iS_y \tag{5.46}$$

を導入して書き直すと，

$$S_x = \frac{1}{2}(S_+ + S_-), \tag{5.47}$$

5) v が実際に熱速度なのか，ポテンシャルの丘を転げ落ちるときに得る運動エネルギーによる速度なのかは，自明でないが，r_c は十分に大きく，v は熱運動とみなせる．

$$S_y = \frac{1}{2i}(S_+ - S_-). \tag{5.48}$$

演算子 (5.30) は

$$\mathcal{P} = \frac{1}{2} + 2S_z^A S_z^B + S_+^A S_-^B + S_-^A S_+^B \tag{5.49}$$

と表せる．この形式を用い，演算子 $\mathcal{P}$ は実に要求された性質 (5.42)-(5.45) をもつことが容易にわかる．

5.5 スピン温度極限

Probrems and Solutions

円偏光を用いた多様な光ポンプ実験において，スピン交換は最も速い過程であり，他種の衝突（例えば，セル壁との衝突）によるポンピングや緩和よりも速く起こる．この場合，さまざまなゼーマン副準位の原子分布は**スピン温度 (spin temperature)**，β^{-1} [文献 7] によって記述され，

$$\rho(F_z) \propto e^{\beta F_z} \tag{5.50}$$

に従う．ただし，$\rho(F_z)$ はあるゼーマン副準位の密度である．

系の全角運動量 $N\langle F_z\rangle$（N は準位 F の全原子数）が保存され，系が統計的平衡にあるとき，第一原理的に分布 (5.50) を導出せよ．

解

原子はさまざまな形でゼーマン副準位に分布し，N_i 個の原子が i 番目の副準位に位置する．各分布は，全原子数 N の条件

$$\sum_i N_i = N \tag{5.51}$$

を満たす必要がある．また，全角運動量は

$$\sum_i N_i (F_z)_i = N\langle F_z\rangle. \tag{5.52}$$

ある N_i の組み合わせについて，とりうる方法数を計算しよう（非縮重気体を仮定し，原子は見分けられる）．N 個の原子があり，そのうち N_1 個は第 1

[文献 7] Anderson ら (1960).

ゼーマン副準位に置きたい．それを行う仕方の数は[文献 8]：

$$\Omega_1 = \frac{N!}{(N_1)!(N-N_1)!} \tag{5.53}$$

通りある．第1副準位の N_1 個の原子があり，第2ゼーマン副準位に N_2 原子を配置するには

$$\Omega_2 = \frac{(N-N_1)!}{(N_2)!(N-N_1-N_2)!} \tag{5.54}$$

通りの仕方がある．この調子で，N_i の組み合わせ数は

$$\Omega = \prod \Omega_i = \frac{N!}{N_1!...N_i!...} \tag{5.55}$$

通りとなる．統計力学の一般的な原理に従い，平衡状態における N_i は，量 (5.55) が式 (5.51) および (5.52) の条件のもとで最大化されるように分布する．すなわち，各許容配置は同様に可能であり，平衡状態は最大組み合わせ数で実現する密度分布に相当する．

量 (5.55) を直接最大化せず，その対数を最大化する方が便利である：

$$\sigma = \ln \Omega \approx N \ln N - N - \sum_i (N_i \ln(N_i) - N_i). \tag{5.56}$$

ただし，大きな数の対数を展開するのにスターリングの公式を用いた．

式 (5.51) と (5.52) より，式 (5.56) の最大値を求めるために，**ラグランジュの未定乗数法 (the Lagrange multiplier method)**[文献 9]を用い，

$$\Phi = \sigma + \alpha \sum N_i + \beta \sum_i N_i (F_z)_i \tag{5.57}$$

の微分係数をゼロとおく．α と β はラグランジュ未定乗数である[6)]．

$$\frac{\partial \Phi}{\partial N_i} = -\ln(N_i) + \alpha + \beta (F_z)_i = 0 \tag{5.58}$$

[文献 8] 例えば，Reif (1965).

[文献 9] 例えば，Reif (1965).

6) ラグランジュの未定乗数法の裏にある考え方は，以下のように理解できる．目標は束縛 $\{g(x)=0, h(x)=0, ...\}$ の組の変数 x について，関数 $f(x)$ を最大化することである．束縛関数の x に関する微分係数は明らかにゼロに等しく，量 $f(x)+ag(x)+bh(x)+...$ の導関数（$a, b, ...$ は定数）は $f(x)$ の最大でゼロである．これから定数 $a, b, ...$ を用いて $f(x)$ が求まる．そこで，定数 $a, b, ...$ として適当な値を選ぶと，$f(x)$ が最大化され，束縛が満たされることが確かめられる．

$$N_i = e^{\alpha+\beta(F_z)_i} = Ce^{\beta(F_z)_i} \ . \tag{5.59}$$

定数 C と β は式 (5.51) と (5.52) から求められる．

スピン温度の概念は，光ポンピング実験のさまざまな方法を理解するのに極めて有用である：例として，5.7 節がある．

5.6 電子ランダム化衝突

Probrems and Solutions

$J = S = 1/2$ をもつ原子（例えば，スピンのない緩衝気体原子）の**電子ランダム化衝突 (electron-randomization collisions)** について考えよう．そのような衝突では，原子の電子分極は完全にランダムであり，衝突前の分極に依存しない．この問題では，原子分極の緩和における核スピン I の効果について考えよう．

衝突間隔が超微細間隔の周波数の逆数より十分短く，$I \gg 1/2$ のとき，特徴的な電子ランダム化時間 τ として，原子分極緩和に要する時間を求めよ [7]．

解

例えば，ストレッチ状態 ($J_z = J$, $I_z = I$) の原子から始めよう．1 つの電子ランダム化衝突の後，原子分極は減るが，原子のほとんどの角運動量が核 ($I \gg 1/2$) によるため，完全には壊されない．衝突の後，超微細相互作用は電子と核スピンを再び結合し，M_F の変化は 0 か 1 である．続く衝突で，M_F の変化は 0，1，もしくは -1 であり，過程は**ランダムウォーク (random walk)** とみなせる．M_F がとり得る値はざっと $(2I+1)$ 個あるから，分極がすべての副準位に広がるのに（分極が失われ点まで）$(2I+1)^2$ 回程度のランダムウォークステップを要する．したがって，関連する時間スケールは，

$$\tau' = (2I+1)^2\tau \ . \tag{5.60}$$

[7] 一般に，この状況で原子分極の計算は非常に複雑で，多くの観測量（例えば $\langle S_z \rangle$）について緩和が 1 つ以上の指数関数で表される [Bouchiat (1963); Happer (1972) および Knize ら (1988)]．ここでは原子分極の続く最長時間スケールに興味がある．

5.7　速いスピン交換条件下でのラーモア歳差運動

Probrems and Solutions

磁場 B 中の基底状態にあるアルカリ原子（$J = S = 1/2$, 核スピン I）蒸気を考えよう．アルカリ原子密度が高く，スピン交換率（5.4 節）が原子のラーモア周波数 Ω_L より十分速いとする．

平均角運動量ベクトル $\langle \vec{F} \rangle$ の磁気歳差運動の速さを求めよ．自由原子のラーモア周波数と比較せよ．

原子がゼロでない平均配向をもつが，スピン温度（5.5 節）が高いとする：$1/\beta \gg 1$. 核磁気モーメントにおける外部磁場の効果は無視してよい．

Happer と共同研究者によってはじめに調べられた[文献 10]，速いスピン交換の方法は，生体磁気イメージングに開発された極めて感度の高い原子磁力計において重要である[文献 11]．

解

まず磁場を無視して，量子化軸 (z) 方向の配向を仮定しよう．解の考え方は，集団 $\langle F_z \rangle$ の平均全角運動量および平均電子スピン $\langle S_z \rangle$ を計算することである．次に，弱い（スピン交換より十分遅い磁気歳差運動を生む）磁場 B が $\hat{z}$ に垂直にかけられ，集団に大きさ $g_S \mu_0 B \langle S_z \rangle$ のトルクを生じるものとする．そのとき，ラーモア周波数の大きさは，

$$\Omega_L = \frac{g_S \mu_0}{\hbar} \frac{\langle S_z \rangle}{\langle F_z \rangle} B = \frac{2\mu_0}{\hbar} \frac{\langle S_z \rangle}{\langle F_z \rangle} B. \tag{5.61}$$

スピン温度分布によると，高いスピン温度において磁気量子数 M_F の副準位の平均密度は，

$$\rho(M_F) = \frac{1 + \beta M_F}{2(2I + 1)} \tag{5.62}$$

であり，副準位の超微細状態 F にかかわらず正しい．式 (5.62) において，$J = 1/2$ 状態の超微細構造副準位の全数で密度を規格化する．

平均角運動量は，

[文献 10] Happer-Tang (1973); Happer-Tam (1977).

[文献 11] Kominis ら (2003).

$$\langle F_z \rangle = \sum_{F=I-1/2}^{I+1/2} \sum_{M_F=-F}^{F} \rho(M_F) M_F = \left[\frac{1}{4} + \frac{1}{3} I(I+1)\right] \beta. \quad (5.63)$$

ただし，式 (5.62) を用いて和をとった．$|F, M_F\rangle$ 状態において，2.4 節で g_F 因子を求めたやり方で，S_z の期待値が求まる：

$$\langle F, M_F | S_z | F, M_F \rangle = \frac{F(F+1) + I(I+1) - 3/4}{2F(F+1)} M_F. \quad (5.64)$$

これから，集団平均値が求まる：

$$\langle S_z \rangle = \sum_{F=I-1/2}^{I+1/2} \sum_{M_F=-F}^{F} \rho(M_F) \langle F, M_F | S_z | F M_F \rangle = \beta/4. \quad (5.65)$$

同様にして，

$$\langle I_z \rangle = \sum_{F=I-1/2}^{I+1/2} \sum_{M_F=-F}^{F} \rho(M_F) \langle F, M_F | I_z | F, M_F \rangle = \frac{1}{3} I(I+1) \beta. \quad (5.66)$$

式 (5.65) と (5.66) の平均角運動量の和が，式 (5.63) の全平均角運動量を与えるのは驚くことでない．

こうして $\langle F_z \rangle$ と $\langle S_z \rangle$ が求まったので，磁場の効果について考えることができる．式 (5.61) で，式 (5.65) と (5.63) を用いると，

$$\Omega_L = \frac{2\mu_0}{\hbar} \frac{1}{1 + \frac{4}{3} I(I+1)} B. \quad (5.67)$$

この周波数と，超微細状態にある自由原子ラーモア周波数 Ω_L^F を比べると (2.4 節)，

$$\boxed{\Omega_L^F = \frac{2\mu_0}{\hbar} \frac{1}{2I+1} B.} \quad (5.68)$$

これと式 (5.67) を比較し，

$$\boxed{\Omega_L = \frac{3(2I+1)}{3 + 4I(I+1)} \Omega_L^F.} \quad (5.69)$$

面白いことに，原子が連続的に状態 $F = I + 1/2$ と $F = I - 1/2$ の間を移るが (g_F 因子の符号は逆で，大きさは等しい)，“標準の” 磁気歳差運動に比べて，平均的なスピンの磁気回転はそれほど遅くない．歳差運動の方向は，$F = I + 1/2$ 超微細状態の自由原子と同じである．この状態が，平均スピン

の歳差運動を支配する理由は，この状態がより多くのゼーマン副準位（高い統計的重み）を有し，スピン温度分布における $\pm M_F$ 副準位の密度差が，他の超微細状態にはない最高の $|M_F| = I + 1/2$ 副準位をとるからである．

5.8　準安定ヘリウム原子のペニングイオン化

Probrems and Solutions

ペニングイオン化 (**Penning ionization**) は，準安定状態の 2 原子が衝突し，1 つの原子の励起エネルギーがもう片方に移る過程であり，後の原子の電子 1 つが励起される．

ペニングイオン化の特別な例は，準安定な ${}^3S_1$ 状態 (${}^4\mathrm{He}^*$) の ${}^4\mathrm{He}$ 原子 (核スピン $I = 0$) 間の衝突であり，基底状態 He 原子は He^+ イオンと電子になる．一般に，この過程の断面積は非常に大きい（10^{-13} cm^2 以上）；しかし，すべての準安定ヘリウム原子がゼーマン副準位 ($M = 1$ か $M = -1$) の 1 つにあれば，ペニングイオン化率は何桁か強度が抑制される（Fedichev ら 1996）．この抑制は，${}^4\mathrm{He}^*$ 原子のボース-アインシュタイン凝縮が初めて示された実験の成功において重要な役割を果たした[文献 12]．

この節では，分極した ${}^3S_1$ 状態の ${}^4\mathrm{He}$ 原子におけるペニングイオン化の抑制の理由について議論し，抑制の大きさの程度を見積もる．

(a) なぜペニングイオン化が分極した ${}^4\mathrm{He}^*$ で抑制されるか定性的な理由を議論せよ．

(b) 分極していない原子と比べて，分極した原子のペニングイオン化の抑制度合を見積もるために，イオン化を引き起こす過程を特定する必要がある．いずれも $M = 1$ 状態にいる 2 つの原子を考えよう．全角運動量の射影は $M_{\mathrm{pair}} = 2$ であるから，系の全スピンは $S = 2$ である．このようにスピン分極した試料のペニングイオン化の主な機構は原子スピンの磁気モーメント間の双極子-双極子相互作用である．この相互作用に伴うポテンシャルは：

$$H_d = \frac{4\mu_0^2}{R^3}\left[\vec{S}_1 \cdot \vec{S}_2 - \frac{3(\vec{S}_1 \cdot \vec{R})(\vec{S}_2 \cdot \vec{R})}{R^2}\right]. \tag{5.70}$$

ここで，$\vec{S}_{1,2}$ は 2 原子のスピン演算子，$\vec{R}$ は核間を向くベクトル（R はその

[文献 12] Robert ら (2001); Dos Santos ら (2001).

大きさ)，および因子 4 はランデ因子の 2 乗からくる．

相互作用 (5.70) が対の全スピンを保存しないことを示し，相互作用の特徴的な大きさの程度を見積もれ．

(c) 問 (b) の結果より，2 つの原子が衝突するとき，全スピンは有限の確率で衝突の経路を変える（スピン角運動量が相対原子運動の角運動量と交換するので，全角運動量は保存する）．これが起こると，ペニングイオン化でスピン抑制が生じず，衝突により高い確率でイオン化される．

すべての相互作用の特徴的な半径を a_0 程度，原子間ポテンシャルの深さを ~ 1 eV として，全スピンを変える確率 P の大きさの程度を見積もれ．量 P は，分極および非分極原子のペニングイオン化の断面積比を与える．

ヒント

問 (b) において，全スピンが保存されないことを示すためには，行列要素 $\langle S=0, M=0|H_d|S=2, M=2\rangle$ を具体的に計算すればよい．

解

(a) 衝突する分極した He* 原子対の全スピンは，はじめ $S=2$ である．ペニングイオン化が起こると，終状態は 2 つのスピン 1/2 粒子（He^+ イオンと電子），およびスピン零粒子（He 基底状態原子）からなる；よって，終状態の最大全スピンは $S=1$ である．したがって，ペニングイオン化が収まると，全スピンが変化するが，ほとんどの原子が衝突する過程で起こる強い電気的相互作用が原因ではない．これは放射性の遷移と同様の抑制である（**スピンフリップ**もしくは**異重項間遷移 (intercombination)** は通常何桁も低い大きさである）．似た効果のもう 1 つの例は，スピン破壊とスピン交換衝突断面積の相対的な抑制である（5.4 節）．

(b) 全スピンが双極子-双極子相互作用によって保存されないことは，ハミルトニアン (5.70) が演算子

$$S^2 = (\vec{S_1} + \vec{S_2})^2 \tag{5.71}$$

と交換しないことを用いて示される．

式 (5.70) の第 1 項は S^2 と交換するから，交換しないのは第 2 項であることが示される．ここでは，交換関係を得る代わりに，ヒントで提案した特別な行列要素を計算しよう．初めと終わりの状態は，

$$|S=2,M=2\rangle = |1\rangle_1|1\rangle_2, \tag{5.72}$$

$$|S=0,M=0\rangle = \frac{|1\rangle_1|-1\rangle_2 + |-1\rangle_1|1\rangle_2 - |0\rangle_1|0\rangle_2}{\sqrt{3}} \tag{5.73}$$

に従って，各スピンの状態へ分解される．ここで，i 番目のスピンについて表式 $|M\rangle_i$ を用いた．上で述べた理由から，(5.70) の第 2 項のみが欲しい行列要素に寄与するから，

$$\langle S=0,M=0|H_d|S=2,M=2\rangle \propto \langle S=0,M=0|\left(\vec{S}_1\cdot\vec{R}\right)\left(\vec{S}_2\cdot\vec{R}\right)|S=2,M=2\rangle. \tag{5.74}$$

球成分 ($V_0=V_z$; $V_\pm=\mp(V_x\pm iV_y)/\sqrt{2}$) に展開し，

$$\vec{S}_i\cdot\vec{R} = (S_0)_iR_0 - (S_+)_iR_- - (S_-)_iR_+\ , \tag{5.75}$$

式 (5.72) と (5.73) を用いると，式 (5.74) の右辺の行列要素が $R_+^2/\sqrt{3}\neq 0$ と求まる．したがって，双極子-双極子相互作用は全スピンを保存しない．

(c) スピンの変わる衝突を以下の方法でモデル化しよう．もともと $S=2$ 状態にある系を考える．衝突する 2 原子が距離 $\sim a_0$ 内に近づいたとき，大きさ

$$\boxed{H_d \sim \mu_0^2/a_0^3}. \tag{5.76}$$

の摂動を受け，異なるスピン状態が混ざる．摂動は特徴的な時間 a_0/v で働き，特徴的な速度 v は，

$$v \sim \sqrt{\frac{2V_a}{m_a}}\ . \tag{5.77}$$

m_a は原子質量，原子間ポテンシャル $V_a\ \sim\ 1$ eV である．したがって，$v\ \sim\ 10^6$ cm/s となる．$S\ =\ 0$ 状態に系を見出す振幅は，衝突中の時間に比例して増加し，衝突中にスピンを変える特徴的な確率 P は

$$P \sim \left(\frac{\mu_0^2}{\hbar a_0^3}\frac{a_0}{v}\right)^2 \sim 10^{-5}\ . \tag{5.78}$$

これは，より詳細な計算[文献 13]と整合する．

[文献 13] Fedichev (1996).

6 章

レーザー冷却された原子

6.1 レーザー冷却：基本概念 (T)

Probrems and Solutions

レーザー冷却は，原子物理学のさまざまな分野で利用されてきた優雅かつ重要な技法である．例えば，レーザー冷却は，希薄な原子蒸気のボース-アインシュタイン凝縮の生成と研究を可能にし[文献 1]，原子時計の最新世代の中心的存在となっている[文献 2]．レーザー冷却による冷却原子気体の生成は，原子衝突過程，非線形光学効果，および基本的な量子力学現象を研究するうえで新たな場を提供した．この広い話題に関しては，数多くの優れたレビューがあり，取っ掛かりとしては，Chu (1998), Phillips (1998), および Cohen-Tannoudji (1998) のノーベル講演，および Metcalf と Van der Straten (1999) の教科書が良い．

ここでは，レーザー冷却に関する基本的な概念をいくつか述べよう．前の章で，原子状態内部の光の効果について，多くの問題を取り扱った（光ポンピングなど [3.7 節，3.9，3.10 節]）．レーザー冷却とトラップでは，原子の外の状態，すなわち，位置と運動量における光の力学的効果に興味がある．

はじめに 2 準位原子を考えよう．原子は $|g\rangle \to |e\rangle$ 遷移で共鳴する光ビームを浴びる（$|g\rangle$ は原子基底状態，$|e\rangle$ は励起状態）．光子が原子に吸収され，原子が運動量キック $\Delta\vec{p}$ を受ける．ただし，

[文献 1] Anderson ら (1995), Bradley ら (1995), Davis ら (1995).

[文献 2] Santarelli ら (1999).

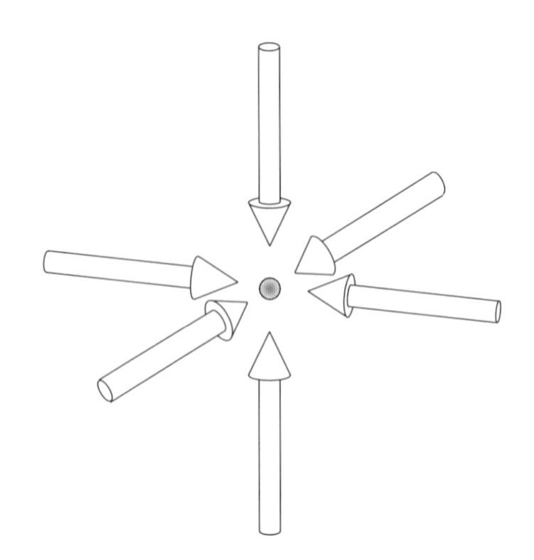

図 **6.1**　光の糖蜜装置の模式図．6つの“赤方離調した”レーザー光（共鳴に近い原子遷移より低い周波数）は3つの互いに直行し，反対に進行するレーザー光の対からなり，原子蒸気を冷やす速度依存減衰力を与える．

$$\Delta\vec{p} = M\Delta\vec{v} = \hbar\vec{k}\ . \tag{6.1}$$

M は原子の質量，$\Delta\vec{v}$ は原子速度の変化，$\vec{k}$ は入射光の波数ベクトルである．

自然放射も考慮する必要がある．蛍光の光子は原子からランダムな方向へ放射される（実際，3.8節で議論したように，例えば入射光の偏光に依存して放射方向は偏るが，この段階では本質的でない）．よって，原子は自然放射でランダムな方向に反跳させる．

原子の集団に共鳴レーザー光線が当てられているとき，原子は光線方向に運動量を獲得し，自然放出された光子からのランダムな蹴りによって加熱される．これがレーザー光による原子操作の背後にある基本原理である．

(a) すでに2準位原子の原子雲があるし，**図 6.1** に示すように6つの異なる方向から原子雲へレーザー光を照らすと，3つの直交する方向に反対に進むレーザー光の対がある．これが**光の糖蜜 (optical molasses)** の装置である．この仮想的な状況で，原子雲は温度 $T = 0$ から始まり，光によって加熱される．

各原子が平均的に1つの吸収-放出サイクルを行える時間 τ だけ，原子雲にレーザー光を当てる（光の強度が十分に弱いとき，誘導放出は無視でき，蒸気が十分薄いとき，放射トラップは重要でない）．原子雲の温度 $T = 2T_\gamma$（T_γ

は単一光子反跳温度限界 **(single-photon recoil temperature limit)**）はいくらか．ナトリウム原子について T_γ の数値を求めよ．

(b) 再び光の糖蜜装置を考えよう（図 6.1）．しかし今回は，はじめ高温（例えば室温）にある原子気体をどうやって冷却するかを示そう．

速度 v でレーザー光の 1 つに向かって動く原子を考える．原子の静止座標系で光の周波数はドップラーシフトされているとしよう：

$$\omega' = \omega\left(1 + \frac{v}{c}\right) . \tag{6.2}$$

レーザー光は "赤方離調" されている．すなわち周波数 ω は静止原子の $|g\rangle \rightarrow |e\rangle$ 遷移の共鳴周波数 ω_0 より低い．このとき $\vec{k}$ と反対に動く原子が相互作用し，この方向に遅くなる力を与える．光の糖蜜において，原子はすべての方向で遅くなり，すなわち冷却される．光の糖蜜が原子運動の粘性抵抗に似た速度に依存する力を与える．

原子が遅くなると，原子気体と相互作用し続けるため，レーザー光の離調を変える必要がある（ドップラー幅が狭くなってくる）．冷却過程を続ける 1 つの方法は，レーザー周波数を徐々に上げること (chirp) である．もう 1 つの方法は，原子ビームの減速で用いられるように，磁場によってエネルギー準位をシフトさせることであり，6.3 節で議論する．

ドップラー幅 Γ_D が遷移の自然幅 γ_0 より大きいとき，速く動く原子の速度群を選択的に取り扱うことができるので，Γ_D が γ_0 と同程度になる温度まで問題なく原子を冷却できる．

$\gamma_0 \approx \Gamma_D$ のとき，原子雲の温度 T^* はいくらか．Na 原子について T^* を数値的に求めよ．

(c) T^* が原子遷移に到達すると，均一広がりによって支配される．原子をさらに冷やすには，レーザー離調の適当な値を見つけなければならない．レーザーが $\omega_0 - \omega \gg \gamma_0$ に合わされると，非常にわずかな光-原子相互作用となって，冷却力は非常に小さくなる．一方，$\omega = \omega_0$ となれば，冷却力はなくなる．妥協して，$\omega_0 - \omega = \gamma_0/2$ に選ぶ．

原子はあらゆる角度から蹴られるが，原子があるビーム方向に動いていると，その運動と反対方向へより多く蹴られる傾向にある．

1 次元の運動を考える．これらの条件のもと，1 次元的な光糖蜜において，原子に働く速度依存した力を求めよ．

(d) この方法を用いて何度 (T_D) まで原子を冷却できるか求めよ．Na 原子について，**温度のドップラー限界 (Doppler limit for temperature)** として知られる，この温度 T_D を数値的に求めよ．
(e) 3 つの温度スケール T_γ, T^*, および T_D の関連性を求めよ．

解

(a) 原子は吸収による 1 回の運動量キック $\Delta\vec{p}$ を得て，自然放出によってランダムな方向に同じ大きさのキック $\Delta\vec{p}\,'$ を得る．原子の平均エネルギーは

$$\langle E\rangle \sim \frac{\langle(\Delta\vec{p}+\Delta\vec{p}\,')^2\rangle}{2M} \sim \frac{\hbar^2\omega^2}{Mc^2} \,. \tag{6.3}$$

波数ベクトルの大きさは $|\vec{k}|=\omega/c$（ω は光周波数），クロス項 $2\vec{p}\cdot\Delta\vec{p}\,'$ は原子試料にわたって平均するとゼロであることを用いた．

これは熱エネルギー $\sim 2k_BT_\gamma$ に相当し，

$$\boxed{T_\gamma \sim \frac{\hbar^2\omega^2}{2k_BMc^2}} \,. \tag{6.4}$$

ただし，$k_B \approx 10^{-4}$ eV/K はボルツマン定数である．

第一共鳴遷移（D1 線）で励起されたナトリウム原子において，$\hbar\omega \sim 2$ eV および $Mc^2 \approx 23\times10^9$ eV を得る．よって，

$$T_\gamma \sim \left(10^4\ \mathrm{K/eV}\right)\cdot\frac{(2\ \mathrm{eV})^2}{2\times23\times10^9\ \mathrm{eV}} \sim 1\ \mu\mathrm{K} \tag{6.5}$$

と実に低温である．

(b) ドップラー幅は

$$\Gamma_D = \frac{\omega_0}{c}\sqrt{\frac{2k_BT}{M}} \tag{6.6}$$

で与えられる．γ_0 を用いて Γ_D を表すと，

$$\boxed{T^* \sim \gamma_0^2\frac{Mc^2}{2k_B\omega_0^2}} \,. \tag{6.7}$$

Na 原子において，

$$T^* \approx 40\ \mathrm{mK} \tag{6.8}$$

となり，単一光子の反跳限界 T_γ よりもかなり高い（式 (6.5)）．

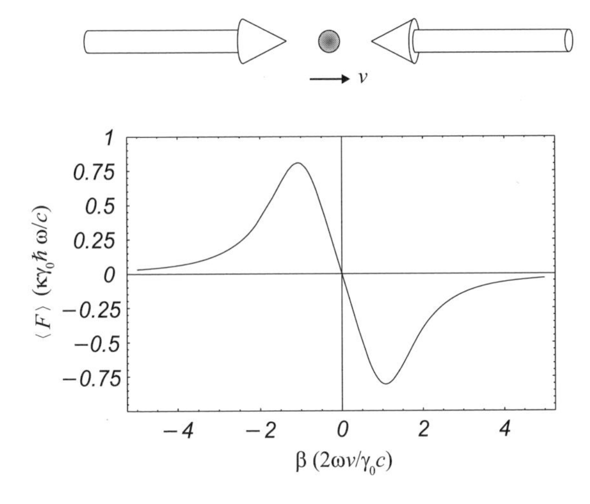

図 6.2 $\Gamma_D \lesssim \gamma_0$ の領域における 1 次元的な光糖蜜の速度依存力．原子は運動と反対方向に力を感じるが，$|v| \ll \gamma_0 c/(2\omega)$ の領域では，速度空間における線形復元力である．

(c) 誘導放出が無視できるほど小さな光出力のとき，

$$\kappa = \frac{d^2 \mathcal{E}_0^2}{\gamma_0^2} \ll 1 \ . \tag{6.9}$$

κ は共鳴飽和パラメータ（3.7 節），$d = \langle e|d|g \rangle$ は双極子行列要素，$\mathcal{E}_0$ は光学電場の強度である．3.7 節の考察に基づいて [式 (3.173)，$\kappa \ll 1$]，原子が光子を散乱する確率 R は，

$$R_\pm = \frac{\kappa\gamma_0}{1 + \left(1 \pm \frac{2\omega}{\gamma_0}\frac{v}{c}\right)^2} \tag{6.10}$$

と書ける．$\pm$ は**図 6.2** の上の相図において，右と左に伝搬するレーザー光をそれぞれ表す．幾何学的，概念的に簡略するため，$\kappa \ll 1$ とおくが，多くのレーザー冷却実験では，$\kappa \lesssim 1$ となる．

平均的に，各吸収放出過程は

$$\Delta p_\pm = \pm\hbar\frac{\omega}{c} \tag{6.11}$$

だけ運動量キックを原子に与え，逆進行するレーザー光による平均的な力は

$$\langle F \rangle = \Delta p_+ R_+ + \Delta p_- R_- \tag{6.12}$$

$$= \frac{\kappa\gamma_0\hbar\omega}{c}\left[\frac{1}{1+(1+\beta)^2} - \frac{1}{1+(1-\beta)^2}\right] , \tag{6.13}$$

$$\beta = \frac{2\omega}{\gamma_0}\frac{v}{c} \ . \tag{6.14}$$

いくらか代数計算すると，以下の結果が得られる（図 6.2）：

$$\boxed{\langle F \rangle = -4\frac{\kappa\gamma_0\hbar\omega}{c}\frac{\beta}{4+\beta^4} = -\frac{8\hbar\omega^2\kappa}{c}\frac{v/c}{4+\left(\frac{2\omega}{\gamma_0}\frac{v}{c}\right)^4} \ .} \tag{6.15}$$

(d) 原子雲がレーザー光から受ける平均運動量はゼロであるから，$\langle \vec{p}\, \rangle$ は一定に保たれる．一方，$\langle p^2 \rangle$ は上で議論した機構によって減少するが，自然放出のランダムなキックと吸収のランダム性によって増加する．加熱と冷却速度のバランスをとることで $\langle p^2 \rangle$ の平衡値を決めよう．

原子の特徴的な速さおよび気体の熱エネルギーは

$$\bar{v} = \frac{\sqrt{\langle p^2 \rangle}}{M} \tag{6.16}$$

$$E = \frac{k_B T}{2} = \frac{\langle p^2 \rangle}{2M} \ . \tag{6.17}$$

ただし，再び 1 次元的な運動を考える（3 次元へ拡張しても基本的な結論は変わらない）．

問 (c) で述べた冷却力による気体エネルギー E の変化率は，

$$\left.\frac{\partial E}{\partial t}\right|_{\text{cool}} = \langle F \rangle \bar{v} \approx -2\hbar\omega^2\kappa\frac{\bar{v}^2}{c^2} \ . \tag{6.18}$$

ここで，式 (6.15) を用い，$\beta \ll 1$，つまり，$\omega\bar{v}/c \ll \gamma_0$ を仮定した．

次に，吸収と放出による原子反跳のランダム性からくる気体の加熱について説明する必要がある．ある吸収/放出サイクルで，原子は大きさ $\hbar\omega/c$ の 2 つのランダムな蹴りを受ける．原子が蹴られる確率は $\approx \kappa\gamma_0$ である（式 (6.10) に従い，再び $\beta \ll 1$ の近似を用い，2 つのレーザー光があることを思い起こす）．これは運動量空間におけるランダムウォークであり，

$$\frac{\partial}{\partial t}\langle p^2 \rangle\Big|_{\text{heat}} \approx 2\kappa\gamma_0\frac{\hbar^2\omega^2}{c^2} \tag{6.19}$$

と書ける．したがって，

$$\left.\frac{\partial E}{\partial t}\right|_{\text{heat}} = \kappa\gamma_0\frac{\hbar^2\omega^2}{Mc^2} \ . \tag{6.20}$$

平衡状態では，

$$\left.\frac{\partial E}{\partial t}\right|_{\mathrm{cool}} + \left.\frac{\partial E}{\partial t}\right|_{\mathrm{heat}} = 0 \tag{6.21}$$

であるから，表式 (6.18) および (6.20) より，

$$\frac{1}{2}M\bar{v}^2 = \frac{\hbar\gamma_0}{4} \ . \tag{6.22}$$

よって，式 (6.17) と (6.22) から，平衡温度は

$$\boxed{T_D = \frac{\hbar\gamma_0}{2k_B} \ .} \tag{6.23}$$

これはドップラー限界 **(Doppler limit)** として知られる．Na 原子では，

$$T_D \approx 200\ \mu\mathrm{K} \ . \tag{6.24}$$

これから 2 準位原子の冷却極限がわかる．

興味深いことに，3 次元光糖蜜の実験が初めて行われたとき，T_D より一桁低い温度が観測された．そのような準ドップラー冷却が起きる物理的な機構は，実験に用いる原子が 2 準位系ではなく，実際はゼーマン副準位と超微細構造をもつことに関係している．副準位間の光シフトと光ポンピングが，T_D 以下の温度まで到達できる Sisyphus 冷却のような効果を生み出す．この現象は Cohen-Tannoudji と Phillips (1990) の論文で述べられている．

実際，速度依存暗状態[文献 3]や速度選択ラマン遷移を用いて[文献 4]，単一光子反跳温度限界を打ち破る実験が実施されている．

(e) 式 (6.4)，(6.8)，および (6.23) を比較すると，示唆的な関係式が求まる:

$$\boxed{T_D^2 = T^* T_\gamma \ .} \tag{6.25}$$

6.2 磁気光学トラップ

Probrems and Solutions

光蜜は原子を冷却するものの，トラップはしない．空間的に原子を閉じ込める多くの技術があるが[文献 5]，最もよく用いられる原子トラップは，Pritchard ら

[文献 3] Aspect ら (1988).

[文献 4] Kasevich と Chu (1992).

[文献 5] Metcalf と Van der Straten (1999).

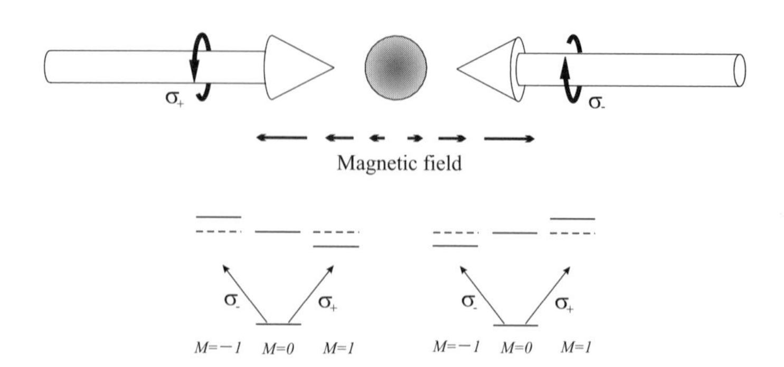

図 6.3　1次元的な磁気光学トラップの模式的な配置．不均一な磁場が上の状態のゼーマン副準位をシフトさせ，トラップ中心の左の原子は右に進むレーザー光からより多くの光子を散乱し，トラップ中心の右の原子は左に進むレーザー光からの光子をより多く散乱する．これが原子をトラップの中心に留めようとする復元力を生み出す．レーザー光は光蜜も作るから（6.1節），原子は冷却される．

(1986)，Raabら(1987)の開拓した**磁気光学トラップ (magneto-optical trap, MOT)** である．MOTの機構は光蜜の冷却機構と似ている—不均一磁場が光散乱による力を生み，位置依存性を得る．

1次元のMOT（**図 6.3**）を考えよう．2つの逆に進むレーザー光—左円偏光(σ_+)と右円偏光(σ_-)—が原子の雲に向かう[1]．不均一磁場

$$\vec{B}(z) = \beta z \hat{z} \tag{6.26}$$

が原子にかけられる．ここで，$\beta = \partial B/\partial z =$ 一定である．光周波数は$\gamma_0/2$だけ$F_g = 0 \to F_e = 1$遷移の共鳴より下に離調されている．γ_0は遷移の自然幅，g, eはそれぞれ基底，励起状態を示す．ドップラー幅は原子遷移の自然幅より十分小さいとする．

(a) 光散乱によって，原子にかかる平均的な位置依存した力を求めよ．

(b) 前節で議論したように，光は原子試料を冷却するので，トラップ中の冷却原子の運動方程式はトラップ中心に近い減衰調和振動子の形をとる（ドップラーシフトおよびゼーマンシフトは自然幅γ_0に比べて小さい）．

1次元MOT中心近くにおける振動周波数および減衰定数を求めよ．簡単のため，飽和パラメータκ(問題3.7)は，$\kappa \ll 1$を満たすものとする（ただし，通常のMOT動作条件は$\kappa \lesssim 1$）．磁場勾配5 G/cm中で典型的な原子

[1] 円偏光は$+\hat{z}$方向に対して定義され，光の進行方向である必要はないことを思い出そう．

の特徴的な減衰時間を数値的に求めよ．

解

(a) 式 (6.10) を導いた 6.1 節と同じ解析から，2 つの光線の光子散乱率は

$$R_{\pm} = \frac{\kappa\gamma_0}{1 + [1 \pm 2g\mu_0 B/(\hbar\gamma_0)]^2} \tag{6.27}$$

と与えられる．ただし，g はランデ因子，$\pm$ は $\sigma_{\pm}$ 偏向光線を表す（共鳴から $\gamma_0/2$ だけ離調があることを思い出そう）．式 (6.10) から (6.27) へは，ゼーマンシフトをドップラーシフトで置き換えただけである．各散乱は原子に運動量キック $\hbar\vec{k}$ を与える（$\vec{k}$ は波数ベクトル）だけであるから，

$$\boxed{\langle F\rangle = \hbar k(R_+ - R_-) = -4\frac{\kappa\gamma_0\hbar\omega}{c}\left[\frac{2g\mu_0 B/(\hbar\gamma_0)}{4 + \left(\frac{2g\mu_0 B}{\hbar\gamma_0}\right)^4}\right]}. \tag{6.28}$$

$B = \beta z$ より，力は位置に依存する；$\langle F(z)\rangle$ を図 **6.4** に示す．

(b) トラップの中心近くにおいて，ゼーマンシフトは遷移の自然幅に比べて小さいので，

$$\langle F(z)\rangle \approx -8\frac{\kappa\omega}{c}g\mu_0 B(z) = -8\frac{\kappa\omega}{c}g\mu_0\beta z \tag{6.29}$$

と書ける．また，十分遅い原子では，冷却力 (6.15) があり，

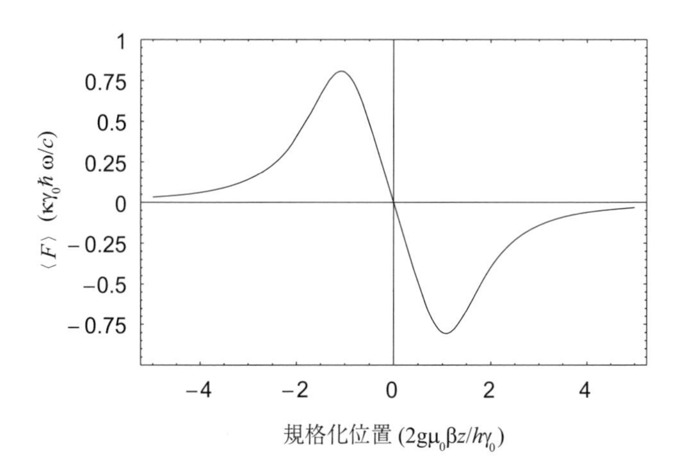

図 **6.4** 1 次元磁気光学トラップにおける位置に依存した力．

$$\langle F(v)\rangle \approx -8\frac{\kappa\hbar\omega^2}{c^2}v \ . \tag{6.30}$$

したがって，1 次元 MOT における原子の運動方程式は

$$M\ddot{z} = -8\frac{\kappa\hbar\omega^2}{c^2}\dot{z} - 8\kappa\frac{\omega}{c}g\mu_0\beta z \ . \tag{6.31}$$

これは，減衰調和振動子の方程式である（M は原子質量）．よって，MOT 中の原子は空間的に閉じ込められ，時間の経過ともにゆっくりとなる（冷却）．トラップの振動周波数は

$$\boxed{\omega_t^2 = 8\kappa\frac{\omega g\mu_0\beta}{Mc}} \tag{6.32}$$

と与えられ，減衰定数は

$$\boxed{\Gamma_t = 8\kappa\frac{\hbar\omega^2}{Mc^2} \ .} \tag{6.33}$$

調和振動子が**弱減衰 (underdamped)** か**過減衰 (overdamped)** かを求めるために，トラップ振動周波数と減衰率を比較する：

$$\frac{\omega_t^2}{\Gamma_t^2} = \frac{g\mu_0\beta Mc^3}{8\hbar^2\omega^3\kappa} \ . \tag{6.34}$$

これは，示唆的な因子の積として書き直すことができる：

$$\frac{\omega_t^2}{\Gamma_t^2} = \left(\frac{1}{16\pi}\frac{1}{\kappa}\right)\left(\frac{g\mu_0\beta\lambda}{\hbar\omega}\right)\left(\frac{Mc^2}{\hbar\omega}\right) . \tag{6.35}$$

ただし，λ は光の波長である．

飽和パラメータは 1 より小さいと仮定しているから，第 1 の因子 $(16\pi\kappa)^{-1}$ は $\lesssim 10^{-2}$ と見積もられる．式 (6.35) の第 2 の因子は，光波長にわたるゼーマンシフト $g\mu_0\beta\lambda$ と光子エネルギー $\hbar\omega$ の変化率である．光学遷移では，$\beta = 5$ G/cm，$\lambda \sim 5\times10^{-5}$ cm より，$g\mu_0\beta\lambda/\hbar \sim 2\pi\times 1$ Hz となる．光子周波数は $\omega \sim 2\pi\times10^{15}$ Hz であるから，$g\mu_0\beta\lambda/(\hbar\omega) \sim 10^{-15}$ である．第 3 の因子は，原子の静止エネルギーと光子エネルギーの比であり，$M = 100$ amu のとき $Mc^2/(\hbar\omega) \sim 10^{11}$ をとる．これらの因子を合わせると，κ が小さくない限り，運動は強く減衰することがわかる：$\omega_t/\Gamma_t \sim 10^{-6}\kappa^{-1}$．典型的な MOT 動作条件である $\kappa \sim 0.1 - 1$ とにおいて成り立つ．

MOT の特徴的な減衰時間は，以下のように見積もられる．MOT 中の原

子の運動を支配する微分方程式は，

$$\ddot{z} + \Gamma_t \dot{z} + \omega_t^2 z = 0 \ . \tag{6.36}$$

解は $z(t) = z_0 e^{i\widetilde{\omega}t}$（$z_0$ は原子の初期位置，$\widetilde{\omega}$ は複素数）と推測される．式 (6.36) に当てはめ，$\widetilde{\omega}$ について解くと，

$$\widetilde{\omega} = \frac{i\Gamma_t \pm \sqrt{4\omega_t^2 - \Gamma_t^2}}{2} \ . \tag{6.37}$$

過減衰の領域では，$\omega_t \ll \Gamma_t/2$ であり，

$$\widetilde{\omega} \approx \frac{i\Gamma_t}{2}\left[1 \pm \left(1 - 2\frac{\omega_t^2}{\Gamma_t^2}\right)\right] \tag{6.38}$$

と求まる．よって，$\widetilde{\omega}$ は純複素数である．時刻 $t = 0$ において，原子がトラップの中心からずれ，速度ゼロをもつとする．そのとき，一般解は

$$z(t) \approx z_0\left(Ae^{-\Gamma_t t} + Be^{-(\omega_t^2/\Gamma_t)t}\right) , \tag{6.39}$$

$$\dot{z}(0) \approx -z_0\left(A\Gamma_t + B\frac{\omega_t^2}{\Gamma_t}\right) = 0 \tag{6.40}$$

より，トラップ中心へ戻る原子の運動で律速される：

$$z(t) \approx z_0 e^{-t/\tau}, \tag{6.41}$$

$$\boxed{\tau \sim \frac{\Gamma_t}{\omega_t^2} \sim \frac{\hbar\omega}{g\mu\beta} \sim 5 \text{ ms.}} \tag{6.42}$$

6.3 ゼーマン減速

Probrems and Solutions

ローレンスバークレー国立研究所の実験[文献 6]において，短寿命の放射性 ^{21}Na 原子（半減期 22.5 s）は，反応 $p + {}^{24}\text{Mg} \to \alpha + {}^{21}\text{Na}$ で，陽子ビームによって安定なマグネシウム原子を爆破することでつくられた．得られたナトリウム原子は蒸発し，その一部は，磁気光学トラップでさらに冷やされ，トラップされる（6.1 および 6.2 節）．装置の概略を図 **6.5** に示す．

[文献 6] Lu ら (1994).

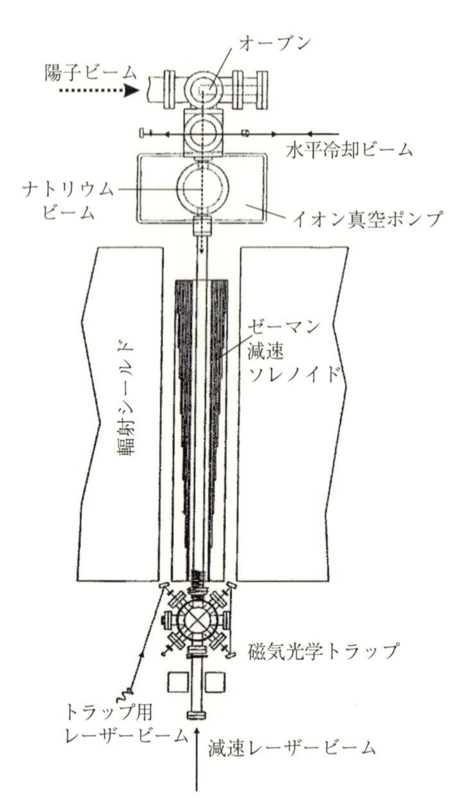

図 6.5　Lu ら (1994) による放射性 ^{21}Na 原子のトラップおよび冷却の実験装置の模式図.

マグネシウム原子（MgO セラミックディスクの形）は，加速器からの陽子ビームとの相互作用が起こる炉中に置かれる．炉が加熱され（500°C まで），^{21}Na 原子ビームがつくられる．ビームの原子は，磁気光学トラップまで移動すると，水平速度は水平冷却領域のレーザー光によって，はじめ減少する．そのとき，原子は距離 $l = 1.2$ だけ進むが，実際にトラップが起こる前に，逆行するレーザー光との相互作用によって，本質的にゼロの縦速度まで減速する．この減速領域が，この問題で対象とするものである．

減速するレーザー光が，$3\ ^2\mathrm{S}_{1/2} \to 3\ ^2\mathrm{P}_{3/2}$ 遷移（D2 線，$\lambda = 589\,\mathrm{nm}$，励起状態寿命 $\tau = 16\,\mathrm{ns}$，核スピン $I = 3/2$）$F = 2 \to F' = 3$ 超微細成分近くに同調され，σ_+ 偏光をもつ．ビーム中の原子の共鳴周波数は，ドップ

ラーシフトする．原子が減速すると，ドップラーシフトは減少する．減速に用いるレーザー光と原子を共鳴状態に保つために，空間変化する磁場が不均一なソレノイドコイルによってつくられる．

(a) 原子が常に減速レーザー光と共鳴しているとき，飽和パラメータが $\kappa = 1$ の場合について（3.7 節参照），原子が止まるのに要する時間を求めよ．

(b) 簡単のため，全原子がはじめ炉の温度に相当する同じ縦方向の速度をもつとする．レーザーがゼロ磁場共鳴周波数近くに同調される．

減速ソレノイドに要求される磁場のサイズと縦座標依存性を求めよ．

解

(a) この場合，関連する飽和パラメータは

$$\kappa = \frac{d^2\mathcal{E}^2}{\gamma_0^2}. \tag{6.43}$$

d は遷移双極子モーメント，$\mathcal{E}$ は光の電場，γ_0 は励起状態の自然幅である．これは，基底状態から励起状態へ原子をポンプする確率

$$\Gamma_{\text{pump}} \approx \frac{d^2\mathcal{E}^2}{\gamma_0} \tag{6.44}$$

が励起状態からの自然減衰率 γ_0 に等しいことを本質的に意味する．他の準位への光ポンピングが起きないのは，これが閉じた遷移であり，この遷移における基底準位の暗状態がないからである（3.9 節参照）．

レーザー光によって原子に働く平均的な力 $\langle F\rangle$ は

$$\langle F\rangle = \frac{\Delta p}{\Delta t} = \frac{\hbar k}{4\tau}. \tag{6.45}$$

$\hbar k$ は吸収された光子の運動量，τ は上の状態の寿命である．

式 (6.45) は以下のように理解できる．吸収によって，原子は光の進行方向に運動量の蹴りを受ける．光子は（近似的に）ランダムな方向に自然放出されるから，原子が受ける平均運動量はない．今，Δt はポンピングと自然放射の 1 サイクルにかかる時間である．$\kappa = 1$ であるから，自然放射，誘導放射および吸収の確率は同じ ($\approx \gamma_0$) である．吸収と放射の各サイクルは 2τ 要すると算出でき，その約半分の時間で自然放射が起こる（誘導放射に続く吸収によって，運動量は原子に与えられない）．したがって，$\hbar k/M$ だけ原子を減速する有効時間は，4τ である．$\lambda = 589$ nm，$\tau = 16$ のとき，平均的な

力は,

$$\langle F \rangle \approx 2 \times 10^{-15} \ \frac{\mathrm{g \cdot cm}}{\mathrm{s}^2} = 2 \times 10^{-15} \ \mathrm{dynes} \ . \tag{6.46}$$

レーザーが原子を止めるのに要する時間を求めるには,炉から取り出したときの初期運動量をしっておく必要がある.炉から出る原子の最もとり得る速度は,以下の方法で求められる[文献 7].炉の前の出口に向う v と $v+dv$ の間の速度をもつ原子の集団を考えよう.そのような速度をもつ原子の密度 $n(v)$ は,マクスウェル-ボルツマン分布

$$n(v) \propto e^{-mv^2/(2k_BT)} v^2 dv \ , \tag{6.47}$$

で与えられ,炉から出る原子の束 $\Phi(v)$ は,

$$\Phi(v) \propto n(v) A v \ . \tag{6.48}$$

ただし,A は出口の穴の面積である.よって,最もとり得る速度 $\tilde{v}$ は,$\Phi(v)$ が最大となる速度を決めればよい:

$$\frac{\partial \Phi}{\partial t} = 0 \ . \tag{6.49}$$

このとき,

$$\tilde{v} = \sqrt{\frac{3k_BT}{M}} \ . \tag{6.50}$$

M は原子の質量である.これは,炉中の原子の最もとり得る速さ $\sqrt{2k_BT/M}$ とは異なることに留意しよう.

式 (6.50) に基づき,ナトリウム原子の最もとり得る初期運動量 p_0 は

$$p_0 = \sqrt{3k_BTM} \approx 3 \times 10^{-18} \ \mathrm{g} \cdot \frac{\mathrm{cm}}{\mathrm{s}} \tag{6.51}$$

であり,熱速度 $\sim 10^5$ cm/s に相当する.停止までの時間は,初期運動量と平均光力の比で与えられる:

$$\boxed{t_{\mathrm{stop}} = \frac{p_0}{\langle F \rangle} \approx 1.5 \times 10^{-3} \ \mathrm{s} \ .} \tag{6.52}$$

実際の実験では,$t_{\mathrm{stop}} \approx 3 \times 10^{-3}$ s であり,$\kappa \approx 1/2$ に相当する.

(b) この問いでは,すべての原子が同じ初期速度をもち,$\kappa = 1$ とする.ま

[文献 7] Reif (1965).

た，閉じたサイクリング遷移が，$F=2$ と $F=3$ 準位の 2 つのストレッチ状態間で起きることを用いる．これらの準位のゼーマンシフトはスピンのない原子核のものと等価である（核磁気モーメントと磁場の相互作用を無視する）．それゆえ，単に全電子の角運動量 J を考えればよい．原子は常に磁場によって共鳴状態にあるから，均一な減速が起こる：

$$a=\frac{\langle F\rangle}{M}=\frac{\hbar k}{4\tau M}\approx 6\times 10^{7}\ \frac{\mathrm{cm}}{\mathrm{s}^{2}}\ . \tag{6.53}$$

これは，$\approx 6\times 10^{4}\ g$（$g$ は重力加速度）であり，原子が超音波ジェット機の速さで炉から出現し，1 メートルで止められることになる．

光の周波数は

$$\Delta\omega(z)=\omega\frac{v(z)}{c} \tag{6.54}$$

だけドップラーシフトする．z はトラップからの距離，$v(z)$ は距離の関数としての原子速度である．減速率 a と距離の関数として，速度は

$$v(z)=\sqrt{2az}$$

となる．原子の共鳴状態を維持するために，磁場によってつくられるゼーマンシフトとドップラーシフト $\Delta\omega(z)$ を同等とみなす必要がある．

σ_{+} 偏光では，原子は $M_J=1/2$ 基底状態ゼーマン副準位にポンプされる傾向にある．原子は多くの光ポンピングサイクルを受けるため，原子ビームを減速するのに重要なのは，$3\ ^2S_{1/2}\ M_J=1/2$ と $3\ ^2P_{3/2}\ M_J=3/2$ 状態間のエネルギー差である．σ_{+} 偏光の共鳴周波数のゼーマンシフトは

$$\Delta\omega=[g_e\cdot(3/2)-g_g\cdot(1/2)]\frac{\mu_0 B(z)}{\hbar} \tag{6.55}$$

と与えられる．ただし，$g_e=4/3$ と $g_g=2$ は，励起および基底状態ランデ因子（2.4 節），μ_0 はボーア磁子，および $B(z)$ はトラップからの距離の関数としての磁場である．式 (6.54) と (6.55) より，

$$\boxed{B(z)=\frac{\hbar\omega_0\sqrt{2az}}{\mu_0 c}\ .} \tag{6.56}$$

数値的には，$B(z)\approx\left(\frac{2\pi\times 5\cdot 10^{14}\ \mathrm{Hz}}{2\pi\times 1.4\cdot 10^{6}\ \mathrm{Hz/G}}\frac{1}{3\times 10^{10}\ \mathrm{cm/s}}\sqrt{10^{8}\ \mathrm{cm}\cdot\mathrm{s}^{-2}}\right)\sqrt{z}\approx$

$120\sqrt{z}$ G（z は cm 単位のトラップからの距離）と求められる.

6.4　ボース-アインシュタイン凝縮 (T)

Probrems and Solutions

原子トラップと冷却は，原子気体の**ボース-アインシュタイン凝縮 (Bose-Einstein condensation, BEC)** 観測への道を切り開き[文献 8]，原子物理学と凝縮系物理の境界にある非常にエキサイティングな分野を開拓した[文献 9]．超流動や超伝導の現象も BEC と関連して理解されることがあるが，これらの現象は構成粒子間の相互作用が重要な役割を果たす系で観測されるから，“理想” 気体で BEC を作り出すことは，非常に興味深かった.

BEC の証拠は，原子運動を記述する単一量子状態の巨視的な占有が存在することである．室温の原子気体では，多数の可能な量子力学的状態があり，2 つの原子でさえ，同じ状態にいる確率は非常に小さい．しかし，気体の温度が下がり，可能な状態数が小さくなると，**ボース凝縮温度 (Bose-condensation temperature)**T_c とよばれる極低温において，ほとんどの（ボソン, bosonic）原子が最低エネルギーの量子状態を占有する．直観的には，原子の**ド・ブロイ波長 (deBroglie wavelengths)**λ_{dB} が原子間の特徴的な距離に等しくなる領域で起こる．これらの条件のもと，とり得る量子力学的状態数は大体原子の数に等しい.

これは，気体では定性的に異なる：室温気体のような位置と運動量の異なる各原子でなく，多数の原子の位置と運動量が 1 つの波動関数で表される.

この節では，体積 V の箱に質量 m_a の N 個の相互作用しないボソン原子気体における T_c を導出する．気体は熱浴と熱接触しているとする[2)].

(a) 原子間の特徴的な距離がド・ブロイ波長 λ_{dB} と同程度になるとき，ボース-アインシュタイン凝縮が起きる単純な描像を用いて，ボース-アインシュタイン凝縮温度 T_c を求めよ.

[文献 8] Anderson ら (1995), Bradley ら (1995), Davis ら (1995).

[文献 9] レビューとして，Cornell，Wieman，および Ketterle のノーベル賞講演 (2002) や Pethick と Smith の教科書 (2002) を参照.

2) 重要なのは，これらの仮定が，典型的な BEC 実験で起こるように，トラップポテンシャルのあるときに修正されることである.

解

原子のド・ブロイ波長は

$$\lambda_{\mathrm{dB}} = \frac{2\pi\hbar}{m_a v} \tag{6.57}$$

で与えられる．v は原子の速度である．気体の粒子が最もとり得る速度は

$$\tilde{v} = \sqrt{\frac{2k_B T}{m_a}} \tag{6.58}$$

で与えられる．T は気体の温度である．よって，気体の原子の典型的な λ_{dB} は，温度の関数として与えられる:

$$\lambda_{\mathrm{dB}} \approx \sqrt{\frac{2\pi^2\hbar^2}{k_B m_a T}}. \tag{6.59}$$

$$\lambda_{\mathrm{dB}} \approx \left(\frac{N}{V}\right)^{-1/3} \tag{6.60}$$

を満たすとき，ド・ブロイ波長は原子間隔に等しい．式 (6.59) と (6.60) から，ボース-アインシュタイン凝縮温度を導出すると，

$$\boxed{T_c \approx \frac{2\pi^2\hbar^2}{k_B m_a}\left(\frac{N}{V}\right)^{2/3}.} \tag{6.61}$$

(b) 上の考察は，T_c の基本的なスケールを得るには十分であるが，厳密に導出するには，直観より正確に数値係数を与えることが必要となる．その重要性は 6.5 節で明らかになる．

このやや複雑な計算に着手する前に，手順を説明しよう．BEC 転移は大多数の原子が最低エネルギー状態を埋めることで起こると考えられる．簡単のため，箱の中の原子が昇順で占有できる離散的なエネルギー ϵ_i をもつとする：

$$0 = \epsilon_0 < \epsilon_1 < \epsilon_2 < \epsilon_3 < \ldots$$

原子をエネルギー ϵ_i の量子力学的状態 $|i\rangle$ に見出す確率 $p(n_i)$ の表式を求めることから始める．冒頭で述べたように，凝縮温度より十分高温の原子気体では，$n_i > 0$ で $p(n_i) \ll 1$ である．得られた表式を使って，基底状態にある原子の平均数 $\langle N_0 \rangle$ が何度で大きくなるかを見よう．$\langle N_0 \rangle$ は T_c 以下で温

度の関数として，急激に成長することを見ていこう．

この正式な手順で最も明確に示される，BEC の際立った性質の 1 つは，考えている条件（熱浴と熱接触している）のもと，原子が試料に加えられたとき，それらが凝縮状態の $\langle N_0 \rangle$ に参加することである．これは，励起状態の平均原子数 $\langle N^* \rangle$ が気体の温度で固定されているためである—すべての残された原子は基底状態にある．これが，系の粒子数とともに変わるエネルギーを表す化学ポテンシャル μ が BEC においてゼロに近い理由である．これは，エネルギーが直接 N に依存する室温気体とは対照的である．

第一段階は，$p(n_i)$ の表式を求めることである．全エネルギー E の箱に N 個の原子があるから，系に以下の 2 つの制約が課せられる:

$$\sum_{i=0}^{\infty} n_i = N, \tag{6.62}$$

$$E = \sum_{i=0}^{\infty} n_i \epsilon_i. \tag{6.63}$$

これらの制約を用いて，n_i 個の原子がエネルギー ϵ_i をもつ確率 $p(n_i)$ を，n_i，ϵ_i，温度 T，化学ポテンシャル μ，および適当な定数によって表せ．

解

統計力学によると[文献 10]，$p(n_i)$ は，状態 $|i\rangle$ に n_i 個の原子をもつ巨視的な状態数 Ω に比例する．Ω は式 (6.62) と (6.63) と整合する残りの $N - n_i$ 個の原子がとり得る巨視的な状態数 Ω_{rest} で与えられる．

$$p(n_i) \propto \Omega_{\mathrm{rest}}(N - n_i, E - n_i\epsilon_i). \tag{6.64}$$

エントロピー $S = k_B \ln \Omega$ を用いると便利である：

$$k_B \ln p(n_i) = \mathrm{const.} + S_{\mathrm{rest}}(N - n_i, E - n_i\epsilon_i). \tag{6.65}$$

S_{rest} は，系 S のほぼ全エントロピーに相当し，S を変数 N および E に関する冪で展開できる．

$$k_B \ln p(n_i) \approx \mathrm{const.} + S(N, E) - n_i \left(\frac{\partial S}{\partial N}\right)_E - n_i\epsilon_i \left(\frac{\partial S}{\partial E}\right)_N. \tag{6.66}$$

[文献 10] 例えば，Reif (1965).

一般的に $N \gg n_i$ および $E \gg n_i\epsilon_i$ であることを用いて高次の項を無視すると正当化される．次に，熱力学から以下の恒等式がつくられる[文献 11]：

$$\left(\frac{\partial S}{\partial E}\right)_N = \frac{1}{T}\ , \tag{6.67}$$

$$\left(\frac{\partial S}{\partial N}\right)_E = -\frac{\mu}{T}\ . \tag{6.68}$$

μ は化学ポテンシャルである．式 (6.66) に式 (6.67) と (6.68) を用いると，

$$\boxed{p(n_i) \propto \lambda^{n_i} e^{-n_i\beta\epsilon_i};} \tag{6.69}$$

$$\beta = \frac{1}{k_B T}\ , \tag{6.70}$$

$$\lambda = e^{\mu/k_B T}\ . \tag{6.71}$$

項 $S(N, E)$ は，全気体の N と E が一定という規格化のみに寄与する．

厳密な確率を求めるためには，以下の制限

$$\sum_{n_i=0}^{\infty} p(n_i) = 1 \tag{6.72}$$

を導入し，$p(n_i, n_i\epsilon_i)$ の規格化因子を決める必要がある．式 (6.69) からすべての非規格化確率の和 z_i は等比級数で書ける：

$$\begin{aligned} z_i &= 1 + \lambda e^{-\beta\epsilon_i} + \lambda^2 e^{-2\beta\epsilon_i} + \ldots \\ &= \frac{1}{1-\lambda e^{-\beta\epsilon_i}}\ . \end{aligned} \tag{6.73}$$

よって，状態 i に n_i 個の原子を見出す確率は

$$\boxed{p(n_i) = \frac{\lambda^{n_i} e^{-n_i\beta\epsilon_i}}{z_i}\ .} \tag{6.74}$$

(c) 式 (6.74) を用いて，基底状態 $\langle N_0 \rangle$ および励起状態 $\langle N^* \rangle$ にある平均原子数を λ（式 (6.71)）および z_i の和によって表せ．化学ポテンシャルがゼロに向かうときに，$\langle N_0 \rangle$ の振る舞いを見よ．

[文献 11] Reif (1965).

解

全原子数 N は，状態あたりの平均原子数 $\langle n_i \rangle$ の和であるから，

$$N = \sum_{i=0}^{\infty} \langle n_i \rangle = \sum_{i=0}^{\infty} \left(\sum_{n_i} n_i p(n_i) \right). \tag{6.75}$$

$p(n_i)$ は式 (6.74) によって与えられる．

$$\langle n_i \rangle = \sum_{n_i} n_i p(n_i) = \sum_{n_i} \frac{n_i \lambda^{n_i} e^{-n_i \beta \epsilon_i}}{z_i} = \frac{\lambda}{z_i} \frac{\partial z_i}{\partial \lambda} = \lambda \frac{\partial (\ln z_i)}{\partial \lambda} \tag{6.76}$$

であるから，全原子において

$$N = \sum_{i=0}^{\infty} \lambda \frac{\partial (\ln z_i)}{\partial \lambda} . \tag{6.77}$$

したがって，基底状態および励起状態の平均原子数は，

$$\boxed{\langle N_0 \rangle = \frac{\lambda}{1 - \lambda}} \tag{6.78}$$

$$\boxed{\langle N^* \rangle = \sum_{i=1}^{\infty} \lambda \frac{\partial (\ln z_i)}{\partial \lambda} .} \tag{6.79}$$

$\langle N_0 \rangle \geq 0$ であるから，化学ポテンシャルは $\mu \leq 0$ であることがわかる．$\mu \to 0$ 同様，$\lambda \to 1$ となるから $\langle N_0 \rangle \to \infty$ である．気体には N 個の原子しかないので，この結果は非物理的である．この矛盾は，T_c の直上では λ が 1 より十分小さく，ほとんど全原子が励起状態にいること（$\langle N^* \rangle = N$）を言えれば解決される．しかし，計算のために，式 (6.79) で λ を 1 に近いとおく（$\lambda = 1$）．すると，温度は T_c 以下で落下し，原子は基底状態に集結する．$\langle N^* \rangle$ の式を T の関数として求めることができる：

$$\langle N_0 \rangle = N - \langle N^* \rangle . \tag{6.80}$$

つまり，λ は常に若干 1 よりも小さく，$\langle N_0 \rangle \leq N$ が成り立つ．

(d) 続いて，ある巨視的な状態の系を見出す確率 p について考えよう．基底状態に n_0 個の原子，第一励起状態に n_1 個の原子などを見出す確率である量 p は，各確率 $p(n_i)$ すべての積であり，式 (6.74) で与えられる：

$$p = \prod_{i=0}^{\infty} \frac{\left(\lambda e^{-\beta\epsilon_i}\right)^{n_i}}{z_i} \ . \tag{6.81}$$

この場合の規格化因子は大分配関数 $\mathcal{Z}$：

$$\mathcal{Z} = \prod_i z_i = \prod_i \left(\frac{1}{1-\lambda e^{-\beta\epsilon_i}}\right) \tag{6.82}$$

として知られ，系のさまざまな熱力学量を計算するのに用いられる[文献 12]——特に T_c と BEC のエントロピー S を計算するのに $\mathcal{Z}$ を用いる．

$\mathcal{Z}$ の自然対数を考える：

$$\ln\mathcal{Z} = \sum_{i=0}^{\infty} \ln\frac{1}{1-\lambda e^{-\beta\epsilon_i}} \ . \tag{6.83}$$

この量と気体中の全原子数 N を関係づけ，$\lambda = 1$ で $\langle N^* \rangle$ に等しいとすると，BEC の条件を求めることができる．

気体中の全原子数と $\ln\mathcal{Z}$ の関係を求めよ．

解

式 (6.77) および (6.83) に基づいて，全原子数を得る:

$$\boxed{N = \lambda\frac{\partial\ln\mathcal{Z}}{\partial\lambda} \ .} \tag{6.84}$$

(e) 式 (6.77) と (6.83) の基底状態項 ($\epsilon_0 = 0$) を分離すると，

$$\ln\mathcal{Z} = \ln\frac{1}{1-\lambda} + \sum_{i=1}^{\infty} \ln\frac{1}{1-\lambda e^{-\beta\epsilon_i}} \ . \tag{6.85}$$

基底状態にはない原子数に相当する式 (6.85) の第 2 項を関数 $F_k(\lambda)$ について求めよ．ただし，

$$F_k(\lambda) = \sum_{n=1}^{\infty} \frac{\lambda^n}{n^k} \ . \tag{6.86}$$

これは，異なる k と λ を数値的に求められる関数である．特に，$\lambda = 1$ のとき式 (6.84) において，この公式を用いると，T_c における $\langle N^* \rangle$ の表式を得る．

[文献 12] Reif (1965).

解

まず，（例えば，テイラー展開からわかるように）

$$\ln\frac{1}{1-x}=\sum_{n=1}^{\infty}\frac{x^n}{n} \tag{6.87}$$

であることを思い出す．以下で示すように，式 (6.85) の第 2 項を

$$\sum_{i=1}^{\infty}\ln\frac{1}{1-\lambda e^{-\beta\epsilon_i}}=\sum_{i=1}^{\infty}\sum_{n=1}^{\infty}\frac{\lambda^n}{n}e^{-n\beta\epsilon_i}=\sum_{n=1}^{\infty}\frac{\lambda^n}{n}\sum_{i=1}^{\infty}e^{-n\beta\epsilon_i} \tag{6.88}$$

と書き直す．箱の中の自由原子（内部自由度はない）の 1 粒子エネルギーは

$$\epsilon=\frac{\hbar^2\pi^2}{2m_aV^{2/3}}\left(q_1^2+q_2^2+q_3^2\right) \tag{6.89}$$

で与えられる．q_1，q_2，および q_3 は箱の中の原子運動を記述する量子数である（すなわち量子化条件は，箱の長さ L として，特定方向 j の運動量が $p_j=\pi\hbar q_j/L$ で与えられる）．この場合，$\sum_{i=1}^{\infty}e^{-n\beta\epsilon_i}$ は 3 重和

$$\begin{aligned}\sum_{i=1}^{\infty}e^{-n\beta\epsilon_i} &= \sum_{q_1=1}^{\infty}\sum_{q_2=1}^{\infty}\sum_{q_3=1}^{\infty}\exp\left[-n\beta\frac{\hbar^2\pi^2}{2m_aV^{2/3}}\left(q_1^2+q_2^2+q_3^2\right)\right]\\ &= \left(\sum_{q_1=1}^{\infty}\exp\left[-n\beta\frac{\hbar^2\pi^2}{2m_aV^{2/3}}q_1^2\right]\right)\\ &\times\left(\sum_{q_2=1}^{\infty}\exp\left[-n\beta\frac{\hbar^2\pi^2}{2m_aV^{2/3}}q_2^2\right]\right)\\ &\times\left(\sum_{q_3=1}^{\infty}\exp\left[-n\beta\frac{\hbar^2\pi^2}{2m_aV^{2/3}}q_3^2\right]\right),\end{aligned} \tag{6.90}$$

となり，積分に変換することで明示的に求められる：

$$\begin{aligned}\sum_{i=1}^{\infty}e^{-n\beta\epsilon_i} &= \left(\sum_{q=1}^{\infty}\exp\left[-n\beta\frac{\hbar^2}{2m_a}\frac{\pi^2}{V^{2/3}}q^2\right]\right)^3\\ &= \left(\int_0^{\infty}\exp\left[-n\beta\frac{\hbar^2}{2m_a}\frac{\pi^2}{V^{2/3}}x^2\right]dx\right)^3\\ &= \frac{V}{n^{3/2}}\left(\frac{m_ak_BT}{2\pi\hbar^2}\right)^{3/2}.\end{aligned} \tag{6.91}$$

$$n_Q = \left(\frac{m_a k_B T}{2\pi\hbar^2}\right)^{3/2} \sim \frac{1}{\lambda_{\rm dB}^3} \tag{6.92}$$

は量子濃度として知られる.

式 (6.85), (6.88), および (6.91) から, $\ln \mathcal{Z}$ について以下の表式を得る:

$$\boxed{\ln \mathcal{Z} = \ln \frac{1}{1-\lambda} + n_Q V F_{5/2}(\lambda)\ .} \tag{6.93}$$

ただし, $F_{5/2}(\lambda)$ は式 $F_{5/2}(\lambda)$ で与えられる.

(f) $\ln \mathcal{Z}$ に関する表式（式 (6.93)）を式 (6.84) で用いて, 全原子数 N に関する表式を求めよ. $\lambda = 1$ のとき, $T = T_c$ で $\langle N^* \rangle = N$ とおき, T_c を求めよ. ただし,

$$F_{3/2}(1) \approx 2.612\ . \tag{6.94}$$

解

式 (6.93) と (6.84) より, $T = T_c$ において

$$\boxed{N \approx n_Q V F_{3/2}(1) = \langle N^* \rangle\ .} \tag{6.95}$$

式 (6.95) より T_c が求まる:

$$\boxed{T_c = 3.31 \frac{\hbar^2}{m_a k_B}\left(\frac{N}{V}\right)^{2/3}\ .} \tag{6.96}$$

式 (6.96) と式 (6.61) を比較すると, 正確な T_c は, 近似的な表式よりも ≈ 6 倍小さいことがわかる.

(g) 密度 10^{12} atoms/cm^3 の Na 原子自由気体の T_c を計算せよ.

解

密度 10^{12} atoms/cm^3 の Na 原子自由気体の T_c は,

$$\begin{aligned} T_c &= \frac{3.31 \cdot (6.6 \times 10^{-16}\ \text{eV} \cdot \text{s})^2 \cdot (10^8\ \text{cm}^{-2})}{(8.6 \times 10^{-5}\ \text{eV/K}) \cdot (23 \cdot 931 \times 10^6\ \text{eV})/(3 \times 10^{10}\ \text{cm/s})} \\ &= 7.1 \times 10^{-8}\ \text{K}\ . \end{aligned}$$

この温度は約 100 nK であり, レーザー冷却における単一光子反跳限界よりも一桁低い（6.1 節）. レーザー冷却で到達できる温度と BEC 形成に要求さ

れる温度とのギャップを埋めるために，**蒸発冷却 (evaporative cooling)** が採用される[文献 13]．これは磁気トラップで冷却原子をつくり，トラップの深さを徐々に減らすことで，ほとんどの活性な原子が逃げ，他はより低いエネルギーで再び熱運動化する．

(h) 臨界温度 T_c 以下でボース気体のエントロピー S を計算せよ（この情報は，問題 S を解くのに役立つ）．

ヒント

ボース気体のエントロピー S を計算するために，一定体積での比熱を計算することから始める:

$$C_V = \left(\frac{\partial U}{\partial T}\right)_V . \tag{6.97}$$

U はエネルギー，T は BEC 温度である．C_V を得た後，熱力学的な等式

$$TdS = dU \tag{6.98}$$

よりエントロピーが計算できる．一定体積では

$$S = \int_0^T \frac{C_V dT'}{T'} . \tag{6.99}$$

BEC のエネルギー U は，$\beta = 1/(k_B T)$ について，大分解関数 $\mathcal{Z}$ の対数微分をとることで得られる（式 (6.82)-(6.93) 参照）[3]：

$$U = -\frac{\partial \ln \mathcal{Z}}{\partial \beta} . \tag{6.100}$$

解

ボース気体の大分配関数は，式 (6.93) で与えられるから，

$$\ln \mathcal{Z} = \ln \frac{1}{1-\lambda} + n_Q V F_{5/2}(\lambda) .$$

式 (6.100) を用いて，BEC のエネルギーを計算できる：

$$U = \frac{3}{2} n_Q k_B T V F_{5/2}(\lambda) . \tag{6.101}$$

[文献 13] Masuhara ら (1988).

3) この関係は以下のように証明される．大分配関数の対数は $\ln \mathcal{Z} = \sum_i \ln z_i$ であるから，$-\frac{\partial \ln \mathcal{Z}}{\partial \beta} = -\sum_i \frac{\partial \ln z_i}{\partial \beta} = -\sum_i \frac{1}{z_i} \frac{\partial z_i}{\partial \beta}$．また，式 (6.73) より，$\frac{\partial z_i}{\partial \beta} = \frac{\partial}{\partial \beta} \sum_{n_i} \lambda^{n_i} e^{-n_i \beta \epsilon_i} = -\sum_{n_i} n_i \epsilon_i \lambda^{n_i} e^{-n_i \beta \epsilon_i}$ を得る．これは，$-\frac{\partial \ln \mathcal{Z}}{\partial \beta} = \sum_i \sum_{n_i} n_i \frac{\lambda^{n_i} e^{-n_i \beta \epsilon_i}}{z_i} \epsilon_i = \sum_i \sum_{n_i} n_i p(n_i) \epsilon_i = \sum_i \langle n_i \rangle \epsilon_i = U$ を与える．

続いて，比熱として

$$C_V = \frac{3}{2}\frac{5}{2}n_Q k_B V F_{5/2}(\lambda) + \frac{3}{2}n_Q k_B T V \frac{\partial F_{5/2}(\lambda)}{\partial \lambda}\frac{\partial \lambda}{\partial (k_B T)} \tag{6.102}$$

を得る．気体が T_c 以下にあるとき，$\lambda \to 1$ であり，式 (6.102) の第 2 項は，λ が温度に依存しないのでゼロである．C_V と原子数 N を関係づけるために，$T = T_c$ における全原子数が

$$N \approx \langle N^* \rangle = n_Q(T_c) V F_{3/2}(1) \tag{6.103}$$

で与えられることを思い出す．この結果を式 (6.102) で用いて，

$$C_V = \frac{15}{4}\frac{F_{5/2}(1)}{F_{3/2}(1)} N k_B \left(\frac{T}{T_c}\right)^{3/2} . \tag{6.104}$$

したがって，式 (6.99) より BEC のエントロピーは

$$\begin{aligned} S &= \int_0^T \frac{C_V dT'}{T'} \\ &= \frac{15}{4}\frac{F_{5/2}(1)}{F_{3/2}(1)} N k_B \int_0^T \left(\frac{T'}{T_c}\right)^{3/2} dT \\ &= \frac{5}{2}\frac{F_{5/2}(1)}{F_{3/2}(1)} N k_B \left(\frac{T}{T_c}\right)^{3/2} . \end{aligned} \tag{6.105}$$

$$\boxed{S = 1.283 \cdot N \left(\frac{T}{T_c}\right)^{3/2} .} \tag{6.106}$$

このエントロピーは古典気体のものと比較される．古典気体のエネルギー U は式 (6.101) と式 (6.95) より（$\lambda \to 1$ の極限はとらない），

$$U = \frac{3}{2}\frac{F_{5/2}(\lambda)}{F_{3/2}(\lambda)} \langle N^* \rangle k_B T . \tag{6.107}$$

古典極限では，$\lambda \ll 1$, $F_{5/2}(\lambda) \approx F_{3/2}(\lambda) \approx \lambda$, および $\langle N^* \rangle = N$ である．よって，式 (6.107) より有名な公式

$$U = \frac{3}{2} N k_B T . \tag{6.108}$$

式 (6.97) と (6.99) より，

$$dS = \frac{3}{2} N k_B \frac{dT}{T} \tag{6.109}$$

と求まり，これから T_c 以下のボース気体の場合に比べて，極めて異なるエントロピーの T および N 依存性が導かれる（式 (6.106) において，T_c を挟んで S は暗に N に依存することに留意する）．

6.5　光格子中のボース-アインシュタイン凝縮

Probrems and Solutions

3D の光格子 **(optical lattice)** 中のボソン原子について考えよう．光格子は定在波もしくは定在波の重ね合わせでつくられた光トラップである．光電場による AC シュタルクシフトの双極子力によって，原子は格子サイトに閉じ込められる（2.7 節）．光格子のポテンシャルは空間的に周期性がある；2 次元では，卵の入れ物のようである（図 **6.6** 参照）[文献 14]．

各サイトの原子が最低振動状態に冷却され，各サイトには 1 個以上いないとする（1 個以上いると高い確率で一方が蹴り出される）．占有数 κ（各サイトの平均原子数）が 1 に近い光子が実験的に実現している[文献 15]．

$\kappa = 1$ かつ光子が断熱的に取り除かれるとき（格子光場の強度は徐々に低

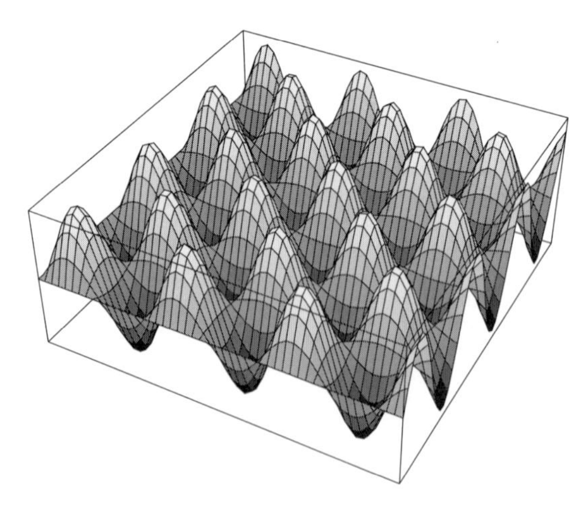

図 **6.6**　2 次元光格子の周期ポテンシャル．

[文献 14] 詳細は光格子に関する Guidoni と Verkerk (1999), Metcalf と Van der Straten (1999), および Rolston (1998).

[文献 15] DePue ら (1999).

くなる；断熱条件はこの場合技巧的な仕事であるが，この問題では気にしなくてよい)，原子は絶対零度 BEC となる．実際，光ポテンシャル壁が低くなるにつれて，原子波動関数は非局在化し，(原子が本質的にゼロ運動量広がりをもつ点で) 最終的に重なり合う．

$\kappa < 1$ のとき，BEC を形成できる最小占有数 κ_0 はいくらか[文献 16]．

ヒント

解への考え方は以下の通りである．κ が若干 1 より小さいとき，BEC はまだ形成されるが，すべての原子が凝縮相にはおらず，温度は有限である．占有数には臨界値 κ_0 が存在し，その温度は BEC の臨界温度 T_c に等しいだろう．$\kappa < \kappa_0$ では，凝縮が起きないであろう．

過程が断熱的であれば，エントロピーは保存される．κ_0 を求めるには：(a) 部分的に占められた格子のエントロピーを計算し，(b) 臨界温度におけるボース気体のエントロピーを計算し，最後に (c) これらを合わせて κ_0 を求める．

解

(a) 部分的に占有された格子のエントロピー計算は，単純な組み合わせ論である．格子に $P \gg 1$ サイトあるとすると，κP サイトが占有される．そのような格子において異なる配置数 (占有と空席の異なる配列) は

$$\Omega = \frac{P!}{(\kappa P)!(P-\kappa P)!} \ . \tag{6.110}$$

エントロピーは

$$\begin{aligned} S &= k_B \cdot \ln(\Omega) = k_B \cdot \ln\left(\frac{P!}{(\kappa P)!(P-\kappa P)!}\right) \\ &= k_B[\ln(P!) - \ln((\kappa P)!) - \ln((P-\kappa P)!] \\ &\approx k_B P[(\kappa - 1)\cdot\ln(1-\kappa) - \kappa\cdot\ln(\kappa)] \ . \end{aligned} \tag{6.111}$$

ここで階乗の対数を近似するのにスターリングの公式を用いた ($\ln P! \approx P\ln P - P$)．期待したように，エントロピーは $\kappa \to 0$ および $\kappa \to 1$ で消え (いずれの場合も格子の 1 通りの配列しかない)，$\kappa = 1/2$ で最大値に到達する (**図 6.7**)．

(b) BEC のエントロピー S は式 (6.106) によって与えられる：

[文献 16] この問題は Olshanii と Weiss (2002) によってより詳細に議論されている．

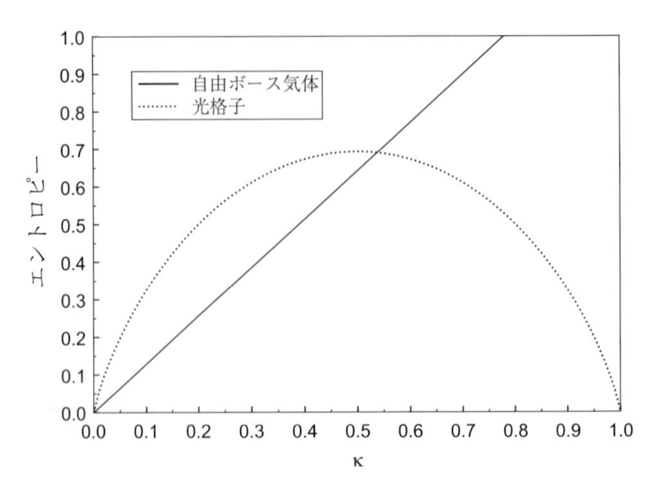

図 6.7　自由ボース気体および光格子の占有数 κ の関数とした，格子サイトあたりの（k_B 単位で表された）エントロピー．

$$S = 1.283 \cdot \kappa P \left(\frac{T}{T_c} \right)^{3/2} . \tag{6.112}$$

ただし，この場合 $N = \kappa P$ である．エントロピーは原子数と κ にスケールする（図 6.7）．

(c) $T = T_c$ で自由ボース気体と光格子のエントロピーは κ の関数として，図 6.7 で示した．BEC 形成条件は，格子エントロピーが $T = T_c$ でボース気体のエントロピーよりも低くなることであり，以下のときに起こる：

$$\boxed{\kappa > \kappa_0 \approx 0.538 \ .}$$

6.6　共振器冷却

Probrems and Solutions

ここでは，最近提案された共振器増強散乱を用いた原子，分子，イオン冷却法をさまざまな観点から分析する[文献 17]．

(a) まず，対称的で 2 鏡映面のある定在波共振器の軸上で，中央付近にある静止原子を考えよう．共振器モードの共鳴近くの光（周波数 ω_c）で共振器が

[文献 17] Vuletic と Chu の論文 (2000) およびその参考文献．

励起される．励起光の周波数 (ω_L) は原子共鳴 ω_0 から大きく離調され，光学遷移が飽和しないように強度は十分弱い．原子が存在することで生じる共振器共鳴周波数の変化を求めよ．定在波のノードとアンチノードについて，シフトは原子の位置にどのように依存するか．

(b) 問 (a) の結果を用いて，レーザー周波数が共振器共鳴より低く ($\omega_L < \omega_c$) 調整されたとき（共振器共鳴の幅 γ_c の何分の 1 で），共振器を循環する出力は，原子が光との相互作用で受ける力学的ポテンシャルの極小にいるときに最大となる．

(c) 次に，$\omega_c - \omega_L \approx \gamma_c$ で，原子が速度 $v \approx v^*$ で共振器の軸に沿って運動している状況を考える．ここで，$kv^* \approx \gamma_c$，すなわち共振器緩和時間 $1/\gamma_c$ の間に，原子は波長程度動く．原子から取り出された平均出力（原子を減速する効果）と減速力を求めよ．さらに，$v \ll v^*$ および $v \gg v^*$ において何が起こるか議論せよ．

ヒント

ここでは，共振器モードの体積につき 1 つの原子をおく．この体積は，例えば Siegman (1986) のガウシアン光線の公式を用いて計算できる．TEM_{00} モード，長さ L の対称な共振器，光線ウエスト w_0（共振器の中心）を仮定すると，

$$V_{\mathrm{mode}} = \int_{-L/2}^{L/2} \pi \mathrm{w}^2(z) dz. \tag{6.113}$$

ただし，V_{mode} はモード体積；$\mathrm{w}^2(z) = \mathrm{w}_0^2\left[1 + (z/z_R)^2\right]$，$z$ は共振器の中心から距離 z にあるウエスト；$z_R = \pi \mathrm{w}_0^2/\lambda$ は**レイリー長 (Rayleigh range)**，λ は光の波長である．対称的な共鳴の計算により，

$$V_{\mathrm{mode}} = \pi \mathrm{w}_0^2 L + L^3\lambda/12z_R. \tag{6.114}$$

第 2 項は，レイリー長の 2 倍も大きくない長さをもつ共振器では，第 1 項より十分小さい（平面-平面から共焦点配置まであらゆる共振器の形状はこの条件を満たす）．以下では式 (6.114) の第 2 項を無視する．

解

(a) 飽和のないとき，原子の効果は有効屈折率 n ($|n-1| \ll 1$) の媒体をもつ共振器を満たすことと等価である．共振器の共鳴周波数の変化は，

$$\delta\omega_c = \omega_c\left(\frac{1}{n} - 1\right) \approx \omega_c(1-n). \tag{6.115}$$

4.2 節で取り扱ったように，有効屈折率 n は原子分極率 α（2.1 節）と関係している．すなわち，式 (4.15) より，

$$n - 1 \approx 2\pi N\alpha. \tag{6.116}$$

N は媒体中の原子数密度である．ここでの条件（$|\omega_0 - \omega_L|$ は原子遷移幅 γ_0 より十分大きい）のもと，分極率が求まる（式 (2.93) 参照）：

$$\alpha \approx \frac{d^2}{2\hbar(\omega_0 - \omega_L)} . \tag{6.117}$$

d は遷移双極子モーメントである．よって，屈折率は

$$n - 1 \approx \frac{\pi d^2 N}{\hbar(\omega_0 - \omega_L)} . \tag{6.118}$$

この場合，モード $V_{\mathrm{mode}} \approx \pi \mathrm{w}_0^2 L$ の体積あたり 1 原子存在するから，

$$N = \frac{1}{\pi \mathrm{w}_0^2 L} . \tag{6.119}$$

式 (6.118) と (6.115) を用いて，

$$\delta\omega_c = -\omega_c \frac{1}{\mathrm{w}_0^2 L}\frac{d^2}{\hbar(\omega_0 - \omega_L)}. \tag{6.120}$$

上の考察では，共振器内の光場が定在波であることをまだ盛り込んでいない．実際，節に位置する原子は光場が“見えない”から，共振器に影響しないだろう．一方，腹の近くでは，原子は最大強度の場を見る（定在波からなる逆進行の波の 2 倍）．また，誘導双極子モーメントは共振器の場に最も影響する．この関係を定量的に構築するためには，一般に，共振器場の媒体の効果（吸収と位相シフト）が誘導双極子モーメントと光場の局所強度の積に比例し，この強度の 2 乗に比例することに気付けばよい．したがって，共振器内の原子位置依存性を含めると，式 (6.120) の代わりに，

$$\boxed{\delta\omega_c = -\omega_c \frac{1}{\mathrm{w}_0^2 L}\ \frac{d^2}{\hbar(\omega_0 - \omega_L)}\ 2\sin^2 k(z + L/2)} \tag{6.121}$$

と書ける．k は光の波数ベクトル，$z + L/2$ は鏡の 1 つからの距離である．原子位置で平均すると，式 (6.121) から式 (6.120) が導かれる．

入力周波数が原子共鳴より上に $(\omega_L > \omega_0)$ に調整されると，共振器内の原子によって共振器の共鳴周波数が高い方へ引き上げられ，有効長が短くなる．一方，入力周波数が原子共鳴より低いと $(\omega_L < \omega_0)$，共振器の原子の存在は，共振器の共鳴周波数を引き下げ，有効長が長くなる．

(b) 力学ポテンシャル Φ は，原子基底状態の AC シュタルクシフトから生じる（例えば，2.7 節参照）：

$$\Phi \approx \frac{d^2\mathcal{E}^2}{4\hbar(\omega_L - \omega_0)}. \tag{6.122}$$

ただし，d は原子光学遷移の双極子モーメントで，

$$\mathcal{E} = 2\mathcal{E}_0 \cdot \sin k(z + L/2) \tag{6.123}$$

は共振器内の位置 z での光電場強度，および $\mathcal{E}_0$ は定在波を構成する逆進行波の強度である．

まず，$\omega_L > \omega_0$ とする．問 **(a)** の配置により，頂上近くの原子が共振器の共鳴周波数を高周波側に押し上げ，ω_L から遠ざかる．これは共振器内を循環する光出力を減らす．一方，原子が節近くにいると，循環出力は最大になる．式 (6.122) より，このときの節は力学ポテンシャルの最小値に相当する（光誘起エネルギーシフトは正であるから）．したがって，循環出力は原子が力学ポテンシャル Φ の最小にいるとき最大となる．

$\omega_L < \omega_0$ のとき，定在波の頂上近くにいる原子によって，共振器の共鳴周波数は低い周波数側に押し下げされ，ω_L に近づく．これは共振器を循環する光出力を増加させる．よって，循環出力は原子が定在波の頂上にいるとき最大となる．式 (6.122) から，これは力学ポテンシャルの極小に相当する（光誘起エネルギーシフトは負である）．したがって，前と同様，循環出力は原子が力学ポテンシャル Φ の極小にいるときに最大となる．

(c) 共振器の軸に沿って動く原子が，低速で力学ポテンシャル Φ を上り下りしている（図 **6.8**）．減速力の起源は以下の方法で理解できる．原子が Φ の極小で止まっているとき，循環出力と力学ポテンシャルの高さは最大となる（問 (b) で議論したように）；Φ の最大で止まっている原子にとって，力学ポテンシャルの高さは最小である．力学ポテンシャルの変化は時間 γ_c^{-1} だけ続き，原子は Φ の極小から極大まで移動し，ポテンシャルの高さは，原子が Φ の極大から極小まで移動するとき，より大きくなる．正味の結果は，原子が

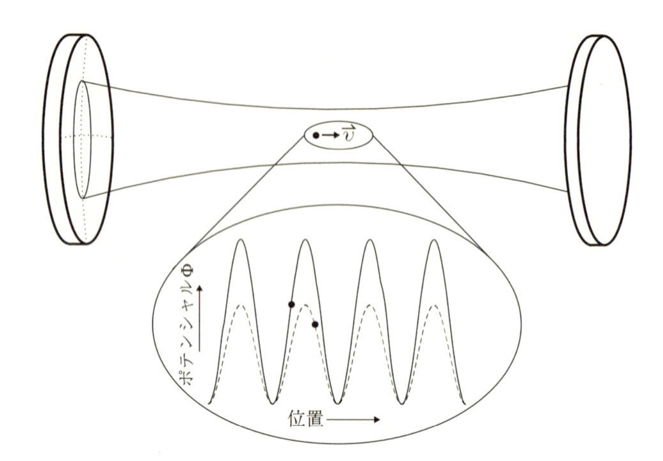

図 6.8　$\omega_L > \omega_0$ における共振器冷却効果の説明図（問 (b) で議論したように，$\omega_L < \omega_0$ でも同様に成り立つ）．光共振器内の定在光波によってつくられた力学ポテンシャル Φ 中を速度 $\vec{v}$ で動く原子．原子が光電場の節にいるとき，共振器に影響せず，循環光出力（Φ の強度）は最大となる（実線は Φ を示す）．原子が腹にいるとき，屈折率は光周波数から遠ざかる方向へ，共鳴周波数を修正する．よって，光出力を減らし，ポテンシャル Φ の強度を減らす（破線）．共振器応答は特徴的な時間 γ_c^{-1} だけ遅れ，原子は共振器の軸に沿って，常にポテンシャルの丘を下らずに上る．ゆえに，エネルギーは原子から共振器内の電磁場に移り，原子は減速する．

丘を下るよりも常に上ることになり，それゆえ減速する[文献 18]．

減速力を見積もるために，まず共振器内の出力変化と原子による力学ポテンシャルの高さを求めよう．共振器がレーザー周波数から $\approx \gamma_c$ だけ調整されると，循環出力は最大値からゼロまで変わる．レーザーが共振器透過ピークの勾配に調整されると，

$$\delta(\mathcal{E}^2) \approx (\mathcal{E}^2)_{\max} \frac{\delta\omega_c}{\gamma_c} \,. \tag{6.124}$$

式 (6.121) と (6.122) を用いて，ポテンシャルの高さの変化が求まる:

$$\delta\Phi \approx \frac{2d^2\mathcal{E}_0^2}{\hbar^2(\omega_L-\omega_0)^2} \, \frac{d^2}{\mathrm{w}_0^2 L} \, \frac{\omega_c}{\gamma_c} \,. \tag{6.125}$$

原子から取られた平均出力 P は，式 (6.125) を特徴的な時間 γ_c^{-1} で割ることで与えられるポテンシャルの変化として求められる：

[文献 18] Vuletic と Chu (2000).

$$\boxed{P \approx \frac{2d^2\mathcal{E}_0^2}{\hbar^2(\omega_L-\omega_0)^2}\frac{d^2}{\mathrm{w}_0^2 L}\omega_c\ .} \tag{6.126}$$

この表式は明示的に γ_c に依存しないが，当然 $\mathcal{E}_0^2$ を通して暗に依存する．

平均減速力 F は，出力を原子の速度で割ることで求められる（より正確には，共振器軸方向の成分）．よって，循環出力は，原子が力学ポテンシャル Φ の極小にいるとき最大となる．$v \ll v^*$ のとき，減速力は因子 $\propto v$ だけ減少するが，原子が共振器緩和時間 $1/\gamma_c$ で短距離だけ広がる．$v \gg v^*$ のとき，力は $\propto 1/v$ で落ちるが，原子が力学ポテンシャルを上り下りし，効果が平均化される．これらを含む冷却の表式は

$$F \approx -\frac{2d^2\mathcal{E}_0^2}{\hbar^2(\omega_L-\omega_0)^2}\ \frac{d^2}{\mathrm{w}_0^2 L}\ \frac{\omega_c}{v^*}\ \frac{v/v^*}{1+(v/v^*)^2}\ . \tag{6.127}$$

数値的な因子まで，Vuletic と Chu (2000) の結果と一致する．

6.7 多粒子系の共振器冷却：確立冷却

Probrems and Solutions

前の問題の結果に基づいて，共振器で同時に存在する，$K \gg 1$ の粒子の共振冷却過程を分析しよう [4]．特に，時間間隔 γ_c^{-1} における原子の r.m.s.（平均 2 乗根）速度変化を求めよ．初期原子速度は $|v| \ll v^*$（式 (6.127)）を満たすものとする．試料の最適な冷却速度はいくらか．

解

ニュートンの第 2 法則および $|v| \ll v^*$ の単原子冷却力の表式 (6.127) から，

$$\frac{dv}{dt} \approx -\xi\gamma_c v \tag{6.128}$$

と書ける．ただし，

$$\xi\gamma_c \approx \frac{2d^2E_0^2}{\hbar^2(\omega_L-\omega_0)^2}\ \frac{d^2}{\mathrm{w}_0^2 L}\ \frac{\omega_c}{M(v^*)^2}. \tag{6.129}$$

M は原子の質量，ξ は無次元因子である．

多数の原子が共振器にいるとき，前節で議論したように，各原子は共振器

[4] この問題は，M. Zolotorev との議論から発する．

を回る場に影響し，その結果生じた力学ポテンシャルの変更が，摂動を起こす原子だけでなく他の原子にも影響する．これは，以下の方法で説明できる．ある時刻の i 番目の原子速度を v_i とする．時間間隔 γ_c^{-1} 後，

$$v_i' = v_i - \xi \left(v_i + \sum_{j \neq i} v_j \cos(\theta_{ij}) \right) . \tag{6.130}$$

ここで，因子 $\cos(\theta_{ij})$ を導入し，定在波中の2原子の運動の相対位相によって，共振器場内の j 番目の原子が，i 番目の原子を加速もしくは減速するか説明する．

次の段階として，v_i' の2乗を計算し，共振器中の全原子にわって平均をとる（平均速度は零であるから，速度の2乗を取り扱う）．式 (6.130) から，

$$\begin{aligned}(v_i')^2 &= (v_i)^2 - 2v_i\xi \left(v_i + \sum_{j \neq i} v_j \cos(\theta_{ij}) \right) \\ &\quad + \xi^2 \left[v_i^2 + \left(\sum_{j \neq i} v_j \cos(\theta_{ij}) \right)^2 + 2v_i \sum_{j \neq i} v_j \cos(\theta_{ij}) \right] . \end{aligned} \tag{6.131}$$

集団で平均をとると $(K \gg 1)$，

$$\overline{(v')^2} = \overline{v^2} - 2\xi\overline{v^2} + \frac{\xi^2 K}{2}\overline{v^2} . \tag{6.132}$$

右辺第2項は単原子冷却，第3項は集団加熱に相当する．

ξ の大きさは，共振器内の光強度に比例する．単原子の場合，冷却速度は ξ に比例するが，これは多原子系には当てはまらない．実際，式 (6.132) から $\xi > 4/K$ のとき，全体として冷却ではなく加熱されることがわかる．光冷却速度は $\xi_{opt} = 2/K$ に相当する．これを式 (6.132) に代入し，ξ の定義を思い出すと，

$$\text{原子冷却速度} = \frac{2\gamma_c}{K} \tag{6.133}$$

と求まる．これは，大きな集団を冷却する限界を与える．

上の議論は，加速器やイオントラップ中の荷電粒子の**確率冷却 (stochastic cooling)**[文献 19] とよく似ている．確率冷却では，粒子の平均変位は，電極

[文献 19] Ghosh (1995); Beverini ら (1988).

に誘起された電荷を測定することで決められる．この信号は，その後増幅され，平均変位に変換するもう1つの電極の位相と合わせられる．ここでも，最適冷却速度は，粒子数で制限されている．共振器冷却スキームでは，フィードバック機構は通常の確率冷却のときのような外部からではなく，原子-共振器相互作用のダイナミクスに含まれる[文献 20]．

最近の実験[文献 21]では，上で議論した効果に加えて，集団放射から共振器モードへの冷却力が，多原子系において重要かつ支配的な役割を演じる[文献 22]．そのような効果の考察は，読者の演習問題とする．

6.8 調和トラップにおけるフェルミエネルギー

Probrems and Solutions

6.4 と 6.5 節で議論した縮退ボース気体の生成に加え，原子トラップや冷却の技術は，フェルミ粒子の極低温気体の生成に用いられる[文献 23]．縮退フェルミ気体の振る舞いは，縮退ボース気体のものとは顕著な違いがある—極低温のボソンで起こるような原子トラップの基底状態における原子凝縮の代わりに，単一フェルミ原子のみがある量子状態を占有できる．フェルミ縮退に関連するさまざまの魅力的な量子統計現象は，原子トラップの制御された環境で研究される．それには，原子衝突の修正[文献 24]，極低温におけるクーパー対原子の超流動状態への相転移[文献 25]，シェル構造[文献 26]などがある．

この節では，調和トラップポテンシャルに収まった原子気体のフェルミエネルギーを求める．

(a) 3 次元調和ポテンシャル

$$V(x,y,z) = \frac{1}{2}m\omega^2\left(x^2 + y^2 + z^2\right) \tag{6.134}$$

[文献 20] Gangl と Ritsch (2000).

[文献 21] Chan ら (2003).

[文献 22] Chan らの仕事 (2003) では $K \sim 10^6$.

[文献 23] DeMarco, Jin (1999).

[文献 24] DeMarco ら (2001).

[文献 25] O'Hara ら (2002); Weiping ら (1999).

[文献 26] Schneider and Wallis (1998); Bruun and Burnett (1998).

にトラップされた，質量 m の N 個 $(N \gg 1)$ の同一半整数スピン粒子（同じスピン状態）におけるフェルミエネルギーが

$$E_F \approx \hbar\omega(6N)^{1/3} \tag{6.135}$$

で与えられることを示せ．ただし，$E_F \gg \hbar\omega$ とする．

(b) $N = 10^6$ 個の原子，$\omega = 2\pi \times 40$ Hz におけるフェルミ温度を求めよ．

(c) 異方的なポテンシャルトラップ

$$V(x,y,z) = \frac{1}{2}m\omega^2\left[(ax)^2 + y^2 + z^2\right] \tag{6.136}$$

におけるフェルミエネルギーはいくらか．$E_F \gg \hbar\omega,\ a\hbar\omega$ とする．

解

(a) 原子エネルギー E を $\hbar\omega$ 単位で測定しよう．整数値 $E \gg 1$ を取り上げることにする（エネルギー原点は零点エネルギーに等しいとする）．$N \gg 1$ の高い励起が関係するので，これは良い近似である．全エネルギー E を与える量子数 n_x, n_y, n_z の異なる組み合わせはいくらあるか．これから，エネルギー E の状態を占めるフェルミ原子数がわかる．

この質問に答えるには，単に可能な組み合わせを数えればよい：

n_x	n_y	n_z	状態数
E	0	0	1
$E-1$	1	0	
$E-1$	0	1	2
$E-2$	2	0	
$E-2$	1	1	
$E-2$	0	2	3
⋮	⋮	⋮	⋮

全エネルギー E を与える組み合わせ数は，

$$n(E) = \sum_{i=0}^{E}(i+1) = \frac{E+2}{2}(E+1) \approx \frac{E^2}{2}\ . \tag{6.137}$$

フェルミエネルギーを求めるには，全エネルギー $E \leq E_F$ について可能な

状態数を足し合わせる（式 (1.26) を用いる）：

$$n(E \leq E_F) = \sum_{E=1}^{E_F} n(E) \approx \frac{1}{2} \sum_{E=1}^{E_F} E^2 = \frac{1}{2} \cdot \frac{E_F(1+E_F)(1+2E_F)}{6} \approx \frac{E_F^3}{6} \tag{6.138}$$

また，それが N に等しいとする．これは望む結果の式 (6.135) を与える．

(b) フェルミ温度は

$$T_F = \frac{E_F}{k_B} = \frac{\hbar}{k_B}\omega(6N)^{1/3} \ . \tag{6.139}$$

因子 $\hbar/k_B$ は，以下の方法で**付録 A** の関係式を用いて表される：

$$\frac{\hbar}{k_B} = \frac{\hbar c}{k_B c} \approx \frac{(200 \text{ eV} \cdot \text{nm})(11,600 \text{ K/eV})}{3 \times 10^{17} \text{ nm/s}} = 8 \times 10^{-12} \text{ K} \cdot \text{s} \ , \tag{6.140}$$

$$\boxed{T_F \approx 400 \text{ nK} \ .} \tag{6.141}$$

DeMarco と Jin (1999) の実験において，T_F に到達するには，レーザー冷却技術，ボソン的試料の同調冷却，および蒸発冷却法が適用された．

(c) x 方向の励起エネルギーにおいて，$\hbar\omega n_x$ の代わりに $a\hbar\omega n_x$ をとり，問 (a) の計算を繰り替えすと，

$$\boxed{E_F = \hbar\omega(6Na)^{1/3} \ .} \tag{6.142}$$

7
章

分子

7.1 分子振動の大きさ

Probrems and Solutions

$\delta r = r - r_e$ の 2 乗平均平方根 (r.m.s.) 値を求めよ．r は低振動状態の 2 原子分子における核間距離，r_e はその平衡値である．

ヒント

典型的な分子における核間平衡距離は，ボーア半径の数倍 $r_e \sim 4a_0$ であり，解離エネルギー D_0 は

$$D_0 \sim hc\frac{R_\infty}{5} \sim \frac{1}{10}\frac{e^2}{a_0} \tag{7.1}$$

程度である．R_∞ はリュードベリー定数である [1]．δr の r.m.s. 値を見積もるために，$\delta r \approx a_0$ のときポテンシャルエネルギーをゼロとする．言い換えれば，結合がその長さと同程度まで伸びたとき，解離極限に達する．これらの観測は，この問題で必要とする計算をこなせば十分可能である．

解

ばねでつながった 2 つの質点として分子モデルを用いると，ばね定数 k は

$$k\frac{a_0^2}{2} \sim hc\frac{R_\infty}{5} \tag{7.2}$$

[1] 解離エネルギーは分子の基底状態と連続体の始まり（非束縛原子の最低エネルギー）とのエネルギー差を指定する．これは，はじめ基底状態にいる分子を解離するために必要な仕事である．

$$k \sim \frac{2hcR_\infty}{5a_0^2} \sim \frac{e^2}{5a_0^3} \tag{7.3}$$

と見積もられる．これより，分子振動の周波数でよく知られた結果を得る：

$$\omega_{\mathrm{vib}} \sim \sqrt{\frac{k}{\mu}} \sim \sqrt{\frac{e^2}{5a_0^3\mu}} \sim \frac{1}{\hbar}\frac{e^2}{2a_0}\sqrt{\frac{m}{\mu}} \sim 2\pi c R_\infty \sqrt{\frac{m}{\mu}}\ . \tag{7.4}$$

ただし，m は電子の質量，μ は 2 原子の換算質量である．

分子が低振動状態にあるとき，振動のエネルギーは $\sim \hbar\omega_{\mathrm{vib}}$ である．一方，このエネルギーは $\sim k(\delta r)^2$ と見積もられる．これらの 2 つの結果を合わせて，

$$(\delta r)^2 \sim \frac{5}{2}a_0^2\sqrt{\frac{m}{\mu}}\,, \tag{7.5}$$

$$\boxed{\delta r \sim a_0\left(\frac{m}{\mu}\right)^{1/4}.} \tag{7.6}$$

$\mu \sim 5$ a.u. では $\sim 0.1a_0$ である．

本質的に同じ計算が，低温 $(k_BT \ll \hbar\omega)$ の固体における結晶格子の原子振動にも適用される．同様の方法が，（分子と固体における）高温の r.m.s. 振動強度の計算に適用できる．

7.2　モースポテンシャルにおける振動定数

Probrems and Solutions

2 原子分子の分子間ポテンシャルは，図 **7.1** に示すモースポテンシャル:

$$V(r) = D_e\left(1 - e^{-\beta(r-r_e)}\right)^2 \tag{7.7}$$

を用いて定量化されることがある．ここで，r_e は平衡核間距離，D_e および β は系のポテンシャルを特定するパラメータである [2]．

[2] 7.1 節で導入した解離エネルギー D_0 とここで導入した D_e の差に注意しよう．図 7.1 からもわかるように，定数 D_e はポテンシャル井戸の底と連続体とのエネルギー差である．一方，D_0 は分子基底状態と連続状態とのエネルギー差である．したがって，それらは大体零点エネルギーだけ異なる:

$$D_e - D_0 \approx \frac{\omega_e}{2}.$$

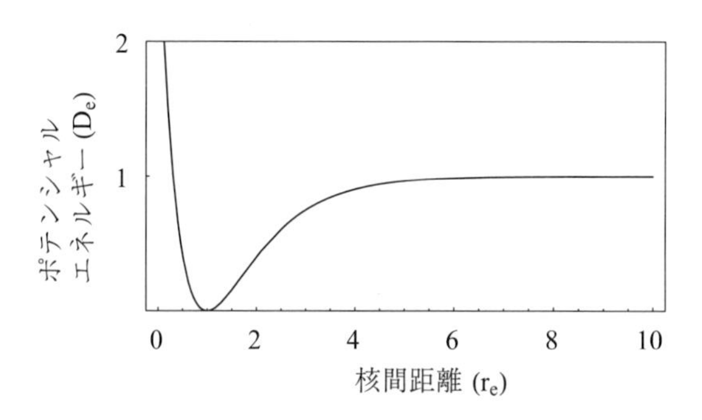

図 7.1　$\beta = 1$ のときのモースポテンシャル．核間距離は平衡値 r_e の単位で表される．エネルギーは解離エネルギー D_e 単位で表される．

2 原子分子の振動定数 ω_e および $\omega_e x_e$ をモースポテンシャルと換算質量 μ のパラメータを用いて表せ．振動準位のエネルギーは

$$G(\nu) = \omega_e(\nu + \frac{1}{2}) - \omega_e x_e \left(\nu + \frac{1}{2}\right)^2 + \cdots \tag{7.8}$$

で与えられる[文献 1]．ただし，$\nu = 0, 1, 2, ...$ は振動量子数，ω_e 項は調和振動子の等距離準位を記述し，$\omega_e x_e$ 項は非調和性を表す[3),4)]．

ヒント

非調和性を求めるために，振動エネルギーが解離エネルギー D_e に近づくにつれて，隣接振動準位間隔がゼロに近づくことを用いよ．

解

モースポテンシャル (式 7.7) を $r = r_e$ の周りで展開すると，

$$V(r) \approx D_e \beta^2 (r - r_e)^2 \ . \tag{7.9}$$

これは調和ポテンシャルである．量子力学的調和振動子の周波数 ω_e は，古典振動子の周波数と同じであることはよく知られ，$\sqrt{k/\mu}$ で与えられる．k

---

[文献 1] Herzberg (1989).

3) 分子定数表において，量 ω_e と $\omega_e x_e$ はエネルギー単位（通常は波数 cm^{-1}）で測定される．さまざまな単位の換算因子は**付録 A** を参照．ここで $\hbar = 1$ としたので，周波数とエネルギーの単位は同じである．

4) 式 (7.8) は非調和振動子の一般的な展開を表すが，モースポテンシャルの場合厳密解に高次の項は現れないことがわかる [例えば，Herzberg (1989), III 章参照].

はばね定数であり，

$$\frac{k(r-r_e)^2}{2} = D_e\beta^2(r-r_e)^2 \tag{7.10}$$

より，$k = 2D_e\beta^2$ と求められ，

$$\boxed{\omega_e = \beta\sqrt{\frac{2D_e}{\mu}}\ .} \tag{7.11}$$

式 (7.8) から隣接振動準位間隔は ν に比例して減少する：

$$\Delta G(\nu) = G(\nu+1) - G(\nu) = \omega_e - 2\omega_e x_e(\nu+1). \tag{7.12}$$

ヒントで指摘したように，隣接振動準位間隔はエネルギーが D_e に近づくとゼロに近づく．これを用いて，非調和性 $\omega_e x_e$ をモースポテンシャルのパラメータと関連付ける．$\Delta G(\nu_{\max}) = 0$ のとき，振動量子数の最大値は

$$\nu_{\max} = \frac{\omega_e}{2\omega_e x_e} - 1 \approx \frac{\omega_e}{2\omega_e x_e}\ . \tag{7.13}$$

対応するエネルギーは，式 (7.12) の連続的なエネルギー間隔を加えて：

$$G(\nu_{\max}) = \frac{\omega_e}{2} + \sum_{\nu=0}^{\nu\max}\Delta G(\nu) \approx \nu_{\max}\omega_e - \omega_e x_e {\nu_{\max}}^2 \tag{7.14}$$

と求まる．このエネルギーを D_e に等しいとおくと，

$$\boxed{\omega_e x_e \approx \frac{\omega_e^2}{4D_e} = \frac{\hbar^2\beta^2}{2\mu}\ .} \tag{7.15}$$

7.3　遠心歪み

Probrems and Solutions

2原子分子が回転しているとき，その結果生じる遠心力は核を引き離す傾向にある（この効果は**遠心歪み (centrifugal distortion)** として知られる）．平衡核間距離が低エネルギー振動状態の回転量子数 $\mathcal{J}$ の関数としてどのように変わるか見積もれ．

この距離の変化は以下の形の分子エネルギーの新しい項を導く．

$$\Delta E = -D\mathcal{J}^2(\mathcal{J}+1)^2\ , \tag{7.16}$$

$$D = \frac{4B_e^3}{\omega_e^2} \tag{7.17}$$

$$B_e = \frac{\hbar^2}{2\mu r_e^2} \tag{7.18}$$

は**回転定数 (rotational constant)**，および ω_e は振動定数である．

解

7.2 節で電荷分布による原子間ポテンシャル $V(r)$ を考えたが，回転運動 $V_R(r)$ によるエネルギーは考慮しなかった．古典的には，回転エネルギー V_R は角運動量 $\mathcal{L}$ の 2 乗を慣性モーメント I_0 の 2 倍で割ったものである：

$$V_R = \frac{\mathcal{L}^2}{2I_0} \ . \tag{7.19}$$

2 原子分子における慣性モーメントは $I_0 = \mu r^2$ である．μ は換算質量，角運動量の 2 乗の量子力学的表式は $\mathcal{L}^2 = \hbar^2 \mathcal{J}(\mathcal{J}+1)$ であるから，

$$V_R(r) = \frac{\hbar^2}{2\mu r^2}\mathcal{J}(\mathcal{J}+1) \ . \tag{7.20}$$

この回転エネルギーを有効ポテンシャル $V_{\text{eff}}(r) = V(r) + V_R(r)$ に含める．低エネルギー振動準位において，有効ポテンシャルの最小値 r_0 について展開できる（7.2 節で $V(r)$ について行い，式 (7.9) を得たように）：

$$V_{\text{eff}}(r) \approx \frac{k}{2}(r - r_0)^2 \ . \tag{7.21}$$

よって，2 原子分子は，ばね定数 k のばねを付けた 2 つの核にモデル化される．1 次近似的に，回転運動は r_0 に影響し，ばね定数 k には影響しない．

平衡距離 r_0 の $\mathcal{J}$ 依存性を求めるために，$V_{\text{eff}}(r)$ を微分し，$r = r_e$ における値を計算する：

$$k(r_e - r_0) = \left.\frac{dV}{dr}\right|_{r_e} - \frac{\hbar^2}{\mu r_e^3}\mathcal{J}(\mathcal{J}+1) \ . \tag{7.22}$$

原子間ポテンシャル $V(r)$ は

$$\left.\frac{dV}{dr}\right|_{r_e} = 0 \tag{7.23}$$

であることに注意すると，式 (7.22) を r_0 について解くことができる:

$$\boxed{r_0 = r_e + \frac{\hbar^2}{\mu k}\frac{\mathcal{J}(\mathcal{J}+1)}{r_e^3}\ .} \tag{7.24}$$

よって，遠心力が実際に分子を引き伸ばす傾向にあることがわかる．ばね定数は，（エネルギー単位で）振動定数 ω_e を用いて $k = \mu\omega_e^2/\hbar^2$ と表せるから（式 (7.8) 参照），

$$r_0 = r_e + \frac{\hbar^4}{2\mu^2}\frac{\mathcal{J}(\mathcal{J}+1)}{\omega_e^2 r_e^3}\ . \tag{7.25}$$

遠心歪みを無視すると，2 原子分子の回転エネルギー E_R は，

$$E_R = \frac{\hbar^2}{2\mu r_e^2}\mathcal{J}(\mathcal{J}+1) = B_e\mathcal{J}(\mathcal{J}+1) \tag{7.26}$$

で与えられる．遠心歪みを含めるには，式 (7.26) の r_e を r_0 で置換する．1 次までテイラー展開し，

$$E'_R = \frac{\hbar^2}{2\mu r_0^2}\mathcal{J}(\mathcal{J}+1) \approx B_e\mathcal{J}(\mathcal{J}+1) - \frac{\hbar^6}{2\mu^3 r_e^6\omega_e^2}\mathcal{J}^2(\mathcal{J}+1)^2\ . \tag{7.27}$$

よって，遠心歪みが実際に分子エネルギーを

$$\boxed{\Delta E \approx -D\mathcal{J}^2(\mathcal{J}+1)^2} \tag{7.28}$$

だけ変えることがわかる．ここで，定数 D は式 (7.17) で与えられる．

7.4　蒸気における原子と分子の相対密度

Probrems and Solutions

ここでは，分光学における共通の問題：飽和蒸気と平衡状態にあるさまざまな原子・分子の相対含有率について言及する．例えば，2 原子分子は構成原子より高い含有率をもつか，その他の場合もあるだろう．特にセシウム (Cs) の場合，分子の分光的性質と相対含有量を関連付ける．

(a) 温度 T で，平衡状態にある Cs の飽和蒸気を含む閉じたセルを考えよう．蒸気は主に原子の形で存在するものとする．

Cs_2 の相対存在量を以下のパラメータの関数として計算せよ：温度 T，原子 Cs の蒸気圧 P_{Cs}，分子の基底状態の解離エネルギー D_e（図 7.1 参照），基底状態振動定数 ω_e，基底状態の回転定数 B_e，Cs 原子の核スピン I．

ゼロでない核スピンの縮退を考える必要はないが，原子と分子の超微細構

造が $k_B T$ に比べ無視できるものとする．Cs の基底状態は $S_{1/2}$ であり，Cs_2 の基底状態が $^1\Sigma_g^+$ であることに注意しよう（原子や分子の分光的表示法のレビューとして**付録 C** を参照）[5)]．Cs_2 の回転構造は単純な固定回転子，振動構造は調和振動子のものであり，原子や分子の電気的に励起された準位はエネルギー $E_e \gg k_B T$ をもつ．

(b) $\omega_e \ll k_B T$ と $B_e \ll k_B T$ の場合について解を単純化せよ．

(c) 以下の条件で，閉じた蒸気セル中の Cs_2 の相対存在量を数値的に求めよ；$T = 300°\mathrm{C}$: $D_e \approx 0.45$ eV; $\omega_e \approx 42\ \mathrm{cm}^{-1}$; $B_e \approx 0.012\ \mathrm{cm}^{-1}$; $I = 7/2$.

$$\log_{10}(P) = -\frac{4042}{T} - 1.4\log_{10}(T) + 11.176 \tag{7.29}$$

P は torr 単位，T は K 単位とする[文献 2]．

解

(a) 反応 $2\mathrm{Cs} \leftrightarrow \mathrm{Cs}_2$ の平衡状態を求めたい．質量作用の法則より[文献 3]，

$$N_{\mathrm{Cs}}^2 N_{\mathrm{Cs}_2}^{-1} = z_{\mathrm{Cs}}^2 z_{\mathrm{Cs}_2}^{-1} \tag{7.30}$$

を満たすときに平衡となる．N_i は種類 i の粒子数，z_i は種類 i の単一粒子分配関数である：

$$z = \sum_s e^{-E(s)/(k_B T)} . \tag{7.31}$$

ここで，s は内部と外部の粒子の量子状態を数え上げ，$E(s)$ は状態 s のエネルギーである．分解関数 z は，ボルツマン因子による重みを考慮した，粒子の取り得る状態数である．

系の各自由度は，別々の和に因数分解される；特に，重心運動に対応した自由度がくくり出されると，z_i は

$$z_i = \frac{1}{h^3}\int d^3 r \int e^{-p^2/(2m_i k_B T)} d^3 p \sum_{s(int)} e^{-E(s)/(k_B T)} \tag{7.32}$$

---

5) 最も豊富な 2 原子分子の多くは，全スピンゼロ，すなわち $^1\Sigma^+$，もしくはダイマー $^1\Sigma_g^+$ の完全対称の基底状態波動関数をもつ．注目すべき例外として，フリーラジカルとよばれる O_2 ($^3\Sigma_g^-$) や NO ($^2\Pi$) 分子があるが，1 つ以上の不対電子（ゆえにゼロでないスピン S）をもつため，化学的に不安定である（物理的は安定だが）；Herzberg (1971) 参照．

[文献 2] 分光データは Radzig と Smirnov (1985), 蒸気圧データは Honig と Kramer (1969) を引用した．

[文献 3] 例えば Reif (1965).

$$= \frac{V}{h^3} \left(2\pi m_i k_B T\right)^{3/2} \sum_{s(int)} e^{-E(s)/(k_B T)}. \qquad (7.33)$$

m_i は種類 i の質量，和は粒子の内部状態のみについてとる．

次に，興味のある種類の内部状態を数値化しよう．原子において，これは極めて単純である．仮定から，超微細構造は熱エネルギーに比べて小さい；よって，原子の取り得る内部状態はすべて実質縮退し，それらは電子と核のスピン状態を数えることで数値化される．原子の基底状態エネルギーを $E = 0$ として，式 (7.33) において内部状態の和をとる:

$$\sum_{s(int,Cs)} e^{-E(s)/(k_B T)} \approx (2J+1)(2I+1) = 4I+2. \qquad (7.34)$$

ただし，$J = 1/2$ を用いた．

分子の分配関数を計算するには，外部回転と振動の構造の状態を数え上げる必要がある．回転エネルギー（$E(\mathcal{J}) = B_e \mathcal{J}(\mathcal{J}+1)$, 7.3 節を参照）および振動エネルギー（$E(v) = \omega_e \left(v + \frac{1}{2}\right)$, 7.1 節）の標準公式を用いる．ただし，$\mathcal{J}$ と v はそれぞれ回転と振動の量子数である．

分子状態を正しく数え上げるには，核スピンによる縮退を考慮する必要がある．Cs 原子はボース粒子であるから，全体的な分子波動関数は，Cs 原子の交換に関して対称でなければならない．Cs_2 の基底状態は電子スピンに関して 1 重項であるから，全 2 原子電子スピン波動関数は反対称である．Cs_2 の基底状態は *gerade* 状態[訳者注] であるから，回転準位の対称性は $(-1)^{\mathcal{J}}$ で与えられる．したがって，奇数回転状態 ($\mathcal{J} = 1, 3, ...$) において，全核スピン波動関数は対称，すなわち $I_{\text{tot}} = 2I, 2I-2, ...$ でなければならない．逆に，偶数回転状態においては，全核スピン波動関数は反対称でなければならない．$I =$ 半整数，$\mathcal{J}$ 奇数のとき，状態を単に数え上げよう．量子数 $\mathcal{J}$ をもつ回転状態の核スピン状態 g_R は

$$g_R(\mathcal{J} \text{ odd}) = \sum_{I_{\text{tot}}=1,3,...}^{2I} (2I_{\text{tot}} + 1) \ . \qquad (7.35)$$

この和には $I + 1/2$ 個の項がある；指数 $k = (I_{\text{tot}} + 1)/2$ を導入すると，

訳者注：語源はドイツ語で，波動関数の偶対称性を表す（**付録 C**）．

$$g_R(\mathcal{J}\ \mathrm{odd}) = \sum_{k=1}^{I+1/2}(4k-1) = \sum_{k=1}^{I+1/2} 4k - \sum_{k=1}^{I+1/2} 1$$
$$= 4\frac{(I+1/2)(I+3/2)}{2} - (I+1/2) = (I+1)(2I+1) \tag{7.36}$$

と書ける．同様にして，$g_R(\mathcal{J}\ \mathrm{even}) = I(2I+1)$.

最後に，分子の全束縛状態は原子状態に対して共通の負のエネルギーシフトをもち，大きさは D_e に等しい（問題 7.1 も参照）．よって，

$$\sum_{s(int,\mathrm{Cs}_2)} e^{-E(s)/(k_BT)} \equiv F(T; D_e, B_e, \omega_e)$$
$$= \exp\left(\frac{D_e}{k_BT}\right)\left(\sum_{v=0}^{\infty} e^{-[(v+1/2)\omega_e]/(k_BT)}\right)(2I+1)$$
$$\times\left(I\sum_{\mathcal{J}\ \mathrm{even}}(2\mathcal{J}+1)e^{-\frac{B_e\mathcal{J}(\mathcal{J}+1)}{k_BT}} + (I+1)\sum_{\mathcal{J}\ \mathrm{odd}}(2\mathcal{J}+1)e^{-\frac{B_e\mathcal{J}(\mathcal{J}+1)}{k_BT}}\right), \tag{7.37}$$

$$F(T; D_e, B_e, \omega_e) = e^{\frac{D_e}{k_BT}}\frac{e^{\frac{-\omega_e}{2k_BT}}}{1-e^{-\frac{\omega_e}{k_BT}}}(2I+1)$$
$$\times\left(I\sum_{\mathcal{J}=0}^{\infty}(2\mathcal{J}+1)e^{-\frac{B_e\mathcal{J}(\mathcal{J}+1)}{k_BT}} + \sum_{\mathcal{J}'=0}^{\infty}(4\mathcal{J}'+3)e^{-\frac{B_e(2\mathcal{J}'+1)(2\mathcal{J}'+3)}{k_BT}}\right). \tag{7.38}$$

式 (7.33)，(7.34)，および (7.38) を用いて，質量作用の法則式 (7.30) は，

$$N_{\mathrm{Cs}}^2\frac{V}{h^3}(4\pi mk_BT)^{3/2}F(T; D_e, B_e, \omega_e)$$
$$= N_{\mathrm{Cs}_2}(4I+2)^2\left(\frac{V}{h^3}\right)^2(2\pi mk_BT)^3\ . \tag{7.39}$$

ただし，$m \equiv m_{\mathrm{Cs}} = m_{\mathrm{Cs}_2}/2$ と書いた．Cs_2 の含有率は，

$$\boxed{\frac{N_{\mathrm{Cs}_2}}{N_{\mathrm{Cs}}} = n_{\mathrm{Cs}}h^3(\pi mk_BT)^{-3/2}\frac{F(T; D_e, B_e, \omega_e)}{(4I+2)^2}\ .} \tag{7.40}$$

ただし，$n_{\mathrm{Cs}} \equiv N_{\mathrm{Cs}}/V$ は原子 Cs 密度である．

(b) $F(T; D_e, B_e, \omega_e)$ の適当な表式を求めたい．極限的な場合 $\omega_e \ll k_BT$：

$$\frac{e^{\frac{-\omega_e}{2k_BT}}}{1-e^{-\omega_e/(k_BT)}} \approx \frac{k_BT}{\omega_e} \ . \tag{7.41}$$

次に，表式 $\sum_{\mathcal{J}=0}^{\infty}(2\mathcal{J}+1)e^{-B_e\mathcal{J}(\mathcal{J}+1)/(k_BT)}$ を考えよう．極限的な場合 $B_e \ll k_BT$，積分

$$\sum_{\mathcal{J}=0}^{\infty}(2\mathcal{J}+1)e^{-\frac{B_e\mathcal{J}(\mathcal{J}+1)}{k_BT}} \approx \int_0^{\infty}(2x+1)e^{-\frac{B_e x(x+1)}{k_BT}}dx \tag{7.42}$$

$$= 2e^{\mu/4}\int_0^{\infty} ye^{-\mu y^2}dy \tag{7.43}$$

$$\approx \frac{1}{\mu} = \frac{k_BT}{B_e} \tag{7.44}$$

で近似できる．ただし，$\mu \equiv B_e/(k_BT)$ と定義し，変数変換 $y = x + 1/2$ をした．同様に，

$$\sum_{\mathcal{J}'=0}^{\infty}(4\mathcal{J}'+3)\exp\left[-B_e(2\mathcal{J}'+1)(2\mathcal{J}'+3)/(k_BT)\right] \approx \frac{1}{2}\frac{k_BT}{B_e} \ , \tag{7.45}$$

$$\begin{aligned} F(T;D_e,B_e,\omega_e) &\approx e^{\frac{D_e}{k_BT}}\left(\frac{k_BT}{\omega_e}\right)(2I+1)\left(I\frac{k_BT}{B_e}+\frac{1}{2}\frac{k_BT}{B_e}\right) \\ &= e^{\frac{D_e}{k_BT}}\frac{k_BT}{\omega_e}\frac{k_BT}{B_e}\frac{(2I+1)^2}{2}. \end{aligned} \tag{7.46}$$

また，$\mathrm{Cs_2}$ の含有率は，

$$\boxed{\frac{N_{\mathrm{Cs_2}}}{N_{\mathrm{Cs}}} \approx \frac{n_{\mathrm{Cs}}}{2\sqrt{2}}\left(\frac{h}{\sqrt{2\pi m k_BT}}\right)^3 e^{\frac{D_e}{k_BT}}\left(\frac{k_BT}{\omega_e}\right)\left(\frac{k_BT}{B_e}\right).} \tag{7.47}$$

式 (7.47) の右辺各項の起源について述べることは教育的である．はじめの 2 因子 $\left(\propto n_{\mathrm{Cs}}/T^{3/2}\right)$ は，1 分子と 2 原子の位相空間体積比に相当する．指数因子は分子の結合エネルギーに等しいボルツマン分布の重みである．最後の 2 因子は，温度 T における振動と回転副準位の数を説明する．

核スピン I による縮退は，この最後の表式に存在しない．これは，以下のように理解できる—交換対称性による複雑さをしばし無視する—分子の各状態で利用できる核スピン状態数は，ちょうど各原子で利用できる数の 2 乗になる．交換対称性で禁制の状態を正しく考慮しても，1 のオーダーの因子で

この結論を修正するだけでよい.

(c) 部分ダイマー含有率を数値的に求めるには，構成単位となる系を選定することが重要である．ここでは，本を通して CGS 単位系を用いる．単位変換には**付録 A** の公式を用いる．特に，

$$E[\mathrm{CGS}] = hc \cdot E[\mathrm{cm}^{-1}] \ , \tag{7.48}$$

$$E[\mathrm{CGS}] = 1.6 \times 10^{-12} E[\mathrm{eV}] \ . \tag{7.49}$$

に注意する．さらに，理想気体の法則および圧力変換

$$P = nk_B T \ , \tag{7.50}$$

$$P[\mathrm{CGS}] \approx 1.33 \times 10^3 \ P[\mathrm{torr}]. \tag{7.51}$$

を用いる．$T = 300°\mathrm{C} \approx 573\ K$ では式 (7.29) より，$P(T) \approx 1.8$ torr $\approx 2.4 \times 10^3$[CGS]；$k_B T \approx 7.9 \times 10^{-14}$ erg；$D_e \approx 7.2 \times 10^{-13}$ erg；$\omega_e \approx 8.4 \times 10^{-15}$ erg；$B_e \approx 2.4 \times 10^{-18}$ erg；$m \approx 133 m_p \approx 2.2 \times 10^{-22}$ g．これらの値から，(b) の近似がよく成り立つことがわかる．最終的に，

$$\boxed{\frac{N_{\mathrm{Cs}_2}}{N_{\mathrm{Cs}}}(T = 300°\mathrm{C}) \approx 7 \times 10^{-3} \ .} \tag{7.52}$$

室温 ($T = 22°\mathrm{C}$) では，

$$\boxed{\frac{N_{\mathrm{Cs}_2}}{N_{\mathrm{Cs}}}(T = 22°\mathrm{C}) \approx 4 \times 10^{-5}} \tag{7.53}$$

と求まる．これら 2 つの温度間の分子含有率の差は，原子 Cs 圧の差に強く影響される；室温において，これは $P \approx 1 \times 10^{-6}$ torr にすぎない ($T = 300°\mathrm{C}$ よりも 6 桁小さい).

7.5 分子遷移における同位体シフト

Probrems and Solutions

原子スペクトルと同様に（1.9 節参照），分子スペクトル線のシフトは，異なる同位体間の質量や核体積の違いによって起こる．

(a) 特別な電子状態（Y とおく）の量子数 $\mathcal{J}$（回転）および v（振動）によっ

て特徴づけられる2原子分子ABのエネルギー準位を考えよう．この状態のエネルギーにおいて，元の同位体 B を同位体種 B' で置き換える効果について求めよ．電子エネルギー $T_e(Y)$，振動定数 $\omega_e(Y)$，および回転定数 $B_e(Y)$ が，核質量の変化によってどのように変わるかを示せ（この問題では，核体積の変化による効果を無視する）．核質量の部分的な変化は小さい，つまり，$\Delta m = m_{B'} - m_B \ll m_B$ とする．ただし，m は質量を示す．具体性をもたせるために，A が分子の質量を占めるものとする（$m_B \ll m_A$）．

(b) 定性的な振動構造のシフトは，分子スペクトルに支配的な同位体効果であることを議論せよ．これらのシフトは典型的な回転準位分裂よりもかなり大きいはずであり，異なる同位体種は離れた振動（振動＋電気的）のバンドの頭 **(bandheads)** を示す[6]．

(c) ICl の $A(v' = 21) \leftrightarrow X(v'' = 0)$ 遷移は，レーザースペクトルによって広く研究されてきた[文献 4]．^{35}Cl を ^{37}Cl で置換したとき，この遷移のバンドの頭における同位体シフトを求めよ．超微細構造を無視する．このシフトと，この遷移における典型的な回転と振動準位分裂（**表 7.1**）を比較せよ．ICl における以下の近似的なデータを用いてよい[文献 5]：

表 7.1 I^{35}Cl における電子状態エネルギーおよび回転と振動定数（cm^{-1} 単位）

State	T_e	ω_e	B_e
$A[^3\Pi_1]$	13742	212	0.084
$X[^1\Sigma^+]$	0	384	0.114

ここで，通常の分子の表記を用い，分子の基底電子状態は X と名付けた．また，高い状態は A などの他の文字を用いた．

---

[6] *bandhead* という言葉は，ある振動遷移における分子の電子スペクトル線の典型的なクラスター化のことをいう [さらなる議論は例えば Herzberg (1989) を参照]．バンドの頭は，通常最低回転準位線の近く，すなわち上と下の振動状態の $\mathcal{J}' = 0$ と $\mathcal{J}'' = 0$ 準位間のエネルギー差近くにある．

[文献 4] G. Bazalgette ら (1999)，およびその文献を参照．

[文献 5] Radzig と Smirnov (1985)．

ヒント

(b) において，次元解析を用いて，電子，振動，および回転分裂の相対的な大きさを求めよ．これらを用い，同位体シフトの大きさを求めよ．

解

(a) 電子のエネルギー T_e は，電子の換算質量 μ_e を介して同位体質量に依存する：

$$\mu_e = \frac{m_e(m_A + m_B)}{m_e + (m_A + m_B)} \approx m_e\left(1 - \frac{m_e}{m_A + m_B}\right). \tag{7.54}$$

（電子は両方の核の周りを回ると仮定した；これは価電子について良い近似となる）．よって，2 つの同位体種の換算電子質量比は

$$\frac{\mu'_e}{\mu_e} \approx \frac{\left(1 - \frac{m_e}{m_A + m_{B'}}\right)}{\left(1 - \frac{m_e}{m_A + m_B}\right)} \approx 1 + \frac{m_e}{m_A}\frac{\Delta m}{m_A}\ . \tag{7.55}$$

リュードベリー定数 R_∞ は電子質量に比例する．よって，新しい同位体種の電子エネルギーは

$$\boxed{T'_e = \frac{\mu'_e}{\mu_e}T_e \approx \left(1 + \frac{m_e}{m_A}\frac{\Delta m}{m_A}\right)T_e.} \tag{7.56}$$

1 次では，分子運動の換算質量が核の質量とともに変わるので，回転と振動の構造はシフトする（回転振動構造への高次の補正，つまり同位体置換に関する電子波動関数シフトによる補正もあるが，ここでは無視する）．

分子運動の換算質量は

$$\mu_M = \frac{m_A m_B}{m_A + m_B}. \tag{7.57}$$

$m_{A(B)}$ は核 $A(B)$ の質量であるから[7]，2 つの同位体種の換算質量比は

$$\frac{\mu'_M}{\mu_M} = \frac{m_{B'}}{m_B}\frac{m_A + m_B}{m_A + m_{B'}}\ . \tag{7.58}$$

$\Delta m = m_{B'} - m_B \ll m_B$ および $m_B \ll m_A$ では，この比は単純化され，

$$\frac{\mu'_M}{\mu_M} \approx \left(1 + \frac{\Delta m}{m_B}\right). \tag{7.59}$$

[7] 厳密には，原子 A の質量の代わりに，核 A の質量と Z 個（Z は A 種の核電荷）の電子の質量を用いるべきである．ほとんどの状況下で電子の質量はこの計算で無視できる．

さらに，$\mu_M \approx \mu'_M \approx m_B$ である．

振動周波数は有効分子ばね定数 k より $\omega_e = \sqrt{k/\mu_M}$ と決められる（7.1節）から，新しい同位体種の振動定数は

$$\boxed{\omega'_e = \sqrt{\frac{\mu_M}{\mu'_M}}\omega_e \approx \left(1 - \frac{\Delta m}{2m_B}\right)\omega_e.} \tag{7.60}$$

回転定数は分子の慣性モーメント I より $B_e = \hbar^2/(2I)$ と決められる．I は核間距離 r_e および分子換算質量をもちいて，$I = \mu_M r_e^2$ と求まる．よって，新しい同位体種の回転定数は

$$\boxed{B'_e = \frac{\mu_M}{\mu'_M}B_e \approx \left(1 - \frac{\Delta m}{m_B}\right)B_e.} \tag{7.61}$$

(b) まず，分子における電子，振動，および回転分裂の相対的な大きさ見積もる．もちろん，電子エネルギー $T_e \sim R_\infty \sim e^2/a_0$ の次元が期待される．

振動エネルギーにおいて，有効分子ばね定数 k を考える．これは電気的な力から決められ，次元性から $k \sim e^2/a_0^3$ と期待される．よって，振動と電子エネルギーの比は

$$\frac{\hbar\omega_e}{T_e} \sim \hbar\sqrt{\frac{e^2}{a_0^3\mu_M}}\frac{a_0}{e^2} \sim \frac{\hbar}{ea_0^{1/2}}\frac{1}{m_B^{1/2}} \sim \sqrt{\frac{\hbar^2}{e^2a_0}}\sqrt{\frac{1}{m_B}} \sim \sqrt{\frac{m_e}{m_B}}\ . \tag{7.62}$$

回転エネルギーにおいて，核間距離が $r_e \sim a_0$ であるから，慣性モーメントは $I \sim \mu_M a_0^2$，回転定数は

$$B_e = \frac{\hbar^2}{2I} \sim \frac{\hbar^2}{a_0^2\mu_M}\ . \tag{7.63}$$

したがって，回転と電子エネルギーの比は

$$\frac{B_e}{T_e} \sim \frac{\hbar^2}{a_0^2\mu_M}\frac{a_0}{e^2} \sim \frac{\hbar^2}{a_0e^2}\frac{1}{m_B} \sim \frac{m_e}{m_B}\ . \tag{7.64}$$

核 B に関して $m_e/m_B \ll 1$ であるから，よく知られたエネルギー大小関係 $B_e \ll \hbar\omega_e \ll T_e$ が得られる．

次に，各タイプの運動による同位体シフト ΔE_i をパラメータ化しよう．電子エネルギーについて，

$$\Delta E_i(\mathrm{el.}) = (T'_e - T_e) = \frac{m_e}{m_A}\frac{\Delta m}{m_A}T_e \approx \frac{m_e}{m_B}\frac{\Delta m}{m_B}\left(\frac{m_B}{m_A}\right)^2 T_e \tag{7.65}$$

と求まる．振動エネルギーは

$$\Delta E_i(\text{vib.}) = \hbar(\omega_e' - \omega_e) = \frac{\Delta m}{2m_B}\hbar\omega_e \sim \frac{\Delta m}{m_B}\sqrt{\frac{m_e}{m_B}}T_e; \tag{7.66}$$

また回転エネルギーは

$$\Delta E_i(\text{rot.}) = (B_e' - B_e) = \frac{\Delta m}{m_B}B_e \sim \frac{\Delta m}{m_B}\frac{m_e}{m_B}T_e. \tag{7.67}$$

よって，同位体シフトを含む比は，

$$\Delta E_i(\text{vib.}) : \Delta E_i(\text{rot.}) : \Delta E_i(\text{el.}) = \sqrt{\frac{m_e}{m_B}} : \frac{m_e}{m_B} : \frac{m_e}{m_B}\left(\frac{m_B}{m_A}\right)^2, \tag{7.68}$$

$$\boxed{\Delta E_i(\text{vib.}) \gg \Delta E_i(\text{rot.}) \gg \Delta E_i(\text{el.}).} \tag{7.69}$$

回転エネルギーと振動同位体シフトを比較すると，

$$\frac{\Delta E_i(\text{vib.})}{B_e} \sim \frac{\frac{\Delta m}{m_B}\sqrt{\frac{m_e}{m_B}}T_e}{\frac{m_e}{m_B}T_e} \sim \frac{\Delta m}{m_B}\sqrt{\frac{m_B}{m_e}}\ . \tag{7.70}$$

典型的な値 $m_B \sim 20m_p$, $\Delta m \approx 2m_p$, および $m_p/m_e \approx 2000$ を用いて，

$$\frac{\Delta E_i(\text{vib.})}{B_e} \sim \frac{\Delta m}{m_B}\sqrt{\frac{m_B}{m_e}} \sim \frac{2}{20}\sqrt{20\cdot 2000} \sim 20 \gg 1. \tag{7.71}$$

したがって，振動の同位体シフトは回転の分裂に比べて実に大きい．同位体シフトが基底振動状態よりも $\approx 2v+1$ 倍大きくなるとき，この効果は量子数 $v \gg 1$ の高い振動準位で特に増強する．

(c) 式 (7.60) と $\Delta m/m_B \approx 2/35$ を使うと，振動定数のシフトは

$$\Delta\omega_e[X] = \omega_e' - \omega_e \approx -11\ \text{cm}^{-1} \tag{7.72}$$

$$\Delta\omega_e[A] \approx -6\ \text{cm}^{-1}\ . \tag{7.73}$$

よって，$A(v'=21) \leftrightarrow X(v''=0)$ 遷移のバンドヘッドの周波数は

$$\boxed{\Delta\nu \approx (21.5)(6) - (0.5)(11) \approx 123.5\ \text{cm}^{-1}\ .} \tag{7.74}$$

このシフトは典型的な回転分裂 ($\sim 0.1\ \text{cm}^{-1}$) よりもかなり大きく，A 状態の典型的な振動分裂と実際に同程度である．

7.6 極性分子の電気双極子モーメント

Probrems and Solutions

回転軸方向に永久電気双極子モーメント $\vec{d}$ をもつ剛体回転子（慣性モーメ

ント I，回転定数 $B_e = \hbar^2/(2I)$）からなる2原子極性分子のモデルを考えよう（ここでは回転子が内部構造をもたないものとする）．そのような回転子の固有状態は角運動量 $\mathcal{J}$ およびその $\hat{z}$ 射影 m の確定値をもつ状態である．回転子の重心座標系において，量子数 $(\mathcal{J}, m)$ の状態の波動関数は，単純な球面調和である：$\psi_{\mathcal{J},m}(\theta,\phi) = Y_{\mathcal{J}}^m(\theta,\phi)$.

(a) あらゆる固有状態において，電気双極子モーメントの期待値が $\psi_{\mathcal{J},m}(\theta,\phi) = Y_{\mathcal{J}}^m(\theta,\phi)$ であることを示せ．

(b) 弱い電場 $\vec{\mathcal{E}} = \mathcal{E}\hat{z}$ がかけられた状況を考える．摂動論を用いて，最低次エネルギーシフト，および量子数 $\mathcal{J}$($\mathcal{J}$ は任意) と $m = 0$ の状態の摂動波動関数を求めよ．$\mathcal{E}$ が弱いと考えられるのはどのような条件か．

(c) 摂動状態において $\langle \vec{d} \rangle \neq 0$ であることを示せ．$|\mathcal{J}, m\rangle = |0,0\rangle$ と $|1,0\rangle$ 状態における $\langle \vec{d} \rangle$ の相対符号について議論せよ．

解

(a) 双極子モーメントは

$$\vec{d} = d[\sin\theta\cos\phi\hat{x} + \sin\theta\sin\phi\hat{y} + \cos\theta\hat{z}]. \tag{7.75}$$

球面調和の標準的な定義を用いると：

$$Y_{\mathcal{J}}^m(\theta,\phi) = \sqrt{\frac{(2\mathcal{J}+1)}{4\pi}\frac{(\mathcal{J}-m)!}{(\mathcal{J}+m)!}} P_{\mathcal{J}}^m(\cos\theta)e^{im\phi}. \tag{7.76}$$

$P_{\mathcal{J}}^m$ はルジャンドル関数である．状態 $(\mathcal{J}, m)$ における d_z の期待値は，

$$\langle d_z \rangle = \int \left|Y_{\mathcal{J}}^m(\theta,\phi)\right|^2 \cos(\theta)d\Omega \propto \int_{-1}^{+1} \left|P_{\mathcal{J}}^m(x)\right|^2 x dx. \tag{7.77}$$

$\left|P_{\mathcal{J}}^m(x)\right|^2$ が x の偶関数（x は奇関数）であるから，この積分は消える．

d_x の期待値は，

$$\langle d_x \rangle = \int \left|Y_{\mathcal{J}}^m(\theta,\phi)\right|^2 \sin(\theta)\cos(\phi)d\Omega \propto \int_0^{2\pi} \cos(\phi)d\phi = 0. \tag{7.78}$$

同様に，$\langle d_y \rangle = 0$ である．

純粋にこれらの積分を計算しなくとも，$\langle \vec{d} \rangle$ の消滅は対称性から期待される．剛体回転子のエネルギー固有値はパリティ (P) の固有状態（固有値 $(-1)^{\mathcal{J}}$）

でもあり，$\vec{d}$ などの P-奇演算子の期待値は消えなければならない．さらに，$\langle\vec{d}\rangle$ のゼロでない値も時間反転 (T) 不変性を破るだろう．固有状態に関する空間方向は $\langle\vec{\mathcal{J}}\rangle$ のみであるから，$\langle\vec{d}\rangle \propto \langle\vec{\mathcal{J}}\rangle$ である．しかし，$\langle\vec{d}\rangle$ が T に関して奇であるが，$\langle\vec{d}\rangle$ は T に関して偶である．よって，$\langle\vec{d}\rangle \neq 0$ のとき，T 不変性は破れる．

P- および T 対称性の破れた電気双極子モーメントは，4.8 節で議論した．

(b) 電場による摂動ハミルトニアンは

$$H' = -\vec{d}\cdot\vec{\mathcal{E}} = -d_z\mathcal{E} = -d\mathcal{E}\cos\theta \ . \tag{7.79}$$

H' による 1 次エネルギーシフト $E^{(1)}_{(\mathcal{J},m)} = \langle H'\rangle_{(\mathcal{J},m)}$ は，問 (a) の結果によって消える．摂動波動関数および状態 $|\mathcal{J}, m = 0\rangle$ の 2 次エネルギーシフトを計算するには，H' の非対角行列要素を計算しなければならない:

$$\langle\mathcal{J}', m'|\, H'\, |\mathcal{J}, 0\rangle = -d\mathcal{E}\int Y^{m'*}_{\mathcal{J}'}(\theta,\phi)\ \cos\theta\ Y^0_{\mathcal{J}}(\theta,\phi)d\Omega \ . \tag{7.80}$$

ウィグナー-エッカルトの定理，および $\cos\theta$ が射影 $q = 0$ の $\kappa = 1$ 階の演算子であることを用いて積分を簡略化する（付録 **F**）．

$$\langle\mathcal{J}', m'|\, H'\, |\mathcal{J}, 0\rangle = -d\mathcal{E}\frac{\langle\mathcal{J}'\|\cos\theta\|\mathcal{J}\rangle}{\sqrt{2\mathcal{J}'+1}}\langle\mathcal{J}, 0, 1, 0|\mathcal{J}', m'\rangle \propto \delta_{m',\,0}\delta_{\mathcal{J}',\,\mathcal{J}\pm1} \ . \tag{7.81}$$

（なぜ行列要素が $\mathcal{J}' = \mathcal{J}$，$m' = m = 0$ で消えるかの議論は 9.5 節参照）

$m' = m = 0$ の場合，式 (7.80) の行列要素を単に計算することができる．

$$\langle\mathcal{J}', 0|\, H'\, |\mathcal{J}, 0\rangle = -\frac{d\mathcal{E}}{2}\sqrt{(2\mathcal{J}'+1)(2\mathcal{J}+1)}\int_{-1}^{+1} P_{\mathcal{J}'}(x)xP_{\mathcal{J}}(x)dx \ . \tag{7.82}$$

ルジャンドル多項式にわたる積分 ($P_{\mathcal{J}}(x) = P^0_{\mathcal{J}}(x)$ は標準の回帰公式を使って見積もられる．Jackson (1975) によると

$$\begin{aligned}\int_{-1}^{+1} P_{\mathcal{J}'}(x)xP_{\mathcal{J}}(x)dx &= \frac{2(\mathcal{J}+1)}{(2\mathcal{J}+1)(2\mathcal{J}+3)} \quad (\mathcal{J}' = \mathcal{J}+1); \\ &= \frac{2\mathcal{J}}{(2\mathcal{J}-1)(2\mathcal{J}+1)} \quad (\mathcal{J}' = \mathcal{J}-1).\end{aligned} \tag{7.83}$$

したがって，

$$\begin{aligned}\langle \mathcal{J}', 0| H' |\mathcal{J}, 0\rangle &= -d\mathcal{E}\frac{(\mathcal{J}+1)}{\sqrt{(2\mathcal{J}+1)(2\mathcal{J}+3)}} \quad (\mathcal{J}' = \mathcal{J}+1);\\ &= -d\mathcal{E}\frac{\mathcal{J}}{\sqrt{(2\mathcal{J}-1)(2\mathcal{J}+1)}} \quad (\mathcal{J}' = \mathcal{J}-1).\end{aligned} \tag{7.84}$$

$|\mathcal{J}, m\rangle$ の摂動エネルギーは $E_{\mathcal{J}} = B_e\mathcal{J}(\mathcal{J}+1)$ であることを思い出すと，2次エネルギーシフトは（いくつかの計算の後），

$$\boxed{E^{(2)}_{(\mathcal{J},0)} = \sum_{\mathcal{J}'=\mathcal{J}\pm1}\frac{|\langle \mathcal{J}', m'| H' |\mathcal{J}, 0\rangle|^2}{E_{\mathcal{J}} - E'_{\mathcal{J}}} = \frac{d^2\mathcal{E}^2}{B_e}\frac{1}{2(2\mathcal{J}-1)(2\mathcal{J}+3)}\ .} \tag{7.85}$$

1次摂動波動関数は，

$$|\mathcal{J}, 0\rangle^{(1)} = |\mathcal{J}, 0\rangle + \eta_-\,|\mathcal{J}-1, 0\rangle + \eta_+\,|\mathcal{J}+1, 0\rangle\,, \tag{7.86}$$

$$\eta_- = \frac{\langle \mathcal{J}-1, 0| H' |\mathcal{J}, 0\rangle}{E_{\mathcal{J}} - E_{\mathcal{J}-1}} = -\frac{d\mathcal{E}}{2B_e}\frac{1}{\sqrt{(2\mathcal{J}-1)(2\mathcal{J}+1)}} \tag{7.87}$$

$$\eta_+ = \frac{\langle \mathcal{J}+1, 0| H' |\mathcal{J}, 0\rangle}{E_{\mathcal{J}} - E_{\mathcal{J}+1}} = \frac{d\mathcal{E}}{2B_e}\frac{1}{\sqrt{(2\mathcal{J}+1)(2\mathcal{J}+3)}}\ . \tag{7.88}$$

以上から，電場が摂動論を使えるほど十分弱い条件は（$\mathcal{J} > 0$）

$$\boxed{\mathcal{E} \ll \frac{B_e\mathcal{J}}{d}\ .} \tag{7.89}$$

(c) (a) における同じ議論から，摂動状態でさえ，$\langle d_x\rangle = \langle d_y\rangle = 0$ となる．しかし，今 $\langle d_z\rangle \neq 0$ であるから

$$\begin{aligned}\langle d_z\rangle_{(\mathcal{J},0)} &= 2\eta_-\,\langle \mathcal{J}, 0| d_z |\mathcal{J}-1, 0\rangle + 2\eta_+\,\langle \mathcal{J}, 0| d_z |\mathcal{J}+1, 0\rangle\\ &= -\frac{2}{\mathcal{E}}\left(\frac{\langle \mathcal{J}-1, 0| H' |\mathcal{J}, 0\rangle^2}{E_{\mathcal{J}} - E_{\mathcal{J}-1}} + \frac{\langle \mathcal{J}+1, 0| H' |\mathcal{J}, 0\rangle^2}{E_{\mathcal{J}} - E_{\mathcal{J}+1}}\right)\\ &= -d\left(\frac{d\mathcal{E}}{B_e}\right)\frac{1}{(2\mathcal{J}-1)(2\mathcal{J}+3)}\ .\end{aligned} \tag{7.90}$$

ここで，式 (7.84), (7.87), および (7.88) を用いた．$\mathcal{J} = 0$ と $\mathcal{J} = 1$ の状態は $\langle d_z\rangle$ と異なる符号をもつことは特筆すべきである：

$$\langle d_z\rangle_{(0,0)} = +d\cdot\frac{d\mathcal{E}}{3B_e} > 0\ , \tag{7.91}$$

$$\langle d_z \rangle_{(1,0)} = -d \cdot \frac{d\mathcal{E}}{5B_e} < 0 \ . \tag{7.92}$$

一見，$\mathcal{J}=1$ 状態が印加電場と逆方向に双極子モーメント獲得するのに驚くかもしれない！ この現象を理解するうえで，符号の違いが $\mathcal{J}=1$ 状態と $\mathcal{J}=2$ 状態の混合を無視する限り続くことに注目する．$\mathcal{J}=0$ と $\mathcal{J}=1$ 状態の 2 準位系を考えると，符号の違いの物理的な意味は一層明らかになる．2 準位系に限れば，静的な摂動を加えると 2 つの準位のエネルギーを反発させる：低い準位 $\mathcal{J}=0$ はエネルギー的に低くなり，上の状態 $\mathcal{J}=0$ は上がる．この場合，摂動ハミルトニアンは $H' = -d_z E$ であるから，このエネルギーシフトは摂動状態がゼロでない値 $\langle d_z \rangle$ を獲得することで起こる．エネルギーシフトの異符号は $\langle d_z \rangle$ の異符号と相関する必要がある．これは実に我々が示したことである．

$\langle \vec{d} \rangle$ のゼロでない値は問 (a) の解で述べた対称性の議論でも破たんしない．外部電場 $\langle \vec{E} \rangle$ があるとき，固有状態はもはや明確なパリティの状態ではない．T のもとで $\langle \vec{d} \rangle$ と $\langle \vec{E} \rangle$ はいづれも偶であるから，$\langle \vec{d} \rangle \propto \langle \vec{E} \rangle$ は T 不変性を破らない．

ここで導出した状態に依存する双極子は，量子論理ゲートで要求される状態依存エネルギーシフトを設計するのに役立つだろう[文献 6]．

7.7 分子における核スピンのスカラー結合

Probrems and Solutions

ここでは, Hahn と Maxwell (1952) によって発見された核磁気共鳴 (NMR) 分光における核スピン間の “J 結合”（スカラー結合としても知られる）の現象について調べる．2 つの核スピン $\vec{I}_a$ と $\vec{I}_b$ からなる系において，この効果は以下の形のハミルトニアンを導く：

$$H_J = J\vec{I}_a \cdot \vec{I}_b. \tag{7.93}$$

（J は係数であり，角運動量と混同しないように）2 つのスピンが同じ方向を向いているとする．ハミルトニアン (7.93) は，この方向とスピン間方向のベクトル $\hat{r}$ との角度に依存しないことに注意しよう．これが J-結合ハミルトニ

[文献 6] 例えば DeMille (2002) および Barenco ら (1995).

アンと直接双極子-双極子結合ハミルトニアン H_d との違いである：

$$H_d = g_a g_b \mu_N^2 \frac{\vec{I}_a \cdot \vec{I}_b - 3(\vec{I}_a \cdot \hat{r})(\vec{I}_b \cdot \hat{r})}{r_{ab}^3}. \tag{7.94}$$

ここで，$g_{a(b)}\mu_N I_{a(b)}$ はスピン $a(b)$ の磁気モーメント，$g_{a(b)}$ は核の g 因子，μ_N は核磁子，r_{ab} はスピン間の距離である．

2つのスピンは同一分子上の2つの核スピンとする．液体もしくは気体の試料では，双極子-双極子結合項は速い分子回転で平均化されゼロになるので，観測できない[8]．一方，J結合項は生き残る．

J結合はNMRに基づいた量子コンピュータで，条件付き量子論理ゲートとして使われ[文献7]，NMRスペクトルから複雑な分子構造を紐解くのに役立つ[文献8]．

スカラー結合の効果を理解するために，**玩具模型 (toy model)** を考えよう．基底状態にある ^{3}He原子からなる分子および，^{3}He核 $(I_a = I_{\rm He} = 1/2)$ から固定距離 R にある中性子 $(I_b = I_n = 1/2)$ を想像しよう．この模型は本質的な物理の多くを捉えており，単に原子波動関数を用いるだけで，分子波動関数を導入する必要がない．

(a) 全方向 $\hat{r}$ にわたる H_d（式 (7.94)）の平均がゼロであることを示そう．

(b) 原子の電子と ^{3}He核との超微細相互作用が，見かけ上 $1s^2\,{}^1S_0$ 基底状態と $1s2s\,{}^3S_1$ 状態とのわずかな混成をもたらす．ヘリウム波動関数はこの目的において水素波動関数の単なる積で表されると仮定する；すなわち，この問題では電子-電子クーロン相互作用のあらゆる効果を無視する．

(c) ${}^3S_1$ 混成によって，中性子スピンと ^{3}He核スピンとの間にスカラー結合が生じることを示せ．

J結合の大きさの表現が R の関数であることを求めよ．J の大きさを（周波数単位で）求め，分子の典型的な核間距離 $(R \sim 2a_0)$ での直接双極子-双極子結合の大きさと比較せよ．

解

(a) z 軸方向の核スピン射影が $m_{I_a} = m_{I_b} = +1/2$ である特別な場合を考

---

8) 核スピンは分子軸とは無関係となり，向きは分子回転に影響されない．

[文献7] 量子コンピュータに関する導入としては，Nielsen と Chuang (2000) などがある．

[文献8] Slichter (1990).

える；m_{I_a} と m_{I_b} の他の組み合わせでも同一の結果を与える．極座標 (θ, ϕ) で $\hat{r}$ の方向を定義しよう．式 (7.94) の分子は

$$\vec{I}_a \cdot \vec{I}_b - 3(\vec{I}_a \cdot \hat{r})(\vec{I}_b \cdot \hat{r}) \propto 1 - 3\cos^2\theta \tag{7.95}$$

となる．よって，ハミルトニアン (7.94) の全方向の平均は

$$\boxed{\langle H_d \rangle_\Omega \propto \int (1 - 3\cos^2\theta) d\Omega \propto \int_{-1}^{1} (1 - 3x^2) dx = 0 \ .} \tag{7.96}$$

(b) ^{3}He 核スピンと 2 つの s 電子との超微細相互作用のハミルトニアンは

$$H_{\mathrm{hf}} = -\frac{16\pi}{3}\mu_0 g_{\mathrm{He}} \mu_N \left(\vec{s}_1 \cdot \vec{I}_a \delta^3(\vec{r}_1) + \vec{s}_2 \cdot \vec{I}_a \delta^3(\vec{r}_2) \right) = H_{\mathrm{hf1}} + H_{\mathrm{hf2}}, \tag{7.97}$$

であり，添字 1, 2 は電子を意味する（このハミルトニアンの導出は 1.4 節参照）．これは全角運動量 $F = S + I$ 空間のスカラー演算子であるが，全電子スピン S の異なる値の項と結合できる；すなわち，F と m_F は H_{hf} の保存量であるが，S は違う（非対角超微細混合によって起こる他の効果については 1.11 と 3.18 節を参照）．したがって，超微細相互作用が見かけ上の $1s^2\ ^1S_0(I = F = 1/2)$ 基底状態をもたらし，その結果 $1s2s\ ^3S_1(F = 1/2)$ 状態などの励起状態との混成を与える．

大雑把にこの混成の大きさを見積もることができる：

$$\begin{aligned} \frac{\left\langle ^3S_1 \right| H_{\mathrm{hf}} \left| ^1S_0 \right\rangle}{E_{^3S_1} - E_{^1S_0}} &\sim \mu_0 g_{\mathrm{He}} \mu_N \left| \psi(0) \right|^2 \frac{1}{R_\infty} \\ &\sim (\alpha e a_0) \left(\frac{m_e}{m_p} \alpha e a_0 \right) \left(\frac{1}{a_0^3} \right) \left(\frac{a_0}{e^2} \right) \sim \frac{m_e}{m_p} \alpha^2 \sim 10^{-7} \ . \end{aligned} \tag{7.98}$$

ここで便利な関係式

$$g_{\mathrm{He}} \mu_N = g_{\mathrm{He}} \left(m_e / m_p \right) \mu_0 = g_{\mathrm{He}} \left(m_e / m_p \right) (\alpha/2)\, e a_0 \tag{7.99}$$

を用い，1 のオーダーの因子を無視した．

より厳密には，行列要素 $\langle e, M_e | H_{\mathrm{hf}} | g, M_g \rangle$ を計算する．ただし，

$$|g, M_g\rangle = \left| 1s^2\ ^1S_0(F = 1/2, M_g) \right\rangle$$

$$|e, M_e\rangle = \left|1s2s\ {}^3S_1(F=1/2, M_e)\right\rangle$$

である．$H_{\rm hf}$ はスカラー演算子であるから，$M_e = M_g = M$ との行列要素はゼロでなく，値は M に依存しない．具体的に，$M = 1/2$ を選び，空間とスピンの波動関数を展開する：

$$|g\rangle = \psi_{1s}(\vec{r}_1)\psi_{1s}(\vec{r}_2)\frac{1}{\sqrt{2}}(|\alpha_1\beta_2\rangle - |\beta_1\alpha_2\rangle)|\uparrow\rangle; \tag{7.100}$$

$$\begin{aligned} |e\rangle &= \frac{1}{\sqrt{2}}(\psi_{2s}(\vec{r}_1)\psi_{1s}(\vec{r}_2) - \psi_{1s}(\vec{r}_1)\psi_{2s}(\vec{r}_2)) \\ &\quad\times\left[\sqrt{\frac{2}{3}}|\alpha_1\alpha_2\rangle|\downarrow\rangle - \sqrt{\frac{1}{3}}\frac{|\alpha_1\beta_2\rangle + |\beta_1\alpha_2\rangle}{\sqrt{2}}|\uparrow\rangle\right]. \end{aligned} \tag{7.101}$$

ただし，$\psi(\vec{r})$ は水素の空間波動関数；状態 $|\alpha\rangle$ と $|\beta\rangle$ は，それぞれ電子スピン上向きと下向きを表し，状態 $|\uparrow\rangle$ および $|\downarrow\rangle$ は ^{3}He 核スピンを表す．$S=1$ と $I=1/2$ が結合し，$|e\rangle$ の $(F=1/2, M=1/2)$ 状態を形成するために，クレプシュ-ゴルダン係数を入れた．

2つの電子からくる $H_{\rm hf}$ の2項は，添字 $1 \leftrightarrow 2$ の交換によってのみ異なることに注意しよう．波動関数 $|e\rangle$ および $|g\rangle$ は交換に対して反対称であるから，$|e\rangle$ と $|g\rangle$ 両項の行列要素は同一である．したがって，

$$\begin{aligned} &\langle e|\,H_{\rm hf}\,|g\rangle = 2\,\langle e|\,H_{hf1}\,|g\rangle = -\frac{32\pi}{3}\mu_0 g_{\rm He}\mu_N\,\langle e|\,\vec{s}_1\cdot\vec{I}_a\delta^3(\vec{r}_1)\,|g\rangle \\ &= -\frac{32\pi}{3}\mu_0 g_{\rm He}\mu_N\frac{1}{\sqrt{2}}\int\psi_{2s}(\vec{r}_1)\delta^3(\vec{r}_1)\psi_{1s}(\vec{r}_1)d^3\vec{r}_1 \\ &\times\frac{1}{\sqrt{3}}\left[-\langle\beta_1\uparrow|\,\vec{s}_1\cdot\vec{I}_a\,|\alpha_1\downarrow\rangle - \frac{1}{2}\langle\alpha_1\uparrow|\,\vec{s}_1\cdot\vec{I}_a\,|\alpha_1\uparrow\rangle + \frac{1}{2}\langle\beta_1\uparrow|\,\vec{s}_1\cdot\vec{I}_a\,|\beta_1\uparrow\rangle\right]. \end{aligned} \tag{7.102}$$

球状成分の恒等式（1.11節参照）もしくは標準昇降演算子を用いて $\vec{s}_1\cdot\vec{I}_a$ の行列要素を計算すると，

$$\langle g|\,H_{\rm hf}\,|e\rangle = \frac{8\pi}{\sqrt{6}}\mu_0 g_{\rm He}\mu_N\psi_{1s}(0)\psi_{2s}(0). \tag{7.103}$$

水素様波動関数とエネルギー (核電荷 $Z=2$) の表式を用いると，超微細誘起混成係数 $\eta_{\rm He}$ は

$$\boxed{\eta_{\rm He} = \frac{\langle g|\,H_{\rm hf}\,|e\rangle}{E_{1s2s} - E_{1s1s}} = \frac{32}{3\sqrt{3}}\frac{\mu_0 g_{\rm He}\mu_N}{e^2 a_0^2} = \frac{8}{3\sqrt{3}}g_{\rm He}\alpha^2\frac{m_e}{m_p}\ .} \tag{7.104}$$

(c) 中性子の位置 $\vec{R}$ を極座標 (R,θ,ϕ) で与えよう．$1s2s\,^3S_1$ 状態の混成は，この位置でゼロでない磁化をつくるため，ハミルトニアンにおける 2 次の超微細接触項を導入する必要がある[9]．

$$H_n = -\frac{16\pi}{3}\mu_0 g_n \mu_N \left(\vec{s}_1\cdot\vec{I}_n\delta^3(\vec{r}_1-\vec{R})+\vec{s}_2\cdot\vec{I}_n\delta^3(\vec{r}_2-\vec{R})\right). \quad (7.105)$$

中性子を考慮した（H_n を導入する前の）量子状態は

$$|\tilde{g},m_{\mathrm{He}},m_n\rangle = (|g,m_{\mathrm{He}}\rangle+\eta_{\mathrm{He}}\,|e,m_{\mathrm{He}}\rangle)\,|m_n\rangle$$

である．（$\vec{I}_{\mathrm{He}}$ と $\vec{I}_n$ の z 射影をそれぞれ m_{He} と m_n する．）よって，中性子との相互作用の 1 次エネルギーは

$$\Delta E_n^{(1)} = \langle\tilde{g},m,m_n|\,H_n\,|\tilde{g},m,m_n\rangle \approx 2\eta_{\mathrm{He}}\,\langle e,m,m_n|\,H_n\,|g,m,m_n\rangle\,. \quad (7.106)$$

上の問 (b) と同様の代数計算から

$$\Delta E_n^{(1)} = \frac{32\pi}{3\sqrt{3}}\eta_{\mathrm{He}}\mu_0\mu_n\psi_{1s}(R,\theta,\phi)\,\psi_{2s}(R,\theta,\phi)\,m_{\mathrm{He}}m_n = J\vec{I}_{\mathrm{He}}\cdot\vec{I}_n. \quad (7.107)$$

s 状態波動関数の等方性のため，J は中性子の角座標 (θ,ϕ) に依存しない．水素原子様の $1s$ と $2s$ 波動関数を書くと，

$$\boxed{J = -\frac{256}{27\sqrt{2}}\alpha^4 g_{\mathrm{He}}g_n\left(\frac{m_e}{m_p}\right)^2 R_\infty\left(1-\frac{R}{a_0}\right)e^{-3R/a_0}\ .} \quad (7.108)$$

$R\sim 2a_0$ において，$g_{\mathrm{He}}=-2.1$ と $g_n=-3.8$ を使って，$J\sim 0.3$ Hz と求まる．実際の分子における典型値は十分大きく，$J\sim 300$ Hz に及ぶ．この矛盾は容易に理解できる：玩具模型はクーロン反発による隣の核（ここでは中性子）との電子波動関数の重なりを無視する．この模型では，直接双極子双極子の大きさは以下のように書ける：

$$\langle H_d\rangle \sim \frac{g_{\mathrm{He}}g_n\mu_N^2}{R^3} = \frac{1}{4(R/a_0)^3}\alpha^2 g_{\mathrm{He}}g_n\left(\frac{m_e}{m_p}\right)^2 R_\infty. \quad (7.109)$$

したがって，

$$\boxed{\frac{J}{\langle H_d\rangle} \sim -\frac{1024}{27\sqrt{2}}\ \alpha^2\left(\frac{R}{a_0}\right)^3\left(1-\frac{R}{a_0}\right)e^{-3R/a_0} \sim 3\times 10^{-5}\ .} \quad (7.110)$$

[9] 2 つの核スピンの直接双極子-双極子相互作用 (7.94) と同様に，原子の殻の誘起磁気モーメントをもつ中性子スピンの非接触相互作用は分子回転で消える．

再び，実際の分子では J は単純な見積りに比べて 3 桁ほど増大される．しかし，そのような増大をもってしても，J 結合の強さは直接双極子双極子結合よりも典型的に 1–2 桁弱い．

7.8　2 原子分子のゼーマン効果

Probrems and Solutions

原子の 1 つの核による電場は球対称であるが，2 原子分子における対の核からの電場は円柱対称である．分子上の電子が球対称でない電場の中を動くと，電場によって電子にトルクがはたらき，全角運動量は保存されない（角運動量は明らかに電子と分子回転の間を移動する）．しかし，2 原子分子は核間軸に関して円柱対称であるから，軸まわりに電子にトルクがはたらかず，核間軸方向の電子角運動量の射影は保存される．

2 原子分子では，異なる種類の角運動量がある（**付録 C**）．核スピンを無視すると，核間軸への射影強度 Λ を持つ電子軌道モーメント $\vec{L}$，核間軸への射影強度 Σ をもつ電子スピン $\vec{S}$，核間軸への射影強度 Ω をもつ全電子角運動量 $\vec{J}_e$，分子の回転角運動量（核間軸に垂直—定義から，核間軸周りの回転が電子角運動量），および分子の全角運動量をもつ．

分子内のさまざまな相互作用の相対強度に依存して，角運動量は異なる順で結合し，いわゆる**フント結合ケース (Hund's coupling cases)** を生み出す[文献 9]．

(a) 分子回転からくる分子の磁気モーメントの大きさを求めよ．

(b) 強いスピン軌道相互作用のある分子，すなわち重い核を含む分子では，まず $\vec{L}$ と $\vec{S}$ をベクトル的に加えて $\vec{J}_e$ をつくる（これは**フントのケース (Hund's case) (c)** として知られる）[文献 10]．2 原子分子の全角運動量 $\vec{J}$ は全電子角運動量 $\vec{J}_e$ と回転角運動量 $\vec{\mathcal{L}}$ の和である．すなわち，

$$\vec{J} = \vec{J}_e + \vec{\mathcal{L}} \,. \tag{7.111}$$

しかし，問題のはじめで述べたように，電子が球対称でない場を通って動く

[文献 9] 例えば，Herzberg (1989), Landau と Lifshitz (1977), もしくは Auzinsh と Ferber (1995).

[文献 10] Herzberg (1989) を参照.

と，電子と核は角運動量を交換するので，2 原子分子において $\vec{J}_e$ と $\vec{\mathcal{L}}$ は保存料でない．量子力学的項において，分子間軸への $\vec{J}_e$ の射影は保存されるから，分子のハミルトニアンの固有値は J_e の異なる値をもつ状態の重ね合わせである．よって，文献の多くで習慣となっているように[文献 11]，$\vec{J}_e$（つまり，$\vec{\Omega}$，核間軸に沿った $\vec{\Omega}$ 成分）および $\vec{\mathcal{L}}$（ここでは $\vec{\mathcal{J}}$ と記された回転角運動量として文献で知られる）の平均値について $\vec{J}$ を表す:

$$\vec{J} = \langle \vec{J}_e + \vec{\mathcal{L}} \rangle = \vec{\Omega} + \vec{\mathcal{J}}\,. \tag{7.112}$$

適当な量子数が J および Ω である分子状態を考える．ベクトル模型を用いて，分子の座標系で定義された磁気モーメント $g\mu_0\Omega$ の副準位のゼーマンシフトを求めよ．磁場の強度は，角運動量結合を変えないほど十分弱いものとする．問 (a) で見積もられた分子回転による磁気モーメントを無視せよ．

解

(a) 電荷 q の半径 $r \sim a_0$，分子回転周波数

$$\nu_{\rm rot} \sim \frac{R_\infty}{2\pi\hbar} \cdot \frac{m_e}{\mu_M} \tag{7.113}$$

で回転電流ループとしてモデル化し，回転する分子のつくる磁気モーメントを計算しよう．ただし，μ_M は分子の換算質量（7.5 節参照）．

実際は，電流へ反対符号の 2 つの寄与がある[文献 12]：(1) 重心周りを回る核につながれた閉殻電子と核からの寄与（核電荷を部分的に遮蔽する），(2) 分子軌道を形成する価電子からの寄与である．価電子からの寄与は，電子波動関数の詳細に依存し，しばしば 2 つの寄与はほとんどキャンセルし合う[文献 13]．強い打ち消し合いのないとき，$|q| \sim e$ とみなせる．

電流ループにおいて，磁気モーメントは $\mu = iA/c$ で与えられる．i は電流の強度，A はループ電流である．素直に計算せずとも，軌道角運動量による原子磁気モーメントは，同様に見積もられる．ただし，原子周波数を $\sim \mu_M/m_e \sim m_p/m_e$ 倍小さい分子回転周波数 (7.113) で置き換える．する

[文献 11] 例えば，Herzberg (1989), Townes と Schawlow (1975), および Zare (1988).

[文献 12] Townes と Schawlow (1975).

[文献 13] 例えば，基底状態にあるアルカリダイマーの場合，これは正しい，Auzinsh と Ferber (1995) 参照.

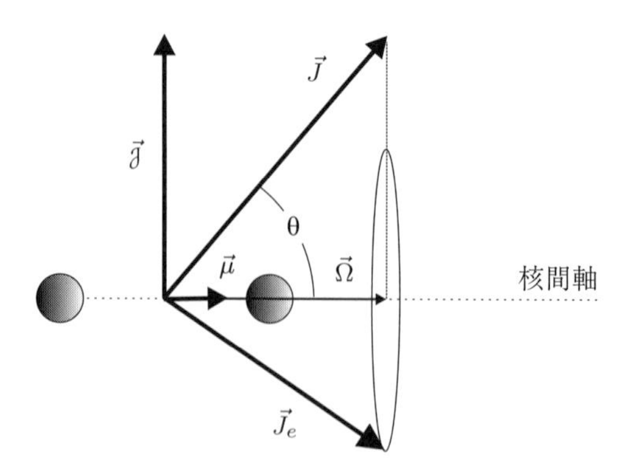

図 7.2　フントのケース (c) のベクトル模型表現．ベクトル $\vec{J}_e$ は電子の角運動量であり，$\vec{\Omega}$ は核間軸方向の電子角運動量の（分子座標系における）平均値である．ベクトル $\vec{\mathcal{J}}$（分子回転）および $\vec{\Omega}$ が，分子の全角運動量 $\vec{J}$ 周りの章動を受けると仮定する．磁気モーメント $\vec{\mu}$ は分子軸座標系で定義され，$\vec{\Omega}$ と平行である；$|\vec{\mu}| = g\mu_0\Omega$．ベクトル $\vec{\mathcal{J}}$ は分子軸に垂直である．

と，分子回転に伴う磁気モーメントの強度は

$$\mu_{\rm rot} \sim \mu_0 \cdot \frac{m_e}{m_p} = \mu_N \quad (\mu_N \text{は核磁子}). \tag{7.114}$$

(b) ベクトル模型に従い磁場を無視すると（**図 7.2**），全角運動量 $\vec{J}$ が保存されるが，核間軸方向の電子角運動量ベクトル成分および回転角運動量ベクトル $\vec{\mathcal{J}}$ は，$\vec{J}$ 方向周りの円錐に広がる（ベクトル和は常に $\vec{J}$ に等しい）．

全角運動量 $\vec{J}$ への磁気モーメントの平均射影（$\vec{\Omega}$ に平行；図 7.2）は幾何学から容易に求まる：

$$g\mu_0\Omega\cos\theta = g\mu_0\Omega\frac{\Omega}{|\vec{J}|} = \frac{g\mu_0\Omega^2}{\sqrt{J(J+1)}}\ . \tag{7.115}$$

ただし，全角運動量ベクトルの長さの量子力学的な表式を採用した．磁場があるとき，全角運動量ベクトル $\vec{J}$ は磁場方向周りにゼーマン歳差運動を行う．磁場方向への $\vec{J}$ の射影は M である．よって，磁場方向への（$\vec{J}$ 方向を向いた）磁気モーメントの平均射影は，式 (7.115) と $M/\sqrt{J(J+1)}$ をかけることで求まる：

$$\mu(M) = g\mu_0\Omega^2\frac{M}{J(J+1)}\ . \tag{7.116}$$

M-副準位のゼーマンシフトは，$-\mu(M)B$ (B は磁場強度) である．

式 (7.116) に従うと，分子の磁気モーメントは J もしくは電子状態における回転励起の値とともに減少する．これは，分子回転バンドの小さい（低い J）部分だけが，大きな磁気光学効果を生む理由である[文献 14]．

異なるフントのケースにおける分子ゼーマン効果の詳細な議論は，Herzberg (1989), Auzinsh と Ferber (1995) の教科書に見られる．

7.9 オメガ型 2 重化

Probrems and Solutions

適当な磁気モーメント結合描像が，以下のように記述される 2 原子分子を考えよう．強い LS 結合によって（重い核で起こるように），電子の軌道角運動量 $\vec{L}$ とスピン $\vec{S}$ は，全電子角運動量 $\vec{J}_e$ へと結合する．核間軸への $\vec{J}_e$ の射影強度が Ω である．これはフントのケース (c) とよばれる[文献 15]．分子の座標系の回転は，核間軸に垂直な $\vec{\mathfrak{J}}$ で記述される．分子の全角運動量は $\vec{J}$ とし（7.8 節の議論を参照），核スピンを無視する．

全角運動量 J のある値をもつ各状態とその量子化軸 M への射影は，反対のパリティの 2 重項状態へと分裂する（Ω-型 2 重化）理由を説明せよ．$\Omega=1$ のとき，2 重項の成分間におけるエネルギー分裂の大きさを求めよ．

解

分子回転を無視すると，問題の対称性から，電子角運動量 $\vec{J}_e$ の核間軸射影の符号が異なる状態 $(\pm\Omega)$ は同じエネルギーをもつはずである．しかし，この縮退は分子回転を考慮すると解ける[10]．

孤立した自由な 2 原子分子の全ハミルトニアンの固有状態は，全角運動量モーメント J のある値をもつ状態のはずである．パリティ演算子は角運動量 $\vec{J}_e$ を変えずに核の相対位置を逆さにするため，$\vec{J}_e$ の核間軸射影 $+\Omega$ をもつ

[文献 14] 例えば，Budker ら (2002).

[文献 15] 例えば，Herzberg (1989) および 7.8 節.

10) 独立に異なる時間スケールで起こる運動を取り扱ううえで（例えば，電子は運動するが，振動と回転は凍結する場合），非常に有用な理論的枠組みは，**ボルン-オッペンハイマー近似 (Born-Oppenheimer approximation)** とよばれる [例えば，Lefebvre-Brion と Field (2004) 参照]．Ω 型の 2 重化効果を理解するには，電子運動と分子回転の結合による効果であるから，明らかにボルン-オッペンハイマー近似を超える必要がある．

状態は明確なパリティ状態ではない．そのためパリティは $+\Omega$ 状態を $-\Omega$ に変換する．にもかかわらず，明確なパリティ状態は $+\Omega$ と $-\Omega$ の状態の線形結合であることが容易にわかる[文献 16]：$\pm\Omega$ 状態の等しい重ね合わせをつくると，パリティ演算子は状態を全体の符号も含めて同じものへと変換する．分子回転はこれらの準位をどのように分裂させるか．

Khriplovich (1991), 9.3 節（もしくは Landau-Lifshitz (1977), 88 節）に従い，分子の回転エネルギーの演算子を考えよう（7.3 節）：

$$H_R = \frac{\hbar^2}{2I}\mathcal{L}^2 = \frac{\hbar^2}{2I}\left(\vec{J} - \vec{J}_e\right)^2 \tag{7.117}$$

ただし，$\mathcal{L}$ は回転角運動量，I は慣性モーメントである．7.8 節において，電子角運動量と分子回転の結合があるとき，$\vec{J}_e$ の平均値（$\vec{J}_e$ の核間軸成分 $\vec{\Omega}$）と平均回転角運動量 $\vec{\mathcal{J}}$ を用いると便利である（式 (7.112) 参照）：

$$\begin{aligned} H_R &= \frac{\hbar^2}{2I}\,\overline{\mathcal{L}^2} = \frac{\hbar^2}{2I}\,\overline{(\vec{J} - \vec{J}_e)^2} \\ &= \frac{\hbar^2}{2I}\left(\overline{J^2} - 2\overline{\vec{J}\cdot\vec{J}_e} + \overline{J_e^2}\right) \\ &= \frac{\hbar^2}{2I}\left(J^2 - 2\vec{J}\cdot\vec{\Omega} + \Omega^2\right). \end{aligned} \tag{7.118}$$

ただし，$\overline{\cdots}$ は適当な平均を示す．$\vec{J}$ は定数であり，空間的に固定されているので，$\overline{\vec{J}\cdot\vec{J}_e} = \vec{J}\cdot\vec{\Omega}$ であるが，7.8 節で議論したように，$\vec{J}_e$ は $\vec{\Omega}$ に平均化される．

表式 (7.118) の 3 つの項について吟味しよう．第 1 項は，分子波動関数の基底において対角的であり，回転エネルギーに寄与する．

第 2 項は，対角と非対角行列要素をもつ．なぜなら，ベクトル演算子である演算子 $\vec{\Omega}$（**付録 F**）は，$0, \pm 1$ だけ分子軸への射影値を変化させるからである．対角行列要素 $\langle J, \Omega, M|2\vec{J}\cdot\vec{\Omega}|J, \Omega, M\rangle$ は，ウィグナー-エッカルトの定理（付録 F）から，数値因子も含め第 1 項の行列要素と同じである．よって，第 1 項と第 2 項の対角成分が分子準位の回転エネルギーを決める．回転エネルギーがゼロ電子角運動量 $(\Omega = 0)$ の分子と同じ形をもつことは興味深い．ただし，回転エネルギーは

$$B_e\mathcal{J}(\mathcal{J}+1) \tag{7.119}$$

[文献 16] 例えば，Zare (1988), 応用 15 を参照.

で与えられる（B_e は回転定数）．ここで，分子座標系の回転量子数 $\mathcal{J}$ は全角運動量 J で置き換えられる．$\mathcal{J}$ が負でない整数値をとるものの，J は半整数をとり，Ω より大きい必要があることが，重要な違いである（$\Omega \neq 0$ において通常低エネルギー回転準位は存在しないため，定性的にスペクトルを変える）．さらに，式 (7.118) で $\vec{J} \cdot \vec{\Omega}$ に比例する項によって，回転定数 B_e は単に $B_e = \hbar^2/(2I)$ だけでは与えられない．

式 (7.118) の右辺の第 3 項は，$|J, \Omega, M\rangle$ 基底で対角化され，分子の電子状態のみに依存する．それは，電子のエネルギーに全体的なオフセットを与え，ここでは興味がない．

式 (7.118) の第 2 項からくる非対角行列要素に戻ろう．この項がどのように $\pm\Omega$ 状態と結合するかを追跡することに興味がある．この演算子の作用によって，電子角運動量の分子軸への射影値は ±1 だけ変化するから，$\pm\Omega$ 状態は $\Omega = 1/2$ のとき 1 次摂動論でのみ結合する．式 (7.118) から，Ω 型倍増の大きさは，この場合，回転エネルギー分裂のオーダーである．

$\Omega > 1/2$ のときはどうか．この場合，$\pm\Omega$ 状態は依然として結合するが，この結合は摂動論の 2Ω 次でのみ現れる．$\Omega = 1$ において，これは 2 次であり，分裂の大きさの程度は，電子角運動量の分子軸射影を，エネルギー間隔で割った分だけ異なる状態間非対角行列要素を 2 乗したものとなる：

$$\Delta E_{ef} \sim \frac{J^2 B_e^2}{E_{\Omega=1} - E_{\Omega=0}} \, . \tag{7.120}$$

ここで，Ω 型分裂した 2 重項準位 (e, f) に関する慣例表記を用いた．低い J では，2 重項分裂は回転定数× m_e/m_p のオーダーである（式 (7.120) の分母は e^2/a_0 に比例するから）．

行列要素を率直に計算するは，式 (7.120) の J^2 因子を $J(J+1)$ で置き換える（単なるオーダー見積りでなく，分裂の正確な値が得られる）．

8 章

実験技術

8.1 動く鏡からの光反射

Probrems and Solutions

(a) 波長 λ_0 の単色光線が，垂直方向から角度 φ で（真空中を）伝搬する．この光線の一部が，半透明の静止鏡 $M1$（図 **8.1**）によって反射され，遠隔の光検出器に向かう．$M1$ を透過した光線の一部は，速度 $v \ll c$ で垂直方向に動く水平の鏡 $M2$ によって同じ光検出器に反射される．検出器の出力はスペ

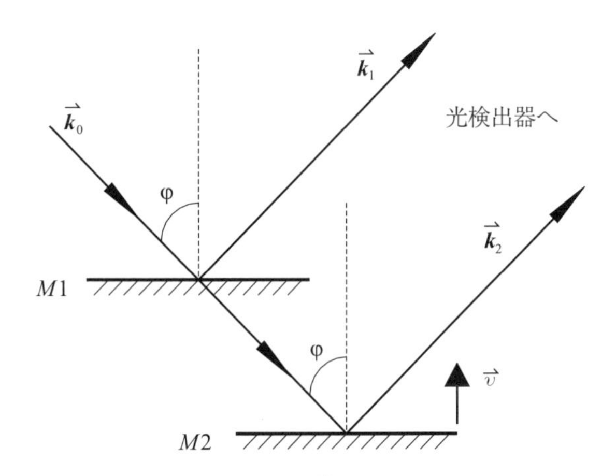

図 8.1 問 (a) の実験装置の模式図．波数 $\vec{k}_0$ の入射光が止まった鏡 $M1$（波数 $\vec{k}_1$ の光をつくる）および動く鏡 $M2$（波数 $\vec{k}_2$ の光をつくる）．2 つの反射光線は光検出器に向かう．光検出器は光周波数にわたり平均化するが，2 つの反射光の間のうなり周波数を検出できる．

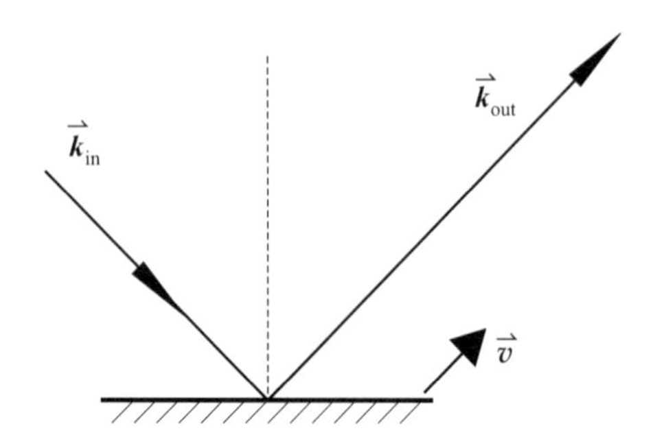

図 8.2　問 **(b)** における実験装置の模式図．任意方向の速度 $\vec{v}$ で動く 1 つの鏡を考える．

クトルアナライザにつながれる．どの周波数成分が見られるかだろうか．

(b)（波数 $\vec{k}_{\text{in}}$ の）光線が任意の角度で鏡の表面に落ちる．鏡の運動 $\vec{v}$（図 **8.2**）による波数 $(\Delta k = |\vec{k}_{\text{out}}| - |\vec{k}_{\text{in}}|)$ の 1 次ドップラーシフトはいくらか．

解

(a) 入射光の角周波数は $\omega_0 = 2\pi c/\lambda_0$ である．それは静止した鏡 $M1$ からの反射で変化しない．$M2$ から反射した光の周波数を求めるために，まず $M2$ で動く座標系に移ると便利である．速度 $\vec{v}$ で動く座標系にシフトすると，観測される光周波数は，ドップラー効果により $\Delta\omega$ だけ変化する：

$$\Delta\omega = -\vec{k} \cdot \vec{v}\ . \tag{8.1}$$

したがって，この座標系において，入射光はドップラーシフト周波数

$$\omega_1 = \omega_0\left(1 + \frac{v}{c}\cos\varphi\right) \tag{8.2}$$

をもつ．この座標系から見ると，反射光は同じ周波数をもつが，実験室系に戻ると，再びドップラーシフトを考慮する必要がある（式 (8.1)）．$\vec{k}_2$ と $\vec{v}$ の間の角は φ であり，実験室系に戻るには，速度 $-\vec{v}$ で動く参照座標系へシフトする．よって，実験室系における $M2$ で反射された光の周波数は

$$\omega_2 = \omega_1\left(1 + \frac{v}{c}\cos\varphi\right) \approx \omega_0\left(1 + \frac{2v}{c}\cos\varphi\right)\ . \tag{8.3}$$

ただし，(v/c) の 2 次の項を無視した．光検出器が光周波数で平均化すると，スペクトルアナライザは強度の dc 成分と

$$\boxed{\omega_2 - \omega_0 \approx 2k_0 v\cos\varphi = 2\omega_0\frac{v}{c}\cos\varphi} \tag{8.4}$$

成分を表示する．ただし，k_0 は入射光波数ベクトルの大きさである．

動く鏡からの反射による周波数シフトの物理的な描像は，**音響光学周波数シフター (acousto-optical frequency shifters)** の原理を理解するのに役立つ．これらの装置では，動く鏡の役割は，光が反射されてから伝搬する音波によって機能する．

(b) 鏡とともに動く座標系において，式 (8.1) より，入射光周波数は

$$\Delta\omega = -\vec{k}_{\rm in} \cdot \vec{v} \tag{8.5}$$

だけシフトする．反射波は動く座標系と同じ周波数をもつが，実験室系に戻って変換すると，さらにドップラーシフト

$$\Delta\omega' = \vec{k}_{\rm out} \cdot \vec{v} \tag{8.6}$$

があり，全体的に周波数は

$$\Delta\omega + \Delta\omega' = \left(\vec{k}_{\rm out} - \vec{k}_{\rm in}\right) \cdot \vec{v} \tag{8.7}$$

だけシフトする．よって，波数ベクトルの大きさは

$$\boxed{\Delta k = \frac{\Delta\vec{k} \cdot \vec{v}}{c}} \tag{8.8}$$

だけ変化する．ただし，$\Delta\vec{k} = \vec{k}_{\rm out} - \vec{k}_{\rm in}$ である．

この結果は，8.14 節において，**サニャック (Sagnac) 効果**に基づいた，ジャイロスコープの分析に用いられる．

8.2　小さな粒子のレーザー加熱

Probrems and Solutions

波長 λ の光と，半径 a $(ka \ll 1,\ k = 2\pi/\lambda)$ の小さな球状金属粒子との相互作用を考えよう．単位時間あたり粒子が吸収するパワーを求めよ．

この問題を解くために，加熱の本質的な物理的機構を捉える単純な模型を考案せよ．吸収された出力の粒子サイズと光周波数依存性について議論せよ．

$a = 1\ \mu$m, $\lambda = 10\ \mu$m, および全エネルギー $E = 1$ J，ビーム断面積 $A = 1\ {\rm cm}^2$，パルス幅 $\tau = 10$ ns の光と，銀粒子の場合について数値計算せよ．パルスの終わりで粒子はどれだけ熱くなるか．粒子の体積に渡って，熱

分布は一様であるとする[1].

ヒント

小さなサイズの金属粒子 ($ka \ll 1$) は，均一で準静的な電磁場に浸されていると仮定できる．伝導体内の光学電場は，電荷の再分配によって補償され，持続的な電流を作り出さないので，ほとんど発熱しない．一方，準継続的な電流は光磁場を相殺する必要がある．金属の抵抗によって，粒子は加熱される．

この問題を解くのに役立つ概念は，**表皮効果 (skin depth)**，（つまり，金属へどれだけ深く磁場が浸透するか）であり，以下で与えられる[文献 1]：

$$\delta = \sqrt{\frac{c^2\rho}{2\pi\mu\omega}} \ . \tag{8.9}$$

ρ は抵抗率，μ は透磁率（非磁性物質では $\mu \approx 1$），ω は電磁場の周波数である．銀の場合，

$$\rho \approx 1.47 \times 10^{-6}\ \Omega \cdot \mathrm{cm} \approx 1.63 \times 10^{-18}\ \mathrm{CGS} \ . \tag{8.10}$$

銀の粒子の発熱を見積もるための，関係する温度範囲で銀の比熱 c_p は

$$c_p \approx 0.24\ \frac{\mathrm{J}}{\mathrm{g} \cdot \mathrm{K}} \ , \tag{8.11}$$

銀の密度は

$$\rho_d \approx 10.5\ \frac{\mathrm{g}}{\mathrm{cm}^3} \ . \tag{8.12}$$

解

式 (8.9) によると，銀の表皮効果は

$$\delta \approx 1.1 \times 10^{-6}\ \mathrm{cm} \ll a \ . \tag{8.13}$$

したがって，磁場は実際に物質粒子の深くへ浸透せず，光の磁場は誘起表面電流によって相殺される．この電流による抵抗加熱として，粒子に蓄積される電力を見積もろう．

ヒントで議論したように，$ka \ll 1$ より，粒子は均一で準静的な磁場に浸

[1] この仮定は，特徴的な温度拡散時間が

$$t_d = \frac{c_p\rho_d}{\kappa_t} \cdot a^2 \approx 6 \times 10^{-9}\ s < \tau$$

であることから正当化される．ただし，$\kappa_t \approx 4$ W/cm/K は銀の熱伝導度である．

[文献 1] 例えば，Griffiths (1999), Jackson (1975).

されていると仮定できる．誘導磁気モーメントは[文献 2]

$$m = \frac{a^3}{2} \cdot B = \frac{\pi a^2 i}{c}. \tag{8.14}$$

B は光波の磁場である．式 (8.14) において，半径 a の円ループで同等の磁気双極子モーメントをつくる“有効ループ電流”$i = cBa/(2\pi)$ を導入した[2]．

最後のステップは，有効抵抗 R の計算である．電流パスの断面積は，$\approx \delta \cdot a$ であり，粒子まわりのパスの平均的な長さは $\approx \pi a$ である．これから $R \approx \rho\pi/\delta$ であり，消費電力は

$$P = i^2 R \approx \frac{(cBa)^2 \rho}{4\pi\delta} . \tag{8.15}$$

δ の表式 (8.9) を置換し，レーザー光線のパラメータを代入して光の磁場を表現すると，

$$c\frac{B^2}{4\pi} = \frac{E}{\tau A}, \tag{8.16}$$

$$\boxed{P \approx \frac{ca^2\rho}{\delta}\frac{E}{\tau A} = \sqrt{2\pi\mu\omega\rho}\,\frac{a^2 E}{\tau A}} . \tag{8.17}$$

式 (8.17) は，吸収された電力が光の周波数の 2 乗根（表皮効果の逆数に比例する）で増加することを示している．しかし，金属における表皮効果の性質は，$\approx 10\ \mu m$ 以下の光波長に相当する周波数を変化させる[文献 3]．ただし，表皮効果は金属における電子の散乱長と同程度となり，このモデルは適用できない．

式 (8.17) は，吸収された出力は粒子 ($\propto a^2$) の幾何学的な断面積にスケールすることが示される．この依存性は，a^6 に比例する粒子に散乱された光の出力と対照的である（誘導電気双極子の 2 乗に比例する）．

問題のパラメータにおいて吸収された出力の数値は $P \approx 4 \times 10^{-2}$ W であり，パルスの間の全吸収エネルギーは $Q \approx 4 \times 10^{-10}$ J である．

[文献 2] Griffiths (1999).

[2] 式 (8.14) において，伝導球の磁気分極率が $a^3/2$ である事実を用いた．球外の全磁場は外部均一 B 場と誘導双極子の場との和である．球内では $B = 0$ であり，かつ表面に垂直な B 成分は界面で連続的であるから，球の表面に垂直な全磁場の成分はゼロでなければならない．これは分極率で求められる結果を与える．

[文献 3] 例えば，Born-Wolf (1980), 13.2 節.

熱が均一に粒子の体積にわたって分布するとき，粒子温度の変化は

$$\Delta T = \frac{Q}{c_p m} \approx 40\ \mathrm{K} \tag{8.18}$$

と求まる．ただし，c_p は比熱，$m \approx 4.4 \times 10^{-11}$ g は粒子の質量である．

8.3　周波数変調光のスペクトル

Probrems and Solutions

周波数 Ω，変調度 $m\Omega$（m:変調指数）で変調される，中心周波数 ω_0 の振動場 $\mathcal{E}(t)$ を考えよう：

$$\mathcal{E}(t) = \mathcal{E}_0 \exp\left[i\omega_0 t + im\sin\Omega t\right] . \tag{8.19}$$

標準ベッセル関数の恒等式[文献 4]

$$e^{im\sin\Omega t} = \sum_{k=-\infty}^{\infty} J_k(m) e^{ik\Omega t} . \tag{8.20}$$

場のスペクトルは，**周波数成分 (sidebands)** の和で表され，相対強度はベッセル関数 $J_k(m)$ で与えられる．

変調指数が小さな値 ($m \ll 1$) から大きな値 ($m \gg 1$) まで動くとき，周波数変調光のパワースペクトルの変化を定性的に記述せよ．

解

恒等式 (8.20) から，

$$\mathcal{E}(t) = \mathcal{E}_0 \exp\left[i\omega_0 t + im\sin\Omega t\right] = \mathcal{E}_0 e^{i\omega_0 t} \sum_{k=-\infty}^{\infty} J_k(m) e^{ik\Omega t}. \tag{8.21}$$

変調指数の小さいとき（図 **8.3**(a)），$\pm\Omega$ だけキャリアから離れた 2 つのサイドバンドがあり（それぞれ全エネルギーの $\approx (m/2)^2$ を含む），一方のサイドバンドは無視できるほど小さい．m が増えると（図 8.3(b)），多くのサイドバンドが隆起し，中心ピークは減少する．最後に，大きな m（図 8.3(c)）では，$\omega - m\Omega$ から $\omega + m\Omega$ まで全範囲のサイドバンドが顕著になり，端に向かう成分ほど高い出力をもつ．

[文献 4] 例えば，Siegman (1986), Section 27.7).

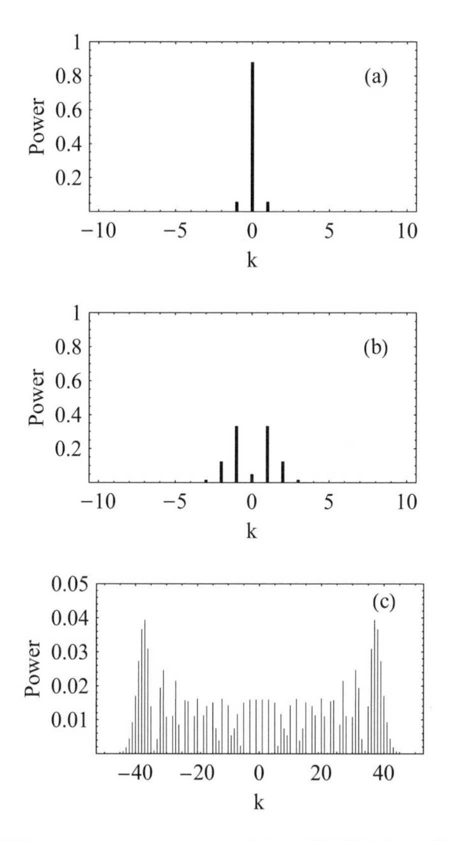

図 8.3　周波数変調場のパワースペクトル．k 番目の周波数成分は $J_k^2(m)$ で与えられる．(a)$m = 0.4$, (b) $m = 2$, (c) $m = 40$（垂直と水平軸のスケールの違いに注意）

この定性的な説明は，時間ドメイン描像から容易に得られる．大きな変調指数は，深い周波数変調に相当する．周波数は時間とともに振動することで，折り返し点近くで最も長い時間を過ごし，端の周波数成分において最も電力を消費する．

スペクトルの性質の定性的な変化は，量子から古典的な調和振動子への遷移を思い出させる．振動子の基底状態は平衡位置近くの最大波動関数密度に相当するが，多くの量子的な励起のコヒーレントな重ね合わせとしての古典的な振動子は折り返し点近くで大きな時間平均密度をもつ．

8.4　変調光の第 2 高調波

Probrems and Solutions

第 2 高調波発生装置，例えばレーザー光線の倍増結晶について考えよう．入力で周波数 ω の単色放射があるとき，入力強度の 2 乗に比例した強度をもつ周波数 2ω の単色放射が出力される．入力放射が周波数 Ω で変調されると，スペクトルはキャリア周波数 ω だけでなく，混合周波数のサイドバンドからなる．

倍増器の出力において，周波数スペクトル（スペクトル成分の周波数と相対的な大きさ）はどうなるか．倍増器のバンド幅は十分大きく，すべての周波数成分と適合するものとする（1 次のサイドバンドはキャリアよりも十分小さく，周波数変調の場合には高次のサイドバンドは無視できる）．

解

倍増器の出力は，キャリア周波数 2ω のピークと $2\omega \pm \Omega$ のサイドバンドからなるだろう．すなわち，キャリア周波数はキャリアとサイドバンドとの間隔を一定に保つ．

これをみるにはいくつかの方法がある．1 つは，時間ドメインの変調を考えることである．強度（周波数）変調の場合，入力光線が例えば最高強度（周波数）をもつと，出力光線も同様になり，変化は周波数 Ω で与えられる同じ周期で起こる．

もう 1 つの描像は，周波数混成によるものである．入力に 1 つ以上の周波数成分が存在すると，倍増器は入力周波数のすべてを混合し，キャリアとサイドバンドの周波数の倍増だけでなく（弱い変調の場合，後者は無視できるサイズのサイドバンドを与える），キャリアと各サイドバンドの和周波数の放射を作り出す．それは，厳密に出力の主なサイドバンドに相当する和周波数である．

次に，キャリアに関連するサイドバンドの大きさの議論に移ろう．弱い振幅と周波数の変調において，各サイドバンドの振幅と倍増器の出力におけるキャリアの振幅との比は，入力の 2 倍となる（サイドバンド強度とキャリア強度との比にすると 4 倍となる）．

これは，振幅変調の場合，特に容易に見られる．倍増器の出力での電場は

$$\mathcal{E}_{\rm out} \propto {\mathcal{E}_{\rm in}}^2 \propto \left[(1+\epsilon\sin\Omega t)e^{i\omega t}\right]^2 \approx (1+2\epsilon\sin\Omega t)e^{2i\omega t} \tag{8.22}$$

（ϵ:変調係数）である．式 (8.22) の最後の表式をよく見ると，出力でのサイドバンドの相対振幅は，入力の 2 倍になっていることがわかる．

続いて，周波数変調の場合を考えよう．入力放射の瞬間的な周波数は，

$$\omega_{\rm inst} = \omega(1+\alpha\sin\Omega t) \tag{8.23}$$

と書ける．$\alpha \ll 1$ は変調の深さを特徴づける係数である．場の位相 $\phi(t)$ は時間にわたる周波数 (8.23) の積分によって求まる．一定の位相オフセットを無視すると，入力電場は

$$\mathcal{E}_{\rm in}(t) = \mathcal{E}_0 e^{i\phi} + c.c. = \mathcal{E}_0 \exp\left[i\omega\left(t - \frac{\alpha}{\Omega}\cos\Omega t\right)\right] + c.c. \tag{8.24}$$

と書ける．$\mathcal{E}_0$ は場の振幅である [3]．

場（式 (8.24)）に対応する周波数成分の振幅は，ベッセル関数 $J_k(m)$ で与えられる（8.3 節）．ただし，$m \equiv \alpha\omega/\Omega$ は**位相変調指数 (phase modulation index)**（式 (8.23) と (8.24) からわかるように，周波数変調は実際位相変調と等価である），k はサイドバンド数である：キャリアでは $k=0$，興味のあるサイドバンドでは $k=\pm1$ である．表式 (8.23) と (8.24) をよく見て，変調周波数 Ω が出力と入力で同じであることを用いると，m は出力から入力までに 2 倍増加すると結論づけられる（倍増では，$\omega \to 2\omega$, $\alpha \to \alpha$, $\Omega \to \Omega$, $m \to 2m$）．ベッセル関数の性質から，出力のサイドバンドの相対振幅は 2 倍となる．

もちろん，全く同じ結果が，周波数混合の言葉を用いて，非線形光学感受率 $\chi^{(2)}$ を通して得られる [文献 5]．

8.5 離調共振器のリングダウン

Probrems and Solutions

共振器リングダウン分光法 (cavity ring-down spectroscopy:

[3] 読者はよくある誤りに注意しよう：時間依存電場 (8.24) は $E_0\exp(i\omega[1+\alpha'\cos\Omega t]t) + c.c.$ と等しくはない．後者の形は，調和周波数変調に対応する．

[文献 5] 例えば，Boyd (2003).

CRDS) は，高フィネス光学共振器のある共鳴モード（もしくは複数のモード）を励起させ，入射光を遮断し，出力強度の指数減衰を観測するものである．減衰率は共振器内のロスで決まるから，極めて小さな共振器内ロスを高感度に測定することができ，バックグランドにも影響されない．共振器ロスを特徴づけたり[文献 6]，微量の原子や分子の種類を検出するのに広く用いられてきた[文献 7]．

単色入射光と 2 つの鏡をもつ共振器を考えよう．

(a) 損失が鏡の反射率で決まるとき（$R_i, i = 1, 2; \delta_i \equiv 1 - R_i \ll 1$），強度リングダウン率 γ_{rd} を求めよ．共振器の長さは L である．リングダウン時間の，共振器共鳴からの離調光周波数依存性を議論せよ．

(b) 単色光（共振器モードと必ずしも共鳴でなくてもよい）で励起された共振器の出力が，高分解能スペクトルメータへと送られる．その入力は，共振器への入力が遮断された後，放出された光のみをスペクトルメータが見るように開閉される．共振器リングダウンで，どのようなスペクトルの分布が検出されるだろうか．

解

(a) この問題を解くのに，光子描像を用いると便利である．共振器内にトラップされた光子は，対応する鏡との衝突によって，δ_1 か δ_2 の共振器から逃れる確率をもつ．$2L/c$ の間の 1 周期で，逃散確率はざっと $\delta = \delta_1 + \delta_2$ である．よって，リングダウン率は

$$\gamma_{rd} = \frac{\delta c}{2L} \tag{8.25}$$

となり，共鳴からの共振器離調に依存しない．このことは，しばしば鏡の 1 つをすばやく移動し，共振器を共鳴からずらすことで有効的に入射光線を遮断するのに用いられる．

(b) 検出されたスペクトルは，入射光周波数を中心とした幅 (FWHM) $\delta\omega = \gamma_{rd}$ のローレンツ型曲線となるであろう（指数減衰のフーリエ変換として現れる）．

光共振器の振る舞いは，電気的な LRC 振動子やギターの弦のものとは異

[文献 6] 鏡の反射率によって決まるものなど (Anderson ら (1984))．

[文献 7] 例えば，Ye と Hall (2000) およびその参考文献．

なることに注意しよう．そのような振動子を非共鳴周波数で駆動し，動作を急に停止しても，回路は共鳴周波数で減衰しながら振動し続ける．

8.6 光ガイドを通した透過

Probrems and Solutions

屈折率 n_2 の鞘で覆われた屈折率 n_1 の円柱状の芯からなる光ガイド（図 **8.4**）について考えよう．ただし，$1 < n_2 < n_1$（これは光ファイバーケーブルに共通の配置である）．

光ガイドの端はガイド軸に垂直にカットされ，磨かれている．光の点源はガイドの一端近くに置かれている．ファイバーの表面は理想的な反射防止コーティングされているとき，光がガイドを透過できる最大受容角 α_m を計算し，ガイドに受けられる光の立体角を計算せよ．また，ガイドの透過を最大にする n_1 と n_2 の関係を求めよ．

解

光がガイドに入る最初の界面で，スネルの法則（図 8.4）から

$$\sin\alpha = n_1 \sin\beta\ . \tag{8.26}$$

光がガイドを透過するには，$\varphi = \pi/2 - \beta$ が全内部反射の臨界角 $[\sin^{-1}(n_2/n_1)]$ よりも大きいか，等しいことが要求される．この条件は

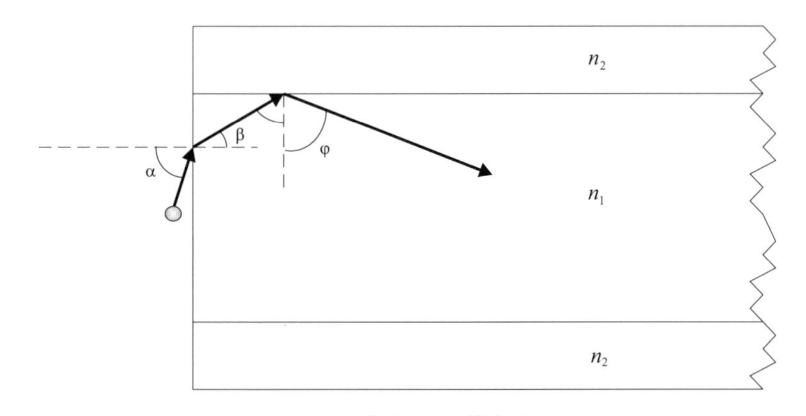

図 **8.4** 光ガイドの模式図．

$$\sin\beta \leq \frac{\sqrt{n_1^2 - n_2^2}}{n_1} \tag{8.27}$$

であることが示される．式 (8.26) と (8.27) を合わせて，

$$\sin\alpha \leq \sqrt{n_1^2 - n_2^2} \tag{8.28}$$

が得られる．したがって，最大受容角 α_m は

$$\boxed{\alpha_m = \sin^{-1}\sqrt{n_1^2 - n_2^2}\ .} \tag{8.29}$$

ガイドで受けられる光の立体角は

$$\Delta\Omega = 2\pi\int_0^{\alpha_m}\sin\theta d\theta = 2\pi(1 - \cos\alpha_m)\ . \tag{8.30}$$

よって，光の一部は入り口で反射されずに[文献 8]，ガイドの端へコアを透過する．透過率は

$$T = 1 - \cos\alpha_m \tag{8.31}$$

であり，ガイドの透過は，以下のときに最大化される:

$$\boxed{n_2 = \sqrt{n_1^2 - 1}\ .} \tag{8.32}$$

この全内部反射の現象に基づいた光ファイバーケーブルは，通信手段として広く普及している．光ファイバーは，自己回転，波混合，および誘導ラマンとブリルアン散乱などの一連の線形および非線形光学現象を示す．そのような効果の面白い応用例は，入射光を異なる波長に変換する波長シフトファイバーである．最近成長している研究分野は，**フォトニック結晶の光ファイバー (photonic crystal optical fibers)** であり，断面に異なる屈折率の周期構造をもつ．

8.7　光場における量子ゆらぎ

Probrems and Solutions

実験では，通常多くのテクニカルなノイズ源があり，興味のある量を決めるのに不確定性をもたらす．しかし，実験におけるノイズが量子ゆらぎか

[文献 8] 透過係数とフレネル公式の議論は，例えば Fowles (1975) を参照．

らくる場合を除いて，原理的にノイズ源は回避できる（これは**標準量子限界 (standard quantum limit)** として知られる，8.9 節参照）.

よって，測定の極限的な精度はハイゼンベルク不確定性原理で決まる．一般に，2 つの観測量は演算子 A と B で記述され，分散 $(\Delta A)^2$ と $(\Delta B)^2$ は，

$$(\Delta A)^2(\Delta B)^2 \geq -\frac{1}{4}\langle[A,B]\rangle^2 \tag{8.33}$$

の関係に従う．ただし，$\langle\ldots\rangle$ は期待値を表し，$[A,B]$ は A と B の交換子，観測量 A の**標準偏差 (standard deviation)**ΔA は，

$$(\Delta A)^2 = \langle A^2\rangle - \langle A\rangle^2 \ . \tag{8.34}$$

ハイゼンベルクの不確定性原理は光測定の精度をどのように制限するだろうか．電場が量子化されたとき（3.2 節参照），位相のずれた光場の成分を記述する演算子は交換せず，不確定性関係に従う．

(a) 演算子 $\mathcal{E}_c$ と $\mathcal{E}_s$ で記述されるあるモードの電磁場を考えよう．ただし，

$$\mathcal{E}_c = \frac{\mathcal{E}_0}{2}\left(a + a^\dagger\right) \ , \tag{8.35}$$

$$\mathcal{E}_s = \frac{\mathcal{E}_0}{2i}\left(a - a^\dagger\right) \ . \tag{8.36}$$

a, $a^\dagger$ は光子の消滅，生成演算子である．

$$\mathcal{E}_0 = \sqrt{\frac{2\pi\hbar\omega}{V}} \tag{8.37}$$

は単一光子電場強度（V は規格化体積–問題 3.2 参照）であり，場の全体の位相 $(kz-\omega t)$ をゼロとおく．

光場の位相のずれた成分（$\mathcal{E}_c$ と $\mathcal{E}_s$）間の不確定性関係を求めよ．

(b) レーザーによってつくられる単一モード放射場 $|\alpha\rangle$ の**コヒーレント状態 (Coherent states)** は，古典的な電磁場であり，光子消滅演算子 a の固有値であるから（3.2 節で導入した），

$$a|\alpha\rangle = |\alpha|e^{i\phi}|\alpha\rangle \tag{8.38}$$

と書ける．$|\alpha|$ は場の振幅（$\mathcal{E}_0$ 単位），ϕ はその位相である．通常の真空は，固有値ゼロのコヒーレント状態でもある．

コヒーレント場において，演算子の期待値 $\mathcal{E}_c$ と $\mathcal{E}_s$ は，

$$\langle\mathcal{E}_c\rangle = \langle\alpha|\mathcal{E}_c|\alpha\rangle = \mathcal{E}_0|\alpha| \ \cos\phi \ , \tag{8.39}$$

$$\langle \mathcal{E}_s \rangle = \langle \alpha | \mathcal{E}_s | \alpha \rangle = \mathcal{E}_0 |\alpha| \ \sin\phi \ . \tag{8.40}$$

式 (8.34) と 3.2 節で開発した方法を用いて，コヒーレント状態の光子数の分散を求めよ．

解

(a) 式 (8.33) より，$\mathcal{E}_c$ と $\mathcal{E}_s$ の不確定性関係は，交換子

$$[\mathcal{E}_c, \mathcal{E}_s] = \frac{\mathcal{E}_0^2}{4i}\left([a,a] - \left[a, a^\dagger\right] + \left[a^\dagger, a\right] - \left[a^\dagger, a^\dagger\right]\right) = i\frac{\mathcal{E}_0^2}{2} \tag{8.41}$$

を用いて書ける．ただし，$\left[a, a^\dagger\right] = -\left[a^\dagger, a\right] = 1$ および $[a,a] = \left[a^\dagger, a^\dagger\right] = 0$ を用いた．よって（式 (8.33) を用いて），

$$\boxed{(\Delta\mathcal{E}_c)^2(\Delta\mathcal{E}_s)^2 \geq \frac{\mathcal{E}_0^4}{16} \ .} \tag{8.42}$$

関係式 (8.42) を満たす状態は，**最小不確定状態 (minimum uncertainty state)** とよばれる．

(b) 式 (8.34) より，コヒーレント状態 $|\alpha\rangle$ の電磁場の特定のモードにおける光子数の分散は

$$(\Delta n)^2 = \langle n^2 \rangle - \langle n \rangle^2 \tag{8.43}$$

で与えられる．ただし，$n = a^\dagger a$ は 3.2 節で議論した光子数演算子である．

$$\langle n \rangle = \langle \alpha | n | \alpha \rangle = \langle \alpha | a^\dagger a | \alpha \rangle = |\alpha|^2 \ , \tag{8.44}$$

$$\langle n^2 \rangle = \langle \alpha | n^2 | \alpha \rangle = \langle \alpha | a^\dagger a a^\dagger a | \alpha \rangle = \langle \alpha | a^\dagger \left(1 + a^\dagger a\right) a | \alpha \rangle = |\alpha|^2 + |\alpha|^4 \ . \tag{8.45}$$

式 (8.44) を用いて，上の関係式 (8.45) は

$$\langle n^2 \rangle = \langle n \rangle^2 + \langle n \rangle \tag{8.46}$$

と書き直せる．したがって，式 (8.44), (8.45), および (8.46) から，ポアッソン統計から期待される結果を得る：

$$\boxed{\Delta n = \sqrt{\langle n \rangle} \ .} \tag{8.47}$$

これは，ショットノイズ極限 **(shot-noise limit)** としても知られる．

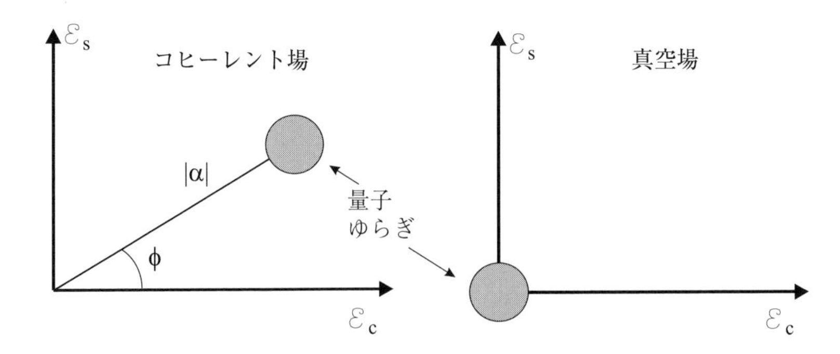

図 8.5 コヒーレント状態のフェーザ図．左の図は位相 ϕ，振幅 $|\alpha|\mathcal{E}_0$ のコヒーレント電磁場を表す．右図は真空場を表す．灰色の円盤は，位相のずれた電磁場の成分に対応する演算子が交換しないことからくる量子ゆらぎを示す．

これでハイゼンベルク不確定性原理が，どのように光学測定の精度を制限しているか明らかになった．**図 8.5** は，コヒーレント状態における光電場の位相のずれた成分のフェーザ表示を示している．量子ゆらぎのために，コヒーレント場の位相と振幅に不確定性があることが分かる．場の振幅がゼロのときでも，量子化された電磁場の零点エネルギーによって，量子ゆらぎが存在する（3.2 節）．コヒーレント場の量子ゆらぎは，振幅に依存しないことに注意しよう（式 (8.42)）．

ハイゼンベルクの関係式 (8.42) は分散 $(\Delta\mathcal{E}_c)^2$ および $(\Delta\mathcal{E}_s)^2$ の積の最小値を与えるが，不確定性関係を非対称に満たす状態を作り出すことができる——そのような状態は**スクイーズド状態 (squeezed states)**[文献 9] として知られる．**図 8.6** は，スクイーズド状態のフェーザ図を示す．強度の不確定性はショットノイズ極限より小さく（光子数のスクイージング），位相の不確定性もショットノイズ極限以下となる（位相のスクイージング）．

最近，光のスクイーズド状態の研究が飛躍的に進んだ[文献 10]．一般に，非線形光学相互作用によって，光のノイズの性質は修正される．その例としては，第二高調波発生がある，より強い光でより効率的に発生するため，大きな振幅のゆらぎを取り除くことができる．非線形相互作用が位相に依存するとき——例えば，増幅率が媒体の分極よりも光場の位相に依存するとき——スク

[文献 9] Caves (1981).

[文献 10] 例えば，Loudon と Knight (1987), Walls と Milburn (1995).

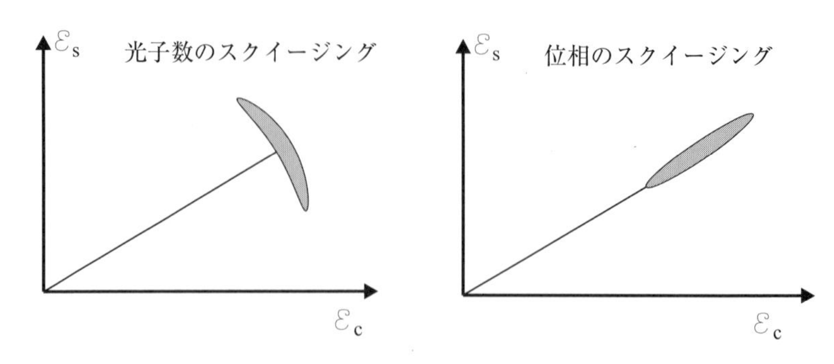

図 8.6　スクイーズド状態における量子ゆらぎのフェザー表示．左図は光子数のスクイージング，右図は位相のスクイージングを示す．最小不確定状態において，相図上の量子ゆらぎの面積は，コヒーレント状態（図 8.5）と比較して変化せず，位相のずれた成分間の量子ゆらぎの分布のみをを示す．

イーズド光が発生される．したがって，多くの非線形光学過程—4 波混合，第二高調波発生，パラメトリック増幅，および楕円分極の自己回転など—は，スクイーズド光を発生する．

8.8　ビームスプリッタのノイズ

Probrems and Solutions

入射光線を均等に二分する理想的なビームスプリッタについて考えよう．入射光が平均光子数 $\langle n\rangle$ をもつコヒーレント状態にあるとき，8.7 節の問 **(b)** で見たように，この光子数の標準偏差は $\sqrt{\langle n\rangle}$ となる．2 つの出力光線はそれぞれ平均光子数 $\langle n\rangle/2$ をもつ．

各光線の光子数は入射光に比べて 2 倍減るので，ビームスプリッタの後，各光線の電場振幅は $\mathcal{E}_{in}/\sqrt{2}$（$\mathcal{E}_{in}$ は入射時の電場振幅）となる．ビームスプリッタは電場ゆらぎと同じ効果をもつとすると，

$$\mathcal{E}_{in} \pm \Delta\mathcal{E} \to \frac{\mathcal{E}_{in}}{\sqrt{2}} \pm \frac{\Delta\mathcal{E}}{\sqrt{2}} \tag{8.48}$$

であり，各出力光線における光子数 n' は，

$$n' \propto \left(\frac{\mathcal{E}_{in}}{\sqrt{2}} \pm \frac{\Delta\mathcal{E}}{\sqrt{2}}\right)^2 \approx \frac{1}{2}(\mathcal{E}_{in}^2 \pm 2\mathcal{E}_{in}\Delta\mathcal{E}) \propto \frac{\langle n\rangle}{2} \pm \frac{\sqrt{\langle n\rangle}}{2}\ . \tag{8.49}$$

しかし，直観的には，2 つの出力光線はコヒーレント状態にある，そのゆらぎは $\sqrt{\langle n\rangle/2}$ であり，式 (8.49) から予想されるものよりも $\sqrt{2}$ 倍大きい．

光の出力状態をコヒーレントにする余分なノイズの正体は何だろうか？
この問題を解く上で正しい議論は，Caves (1980) が最初に導入した．

解

入射光場は平均光子数 $\langle n \rangle \propto \langle \mathcal{E}_{in}^2 \rangle$（$\mathcal{E}_{in}$ は入射光電場）のコヒーレント状態であるから，量子ゆらぎによるビームのノイズは，

$$\Delta n = \sqrt{\langle n \rangle} \propto 2\mathcal{E}_{in}\Delta\mathcal{E}\ . \tag{8.50}$$

ただし，$\Delta\mathcal{E}$ は入射光線の量子ゆらぎを記述する（また，8.7 節で述べたように，$\mathcal{E}_{in}$ に依存しない）．実際，コヒーレント光で期待されるノイズと整合する出力光線のゆらぎ $\sqrt{\langle n \rangle/2}$ が観測されるため，ビームスプリッタが出力光線にノイズを追加することになる．この余分なノイズは，真空ゆらぎが入るビームスプリッタの**ダークポート (dark port)** からくる（図 **8.7**）．真空ゆらぎは，コヒーレント光のゆらぎと同程度であり（8.7 節参照），入射光のゆらぎとは相関がない．真空ゆらぎも，ビームスプリッタで $\sqrt{2}$ 分の 1 となる．これを出力光線のノイズの 2 乗に加えると，

$$\Delta\mathcal{E}_{out} = \sqrt{\frac{\Delta\mathcal{E}^2}{2} + \frac{\Delta\mathcal{E}^2}{2}}\ . \tag{8.51}$$

よって，ビームスプリッタの入力と出力における電磁場の量子ゆらぎは，同じである：$\Delta\mathcal{E}_{out} = \Delta\mathcal{E}$．したがって，光子数の量子ゆらぎは，コヒーレン

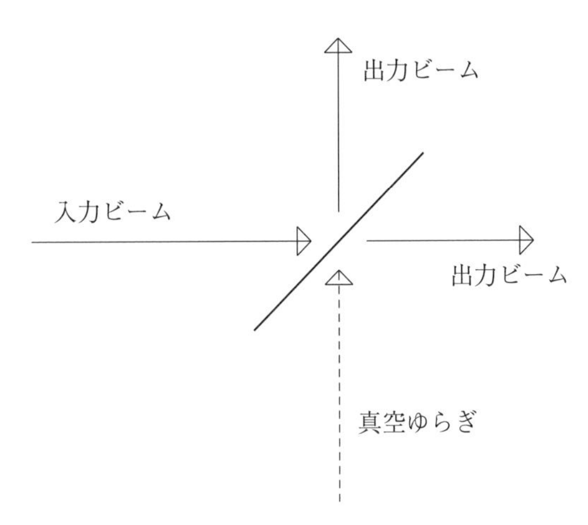

図 **8.7** ビームスプリッタの模式図

ト光のものと一致する．すなわち，

$$\boxed{(\Delta n')^2 = \frac{\langle n \rangle}{2} = \langle n' \rangle\ .} \tag{8.52}$$

光のスクイーズド状態を用いた実験（8.7 節参照）では，光検出器の効率を最大にすることが重要である．それは，（検出効率が）完全な理想的な光検出器とその前に置かれた分岐により，光を減衰するビームスプリッターの組み合わせとしてモデル化されるからである．上で見たように，ビームスプリッタはダークポートを通して余分なノイズをつくるので，スクイージングによるノイズ軽減が打ち消される．

8.9　偏光計における光子ショットノイズ

Probrems and Solutions

直線偏光した光線は，理想的な偏光ビームスプリッタ (PBS) と 2 つの PBS 出力光子の 100%量子効率検出器から構成される（図 **8.8**）．検出器からの信号を用いて，偏光面と PBS 軸との間の角 φ を，検出器での光子数 (N_1 と N_2, $N_1, N_2 \gg 1$) を用いて求めたい．各信号のノイズは，ショットノイズで決まるものとする．

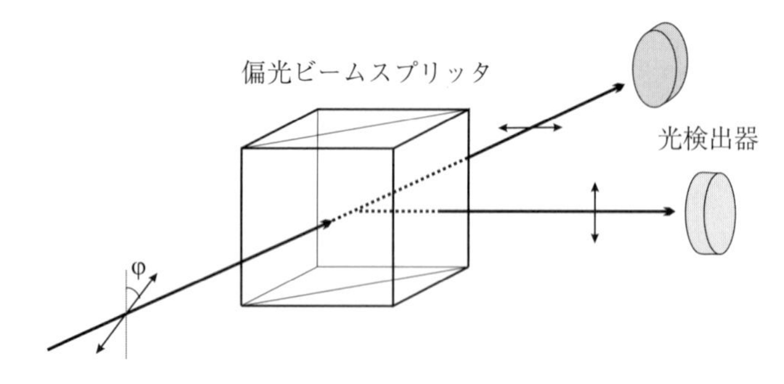

図 **8.8**　偏光面と偏極ビームスプリッタ軸とのなす角 φ の測定．

解

φ の値は，**マリュスの法則 (Malus's law)** を用いた測定から求められる [4]：

[4] 理想的な直線偏光（分極軸に平行な分極をもつ全光は透過し，垂直に偏光した全光は反射される）において，透過した電場強度が $\mathcal{E}_t = \mathcal{E}_0 \cos\varphi$ となるのが，マリュスの法則状態である．ただし，$\mathcal{E}_0$ は入射光場の振幅，φ は光分極と偏光軸とのなす角である．

$$N_1 = N\sin^2\varphi; \quad N_2 = N\cos^2\varphi. \tag{8.53}$$

ここで，$N = N_1 + N_2$ は全検出光子数である．式 (8.53) から，

$$\tan^2\varphi = \frac{N_1}{N_2}\ . \tag{8.54}$$

$N_1, N_2 \gg 1$ より，ポアッソン統計に基づいて，数 N_1, N_2 および N における不確定性は，これらの数の平方根によって与えられる．このことから，同じ条件のもとで再び測定を行うと，新しい測定値が，確率 0.68 で初期測定の標準偏差内に落ち着くと期待される．

式 (8.54) を微分すると，

$$\frac{2\tan\varphi\delta\varphi}{\cos^2\varphi} = \frac{\delta N_1 N_2 - N_1\delta N_2}{N_2^2}\ . \tag{8.55}$$

$\delta N_1 = \sqrt{N_1}$ と $\delta N_2 = \sqrt{N_2}$, 式 (8.53) を用いて，求積に誤差を加えると，式 (8.55) より，

$$\boxed{\delta\varphi = \frac{1}{2\sqrt{N}}} \tag{8.56}$$

と求まる．つまり，偏光子のショットノイズは完全に全体の検出光子数で決まり，角度 φ に依存しない．

式 (8.56) は，偏光分析測定感度の**標準量子極限 (standard quantum limit, SQL)** を表す．この極限は，原理的に光のスクイーズド状態を用いて克服できる（8.7 と 8.8 節で議論した）；しかし，今のところ，スクイーズド光は偏光計では実現していない．この状況は，スクイーズド光発生と高効率光検出のさらなる技術進展とともに変わっていくと期待される．

2 つチャンネルでショットノイズゆらぎが独立であることは，あまり自明ではない．これを見るために，PBS の主軸（$||$ と $\perp$ と示す）方向へ，入射光線が逆分極をもつ 2 つのコヒーレント光線に分離されることに注目する．これらの光線が減衰することなく，PBS の出力チャンネルへと進む．2 つの光線の量子ゆらぎが独立であるから，それらの強度は，

$$I_{||} \propto \mathcal{E}_0^2\cos^2\varphi \pm 2\mathcal{E}_0\cos\varphi\ \Delta\mathcal{E}\ ,$$

$$I_{\perp} \propto \mathcal{E}_0^2\sin^2\varphi \pm 2\mathcal{E}_0\sin\varphi\ \Delta\mathcal{E}\ .$$

ゆらぎが独立であり，2 乗してつなぎ合わせられるとすると，合わさった光

線の強度と量子ゆらぎの表式として一貫した表現を得る：

$$I_{\rm tot} = I_\perp + I_{||} = \mathcal{E}_0^2(\sin^2\varphi + \cos^2\varphi) \pm \sqrt{4\mathcal{E}_0^2\sin^2\varphi\ \Delta\mathcal{E} + 4\mathcal{E}_0^2\cos^2\varphi\ \Delta\mathcal{E}}$$
$$= \mathcal{E}_0^2 \pm 2\mathcal{E}_0\Delta\mathcal{E}\ .$$

8.10　可変位相差板を用いた偏光制御

Probrems and Solutions

直線偏光した光が，初期偏光軸から角度 α_0 だけ傾いた軸をもった，透明の**可変位相差板 (variable retarder)** を通り抜ける．可変位相差板（Pockels，もしくは Kerr セル，液晶装置，または光弾性変調器）[文献 11] は，光電場に平行または垂直な成分間の位相差を加える．

Φ が $-\pi$ と π の間を変わるとき，出力分極を Φ の関数として記述せよ．$\Phi = \pm\pi$ および $\Phi = \pm\pi/2$ のとき，可変位相板はそれぞれ**半波長板 (half-wave plate)** および **1/4 波長板 (quarter-wave plate)** として機能する．以下の 3 つの場合を考えよう（式は非常にコンパクトである）．

(a) $\alpha_0 \ll 1$,

(b) $\alpha_0 = \pi/4$,

(c) 任意の α_0 かつ $\Phi \ll 1$.

ヒント

付録 **D** で記述されているようなジョーンズの計算法 **(Jones calculus)** を用いると便利である．

解

(a) 入射光電場の位相板軸への射影が $\cos\alpha_0\cos\omega t \approx \cos\omega t$ および $\sin\alpha_0\cos\omega t \approx \alpha_0\cos\omega t$ に比例するとしよう（$\alpha_0 \ll 1$ であるから）．ただし，ωt は入射光の位相である．場の 2 成分は，ジョーンズベクトル **(Jones vector)** の形ではよく $\cos\omega t$ を省略して書かれる（付録 D）．

$$\mathbf{V} = \begin{pmatrix} 1 \\ \alpha_0 \end{pmatrix}. \tag{8.57}$$

[文献 11] 例えば，Huard (1997), Yariv と Yeh (1984).

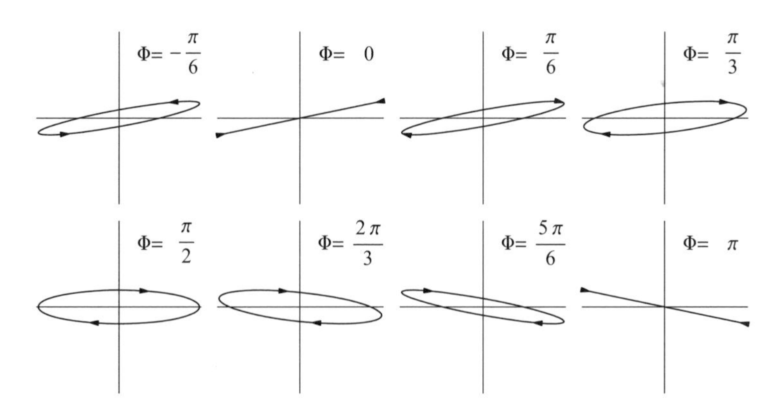

図 8.9 位相板を通って伝搬する光分極の変化．光電場の垂直成分は水平成分に対して，位相シフト Φ が起こる．入射光は，角度 $\alpha_0 = \pi/16$ だけ水平から傾いた線偏光をもつ．分極の楕円は，光位相が $0 \le \varphi < 2\pi$ の範囲を変化するとき，電場ベクトルの端を追跡するように描かれている．楕円性 ϵ は Φ の奇関数である一方，分極角 α は Φ の偶関数である点に注意しよう．

位相板の出力において，電場成分は

$$\begin{pmatrix} 1 \\ \alpha_0 e^{i\Phi} \end{pmatrix} = \begin{pmatrix} 1 \\ \alpha_0 \cos\Phi + i\alpha_0 \sin\Phi \end{pmatrix} \tag{8.58}$$

で与えられる．小さい α_0 において，これは，はじめの光分極から角度 $\alpha - \alpha_0 \approx \alpha_0(\cos\Phi - 1)$ だけ回転した $\epsilon \approx \alpha_0 \sin\Phi$ の楕円率（分極楕円反軸の比の arctan に等しい）をもつ楕円偏光に対応する（**図 8.9**）．

可変位相板に相当するジョーンズ行列 $\mathbf{M}$（x および y に沿った軸）は，明らかに

$$\mathbf{M} = \begin{pmatrix} 1 & 0 \\ 0 & e^{i\Phi} \end{pmatrix} . \tag{8.59}$$

(b) $\alpha_0 = \pi/4$ の場合，出力の分極を記述するジョーンズベクトル $\mathbf{V}'$ は

$$\mathbf{V}' = \begin{pmatrix} 1 & 0 \\ 0 & e^{i\Phi} \end{pmatrix} \begin{pmatrix} \frac{1}{\sqrt{2}} \\ \frac{1}{\sqrt{2}} \end{pmatrix} = \frac{1}{\sqrt{2}} \begin{pmatrix} 1 \\ e^{i\Phi} \end{pmatrix} . \tag{8.60}$$

この場合は，**図 8.10** に示されている．ここで，分極楕円の主軸の 1 つは，常にはじめの分極軸と同じであり，楕円性は $\epsilon = \Phi/2$ である [5]．

[5] 円偏光の楕円性は $\pm\pi/4$ である．

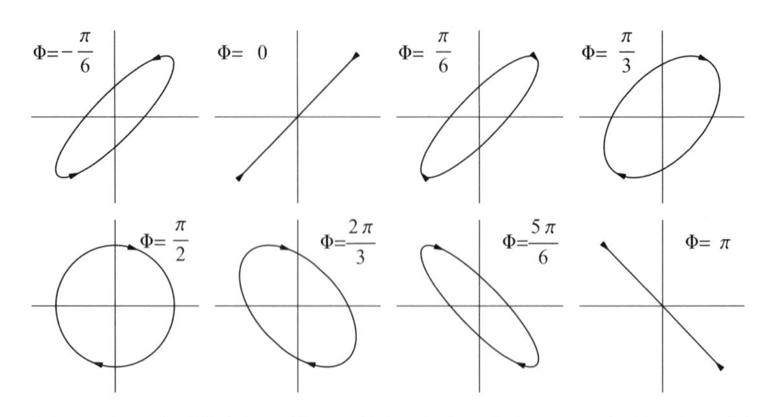

図 8.10　図 8.9 と同様の図．ただし，入射光は水平から角度 $\alpha_0 = \pi/4$ だけ傾いて線偏光している．この場合，楕円分極の主軸は回転しない．$\Phi = \pi/2$（1/4 波遅延）において，出力の分極は円偏光である．$\pi/2 < \Phi < 3\pi/2$ において，楕円分極の長軸は入射分極軸に垂直である．$\Phi = \pi$ では，楕円主軸は決して回転しないにも関わらず，位相板は入射分極を実質 $\pi/2$ 回転する．

(c) 小さな Φ において，

$$\mathbf{M} \approx \begin{pmatrix} 1 & 0 \\ 0 & 1+i\Phi \end{pmatrix} \tag{8.61}$$

であるから，出力分極は

$$\mathbf{V}' \approx \begin{pmatrix} \cos\alpha_0 \\ \sin\alpha_0(1+i\Phi) \end{pmatrix} \tag{8.62}$$

で与えられる．この分極の状態は何か．参照系を $-\alpha_0$ だけ回転すると（入射分極と x 軸を揃える），

$$\begin{aligned} \mathcal{R}(-\alpha_0)\cdot\mathbf{V}' &= \begin{pmatrix} \cos\alpha_0 & \sin\alpha_0 \\ -\sin\alpha_0 & \cos\alpha_0 \end{pmatrix} \cdot \begin{pmatrix} \cos\alpha_0 \\ \sin\alpha_0(1+i\Phi) \end{pmatrix} \\ &\approx \begin{pmatrix} 1 \\ i\Phi\ \sin\alpha_0\cos\alpha_0 \end{pmatrix}. \end{aligned} \tag{8.63}$$

これは，明らかに入射光分極方向に主軸をもつ楕円偏光である．よって，そのような位相回転版は，楕円性のみをもたらし，回転は起こさない．

可変位相回転版は，高感度の**変調偏光測定 (modulation polarimetry)** に極めて有効である．直線偏光した入射光に小さな回転 α_s と楕円性 ϵ_s を与

える試料がある．我々が測定したいのは，これらの量（α_s と ϵ_s）である．最も簡便な方法は，試料を交差した直線偏光子と分析器の間に置き，$\alpha_s^2 + \epsilon_s^2$ に比例する透過強度を測定することであろう．しかし，この方法は深刻な欠点をもつ．α_s と ϵ_s もしくはそれらの符号の独立な測定を与えないことを除いて，楕円性と回転の測定にも不向きであり，透過光への影響は，偏光子や分析器の消光比（交差した偏光子と分析器における透過と入射強度の比）よりも小さい．最良の結晶性の分析器は，10^{-6} から 10^{-7} のオーダーの精度をもつ[6), 文献 12]．

この問題で考えたように，偏光子と分析器の間の試料と並列に可変位相回転子を置く．例えば，α_0 を選ぶと，$\alpha_0 \ll 1$ のとき，それは α_s，ϵ_s，および消光比の平方根よりも十分大きい．この場合（問 **(a)** の結果を用いて），分析器を透過した光強度 I は

$$I \approx I_0\left\{(\alpha + \alpha_s)^2 + (\epsilon + \epsilon_s)^2\right\} \tag{8.64}$$

$$\approx I_0\left\{\alpha_0^2 \cos^2\Phi + 2\alpha_0(\alpha_s \cos\Phi + \epsilon_s \sin\Phi) + \alpha_0^2 \sin^2\Phi\right\} \tag{8.65}$$

$$= I_0\left\{\alpha_0^2 + 2\alpha_0(\alpha_s \cos\Phi + \epsilon_s \sin\Phi)\right\} \tag{8.66}$$

となる．ただし，I_0 は入射光の強度である．Φ が周波数 Ω で変調され，出力強度が，ある周波数の信号成分を拾う**ロックイン検出器 (lock-in detector)** で分析されるとき，ϵ_s の値は信号の奇数倍成分 (1, 3, など) から抽出され，α_s の値は偶数倍から抽出される．さらに，この配置で有限の消光による限界は大幅に克服される．

8.11 光子計数の集積

Probrems and Solutions

光子計数系は，単位時間あたり N 個の容器をもつ（例えば，1 μs あたり 256 個）．平均 $n \ll N$ 個の光子が μs あたり検出され，光子の到着時間には相関がないとすると，ある μs で，1 個以上の光子が各容器（累積 (pile-up) はない）で検出される確率はいくらか[7)]．

[6)] より正確には，信号強度が有限の消光により分析器を透過した光の強度より十分小さいとき，ノイズは後者で支配される．

[文献 12] Birich *et al.* (1994).

[7)] この問題は，V. E. Matizen から提案された

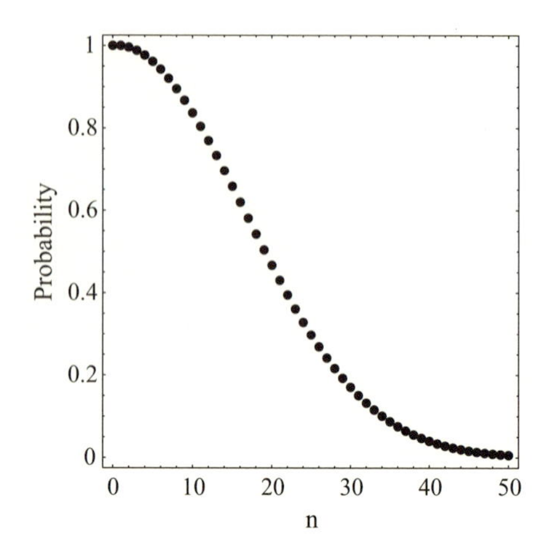

図 8.11　μs の間に到達する全光子数 n の関数として，1 個以上の光子が $N = 256$ 個の容器に当たる確率.

解

一連の光子が N 個の容器にどのようにして振り分けられるかに関して，N^n 個の異なる組み合わせがある．しかし，光子が一度当たった容器に当たらないとき，$N!/(N-n)!$ だけ可能な組み合わせがある．よって，ある μs において，積み重ならない確率は

$$P = \frac{N!}{(N-n)!N^n} \ . \tag{8.67}$$

この確率は n とともに急激に落ちる．$N = 256$ のとき図 **8.11** に示す．$n = 20$ のとき，2 光子が同じ容器に当たるには $\approx 50\%$ のチャンスがある．

8.12　レーザービームの 1 モード光子

Probrems and Solutions

クオリティ因子 Q の光共振器による出力増強を考えよう（図 **8.12**）．共振器は 2 つの同一の無損失鏡からなり（有限の透過係数をもつ），共振器を通る共鳴光の透過率は 1 である．共振器と共鳴する狭い周波数帯のレーザーは，光出力 P を共振器に送る．

共振器の光子数 n を計算せよ．単位モードあたりいくらの光子が出力光線

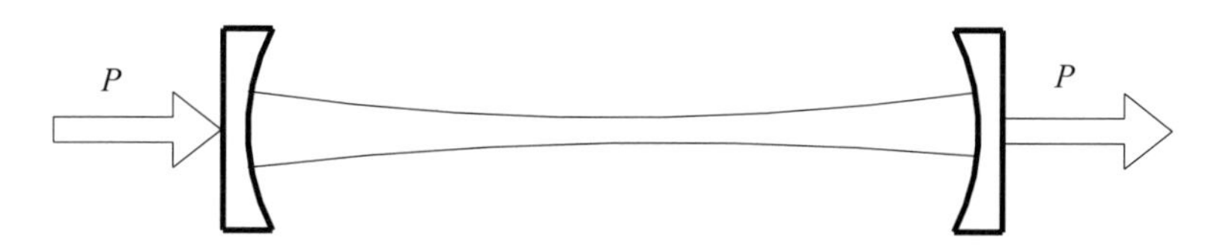

図 8.12 出力を増強した共振器の模式図.

にあるか.

解

共振器内のエネルギー E

$$E = n\hbar\omega \tag{8.68}$$

（ω は共振器の共鳴周波数）は，速度方程式から求まる:

$$\frac{\partial E}{\partial t} = -\gamma E + P \tag{8.69}$$

$$\gamma = \frac{\omega}{Q} \ . \tag{8.70}$$

は共振器の線幅である．よって，平衡状態で共振器内の光子数は

$$\boxed{n = \frac{P}{\hbar\omega\gamma} = \frac{QP}{\hbar\omega^2} \ .} \tag{8.71}$$

出力ビームにおいて，単位モードあたりいくつの光子があるかという問題に答えるには，この場合，モードが何を意味するか定義する必要がある．モードの定義は実験状況に依存する．すなわち，1 つの共振器の電磁場のモードは，違う共振器のものと同じではない．自由に伝搬する電磁波において，モード体積の長さは**コヒーレンス長 (coherence length)** $l_c = c/\gamma_l$ で定義される．ただし，γ_l は出力光のバンド幅であり，この場合は入力光のバンド幅で決まる（Schawlow-Townes 限界で許されるまで狭い– 5.2 節参照）．モードの断面積を通過した光子の束は $P/\hbar\omega$ であり，モード体積は時間 $l_c/c = 1/\gamma_l$ でこの断面積を通過する．したがって，レーザー光のあるモードの光子数は，

$$\boxed{n = \frac{P}{\hbar\omega\gamma_l} \ .} \tag{8.72}$$

8.13　色素レーザーの調整

Probrems and Solutions

長年，波長可変色素レーザー[8)]は，レーザー分光の主力であった．色素レーザーの利得媒体は，液体に溶けた有機分子であり，可視もしくは紫外のポンプ光で励起すると，非常に幅広く連続的な蛍光スペクトルをもつ[9)]．ポンプ光で高い電子状態へと励起された色素分子は，励起状態の最低振動吸収準位への速い（緩和時間はたいてい $10^{-11} \sim 10^{-12}$ s 程度）衝突誘起の遷移を起こす．したがって，十分強いポンプ光では，励起状態の最低振動吸収準位の状態数は，色素分子の電子基底状態の高い振動吸収準位のものを超える．この状態数の反転によって，媒体はレーザーとして動作する．

ここでは，パルスと連続波色素レーザーの周波数を調整するさまざまな技術を議論しよう．

(a) 図 **8.13** に模式的に示したパルス色素レーザーにおいて，共振器の高い反射体は Littrow 配置の回折格子である[文献 13]．出力周波数は回折格子を傾けることで荒く調整され，微調整は圧力箱の空気圧を 0 から 3 気圧まで変えることで得られる．可視光域の出力光におけるこのレーザーの微調整領域を求めよ．この領域を増やす方法を提案しよう．

(b) 連続波 (cw) 色素レーザーの狭いバンド幅は共振器に選択した要素を置くことで達成される：複屈折の (Lyot) フィルタ，薄いガラスプレート（薄いエタロン），および低技巧のファブリー-ペロー干渉計（厚いエタロン）．これらすべての要素の透過ピークと共振器のものが一致すると，レーザーは単一縦モードの光を発する．レーザー周波数を徐々に変えるためには，共振器の透過ピークと選択要素を同時に合わせる必要がある．数 GHz の桁の滑らか

---

8) 有機色素のレーザー動作は，Sorokin，Lankard (1966) および Schäfer ら (1966) によって，独立に発見され，連続的に色素レーザーの周波数を調整できる重要な技術は，特に Soffer，McFarland (1967)，および Hänsch (1972) によって開発された．例えば，色素レーザーの網羅的な議論は，Duarte と Hillman (1990) を参照．

9) 色素分子の電子状態の異なる回転振動成分間の遷移に相当する，衝突によって広がったスペクトル線は，完全に重なることで広く連続的である．衝突による広がりは，溶媒と色素分子の相互作用に起因する．

[文献 13] 格子からの 1 次反射は共振器へ返されるから，格子は波長選択反射体として働く．詳細は Demtröder (1996).

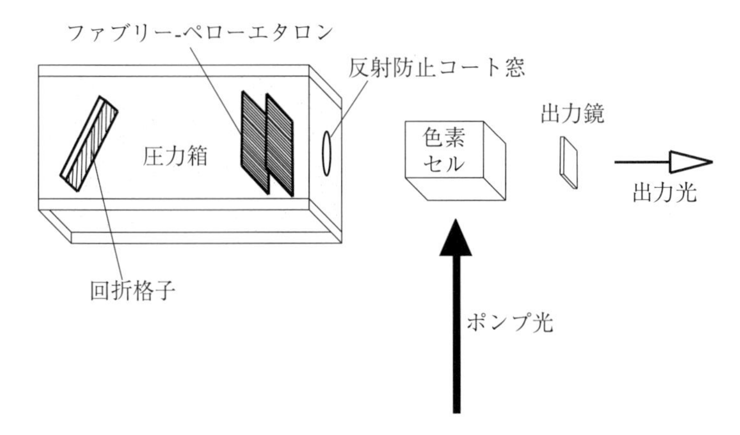

図 8.13　パルス色素レーザーの模式図.

な調整領域を得るには，共振器と厚いエタロンのピークだけを調整すれば通常十分である．これは，共振器鏡の 1 つと厚いエタロン鏡をピエゾマウントの上に乗せ，電圧をかけて動かして，共振器長さと厚いエタロン間隔を変えることで得られる．

空白のスペクトル領域（縦モードの間隔）がそれぞれ 400 MHz と 10 GHz のとき，レーザー共振器の長さ，および厚いエタロン鏡間の空間はいくらか．

レーザーを 5 GHz 調整するのに，共振器のピエゾマウント要素と厚いエタロンの必要な変位はいくらか．

解

(a) はじめに，回折格子とファブリ-ペローのエタロンを同じ圧力容器に入れると，両要素の調整は自動的かつ自発的に合う．回折格子とエタロンの強め合い干渉条件は，

$$\frac{\kappa\lambda}{2} = L\ . \tag{8.73}$$

κ は整数，L は適当な長さである．滑らかな調整（つまり，周波数のとびがない）には，量 κ, λ および L が定数であり，出力周波数変化の関係式

$$\nu + \delta\nu = \frac{c}{(n+\delta n)\lambda} \approx \frac{c}{n\lambda}\left(1 - \frac{\delta n}{n}\right) \tag{8.74}$$

より求められる．これより，

$$\boxed{\delta\nu \approx -\nu\,\delta n\ .} \tag{8.75}$$

ここで，n は圧力容器の空気の屈折率（$n-1 \approx 2.8 \times 10^{-4}$，$\lambda = 600$ nm，また $n-1$ は標準大気条件の空気の密度に比例する）．3 気圧の圧力変化と $\nu = 5 \times 10^{14}$ Hz のとき，周波数可変域は ≈ 400 GHz（出力波長で ≈ 0.5 nm 可変域に相当する）である．可変域は空気より高い屈折率をもつ気体を用いることで増やすことができる：例えば，二酸化炭素 ($n-1 = 4.1 \times 10^{-4}$)，イソブタン ($n-1 = 1.3 \times 10^{-3}$) など．

注意: 場合によっては，光学系コーティングと気体が化学反応し，レーザーに深刻なダメージを与えることがある．

(b) 空白のスペクトル領域において（2 つの鏡が非縮退（例えば，非共焦点）配置のとき），

$$\Delta\nu = \frac{c}{2L} \tag{8.76}$$

$$\boxed{L_{\text{cavity}} = 37.5 \text{ cm}} \tag{8.77}$$

$$\boxed{L_{\text{etalon}} = 1.5 \text{ cm}\ .} \tag{8.78}$$

共鳴状態では，共振器とエタロンの長さは半波長の整数倍である：

$$L = \frac{n\lambda}{2} = \frac{nc}{2\nu}\ . \tag{8.79}$$

n は整数．滑らかな周波数可変の間に，モードのとびがなく，n は一定に保たれる．よって，式 (8.79) の両辺を微分することで，

$$\frac{\delta L}{L} = -\frac{\delta\nu}{\nu} \tag{8.80}$$

を得る．$\delta\nu = 5$ GHz および $\nu = 5 \times 10^{14}$ Hz ($\lambda = 600$ nm) において，

$$\boxed{\delta L_{\text{cavity}} = -3.75\ \mu\text{m}} \tag{8.81}$$

$$\boxed{\delta L_{\text{etalon}} = -0.15\ \mu\text{m}\ .} \tag{8.82}$$

8.14　物質波 vs. 光学サニャック-ジャイロスコープ

サニャック効果に基づいたジャイロスコープを考えよう（干渉計の回転

による縞模様シフト [図 **8.14**(a)-(c) 参照])．この原理に基づいたレーザージャイロスコープは，通常ナビゲーションに用いられ（例えば，航空機にのっている），将来性のある物質波ジャイロスコープは最近になって実証された[文献 14]．

(a) 角速度 $\vec{\Omega}$ のとき，干渉計の回転によってつくられる位相シフトは

$$\Delta\phi = N\frac{4\pi\vec{\Omega}\cdot\vec{A}}{\lambda v} \tag{8.83}$$

であることを示せ．$\vec{A}$ は面積ベクトル（干渉計面に垂直なベクトルで，大きさは取り囲んだ面積に等しい），λ は干渉している光子もしくは原子の波長，v はそれらの伝搬速度，N は干渉粒子が干渉計をの周りを回る回数（図 8.14(a) で描かれた干渉計は $N=2$，図 8.14(b) の干渉計は $N=1$）である．

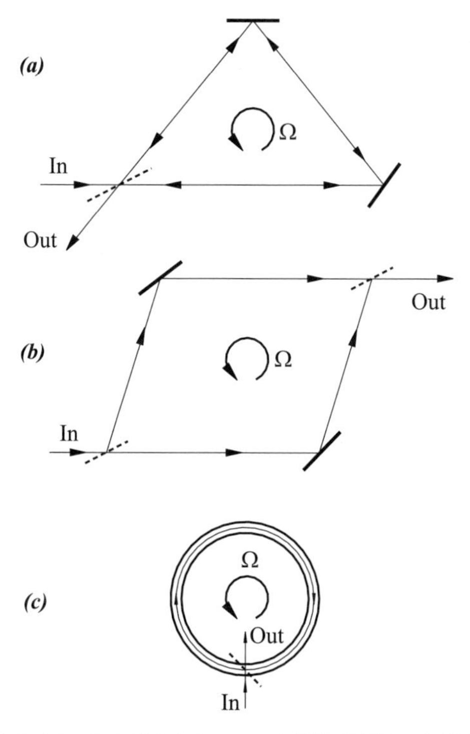

図 8.14 さまざまなサニャック干渉計配置の模式図.

[文献 14] Gustavson ら (1997); Gustavson ら (2000).

(b) 物質ベースの装置（質量 M の粒子）の感度は，（同じ面積と粒子束をもつ）光子ベースの装置よりも因子

$$\frac{Mc^2}{\hbar\omega} \sim 10^{11} \tag{8.84}$$

だけ良いことを示せ．この大きな因子にもかかわらず，依然としてレーザージャイロが役に立つのはなぜか．

(c) $(\mathrm{rad/s})/\sqrt{t(\mathrm{s})}$ の感度を見積もれ．ただし，$t(\mathrm{s})$ は Cs 原子を用いた全フラックス 10^{11} atoms/sec，面積 $A = 20\ \mathrm{mm}^2$ の干渉計を通る装置における秒単位の測定時間である．

解

(a) まず光子の場合を考えよう．サニャック効果は，動く鏡からの反射光のドップラーシフトに起因すると考えられる（8.1 節参照）．速度 $\vec{v}_m$ で（ゆっくりと）動く鏡から反射した波長 $\vec{k}$ の光は，波数ベクトルの大きさ

$$\Delta k = \frac{\Delta\vec{k}\cdot\vec{v}_m}{v} \tag{8.85}$$

で 1 次の変化を受ける．この場合，$v = c$ は光の速さである．速度 $v \gg v_m$ で動く非相対論的な原子の場合，動く鏡からの弾性散乱の基本的な考察は，再び式 (8.85) で記述される結果を導く．

鏡の速度は $\vec{v}_m = \vec{\Omega}\times\vec{r}$（$\vec{r}$ は干渉計回転軸に対する鏡の動径ベクトル）で与えられることから，式 (8.85) は

$$\Delta k = \frac{\Delta\vec{k}\cdot\vec{\Omega}\times\vec{r}}{v} = -\frac{\vec{\Omega}\cdot\Delta\vec{k}\times\vec{r}}{v}\ . \tag{8.86}$$

$\Delta\vec{k}$ が動径方向のとき，ドップラーシフトは起こらない．サニャック干渉計の単純な配置は，図 8.14(c) に示すような円形である．ただし，光はファイバーケーブルを用いて円に導かれる．この装置では，波数ベクトルの大きさは入力と出力でドップラーシフトしているだけである．入力で鏡によって反射した波の一部の波数ベクトルの大きさの変化は

$$\Delta k = -\frac{\vec{\Omega}}{v}\cdot\left(\vec{k}'-\vec{k}\right)\times\vec{r} = -\frac{\vec{\Omega}\cdot\vec{k}'\times\vec{r}}{v} = -\frac{k'\Omega r}{v} \approx -\frac{k\Omega r}{v}\ . \tag{8.87}$$

ここで，$\vec{k}$ は入射光の波数ベクトル（$\vec{r}$ に平行で，大きさ k），$\vec{k}'$ は反射光の波数ベクトル（$\vec{r}$ に垂直で，大きさ $k' \approx k + \Delta k$），$(r\Omega/v)$ の 2 次の項は無

視した．反射光線はループの周りを回ると，式 (8.87) に従って，大きさ

$$\Delta\phi = \int_0^{2\pi} \Delta k \; r \; d\theta = 2\pi r \Delta k = 2\frac{kA\Omega}{v} = \frac{4\pi\vec{\Omega}\cdot\vec{A}}{\lambda v} \tag{8.88}$$

の位相シフトを回転 $\vec{\Omega}$ によって蓄積する．θ は $\vec{r}$ と $-\vec{k}$ の角度である．

より複雑な形の干渉計における光の軌道は，一般に微小の円弧や動径領域からなると考えられる．光が任意のコースをなぞるとき，光によって獲得する位相シフトは

$$\Delta\phi = \int_0^{2\pi} \Delta k(r) r \; d\theta \; . \tag{8.89}$$

r は前と同様 θ と $\Delta k(r) = k\Omega r/v$ の関数であるが，はじめの反射の結果と違って，ここでは光路周りの鏡からの反射より得られる．よって，

$$\Delta\phi = \frac{k\Omega}{v}\int_0^{2\pi} r(\theta)^2 \; d\theta = 2\frac{kA\Omega}{v} \tag{8.90}$$

が得られ，1 周あたり得られる位相シフトも式 (8.88) で与えられる．

式 (8.90) は，全く異なる視点からも導かれる．それは Storey と Cohen-Tannoudji (1994) が，初歩的な記事で詳細に記述しているファインマン経路積分を用いたものである．

(b) 式 (8.88) より，位相シフトは λv に逆比例する．ド・ブロイ波長 λ_{dB} は

$$\lambda_{\mathrm{dB}} = \frac{2\pi\hbar}{Mv} \tag{8.91}$$

であるから，

$$\frac{\Delta\phi_{\mathrm{atom}}}{\Delta\phi_{\mathrm{photon}}} = \frac{\lambda_{\mathrm{photon}} Mc}{2\pi\hbar} = \frac{Mc^2}{\hbar\omega} \; . \tag{8.92}$$

セシウム原子の可視領域周波数をもつ光子では，この比は $\approx 7\cdot 10^{10}$ である．

レーザージャイロスコープは，競争の激しい分野である．なぜなら，平行な光子の束を利用しやすい利点があり，大きな面積の干渉計を容易に作れるし，さらに何度も干渉計の周りを行きかう光子をつくることも可能だからである（光ファイバーを用いたレーザージャイロスコープでは $N \sim 10^6$）．

(c) 理想的な干渉計では，n 個の粒子が検出されるとき，位相を決める不確定性は $\sim n^{-1/2}$ である [10]．したがって，式 (8.88) より，Cs 原子において，

[10] ここでは第 2 量子化された粒子の波動関数がコヒーレント状態であると仮定しているので，ゆらぎはショットノイズで決まる；8.7 と 8.9 節を参照．

原子フラックス 10^{11} atoms/sec，面積 $A = 20\ \mathrm{mm}^2$ のとき，

$$\delta\Omega = \frac{\lambda v}{4\pi A\sqrt{n}} = \frac{\hbar}{2MA\sqrt{n}} \approx 5\cdot 10^{-9}\ \frac{\mathrm{rad/s}}{\sqrt{t(\mathrm{s})}}. \tag{8.93}$$

式 (8.93) において原子速度がキャンセルすることに気付く．

8.15　フェムト秒レーザーパルスと周波数コム

Probrems and Solutions

近年，**周波数コム (frequency combs)** の誕生によってレーザー周波数計測の分野は画期的に進展した．

周波数コムは，周期的な短光パルス列（通常 $\sim 10-15$ fs; 1 fs $= 10^{-15}$ s）をつくる**超高速レーザーシステム (ultrafast laser system)** によって生み出される．周波数コムのスペクトルは，1 オクターブ以上の領域に広がり，スペクトルの高周波端近くの周波数は低い方の 2 倍以上となる．連続的というよりは，コムのスペクトルは，鋭い等間隔のピークからなる．これらのピーク位置を精密に制御することで，コムの範囲内のあらゆる周波数を精密に測定できる“周波数の定規”を得る．

ここでは，周波数コム技術の背後にある最も基本的な概念を探索する．有名な Udem ら (2002) や Hall ら (2001)，および技術的な総説である Cundiff ら (2001) も，このエキサイティングな研究分野をカバーしている．

(a) レーザーは連続パルス列を作り出し，ある空間位置（例えば，出力鏡）でのレーザー光線の光強度は，厳密に周期的に時間変化する．出力が周波数

$$f_n = nf_r + f_0 \tag{8.94}$$

で与えられる一連の鋭いピークからなることを示せ．ここで，f_r はパルス繰返し周波数（通常 $10^8\ \mathrm{Hz} \le f_r \le 10^9\ \mathrm{Hz}$），$n$ は整数（通常 $n \sim 10^6$），f_0 はオフセット周波数である．n を適当に選ぶと，$0 \le f_0 < f_r$ で制約される．

式 (8.94) は，コム成分の全周波数を制御するために，f_r と f_0 を独立に制御する必要がある．次にこれがどのように実現するかについて議論する．

(b) 周波数コムをつくるのに用いられた超高速レーザー配置の模式図を図 **8.15** に示す．利得媒体はチタン-ドープしたサファイア結晶 (Ti:sapphire) であり，cw レーザーによって光ポンプされている ($\lambda = 514$ または 532 nm).

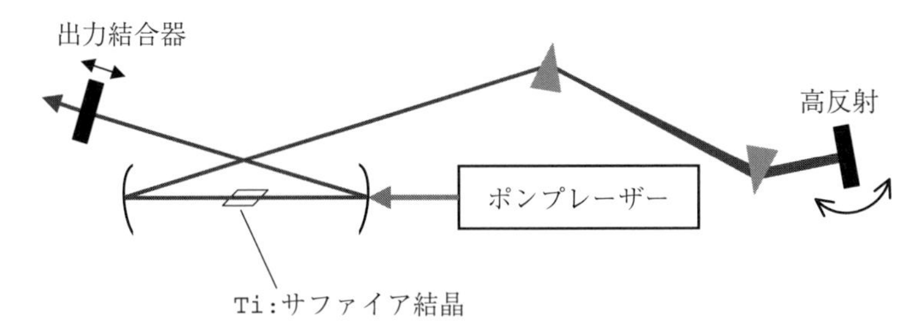

図 8.15 Ti:サファイアレーザーの模式図．セルフモードロックはカーレンズ効果によって起こり，共振器が最高光強度，つまり最短パルスの最低ロスを保証する．共振器鏡の並進と傾きおよびポンプ出力変更で，コム成分周波数が制御される．

Ti:sapphire の利得は，大体 700～1000 nm の広いスペクトル範囲にまたがる．共鳴配置は，蝶ネクタイ型の 4 つの鏡であり，重要な付加要素–プリズム対—をもつ縦波共振器である．その役割について手短に議論する．

図 8.15 を見ると，なぜ cw でなくパルスレーザーなのか疑問にもつかもしれない．それは，1990 年代初めに発見された **Kerr レンズ モード同期 (Kerr lens mode-locking, KLM)** という美しい技術である．これは，Ti サファイアの屈折率が光の強度に依存するアイデアである（一種の**カー効果 (Kerr effect)** である; 4.2 節参照）：

$$n = n_0 + n_2 I. \tag{8.95}$$

n_0 は強度に依存しない（線形の）指数，また $n_2 I$ は非線形部分である．n_2 はたいてい正であるから，光は高い強度のより高い屈折率を見る．特に，ガウス型の横方向の空間光線において，媒体は集光レンズとなる．共振器は無視できるので，低い強度で（カーレンズは無視できる）共振器ロスは高く，十分高い強度では（短パルスで）カーレンズは共振器ロスを大幅に減らす．したがって，十分強いポンピングによって，レーザーはパルス列を作り出す．パルス周期は共振器の周回時間で与えられる．スペクトルのドメインにおいて，相対的に特定の位相で振動している多数の縦共振器モードに対応する（ゆえに，モード同期 (mode-locking) とよばれる）[文献 15]．この描像において，パルス繰り返し周波数は，隣接モード間のうなり周波数である．

パルス時間を引き伸ばす**群速度分散 (group velocity dispersion,**

[文献 15] 詳細な導入については Siegman (1986).

GVD)—異なる色の光における群速度の違い—の効果を補償するために，プリズム対が共振器に導入される．プリズムは長波長の光の全光路長をわずかに長くするよう設計されているので，GVDを補償することができる．

この問いの課題は，式(8.94)の周波数 f_r と f_0 を制御することである．繰り返し周波数 f_r は，鏡の1つの小さな移動によって制御される（図8.15）．

鏡が ΔL だけ移動するとき，f_r の変化はいくらか．コムのピーク周波数に重要な変化があること，および実際に第1近似でピークが周波数とともに動き，隣り合うピーク間隔を一定に保つことを示せ．

このことは，鏡の移動による周波数シフトを補償し，オフセット周波数 f_0 を求めるまで，もう1つの自由度がいることを示している．それには，高い反射率の鏡を回転させたり（光の伝搬するプリズム長を変えることで，分散を変化させる），ポンプ光出力を変えるなど，いくつかの方法がある（図8.15）．

これらの自由度によって f_r と f_0 の両方を制御できる（同じ方法で光の平均位相と群速度に影響を与えない）が，不幸なことに，これらの変数に直行する方法は与えない[文献16]．

(c) 前問では，周波数コムをつくる方法と2つの基本周波数 f_r と f_0 を合わせる方法について議論してきた．この問いでは，これらの変数を測定する方法について議論する．f_r の測定は直接的であり，単位時間あたりのパルス数を数えることでなされる．コムが1オクターブに及ばなければ，f_0 を得る方法はより難しい．ここでは，少し脱線して，オクターブにわたるコムの生成について記述した後，後者について議論する．

超高速Ti:サファイアレーザーの直接出力は，通常微小なバンド幅 $\delta\nu/\nu \approx 0.2$ をもつため，1オクターブに及ばない．幸い，スペクトルを広げることができる方法がある．そのアイデアは，光が位相変調器を通過するとき，各スペクトル成分が変調周波数の整数倍だけ元の成分から離れた**サイドバンド (sidebands)** を獲得することである（8.3節）．物質を伝播する超短光パルスは，屈折率の強度依存性によって強い**自己変調 (self-modulation)** を起こすので，極めて顕著な広がりを達成できる．非線形な自己変調を増強させる大きな光強度と長い相互作用距離を与えるには，光ファイバーを用いると

[文献16] 詳細は，Hall ら (2001) に見られる．

よい[11)]．より幅広いコムは，そのファイバーを通して超高速 Ti:サファイアレーザーの出力を送ることでつくられる．共振器内の要素を挿入して自己位相変調を起こし，得られた GVD を補償する特別な鏡を用いることで，スペクトルを広げることもできる．

ここで問題．周波数コムが 1 オクターブに及ぶと，コムの低周波端近くの 2 倍周波数成分と高周波端近くの最近接成分間のうなり周波数を測定することでオフセット周波数 f_0 を測定できることを示せ[12)]．

解

(a) 光の強度が周期的であれば，すなわち $I(t)=I(t+\tau_r)$（$\tau_r=1/f_r$ は周期）のとき，$I=\mathcal{E}\mathcal{E}^*$ より，光の電場 $\mathcal{E}$ もまた周期的である：

$$\mathcal{E}(t)=\mathcal{E}(t+\tau_r)e^{i\varphi}, \tag{8.96}$$

もしくはより一般的に，整数 k について

$$\mathcal{E}(t)=\mathcal{E}(t+k\tau_r)e^{ik\varphi}. \tag{8.97}$$

単一パルス $\mathcal{E}_1(t)$ を伴う時間依存電場を導入すると便利である．通常，この電場は中心もしくはキャリア光周波数で素早く振動する．

全パルス列の場は

$$\mathcal{E}(t)=\sum_k \mathcal{E}_1(t-k\tau_r)e^{ik\varphi}\ . \tag{8.98}$$

これで，時間依存電場のフーリエ変換をとることによって，パルス列のスペクトルを見積もる準備が整った：

$$\mathcal{E}(\omega)=\int_{-\infty}^{\infty}\sum_k \mathcal{E}_1(t-k\tau_r)e^{ik\varphi}e^{-i\omega t}dt \tag{8.99}$$

$$=\sum_k e^{ik\varphi}\int_{-\infty}^{\infty}\mathcal{E}_1(t')e^{-i\omega t'}e^{-i\omega k\tau_r}dt'=\left(\sum_k e^{ik\varphi-i\omega k\tau_r}\right)\mathcal{E}_1(\omega). \tag{8.100}$$

---

11) この場合の律速因子は，パルスを広げ強度を弱める働きをする GVD であろう．優れた解法は**フォトニック結晶光ファイバー (photonic crystal optical fibers)** によって示され，小さなモードサイズと小さな GVD を与える．そのようなファイバーは小さな空気穴のパターンで囲まれたシリカの芯からなる．

12) 原理的には，低周波成分を個別に選ぶ必要はない．（ダイクロイックミラーで選んだ）コムの低周波部分を非線形結晶に送ると，倍周波数成分だけでなく，和周波数成分も得られる（8.4 節参照）．これらはそれぞれ同じうなり周波数をもつコムの高周波部分のすぐ近くの成分で振動する．

ただし，2 番目の等式を得るために，$t' = t - k\tau_r$ を用いた．

多数の項が式 (8.100) で足されると，結果は一般に平均されてゼロになる．しかし，異なるパルスからの寄与（つまり，k の異なる値）が位相に加えられると，スペクトルにピークが現れる．これは

$$\omega\tau_r - \varphi = 2\pi n \tag{8.101}$$

のときに起こり，

$$\omega_n = \frac{2\pi}{\tau_r}n + \frac{\varphi}{\tau_r} \tag{8.102}$$

と書き直され，2π で割ると式 (8.94) を与える．

オフセット周波数 $f_0 = \varphi/(2\pi\tau_r)$ は，強度を決める電場とその包絡線間の位相のずれに関係していることがわかる．これは，**キャリア包絡線位相 (carrier-envelope phase)** とよばれる．

(b) 小さな量 ΔL の鏡の移動が各共振器モードの周波数 ν_c を

$$\delta\nu_c \approx -\frac{\Delta L}{L}\nu_c \tag{8.103}$$

だけ変化させる．L は共振器の全有効長である．一次まででは，隣接モードは同じだけ周波数変化するため，モードパターンは全体としてシフトする．これがコムの周波数シフトを生み出す．

繰り返し周波数の変化は，式 (8.103) と比較して $\Delta L/L$ における次の次数まで近似するか，直接

$$\tau_r = \frac{2L}{v_g} \approx 2\frac{L}{c} \tag{8.104}$$

を用いて計算できる．ここで，v_g は平均群速度，因子 2 は 1 周で 2 回共振器長をパルスが伝搬することからくる．式 (8.104) より，ミラーの移動による繰り返し周波数の変化は

$$\delta f_r \approx -\frac{\delta\tau_r}{\tau_r^2} \approx -\frac{2f_r^2\Delta L}{c}. \tag{8.105}$$

数値的な例として，$f_r = 100$ MHz のレーザーおよび $\Delta L = 1\ \mu$m において，$\delta f_r \approx -70$ Hz を得る．一方，式 (8.103) からコムのシフトは全体として ≈ -250 MHz となる．

(c) いくつかの n の値をもつコムスペクトルの低周波端におけるコム成分

を取り上げよう（式 (8.94) 参照）．この成分の周波数を 2 倍すると，周波数 $2nf_r + 2f_0$ の光を得る．さて，この光を高周波端の周波数 $2nf_r + f_0$ のコム成分と干渉させると（例えば，光線を光検出器で結合する），得られた強度は異なる周波数でうなり音をもつだろう．

よって，コムが 1 オクターブ広がれば，オフセット周波数を直接測定することが容易である．光パルスを減衰させ，パルス列の連続したパルスと干渉する f_0 および包絡線キャリア位相を測定する方法もある[文献 17]．

8.16 ランダム熱電流による磁場ゆらぎ

Probrems and Solutions

伝導度 σ が大きく（横の長さ $\gg a$）薄い（厚さ $\delta \ll a$）金属シートから距離 a における，磁気誘導の大きさの 2 乗平均平方根を求めよ．金属シートは有限の温度 T であるとする．

室温で $a = 10$ cm, $\delta = 0.1$ cm のアルミニウム（抵抗率 $\rho(\mathrm{Al}) \approx 2.42 \times 10^{-6}\ \Omega\cdot\mathrm{cm}$）について数値的に求めよ．揺らいだ場の周波数依存性はどうなるか．これらの結果は，金属が高透磁率（例えば $\mu \sim 10^5$ の CO-NETIC 合金のような磁気遮蔽物質）をもつとき，何が変わるだろうか．

導体からの揺らいだ磁場は，生体磁気[文献 18]や電気双極子[文献 19]の探索への応用が検討されてきた．

ヒント

ナイキストの定理によると[文献 20]，抵抗 R による電圧ノイズ（通常，ジョンソンノイズ **(Johnson noise)** とよばれる）は，

$$\langle V^2 \rangle = 4Rk_BT\Delta f \tag{8.106}$$

と与えられる．k_B はボルツマン定数，Δf は測定のバンド幅 [$\Delta f = C/\tau$，τ は測定時間，C は定数] である（大抵 $1 \leq C \leq 2\pi$ で，測定装置の周波数応答の詳細に依存する）．

[文献 17] Jones ら (2000).

[文献 18] Nenonen ら (1996); Kominis ら (2003).

[文献 19] Lamoreaux (1999).

[文献 20] 例えば，Kittel と Kroemer (1980) 参照.

解

磁場を測定した近くにある幅 $\sim a$ のシートの一部を考え，磁気ノイズを求める．まず，水平長さ $\sim b \gg \delta$ の領域における抵抗が実際近似的に b に依存せず，$R \sim \rho/\delta$（ρ は抵抗率）と見積もられることに注意しよう．

ジョンソンノイズ電圧 (8.106) による電流は

$$\langle I^2 \rangle = \frac{4k_B T \Delta f}{R} \sim \frac{4k_B T \Delta f \delta}{\rho} . \tag{8.107}$$

電流は長さ $\sim b$ の金属シートの一部に分布するので，

$$\langle B^2 \rangle \sim \frac{2\langle I^2 \rangle b^2}{c^2(b^4 + r^4)} \tag{8.108}$$

程度の磁場をつくる．表式 (8.108) は，幅 $\sim b$ の領域にわたって $\langle B^2 \rangle \sim \langle I^2 \rangle/(cb)^2$ となり，かつ距離 $r \gg b$ では距離の 4 乗で落ちるようにしてある．それは，電流成分からの磁場の通常の形式に相当する．

この議論から，$b \ll a$ に選ぶと，長さ $\sim a$ の領域から磁場を計算するために，$\sim (a/b)^2$ の寄与を B^2 に加える必要がある．すると，結局長さ $\sim a$ の領域のものと同じ結果になる．ある電流をもつ長さ $\sim b$ の小さな領域からの磁場が距離の 2 乗に反比例するので，この領域外のシートの領域はあまり寄与しない．よって，$\langle B^2 \rangle$ への寄与は距離の 4 乗の逆数に比例するが，領域の数は距離の 2 乗にのみ比例する．したがって，磁場ノイズは

$$\boxed{\langle B^2 \rangle \sim \frac{4k_B T \Delta f \delta}{c^2 \rho a^2} .} \tag{8.109}$$

大雑把な大きさの見積りを行っただけであるが，式 (8.109) の結果は実際のスケールをよく再現し，数値係数は因子 ~ 2 以内である[文献 21]．

数値 $\rho(\mathrm{Al}) \approx 2.42 \cdot 10^{-6}\ \Omega \cdot \mathrm{cm}$, $1\ \Omega = 1/(9 \times 10^{11})\ \mathrm{s/cm}$, $T = 300\ \mathrm{K}$ を代入すると，式 (8.109) より

$$\boxed{\delta B = \sqrt{\langle B^2 \rangle} \sim 5 \times 10^{-10} \frac{\mathrm{G}}{\sqrt{\mathrm{Hz}}} \sqrt{\Delta f} .} \tag{8.110}$$

式 (8.109) を導出するのに用いた近似の範囲で，磁場ノイズが周波数に依存しない（**白色ノイズ (white noise)**）ことに気付く．

[文献 21] Nenonen (1996) とその文献.

上の考察において，磁場変化による金属中の誘導電流，電流による誘導磁場を無視してきた（静的近似）が，高い周波数ではこれらは無視できない．

横幅 $\sim a$ の金属板を貫通し，周波数 $2\pi f$ で変化する強度 B の磁場があるとする．磁束変化による誘導起電力および誘導電流は

$$V_{\text{emf}} \sim \frac{2\pi f B a^2}{c} \ ; \tag{8.111}$$

$$I_{\text{ind}} \sim \frac{V_{\text{emf}}}{R} \sim \frac{2\pi f B a^2 \delta}{c\rho} \ . \tag{8.112}$$

また，この電流による誘導磁場は

$$B' \sim \frac{2\pi f B \delta a}{c^2 \rho} \ . \tag{8.113}$$

誘導電流が磁場ゆらぎを大幅に抑えるカットオフ周波数は，$B' \sim B$ として，

$$f^* \sim \frac{c^2 \rho}{2\pi \delta a} \ . \tag{8.114}$$

今の例では，$f^* \sim 400$ Hz である．非磁性物質における $(\mu = 1)$ カットオフ周波数 (8.114) では，**表皮厚さ (skin depth)** は

$$\delta_s = \sqrt{\frac{c^2 \rho}{2\pi (2\pi f) \mu}} \tag{8.115}$$

で与えられる．$\delta_s \sim \sqrt{a\delta/(2\pi)} \gg \delta$ である（例えば，8.2 節参照）[13]．

静的な極限に戻ると，高透磁率をもつ物質に関する問題は，導体内につくられた磁場が物質自身によって遮蔽されるかどうかである[文献 22]．内部電流と物質の外の磁場との特別な関係は，形状に依存しないが，簡単な例を考えると，一般に電流は遮蔽されないことが示される．

高透磁率の物質内の表面に平行に流れる直線的な電流を想像しよう（簡単のため，空間の半分を占めるとする）．そのとき，物質の外側の磁場を求めたい．この問題の解はよく知られている[文献 23]：物質外の磁場は，高透磁率物質がないときに電流 I と同じところに流れる大きさ

$$I' = \frac{2\mu}{\mu + 1} I \approx 2I \tag{8.116}$$

---

13) これは Lamoreaux (1999) の論文と矛盾する記述である．

[文献 22] Lamoreaux (1999) によって提案された．

[文献 23] 例えば，Batygin ら (1978) もしくは Jackson (1975) 参照．

の電流のつくる磁場と等価である．

よって，電流からの磁場は一般に遮蔽されない（実際上の例では増大する）；しかし，高透磁率物質の存在は，確実に磁場分布の詳細を変える．

この問題で議論した効果は，実際にマイクロチップ表面近くでボース-アインシュタイン凝縮を操作するうえで重要な結果をもたらす[文献 24]．熱的な電流は凝縮を消すような磁場を作り出す（2.8 節参照）．

8.17　フォトダイオードと回路 (T)

Probrems and Solutions

フォトダイオードは，現代の光学実験室で恐らく最もありふれた光検出器である．強い光（レーザー光）から弱い光（レーザー誘起蛍光）までの測定，ゆっくりと変化する信号の測定（光パワーメーター）から非常に速い信号（短いレーザーまたは蛍光パルス，異なるレーザー場間のうなり音）の測定に至るまで，非常に幅広い測定で用いられている．後者の場合，小さな面積のフォトダイオード検出器の時間分解能は数ピコ秒までよくなっている．

ここでは，フォトダイオードの基本的な性質，応用で使われる共通の電気回路，および基本的なノイズ源とフォトダイオード光検出器の限界について議論する．さらに深い情報は Donati (2000) の教科書やフォトダイオード製造者の技術的文献，例えば浜松フォトニクス (http://www.hama-comp.com/) でも見つけることができる．

フォトダイオードは，光のないときは通常のダイオードとして働く半導体接合である．光がフォトダイオードに吸収されると，電子-正孔対が生成される．この過程の**量子効率 (quantum efficiency)** は，望ましい環境のもとでは，1 に近づくだろう．すなわち，フォトダイオードに吸収された光子あたり 1 個の電子-正孔対が生成される．

光によって生成された自由電荷を検出するには，ダイオードの出力端子にロード抵抗 R_L を入れて（図 **8.16**），電圧測定する．これは，いわゆる演算の**光起電力モード (photovoltaic)** とよばれる．

(a) 85%の量子効率とロード抵抗 $R_L = 10\,\mathrm{k}\Omega$ の値を仮定すると，$\lambda = 650\,\mathrm{nm}$

[文献 24] Henkel ら (2003).

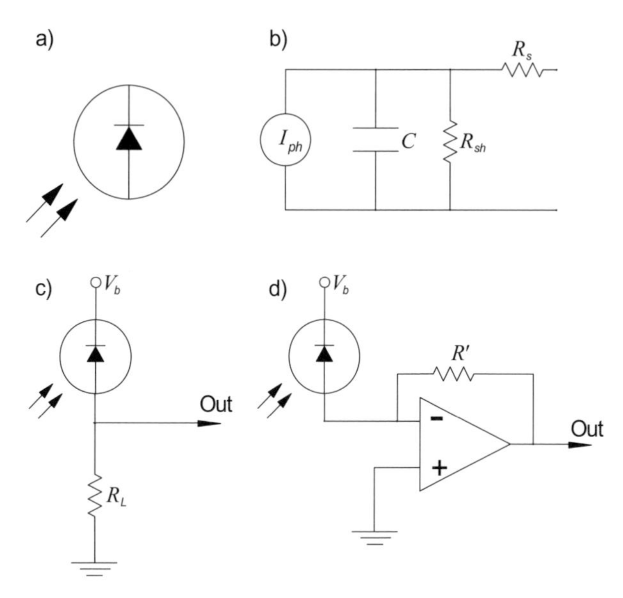

図 8.16 (a) フォトダイオードの象徴的表現. (b) 簡略化した等価回路：$R_{\rm sh}$ および R_s はシャントおよび直列抵抗. (c) フォトダイオードの逆バイアスをもつ単純な回路；R_L はロード抵抗. (d) オペアンプ回路.

の入射光パワー $P = 1\ \mu$W における出力電流と電圧はいくらか.

(b) 周波数 ω で振動する光電流 $I_{\rm ph}$ に相当する出力電圧はいくらか. また, 図 8.16(c) に示した回路のバンド幅はいくらか. ただし, 出力電圧を測定するのに用いるどの装置の入力インピーダンスも無限大であり, バンド幅は図 8.16(b) および 8.16(c) の理想的な概念図にある要素で制限されるとする. また, $R_{\rm sh}$ は無限に大きいとする.

(c) 図 8.16(c) に示した回路の出力ノイズはいくらか.

(d) 我々が興味があるのは, バンド幅 $B = 1$ kHz のフォトダイオードで, **表 8.1** の特性と図 8.16(c) の回路によって, 光信号を測定することである. ロード抵抗 R_L の適切な値を求めよ. 光のないときは, ロード抵抗のジョンソンノイズで他のノイズが決まることを示せ. 光電流のショットノイズがロード抵抗の熱ノイズに大体等しいとき, 光電力を計算せよ. これは, この単純な回路が妥当なとき, 光電力のレンジに関する大体の考えを与える.

表 **8.1**　大面積のシリコンフォトダイオードの代表的な室温特性.

変数	典型的な値
活性領域	$10\,\mathrm{mm} \times 10\,\mathrm{mm}$
スペクトル応答域	$190\,\mathrm{nm} \sim 1100\,\mathrm{nm}$
量子効率 (最大)	85 %
最大逆バイアス電圧，V_b	5–30 V
暗電流 ($V_b = 10$ mV)	0.2 nA ($\propto$ 活性領域)
静電容量，C	1000 pF
シャント抵抗，R_{sh}	200 MΩ
直列抵抗，R_s	200 Ω

(e) 図 8.16(d) のオペアンプ回路のノイズ特性を議論しよう.

解

(a) この光出力は $\approx 3 \times 10^{12}$ photons/s (**付録 A** 参照)，またそれに応じて $\approx 2.5 \times 10^{12}$ の電子-正孔対が 1 秒間につくられる．電子と正孔は，お互いに向かって流れ（その結果，結合する)，ロード抵抗を通して電流

$$i \approx 2.5 \times 10^{12}\ \mathrm{s}^{-1} \times 1.6 \times 10^{-19}\ \mathrm{C} \approx 0.4\ \mu\mathrm{A} \tag{8.117}$$

が流れる．また，相当する出力電圧は

$$\boxed{V = iR_L \approx 4\ \mathrm{mV}.} \tag{8.118}$$

技術的に文献では，特定の光に対するフォトダイオードの感度は，通常光パワーあたりのフォトダイオード電流 A/W を用いて与えられる．この場合，式 (8.117) より，感度は約 0.4 A/W と得られる．

たった今議論したように，フォトダイオードの動作はしばしば有用であるが，さまざまな欠点もある．まず，出力電圧が，本質的にフォトダイオードの**順電圧降下 (forward voltage drop)** より十分小さなような低エネルギーでのみ，出力電圧は入射光パワーに線形に依存する[文献 25]．シリコンダイオードでは ≈ 0.7 V となる．これを考えるうえで便利な方法として，直列のダイオードに内部電圧源 ≈ 0.7 V の逆バイアスをかけた理想的なダイオード（順方向バイアスのとき導体となり，逆方向バイアスのとき開回路となるデバイス）としてフォトダイオードを想像する．明らかに，出力電圧はバイ

[文献 25] 例えば，Horowitz と Hill (1989).

アス電圧値で律速される.

この制限は，外部バイアスを導入し，図 8.16(c) に示した**光伝導 (photoconductive)** モードのフォトダイオードを用いることで簡単に緩和される．ここで，出力は本質的にバイアス電圧によって制限される．

フォトダイオードに逆バイアスをかけることで，検出器が時間変化する光パワーに素早く応答できる付加的な利点がある．これを議論する前に，以下のことを明らかにしよう．

(b) 図 8.16 (b)，(c) は駆動 RC 回路に相当することがわかる．これより，

$$\boxed{V_{\text{out}} = \frac{I_{\text{ph}} R_L}{1 + i\omega(R_L + R_s)C}} \tag{8.119}$$

が直接導かれる．ゼロ周波数では，全体の光電流はロード抵抗を通して流れる．周波数が増加すると，光電流のいくらかはコンデンサー C によって短絡する．バンド幅は伝統的に信号強度が $\sqrt{2}$ だけ落ちる周波数で定義される．このレベルは，$20\ \log(\sqrt{2}) \approx 3$ であるから，3-dB 高周波カットオフともよばれる．式 (8.119) から，Hz 表式で定義されたバンド幅 B は

$$\boxed{B = \frac{1}{2\pi(R_L + R_s)C}\ .} \tag{8.120}$$

これでダイオードに逆バイアスをかけることの付加的利点を評価する準備ができた．ダイオードの静電容量 C はバイアス電圧の増加とともに減少することがわかる（物理的に，これは半導体接合における空乏層の幅が，逆バイアス電圧とともに増加することに起因する）．したがって，ダイオードにバイアスをかけると光検出器のバンド幅を増やすことになる．フォトダイオードにバイアスをかける難点は，暗電流が逆バイアス電圧とともに増加することである．静電容量と暗電流のバイアス電圧に対する厳密な依存性は，異なるダイオードのタイプの間で変わる．そのため，ここでは流行のものだけを述べる．定量的な情報について，読者は製造者のデータシートを閲覧されたい．

次に，フォトダイオードを用いた測定に関するさまざまなノイズ源の議論に移ろう．

基本的な寄与は**ショットノイズ (shot noise)** に由来し，電荷の離散性に関連する．時刻 t で名目上定電流 I を用いた測定を行うとき，この電流に伴う電荷は It であり，導体の断面積を流れる素電荷 $N = It/e$ に相当する．こ

れらの電荷にお互い相関がないとすると，ポアッソン統計から，この数の変数は $(\delta N)^2 = N$ と期待される．そのとき，電荷数の標準偏差は $\sqrt{It/e}$ となり，ショットノイズ電流の2乗

$$I_{\text{shot}}{}^2 = \frac{eI}{t} \tag{8.121}$$

に相当する．この量は測定時刻 t の逆数に比例する．異なる点のゆらぎは独立である限り，これは白色ノイズであり，スペクトルのパワー密度は周波数に依存しない．式 (8.121) は通常以下の形で書ける:

$$I_{\text{shot}}{}^2 = 2eI\Delta f\ . \tag{8.122}$$

ただし，測定バンド幅 Δf は，$\Delta f = 1/(2t)$ に従う測定時間に関係する．電流源を用いて回路を分析するうえで，関連するノイズ電流源が元の電源に加えられるべきである．

その他の重要なノイズ源は，抵抗の熱（ジョンソン）ノイズに由来する．抵抗 R において，ノイズ電圧の2乗は

$$V_{\text{Johnson}}{}^2 = 4kTR\Delta f\ . \tag{8.123}$$

等価回路において，ノイズ電圧源は相当する抵抗と直列に現れる．ついでに述べておくと，抵抗からの熱ノイズはあるが，コンデンサやコイルにはない．これは一般的な**揺動散逸定理 (fluctuation-dissipation theorem)** に関連する[文献 26]．

(c) さまざまなノイズ源が独立である限り，それらは2乗して加えるべきである．光および暗電流によるノイズ電流源，抵抗のジョンソンノイズを含めると，直接的な回路分析の後，

$$\begin{aligned}(V_{\text{out}}{}^2)_{\text{noise}} = \ & \frac{2e(I_{\text{ph}} + I_d)\Delta f R_L^2}{1 + \omega^2 (R_L + R_s)^2 C^2} + \frac{(4kTR_L\Delta f)}{1 + \omega^2 R_L^2 C^2} \\ & + \frac{(4kTR_{\text{sh}}\Delta f) R_L^2 (1 + \omega^2 R_{\text{sh}}{}^2 C^2)}{(R_L + R_{\text{sh}})^2 + \omega^2 R_{\text{sh}}{}^2 C^2 (R_L + R_{\text{sh}})^2} \\ & + \frac{(4kTR_s\Delta f) R_L^2 \omega^2 C^2}{1 + (R_s + R_L)^2 \omega^2 C^2}\ .\end{aligned} \tag{8.124}$$

にたどり着く．ここで，第1項はショットノイズを記述し，他の3つの項は，

[文献 26] 例えば Reif (1965).

それぞれロード，シャント，そして直列抵抗のジョンソンノイズの寄与を記述する；$\omega = 2\pi f$ は，測定が行われた角周波数（バンド幅 Δf）である．式 (8.124) を導くうえで，あらゆる実例で $R_s \ll R_{\rm sh}$ を仮定し，ショットノイズの項においてシャント抵抗の影響を無視した．

これで図 8.16(c) のフォトダイオード回路の信号とノイズに関する表式 (8.119) と (8.124) を得たので，この単純な回路がどのような環境下において，ある測定に適当であるかを議論する準備ができた．

(d) 求められるバンド幅は，式 (8.120) に従って R_L の値を決定する:

$$\boxed{R_L \approx \frac{1}{2\pi CB} \approx 160\ \mathrm{k\Omega}\ .} \tag{8.125}$$

この R_L の値を用いて，ロード抵抗のジョンソンノイズによる出力ノイズ電圧の 2 乗（式 (8.124)）が $\approx (1\ \mu\mathrm{V})^2$ と求まる．ただし，抵抗は室温で $\Delta f = B$，$\omega \sim 2\pi B$ とする．

式 (8.124) の第 1 項に数値を代入すると，暗電流ショットノイズに対応する値は十分小さい（$\approx (3 \times 10^{-8}\ \mathrm{V})^2$）ことがわかる．シャントと直列抵抗からの出力ノイズ電圧の 2 乗へのジョンソンノイズの寄与は，$R_L/R_{\rm sh}$ と求まり，ロード抵抗からの寄与に比べて R_s/R_L 倍小さい．したがって，実際，ロード抵抗はこの状況において暗ノイズの主な原因である．

ショットノイズがロード抵抗のジョンソンノイズに等しいときの光電流は，式 (8.124) のはじめの 2 項を解くことで求まる．

$$I_{\rm ph} = \frac{2kT}{eR_L} \approx 0.3\ \mu\mathrm{A}\ . \tag{8.126}$$

これは，1 秒あたりフォトダイオードに $\sim 10^{12}$ 個の光子が衝突すること，もしくは赤い光 ($\lambda = 650$ nm) の電力 $\sim 0.7\ \mu$W に相当する．

最後に，図 8.16(d) に示すオペアンプを用いた改良フォトダイオード回路を考えよう．これにより，これまで考えてきた単純な回路のバンド幅とノイズの制限を打開できる．フォトダイオード増幅器の詳細な取り扱いは Graeme (1996) によって与えられている．

オペアンプは，図 8.16(d) に示す高利得（通常 $10^5 - 10^6$）差動増幅器であり，2 つの入力と 1 つの出力をもつ三角形（頂点が右）で表される．オペアンプの入力の 1 つは反転し（“−” を記している），もう 1 つは反転しない

(“+” を記している）オペアンプの出力は，抵抗 R' を通して，反転した入力に接合され，**負のフィードバックループ (feedback loop)** を形成する．最も実用的には，フィードバックをもつオペアンプの動作は，2 つの理想的な**黄金則 (golden rules)** を用いて解析される[文献 27]：

1. 出力は，入力間の電位差をゼロにしようとする．
2. 入力は，電流を引き出さない

これらのルールを図 8.16(d) の回路に適用しよう．第 1 のルールによると，フォトダイオードはオペアンプにつながれた端子でゼロ電圧を見る．そのため，ロード抵抗は実効的にゼロである．フォトダイオードの電流では何が起こるだろうか．第 2 のルールによると，オペアンプの入力は電流を引き出さないので，厳密に等しいかフォトダイオードと反対の電流はフィードバック抵抗 R' を通して出力から供給される．よって，出力電圧は，本質的に

$$V_{\text{out}} \approx -(I_{\text{ph}} + I_d)R' \,. \tag{8.127}$$

ロード抵抗 R_L を取り除くことでバンド幅を大きく改善できる．実際，高いバンド幅を達成しながら，フォトダイオード電流と出力電圧との間の大きな変換係数を保つことは，オペアンプ回路の主な目的である．集積フォトダイオード/オペアンプのパッケージは，実に広く流通している．

(e) まず，オペアンプのフィードバック配置において，フィードバック抵抗のジョンソンノイズは本質的に修正なしに出力に現れる．これは，2 つの黄金則の帰結である．オペアンプ回路の場合，すべてのノイズ源を実効的なフォトダイオードノイズ電流として再計算すると都合が良い．フィードバック抵抗のジョンソンノイズにおいて，出力ノイズを R' で割る必要がある．

この線でノイズ源の解析を繰り返すと，低周波極限で式 (8.124) が導かれ，以下の実効的な入力ノイズ電流を得る：

$$({I_{\text{in}}}^2)_{\text{noise}} = 2e(I_{\text{ph}} + I_d)\Delta f + 4kT\Delta f\left(\frac{1}{R'} + \frac{1}{R_{\text{sh}}}\right) \,. \tag{8.128}$$

大きなフィードバック抵抗が望まれる低い光を用いると，シャント抵抗のジョンソンノイズは主なノイズ源として現れる（ショットノイズを除く）．式

[文献 27] Horowitz と Hill, (1989), 4.03 章.

(8.126) との類似性から，フォトダイオードオペアンプ回路は，$R' \gtrsim R_{\rm sh}$ で 1 秒あたり $\sim 10^9$ 光子フラックス検出に適合できることがわかる．

シャント抵抗が温度の降下とともに増加するので，フォトダイオードを冷却することでノイズ特性が顕著に改善される（通常，20°C ダイオードを冷やすと一桁上がる）．

この簡単なチュートリアルでは，理想的でないオペアンプの効果，半導体接合の詳細な物理によるバンド幅の制限，フォトダイオードパッケージの浮遊容量やリード線による不完全性，測定装置や接続用ケーブルの効果などの問題については議論しなかった．しかし，我々が議論したことが，フォトダイオードを理解するうえで良い出発点となることと願う．

9 章

さまざまなトピックス

9.1 コンパス針の歳差運動

Probrems and Solutions

常磁性原子の向きが外部磁場平行でないとき，原子の磁気モーメントはラーモア周波数 Ω_L で磁場の周りを歳差運動する．磁気コンパス針では，全く異なる振る舞いが観測される．針が回転中心の周りを自由に回るとする．磁場に対してある角で手放すと，針は平衡の向きに対して振動をするだろう（針の磁気モーメントは磁場方向を向く）．これら 2 つの系の振る舞いの違いを説明せよ．針が磁場の周りを歳差運動する状況をつくることは可能か．

解

2 つの系の違いは，磁気モーメントと角運動量の関係の違いによる．

原子の磁気モーメント $\vec{\mu}$ と全角運動量 $\vec{F}$ には以下の関係がある:

$$\vec{\mu} = \gamma \vec{F}. \tag{9.1}$$

ただし，$\gamma \sim \mu_0$ は磁気回転比である．角運動量は，外部磁場と磁気モーメントの相互作用によるトルクによって成長する．

$$\frac{d\vec{F}}{dt} = \vec{\mu} \times \vec{B} = \gamma \vec{F} \times \vec{B}\ . \tag{9.2}$$

ただし，$\hbar = 1$ とした．この方程式の解は，角速度

$$\vec{\Omega}_L = -\gamma \vec{B} \tag{9.3}$$

で磁場の周りをベクトル $\vec{F}$ の回転を与える．

針の場合に移ろう．針が軸方向（磁気モーメント密度 M）に沿って磁化していると，針の全磁気モーメントは，

$$\vec{\mu}_n = \pi r^2 l M \hat{n}. \tag{9.4}$$

ただし，$\hat{n}$ は針の軸方向の単位ベクトル，単純な円柱形（半径 r と長さ l）を仮定した．

通常の強磁性物質（例えば，鉄）では，原子あたりの全有効磁気モーメントが（$\hbar$ 単位で）1 のオーダーであり，典型的な有効磁気回転比は $\gamma \approx 2\mu_0$ である[文献 1]．したがって，本質的な角運動量 L_0 に対して磁化した強磁性体の磁気モーメントの比は，自由原子のものと似ている．

しかし，自由原子と磁化した針との重要な違いは，自由原子の角運動量の歳差運動が原子核の力学的な運動を引き起こさないことである．一方，針では磁気モーメントが結晶の格子に固定されているので，磁場中の時間発展は針の巨視的な運動と結合する．

例えば，針が瞬間的な角速度 $\vec{\Omega}$ で針の軸に垂直な軸の周りを回転し，その中心を通っているとする．この回転に関する力学的な角運動量は，

$$\vec{L} = I\vec{\Omega} = \frac{\pi r^2 l^3 \rho}{12}\,\vec{\Omega}. \tag{9.5}$$

ここで，I は慣性モーメント，ρ は針の質量密度である．

$|\vec{L}| \sim L_0$ に相当する大きさ $|\vec{\Omega}|$ を見積もろう（Ω^* とおく）．各原子は角運動量 $\approx \hbar$ をもつことから，

$$L_0 \approx \pi r^2 l \frac{\rho}{m_a} \hbar. \tag{9.6}$$

ただし，m_a は原子の質量，ρ/m_a は単位体積あたりの原子数である．式 (9.5) と (9.6) を比べることで，

$$\Omega^* \approx \frac{12\hbar}{m_a l^2} \approx \frac{12 \times 10^{-27}\ \mathrm{erg \cdot s}}{56 \times (1.7 \times 10^{-24}\ \mathrm{g}) \times (0.01\ \mathrm{cm})^2} \sim 1\ \mathrm{s}^{-1} \tag{9.7}$$

を得る．ただし，0.01 cm 長の鉄の針における数値を代入した．

針の運動には，2 つの極限的な場合がある．$|\vec{\Omega}| \gg \Omega^*$ のとき，針の本質的な角運動量は無視でき，針は通常の方法で振る舞う．一方，$|\vec{\Omega}| \ll \Omega^*$ のとき，本質的な角運動量が支配的であり，針はラーモア周波数で（原子のよう

[文献 1] 例えば，Kittel (2005).

に）歳差運動するだろう．式 (9.3) より，選んだ長さの針は，$B \ll 10^{-7}$ G まで歳差運動することが求まる．高品質の磁気シールドを使った実験室では，そのように小さくて，よく制御された磁場をつくることができる．

直接的な類似は，この系と重力場で固定された回転コマの間にある．コマが十分速く回転する限り，垂直方向の周りを歳差運動する．しかし，回転が遅ければ，コマは横にひっくり返り，歳差運動は観測されない．

9.2 超低温中性子偏光板

Probrems and Solutions

中性子の研究で鍵となる技術は，ベータ崩壊によって律速される時間 ($\tau \approx 900$ s) の間に "瓶" の中に閉じ込める能力である．物質もしくは磁場で構成される瓶は**超低温中性子 (ultracold neutrons, UCN)** を閉じ込めることができる．その熱エネルギーは，物質や磁場によってつくられるポテンシャル障壁よりも小さい[文献 2]．そのような UCN は，瓶の壁への入射時に，あらゆる角度で完全に反射される．フランスのグルノーブルにあるラウエ-ランジェヴィン研究所，およびロシアのガッチナにあるセントピーターズバーグ核物理研究所での実験は，比較的低エネルギー ($T \sim 20$ K) の光源から出た，マクスウェル分布した中性子の低エネルギーの裾から UCN を抽出した．超低温中性子は，超流動 ^{4}He 中の冷たい中性子の非弾性散乱によって，より大きな密度で生成される[文献 3]．

エネルギー $\sim 10^{-7}$ eV をもつ超低温中性子 (UCN) が，物質中の磁場 B をもつ磁化した物質の層にぶつかる状況を考えよう（図 **9.1**）．

(a) 端の効果を無視するとき，物質の外における磁気誘導はいくらか．

(b) この系が UCN スピン偏極板として働くのに必要な B の最小値を計算せよ（1 回の偏光で透過した中性子と逆の偏光で反射した中性子）．

[文献 2] UCN 技術や応用の詳細なレビューは Golub ら (1991).

[文献 3] Ageron ら (1978), Golub ら (1983), Golub ら (1991), および Huffman ら (2000).

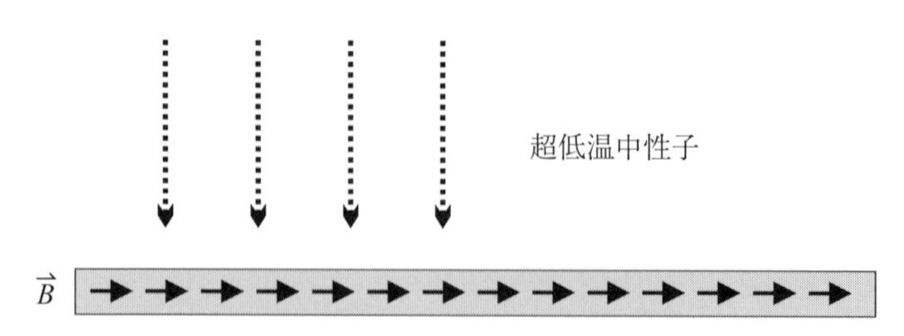

図 9.1　磁化した物質は，UCN において偏極子として作用する．

解

(a) 端の効果は，均一に磁化した物質を無限平板として扱うのと同じである．物質内部の磁場は均一なので，反対向きに伝播する，平板の表と裏に流れる境界表面電流の結果として記述される．そのような電流は，表面に平行な均一磁場と電流の方向に垂直な磁場を生み出す．物質内部では，これらの電流からの磁場が加わり B をつくるが，それらは物質外で打ち消す：

$$\boxed{B_0 = 0.}$$

(b) 磁化した物質内では，磁場方向もしくは反対に向いたスピンをもつ中性子のエネルギーは，磁気双極子モーメント $\vec{\mu}_n$ と $\vec{B}$ の相互作用によって異なる．UCN の全エネルギー E は，

$$E = K - \vec{\mu}_n \cdot \vec{B} \tag{9.8}$$

で与えられる．K は UCN の運動エネルギーである．

“誤った” 偏極の UCN の全エネルギーが負であるとき（つまり，$K < |\vec{\mu}_n \cdot \vec{B}|$），誤った偏極中性子はポテンシャル障壁によって反射する．$K \sim 10^{-7}$ eV，中性子磁気モーメント $\mu_n = g_n\mu_N/2 \approx 6 \times 10^{-12}$ eV/G とすると（1/2 は核スピン，$g_n \approx -3.8$ は中性子のランデ因子，$\mu_N \approx 3 \times 10^{-12}$ eV/G は核磁子），平面が UCN スピン偏光板としてはたらくのに必要な磁気誘導は，

$$\boxed{B \approx 1.7 \times 10^4 \text{ G}}$$

であり，通常の強磁性物質で容易に達成できる値である．

9.3　指数関数的に増大/減少する調和場

Probrems and Solutions

指数関数的に減少する調和振動場のパワースペクトルは，ローレンツ型である（$t=0$ で励起状態にある原子を準備したときの自然放出の状況である）．時間発展に“鏡像”を加える，つまり $t<0$ において同じ緩和率 γ をもつ指数関数的な減衰を加えると，スペクトルはどうなるだろうか．

信号の時間依存性とスペクトルの関係を理解することは，例えば，遷移広がりの線形を理解するうえで重要である（3.13 節）．鋭くない励起はローレンツ型の線形幅を変えるだけでなく，スペクトルの線形をゆがめる．

解

指数関数的に減少する調和振動場のフーリエ変換は，ローレンツ型である：

$$f_-(\omega)=\int_0^{\infty} e^{-\gamma t/2}\sin(\Omega t)e^{-i\omega t}dt=\frac{\Omega}{\frac{\gamma^2}{4}+i\gamma\omega+(\Omega^2-\omega^2)}. \tag{9.9}$$

ただし，γ は強度の減衰率，Ω は振動周波数である．指数関数的に成長する調和振動場のフーリエ変換 $f_+(\omega)$ もまたローレンツ型である：

$$f_+(\omega)=\int_{-\infty}^{0} e^{\gamma t/2}\sin(\Omega t)e^{-i\omega t}dt=\frac{\Omega}{-\frac{\gamma^2}{4}+i\gamma\omega-(\Omega^2-\omega^2)}. \tag{9.10}$$

これらの 2 つの結果を加えると，指数関数的に成長し，その後減衰する関数のフーリエ変換として

$$f_+(\omega)+f_-(\omega)=\frac{-2i\gamma\omega\Omega}{\frac{\gamma^4}{16}+(\Omega^2-\omega^2)^2+\frac{\gamma^2}{2}(\Omega^2+\omega^2)}. \tag{9.11}$$

パワースペクトルを求めるには，$f_+(\omega)+f_-(\omega)$ の 2 乗ノルムをとり，

$$|f_+(\omega)+f_-(\omega)|^2=\frac{4\gamma^2\omega^2\Omega^2}{\left[\frac{\gamma^4}{16}+(\Omega^2-\omega^2)^2+\frac{\gamma^2}{2}(\Omega^2+\omega^2)\right]^2}. \tag{9.12}$$

図 **9.2** の指数関数的に減衰する調和振動のパワースペクトルと比較できる．減衰する場のスペクトルは，増加してから減衰する場の和のスペクトルに比べて広くなる．この違いは，指数関数的に減衰する場で $t=0$ の鋭い端によるものであり，多くのフーリエ成分をもつ．

指数関数的に減衰する調和場のパワースペクトルは

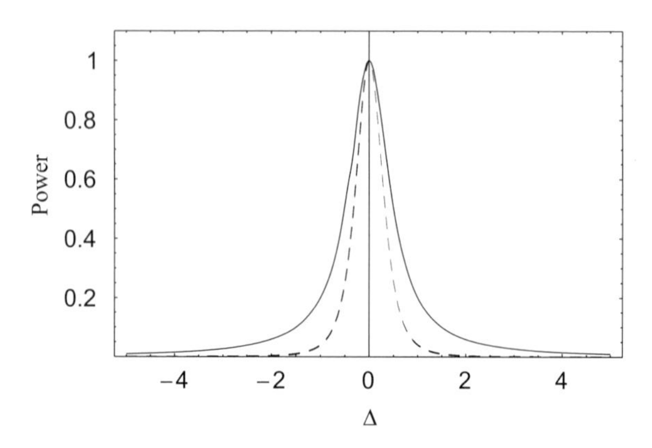

図 9.2　破線：指数関数的に増加し，減衰する正弦関数場の規格化パワースペクトル ($\gamma = 1$)；実線：$\gamma = 1$ で指数関数的に減衰する場のパワースペクトル．

$$. \ |f_-(\omega)|^2 = \frac{\Omega^2}{\frac{\gamma^4}{16} + (\Omega^2 - \omega^2)^2 + \frac{\gamma^2}{2}(\Omega^2 + \omega^2)} \ . \tag{9.13}$$

近似，$\Omega, \omega \gg \gamma, \Delta$ より ($\Delta = \Omega - \omega$)，増加してから減衰する調和場のパワースペクトルは

$$|f_+(\omega) + f_-(\omega)|^2 \approx \frac{4\gamma^2}{(4\Delta^2 + \gamma^2)^2} \tag{9.14}$$

で与えられる．一方，減衰する調和場は

$$|f_-(\omega)|^2 \approx \frac{1}{4\Delta^2 + \gamma^2} \ . \tag{9.15}$$

式 (9.14) と (9.15) を比較すると，通常のローレンツ型のパワースペクトルは Δ^{-2} で減少する．一方，増加・減衰する場の方は Δ^{-4} で減少する．

9.4　マジック角

Probrems and Solutions

ここでは，以下の式で与えられる "マジック角 (magic angle)"

$$\theta_m = \arccos\left(\frac{1}{\sqrt{3}}\right) \approx 54.74^\circ \tag{9.16}$$

で遭遇する，いくつかの例を取り扱い，それらの関係について議論する．

(a) スピン 1/2 のベクトル模型 (**Vector model**):量子力学において，角運

動量 F と磁気量子数 M の状態は，長さ $\hbar\sqrt{F(F+1)}$ のベクトルで表される．量子化軸への射影 $(\hbar M)$ は十分定義される；しかし，全体的な角運動量ベクトルは，横成分の不確定性の結果，円錐表面に渡って塗られる．

$F=1/2$ の場合を考えよう．円錐の半角はいくらか．

(b) 偏極した蛍光: 原子が線偏光によって励起され，放出された光が検出器にたどり着くまでに線偏光板を通る共鳴蛍光実験を考えよう．一般に（例えば，3.8 節を参照），ある分極で放出された放射の空間分布は異方的である．

励起光の偏極ベクトルが，検出器の前の線偏光軸に対して（式 (9.16)）角度 θ_m をなすとき，検出信号は蛍光パターンの異方性部分に鈍感であることを示せ．

ここでは，励起状態の寿命測定で，この性質の重要な帰結について簡単に議論する．励起光の寿命より十分短いパルス幅のパルスレーザーを用いて，基底状態 $|g\rangle$ から励起状態 $|e\rangle$ へ励起し，$|e\rangle$ の減衰による蛍光の時間依存性を測定する．$|g\rangle$ へ戻るものよりも，第 3 の状態 $|e\rangle$ への減衰を観測する方が便利なときもある．例えば，これによって光検出器へ散乱されるレーザー光による信号を簡単に抑えることができる．

単一の状態 $|e\rangle$ において，蛍光の時間変化は指数関数的に減衰するが，近くに $|e\rangle$ の副準位があると（例えば，超微細構造による），指数関数的に減衰する信号の上に，量子ビートとして知られる励起副準位間のエネルギー間隔に相当する周波数で変調が見られる[文献 4]．

例えば，$|e\rangle$ の超微細構造定数が不明のとき，超微細量子ビートは $|e\rangle$ の寿命を計測する問題を与える．しかし，量子ビートの重要な性質は，放射の空間的な再分配に常に関係し，全放射強度においては決して起きない[文献 5]．よって，“マジック角” 励起-検出配置を用いると，量子ビートに関する系統的な影響を受けることなく，全強度の時間依存性を測定できる．

(c) NMR における双極子-双極子相互作用の排除: **核磁気共鳴**[文献 6] の線幅は，以下のハミルトニアンで記述される異なる核間の**双極子-双極子相互作用**

[文献 4] 量子ビートのレビューとして，例えば，Haroche (1976), Corney (1988), および Alexandrov ら (1993).

[文献 5] これはファインマンダイアグラムのテクニック（**付録 I**）を用いて証明され，例えば Alexandrov ら (1993), 3.8–3.9 章においてかなり詳しく議論されている．

[文献 6] NMR；詳細な導入については，例えば Slichter (1990) を参照．

(dipole-dipole interaction)：

$$H = -\vec{m}_b \cdot \vec{B}_a(\vec{r}) = \frac{\vec{m}_a \cdot \vec{m}_b - 3(\vec{m}_a \cdot \hat{r})(\vec{m}_b \cdot \hat{r})}{r^3}, \tag{9.17}$$

によって律速される．ただし，$\vec{m}_{a,b}$ は対応する核磁気モーメント，$\vec{B}_a$ は $\vec{m}_a$（原点に位置する）によって $\vec{r}$ の位置につくられた磁場，$\hat{r}$ は $\vec{r}$ 方向の単位ベクトルである．

NMR 実験は，たいてい強い誘導磁場（$\hat{z}$ を向くとする）のもとで行われる．この場合，磁気モーメントベクトルの z 成分以外の全成分は，平均されてゼロになる．式 (9.17) から，双極子-双極子相互作用は核の位置に依存する．例えば，$\vec{r}$ が $\hat{z}$ 方向のとき，

$$H = -2\frac{(m_a)_z(m_b)_z}{r^3} \tag{9.18}$$

を得る．一方，$\hat{x}$ または $\hat{y}$ 方向の $\vec{r}$ については

$$H = +\frac{(m_a)_z(m_b)_z}{r^3}\ . \tag{9.19}$$

試料が z 軸から角度 θ_m（式 (9.16) を見よ）だけ傾いた軸周りに連続的に回転するとき，時間平均した双極子-双極子ハミルトニアンはゼロであることを示せ．これは，NMR 測定において高いスペクトル分解能を得るためのよく知られた技術である．

(d) 何が関連しているのだろうか? 上の例（および 2.11 節）では，マジック角が一見お互い関連性のないさまざまな場面でどのように現れるか見てきた．ここに加えるべき問題として，ルジャンドル多項式で遭遇する問題，例えば，静電的・静磁気的な境界値問題[文献 7]，および中心場ポテンシャル中の粒子の波動関数に関する量子力学的問題がある．実際，ルジャンドル多項式は $\theta = \theta_m$ で消える：

$$P_2 = \frac{3\cos^2\theta - 1}{2}. \tag{9.20}$$

これらの異なる問題において，マジック角の出現がそれらの間の深い物理的な関連性を表すかどうか推測せよ．

[文献 7] Jackson (1975), 3 章.

ヒント

問 (b) において，マジック角配置が放射パターンの異方性に鈍感なことを示すために，非分極状態 $|g\rangle$ から励起された $|e\rangle$ の可能なテンソル成分を考えよう；どのテンソル成分がこの配置の蛍光によって観測されるだろうか．

解

(a) $F = 1/2$ において，$\hbar$ 単位で角運動量ベクトルの長さは，

$$\sqrt{F(F+1)} = \sqrt{\frac{1}{2}\cdot\frac{3}{2}} = \frac{\sqrt{3}}{2}\ . \tag{9.21}$$

例えば，$M = 1/2$ の状態において，1/2 は円錐の高さでもある．円錐の半角は三角法から求まる：$\theta_{1/2} = \theta_m$ は式 (9.16) で与えられる．

(b) 弱く広いバンドの励起（$|e\rangle$ の副準位間距離より広い励起パルスのスペクトル幅），および初め分極していない基底状態 $|g\rangle$ を仮定する．励起状態 $|e\rangle$ の分極はどうなるか．基底状態は分極していないので，励起状態の分極は光子のものである．すなわち，励起密度（励起状態密度行列のゼロ階成分，**付録 G** 参照）に加え，配向 (1 階)，および配列（2 階）もある．線偏光の場合，配向は存在しない（対称性から明らかなように，空間的に好まれる方向はない）．したがって，励起光分極方向に量子化軸を選ぶと，対称性から，異方性は $\kappa = 2, q = 0$（κ，q は，それぞれテンソル階と成分）に相当することがわかる．蛍光の空間的な分布について，何がいえるだろうか．検出される放射強度（検出器と放射源とのある距離で）は放射および検出された分極の相対配向に依存する．ウィグナー-エッカルトの定理（**付録 F**）より，異方性は角運動量 κ および q への射影の固有関数として，すなわちこの場合，$Y_2^0(\theta)$ 空間的な回転に変換されなければならない（ここで θ は放射・検出された分極間の角度である）．したがって，検出された放射強度は

$$I(\theta,\phi,t) \propto A + B(t)Y_2^0(\theta,\phi). \tag{9.22}$$

（具体的な系に依存する）係数 A と $B(t)$ は，それぞれ放射の等方的および異方的な部分を記述し，$Y_l^m(\theta,\phi)$ は球面調和関数である．問題の対称性から（その結果，$Y_2^0(\theta,\phi)$），放出された光は ϕ 依存性をもたない．表式 (9.22) において，異方性部分は放出光の分極の全方向にわたる積分で平均化され，量子ビートが異方性部分の時間依存性によることが明確にわかる．最後に，

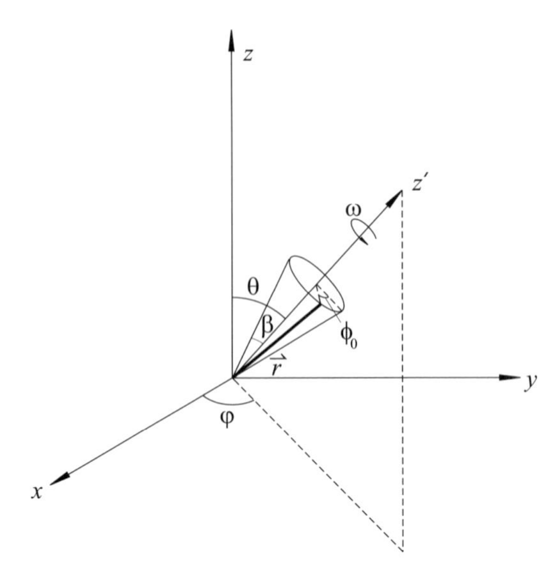

図 9.3　双極子-双極子結合におけるスピニング効果の計算の配置.

$$Y_2^0(\theta) \propto P_2[\cos(\theta)] = \frac{1}{2}\left(3\cos^2\theta - 1\right) \tag{9.23}$$

より，異方性部分はマジック角配置（$\theta = \theta_m$）では観測されないことがわかる．ただし，$P_2[\cos(\theta)]$ はルジャンドル多項式である [1].

励起状態密度行列のテンソル展開の厳密な議論において，読者は Haroche (1976) およびその文献を引用されたい.

(c) 磁気モーメントの z 成分以外は，$\hat{z}$ 方向の強い誘導磁場下では平均化して消えるので，ハミルトニアン (9.17) は，

$$H = -\frac{m_z(a)m_z(b)}{r^3}\left(1 - 3\cos^2\theta_r\right). \tag{9.24}$$

θ_r は $\vec{r}$ と z 軸のなす角である.

原点を通り，z 軸から角度 θ だけ傾いた軸 (z') まわりに試料を回転させる (**図 9.3**)．y' 周りに θ だけ回転させることで z' と z と一致するように，他の 2 つのプライム ($'$) 付き軸の方向を選ぶと便利である.

β は，$\vec{r}$ と $\hat{z}'$ のなす角であり，ϕ_0 は図 9.3 に示した回転面における初期角

[1] 観測方向は励起の分極に対して固定されるとき，検出器前の偏光子の向きを合わせて，励起と検出の分極間の角度を常に θ_m にすることは可能ではないかもしれない．これを可能にするには，観測角度は赤道面から $\pm\theta_m$ 内にすべきである.

度である．プライム付きの座標系で動径ベクトルの座標は

$$x' = r\sin\beta\cos(\phi_0 + \omega t), \tag{9.25}$$

$$y' = r\sin\beta\sin(\phi_0 + \omega t), \tag{9.26}$$

$$z' = r\cos\beta. \tag{9.27}$$

ハミルトニアン (9.24) の時間平均を求めることに興味があるので，$\overline{z}$ を求める必要がある．y' 周りに $-\theta$ だけ回転させる回転行列をかけると，

$$\begin{pmatrix} \cos\theta & 0 & \sin\theta \\ 0 & 1 & 0 \\ -\sin\theta & 0 & \cos\theta \end{pmatrix}, \tag{9.28}$$

$$z = r\cos\theta_r = r[-\sin\theta\sin\beta\cos(\phi_0 + \omega t) + \cos\beta\cos\theta], \tag{9.29}$$

$$\cos\theta_r = [-\sin\theta\sin\beta\cos(\phi_0 + \omega t) + \cos\beta\cos\theta]. \tag{9.30}$$

2 乗して回転周期で平均すると（それと少しの代数計算をすると），

$$\overline{H} = \frac{m_z(a)m_z(b)}{r^3} \cdot \frac{1}{2}\left(1 - 3\cos^2\theta\right)\left(1 - 3\cos^2\beta\right) . \tag{9.31}$$

$\theta = \theta_m$ と選ぶと，あらゆる β で平均双極子-双極子相互作用は消える．

(d) 独自の推測しか用意していないので，ここで明確な答えを期待する読者は，がっかりするかもしれない．

いくらかの関係性は明白であるが，問題の方程式が同じであれば解もまた同じになる．例えば，ラプラス方程式は静電磁気と中心力問題のシュレディンガー方程式の解の両方に現れる．他の場合，問 (a)-(c) で示したように，方程式は同じではないようにみえるし，それぞれの例でマジック角の値が 3 次元空間に関係すること以外は，関係性は少なくとも自明でない．

この本の中心的なメッセージの 1 つは，一見異なる現象を支配する物理的な考えの普遍性，および類似性を見出し対称性を用いる力である．しかし，この方法は数霊術 (numerology) のレベルでとるべきことではないと考える．

数 π は多くの異なる事例で現れるのに，理由はあるだろうか（これが明白でなければ，数 2 についてはどうだろうか）．

9.5 クレプシュ-ゴルダン係数選択則の理解

Probrems and Solutions

電気（磁気）双極子遷移 $F = 1 \to F' = 1$ を考えよう．ウィグナー-エッカルトの定理（**付録 F**）より，ゼーマン副準位 M, M' 間の遷移強度は，既約行列要素とクレプシュ-ゴルダン係数の積に比例する：

$$\langle F, M, 1, M' - M | F', M' \rangle = \langle 1, M, 1, M' - M | 1, M' \rangle. \qquad (9.32)$$

このクレプシュ-ゴルダン係数は $M = M' = 0$ で消えることがわかるが，z 方向に分極した電場（磁場）が，$M = 0 \to M' = 0$ 遷移を励起しないことを意味する（**図 9.4**）．この結果の物理的な説明をせよ．それは多くの光ポンピング実験において重要である（例えば，3.9 および 4.8 節を参照）．

解

素粒子物理学において，本質的な角運動量 1 をもつ素粒子はベクトル粒子とよばれる．その内部状態は，**分極ベクトル (polarization vector)** によって完全に特徴づけられる．分極ベクトルの方向と量子数 M との関係は，**表 9.1** にまとめたように，光子の場合を思い出すことで求まる．

2 つの角運動量 1 の粒子を複合系に結合するとき，結合系の波動関数を構成要素の波動関数からつくる必要がある．複合波動関数は，構成要素の波動関数に線形である必要がある．

2 つの角運動量 1 の粒子を結合すると，$F = 0$（スカラー），$F = 1$（ベク

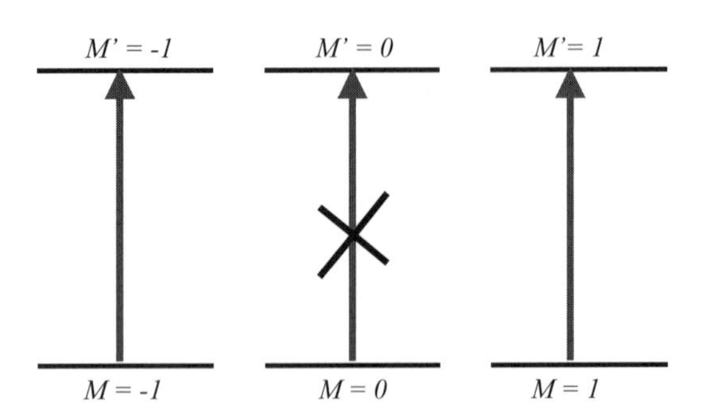

図 9.4　$M = M' = 0$ 間の双極子遷移は，$F \to F$ 遷移において禁制である（このダイアグラムでは $F = 1$）．

表 9.1 角運動量 1 の粒子における量子数 M と分極ベクトル方向との対応.

M	分極ベクトル
-1	$\propto \hat{x} - i\hat{y}$
0	$\propto \hat{z}$
$+1$	$\propto \hat{x} + i\hat{y}$

トル), もしくは $F = 2$ (テンソル) が得られる. この場合, ベクトル (最終的なスピン 1 状態) を得るにはスピン 1 の初期原子状態と光子が結合する必要がある. 今, 分極ベクトル $\vec{e}_1$ および $\vec{e}_2$ が与えられると, ベクトルを得る唯一の方法がある:

$$\vec{e} \propto \vec{e}_1 \times \vec{e}_2. \tag{9.33}$$

しかし, $M = 0$ の初期状態と z 分極した光子の場合, ベクトル $\vec{e}_1$ と $\vec{e}_2$ は $\hat{z}$ (表 9.1 を見よ) に平行であり, ベクトル積 (9.33) はゼロと同等である.

言い換えると, 分極ベクトル $\vec{e}_1$ と $\vec{e}_2$ の 2 つのスピン 1 粒子を, 分極ベクトル $\vec{e}$ のスピン 1 の粒子に結合する過程の強度は, 3 つすべての分極で線形であるべきである. そのような唯一の確率は

$$A \propto (\vec{e}_1 \times \vec{e}_2) \cdot \vec{e}. \tag{9.34}$$

これは $\hat{z}$ 方向のすべての 3 つのベクトルにおいて消える.

この問題で議論した選択則は, より一般的な選択則の特別なケース $\langle F, 0, 1, 0 | F, 0 \rangle = 0$ であり, $M = 0 \to M' = 0$ 双極子遷移が $F = F'$ において禁制であることを意味する.

一般的な選択則がクレプシュ-ゴルダン係数の性質を考えることで導かれることがわかる. 状態 $|F', M'\rangle$ はクレプシュ-ゴルダン係数に従い, 下の状態 F の角運動量をもつ光子の角運動量と結合することでつくられる:

$$|F', M'\rangle = \sum_M \langle F, M, 1, q = M' - M | F', M' \rangle |F, M\rangle |1, q\rangle \,. \tag{9.35}$$

系の物理的な性質は, 量子化のために選んだ方向に依存しないことは明白であり, $|F', -M'\rangle$ 状態におけるクレプシュ-ゴルダン展開と比べると,

$$|F', -M'\rangle = \sum_M \langle F, -M, 1, -q = M - M'|F', -M'\rangle |F, -M\rangle |1, -q\rangle \ ,$$
$$= \pm \sum_M \langle F, M, 1, q = M' - M|F', M'\rangle |F, -M\rangle |1, -q\rangle \ . \tag{9.36}$$

式 (9.35) を用いて，対応するクレプシュ-ゴルダン係数の大きさは

$$|\langle F, M, 1, q|F', M'\rangle| = |\langle F, -M, 1, -q|F', -M'\rangle| \tag{9.37}$$

に等しいことがわかる．クレプシュ-ゴルダン係数は実数であるから，

$$\langle F, M, 1, q|F', M'\rangle = \langle F, -M, 1, -q|F', -M'\rangle \tag{9.38}$$

$$\langle F, M, 1, q|F', M'\rangle = -\langle F, -M, 1, -q|F', -M'\rangle \tag{9.39}$$

をみたす．（例えば，昇降演算子を用いて）$F' = F + 1$ において，式 (9.38) が成り立つことが示される．一方，$F' = F$ において，2 つの係数は (9.39) より $-$ 符号によって関係づけられる．よって，

$$\langle F, 0, 1, 0|F, 0\rangle = -\langle F, 0, 1, 0|F, 0\rangle \ . \tag{9.40}$$

これは，クレプシュ-ゴルダン係数 $\langle F, 0, 1, 0|F, 0\rangle$ がゼロであり，その結果 $M = 0 \rightarrow M' = 0$ 双極子遷移が $F = F'$ で禁制であることを証明する．

9.6　カピッツァ振り子

Probrems and Solutions

ここでは，美しい効果—不安定な平衡点の調和運動の安定性について，高周波摂動を用いて議論しよう．その効果は力学で**カピッツァ振り子 (the Kapitsa pendulum)** としてよく知られ，四重極質量スペクトルメータや荷電粒子のいわゆるポールトラップの中心部でもある[文献 8]．それは粒子加速器，例えばラジオ波四重極イオン加速器[文献 9]として広く用いられている．

質点 m の摩擦のない運動が，鉛直面で半径 R の円に閉じ込められている．
(a) 重力以外の力が働かないとき，平衡点 ($\varphi = 0$) 周りでこの系の小さな振

[文献 8] Paul ら (1958), Paul (1990), Ghosh (1995).

[文献 9] Humphries (1986).

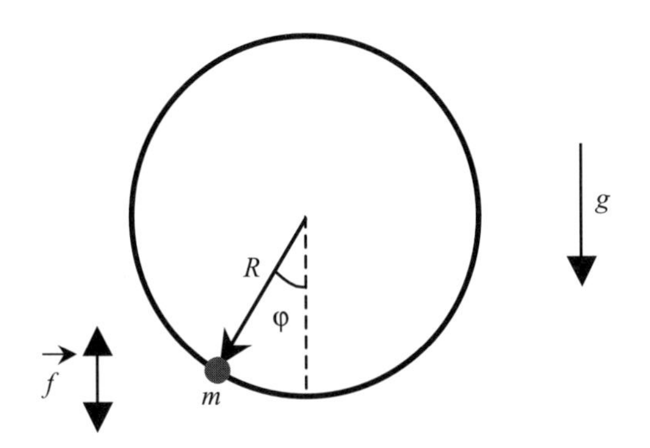

図 **9.5** カピッツァ振り子.

動周波数 Ω_0 はいくらか.

問題のリマインダとして，$\omega \gg \Omega_0$ で強度 $f\sin(\omega t)$ の周期的な力が鉛直方向に質点に対してかけられる (図 **9.5** をみよ). 質点の "速い" ジッタ (jitter) が問 (a) で考えた "遅い" 振動よりも小さな強度であると仮定する.

(b) 振り子の "遅い" 振動周波数への補正 $\Omega - \Omega_0$ を求めよ.

(c) 力 f の大きさが十分大きいとき（どれだけ大きいか），$\varphi = 0$ に加えて $\varphi = \pi$ も平衡点であることを示せ.

(d) $\varphi = \pi$ 周りの小さな振動周波数を求めよ.

解

(a) これは通常の振り子に過ぎないから

$$\boxed{\Omega_0 = \sqrt{\frac{g}{R}}\ .} \tag{9.41}$$

(b) 質点の運動は円に制限されているので，関係する力の成分は円の接線成分だけである：

$$f_t = f\sin(\omega t)\sin\varphi\ . \tag{9.42}$$

質点の運動は速いジッタ（周波数 ω）と遅い振動（周波数 $\approx \Omega_0$）からなる. $\varphi(t) = \varphi_s(t) + \varphi_f(t)$（下付きは，遅いか速い運動を示す）と書くと，系の一般的な運動方程式（Mathieu 方程式とよばれる）を得る：

$$\ddot{\varphi}_s + \ddot{\varphi}_f = \left[-\frac{g}{R} + \frac{f}{mR}\sin(\omega t)\right]\sin(\varphi_s + \varphi_f). \tag{9.43}$$

$\varphi_f \ll 1$ とすると，この方程式を小さな変数において1次まで展開できる：

$$\ddot{\varphi}_s + \ddot{\varphi}_f = \left[-\frac{g}{R} + \frac{f}{mR}\sin(\omega t)\right]\cdot(\sin\varphi_s + \varphi_f\cos\varphi_s)\ . \tag{9.44}$$

速い運動を求めるには，小さな運動を無視し，速い振動が準静止値 φ_s 周りで起こると仮定できる．1次まででは，

$$\ddot{\varphi}_f = \frac{f}{mR}\sin(\omega t)\sin\varphi_s\ , \tag{9.45}$$

$$\varphi_f = -\frac{f}{mR\omega^2}\sin(\omega t)\sin\varphi_s \tag{9.46}$$

と求まる．ただし，最後のステップは速い振動に寄与しない積分の定数項を無視した．ここで，式 (9.44) に戻り，結果 (9.45) と (9.46) を置換する．速い振動項を平均すると

$$\ddot{\varphi}_s = -\frac{g}{R}\sin\varphi_s - \frac{f^2}{2m^2R^2\omega^2}\cos\varphi_s\sin\varphi_s \tag{9.47}$$

が得られる．式 (9.47) から，$\varphi_s = 0$ 周りの小さく遅い振動は，周波数

$$\boxed{\Omega = \sqrt{\frac{g}{R} + \frac{f^2}{2m^2R^2\omega^2}}} \tag{9.48}$$

で起こることがわかる．

(c) $\varphi_s = \pi$ 近くで，式 (9.47) を考える．$\varphi' = \varphi_s - \pi$, $\varphi' \ll 1$ を導入し，

$$\ddot{\varphi}' = \left(\frac{g}{R} - \frac{f^2}{2m^2R^2\omega^2}\right)\varphi'. \tag{9.49}$$

振動解は，式 (9.49) の括弧内の量が負のときに得られる．

(d) 以下のように求まる：

$$\boxed{\Omega = \sqrt{-\frac{g}{R} + \frac{f^2}{2m^2R^2\omega^2}}\ .} \tag{9.50}$$

9.7 原子分極の可視化

Probrems and Solutions

この問題では，角運動量ベクトルの確率分布を表す3次元的な表面の描画

によって，原子分極を可視化するテクニックについて概観する[2),文献 10]．

全角運動量 F の原子の分極状態を可視化するには，原点からの距離 r が動径方向への射影 $M=F$ を見出す確率に比例する表面を描こう．極角 θ と φ によって与えられる方向の動径を求めるために，密度行列 ρ（付録 **H**）を回転すると，量子化軸はこの方向にある．

$$\rho(\theta,\varphi)=\mathcal{D}(\varphi,\theta,0)\,\rho(\theta=0,\varphi=0)\,\mathcal{D}^{-1}(\varphi,\theta,0) \tag{9.51}$$

また，$\rho_{M=F,M=F}$ 要素をとる：

$$r(\theta,\varphi)=\rho(\theta,\varphi)_{F,F}\ . \tag{9.52}$$

ここで，$\mathcal{D}(\varphi,\theta,0)$ は適当な量子力学的な回転行列である（付録 **E**）．

(a) 非分極原子集団の確率表面をプロットせよ．

(b) ストレッチ状態 $(F=1,\ M=1)$ の原子集団における確率表面をプロットせよ．どの状態多極子[3)]が存在するか（付録 H 参照）．

(c) 状態 $F=1,\ M=0$ の原子集団における確率表面をプロットせよ．この場合，どのような状態多極子が存在するか．

(d) この技術は，外部磁場下の原子分極の動的振る舞い（量子ビート）を見るのに特に役立つ．

磁場中の分極原子集団の振る舞いを可視化するのは直接的であるが（これはラーモア歳差運動に過ぎない，2.6 節を参照），電場によって起こる量子ビートの現象は可視化するのがより難しい．

はじめ $\hat{y}$ 方向のストレッチ状態の $F=1$ の原子を考えよう．電場 $\vec{\mathcal{E}}$ は $\hat{z}$ 方向にかけられるものとする．原子分極の可視化の技術を使って，原子分極の時間発展を記述せよ．

解

(a) 非極性試料において，原子をストレッチ状態 $|F,M=F\rangle$ に見出す確率

---

2) 同じようなアプローチは，分子分極とその時間発展を記述し [Auzinsh and Ferber (1995)]，楕円偏光によって原子・分子に誘起される異方性を解析するのに用いられる [Milner and Prior (1999)]．このテクニックは，高次の多極子モーメントの対称性の性質を理解し，量子ビート間の原子分極の時間発展を理解するのに特に役立つ．

[文献 10] Rochester と Budker (2001).

3) 状態多極子は，原子分極を特徴づけるのによく用いられ，上で述べたように，分極の可視化の過程によって系の対称性を見ることができる．逆に，これは分極した原子試料の光学的性質を理解するうえで手助けとなる．例えば，Budker ら (2002) によるレビューを参照．

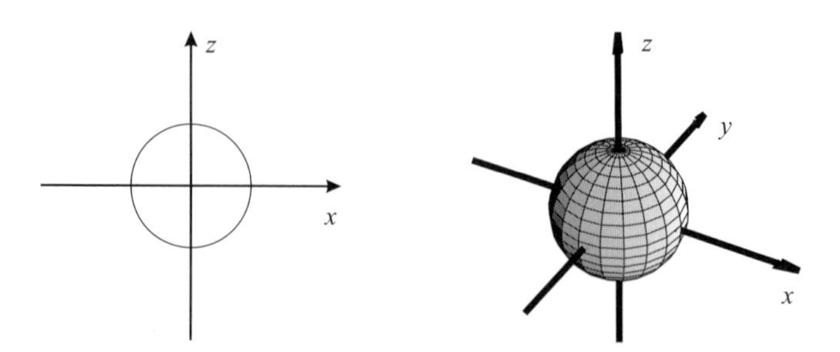

図 9.6　非分極原子試料における原子分極を表す 2 次元断面積および 3 次元表面.

は量子化軸の選び方によらない．よって，確率表面は球である．すなわち，$r(\theta,\varphi)$ は一定である（**図 9.6**）.

(b) 全角運動量 $F=1$，すべての $M=1$ ゼーマン副準位をもつ原子集団を記述する密度行列 $\rho(0,0)$（z 方向の量子化軸）は

$$\rho(0,0)=\begin{pmatrix}1&0&0\\0&0&0\\0&0&0\end{pmatrix}. \tag{9.53}$$

回転行列 $\mathcal{D}(\varphi,\theta,0)$ は

$$\mathcal{D}(\varphi,\theta,0)=\mathcal{D}(0,\theta,0)\cdot\mathcal{D}(\varphi,0,0) \tag{9.54}$$

$$=\begin{pmatrix}\frac{1}{2}(1+\cos\theta)e^{i\varphi} & \frac{1}{\sqrt{2}}\sin\theta & \frac{1}{2}(1-\cos\theta)e^{-i\varphi}\\ -\frac{1}{\sqrt{2}}\sin\theta\ e^{i\varphi} & \cos\theta & \frac{1}{\sqrt{2}}\sin\theta\ e^{-i\varphi}\\ \frac{1}{2}(1-\cos\theta)e^{i\varphi} & -\frac{1}{\sqrt{2}}\sin\theta & \frac{1}{2}(1+\cos\theta)e^{-i\varphi}\end{pmatrix} \tag{9.55}$$

で与えられ（**付録 E**），連続して回転を行うことで $\mathcal{D}(\varphi,\theta,0)^{-1}$ を得る（式 (9.51) で必要とされる）.

$$\mathcal{D}(\varphi,\theta,0)^{-1}=\mathcal{D}(-\varphi,0,0)\cdot\mathcal{D}(0,-\theta,0) \tag{9.56}$$

$$=\begin{pmatrix}\frac{1}{2}(1+\cos\theta)e^{-i\varphi} & -\frac{1}{\sqrt{2}}\sin\theta\ e^{-i\varphi} & \frac{1}{2}(1-\cos\theta)e^{-i\varphi}\\ \frac{1}{\sqrt{2}}\sin\theta & \cos\theta & -\frac{1}{\sqrt{2}}\sin\theta\ e^{i\varphi}\\ \frac{1}{2}(1-\cos\theta)e^{i\varphi} & \frac{1}{\sqrt{2}}\sin\theta\ e^{i\varphi} & \frac{1}{2}(1+\cos\theta)e^{i\varphi}\end{pmatrix}. \tag{9.57}$$

したがって，回転系の密度行列は

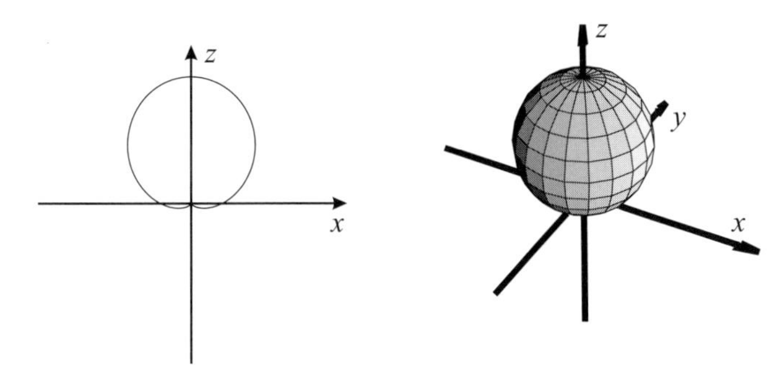

図 9.7 全角運動量 $F=1$ をもつ状態の $M=1$ ゼーマン副準位における，原子集団の原子分極を表す 2 次元断面積および 3 次元表面．原点から表面までの距離は，式 (9.59) から $r(\theta,\varphi)$ で与えられる．

$$
\begin{aligned}
\rho(\varphi,\theta) &= \mathcal{D}(\varphi,\theta,0)\,\rho(0,0)\,\mathcal{D}^{-1}(\varphi,\theta,0)\\
&= \begin{pmatrix}
\frac{1}{4}(1+\cos\theta)^2 & \frac{1}{2\sqrt{2}}\sin\theta(1+\cos\theta) & \frac{1}{4}\left(1-\cos^2\theta\right)\\
\frac{1}{2\sqrt{2}}\sin\theta(1+\cos\theta) & \frac{1}{2}\sin^2\theta & \frac{1}{2\sqrt{2}}\sin\theta(1-\cos\theta)\\
\frac{1}{4}\left(1-\cos^2\theta\right) & \frac{1}{2\sqrt{2}}\sin\theta(1-\cos\theta) & \frac{1}{4}(1-\cos\theta)^2
\end{pmatrix}
\end{aligned}
\tag{9.58}
$$

で与えられる．よって，式 (9.52) より，確率表面は

$$
\boxed{r(\theta,\varphi) = \frac{1}{4}(1+\cos\theta)^2} \tag{9.59}
$$

と記述される．φ 依存性はないから，原子分極は z 軸について円柱対称である．この確率分布を図 **9.7** にプロットした．

付録 **H** の議論に基づくと，現れる最高次の多極子は $\kappa=2$（四重極モーメント，もしくは配向）に相当するすることがわかっている．式 (G.54) より計算される状態多極子は表 **9.2** で与えられる．

(c) 問 (a) と同様の方法に従い，密度行列で記述される集団において，

$$
\rho(0,0) = \begin{pmatrix} 0 & 0 & 0\\ 0 & 1 & 0\\ 0 & 0 & 0 \end{pmatrix}. \tag{9.60}
$$

$$
\boxed{r(\theta,\varphi) = \frac{1}{2}\sin^2\theta\ .} \tag{9.61}
$$

表 9.2　全角運動量 $F=1$ 状態の $M=1$ ゼーマン副準位における原子集団の多極子モーメントの値．上付きは多極子 (κ) のランクを与え，下付きは成分 q である．あらゆる可能なランクの多極子が示されている．

	多極子	値
単極子	$\rho_0^{(0)}$	$\frac{1}{\sqrt{3}}$
双極子 (向き)	$\rho_1^{(1)}$	0
	$\rho_0^{(1)}$	$\frac{1}{\sqrt{2}}$
	$\rho_{-1}^{(1)}$	0
四極子 (配向)	$\rho_2^{(2)}$	0
	$\rho_1^{(2)}$	0
	$\rho_0^{(2)}$	$\frac{1}{\sqrt{6}}$
	$\rho_{-1}^{(2)}$	0
	$\rho_{-2}^{(2)}$	0

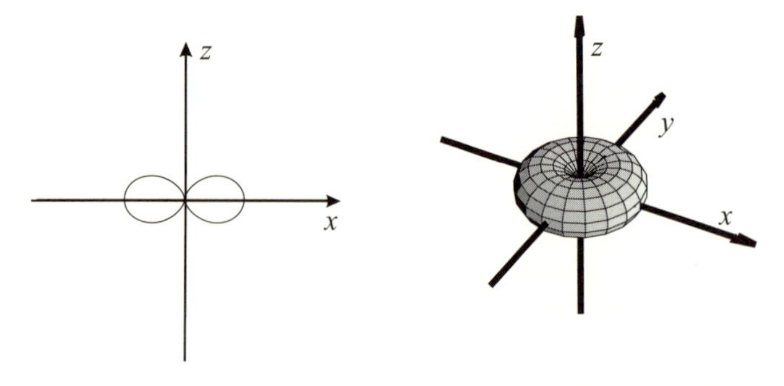

図 9.8　全角運動量 $F=1$ をもつ状態の $M=0$ ゼーマン副準位における原子集団の原子分極を表す 2 次元断面積と 3 次元表面．

対応する確率表面は，**図 9.8** にプロットした．多極子の値は**表 9.3** で与えられる．対称性から期待されるように，双極子（向き）は存在しない．

確率表面は，原子集団のもつ対称性を可視化し，その光学特性を理解するうえで役立つ．例えば，図 9.7 に描かれた分極表面によって記述される原子集団は好ましい向き ($\hat{z}$) をもつと期待される．集団は，z 方向に伝搬する光において，円複屈折性と円 2 色性をもつと期待される．図 9.7 に描いたように，$M=-1$ とは逆の $M=+1$ をもつ状態により多くの原子がある．そのため，左と右偏光で異なる屈折率が期待される．これは，実際に好ましい向

表 9.3 全角運動量 $F = 1$ をもつ状態の $M = 0$ ゼーマン副準位における原子集団における多極子モーメントの値

	多極子	値
単極子	$\rho_0^{(0)}$	$\frac{1}{\sqrt{3}}$
双極子 (向き)	$\rho_1^{(1)}$	0
	$\rho_0^{(1)}$	0
	$\rho_{-1}^{(1)}$	0
四極子 (配向)	$\rho_2^{(2)}$	0
	$\rho_1^{(2)}$	0
	$\rho_0^{(2)}$	$-\sqrt{\frac{2}{3}}$
	$\rho_{-1}^{(2)}$	0
	$\rho_{-2}^{(2)}$	0

きの分極をもつ原子集団の一般的な性質である.

同様に，図 9.8 で示したような分極表面によって記述される集団は，x または y 方向の光伝搬について，明確な線形 2 色性と線形複屈折性をもつ.

この方法は，密度行列の形から対称性が自明でない高次 $(\kappa > 2)$ の分極モーメントをもつ集団において特に役立つ.

(d) 最初のステップは，$\hat{y}$ 方向を向いたストレッチ状態の密度行列を書くことである．このことを $\hat{z}$ 方向に引き伸ばされた状態の密度行列から始め，適切に座標系を回転させせよう．**付録 E** から，**図 9.9** に示したオイラー角 $\beta = -\pi/2$ および $\gamma = -\pi/2$ を用いた回転が必要である.

よって，時刻 $t = 0$ で系を記述する密度行列は，

$$\rho(t=0) = \mathcal{D}(0, -\frac{\pi}{2}, -\frac{\pi}{2}) \cdot \begin{pmatrix} 1 & 0 & 0 \\ 0 & 0 & 0 \\ 0 & 0 & 0 \end{pmatrix} \cdot \mathcal{D}^{-1}(0, -\frac{\pi}{2}, -\frac{\pi}{2}) \,, \tag{9.62}$$

$$= \frac{1}{2} \begin{pmatrix} \frac{1}{2} & -\frac{i}{\sqrt{2}} & -\frac{1}{2} \\ \frac{i}{\sqrt{2}} & 1 & -\frac{i}{\sqrt{2}} \\ -\frac{1}{2} & \frac{i}{\sqrt{2}} & \frac{1}{2} \end{pmatrix} . \tag{9.63}$$

次のステップは，リウビル方程式（**付録 H**）を使って，密度行列の要素の時間依存性を求めることである．原子分極は，ゼーマン副準位における 2 次

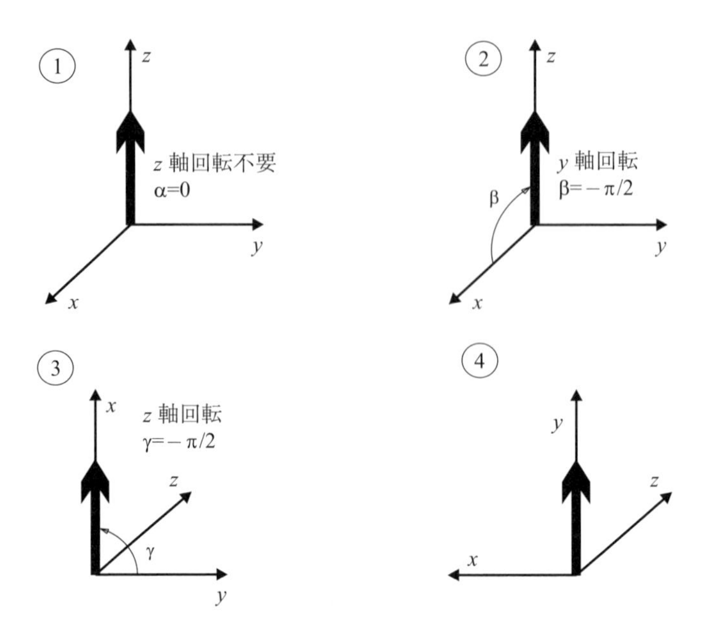

図 9.9　$\hat{z}$ 方向に分極した原子試料を $\hat{y}$ 方向に分極した試料へ変換するためのオイラー角 α, β, γ を用いた座標回転.

のシュタルク分裂によって大きくなり，（スカラーシフトはすべての副準位を一緒に動かすから）以下の公式で記述されるテンソル分極率の効果を考慮する必要がある（2.11 節参照）：

$$H(M) = -\alpha_2 \frac{\mathcal{E}^2}{2} \frac{3M^2 - F(F+1)}{F(2F-1)} \ . \tag{9.64}$$

したがって，$F = 1$ の原子の場合，

$$H = -\frac{\alpha_2 \mathcal{E}^2}{2} \begin{pmatrix} 1 & 0 & 0 \\ 0 & -2 & 0 \\ 0 & 0 & 1 \end{pmatrix} . \tag{9.65}$$

式 (9.65) をリウビル方程式 (G.44)

$$\frac{d\rho}{dt} = \frac{1}{i\hbar}[H, \rho]$$

に適用すると，以下の微分方程式対（行列の形で）得られる：

$$\frac{d}{dt}\begin{pmatrix}\rho_{11} & \rho_{10} & \rho_{1-1}\\ \rho_{01} & \rho_{00} & \rho_{0-1}\\ \rho_{-11} & \rho_{-10} & \rho_{-1-1}\end{pmatrix} = \begin{pmatrix}0 & i\omega_S\rho_{10} & 0\\ -i\omega_S\rho_{01} & 0 & -i\omega_S\rho_{0-1}\\ 0 & i\omega_S\rho_{-10} & 0\end{pmatrix}. \tag{9.66}$$

$$\omega_S = \frac{2\pi}{\tau_S} = \frac{3\alpha_2\mathcal{E}^2}{2\hbar} \tag{9.67}$$

はシュタルク分裂（シュタルクビートの周波数）である．微分方程式は独立であり，簡単に解けるので，時間依存密度行列を得る：

$$\rho(t) = \begin{pmatrix}\rho_{11}(0) & \rho_{10}(0)e^{i\omega_S t} & \rho_{1-1}(0)\\ \rho_{01}(0)e^{-i\omega_S t} & \rho_{00}(0) & \rho_{0-1}(0)e^{-i\omega_S t}\\ \rho_{-11}(0) & \rho_{-10}(0)e^{i\omega_S t} & \rho_{-1-1}(0)\end{pmatrix}. \tag{9.68}$$

最後のステップは，可視化技術を使って原子分極の動的な時間発展を見ることである．式 (9.68) と (9.63) から行列要素 $\rho_{M,M'}(0)$ の初期値を用いて，得られた行列要素を角度 θ, φ だけ回転すると，（かなりの量の代数計算の後）確率表面（式 (9.52)）を記述する動径ベクトルを得る：

$$\begin{aligned} r(\theta,\varphi,t) = \frac{1}{32}\bigl[&10-2\cos(2\theta)+\cos(2(\theta-\varphi))-2\cos(2\varphi)+\cos(2(\theta+\varphi))\\ &+16\sin\theta\ \sin\varphi\ \cos\omega_S t+8\cos\varphi\ \sin 2\theta\ \sin\omega_S t\bigr]. \end{aligned} \tag{9.69}$$

この表面の時間発展を図 **9.10** に示した．元の状態は，配向と配列（y 方向）の両方をもつのに対して，時間発展の間に，配列のみがある段階を経由する（配向）．これは，配列-配向変換の一例である[文献 11]．

9.8 物質の弾性率と引張り強度の見積り

Probrems and Solutions

ヤング率は，（圧力単位で測定された）媒体の相対歪みと応力の間の比例係数である．断面積 A，平衡長 ℓ の物質の板が引き伸ばされるか圧縮されると（弾性歪みの極限において），その長さは $\Delta\ell$ だけ変化する．その結果保存さ

[文献 11] Budker ら (2002) およびその文献．

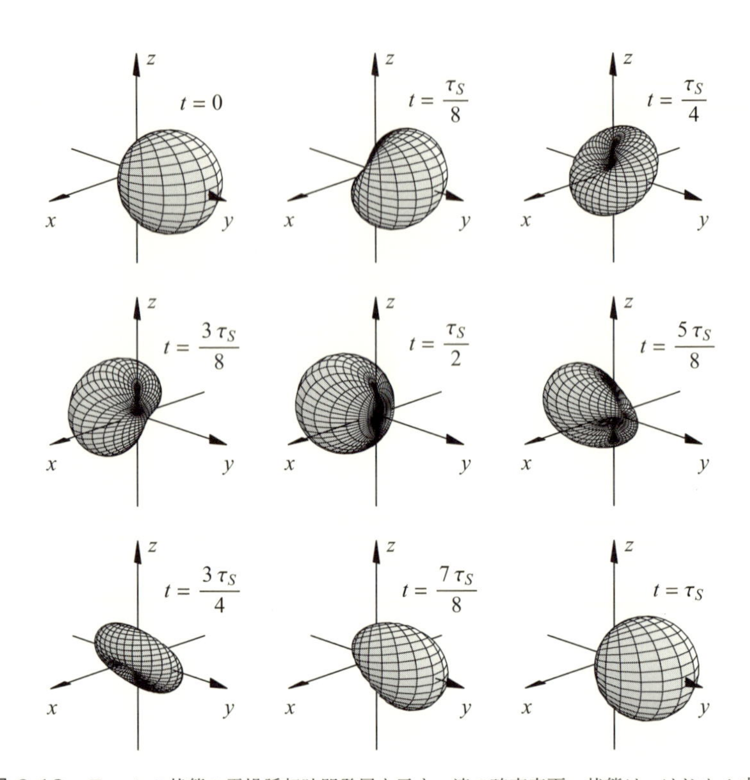

図 9.10　$F=1$ の状態の電場誘起時間発展を示す一連の確率表面．状態は，はじめ $\hat{y}$ 方向に引き伸ばされ，電場は $\hat{z}$ 方向にかけられており，周期 τ_S のシュタルクビートを起こす．時刻 $t=0$ において，原子分極はこの問題の問 (b) で議論したのと，$\hat{z}$ とは反対の $\hat{y}$ 方向に引き伸ばされていること以外は同一のものである（図 9.7 と比較せよ）．$t=\tau_S/4$ において，集団は $\hat{x}+\hat{z}$ 方向の軸を向き（図 9.8 と比較せよ），$t=\tau_S/2$ で集団は $-\hat{y}$ 方向を向き，$t=3\tau_S/4$ で試料は $\hat{z}-\hat{x}$ 方向の軸をもった配列を有し，最後に $t=\tau_S$ で試料は最初の分極へと戻ることがわかる．この方法で，原子分極の対称性が変わり，試料の光学的性質がどのように修正されたかがわかる．図は Rochester-Budker (2001) による．

れる力は，ヤング率 E の定義に従う：

$$F=-EA\frac{\Delta\ell}{l}\ . \tag{9.70}$$

引張り強度 T は，板が壊れ，引き伸ばされるまでかけられる，単位断面積あたり最大の力である．

物質は原子からなることに基づいて，ヤング率と引張り強度の最大の可能な値を求めよ．（この問題の対象を超えたテンソル的側面を含む）固体の機械的性質の理論は，Landau-Lifshitz (1999) による弾性の理論（*The Theory of Elasticity*）で詳細に議論されている．

解

原子からなる物質は，化学結合でお互いにくっついている．最も大きな原子間結合エネルギーは，$E_b \sim 10$ eV のオーダーであり，最密充填の物質では隣接原子間距離は $d \sim 2$ Å である．想定している密な積層では，物質の断面積 1 cm^2 あたり，$d^{-2} \sim 3 \times 10^{15}$ 個程度の原子がある．

見積もるために，物質の原子は，d 程度の平衡からの変位まで調和的であるポテンシャル中にあり，ポテンシャルはより大きな間隔で急激に落ちるものとする．よって，ポテンシャル障壁の高さは $\sim E_b$ である．

これから，1 つの原子におけるばね定数 k は直接的に

$$k \sim \frac{2E_b}{d^2} \tag{9.71}$$

と求まる．このミクロな描像から，長さが $\Delta\ell$ だけ変化するとき，断面積 A および平衡長 ℓ の物質の板の保存力を計算できる．

$$F \sim -k\Delta d \times \left(\frac{A}{d^2}\right) \sim -k\frac{\Delta\ell}{\ell}\frac{A}{d} \sim -\frac{2E_b}{d^3} \times A\frac{\Delta\ell}{\ell}\ , \tag{9.72}$$

ただし，

$$\frac{\Delta d}{d} = \frac{\Delta\ell}{\ell} \tag{9.73}$$

および，式 (9.71) を考慮した．式 (9.70) と (9.72) を比べると，

$$E \sim \frac{2E_b}{d^3} \sim 2 \times 10^{24}\,\frac{\text{eV}}{\text{cm}^3} \sim 3 \times 10^{12}\,\frac{\text{erg}}{\text{cm}^3} = 300\ \text{GPa}\ . \tag{9.74}$$

この単純な見積りは，ありふれた物質のヤング率の最大値の 2 倍以内である．例えば，Kaye-Laby (1995) で挙げられた最大値 $E = 534.4$ GPa はタングステン・カーバイト (wc) のものである．

次に，引張り強度 T を求めよう．物質は $\Delta d \sim d$ まであらゆる方法で引き伸ばされるとき，$\Delta\ell/\ell = 1$ を式 (9.70) に代入することで，張力強度が $T \sim E$ と求まる．

しかしながら，実際の物質は，結晶格子欠陥，不純物，表面効果などによってかなり低い張力で壊れると期待されるだろう．その結果，異なる原子間力の不均一な分布が生じる．実際，ありふれた物質における引張り強度の最高

値は（最高のタングステン線やあるタイプのファイバーグラスにおいて），$T \approx 3-5$ GPa 以下である．

近年，**カーボンナノチューブ (carbon nanotubes)** を用いて 63 GPa まで測られた引張り強度と 300 GPa に及ぶ理論強度が作り出された．これは，原子からなる想像物質で最大の可能な強度に近い（式 (9.74)）．カーボンナノチューブに基づいた物質の重要な特徴は，非常に軽いことである．応用例として，**宇宙エレベーター (space elevator)** が考えられている（これらの新物質の開発前は，悪いサイエンスフィクションであったかもしれない）(http://www.isr.us/SEHome.asp 参照)．**宇宙への乗り物系 (geostationary orbit)** は，地球と静止軌道を超えたところにあるつり合い，おもりとの間に引き伸ばされたケーブルの中心部である．

9.9　カシミール力

Probrems and Solutions

最近 S. K. Lamoreaux (2007) によって概説されたカシミール力は，電磁場の量子ゆらぎの結果として生じ（3.2 節参照），副ミクロンスケールの物体の相互作用において本質的な役割を果たす．これらの力は，（1940 年代の H. Casimir の仕事の動機となった）コロイド状粒子の集団から表面近くにおけるボース-アインシュタイン凝縮の特別な振る舞いに至るまで，幅広い現象を理解するうえで重要である．

カシミール力が相互作用している物体による電磁的真空場の摂動によって生じるという考えに基づいて，距離 d だけ離れた 2 つの平行な導体板間のカシミール力を概算せよ．距離に対して力のスケーリングはどうなるか．間隔 $d = 0.1\ \mu$m のとき，単位体積あたりの力を数値的に求めよ．

解

電磁場の可能なモードの数を計算することから始めよう．黒体輻射の標準的な計算で用いられる，体積 V の箱と，k に近い波数の小さな間隔（光子状態密度）を考える（箱の形とサイズ，および表面の境界条件は最終的な答えには影響しない）．3.3 節で導出した表式 (3.84) から始めよう．ある分極をもつ光子モードの微分数は：

$$dN = \frac{V}{(2\pi)^3} k^2 dk\ d\Omega\ . \tag{9.75}$$

$d\Omega$ はとり得る $\vec{k}$ の向く微分立体角である．$\vec{k}$ の方向や光分極に制限はないから，立体角にわたって積分し，とり得る分極について 2 をかけると，

$$dN = \frac{V}{\pi^2} k^2 dk\ . \tag{9.76}$$

さらに，体積 V で割ると，単位体積あたりのモード数を得る:

$$dn = \frac{1}{\pi^2} k^2 dk\ . \tag{9.77}$$

次に，絶対零度でさえ，ゼロ点揺らぎは各モードにエネルギー $\hbar\omega/2$ を供給することを思い出そう（3.2 節）．$\omega = ck$ はモード周波数である．

この計算で最終的に重要な物理は，導体の存在が板に垂直な波数成分 $k_\perp$

$$k_\perp = \frac{m\pi}{d} \tag{9.78}$$

で与えられる値を制限することである．ただし，m は負でない整数である．粗い見積りにおいて，$k \lesssim \pi/d$ のモードは伝導表面の存在によって許されないことが言える．したがって，板の間のエネルギー密度は，真空のものより小さくなり，それゆえ，板にはお互いにひきつけ合う負の圧力がある．面積 A の板間の体積を考えると，過剰な電磁場エネルギー $\epsilon_{\rm ex}$ が求まる:

$$\epsilon_{\rm ex} \approx Ad \times \int_0^{\pi/d} \frac{\hbar ck}{2} \frac{k^2}{\pi^2} dk = \frac{\hbar c \pi^2 A}{8d^3}\ . \tag{9.79}$$

これは，カットオフを超える波数をもつモードの導体の効果，および板の間に存在する低い k モードのゼロ点振動を無視してきたような概算に過ぎないことに気付く．この計算において“じゅうたんの下をはく”もう 1 つの深刻な課題は，板の内側と外側の両方で電磁場のエネルギー密度の積分が発散することである（これについては 3.2 節で簡単に議論した）．

導体板の引力に相当する負の圧力の大きさは，式 (9.79) から，d に関する過剰なエネルギーを微分し，面積で割ると，

$$p_{est} = \frac{1}{A} \frac{\partial \epsilon_{\rm ex}}{\partial d} \approx -\frac{3\hbar c \pi^2}{8d^4}\ . \tag{9.80}$$

概算的な方法によって，カシミール力の正しい関数依存性を再現したが，d^{-4} スケーリングを含む，より厳密な計算から[文献 12]；

[文献 12] 例えば，Gerry and Knight (2005), pp. 31–33.

$$p = -\frac{\hbar c \pi^2}{240 d^4} \,. \tag{9.81}$$

式 (9.81) へ $d = 0.1\ \mu\mathrm{m}$ を入れると，平板間の引力は，1 平方 cm あたり約 100 dynes ほどとなることがわかり，$\approx 10^{-4}$ atm の負圧に相当する．

付録 A

単位，変換因子，標準値

この付録では，いくつかの実用的な単位，変換因子，そして実際に極めて有用である変数の典型値を載せておく．載せた有用な項目は，自分の辞書として物理学者が個人的に用いられるように選定した．

● 原子単位

長さ = ボーア半径 = a_0:

$$a_0 = \frac{\hbar^2}{me^2} \approx 0.5292\ \text{Å}. \tag{A.1}$$

ただし，m と e は，それぞれ電子の質量と電荷の大きさである．

エネルギー = 水素のイオン化ポテンシャルの 2 倍:

$$\frac{e^2}{a_0} = \frac{me^4}{\hbar^2} = \alpha^2 \cdot mc^2 \approx 27.21\ \text{eV}. \tag{A.2}$$

ただし，$\alpha = e^2/\hbar c \approx 1/137.036$ は微細構造定数．

リュードベリー定数 R_∞ は波数単位で

$$R_\infty = \frac{e^2}{2a_0}\frac{1}{2\pi\hbar c} \approx 1.09737 \times 10^5\ \text{cm}^{-1}. \tag{A.3}$$

ただし，∞ は無限大の核質量を仮定していることを示す．

速度 = 第一ボーア軌道の電子の速度:

$$\frac{e^2}{\hbar} = \alpha c. \tag{A.4}$$

時間:

$$\frac{a_0}{\alpha c} = \frac{\hbar^3}{me^4} \approx 2.419 \times 10^{-17} \text{ sec} . \tag{A.5}$$

さまざまな原子変数の典型的なスケールは，$\hbar = m = e = 1$ の原子単位系からなる．これは，光の速さ $c = \alpha^{-1} = 137.036$ を原子単位とし，上の量が長さ，エネルギー，速度，および時間を構成する．

- **電気双極子モーメント** $ea_0 \approx 2.54 \cdot 10^{-18}$ esu · cm. (A.6)

分子物理学者は，電気双極子モーメントを

$$\text{Debye} = 10^{-18} \text{ esu} \cdot \text{cm} \tag{A.7}$$

単位でよく表す．一方，電気双極子モーメントの原子単位は ea_0 である．

$$\frac{ea_0}{h} \approx 1.28 \, \frac{\text{MHz}}{\text{V/cm}} . \tag{A.8}$$

エネルギー準位のシフトをシュタルク効果（DC か AC）で計算するときはいつでも，電場による電気双極子モーメントをかける必要がある．その積を周波数単位で表すとたいてい便利である．電場の単位間の関係は

$$1 \text{ esu(E)} \approx 300 \text{ V/cm}. \tag{A.9}$$

- **ボーア磁子** μ_0

$$\mu_0 = \frac{e\hbar}{2mc} = \frac{e^2}{2\hbar c} \cdot \frac{e\hbar^2}{me^2} = \frac{\alpha}{2} \cdot ea_0. \tag{A.10}$$

$$\frac{\mu_0}{h} \approx 1.40 \text{ MHz/G} . \tag{A.11}$$

- μ_0 **を用いた磁気モーメント**

電子の磁気モーメント: $\mu_e \approx -\left(1 + \frac{\alpha}{2\pi}\right)\mu_0 \approx -1.00116\mu_0$. (A.12)

陽子の磁気モーメント: $\mu_p \approx 2.793 \cdot \mu_N \approx \frac{2.793}{1836}\mu_0$, (A.13)

$\mu_N = e\hbar/(2m_pc)$ (m_p は陽子の質量) は核磁子，$m_p/m \approx 1836$ である．

中性子磁気モーメント: $\mu_n \approx -1.913 \cdot \mu_N \approx -\frac{1.913}{1836}\mu_0$. (A.14)

- **光線の電場強度**

光振動 1 周期平均した光線の強度 I は，光電場強度 $\mathcal{E}$ を用いて，平均ポインティングベクトルで与えられる：

$$I = \langle|\vec{S}|\rangle = \frac{1}{2}\frac{c}{4\pi}|\vec{\mathcal{E}} \times \vec{H}| = \frac{1}{2}\frac{c}{4\pi}\mathcal{E}^2. \tag{A.15}$$

$$I\left(\frac{\mathrm{mW}}{\mathrm{cm}^2}\right) = 10^{-4}\ \frac{\mathrm{mW}}{\mathrm{erg/s}} \cdot I\left(\frac{\mathrm{erg/s}}{\mathrm{cm}^2}\right) \approx 1.33 \cdot [\mathrm{E(V/cm)}]^2\ . \tag{A.16}$$

AC シュタルク効果，またはレーザー光に誘起された遷移確率を計算するとき，光電場の振幅が必要となる．この変換は，電場とレーザー光強度を記述するのに標準的に使われる“実験室”単位とを関係づける．

- **光線の光子数**

強度 I，面積 A，および波長 λ の cw 光線において，表面に入射した 1 秒あたりの光子数で与えられる:

$$\frac{dN}{dt} \approx 3.93 \times 10^{15} \cdot I\left(\frac{\mathrm{mW}}{\mathrm{cm}^2}\right) \cdot A(\mathrm{cm}^2) \cdot \frac{\lambda(\mathrm{nm})}{780}\ . \tag{A.17}$$

エネルギー U の光パルスの光子数は以下で与えられる:

$$N \approx 3.93 \times 10^{15} \cdot U(\mathrm{mJ}) \cdot \frac{\lambda(\mathrm{nm})}{780}\ . \tag{A.18}$$

式 (A.17) および (A.18) は，Rb D2 線の共鳴波長で規格化されている．

- **典型原子遷移の飽和パラメータ**

共鳴光と 2 準位系の間の結合は，飽和パラメータ（3.7 節）によって特徴づけられる:

$$\kappa = \frac{d^2\mathcal{E}^2}{\hbar^2\gamma_0^2} \to 1.23 \times \frac{[d(ea_0)]^2 I\left(\frac{\mathrm{mW}}{\mathrm{cm}^2}\right)}{\left[\frac{\gamma_0}{2\pi}(\mathrm{MHz})\right]^2}\ . \tag{A.19}$$

d は遷移の双極子モーメント，$\mathcal{E}$ と I は，光電場振幅と強度，γ_0 は遷移の均一幅である．

- **プランク定数と光の速さの積 $\hbar c$**

$$\hbar c \approx 3.16 \cdot 10^{-17}\ \mathrm{erg \cdot cm} \approx 197.3\ \mathrm{MeV \cdot fm} \approx 197.3\ \mathrm{eV \cdot nm}\ . \tag{A.20}$$

● 磁場の単位

$$1\ T = 10^4\ \mathrm{G}; \qquad 1\ \gamma = 10^{-5}\ \mathrm{G}\ . \tag{A.21}$$

真空では，磁気誘導 $B(\mathrm{G})$ は磁場 $H(\mathrm{Oe})$ に等しい．磁気誘導の SI 単位はテスラ T である．地球物理や磁場計測で，共通の単位はガンマ γ である．

巻き数密度 n turns/cm と電流 I の長いソレノイドの中に生じる磁場は

$$\begin{aligned} H(\mathrm{Oe}) &= \frac{4\pi n}{c}\ i(\mathrm{esu}) \approx \frac{4\pi n}{3\times 10^{10}}\ i(\mathrm{A})\cdot 3\times 10^9\ \mathrm{esu/A} \\ &\approx \frac{4\pi}{10}\ n(\mathrm{turns/cm})\cdot i(\mathrm{A}). \end{aligned} \tag{A.22}$$

この関係はもう 1 つよく用いられる磁場の単位を定義する：

$$1\ \mathrm{A}\times \mathrm{turn/cm} = 4\pi/10\ \mathrm{Oe} \approx 1.26\ \mathrm{Oe}\ . \tag{A.23}$$

● エネルギーの単位

$$\begin{aligned} 1\ \mathrm{eV} &\approx 1.60\times 10^{-19}\ \mathrm{J} \approx 1.60\times 10^{-12}\ \mathrm{erg} \\ &\approx hc\cdot 8066\ \mathrm{cm}^{-1} \approx h\cdot 2.41\cdot 10^{14}\ \mathrm{Hz}\ . \end{aligned} \tag{A.24}$$

$$1\ \mathrm{cm}^{-1}\times c \approx 30\ \mathrm{GHz}\ . \tag{A.25}$$

変換 (A.25) は，周波数 ν と波長 λ の関係から導かれる: $\nu = c/\lambda$.

1 eV のエネルギー E に相当する温度は

$$T = E/k_B \approx 11,600\ \mathrm{K}\ . \tag{A.26}$$

ここで，$k_B \approx 1.38\times 10^{-16}$ erg/K はボルツマン定数である．

● 気体密度

$$1\ \mathrm{torr} \approx 1.33\times 10^3\ \mathrm{dyne/cm^2} \tag{A.27}$$

は，水銀柱 1 mm の高さの圧力（地球の表面における）

$$N(\mathrm{cm}^{-3}) = \frac{P(\mathrm{dyne/cm^2})}{k_B T} \approx 9.66\times 10^{18}\ \frac{P(\mathrm{torr})}{T(\mathrm{K})}\ . \tag{A.28}$$

ここで，$T(\mathrm{K})$ は絶対温度である．室温では $T = 293$ K より

$$N(\mathrm{cm}^{-3}) \approx 3.3\times 10^{16}\ P(\mathrm{torr})\ . \tag{A.29}$$

標準条件 (standard conditions)$[P = 760\ \mathrm{torr},\ T = 273\ \mathrm{K}(0^\circ\mathrm{C})]$

において，気体 1 モル ($N_A \approx 6.02 \times 10^{23}$ molecules) は体積 $\approx 22.4\ l = 2.24 \times 10^4\ \mathrm{cm}^3$ を占める．

- **ドップラー幅**

$\Gamma_D = 2\pi\nu \cdot v_T/c$ で定義される（ν は遷移周波数，$v_T = (2k_BT/m)^{1/2}$ は熱速度）ドップラー幅は，温度 $T(\mathrm{K})$ で，質量 $M(\mathrm{amu})$ の原子において，

$$\Gamma_D \approx 2\pi \times 306\ \mathrm{MHz} \times \frac{780\ \mathrm{nm}}{\lambda(\mathrm{nm})} \times \sqrt{\frac{T(\mathrm{K})}{293\ \mathrm{K}} \times \frac{85}{M(\mathrm{amu})}}\ . \tag{A.30}$$

式 (A.30) で，ドップラー幅が室温で ^{85}Rb 原子の D2 遷移に依存しているすべての変数を規格化した ($v_T \approx 2.39 \times 10^4$ cm/s).

- **圧力広がり**

文献では，圧力による線幅の広がりは，通常 $\mathrm{cm}^{-1}/Amagat$，もしくは MHz/$Amagat$ で与えられる．*Amagat* 数（相対密度 *relative density*, r.d. として知られる）は，気体密度と標準大気圧の密度との比 ($\approx 2.69 \times 10^{19}\ \mathrm{cm}^{-3}$) である．

圧力広がりの典型的な断面積は，

$$\sigma \sim 10^{-15}\ \mathrm{cm}^2 \tag{A.31}$$

（特別な場合において，これらの断面積はどの方向でも数桁にわたり，この値からずれる）広がりによる衝突率は，

$$\Gamma \sim N\sigma v_T \tag{A.32}$$

と見積もられる．室温のヘリウムにおいて，$\Gamma \sim 8 \cdot 10^3$ MHz/$Amagat$ を得る．著者らは，単位密度よりも単位圧力あたりの圧力広がりを好んで用いる．我々の例は ~ 10 MHz/torr に相当する．

- **実験の寿命**

$$\approx \pi \times 10^7\ \text{seconds per year},$$

しかないことを覚えておくと常に役に立つ．結果が全く出ずに，発見に 3〜5 年費やすと，測定を終えるのに 10^8 秒だけ必要である．

付録 B

水素およびアルカリ原子における参考データ

D 線という用語 (term) は，アルカリ原子の D 線が 2 重項 (doublet) である事実に由来するのではない．Joseph von Fraunhofer が 19 世紀の変わり目に日光のスペクトルに現れる暗線の先駆的な研究を行ったとき，これらの線の起源について知らずに，単に A, B, C, ... と名付けた．D 線は後にナトリウムの遷移に関するものであることがわかった．

表 B.1 水素 ($1s \to 2p_{1/2,3/2}$) およびアルカリ原子 (D1(2) 遷移: $ns \to np_{1/2(3/2)}$) における基底状態からの最低エネルギー共鳴遷移のパラメータ．波長は真空中の値；$||d_J||$ は J 基底の既約行列要素である．

原子	高い状態	エネルギー, cm^{-1}	波長, nm	寿命, ns	$\|\|d_J\|\|$, ea_0
H	$2\,^2P_{1/2}$	82258.91	121.5674	1.60	1.05
	$2\,^2P_{3/2}$	82259.27	121.5668	1.60	1.49
Li	$2\,^2P_{1/2}$	14903.66	670.976	27.1	3.33
	$2\,^2P_{3/2}$	14904.00	670.961	27.1	4.71
Na	$3\,^2P_{1/2}$	16956.18	589.755	16.3	3.52
	$3\,^2P_{3/2}$	16973.38	589.158	16.2	4.98
K	$4\,^2P_{1/2}$	12985.17	770.109	26.2	4.10
	$4\,^2P_{3/2}$	13042.89	766.701	26.1	5.80
Rb	$5\,^2P_{1/2}$	12578.96	794.978	27.7	4.23
	$5\,^2P_{3/2}$	12816.56	780.241	26.2	5.98
Cs	$6\,^2P_{1/2}$	11178.24	894.595	34.8	4.49
	$6\,^2P_{3/2}$	11732.35	852.344	30.4	6.32
Fr	$7\,^2P_{1/2}$	12236.66	817.216	29.5	4.28
	$7\,^2P_{3/2}$	13923.20	718.226	21.0	5.90

付録 C

原子と2原子分子の分光表記

原子状態は，通常分光学的な表記を用いて記述され（例えば，1.1 節を参照），スピン多重項 $2S+1$，全軌道角運動量 L，および全電子角運動量 J を以下の形式で指定する：

$$^{2S+1}L_J \ .$$

単一電子状態と同様，L を指定する数を用いる代わりに，以下の文字を用いる：

$$\begin{array}{ccc} L=0 & \rightarrow & S \\ L=1 & \rightarrow & P \\ L=2 & \rightarrow & D \\ L=3 & \rightarrow & F \\ L=4 & \rightarrow & G \\ \cdot & & \cdot \\ \cdot & & \cdot \end{array}$$

$L \geq 3$ まで，（文字 J は飛ばされることを除いて）アルファベット順に進む．例えば，$S=1, L=2,$ および $J=3$ の原子状態は $^3D_3$ と表される．

類似の分光学的な表記は，2 原子分子の電子状態を記述する．しかし，原子と分子の間の遷移を起こすには，多くの巧妙さがある．

まず始めに，核の運動と電子の運動との結合により，分子では電子の全軌道角運動量は保存されない．しかし，2 原子分子は 2 つの核を通る軸について軸対称性をもつ — このことは，電子の軌道角運動量の分子軸への射影が保存されることを示唆する．したがって，分子の項は射影の絶対値 Λ に従っ

て分類される．原子の異なる L の値における表式と同様に，2 原子分子では

$$
\begin{array}{ccc}
\Lambda = 0 & \to & \Sigma \\
\Lambda = 1 & \to & \Pi \\
\Lambda = 2 & \to & \Delta \\
\cdot & & \cdot \\
\cdot & & \cdot
\end{array}
$$

次に，Λ は分子軸への軌道角運動量の射影の絶対値を指定するが，この射影の符号はわからない[1)]．分子が分子軸を通る面から反射するとき，この射影の符号は変化する．この面による 2 番目の反射は，分子を初期状態に戻すが，波動関数の符号のみが反射によって変化することを意味する．反射で符号を変える分子状態は $-$ で表され，符号を変えないものは $+$ が当てがわれる．

原子と同様に，分子においても電子の全スピンを把握する必要がある．この追加の縮退度は原子と同様に示される．したがって，2 原子分子では，電子の項における分光学的表記は

$$
^{2S+1}\Lambda^{\pm} \ . \tag{C.1}
$$

さらに，核間軸への全電子角運動量（スピン＋軌道，原子の J に等しい）の射影の絶対値を含めると便利であり，Ω と表される．この数は分光学的表記で下付きで置かれる．

$$
^{2S+1}\Lambda^{\pm}_{\Omega} \ . \tag{C.2}
$$

最後に，2 つの核が同一であるとき，分子もまた重心に対して対称である（**同種分子 (homonuclear molecules)** もしくは **2 量体 (dimers)**，例えば，N_2）．電子の位置 $\vec{r}$ を重心に対して反転する変換を行うと $(\vec{r} \to -\vec{r})$，電子の波動関数の 2 乗は不変であるべきである[2)]．この変換で符号を変えない波動関数は，*gerade*(g) とよばれ，符号を変えるものは *ungerade*(u) とよばれる．これらのドイツ語は，それぞれ偶と奇を意味する．この指定は，追加の下付きとして加えられ，同種 2 原子分子における完全な分光学的表記を示す:

$$
^{2S+1}\Lambda^{\pm}_{\Omega,g/u} \ . \tag{C.3}
$$

---

1) いくつかの教科書で Λ は負の値をとり得るが，ここではより一般的な Herzberg(1989) の慣習を採用する．

2) この変換は，例えば 1.13 節で議論したパリティ変換とは等価でない．P は電子と核の位置を反転するが，ここで議論する変換は電子の位置を反転する．

付録 D

光の偏光状態の記述

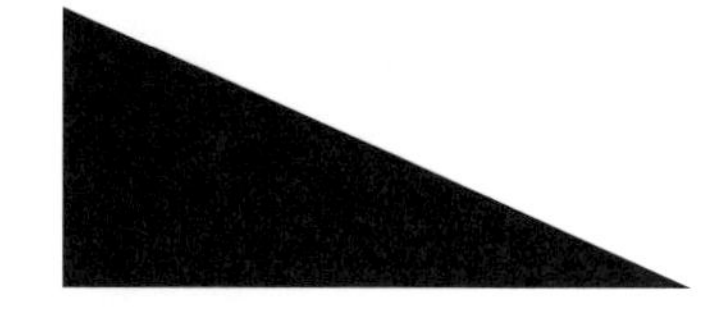

D.1 ストークス・パラメータ

Probrems and Solutions

光分極状態の共通したパラメータ化は[文献 1]，直接測定可能な光強度について定義されるストークス変数 P_i を用いる.

$$P_0 = I_x + I_y = I_0, \quad P_1 = I_x - I_y, \\ P_2 = I_{+\pi/4} - I_{-\pi/4}, \quad P_3 = I_+ - I_-. \tag{D.1}$$

ただし，I_x と I_y は，x-と y 軸方向の透過軸をもつ理想的な線偏光子を通して透過する光の時間平均強度（光は z 方向に伝搬するものとする），$I_{\pm\pi/4}$ は偏光子が $\pm\pi/4$ から x-や y 軸に向いたときに測定される強度，また I_+ と I_- はそれぞれ左と右偏光子によって測定される強度である.

ストークス変数は，規格化された形式によっても書き表せる:

$$S_i = P_i/P_0, \quad i = 1, 2, 3. \tag{D.2}$$

厳密に単色の光は常に分極しているが，一般に光は非分極（そのためゼロでないストークス成分は P_0 である）もしくは部分的に分極している．分極度 $0 \leq p \leq 1$ は，以下で定義される:

$$p = \frac{\sqrt{P_1^2 + P_2^2 + P_3^2}}{P_0}\ . \tag{D.3}$$

[文献 1] 例えば，Huard (1997).

D.2　ジョーンズの計算法

Probrems and Solutions

光分極のもう 1 つの便利な表式は，複素場を記述するジョーンズベクトルである．

$$\vec{\mathcal{E}}(z,t) = \widetilde{\mathcal{E}}_x e^{i(kz-\omega t)}\hat{x} + \widetilde{\mathcal{E}}_y e^{i(kz-\omega t)}\hat{y}\ . \tag{D.4}$$

ただし，$\widetilde{\mathcal{E}}_x$ と $\widetilde{\mathcal{E}}_y$ は複素場の振幅であり，列ベクトル $\mathbf{V}$ として

$$\mathbf{V} = \begin{pmatrix} \widetilde{\mathcal{E}}_x \\ \widetilde{\mathcal{E}}_y \end{pmatrix} \tag{D.5}$$

を定義する．注意すべきは，電磁場の位置と時間に依存した位相 $(kz-\omega t)$（k は波数，ω は光周波数）がジョーンズ表記において抑制されることである．実際の場は式 (D.4) の実部をとることで定義される．

ジョーンズの計算法は，光線の強度と分極において線形光学要素の効果を決めるのに特に役立つ．各光学要素はジョーンズベクトルに作用する 2×2 行列によって表される．光分極に影響する光学要素のジョーンズ行列は，**表 D.1** にリストを上げた．

一例として，x へ $45°$ で速い軸となる 1/4 波長板を通って，x 方向に線偏光した光線を考えよう．1/4 波長板を記述するジョーンズ行列は，表 D.1 の行列回転によって得られる．

$$\mathbf{M}'_{\lambda/4} = \mathcal{R}(-\pi/4)\cdot\mathbf{M}_{\lambda/4}\cdot\mathcal{R}(\pi/4) = \begin{pmatrix} \frac{1}{\sqrt{2}} & -\frac{1}{\sqrt{2}} \\ \frac{1}{\sqrt{2}} & \frac{1}{\sqrt{2}} \end{pmatrix}\begin{pmatrix} 1 & 0 \\ 0 & i \end{pmatrix}\begin{pmatrix} \frac{1}{\sqrt{2}} & \frac{1}{\sqrt{2}} \\ -\frac{1}{\sqrt{2}} & \frac{1}{\sqrt{2}} \end{pmatrix}$$

表 D.1　さまざまな光学要素におけるジョーンズ行列 [文献 3]

光学要素	軸	ジョーンズ行列
線偏光子	x 方向の透過軸	$\begin{pmatrix} 1 & 0 \\ 0 & 0 \end{pmatrix}$
1/4 波長板	x 方向の高速軸	$\begin{pmatrix} 1 & 0 \\ 0 & i \end{pmatrix}$
1/2 波長板	x もしくは y 方向の高速軸	$\begin{pmatrix} 1 & 0 \\ 0 & -1 \end{pmatrix}$

[文献 3] Jones (1941); Fowles (1975) および Huard (1997) も参照.

$$= \frac{1}{2}\begin{pmatrix} i+1 & i-1 \\ i-1 & i+1 \end{pmatrix} = \frac{i+1}{2}\begin{pmatrix} 1 & -i \\ -i & 1 \end{pmatrix} = \frac{e^{i\pi/4}}{\sqrt{2}}\begin{pmatrix} 1 & -i \\ -i & 1 \end{pmatrix} . \tag{D.6}$$

全体の位相因子は，一般に無視でき，

$$\mathbf{M}'_{\lambda/4} = \frac{1}{\sqrt{2}}\begin{pmatrix} 1 & -i \\ -i & 1 \end{pmatrix} \tag{D.7}$$

と得られる．よって，透過光線は右円偏光によって現れることがわかり，ジョーンズベクトル $\mathbf{V}' = \mathbf{M}'_{\lambda/4} \cdot \mathbf{V}$ によって記述される：

$$\mathbf{V}' = \frac{1}{\sqrt{2}}\begin{pmatrix} 1 & -i \\ -i & 1 \end{pmatrix} \cdot \begin{pmatrix} 1 \\ 0 \end{pmatrix} = \frac{1}{\sqrt{2}}\begin{pmatrix} 1 \\ -i \end{pmatrix} . \tag{D.8}$$

付録 E

オイラー角と回転行列

3 つのオイラー角 (*Euler angles*), α, β, および γ で記述されるデカルト座標の任意回転．右手系を仮定し，ある軸周りの正回転を，この軸に関する正方向の右ねじの変換によって得られる元で定義する．任意の配向の右手系は，元の系から 3 つの連続回転を行うことで得られる．

- z 軸周りの角度 α 回転 $(0 \le \alpha \le 2\pi)$
- y' 軸周りの角度 β 回転 $(0 \le \beta \le \pi)$ （はじめの回転で得た座標の y 軸）．
- z'' 軸周りの角度 γ 回転 $(0 \le \gamma \le 2\pi)$ （1 番目と 2 番目の回転で得られた座標系の z 軸）．

ある点が元の系の座標 (x, y, z) で記述されたならば，回転系の座標は α, β, および γ に相当する 3 つの回転行列を連続的に適用することで求まる．

$$\begin{pmatrix} \cos\gamma & \sin\gamma & 0 \\ -\sin\gamma & \cos\gamma & 0 \\ 0 & 0 & 1 \end{pmatrix} \begin{pmatrix} \cos\beta & 0 & -\sin\beta \\ 0 & 1 & 0 \\ \sin\beta & 0 & \cos\beta \end{pmatrix} \begin{pmatrix} \cos\alpha & \sin\alpha & 0 \\ -\sin\alpha & \cos\alpha & 0 \\ 0 & 0 & 1 \end{pmatrix} \begin{pmatrix} x \\ y \\ z \end{pmatrix}. \tag{E.1}$$

多くの問題では，座標系の回転に伴う量子力学的波動関数の変換の仕方を知ることも必要である．例えば，スピノン表記で書かれた全角運動量 F の状態の波動関数は，新しい座標系でどのように書けるだろうか？ この問題に対する一般解と詳細な議論は，例えば，Edmonds (1996) の教科書を参考にするとよい．端的に言えば，新しいスピノールは元のものから演算子

$$\mathcal{D}(\alpha, \beta, \gamma) = \exp\left(\frac{i\gamma}{\hbar}\hat{F}_z\right) \exp\left(\frac{i\beta}{\hbar}\hat{F}_y\right) \exp\left(\frac{i\alpha}{\hbar}\hat{F}_z\right) \tag{E.2}$$

をかけて得られる．演算子の指数関数は冪展開によって定義される：

$$\exp\left(\frac{i\alpha}{\hbar}\hat{F}_z\right) = \mathbf{1} + \frac{i\alpha}{\hbar}\hat{F}_z + \frac{1}{2}\left(\frac{i\alpha}{\hbar}\right)^2 \hat{F}_z^2 + \ldots \tag{E.3}$$

あらゆる F において，α と γ 指数関数演算子は対角的であるため，この効果は，M に対応するスピノール成分にそれぞれ $\exp(iM\alpha)$ や $\exp(iM\gamma)$ をかけることである．β の行列は，一般的に非対角的である．ここでは，$F = 1/2$ におけるものをあげる．

$$\exp\frac{i\beta}{\hbar}\hat{F}_y = \begin{pmatrix} \cos\beta/2 & \sin\beta/2 \\ -\sin\beta/2 & \cos\beta/2 \end{pmatrix}. \tag{E.4}$$

$F = 1$ においては，

$$\exp\frac{i\beta}{\hbar}\hat{F}_y = \begin{pmatrix} \frac{1}{2}(1+\cos\beta) & \frac{1}{\sqrt{2}}\sin\beta & \frac{1}{2}(1-\cos\beta) \\ -\frac{1}{\sqrt{2}}\sin\beta & \cos\beta & \frac{1}{\sqrt{2}}\sin\beta \\ \frac{1}{2}(1-\cos\beta) & -\frac{1}{\sqrt{2}}\sin\beta & \frac{1}{2}(1+\cos\beta) \end{pmatrix}. \tag{E.5}$$

式 (E.4) および (E.5) において，スピノールの成分の桁は M を減らすことに相当する．これらの行列の適用は，例えば，4.3，4.5，4.8，および 9.7 節で議論される．任意の F における量子力学的な回転の公式は Edmonds (1996) によって与えられる．

付録 F

ウィグナー-エッカルトの定理と既約テンソル

F.1 ウィグナー-エッカルトの定理

Probrems and Solutions

原子物理学の問題の共通した特徴は，原子状態間の演算子の行列要素を計算する必要性である．その計算を行ううえで重要なツールは，ウィグナー-エッカルトの定理であり [1)]，一般的な角運動量基底状態間の**既約テンソル演算子 (irreducible tensor operator)** T_q^κ の行列要素が磁気量子数 (m, m', q) や適当なクレプシュ-ゴルダン係数に依存しない定数の積によって与えられることを記述する（これが厳密に意味することは後で少し説明する）．

$$\langle \xi', j', m' | T_q^\kappa | \xi, j, m \rangle = \frac{\langle \xi', j' || T^\kappa || \xi, j \rangle}{\sqrt{2j'+1}} \langle j, m, \kappa, q | j', m' \rangle \ . \tag{F.1}$$

$$\langle \xi', j' || T^\kappa || \xi, j \rangle \tag{F.2}$$

は既約行列要素として知られ [2)]，標準的な一般角運動量基底 $|\xi, j, m\rangle$ を

$$J^2 |\xi, j, m\rangle = \hbar^2 j(j+1) |\xi, j, m\rangle \ , \tag{F.3}$$

$$J_z |\xi, j, m\rangle = \hbar m |\xi, j, m\rangle \tag{F.4}$$

---

1) ここでは，ウィグナー-エッカルトの定理を証明しない．Sakurai (1994) や Messiah (1966) といった量子力学の最も進んだ教科書に書かれているからである．

2) あまり用いられていないが，既約行列要素にはもう 1 つの慣例表現がある．それは，$\langle \xi', j' || T^\kappa || \xi, j \rangle$ が因子 $\sqrt{2j'+1}$ を吸収し，ウィグナー-エッカルトの定理は

$$\langle \xi', j', m' | T_q^\kappa | \xi, j, m \rangle = \langle \xi', j' || T^\kappa || \xi, j \rangle \langle j, m, \kappa, q | j', m' \rangle$$

と表せる．この本では，一貫して定義 (F.1) を用いる．

において採用する．ξ はすべての他の量子数を表す．

ウィグナー-エッカルトの定理の重要性は，行列要素を明示的に 2 つの因子に分けることにある：対象とするある物理的観測量の性質である既約行列要素 $\langle \xi', j' || T^\kappa || \xi, j \rangle$，問題の幾何学性，すなわち量子化軸に対する物理的観測量の配置のみに依存するクレプシュ-ゴルダン係数である．定理の利便性を上げるには，行列要素の磁気量子数依存性のすべてをクレプシュ-ゴルダン係数に含める．一度特別な場合で完成されると，すべての $q, m,$ および m' の値で簡単に行列要素を求められる．

これ以上進む前に，既約テンソル演算子の意味を特定する必要がある．ここでは，単に形式的な数学的定義を示し，テンソルと既約性の議論は後で行う．

$2\kappa + 1$ 演算子 T_q^κ の集合（$q = -\kappa, \ . \ . \ . \ , \kappa$）は，**既約テンソル演算子 (irreducible tensor operator)** で昇降演算子 $J_\pm$ を用いて定義される：

$$\left[J_z, T_q^\kappa\right] = \hbar q T_q^\kappa \ , \tag{F.5}$$

$$\left[J_\pm, T_q^\kappa\right] = \hbar \sqrt{\kappa(\kappa+1) - q(q \pm 1)} \ T_{q \pm 1}^\kappa \ , \tag{F.6}$$

$$J_+ = J_x + iJ_y \ , \tag{F.7}$$

$$J_- = J_x - iJ_y \ , \tag{F.8}$$

$$J_\pm |\xi, j, m\rangle = \hbar \sqrt{j(j+1) - m(m \pm 1)} \ |\xi, j, m \pm 1\rangle \ . \tag{F.9}$$

既約テンソル演算子に関する式 (F.5) と (F.6) は，式 (F.4) と (F.9) と似ている．基底状態に J_z または $J_\pm$ を演算する代わりに，テンソル演算子の交換子をつくる．q が $-\kappa$ から $+\kappa$ まで変化すると，T_q^κ のものは κ 階既約テンソル演算子の $2\kappa + 1$ 成分となる．式 (F.5) と (F.6) より，

$$\left[J_i, \left[J_i, T_q^\kappa\right]\right] = \hbar^2 \kappa(\kappa+1) T_q^\kappa \tag{F.10}$$

が導かれる．ただし，繰り返し指数 i に関して和をとる．上の関係から，κ は j と似ており，q は m と似ていることがわかる．

ウィグナー-エッカルトの定理を直観的に理解するには，具体例を考えるとよい．物質を単純化するために，ある状態と同じ状態との間の行列要素について調べよう．それは単に物理的観測量の期待値を T_q^κ へと対応させることである．この場合，ウィグナー-エッカルトの定理は，

$$\langle T_q^\kappa \rangle = \langle \xi, j, m | T_q^\kappa | \xi, j, m \rangle = \frac{\langle \xi, j || T^\kappa || \xi, j \rangle}{\sqrt{2j+1}} \langle j, m, \kappa, q | j, m \rangle \ . \quad \text{(F.11)}$$

最初の例として，1.3 節より，全角運動量 $\vec{J} = \vec{L} + \vec{S}$ をもつ原子のスピン軌道ハミルトニアン $H_{so} = A\vec{L} \cdot \vec{S}$ を考える．H_{so} が $\vec{J}$ に関する既約テンソル演算子であることを示し，その階を求めることから始めよう [3]．スピン軌道ハミルトニアンは，（1.3 節の式 (1.32) を参照）

$$H_{so} = \frac{A}{2}\left(J^2 - S^2 - L^2\right) \quad \text{(F.12)}$$

と書ける．したがって，

$$[J_z, H_{so}] = \frac{A}{2}\left(\left[J_z, J^2\right] - \left[J_z, S^2\right] - \left[J_z, L^2\right]\right) = 0 \quad \text{(F.13)}$$

同様に，$[J_\pm, H_{so}] = 0$ が示せる．よって，H_{so} は実際に $\kappa = 0$ および $q = 0$ の既約テンソル演算子である．そのような演算子は，**スカラー演算子 (scalar operator)** として知られる．

ウィグナー-エッカルトの定理は，H_{so} のようなスカラー演算子についてどのようにいえるだろうか．式 (F.11) より，

$$\langle H_{so} \rangle = \frac{\langle \xi, j || H_{so} || \xi, j \rangle}{\sqrt{2j+1}} \langle j, m, 0, 0 | j, m \rangle \ . \quad \text{(F.14)}$$

クレプシュ-ゴルダン係数は $\langle j, m, 0, 0 | j, m \rangle = 1$ であるから，ただちに，H_{so} の期待値は m に依存しないことがわかる．異なるゼーマン副準位は，量子化軸に関する原子系の異なる配向に相当するため，これは理解できる．しかし，$\langle H_{so} \rangle$ は，その配向に依存しない [4]．

あらゆるスカラー量は 0 階既約テンソル演算子に相当すると思われるかもしれないが，そうではない．磁場 $\vec{B}$ と磁気モーメント $F = F'$，$M'_F = M_F$ をもつ原子状態との相互作用を記述するハミルトニアンは

$$H_B = -\vec{\mu} \cdot \vec{B} \ . \quad \text{(F.15)}$$

H_B は確かにスカラーであるが，0 階既約テンソル演算子にであるとすると，

[3] 定義 (F.5) および (F.6) は，角運動量 J に依存するから，既約テンソルは特別な角運動量演算子，例えば $\vec{L}$, $\vec{J}$, もしくは $\vec{F}$ について定義されることが言える．

[4] 1.11 節で考えた超微細ハミルトニアン $H_{\text{hf}} = a\vec{I} \cdot \vec{S}$ は，全角運動量 $\vec{F}$ についてスカラー演算子であることに注意しよう（一般に，$\vec{I}$, $\vec{L}$ などの内部の原子ベクトルのみからなるハミルトニアンはスカラー演算子である）．これは，行列要素が $\langle F, M_F, 0, 0 | F', M'_F \rangle$ に比例することを意味し，H_{hf} は $F = F'$ および $M'_F = M_F$ の状態を混ぜるにすぎない．

式 (F.14) より，各ゼーマン副準位は同じエネルギーをもつことになる．しかし実験から，そうではないことがわかっている．

スカラー演算子は，量子化軸に関する原子系の回転のもとで不変な演算子として定義される．原子系が回転すると，磁気双極子モーメント $\vec{\mu}$ の向きが変化するが，外部磁場 $\vec{B}$ は量子化軸に固定され続ける．よって，磁場は回転対称性を破る．

スカラー演算子は回転のもとで不変であるという原理に基づいて，スカラー演算子 $\mathcal{S}$ は

$$\left[\vec{J}, \mathcal{S}\right] = 0 \tag{F.16}$$

を満たす．$\mathcal{S}$ が $\vec{J}$ と可換であるとき，J_z と $J_\pm$ は可換であることがただちに示される．したがって，$\kappa = 0$ の既約テンソル演算子について，条件 (F.5) および (F.6) を満たすことが示される．

量子化軸 z を磁場 $\vec{B}$ 方向にとると，

$$H_B = g_J \mu_0 B J_z \tag{F.17}$$

が得られる．式 (F.17) を用いて，$\left[\vec{J}, H_B\right] \neq 0$ が示され，その結果，H_B は 0 階既約テンソル演算子ではないことが証明できる．

ウィグナー-エッカルトの定理を用いて，H_B の期待値はどのように求められるだろうか．$\vec{\mu} = g_J \mu_0 \vec{J}$ は**ベクトル演算子 (vector operator)** であることがわかるが，ウィグナー-エッカルトの定理を用いると，期待値 $\langle \vec{\mu} \rangle$ が求まる．$\langle \vec{\mu} \rangle$ と $\vec{B}$ の内積は，$\langle H_B \rangle$ を与える．

ベクトル演算子とは何だろうか．ベクトル演算子 $\vec{\mathcal{V}}$ は，演算子のベクトル

$$\vec{\mathcal{V}} = \mathcal{V}_x \hat{x} + \mathcal{V}_y \hat{y} + \mathcal{V}_z \hat{z} \tag{F.18}$$

で定義され，

$$[J_i, \mathcal{V}_j] = i\hbar \epsilon_{ijk} \mathcal{V}_k \tag{F.19}$$

を満たす．ϵ_{ijk} は，Levi-Civita 完全反対称テンソルである [5]．ウィグナー-エッカルトの定理を用いるには，ベクトル演算子を既約球テンソルとして表現しなければならない．そのために，$\vec{\mathcal{V}}$ を球基底において

---

[5] この定義は，角運動量演算子が無限小回転の生成子であることと密に関係する [Sakurai (1994)].

$$\hat{e}_1 = -\frac{1}{\sqrt{2}}(\hat{x} + i\hat{y}) \ , \tag{F.20}$$

$$\hat{e}_0 = \hat{z} \ , \tag{F.21}$$

$$\hat{e}_{-1} = \frac{1}{\sqrt{2}}(\hat{x} - i\hat{y}) \tag{F.22}$$

と書く．これは，複素数であり規格直交 ($\hat{e}_q^* \cdot \hat{e}_{q'} = \delta_{qq'}$) であることがわかる．球基底におけるベクトル演算子の成分

$$\mathcal{V}_1 = -\frac{1}{\sqrt{2}}(\mathcal{V}_x + i\mathcal{V}_y) \ , \tag{F.23}$$

$$\mathcal{V}_0 = \mathcal{V}_z \ , \tag{F.24}$$

$$\mathcal{V}_{-1} = \frac{1}{\sqrt{2}}(\mathcal{V}_x - i\mathcal{V}_y) \tag{F.25}$$

は，$\kappa = 1$ および $q = 1, 0, -1$ における 1 階既約テンソル演算子の成分であることがわかる．ベクトル $\vec{\mathcal{V}}$ は，

$$\vec{\mathcal{V}} = \sum_q \mathcal{V}_q \hat{e}_q^* \ . \tag{F.26}$$

を用いて，$\mathcal{V}_q$ について表される．2 つのベクトル $\vec{a}$ と $\vec{b}$ のスカラー積は，球座標系で与えられる:

$$\begin{aligned}
\vec{a} \cdot \vec{b} &= \left(a_1\hat{e}_1^* + a_0\hat{e}_0^* + a_{-1}\hat{e}_{-1}^*\right) \cdot \left(b_1\hat{e}_1^* + b_0\hat{e}_0^* + b_{-1}\hat{e}_{-1}^*\right) && \text{(F.27)}\\
&= \left(a_1\hat{e}_1^* + a_0\hat{e}_0^* + a_{-1}\hat{e}_{-1}^*\right) \cdot \left(-b_1\hat{e}_{-1} + b_0\hat{e}_0 - b_{-1}\hat{e}_1\right) && \text{(F.28)}\\
&= -a_1 b_{-1} + a_0 b_0 - a_{-1} b_1 && \text{(F.29)}\\
&= \sum_q (-1)^q a_q b_{-q} \ . && \text{(F.30)}
\end{aligned}$$

ただし，$\hat{e}_{\pm 1}^* = -\hat{e}_{\mp 1}$ [式 (F.20) と (F.22)]，および $\hat{e}_q^* \cdot \hat{e}_{q'} = \delta_{qq'}$ を用いた．

実際，結果 (F.30) は，任意の κ 階の既約テンソルに一般化される：

$$T^{(\kappa)} \cdot U^{(\kappa)} = \sum_q (-1)^q T_q^\kappa U_{-q}^\kappa \ . \tag{F.31}$$

ベクトル演算子の期待値 $\langle \vec{\mathcal{V}} \rangle$ について考えよう．ウィグナー-エッカルトの定理（式 (F.11)）より，$\vec{\mathcal{V}}$ の成分の期待値は，

$$\langle \mathcal{V}_q \rangle = \frac{\langle \xi, j || \mathcal{V} || \xi, j \rangle}{\sqrt{2j+1}} \langle j, m, 1, q | j, m \rangle \ . \tag{F.32}$$

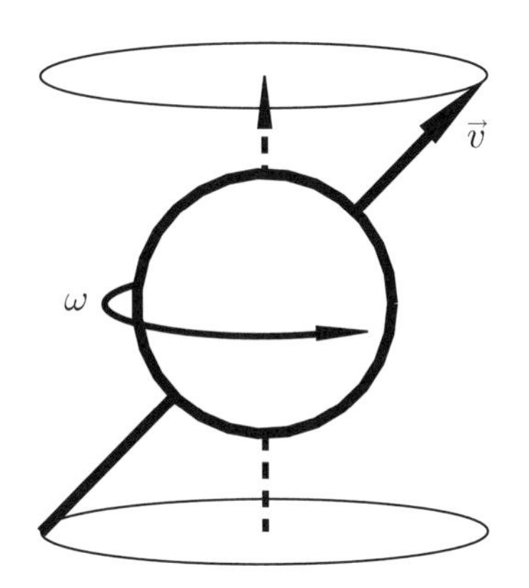

図 F.1 (破線矢印で示された) 角周波数 ω で回転する系のベクトル $\vec{v}$ の平均値は，量子化軸方向を向く．これは，ウィグナー-エッカルトの定理の基本概念の一例である．

を満たす．$\vec{J}$ 自体ベクトル演算子であることに注意しよう (これは，式 (F.19) より確かめられる) [6]．よって，

$$\langle J_q \rangle = \frac{\langle \xi, j || J || \xi, j \rangle}{\sqrt{2j+1}} \langle j, m, 1, q | j, m \rangle \ . \tag{F.33}$$

式 (F.32) と (F.33) を比較すると，

$$\langle \vec{V} \rangle \propto \langle \vec{J} \rangle \ . \tag{F.34}$$

したがって，ベクトル演算子の期待値は，常に全角運動量の方向を向く．

この結果は，回転系に関するベクトル $\vec{v}$ を考えることで直観的に理解できる (**図 F.1**)．回転軸方向でないベクトルの成分は平均化して消えないので，ベクトル量の平均値は量子化軸方向でなければならない．

ウィグナー-エッカルトの定理は，この本を通して，さまざまな原子物理学の問題に適用される．クレプシュ-ゴルダン係数は直接行列要素と異なる m, m', および q の相対符号と大きさを与える有限項に関する選択則を与えるので，異なる状態間の行列要素を計算する必要があるときは特に有用である．

---

[6] $\vec{\mu} = g_J \mu_0 \vec{J}$, および $\vec{J}$ がベクトル演算子であることから，$\vec{\mu}$ もまたベクトル演算子である．これは，$\langle H_B \rangle$ の計算に関する先の主張を証明する．

F.2　既約テンソル

Probrens and Solutions

この節では，デカルトテンソルの基本的な例とその性質について議論する．2 階テンソル T_{ij} をつくる簡単な方法は，2 つのベクトルのデカルト成分 $\vec{a}$ と $\vec{b}$ からなる **2 項型 (dyadic)** として知られるものを構築することである:

$$T_{ij} = a_i b_j \ . \tag{F.35}$$

そのようなテンソルは 9 つの成分をもち，2 つの回転行列 R_{ij} を適用することで空間回転変換される（各ベクトルについて）:

$$T_{mn} = R_{mi} R_{nj} T_{ij} = R_{mi} R_{nj} a_i b_j \tag{F.36}$$

$$= R_{mi} a_i R_{nj} b_j = a_m b_n \ . \tag{F.37}$$

これは，ベクトルとは対照的に，回転行列をかけて変換される：

$$a_m = R_{mi} a_i \ . \tag{F.38}$$

また，回転に対して不変なスカラーである．一般に，これはテンソルの階（rank）の定義方法であり，空間的回転において対象を変換するのに，どれだけ回転行列が必要であるかで定義される．

しかし，式 (F.35) で記述される dyadic は**可約 (reducible)** である．それは，スカラーのように変換するもの，ベクトル的なものと 2 階テンソルのものへと分解できることを意味する．特に，これは以下のようになされる：

$$T_{ij} = a_i b_j = \frac{\vec{a} \cdot \vec{b}}{3} \delta_{ij} + \frac{a_i b_j - a_j b_i}{2} + \left(\frac{a_i b_j + a_j b_i}{2} - \frac{\vec{a} \cdot \vec{b}}{3} \delta_{ij} \right) . \tag{F.39}$$

第 1 項は，スカラー（回転に対して不変）であり，第 2 項は回転に対してベクトルとして振る舞うベクトル積 $\vec{a} \times \vec{b}$ と直接関係し，そして最終稿は 2 階の対称でトレースなしテンソルである．この項は，2 つの部分からなる式 (F.35) とは違って，より低いテンソルへと分解できないので，**既約テンソル (irreducible tensors)** として知られる．

2 項からなる式 (F.35) の各項は，$2\kappa + 1$ に依存しない成分であるから，

$$T_{ij}^{(0)} = \frac{\vec{a}\cdot\vec{b}}{3}\delta_{ij} \tag{F.40}$$

は，唯一の独立な成分をもち，

$$T_{ij}^{(1)} = \frac{(a_i b_j - a_j b_i)}{2} \tag{F.41}$$

は 3 つの独立な成分をもつ．それは，$\vec{a}\times\vec{b}$ の成分に相当する．また，

$$T_{ij}^{(2)} = \frac{(a_i b_j + a_j b_i)}{2} - \frac{\vec{a}\cdot\vec{b}}{3}\delta_{ij} \tag{F.42}$$

は，対称かつトレースなしであるから，5 つの独立な成分をもつ．これは，$1+3+5=9$ 個の独立な成分を与え 2 項の独立成分の数に戻った．

最終的に，既約 2 階デカルトテンソル $T_{ij}^{(2)}$ の独立な成分を，既約球テンソル T_q^2 の $2\kappa+1$ 成分に従って導入できる．デカルトテンソル成分 $T_{ij}^{(2)}$ と既約テンソル成分 T_q^2 との関係は，以下のようになる[文献 1]．

$$T_0^2 = T_{zz}^{(2)}\ , \tag{F.43}$$

$$T_{\pm 1}^2 = \mp\sqrt{\frac{2}{3}}\left(T_{zx}^{(2)} \pm iT_{zy}^{(2)}\right)\ , \tag{F.44}$$

$$T_{\pm 2}^2 = \sqrt{\frac{1}{6}}\left(T_{xx}^{(2)} - T_{yy}^{(2)} \pm 2iT_{xy}^{(2)}\right)\ . \tag{F.45}$$

より高い階のテンソルの分解は，極めて複雑となる；例えば，3 階テンソルの 27 個の独立なデカルト成分から，7 個の既約テンソルを構築できる！（1 つの 0 階，3 つの 1 階，2 つの 2 階，および 1 つの 3 階）．言うまでもなく，分解の仕方はユニークではない．

テンソルおよびテンソル演算子のより詳細な議論は，Fano and Racah (1959) および Zare (1988) などの教科書を参照．

[文献 1] 例えば，Varshalovich ら (1988).

付録 G

密度行列

密度行列 (density matrix) は，集団を記述することを可能にするツールである [1)]．この付録では，密度行列の基本的な性質を概観し，その使い方を示すいくつかの例を提供する．いずれも密度行列なしで解くことができる単純なものであり（たいていモーメントについて考えるだけである），図示することを意図しているに過ぎない．より詳細な議論は，例えば Stenholm (1984) および Blum (1996) による教科書を参照．

G.1　密度行列と波動関数の関連性

Probrems and Solutions

密度行列の鍵となる点は，波動関数よりも集団を一般的に記述することである．波動関数は，完全に**コヒーレント (coherent)**（もしくは純粋な）集団を記述するだけであるが，密度行列は**部分的にコヒーレント (partially coherent)** または**インコヒーレント (incoherent)** な集団でさえ記述できる．これは何を意味するのだろうか．単純な例を考えよう．N 個のスピン 1/2 の原子集団があり，それらの内部状態のみを考えよう．すべての原子は同じ状態にあるとき，例えば

$$|\psi\rangle = \frac{1}{\sqrt{2}}(|+\rangle + |-\rangle) \tag{G.1}$$

[1)] 集団は，空間的に集まっているか（例えば，蒸気セルに含まれる原子），波動関数で記述される集団よりも一般的な量子系（例えば原子）の時間的に切り離された一連の測定からなるものである（適当な環境のもと，これは単一の量子状態である）．

であるとき，集団は純粋状態にあるという．この場合，波動関数 $|\psi\rangle$ は全集団の振る舞いを記述するのに十分である．

ここで，原子が衝突し[2)]，各原子のスピンの上向きと下向き成分の間の相対的な位相をランダムに変える．その結果，i 番目の原子の状態として，

$$|\psi^{(i)}\rangle = \frac{1}{\sqrt{2}}\Big(|+\rangle + e^{i\phi_i}|-\rangle\Big) \tag{G.2}$$

を得る．ϕ_i は，前に述べたランダムな位相である．

集団は，すべての個々の状態 $|\psi^{(i)}\rangle$ の積波動関数 $|\Psi\rangle$ によって記述される**混合状態 (mixed state)** にある：

$$|\Psi\rangle = \prod_{i=1}^{N} |\psi^{(i)}\rangle \ . \tag{G.3}$$

例えば，10^{12} 個の原子からなる原子気体において，全原子の状態を追跡し続けるのは不可能である．しかし，それは大抵必要でない．なぜなら多くの実験では集団における原子の平均的な性質のみに興味がある（しかし，注意すべきことは，量子情報の創発分野で目指すのは，式 (G.3) で書かれた，多粒子波動関数の多く，またはすべての変数を追跡し続けることである）．明らかに，これらの平均的性質を簡単に書き下すことができる定式が必要であり，それが密度行列の厳密な目的である．

一般に，i 番目の原子の量子状態 $|\psi^{(i)}(t)\rangle$ は，とり得る原子状態の重ね合わせとして書ける：

$$|\psi^{(i)}(t)\rangle = \sum c_m^{(i)}(t)|m\rangle \ . \tag{G.4}$$

状態 $|m\rangle$ は系の直行基底を構成する．波動関数 $|\psi^{(i)}(t)\rangle$ に含まれる情報のすべてが行列要素にどのように含まれるかわかるだろう．その要素 $\rho_{mn}^{(i)}$ は

$$\rho_{mn}^{(i)} = c_m^{(i)}(t)\ c_n^{(i)}(t)^* \ . \tag{G.5}$$

スピン 1/2 の原子気体の内部状態の例において，式 (G.4) から

$$|\psi^{(i)}(t)\rangle = c_+^{(i)}(t)|+\rangle + c_-^{(i)}(t)|-\rangle \ . \tag{G.6}$$

物理的観測量の期待値，例えばスピンを量子化軸へ射影した S_z は，

2) 衝突のような緩和過程や自然放出はコヒーレンスを壊す傾向にあり，そのような**デコヒーレンス (decoherence)** は，量子力学的な振る舞いを巨視的な系で観測することが非常に困難であることの主な理由である．

$$\langle S_z \rangle = \langle \psi^{(i)}(t)|S_z|\psi^{(i)}(t)\rangle \ , \tag{G.7}$$

$$= \begin{pmatrix} c_+^{(i)}(t)^* & c_-^{(i)}(t)^* \end{pmatrix} \cdot \begin{pmatrix} \hbar/2 & 0 \\ 0 & -\hbar/2 \end{pmatrix} \cdot \begin{pmatrix} c_+^{(i)}(t) \\ c_-^{(i)}(t) \end{pmatrix} , \tag{G.8}$$

$$= \frac{\hbar}{2}\left|c_+^{(i)}(t)\right|^2 - \frac{\hbar}{2}\left|c_-^{(i)}(t)\right|^2 \tag{G.9}$$

で与えられる．この期待値は以下のようにも書ける：

$$\langle S_z \rangle = \sum_{m,n} \rho_{mn}^{(i)} \langle n|S_z|m\rangle \ . \tag{G.10}$$

スピン 1/2 の原子の場合，表式 (G.10) は

$$\langle S_z \rangle = \rho_{++}^{(i)}\langle +|S_z|+\rangle + \rho_{+-}^{(i)}\langle -|S_z|+\rangle + \rho_{-+}^{(i)}\langle +|S_z|-\rangle + \rho_{--}^{(i)}\langle -|S_z|-\rangle \tag{G.11}$$

と書き下され，S_z が対角的であるから，

$$\langle S_z \rangle = \rho_{++}^{(i)}\langle +|S_z|+\rangle + \rho_{--}^{(i)}\langle -|S_z|-\rangle \ , \tag{G.12}$$

$$= \frac{\hbar}{2}\left|c_+^{(i)}(t)\right|^2 - \frac{\hbar}{2}\left|c_-^{(i)}(t)\right|^2 \ . \tag{G.13}$$

結果として式 (G.9) が示される．重要な点は，行列 (G.5) が原子波動関数に関するすべての情報を含むことである．さらに便利な方法として，期待値は

$$\langle S_z \rangle = \frac{\mathrm{Tr}\left[\rho^{(i)} \cdot S_z\right]}{\mathrm{Tr}\left[\rho^{(i)}\right]} \tag{G.14}$$

と表現できる．ただし，演算子に関する行列表現を用い，スピン 1/2 の場合，

$$\rho^{(i)} = \begin{pmatrix} \rho_{++}^{(i)} & \rho_{+-}^{(i)} \\ \rho_{-+}^{(i)} & \rho_{--}^{(i)} \end{pmatrix} \tag{G.15}$$

を考えた．$\mathrm{Tr}\left[\rho^{(i)}\right] = 1$ より（行列のトレースは，この場合 1 である全密度を表すから），式 (G.14) が式 (G.9) を再現することが容易に証明される：

$$\langle S_z \rangle = \mathrm{Tr}\left[\rho^{(i)} \cdot S_z\right] , \tag{G.16}$$

$$= \mathrm{Tr}\left[\begin{pmatrix} \rho_{++}^{(i)} & \rho_{+-}^{(i)} \\ \rho_{-+}^{(i)} & \rho_{--}^{(i)} \end{pmatrix} \cdot \begin{pmatrix} \hbar/2 & 0 \\ 0 & -\hbar/2 \end{pmatrix}\right] , \tag{G.17}$$

$$= \frac{\hbar}{2}\rho_{++}^{(i)} - \frac{\hbar}{2}\rho_{--}^{(i)} \ . \tag{G.18}$$

この結果は，演算子 Θ に一般化される：期待値は

$$\langle\Theta\rangle = \mathrm{Tr}\left[\rho^{(i)} \cdot \Theta\right] . \tag{G.19}$$

G.2 集団平均行列要素

Probrems and Solutions

想像するように，一般的な（コヒーレントもしくはインコヒーレントな）多量子系の集合の測定可能な性質は，期待値の平均：

$$\overline{\langle S_z\rangle} = \frac{1}{N}\sum_{i=1}^{N}\langle\psi^{(i)}(t)|S_z|\psi^{(i)}(t)\rangle \tag{G.20}$$

$$= \frac{1}{N}\sum_{i=1}^{N}\sum_{m,n}\rho_{mn}^{(i)}\langle n|S_z|m\rangle . \tag{G.21}$$

$\overline{\langle S_z\rangle}$ は，全集団に渡る平均を示す．以下の方法で，和 (G.21) の因子を再配列できる．

$$\overline{\langle S_z\rangle} = \sum_{m,n}\langle n|S_z|m\rangle\left(\frac{1}{N}\sum_{i=1}^{N}\rho_{mn}^{(i)}\right) . \tag{G.22}$$

$$\rho_{mn} = \frac{1}{N}\sum_{i=1}^{N}\rho_{mn}^{(i)} \tag{G.23}$$

を**集団平均行列 (ensemble-averaged density matrix)** の要素として定義することが理解できる（たいてい集団平均行列は，単に密度行列とよばれる）．集団平均において，(G.14) と同様の式を書くことができる：

$$\overline{\langle S_z\rangle} = \frac{\mathrm{Tr}[\rho\cdot S_z]}{\mathrm{Tr}[\rho]} . \tag{G.24}$$

試料中の原子が，状態 $|m\rangle$ にある確率は，密度行列 $|m\rangle$（密度）における対角項で与えられる；非対角成分 ρ_{mn} $(m \neq n)$ は状態 $|m\rangle$ と $|n\rangle$ の間のコヒーレンス度合を記述する．

スピン 1/2 の原子の例に戻ろう．今，原子の 2 つの試料を考え，1 つは完全に状態 $(|+\rangle + |-\rangle)/\sqrt{2}$ に分極し，

$$\rho_{\mathrm{pol}} = \frac{1}{2}\begin{pmatrix}1 & 1\\ 1 & 1\end{pmatrix} , \tag{G.25}$$

1 つは完全に非分極し，$|+\rangle$ と $|-\rangle$ で原子の同じ割合をもつ:

$$\rho_{\mathrm{unpol}} = \frac{1}{2}\begin{pmatrix} 1 & 0 \\ 0 & 1 \end{pmatrix} . \tag{G.26}$$

ただし，ρ_{pol} と ρ_{unpol} は，各集団において規格化された $(\mathrm{Tr}[\rho] = 1)$ 密度行列である．密度行列 ρ_{unpol} は，インコヒーレント集団（もしくは統計的な混合）にすぎない – 純粋な状態にある集団は，そのような密度行列をもたない（ゼロでない非対角成分が必要であるから）．

式 (G.24) で簡単に証明したように，両方の集団はゼロでない分極を z 軸方向にもつ：

$$\overline{\langle S_z\rangle}_{\mathrm{pol}} = \mathrm{Tr}[\rho_{\mathrm{pol}} \cdot S_z] , \tag{G.27}$$

$$= \mathrm{Tr}\left[\frac{1}{2}\begin{pmatrix} 1 & 1 \\ 1 & 1 \end{pmatrix} \cdot \begin{pmatrix} \hbar/2 & 0 \\ 0 & -\hbar/2 \end{pmatrix}\right] , \tag{G.28}$$

$$= \mathrm{Tr}\left[\frac{\hbar}{4}\begin{pmatrix} 1 & -1 \\ 1 & -1 \end{pmatrix}\right] = 0 , \tag{G.29}$$

$$\overline{\langle S_z\rangle}_{\mathrm{unpol}} = \mathrm{Tr}[\rho_{\mathrm{unpol}} \cdot S_z] , \tag{G.30}$$

$$= \mathrm{Tr}\left[\frac{1}{2}\begin{pmatrix} 1 & 0 \\ 0 & 1 \end{pmatrix} \cdot \begin{pmatrix} \hbar/2 & 0 \\ 0 & -\hbar/2 \end{pmatrix}\right] , \tag{G.31}$$

$$= \mathrm{Tr}\left[\frac{\hbar}{4}\begin{pmatrix} 1 & 0 \\ 0 & -1 \end{pmatrix}\right] = 0 . \tag{G.32}$$

分極試料はゼロでない（最大である）スピン射影を x 軸方向にもつ:

$$\overline{\langle S_x\rangle}_{\mathrm{pol}} = \mathrm{Tr}[\rho_{\mathrm{pol}} \cdot S_x] , \tag{G.33}$$

$$= \mathrm{Tr}\left[\frac{1}{2}\begin{pmatrix} 1 & 1 \\ 1 & 1 \end{pmatrix} \cdot \begin{pmatrix} 0 & \hbar/2 \\ \hbar/2 & 0 \end{pmatrix}\right] , \tag{G.34}$$

$$= \mathrm{Tr}\left[\frac{\hbar}{4}\begin{pmatrix} 1 & 1 \\ 1 & 1 \end{pmatrix}\right] = \frac{\hbar}{2} . \tag{G.35}$$

一方，非分極試料では，$\overline{\langle S_x\rangle}_{\mathrm{unpol}} = 0$ であることが知られる

$$\overline{\langle S_x\rangle}_{\mathrm{unpol}} = \mathrm{Tr}\left[\frac{1}{2}\begin{pmatrix} 1 & 0 \\ 0 & 1 \end{pmatrix} \cdot \begin{pmatrix} 0 & \hbar/2 \\ \hbar/2 & 0 \end{pmatrix}\right] , \tag{G.36}$$

$$= \mathrm{Tr}\left[\frac{\hbar}{4}\begin{pmatrix}0 & 1\\1 & 0\end{pmatrix}\right] = 0\ . \tag{G.37}$$

G.3　密度行列の時間発展：リウビル方程式

Probrems and Solutions

次に重要な問題は，密度行列がどのように時間発展するかを求めることである．式 (G.5) および式 (G.23) が与えられると，

$$\frac{\partial}{\partial t}\rho_{mn} = \frac{1}{N}\sum_{i=1}^{N}\left(\frac{\partial c_m^{(i)}}{\partial t}c_n^{(i)*} + c_m^{(i)}\frac{\partial c_n^{(i)*}}{\partial t}\right) \tag{G.38}$$

が求まる．シュレディンガー方程式より，

$$i\hbar\frac{\partial}{\partial t}|\psi^{(i)}(t)\rangle = H|\psi^{(i)}(t)\rangle\ . \tag{G.39}$$

ただし，H は系のハミルトニアンであり，展開 (G.4) によって，

$$\sum_m \frac{\partial c_m^{(i)}}{\partial t}|m\rangle = \frac{1}{i\hbar}\sum_m c_m^{(i)}(t)H|m\rangle\ . \tag{G.40}$$

式 (G.40) の両辺に $\langle k|$ をかけ，基底状態の規格直交性を考慮すると，

$$\frac{\partial c_k^{(i)}}{\partial t} = \frac{1}{i\hbar}\sum_m \langle k|H|m\rangle c_m^{(i)}(t)\ . \tag{G.41}$$

この結果を式 (G.38) で用いると，密度行列のある成分の時間発展

$$\frac{\partial}{\partial t}\rho_{mn} = \frac{1}{N}\sum_{i=1}^{N}\left(\frac{1}{i\hbar}\sum_k \langle m|H|k\rangle c_k^{(i)}c_n^{(i)*} - \frac{1}{i\hbar}\sum_k \langle k|H|n\rangle c_k^{(i)*}c_m^{(i)}\right) \tag{G.42}$$

$$= \frac{1}{i\hbar}\sum_k \left(\langle m|H|k\rangle\rho_{kn} - \rho_{mk}\langle k|H|n\rangle\right) \tag{G.43}$$

が得られる．上の表式 (G.43) は，行列に関して書き直され，

$$\frac{d\rho}{dt} = \frac{1}{i\hbar}[H,\rho] \tag{G.44}$$

を与える．これは，**リウビル方程式 (Liouville equation)** として知られ，密度行列の時間発展を支配する重要な方程式である．これまで，問題で何ら

関係式を用いてこなかったことに注意しよう．

ここで，スピン 1/2 原子の集団の例に戻ろう．原子が x 方向の磁場 $\vec{B} = B_0\hat{x}$ に浸されているものとする．この系のハミルトニアンは

$$H = -\vec{\mu} \cdot \vec{B} = g\mu_0 B_0 S_x \tag{G.45}$$

$$= \frac{g\mu_0 B_0 \hbar}{2} \begin{pmatrix} 0 & 1 \\ 1 & 0 \end{pmatrix} \tag{G.46}$$

である．上のリウビル方程式 (G.44) を用いて，

$$\begin{aligned}
&\frac{\partial}{\partial t}\begin{pmatrix} \rho_{++} & \rho_{+-} \\ \rho_{-+} & \rho_{--} \end{pmatrix} \\
&\quad = \frac{1}{i\hbar}\frac{g\mu_0 B_0 \hbar}{2}\left[\begin{pmatrix} 0 & 1 \\ 1 & 0 \end{pmatrix} \cdot \begin{pmatrix} \rho_{++} & \rho_{+-} \\ \rho_{-+} & \rho_{--} \end{pmatrix} - \begin{pmatrix} \rho_{++} & \rho_{+-} \\ \rho_{-+} & \rho_{--} \end{pmatrix} \cdot \begin{pmatrix} 0 & 1 \\ 1 & 0 \end{pmatrix}\right] \\
&\quad = \frac{g\mu_0 B_0}{2i}\left[\begin{pmatrix} \rho_{-+} & \rho_{--} \\ \rho_{++} & \rho_{+-} \end{pmatrix} - \begin{pmatrix} \rho_{+-} & \rho_{++} \\ \rho_{--} & \rho_{-+} \end{pmatrix}\right].
\end{aligned} \tag{G.47}$$

これは 4 つの密度行列要素の 4 つの結合した微分方程式 1 組を与える．

次に，さまざまな初期状態で，この系の振る舞いを分析しよう．非分極状態は磁場の影響を受けないことがわかっている（もちろん，熱的な準位間の状態の再分配を無視し，緩和機構の類を伴う）．これはリウビル方程式と初期条件として ρ_{unpol}（式 (G.26)）を用いて証明できる．これより，$t = 0$ で見積もられた $\partial\rho/\partial t$ はゼロであることがわかる．どの状態分布やコヒーレンスもはじめは変わらないので，それらはすべて時間変化しないことがいえる．

はじめに $-\hat{z}$ 方向に分極した原子の集団を考えよう．初期密度行列は

$$\rho(0) = \begin{pmatrix} 0 & 0 \\ 0 & 1 \end{pmatrix} \tag{G.48}$$

と与えられる．この原子の試料が急に磁場中に置かれたとき，x 軸周りにラーモア周波数 $\Omega_L = g\mu_0 B_0$ で歳差運動する．短い時間 $\delta t \ll \Omega_L^{-1}$ を考えると，$|+\rangle$ 状態の密度は時間の 2 乗で大きくなると予想される（例えば，2.6 および 3.1 節を参照）．ρ_{++} の時間微分は，コヒーレンス間の差に比例するため，はじめにコヒーレンスの時間依存を計算しよう．

$$\left.\frac{\partial\rho_{+-}}{\partial t}\right|_{t=0} = \frac{ig\mu_0 B_0}{2}[\rho_{++}(0) - \rho_{--}(0)] = -\frac{ig\mu_0 B_0}{2}\ , \tag{G.49}$$

$$\left.\frac{\partial \rho_{-+}}{\partial t}\right|_{t=0} = \frac{ig\mu_0 B_0}{2}[\rho_{--}(0) - \rho_{++}(0)] = +\frac{ig\mu_0 B_0}{2} \tag{G.50}$$

$$\rho_{++}(\delta t) \approx \frac{g^2\mu_0^2 B_0^2}{4}(\delta t)^2 \ . \tag{G.51}$$

最後に，緩和過程が緩和機構に依存した方法によりリウビル方程式（運動方程式としても知られる）に含まれることに留意する[文献 1]．緩和が状態密度の指数関数減衰で単純に記述されるとき（例えば，観測されない自然放射），対角的な**緩和行列 (relaxation matrix)**Γ を用いて表される：

$$\langle m|\Gamma|n\rangle = \gamma_n \delta_{nm} \ . \tag{G.52}$$

ただし，γ_n はある準位の状態密度の減衰率，δ_{mn} はクロネッカーのデルタ関数である．すると，運動方程式は

$$\frac{d\rho}{dt} = \frac{1}{i\hbar}[H, \rho] - \frac{1}{2}(\Gamma\rho + \rho\Gamma) \ . \tag{G.53}$$

G.4 原子の分極モーメント

Probrems and Solutions

角運動量 F の状態の原子集団の密度行列は $(2F+1)\times(2F+1)$ 個の成分 $\rho_{M,M'}$ をもつ．M, M' はゼーマン副準位である．密度行列 ρ は，実際テンソルとみなされ，ρ の既約成分として取り扱うと有用である（**付録 F** 参照）．以下の方法で ρ を表す[文献 2]：

$$\rho = \sum_{\kappa=0}^{2F}\sum_{q=-\kappa}^{\kappa} \rho_q^{(\kappa)} T_q^{(\kappa)}. \tag{G.54}$$

ただし，$T_q^{(k)}$ は $(2F+1)\times(2F+1)$ 行列で表される既約テンソル成分，$\kappa = 0, \ldots, 2F$ および $q = -\kappa, \ldots, \kappa$ をもつ係数 $\rho_q^{(\kappa)}$ は**状態多極子 (state multipoles)** とよばれる．$\rho_q^{(\kappa)}$ は，$\rho_{M,M'}$ と

$$\rho_q^{(\kappa)} = \sum_{M,M'=-F}^{F} (-1)^{F-M'}\langle F, M, F, -M'|\kappa, q\rangle \rho_{M,M'} \ . \tag{G.55}$$

[文献 1] 例えば，Stenholm (1984).

[文献 2] 例えば，Omont (1977) と Varshalovich *et al.* (1988).

によって関連付けられる．係数 $\rho_q^{(\kappa)}$ が既知であるとき，密度行列 $\rho_{M,M'}$ は式 (G.55) の逆変換で再構成される．

$$\rho_{M,M'} = \sum_{\kappa,q} (-1)^{F-M'} \langle F, M, F, -M' | \kappa, q \rangle \rho_q^{(\kappa)} \ . \tag{G.56}$$

M, M' 基底の演算子 $T_q^{(\kappa)}$ の表式は，式 (G.56) を用いて得られる．例えば，$F = 1$ のとき，$\rho_q^{(\kappa)} = \delta_{\kappa,0}\delta_{q,0}$ に代入して，

$$T_0^{(0)} = \frac{1}{\sqrt{3}} \begin{pmatrix} 1 & 0 & 0 \\ 0 & 1 & 0 \\ 0 & 0 & 1 \end{pmatrix} \tag{G.57}$$

を得る．$\rho_q^{(\kappa)} = \delta_{\kappa,1}\delta_{q,0}$ を代入し，

$$T_0^{(1)} = \frac{1}{\sqrt{2}} \begin{pmatrix} -1 & 0 & 0 \\ 0 & 0 & 0 \\ 0 & 0 & 1 \end{pmatrix} \tag{G.58}$$

が得られ，$\rho_q^{(\kappa)} = \delta_{\kappa,2}\delta_{q,0}$ のとき

$$T_0^{(2)} = \frac{1}{\sqrt{6}} \begin{pmatrix} 1 & 0 & 0 \\ 0 & -2 & 0 \\ 0 & 0 & 1 \end{pmatrix} \ . \tag{G.59}$$

以下の方法論は，異なる状態の多極子において用いられる：$\rho^{(0)}$ – 単極子モーメント（状態密度を $\sqrt{2F+1}$ で割ったものに等しい），$\rho^{(1)}$ – ベクトルモーメントまたは，**配向 (orientation)**，$\rho^{(2)}$ – 4 極子モーメントまたは**配列 (alignment)**，および $\rho^{(4)}$ – 16 極子 (hexadecapole momnt)[3]．各モーメント $\rho^{(\kappa)}$ は $2\kappa + 1$ 成分をもつ．

分極 (polarization) という単語は，$\kappa > 0$ のモーメントをもつ集団の一般的な場合に用いられる．ゼーマン副準位が均等に分布していないとき，$\kappa > 0$ で $\rho_0^{(\kappa)} \neq 0$ であり，媒体は**縦分極 (longitudinal polarization)** をもつといえる．副準位間のコヒーレンスがあるとき，$q \neq 0$ で $\rho_q^{(\kappa)} \neq 0$ で

[3] 文献では，配向や配列に他の定義がある．例えば，Zare (1988) は原子分極において偶数モーメント（4 極子，16 極子など）として配列を指定し，奇数のモーメント（双極子，8 極子，など）として配向を定義した．

あり，媒体は**横分極 (transverse polarization)** をもつという．量子化軸 z において，縦配向 $\rho_0^{(1)}$ と縦配列 $\rho_0^{(2)}$ は，それぞれ

$$\begin{aligned} \rho_0^{(1)} &\propto \langle F_z \rangle, \\ \rho_0^{(2)} &\propto \langle 3F_z^2 - F^2 \rangle \end{aligned} \tag{G.60}$$

と表される．これらの方程式は，式 (G.58) と (G.59) を調査することで，$F = 1$ の場合に発生する．

（ほかの外場のないとき）円偏光の光ポンピングは，一般にすべての次数 ($\kappa \leq 2F$) の多極子を作り出す．一方，直線偏光のポンピングは，偶数の次数の多極子のみを作り出す．この後者は，量子化軸が光の分極方向に向いているときに最も明確に見られる対称性の帰結である；この場合，線偏光が空間的に好ましい方向をつくらないことは明らかである．

これらの点を図示し，分極モーメントの定式化の経験を得るために，励起状態 $F' = 1/2$ への遷移に近い共鳴光によって光学ポンピングされる，基底状態 $F = 3/2$ の原子集団を記述する密度行列について考えよう．励起状態は主に他の状態へと減衰するものとする（開放系）．これは，3.10 節で考えた状況と全く同じであり，σ_+ 光でポンプすると，平衡密度行列は

$$\rho(\sigma_+) = \frac{1}{2}\begin{pmatrix} 1 & 0 & 0 & 0 \\ 0 & 1 & 0 & 0 \\ 0 & 0 & 0 & 0 \\ 0 & 0 & 0 & 0 \end{pmatrix} \tag{G.61}$$

となる．一方，x 方向に分極した直線偏光において，

$$\rho(x) = \frac{1}{8}\begin{pmatrix} 1 & 0 & \sqrt{3} & 0 \\ 0 & 3 & 0 & \sqrt{3} \\ \sqrt{3} & 0 & 3 & 0 \\ 0 & \sqrt{3} & 0 & 1 \end{pmatrix} \tag{G.62}$$

を得る．ただし，密度が 1 となるように，密度行列を規格化した．

これらの集団の状態多極子を計算したい．式 (G.55) を書き直す：

$$\rho_q^{(\kappa)} = \mathrm{Tr}[\rho \cdot T(\kappa, q)] \ . \tag{G.63}$$

$T(\kappa, q)$ は $(2F+1) \times (2F+1)$ 行列 (この場合，4×4) であり，その要素は

$$T_{M,M'}(\kappa,q)=(-1)^{F-M'}\langle F,M,F,-M'|\kappa,q\rangle\ . \tag{G.64}$$

例えば，両方の集団における単極子モーメントを計算できる：

$$\rho_0^{(0)}(\sigma_+)=\mathrm{Tr}[\rho(\sigma_+)\cdot T(0,0)]$$
$$=\mathrm{Tr}\left[\frac{1}{2}\begin{pmatrix}1&0&0&0\\0&1&0&0\\0&0&0&0\\0&0&0&0\end{pmatrix}\cdot\begin{pmatrix}1/2&0&0&0\\0&1/2&0&0\\0&0&1/2&0\\0&0&0&1/2\end{pmatrix}\right]=\frac{1}{2}\ . \tag{G.65}$$

これは，単極子モーメントが $\sqrt{2F+1}$ で割った密度であることと一致する．x-分極のポンピングにおいて，

$$\rho_0^{(0)}(x)=\mathrm{Tr}[\rho(x)\cdot T(0,0)]$$
$$=\mathrm{Tr}\left[\frac{1}{8}\begin{pmatrix}1&0&\sqrt{3}&0\\0&3&0&\sqrt{3}\\\sqrt{3}&0&3&0\\0&\sqrt{3}&0&1\end{pmatrix}\cdot\begin{pmatrix}1/2&0&0&0\\0&1/2&0&0\\0&0&1/2&0\\0&0&0&1/2\end{pmatrix}\right]=\frac{1}{2}\ . \tag{G.66}$$

配向はどうだろうか．両集団における縦の配向 $\rho_0^{(1)}$ を求めよう．

$$\rho_0^{(1)}(\sigma_+)=\mathrm{Tr}[\rho(\sigma_+)\cdot T(1,0)]$$
$$=\mathrm{Tr}\left[\frac{1}{2}\begin{pmatrix}1&0&0&0\\0&1&0&0\\0&0&0&0\\0&0&0&0\end{pmatrix}\cdot\begin{pmatrix}\frac{3}{2\sqrt{5}}&0&0&0\\0&\frac{1}{2\sqrt{5}}&0&0\\0&0&-\frac{1}{2\sqrt{5}}&0\\0&0&0&-\frac{3}{2\sqrt{5}}\end{pmatrix}\right]=\frac{1}{\sqrt{5}}\ , \tag{G.67}$$

期待したように，円偏光で分極した光で光学ポンプされた集団は z を向くことがわかる．一方，

$$
\begin{aligned}
\rho_0^{(1)}(x) &= \mathrm{Tr}[\rho(x)\cdot T(1,0)] \\
&= \mathrm{Tr}\left[\frac{1}{8}\begin{pmatrix} 1 & 0 & \sqrt{3} & 0 \\ 0 & 3 & 0 & \sqrt{3} \\ \sqrt{3} & 0 & 3 & 0 \\ 0 & \sqrt{3} & 0 & 1 \end{pmatrix}\cdot\begin{pmatrix} \frac{3}{2\sqrt{5}} & 0 & 0 & 0 \\ 0 & \frac{1}{2\sqrt{5}} & 0 & 0 \\ 0 & 0 & -\frac{1}{2\sqrt{5}} & 0 \\ 0 & 0 & 0 & -\frac{3}{2\sqrt{5}} \end{pmatrix}\right] \\
&= 0
\end{aligned} \tag{G.68}
$$

であるから，対称性より，x 分極光で光学ポンプされた試料は z を向かないことがわかる．同様の計算は，あらゆる可能な分極モーメントについて行うことができ，その結果を**表 G.1** に示した．

表 G.1 $F=3/2\to F'=1/2$ 遷移の σ_+ または x 分極光共鳴による光学ポンプされた $F=3/2$ 基底状態のさまざまな多極子モーメントの値．この系の最も高い多極子モーメントは $\kappa=2F=3$ である．この特別な状況において，円偏光による光ポンピングは配列をつくらないことに注意しよう．それは一般に任意の $F\to F'$ 遷移については成り立たない．

	多極子	σ_+	x
単極子	$\rho_0^{(0)}$	$\frac{1}{2}$	$\frac{1}{2}$
双極子 (配向)	$\rho_1^{(1)}$	0	0
	$\rho_0^{(1)}$	$\frac{1}{\sqrt{5}}$	0
	$\rho_{-1}^{(1)}$	0	0
四極子 (配列)	$\rho_2^{(2)}$	0	$\frac{1}{4}\sqrt{\frac{3}{2}}$
	$\rho_1^{(2)}$	0	0
	$\rho_0^{(2)}$	0	$-\frac{1}{4}$
	$\rho_{-1}^{(2)}$	0	0
	$\rho_{-2}^{(2)}$	0	$\frac{1}{4}\sqrt{\frac{3}{2}}$
八極子	$\rho_3^{(3)}$	0	0
	$\rho_2^{(3)}$	0	0
	$\rho_1^{(3)}$	0	0
	$\rho_0^{(3)}$	$-\frac{1}{2\sqrt{5}}$	0
	$\rho_{-1}^{(3)}$	0	0
	$\rho_{-2}^{(3)}$	0	0
	$\rho_{-3}^{(3)}$	0	0

付録 **H**

ファインマンダイアグラムの技術的要素

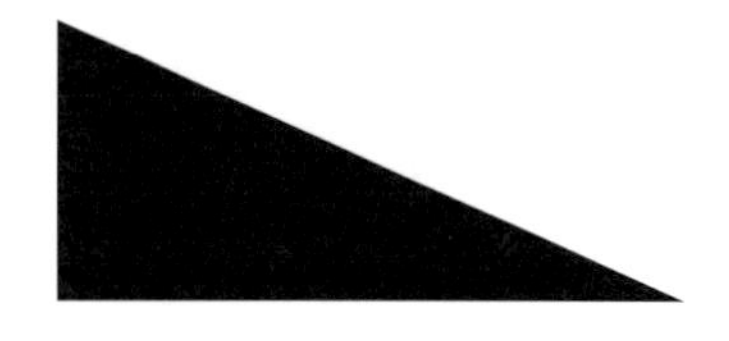

この付録では，時間依存摂動論の枠内で遷移強度と確率を計算するための図形技法の最も基本的な要素を概観する．**ファインマンダイアグラム** (FD) は，過程を理解するうえで非常に簡便なイラストを与えるだけでなく，遷移強度の数学的表式を書き下すことができる（3.16，3.17，および 4.2 節を参照）．より詳細かつ厳密な図形技法の議論について，読者は例えば Delone-Krainov(1985) や Cohen-Tannoudji ら (1992) を参照のこと．線形および非線形帯磁率 $\chi^{(n)}$ を計算するための図形は Delone と Krainov (1985) によって議論されている．

議論の出発点は**フェルミの黄金則**である:

$$W_{fi} = \frac{2\pi}{\hbar}|V_{fi}|^2\rho_f(E). \tag{H.1}$$

これは，状態 $|i\rangle$ から状態 $|f\rangle$ への遷移率 W_{fi} と摂動の行列要素 V_{fi} と関係する．ここで，$\rho_f(E)$ はエネルギー空間における終状態密度である．ダイアグラムは振幅 V_{fi} へさまざまな寄与を示す．

原子・分子物理学と光学でよく用いられる FD（図 **H.1**）において，原子状態の発展は垂直方向の実線で示され，時間は下から上に向かって増加するものとする[1]．光子は波線で描かれ，ある角度でダイアグラムの原子状態線（トランク）へと伝わる．格子線とトランクとの交点は**バーテックス** (vertex) とよばれる．光子線は（光子吸収）バーテックスで終わるか（光子放出），バーテックスで始まる．

[1] 時間の方向，線の形状の意味などに関して FD を描くには多くの方法がある．

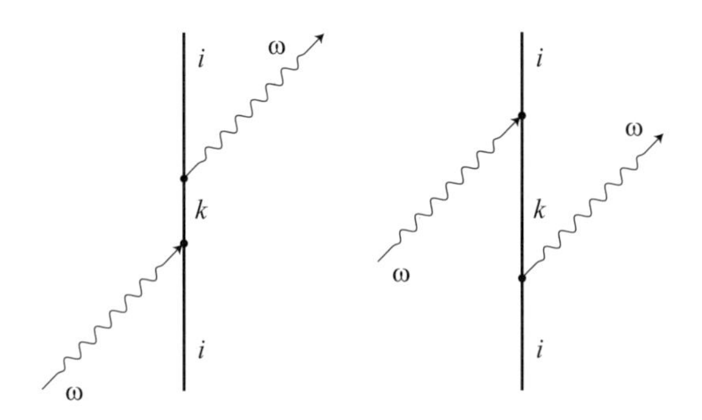

図 **H.1**　弾性光子散乱を示す 2 つのファインマンダイアグラム.

単一ダイアグラムに相当する振幅は，時間依存摂動論および電磁場の量子力学的記述に従い，以下の規則を用いて構成される.

- トランクの下から始まり，上の方へと移動すると，各バーテックスにおいて，対応する結合強度は積因子として書ける．例えば，各吸収放出過程において電気双極子近似を用いて，結合因子は d_{mn}，つまり，バーテックスの上と下の原子状態間の双極子行列要素である.
- バーテックス間の各区間は，プロパゲータによって表される（各プロパゲータは．増大因子で表される）.

$$\frac{1}{E_m + \sum \hbar\omega_m - (E_i + \sum \hbar\omega_i)}, \tag{H.2}$$

ただし，E_m および E_i は m 番目とはじめの状態のエネルギーを表し，和はその状態にある光子のエネルギーについてとる．考えている過程が共鳴に近いとき，つまり，プロパゲータがゼロに近い分母をもつとき，E_j を $E_j - i\Gamma_j/2$ で置き換えることで準位の幅を含める必要がある.

- 周波数 ω_α の光子と分極 $\vec{\varepsilon}_\alpha$ に相当する入出力光子線は，それぞれ増大因子

$$-i\sqrt{2\pi\hbar\omega_\alpha}\cdot\vec{\varepsilon}_\alpha \quad \text{入ってくる光子} \tag{H.3}$$

$$i\sqrt{2\pi\hbar\omega_\alpha}\cdot\vec{\varepsilon}_\alpha^{\,*} \quad \text{出ていく光子} \tag{H.4}$$

で表される．これらの量は単位体積で規格化されるので，体積はここでなくても状態密度でなくても書く必要がない.

- 入ってくる光子に相当したモードにおいて $n_{k\varepsilon}$ 個の光子があるとき（ダイアグラムの底に対応する時刻で），因子 (H.3) は $\sqrt{n_{k\varepsilon}}$ 倍すべきである.

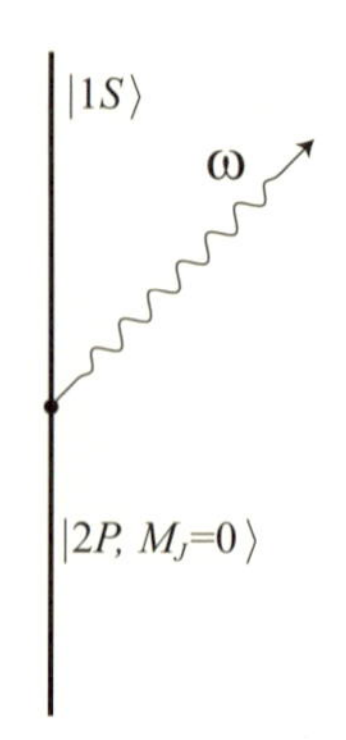

図 H.2　励起原子状態の放射減衰を記述するファインマンダイアグラム．

- 出ていく光子のモードにおいて，(ダイアグラムの底の時刻で)$n_{k\varepsilon}$ 個の光子があるとき，因子 (H.4) は $\sqrt{n_{k\varepsilon}+1}$ 倍すべきである．

光子場が古典的に記述できるモードの多光子極限では，光子因子は電場振幅に比例する．振幅 V_{fi} を求めるには，ある過程においてそれぞれ区別できるダイアグラムの振幅の和をとる必要がある．

FD の使用例として，水素の $|2P, M_J=0\rangle$ 状態の自然放射減衰を考えよう（**図 H.2**）（もちろん，全副準位は同じ確率で減衰する）．

上で概観した規則に従い，z 軸へ角度 θ で光分極した方向において，

$$V = i\sqrt{2\pi\hbar\omega}\ \vec{d}\cdot\vec{\varepsilon}^{\,*} = id_z\cos(\theta)\sqrt{2\pi\omega} = \frac{|\langle J||d||J'\rangle|}{\sqrt{3}}\sqrt{2\pi\omega}\cos(\theta) \tag{H.5}$$

が求まる．これを式 (H.1) に代入し，（エネルギー保存 $\hbar\omega = E_{2P}$ を考慮して）終状態の密度における表式を用いると（3.3 節参照）

$$\rho_f = \frac{2\omega^2}{(2\pi)^2\hbar^2c^3}. \tag{H.6}$$

最終的に放射幅を決定できる:

$$\Gamma = W_{fi} = \frac{2}{3}\frac{2\pi}{\hbar}\frac{|\langle J||d||J'\rangle|^2}{3}2\pi\omega\frac{2\omega^2}{(2\pi)^2c^3} = \frac{4|\langle J||d||J'\rangle|^2\omega^3}{9\hbar c^3}\ . \tag{H.7}$$

因子 2/3 は $\cos\theta$ の立体角積分による．公式 (H.7) は，3.3 節の式 (3.115) と比較でき，FD の技法に頼らなくても導出された．

付録 I

3-J および 6-J 記号

I.1 3-J 記号

Probrems and Solutions

原子物理学における計算は，異なる演算子の固有値間の基底変化をしばしば必要とする．最もよくあるシナリオの 1 つは（少なくともこの本で），角運動量演算子 $\left\{J_1^2, J_{1z}, J_2^2, J_{2z}\right\}$ の（非結合基底 $|J_1, M_1\rangle|J_2, M_2\rangle$）固有値と演算子 $\left\{J_1^2, J_2^2, J^2, J_z\right\}$ (結合基底 $|J, M\rangle$) の固有値間の基底変化である．たいていは，初歩的な量子力学でよく知られたクレプシュ-ゴルダン係数を用いてこれらの異なる基底間を計算できる：

$$|J, M\rangle = \sum_{M_1, M_2} \langle J_1, M_1, J_2, M_2|J, M\rangle|J_1, M_1\rangle|J_2, M_2\rangle\ , \tag{I.1}$$

$$|J_1, M_1\rangle|J_2, M_2\rangle = \sum_{J, M} \langle J_1, M_1, J_2, M_2|J, M\rangle|J, M\rangle\ . \tag{I.2}$$

この本の多くの問題は，クレプシュ-ゴルダン係数を用いて十分解決できるが，いくつかはウィグナー 3-j 記号を用いた表式 (I.1) および (I.2) が代わりに用いられる．括弧内の 2×3 行列で書かれた 3-j 記号は，以下のようにクレプシュ-ゴルダン係数と直接関係している[文献 1]．

$$\begin{pmatrix} J_1 & J_2 & J \\ M_1 & M_2 & M \end{pmatrix} = (-1)^{J_1 - J_2 - M} \frac{1}{\sqrt{2J+1}} \langle J_1, M_1, J_2, M_2|J, -M\rangle\ . \tag{I.3}$$

[文献 1] Sobelman (1992); Varshalovich ら. (1988); Judd (1998).

クレプシュ-ゴルダン係数の位相変換は，通常すべて実数に選ばれ，3-j 記号も実数となる．さらに，三角条件とクレプシュ-ゴルダン係数の射影則は，3-j 記号に持ち越されるため，3-j 記号は以下を満たさなければゼロとなる：

$$|J_1 - J_2| \leq J \leq J_1 + J_2 \tag{I.4}$$

$$M_1 + M_2 + M = 0\ . \tag{I.5}$$

3-j 記号を用いる利点は，見通しのよい系統的な方法で，式 (I.1) と (I.2) の対称関係を示すように設計されていることである．例えば，クレプシュ-ゴルダン係数は以下の関係に従う：

$$\langle J_1, M_1, J_2, M_2 | J, M\rangle = (-1)^{J_1+J_2-J}\langle J_2, M_2, J_1, M_1 | J, M\rangle\ . \tag{I.6}$$

この関係は，3-j 記号を用いて表され，式 (I.3) および (I.6) によると，3-j 記号の列の奇置換は，

$$\begin{pmatrix} J_1 & J_2 & J \\ M_1 & M_2 & M \end{pmatrix} = (-1)^{J_1+J_2+J}\begin{pmatrix} J_2 & J_1 & J \\ M_2 & M_1 & M \end{pmatrix} \tag{I.7}$$

に従う．さらに，列の偶置換は 3-j 記号の値を変えない：

$$\begin{pmatrix} J_1 & J_2 & J \\ M_1 & M_2 & M \end{pmatrix} = \begin{pmatrix} J & J_1 & J_2 \\ M & M_1 & M_2 \end{pmatrix} = \begin{pmatrix} J_2 & J & J_1 \\ M_2 & M & M_1 \end{pmatrix}\ . \tag{I.8}$$

式 (I.7) の結果の 1 つは，$J_1 + J_2 + J$ が奇数のとき，2 つの同じ列を持つすべての 3-j 記号がゼロとなることである．それは，例えば $J_1 = J_2 = j$ および $M_1 = M_2 = m$ のとき，式 (I.7) が

$$\begin{pmatrix} j & j & J \\ m & m & M \end{pmatrix} = (-1)^{2j+J}\begin{pmatrix} j & j & J \\ m & m & M \end{pmatrix} \tag{I.9}$$

を示唆するためである．ただし，$2j + J$ が偶数のとき，もしくは

$$\begin{pmatrix} j & j & J \\ m & m & M \end{pmatrix} = 0 \tag{I.10}$$

であるときのみ満たされる．この特別な場合は，9.5 節で考えた選択則である．このとき，同じ全角運動量 $F = F'$ をもつ基底状態と励起状態間の双極子遷移がある．$M = 0$ と $M' = 0$ 副準位間の遷移 $A(M = 0 \to M' = 0)$ の強度は，クレプシュ-ゴルダン係数 $\langle F, 0, 1, 0 | F, 0\rangle$ を含む行列要素によっ

て記述され，式 (I.3), (I.8), および (I.10) より，$2F+1$ は奇数であるから

$$A(M=0 \to M'=0) \propto \begin{pmatrix} F & 1 & F \\ 0 & 0 & 0 \end{pmatrix} = 0 \ . \tag{I.11}$$

3-j 記号を含む他の単純な対称関係としては，

$$\begin{pmatrix} J_1 & J_2 & J \\ M_1 & M_2 & M \end{pmatrix} = (-1)^{J_1+J_2+J} \begin{pmatrix} J_1 & J_2 & J \\ -M_1 & -M_2 & -M \end{pmatrix} \ , \tag{I.12}$$

および，クレプシュ-ゴルダン係数の規格直行条件から導かれた総和則がある:

$$\sum_{J,M} (2J+1) \begin{pmatrix} J_1 & J_2 & J \\ M_1 & M_2 & M \end{pmatrix} \begin{pmatrix} J_1 & J_2 & J \\ M_1' & M_2' & M \end{pmatrix} = \delta_{M_1,M_1'} \ \delta_{M_2,M_2'} \ , \tag{I.13}$$

$$\sum_{M_1,M_2} \begin{pmatrix} J_1 & J_2 & J \\ M_1 & M_2 & M \end{pmatrix} \begin{pmatrix} J_1 & J_2 & J' \\ M_1 & M_2 & M' \end{pmatrix} = \frac{1}{2J+1} \ \delta_{J,J'} \ \delta_{M,M'} \ . \tag{I.14}$$

クレプシュ-ゴルダン係数で表された関係は，3-j 記号を用いて再表記できる．例えば，ウィグナー-エッカルトの定理 [式 (F.1)]

$$\langle \xi', j', m' | T_q^\kappa | \xi, j, m \rangle = \frac{\langle \xi', j' || T^\kappa || \xi, j \rangle}{\sqrt{2j'+1}} \langle j, m, \kappa, q | j', m' \rangle$$

は，クレプシュ-ゴルダン係数で置き換えて書き直される：

$$\langle j, m, \kappa, q | j', m' \rangle = (-1)^{-j+\kappa-m'} \sqrt{2j'+1} \begin{pmatrix} j & \kappa & j' \\ m & q & -m' \end{pmatrix} \ . \tag{I.15}$$

式 (I.3) より導かれる表式である．式 (F.1) で式 (I.15) を用いると，

$$\langle \xi', j', m' | T_q^\kappa | \xi, j, m \rangle = (-1)^{-j+\kappa-m'} \langle \xi', j' || T^\kappa || \xi, j \rangle \begin{pmatrix} j & \kappa & j' \\ m & q & -m' \end{pmatrix} \ . \tag{I.16}$$

式 (I.7) を用いて，もう 1 つの置換を行うと，

$$\begin{pmatrix} j & \kappa & j' \\ m & q & -m' \end{pmatrix} = (-1)^{j+\kappa+j'} \begin{pmatrix} j' & \kappa & j \\ -m' & q & m \end{pmatrix} \ , \tag{I.17}$$

が得られ，ウィグナー-エッカルトの定理のより美しい形を与える:

$$\langle \xi', j', m' | T_q^{\kappa} | \xi, j, m \rangle = (-1)^{j'-m'} \langle \xi', j' || T^{\kappa} || \xi, j \rangle \begin{pmatrix} j' & \kappa & j \\ -m' & q & m \end{pmatrix} . \tag{I.18}$$

3-j 記号 (6-j と 9-j 記号も) に関するより多くの情報は, Sobelman (1992), Varshalovich ら (1988), および Judd (1998) による本に書かれており，記号や数値は *Mathematica*® のようなプログラムを用いて簡単に計算できる.

I.2 6-J 記号

Probrems and Solutions

2つの角運動量 J_1 および J_2 によって，クレプシュ-ゴルダン係数または 3-j 記号を用いると，非結合基底 $|J_1, M_1\rangle|J_2, M_2\rangle$ と結合基底 $|(J_1, J_2), J, M\rangle$ との間の関係を表せる（簡単のため状態 $|J, M\rangle = |(J_1, J_2), J, M\rangle$ とする）. しかし，3 つの角運動量 J_1, J_2, および J_3 から J を得たいときは，状況はより複雑になる．例えば，$|J_1, M_1\rangle|J_2, M_2\rangle|J_3, M_3\rangle$ を用いて，$|J_1, M_1\rangle|J_2, M_2\rangle|J_3, M_3\rangle$ を明確に展開することはできない：展開係数は角運動量が加えられた次数および途中の角運動量（はじめの 2 つの角運動量の和）の値に依存する[文献 2]．しかし，途中で得たベクトル $J_1 + J_2 = J_a$ を決めると，明確に状態 $|(J_1, J_2), J_a, J_3, J, M\rangle$ を $|J_1, M_1\rangle|J_2, M_2\rangle|J_3, M_3\rangle$ の線形結合で表すことができる．それでも，単に $J_2 + J_3 = J_b$ を加えると，途中のベクトル J_b が形成され，状態 $|(J_2, J_3), J_b, J_1, J, M\rangle$ を得る.

したがって，重要な問題は基底 $|(J_1, J_2), J_a, J_3, J, M\rangle$ と基底 $|(J_2, J_3), J_b, J_1, J, M\rangle$ との間の変換法となる．この仕事の大変有用な道具は，ウィグナー 6-j 記号（もしくは単に 6-j symbol）である.

2 基底間の変換は，係数 $\langle J_a, J_3, J, M | J_b, J_1, J, M\rangle$ を用いる：

$$|J_b, J_1, J, M\rangle = \sum_{J_a} \langle J_a, J_3, J, M | J_b, J_1, J, M\rangle |J_a, J_3, J, M\rangle . \tag{I.19}$$

例えば，昇演算子 J_+ を式 (I.19) の両辺に施すことで，係数は M に依存しないことに気付く:

[文献 2] Judd (1998).

$$J_+|J_b, J_1, J, M\rangle = \sum_{J_a} \langle J_a, J_3, J, M|J_b, J_1, J, M\rangle J_+|J_a, J_3, J, M\rangle \ , \tag{I.20}$$

もしくは，明確に

$$\begin{aligned}&\sqrt{J(J+1)-M(M+1)}|J_b, J_1, J, M+1\rangle \\ &\quad = \sum_{J_a} \langle J_a, J_3, J, M|J_b, J_1, J, M\rangle \sqrt{J(J+1)-M(M+1)} \\ &\qquad |J_a, J_3, J, M+1\rangle \ ,\end{aligned} \tag{I.21}$$

$$|J_b, J_1, J, M+1\rangle = \sum_{J_a} \langle J_a, J_3, J, M|J_b, J_1, J, M\rangle |J_a, J_3, J, M+1\rangle \ . \tag{I.22}$$

$M = -J$ から始めると，これは反復によって，係数がすべて等しく，$\langle J_a, J_3, J|J_b, J_1, J\rangle$ と単に表現できることを示す．

6-j 係数は，中括弧の 2×3 行列で書かれ，これらの係数と直接関係する：

$$\begin{Bmatrix} J_3 & J & J_a \\ J_1 & J_2 & J_b \end{Bmatrix} = \frac{(-1)^{J_1+J_2+J_3+J}}{\sqrt{(2J_a+1)(2J_b+1)}} \langle J_a, J_3, J|J_b, J_1, J\rangle \ . \tag{I.23}$$

3-j シンボル同様，6-j は実数であり，重要な対称性を有する．6-j シンボルは，$\diamondsuit$ で示された記入が三角条件を満たさなければゼロとなる．

$$\begin{Bmatrix} \cdot & \diamondsuit & \cdot \\ \diamondsuit & \cdot & \diamondsuit \end{Bmatrix} \qquad \begin{Bmatrix} \diamondsuit & \diamondsuit & \diamondsuit \\ \cdot & \cdot & \cdot \end{Bmatrix}$$

$$\begin{Bmatrix} \cdot & \cdot & \diamondsuit \\ \diamondsuit & \diamondsuit & \cdot \end{Bmatrix} \qquad \begin{Bmatrix} \diamondsuit & \cdot & \cdot \\ \cdot & \diamondsuit & \diamondsuit \end{Bmatrix} \ .$$

これらの項目の三角条件は，各角運動量の足し算 (例えば，$J_1 + J_2 = J_a$) における三角条件の表式である．6-j シンボルは，列のあらゆる置換に対して不変である．例えば，

$$\begin{Bmatrix} J_1 & J_2 & J_3 \\ L_1 & L_2 & L_3 \end{Bmatrix} = \begin{Bmatrix} J_2 & J_1 & J_3 \\ L_2 & L_1 & L_3 \end{Bmatrix} \ . \tag{I.24}$$

また，2 つの列のそれぞれにおいて，上下の交換に対しても不変である．

$$\begin{Bmatrix} J_1 & J_2 & J_3 \\ L_1 & L_2 & L_3 \end{Bmatrix} = \begin{Bmatrix} L_1 & L_2 & J_3 \\ J_1 & J_2 & L_3 \end{Bmatrix} \ . \tag{I.25}$$

6-j 記号が現れ非常に有用である原子物理学における重要な背景は，$|J, M_J\rangle|I, M_I\rangle$ などの非結合角運動量基底で見られるテンソル演算子の既約行列要素（J は全電子角運動量，I は核スピン）と $|F, M_F\rangle$ などの結合基底の既約行列（F は全角運動量）とを関係づける必要がある場合である．T^κ が I と交換するとき，既約行列要素に関する公式は[文献 3]，

$$
\begin{aligned}
&\langle J', I, F'||T^\kappa||J, I, F\rangle \\
&\quad = (-1)^{J'+I+F+\kappa}\sqrt{(2F+1)(2F'+1)}\begin{Bmatrix} J' & F' & I \\ F & J & \kappa \end{Bmatrix}\langle J'||T^\kappa||J\rangle\ .
\end{aligned}
\tag{I.26}
$$

再び，読者は 6-j 記号の表記と数値が *Mathematica*® などのプログラムで簡単に計算できることを思い出そう．

[文献 3] 例えば，Sobelman (1992) や Judd (1998) の本で導出されている．

参考文献

[1] Ageron, P., Mampe, W., Golub, R., and Pendelbury, J. M. (1978). Measurement of the ultra cold neutron production rate in an external liquid helium source. *Physics Letters A*, **66**, 469–71.

[2] Aleksandrov, E. B., Vedenin, V. D., and Kulyasov, V. N. (1984). Broadening and shift of thulium resonance lines by helium. *Optika i Spektroskopiya*, **56**, 596–600.

[3] Alexandrov, *et al.* (1996). Double-resonance atomic magnetometers: from gas discharge to laser pumping. *Laser Physics*, **6**, 244–51.

[4] Alexandrov, E. B., Chaika, M. P., and Khvostenko, G. I. (1993). *Interference of atomic states.* Springer, New York.

[5] Alexandrov, *et al.* (2002). Light-induced desorption of alkali atoms from paraffin coating. *Physical Review A* **66**, 042903.

[6] Allcock, P., Andrews, D. L., Meech, S. R., and Wigman, A. J. (1996). Doubly forbidden second-harmonic generation from isotropic suspensions: Studies on the purple membrane of *Halobacterium halobium. Physical Review A*, **53**, 2788–91.

[7] Allen, L. and Eberly, J. H. (1987). *Optical resonance and two-level atoms.* Dover, New York.

[8] Amoretti, M., *et al.* [ATHENA Collaboration], (2002). Production and detection of cold antihydrogen atoms. *Nature*, **419**, 456–9.

[9] Anderson, D. Z., Frisch, J. C., and Masser, C. S. (1984). Mirror reflectometer based on optical cavity decay time. *Applied Optics*, **23**, 1238–45.

[10] Anderson, L. W., Pipkin, F. M., and Baird, J. C. (1960). Hyperfine structure of hydrogen, deuterium, and tritium. *Physical Review*, **120**, 1279–89.

[11] Anderson, M. H., Ensher, J. R., Matthews, M. R., Wieman, C. E., and Cornell E. A. (1995). Observation of Bose-Einstein condensation in a dilute atomic vapor. *Science*, **269**, 198–201.

[12] Andreev, A. V., Ilinski, Yu. A., and Emelyanov, V. I. (1993). *Cooperative effects in optics: superradiance and phase transitions.* Institute of Physics Publishing, Bristol, Philadelphia.

[13] Andrews, D. L. and Blake, N. (1988). Forbidden nature of multipolar contributions to second-harmonic generation in isotropic fluids. *Physical Review A*, **38**, 3113–15.

[14] Arfken, G. B. (1985). *Mathematical methods for physicists.* Academic

Press, Orlando.

[15] Arimondo, E. (1996). Coherent population trapping in laser spectroscopy. In: *Progess in Optics*, ed. by E. Wolf, Elsevier Science B.V., New York, **XXXV**, 259–354.

[16] Aspect, A., Arimondo, E., Kaiser, R., Vansteenkiste, N., and Cohen-Tannoudji, C. (1988) Laser cooling below the one-photon recoil energy by velocity-selective coherent population trapping. *Physical Review Letters*, **61**, 826–9.

[17] Audoin, C. and Guinot, B. (2001). *The measurement of time: time, frequency, and the atomic clock.* Cambridge University Press, Cambridge.

[18] Auzinsh, M., Budker, D., and Rochester, S. M. (2007). *Optically polarized atoms*, manuscript in preparation.

[19] Auzinsh, M. and Ferber, R. (1995). *Optical polarization of molecules.* Cambridge University Press, Cambridge.

[20] Baierlein, R. (1999). *Thermal physics.* Cambridge University Press, Cambridge.

[21] Barenco, A., Deutsch, D., Ekert, A., and Jozsa, R. (1995). Conditional quantum dynamics and logic gates. *Physical Review Letters*, **74**, 4083–6.

[22] Barkov, L. M. and Zolotorev, M. (1978). Observation of parity nonconservation in atomic transitions. *Pis'ma v Zhurnal Éksperimentalnoi i Teoreticheskoi Fiziki*, **27**, 379–83.

[23] Barkov, L. M., Zolotorev M. S., and Melik-Pashaev, D. A. (1989). Study of monoatomic-samarium $4f^6s^2\ {}^7F \to 4f^66s^2\ {}^5D$ forbidden transitions. *Optika i Spektroskopiya*, **66**, 495–500.

[24] Batygin, V. V., ter Haar, D., and Toptygin, I. N. (1978). *Problems in electrodynamics.* Academic Press, London.

[25] Baur, G., *et al.* (1996). Production of antihydrogen. *Physics Letters B*, **368**, 251–8.

[26] Bazalgette, G., Bachner, M., Champenois, C., Trenec, G., and Vigue, J. (1999). Saturation spectroscopy of the A-X transition of the ICl molecule. *European Physical Journal D*, **6**, 193–200.

[27] Bennett, S. C. and Wieman, C. E. (1999). Measurement of the 6S to 7S transition polarizability in atomic cesium and an improved test of the standard model. *Physical Review Letters*, **82**, 2484–2487.

[28] Bergmann, K., Theuer, H., and Shore, B. W. (1998). Coherent population transfer among quantum states of atoms and molecules. *Rev. Mod. Phys.*, **70**, 1003–1025.

[29] Berry, M. V. (1984). Quantal phase factors accompanying adiabatic changes. *Proceedings of the Royal Society of London, Series A*, **392**, 45–57.

[30] Bethe, H. A. and Salpeter, E. E. (1977). *Quantum mechanics of one- and two-electron atoms.* Plenum, New York.

[31] Beverini, N., *et al.* (1988). Stochastic cooling in Penning traps. *Physical Review A*, **38**, 107–14.
[32] Birich, G. N., *et al.* (1994). Precision laser spectropolarimetry. *Journal of Russian Laser Research*, **15**, 455–76.
[33] Birkett, *et al.* and Simionovici, A. (1993). Hyperfine quenching and measurement of the $2\ ^3P_0 -^3 P_1$ fine-structure splitting in helium-like silver. *Physical Review A*, **47**, R2454–8.
[34] Blanford, G., *et al.* (1998). Observation of atomic antihydrogen. *Physical Review Letters*, **80**, 3037–40.
[35] Blum, K. (1996). *Density matrix theory and applications.* Plenum Press, New York.
[36] Blundell, S. (2003) *Magnetism in condensed matter.* Oxford University Press, Oxford.
[37] Born, M. and Wolf, E. (1980). *Principles of optics.* Pergamon Press, New York.
[38] Bouchiat, C. (1989). Berry phases for quadratic spin Hamiltonians taken from atomic and solid state physics: examples of Abelian gauge fields not connected to physical particles. *Journal de Physique I*, **50**, 1041–5.
[39] Bouchiat, M. A. (1963). Relaxation magnétique d'atomes de rubidium sur des parois paraffinées. *Journal de Physique*, **24**, 379–90.
[40] Bouchiat, M. A. and Bouchiat, C. (1974). Weak neutral currents in atomic physics. *Physics Letters*, **48B**, 111–14.
[41] Bouchiat, M. A. and Bouchiat, C. (1975). Parity violation induced by weak neutral currents in atomic physics II. *Journal de Physique*, **36**, 493.
[42] Bouchiat, M. A. and Bouchiat, C. (1997). Parity violation in atoms. *Reports on Progress in Physics*, **60**, 1351–96.
[43] Bouchiat, M. A., Guéna, J., Hunter, L., and Pottier, L. (1982). Observation of a parity violation in cesium. *Physics Letters B*, **117B**, 358–64.
[44] Bowers, C. J., *et al.* (1999). Experimental investigation of the $6s^2\ ^1S_0 \rightarrow 5d6s\ ^3D_{1,2}$ forbidden transitions in atomic ytterbium. *Physical Review A*, **59**, 3513–3526.
[45] Boyd, R. W. (2003). *Nonlinear Optics.* Academic Press, San Diego.
[46] Bradley, C. C., Sackett, C. A., Tollett, J. J., and Hulet, R. G. (1995). Evidence of Bose-Einstein condensation in an atomic gas with attractive interactions. *Physical Review Letters*, **75**, 1687–90.
[47] Brand, H., Nottbeck, B., Schulz, H. H., and Steudel, A. (1978). Laser-atomic-beam spectroscopy in the samarium I spectrum. *Journal of Physics B*, **11**, L99–L103.
[48] Bransden, B. H. and Joachain, C. J. (1989). *Introduction to quantum mechanics.* Longman, Essex.
[49] Bransden, B. H. and Joachain, C. J. (2003). *Physics of atoms and*

molecules. Pearson Education Ltd., Essex.

[50] Bredov, M. M., Rumyantzev, V. V., and Toptygin, I. N. (1985). *Klassicheskaya elektrodinamika* (in Russian). Nauka, Moscow.

[51] Brown, L. S. and Gabrielse, G. (1986). Geonium theory: physics of a single electron or ion in a Penning trap. *Reviews of Modern Physics*, **58**, 233–313.

[52] Bruun, G. M. and Burnett, K. (1998). Interacting Fermi gas in a harmonic trap. *Physical Review A*, **58**, 2427–34.

[53] Budker, D. (1998a). Electrons in a shell. *American Journal of Physics*, **66**, 572–3.

[54] Budker, D. (1998b). Parity nonconservation in atoms. In *Physics Beyond the Standard Model* (eds. P. Herczeg, C. M. Hoffman, and H. V. Klapdor-Kleingrothaus), pp. 418–41. World Scientific, Singapore.

[55] Budker, D., DeMille, D., Commins, E. D., and Zolotorev, M. S. (1994). Experimental investigation of excited states in atomic dysprosium. *Physical Review A*, **50**, 132–43.

[56] Budker, D., *et al.* (2002). Resonant nonlinear magneto-optical effects in atoms. *Reviews of Modern Physics*, **74**, 1153–1201.

[57] Budker, D., *et al.* (2003). Investigation of microwave transitions and nonlinear magneto-optical rotation in anti-relaxation-coated cells. *Physical Review A*, **71**, 012903.

[58] Budker, D., Kimball, D. F., Rochester, S. M., and Urban, J. T. (2003). Alignment-to-orientation conversion and nuclear quadrupole resonance. *Chemical Physics Letters*, **378**, 440–8.

[59] Budker, D., Lamoreaux, S. K., Sushkov, A. O., and Sushkov, O. P. (2006). Sensitivity of condensed-matter P- and T-violation experiments. *Physical Review A*, **73**, 022107.

[60] Cates, G. D., Schaefer, S. R., and Happer, W. (1988). Relaxation of spins due to field inhomogeneities in gaseous samples at low magnetic fields and low pressures. *Physical Review A*, **37**, 2877.

[61] Caves, C. M. (1980) Quantum-mechanical radiation-pressure fluctuations in an interferometer. *Physical Review Letters*, **45**, 75–9.

[62] Caves, C. M. (1981). Quantum-mechanical noise in an interferometer. *Physical Review D*, **23**, 1693–708.

[63] Chan, H. W., Black, A. T., and Vuletić, V. (2003). Observation of collective-emission-induced cooling of atoms in an optical cavity. *Physical Review Letters* , **90**, 063003.

[64] Chu, S. (1998). Nobel lecture: The manipulation of neutral particles. *Reviews of Modern Physics*, **70**, 685–706.

[65] Cohen-Tannoudji, C. (1998). Nobel lecture: Manipulating atoms with photons. *Reviews of Modern Physics*, **70**, 707–19.

[66] Cohen-Tannoudji, C. N. and Phillips, W. D. (1990). New mechanisms for laser cooling. *Physics Today*, **43**, 33–40.

[67] Cohen-Tannoudji, C., Dupont-Roc, J., and Grynberg, G. (1989). *Pho-*

tons and Atoms: Introduction to Quantum Electrodynamics. Wiley, New York.

[68] Cohen-Tannoudji, C., Dupont-Roc, J., and Grynberg, G. (1992). *Atom-photon interactions: basic processes and applications.* Wiley, New York.

[69] Commins, E. D. (1991). Berry's geometric phase and motional fields. *American Journal of Physics*, **59**, 1077–80.

[70] Commins, E. D., Jackson, J. D., and DeMille, D. P. (2007). The electric dipole moment of the electron: An intuitive explanation for the evasion of Schiff's theorem. *American Journal of Physics*, **75**, 532–6.

[71] Condon, E. U. and Shortley, G. H. (1970). *The theory of atomic spectra.* Cambridge University Press, London.

[72] Conti, R., Bucksbaum, P., Chu, S., Commins, E., and Hunter, L. (1979). Preliminary observation of parity nonconservation in atomic thallium. *Physical Review Letters*, **42**, 343–6.

[73] Cornell, E. A. and Wieman, C. E. (2002). Nobel lecture: Bose-Einstein condensation in a dilute gas, the first 70 years and some recent experiments. *Reviews of Modern Physics*, **74**, 875–93.

[74] Corney, A. (1988). *Atomic and laser spectroscopy.* Clarendon Press, Oxford.

[75] Cundiff, S. T., Ye, J., and Hall, J. L. (2001). Optical frequency synthesis based on mode-locked lasers. *Review of Scientific Instruments*, **72**, 3749–71.

[76] Davis, K. B., *et al.* (1995). Bose-Einstein Condensation in a gas of sodium atoms. *Physical Review Letters*, **75**, 3969–73.

[77] Dehmelt, H. (1989). Less is more: experiments with an individual atomic particle at rest in free space. *American Journal of Physics*, **58**, 17–27.

[78] Delone, N. B. and Krainov, V. P. (1985). *Atoms in strong light fields.* Springer-Verlag, Berlin.

[79] Delone, N. B. and Krainov, V. P. (1988). *Fundamentals of nonlinear optics of atomic gases.* Wiley, New York.

[80] DeMarco, B. and Jin, D. S. (1999). Onset of Fermi degeneracy in a trapped atomic gas. *Science*, **285**, 1703–6.

[81] DeMarco, B., Papp, S. B., and Jin, D. S. (2001). Pauli blocking of collisions in a quantum degenerate atomic fermi gas. *Physical Review Letters*, **86**, 5409–12.

[82] DeMille, D. (1995). Parity nonconservation in the $6s^2\ ^1S_0 \to 6s5d\ ^3D_1$ transition in atomic ytterbium. *Physical Review Letters*, **74**, 4165–8.

[83] DeMille, D. (2002). Quantum computation with trapped polar molecules. *Physical Review Letters*, **88**, 067901.

[84] Demtröder, W. (1996). *Laser spectroscopy: basic concepts and instrumentation.* Springer, Berlin.

[85] DePue, M. T., McCormick, C., Winoto, S. L., Oliver, S., and Weiss,

D. S. (1999). Unity occupation of sites in a 3D optical lattice. *Physical Review Letters*, **82**, 2262–5.

[86] Dicke, R. H. (1953). The effect of collisions upon the doppler width of spectral lines. *Physical Review*, **89**, 472–3.

[87] Dicke, R. H. (1954). Coherence in spontaneous radiation process. *Physical Review*, **93**, 99–110.

[88] Donati, S. (2000). *Photodetectors.* Prentiss Hall, Upper Saddle River, New Jersey.

[89] Dos Santos, F. P., *et al.* (2001). Bose-Einstein condensation of metastable helium. *Physical Review Letters*, **86**, 3459–62.

[90] Drell, P. S. and Commins, E. D. (1985). Parity nonconservation in atomic thallium. *Physical Review A*, **32**, 2196–2210.

[91] Duarte, F. J. and Hillman, L. W. (1990). *Dye laser principles.* Academic Press, Boston.

[92] Dzuba, V. A., Flambaum, V. V., and Khriplovich, I. B. (1986). Enhancement of P-nonconserving and T-nonconserving effects in rare-earth atoms. *Zeitschrift Fur Physik D*, **1**, 243–5.

[93] Edmonds, A. R. (1996). *Angular momentum in quantum mechanics.* Princeton University Press, Princeton.

[94] Fano, U. and Racah, G. (1959). *Irreducible tensorial sets.* Academic Press, New York.

[95] Faraday, M. (1855). *Experimental research* (London), **III**, 2164.

[96] Fedichev, P. O., Reynolds, M. W., Rahmanov, U. M., and Shlyapnikov, G. V. (1996). Inelastic decay processes in a gas of spin-polarized triplet helium. *Physical Review A*, **53**, 1447–53.

[97] Fermi, E. and Segrè, E. (1933). *Zeitschrift für Physik*, **82**, 729.

[98] Fischer, C. H., Brage, T., and Jönsson, P. (1997). *Computational atomic structure: an MCHF approach.* Institute of Physics, Bristol.

[99] Flambaum, V. V. and Hanhart, C. (1993). Magnetic interaction between relativistic atomic electrons and parity nonconserving nuclear moments. *Physical Review C*, **48**, 1329–34.

[100] Flambaum, V. V. and Khriplovich, I. B. (1980). P-odd nuclear-forces - a source of parity violation in atoms. *Zhurnal Eksperimentalnoi i Teoreticheskoi Fiziki*, **79**, 1656–63; English translation: *Soviet Physics, Journal of Experimental and Theoretical Physics (JETP)*, **52**, 835–42.

[101] Flambaum, V. V. and Murray, D. W. (1997). Anapole moment and nucleon weak interactions. *Physical Review C*, **56**, 1641.

[102] Fowles, G. R. (1975). *Introduction to modern optics.* Dover, New York.

[103] Gabrielse, G. (2001). Comparing the antiproton and proton, and opening the way to cold antihydrogen. *Advances in Atomic, Molecular, and Optical Physics*, **45**, 1–39.

[104] Gabrielse, G., *et al.* (1999). The ingredients of cold antihydrogen: simultaneous confinement of antiprotons and positrons at 4 K. *Physics Letters B*, **455**, 311–15.

[105] Gabrielse, G., Hanneke, D., Kinoshita, T., Nio, M., and Odom, B. (2006). New determination of the fine structure constant from the electron g value and QED. *Physical Review Letters*, **97**, 030802.
[106] Gabrielse, G., *et al.* [ATRAP Collaboration] (2002). Background-free observation of cold antihydrogen with field-ionization analysis of its states. *Physical Review Letters*, **89**, 213401.
[107] Gamblin, R. L. and Carver, T. R. (1965). Polarization and relaxation processes in ^{3}He gas. *Physical Review*, **138**, 946.
[108] Gangl, M. and Ritsch, H. (2000). Collective dynamical cooling of neutral particles in a high-Q optical cavity. *Physical Review A*, **61**, 011402/1–4.
[109] Gerry, C. C. and Knight, P. L. (2005). *Introductory Quantum Optics.* Cambridge University Press, Cambridge.
[110] Ghosh, P. K. (1995). *Ion traps.* Oxford University Press, Oxford.
[111] Glashow, S. L. (1961). Partial symmetries of weak interactions. *Nuclear Physics*, **22**, 579.
[112] Goldenberg, H. M., Kleppner, D., and Ramsey, N. F. (1961). Atomic beam resonance experiments with stored beams. *Physical Review*, **123**, 530–7.
[113] Golub, R., *et al.* (1983). Operation of a superthermal ultracold neutron source and the storage of ultracold neutrons in superfluid ^{4}He. *Zeitschrift fur Physik B*, **51**, 187–93.
[114] Golub, R., Richardson, D., and Lamoreaux, S. K. (1991). *Ultra-cold neutrons.* Adam Hilger, Bristol.
[115] Graeme, J. (1996). *Photodiode amplifiers.* McGraw-Hill, New York.
[116] Griffiths, D. (1987). *Introduction to elementary particles.* Wiley, New York.
[117] Griffiths, D. (1995). *Introduction to quantum mechanics.* Prentice-Hall, Upper Saddle River.
[118] Griffiths, D. (1999). *Introduction to electrodynamics.* Prentice-Hall, Upper Saddle River.
[119] Guéna, J., *et al.* (2003). New manifestation of atomic parity violation in cesium: a chiral optical gain induced by linearly polarized $6S \to 7S$ excitation. *Physical Review Letters*, **90**, 143001.
[120] Guidoni, L. and Verkerk, P. (1999). Optical lattices: cold atoms ordered by light. *Journal of Optics B*, **1**, R23–R45.
[121] Gustavson, T. L., Bouyer, P., and Kasevich, M. A. (1997). Precision rotation measurements with an atom interferometer gyroscope. *Physical Review Letters*, **78**, 2046–9.
[122] Gustavson, T. L., Landragin, A., and Kasevich, M. A. (2000). Rotation sensing with a dual atom-interferometer Sagnac gyroscope. *Classical and Quantum Gravity*, **17**, 2385–98.
[123] Hahn, E. L. and Maxwell, D. E. (1952). Spin echo measurements of nuclear spin coupling in molecules. *Physical Review*, **88**, 1070–84.

[124] Hall, J. L., *et al.* (2001). Ultrasensitive spectroscopy, the ultrastable lasers, the ultrafast lasers, and the seriously nonlinear fiber: a new alliance for physics and metrology. *IEEE Journal of Quantum Electronics*, **37**, 1482–92.

[125] Hannay, J. H. (1985). Angle variable holonomy in adiabatic excursion of an integrable Hamiltonian. *Journal of Physics A – Mathematical and General*, **18**, 221–30.

[126] Hänsch, T. W. (1972). Repetitively pulsed tunable dye laser for high-resolution spectroscopy. *Applied Optics*, **11**, 895.

[127] Happer, W. (1971). Light propagation and light shifts in optical pumping experiments. *Progress in Quantum Electronics*, **1**, 51.

[128] Happer, W. (1972). Optical pumping. *Reviews of Modern Physics*, **44**, 169–249.

[129] Happer, W. and Tam, A. C. (1977). Effect of rapid spin exchange on the magnetic-resonance spectrum of alkali vapours. *Physical Review A*, **16**, 1877–91.

[130] Happer, W. and Tang, H. (1973). Spin-exchange shift and narrowing of magnetic resonance lines in optically pumped alkali vapours. *Physical Review Letters*, **31**, 273–6.

[131] Happer, W. and van Wijngaarden, W. A. (1987). An optical-pumping primer. *Hyperfine Interactions*, **38**, 435–70.

[132] Happer, W., Walker, T., and Bonin, K. (2003). *Optical pumping: principles and applications.* (To be published).

[133] Haroche, S. (1976). Quantum beats and time-resolved fluorescence spectroscopy, in *High-resolution laser spectroscopy*, K. Shimoda, Ed. Springer-Verlag, Berlin.

[134] Harris, S. E. (1997). Electromagnetically induced transparency. *Physics Today*, **50**, 36–42.

[135] Hartemann, F. V. (2002). *High-field electrodynamics.* CRC Press, Boca Raton, Florida.

[136] Heitler, W. (1954). *The quantum theory of radiation.* Oxford University Press, London.

[137] Henkel, C., Kruger, P., Folman, R., and Schmiedmayer, J. (2003). Fundamental limits for coherent manipulation on atom chips. *Applied Physics B*, **76**, 173–82.

[138] Herzberg, G. (1944). *Atomic spectra and atomic structure.* Dover, New York.

[139] Herzberg, G. (1971). *The spectra and structures of simple free radicals; an introduction to molecular spectroscopy.* Cornell University Press, Ithaca.

[140] Herzberg, G. (1989). *Molecular spectra and molecular structure,* Volume 1: *Spectra of diatomic molecules.* R. E. Krieger, Malabar, FL.

[141] Hinds, E. A. (1988). Radiofrequency spectroscopy. In *The Spectrum of Atomic Hydrogen: Advances* (ed. G. W. Series), pp. 245–92. World

Scientific, Singapore.
[142] Hoffnagle, J. A. (1982). "Measurement of the forbidden $6s_{1/2} \to 7s_{1/2}$ transition in atomic cesium." Dissertation for the degree of Doctor of Natural Sciences, Swiss Federal Institute of Technology.
[143] Holzscheiter, M. H. and Charlton, M. (1999). Ultra-low energy antihydrogen. *Reports on Progress in Physics*, **62**, 1–60.
[144] Honig, R. E. and Kramer, D. A. (1969). Vapor pressure data for the solid and liquid elements. *RCA Review*, **30**, 285–305.
[145] Horowitz, P. and Hill, W. (1989). *The art of electronics.* Cambridge University Press, Cambridge, UK.
[146] Huard, S. (1997). *Polarization of light.* Wiley, New York.
[147] Huffman, P. R., *et al.* (2000). Magnetic trapping of neutrons. *Nature*, **403**, 62–4.
[148] Humphries, S. (1986). *Principles of charged particle acceleration.* Wiley, New York.
[149] Jackson, J. D. (1975). *Classical electrodynamics.* Wiley, New York.
[150] Jones, D. J., *et al.* (2000). Carrier-envelope phase control of femtosecond mode-locked laser and direct optical frequency synthesis. *Science*, **288**, 635–9.
[151] Jones, R. C. (1941). A new calculus for the treatment of optical systems. *Journal of the Optical Society of America*, **31**, 488–93.
[152] Judd, B. R. (1998). *Operator Techniques in Atomic Spectroscopy.* Princeton University Press, Princeton, New Jersey.
[153] Kasapi, A. (1996). Three-dimensional vector model for a three-state system. *J. Opt. Soc. Am. B*, **13**, 1347–1351.
[154] Kasevich, M. and Chu, S. (1992). Laser cooling below a photon recoil with three-level atoms. *Physical Review Letters*, **69**, 1741–4.
[155] Kästel, J., Fleischhauer, M., Yelin, S. F., and Walsworth, R. L. (2007). Tunable negative refraction without absorption via electromagnetically induced chirality. *Physical Review Letters* **99**, 073602 (2007)
[156] Kaye, G. W. C. and Laby, T. H. (1995). *Tables of physical and chemical constants.* Longman, Essex.
[157] Kazantsev A. P., Smirnov, V. S., Tumaikin, A. M., and Yagofarov, A. (1985). Effect of spontaneous-photon recoil on mixing of atomic multipole moments in a polarized external field. *Optika i Spektroskopiya*, **58**, 500–6.
[158] Ketterle, W. (2002). Nobel lecture: When atoms behave as waves: Bose-Einstein condensation and the atom laser. *Reviews of Modern Physics*, **74**, 1131–51.
[159] Ketterle, W. and Inouye, S. (2001). Collective enhancement and suppression in Bose-Einstein condensates. *Comptes Rendus de l'Académie des Sciences, Serie IV (Physique, Astrophysique)*, **2**, 339–80.
[160] Khriplovich, I. B. (1991). *Parity nonconservation in atomic phenomena.* Gordon and Breach, Philadelphia.

[161] Khriplovich, I. B. and Lamoreaux, S. K. (1997). *CP violation without strangeness: electric dipole moments of particles, atoms, and molecules.* Springer, Berlin.

[162] King, W. H. (1963). Comments on article peculiarities of isotope shift in samarium spectrum. *Journal of the Optical Society of America*, **53**, 638.

[163] King, W. H. (1984). *Isotope shifts in atomic spectra.* Plenum Press, New York.

[164] Kinoshita, T. (1996). The fine structure constant. *Reports on Progress in Physics*, **59**, 1459–92.

[165] Kittel, C. (2005). *Introduction to solid state physics.* Wiley, New York.

[166] Kittel, C. and Kroemer, H. (1980). *Thermal physics.* W. H. Freeman, San Francisco.

[167] Knize, R. J., Wu, Z., and Happer, W. (1988). Optical pumping and spin exchange in gas cells. *Advances in Atomic and Molecular Physics*, **24**, 223–67.

[168] Kocharovskaya, O. (1992). Amplification and lasing without inversion. *Physics Reports*, **219**, 175–90.

[169] Kominis, I. K., Kornack, T. W., Allred, J. C., and Romalis, M. V. (2003). A sub-femtotesla multi-channel atomic magnetometer. *Nature*, **422**, 596–99.

[170] Krainov, V. P., Reiss, H., and Smirnov, B. M. (1997). *Radiative processes in atomic physics.* Wiley, New York.

[171] Lamoreaux, S. K. (1997). Demonstration of the Casimir force in the 0.6 to 6 μm range. *Physical Review Letters*, **78**, 5–8.

[172] Lamoreaux, S. K. (1999). Feeble magnetic fields generated by thermal fluctuations in extended metallic conductors: implications for electric-dipole moment experiments. *Physical Review A*, **60**, 1717.

[173] Lamoreaux, S. K. (2002). Solid-state systems for the electron electric dipole moment and other fundamental measurements. *Physical Review A* **66**, 022109.

[174] Lamoreaux, S. K. (2007). Casimir forces: still surprising after 60 years. *Physics Today*, **60**, 40–45.

[175] Landau, L. D. and Lifshitz, E. M. (1977). *Quantum mechanics.* Butterworth-Heinemann, Oxford.

[176] Landau, L. D. and Lifshitz, E. M. (1987). *The classical theory of fields.* Pergamon Press, Oxford.

[177] Landau, L. D. and Lifshitz, E. M. (1999). *Theory of elasticity.* Pergamon Press, Oxford.

[178] Landau, L. D., Lifshitz, E. M., and Pitaevskii, L. P. (1995). *Electrodynamics of continuous media.* Butterworth-Heinemann, Oxford.

[179] Lefebvre-Brion, H. and Field, R. W. (2004). *The Spectra and Dynamics of Diatomic Molecules.* Elsevier, Academic Press, Amsterdam - Boston.

[180] Letokhov, V. S. (1987). *Laser photoionization spectroscopy.* Academic Press, Orlando.

[181] Loudon, R. (2000). *The quantum theory of light.* Oxford University Press, Oxford.

[182] Loudon, R. and Knight, P. L. (1987). Squeezed light. *Journal of Modern Optics*, **34**, 709–59.

[183] Lounis, B. and Cohen-Tannoudji, C. (1992). Coherent population trapping and Fano profiles. *Journal of Physics II*, **2**, 579–92.

[184] Lu, Z.-T., Bowers, C. J., Freedman, S. J., Fujikawa, B. K., Mortara, J. L., Shang, S.-Q., Coulter, K. P., and Young, L. (1994). Laser trapping of short-lived radioactive isotopes. *Physical Review Letters*, **72**, 3791–4.

[185] Macaluso, D. and Corbino, O. M. (1898). *Nuovo Cimento*, **8**, 257.

[186] Major, F. G. (1998). *The quantum beat: the physical principles of atomic clocks.* Springer, New York.

[187] Makarov, A. A. (1983). Excitation of atoms by off-resonance light pulses. *Zhurnal Eksperimental'noi i Teoreticheskoi Fiziki*, **85**, 1192–1202.

[188] Marion, J. B. and Thornton, S. T. (1995). *Classical dynamics of particles and systems.* Saunders College Pub., Fort Worth.

[189] Massey, H. S. W. (1976). *Negative ions.* Cambridge University Press, Cambridge.

[190] Masuhara, N., Doyle, J. M., Sandberg, J. C., Kleppner, D., Greytak, T. J., Hess, H. F., and Kochanski, G. P. (1988). Evaporative cooling of spin-polarized atomic hydrogen. *Physical Review Letters*, **61**, 935–8.

[191] Messiah, A. (1966). *Quantum mechanics.* Wiley, New York.

[192] Metcalf, H. J. and Van der Straten, P. (1999). *Laser cooling and trapping.* Springer-Verlag, Berlin.

[193] Milner, V. and Prior, Y. (1999). Biaxial spatial orientation of atomic angular momentum. *Physical Review A*, **59**, R1738–41.

[194] Milonni, P. W. (2004). *Fast Light, Slow Light, and Left-handed Light.* Taylor and Francis, New York.

[195] Milton, K. A. (2001). *The Casimir effect: physical manifestations of zero-point energy.* World Scientific, New Jersey.

[196] Montgomery, R. (1991). How much does the rigid body rotate? A Berry's phase from the 18th century. *American Journal of Physics*, **59**, 394–8.

[197] Nenonen, J., Montonen, J., and Katila, T. (1996). Thermal noise in biomagnetic measurements. *Review of Scientific Instruments*, **67**, 2397.

[198] Nielsen, M. A. and Chuang, I. L. (2000). *Quantum computation and quantum information.* Cambridge University Press, Cambridge.

[199] Nguyen, A. T., Budker, D., DeMille, D. and Zolotorev, M. (1997). Search for parity nonconservation in atomic dysprosium. *Physical Re-*

view A, **56**, 3453–63.

[200] Odom, B., Hanneke, D., D'Urso, B., and Gabrielse, G. (2006). New measurement of the electron magnetic moment using a one-electron quantum cyclotron. *Physical Review Letters*, **97**, 030801.

[201] O'Hara, K. M., Hemmer, S. L., Gehm, M. E., Granade, S. R., and Thomas, J. E. (2002). Observation of a strongly interacting degenerate fermi gas of atoms. *Science*, **298**, 2179–82.

[202] Oktel, M. O. and Mustecaplioglu, O. E. (2004). Electromagnetically induced left-handedness in a dense gas of three-level atoms. *Physical Review A*, **70**, 053806.

[203] Olshanii, M. and Weiss, D. (2002). Producing Bose-Einstein condensates using optical lattices. *Physical Review Letters*, **89**, 090404.

[204] Omont, A. (1977). Irreducible components of density matrix – application to optical-pumping. *Progress in Quantum Electronics*, **5**, 69–138.

[205] Panofsky, W. K. H. and Phillips, M. (1962). *Classical electricity and magnetism.* Addison-Wesley, Reading, Massachusetts.

[206] Pathria, R. K. (1996). *Statistical mechanics.* Butterworth-Heinemann, Oxford.

[207] Paul, W. (1990). Electromagnetic traps for charged and neutral particles. *Reviews of Modern Physics*, **62**, 531–40.

[208] Paul, W., Reinhard, H. P., and von Zahn, U. (1958). Das elektrishe massenfilter als massenspektrometer und isotopentrenner. *Zeitschrift fur Physik*, **152**, 143–82.

[209] Pendry, J. B. (2000). Negative Refraction Makes a Perfect Lens. *Physical Review Letters*, **85**, 3966–69.

[210] Pendry, J. B. (2004a). Negative Refraction. *Contemporary Physics*, **45**, 191–202.

[211] Pendry, J. B. (2004b). *Science*, **306**, 1353.

[212] Pendry, J. B., and Smith, D. R. (2004). Reversing Light With Negative Refraction. *Physics Today*, **57**, 37–43.

[213] Pethick, C. J. and Smith, H. (2002). *Bose-Einstein condensation in dilute gases.* Cambridge University Press, Cambridge.

[214] Phillips, W. D. (1998). Nobel lecture: Laser cooling and trapping of neutral atoms. *Reviews of Modern Physics*, **70**, 721–41.

[215] Pritchard, D. E., Raab, E. L., Bagnato, V., Wieman, C. E., and Watts, R. N. (1986). Light traps using spontaneous forces. *Physical Review Letters*, **57**, 310–313.

[216] Purcell, E. M. (1985). *Electricity and Magnetism.* McGraw-Hill, New York.

[217] Purcell, E. M. and Ramsey, N. F. (1950). On the possibility of electric dipole moments for elementary particles and nuclei. *Physical Review*, **78**, 807.

[218] Quint, W. (2001). The g-Factor of the bound electron in hydrogenic ions. In *Atomic Physics 17* (ed. E. Arimondo, P. De Natale, and M.

Inguscio), American Institute of Physics Conference Proceedings, Vol. 551, pp. 282–9. AIP, Melville, NY.
[219] Raab, E., Prentiss, M. Cable, A., Chu, S., and Pritchard, D. (1987). Trapping of neutral sodium atoms with radiation pressure. *Physical Review Letters*, **59**, 2631–4.
[220] Radzig, A. A. and Smirnov, B. M. (1985). *Reference data on atoms, molecules, and ions.* Springer-Verlag, Berlin.
[221] Ramsey, N. (1985). *Molecular beams.* Clarendon Press, Oxford.
[222] Regan, B. C., Commins, E. D., Schmidt, C. J., and DeMille, D. (2002). New limit on the electron electric dipole moment. *Physical Review Letters*, **88**, 071805.
[223] Reif, F. (1965). *Fundamentals of statistical and thermal physics.* McGraw-Hill, New York.
[224] Riley, K. F., Hobson, M. P., and Bence, S. J. (2002). *Mathematical methods for physics and engineering.* Cambridge University Press, Cambridge.
[225] Robert, A., *et al.* (2001). A Bose-Einstein condensate of metastable atoms. *Science*, **292**, 461–64.
[226] Rochester, S. and Budker, D. (2001). Atomic polarization visualized. *American Journal of Physics*, **69**, 450–4.
[227] Rolston, S. (1998). Optical lattices. *Physics World*, **11**, 27–32.
[228] Sachs, R. G. (1987). *The physics of time reversal.* University of Chicago Press, Chicago.
[229] Sakurai, J. J. (1967). *Advanced quantum mechanics.* Addison-Wesley, New York.
[230] Sakurai, J. J. (1994). *Modern quantum mechanics.* Addison-Wesley, New York.
[231] Salam, A. (1968). In *Elementary particle theory, relativistic groups and analyticity*, Nobel Symposium, No. 8 (ed. N. Svartholm), 367. Wiley, New York.
[232] Sandars, P. G. H. (1965). Electric dipole moment of an atom. *Physics Letters*, **14**, 194.
[233] Santarelli, G., *et al.* (1999). Quantum projection noise in an atomic fountain: a high stability cesium frequency standard. *Physical Review Letters*, **82**, 4619–22.
[234] Sargent, M., Scully, M. O., and Lamb, W. E. (1977). *Laser physics.* Addison-Wesley, Reading, MA.
[235] Schafer, F. P., Schmidt, W., and Volze, J. (1966). Organic dye solution laser. *Applied Physics Letters*, **9** (8), 306.
[236] Schearer, L. D. and Walters, G. K. (1965). Nuclear spin-lattice relaxation in the presence of magnetic-field gradients. *Physical Review*, **139**, 1398.
[237] Schiff, L. I. (1963). Measurability of nuclear electric dipole moments. *Physical Review*, **132**, 2194–2200.

[238] Schlesser, R. and Weis, A. (1992). Light-beam deflection by cesium vapor in a transverse magnetic field. *Optics Letters*, **17**, 1015–17.
[239] Schneider, J. and Wallis, H. (1998). Mesoscopic Fermi gas in a harmonic trap. *Physical Review A*, **57**, 1253–9.
[240] Scully, M. O. and Zubairy, M. S. (1997). *Quantum optics*. Cambridge University Press, Cambridge.
[241] Semertzidis, Y. K. *et al.* [Muon EDM Collaboration] (2001). A sensitive search for a muon electric dipole moment. In *Quantum Electrodynamics and Physics of the Vacuum: QED 2000* (ed. G. Cantatore). American Institute of Physics Conference Proceedings, Vol. 564, pp. 263–8. AIP, Melville, NY.
[242] Shankar, R. (1994). *Principles of quantum mechanics*. Plenum Press, New York.
[243] Shapiro, F. L. (1968). Electric dipole moments of elementary particles. *Sov. Phys. Usp.*, **11**, 345–352.
[244] Shen, Y. R. (1989). Surface properties probed by second-harmonic and sum-frequency generation. *Nature*, **337**, 519–25.
[245] Siegman, A. E. (1986). *Lasers*. University Science Books, Mill Valley.
[246] Silver, J. (2001). Tests of quantum electrodynamics in hydrogenic ions. In *Atomic Physics 17* (ed. E. Arimondo, P. De Natale, and M. Inguscio). American Institute of Physics Conference Proceedings, Vol. 551, pp. 282–9. AIP, Melville, NY.
[247] Slichter, C. P. (1990). *Principles of magnetic resonance*. Springer-Verlag, Berlin.
[248] Smith, D. R. (2005). See Prof. Smith's web page at Duke University: http://www.ee.duke.edu/ drsmith/.
[249] Smith, J. H., Purcell, E. M., and Ramsey, N. F. (1957). Experimental limit to the electric dipole moment of the neutron. *Physical Review*, **108**, 120–2.
[250] Sobelman, I. I. (1992). *Atomic spectra and radiative transitions*. Springer-Verlag, Berlin.
[251] Sodickson, D. K., and Waugh, J. S. (1995). Spin diffusion on a lattice: Classical simulations and spin coherent states. *Phys. Rev. B*, **52**, 6467–79.
[252] Soffer, B. H. and McFarland, B. B. (1972). Continuously tunable narrow-band organic dye laser. *Applied Physics Letters* **10**, 266.
[253] Sorokin, P. P. and Lankard, J. R. (1966). Stimulated emission observed from an organic dye chloro-aluminum phthalocyanine. *IBM Journal of Research and Development*, **10**, 162–3.
[254] Stenholm, S. (1984). *Foundations of laser spectroscopy*. Wiley, New York.
[255] Storey, P. and Cohen-Tannoudji, C. (1994). The Feynman path integral approach to atomic interferometry. A tutorial. *Journal de Physique II*, **4**, 1999–2027.

[256] Sushkov, O. P., Flambaum, V. V., and Khriplovich, I. B. (1984). Possibility of investigating P- and T-odd nuclear forces in atomic and molecular experiments. *Zhurnal Eksperimentalnoi i Teoreticheskoi Fiziki*, **87**, 1521.

[257] Ter-Mikaelyan, M. I. (1997). Simple atomic systems in resonant laser fields. *Uspekhi Fizicheskii Nauk*, **167**, 1249.

[258] Townes, C. H. and Schawlow, A. L. (1975). *Microwave spectroscopy*. Dover, New York.

[259] Trigg, G. L. (1975). *Landmark experiments in twentieth century physics*. Crane Russak, New York.

[260] Udem, T., Holzwarth, R., and Hänsch, T. W. (2002). Optical frequency metrology. *Nature*, **416**, 233–7.

[261] Van Dyck, Jr., R. S., Ekstrom, P., and Dehmelt, H. G. (1976). Axial, magnetron, cyclotron, and spin-cyclotron beat frequencies measured on single electron almost at rest in free space (geonium). *Nature*, **262**, 776.

[262] Van Dyck, Jr., R. S., Schwinberg, P. B., and Dehmelt, H. G. (1978). Electron magnetic moment from geonium spectra. In *New Frontiers in High Energy Physics* (eds. B. Kursunoglu, A. Perlmutter, and L. F. Scott. Plenum, New York.

[263] Van Dyck, Jr., R. S., Schwinberg, P., and Dehmelt, H. (1987). New high-precision comparison of electron and positron g factors. *Physical Review Letters*, **59**, 26–9.

[264] Vandenbosch, R., Will, D. I., Cooper, C., Henry, B., and Liang, J. F. (1997). Alkali carbide fragmentation, a new path to doubly-charged negative ions. *Chemical Physics Letters*, **274**, 112–4.

[265] Varshalovich, D. A., Moskalev, A. N., and Khersonskii, V. K. (1988). *Quantum theory of angular momentum: irreducible tensors, spherical harmonics, vectors coupling coefficients, 3nj symbols*. World Scientific, Singapore.

[266] Vasil'iev, B. V. and Kolycheva, E. V. (1978). Measurement of the electric dipole moment of the electron with a quantum interferometer. *Soviet Physics - JETP*, **47**, 243–6.

[267] Vedenin, V. D., Kulyasov, V. N., Kurbatov, A. L., Rodin, N. V., Shubin, M. V. (1986). The 12.76- mu m forbidden line in neutral samarium absorption spectrum. *Optika i Spektroskopiya*, **60**, 239–43.

[268] Vrijen, R. B., Lankhuijzen, G. M., Maas, D. J., and Noordam, L. D. (1996). Adiabatic population transfer in multiphoton processess. *Comments At. Mol. Phys.*, **33**, 67–81.

[269] Vuletic, V. and Chu, S. (2000). Laser cooling of atoms, ions, or molecules by coherent scattering. *Physical Review Letters*, **84**, 3787–90.

[270] Walls, D. F. and Milburn, G. J. (1995). *Quantum optics*. Springer, Berlin.

[271] Weinberg, S. (1967). A model of leptons. *Physical Review Letters*, **19**, 1264–6.

[272] Weiping, Z., Sackett, C. A., and Hulet, R. G. (1999). Optical detection of a Bardeen-Cooper-Schrieffer phase transition in a trapped atomic gas of fermionic atoms. *Physical Review A*, **60**, 504–7.

[273] Weisstein, E. W. (2005) *MathWorld – A Wolfram Web Resource.* http://mathworld.wolfram.com/IsotropicTensor.html

[274] Wertheim, G. K. (1964). *Mossbauer effect: principles and applications.* Academic Press, New York.

[275] Wolfenden, T. D. and Baird, P. E. G. (1993). An experimental search for enhanced parity nonconserving optical-rotation in samarium. *Journal of Physics B*, **26**, 1379–87.

[276] Wood, C. S., Bennett, S. C., Cho, D., Masterson, B. P., Roberts, J. L., Tanner, C. E., and Wieman, C. E. (1997). Measurement of parity nonconservation and an anapole moment in cesium. *Science*, **275**, 1759–63.

[277] Yariv, A. (1989). *Quantum electronics.* Wiley, New York.

[278] Yariv, A. and Yeh, P. (1984). *Optical waves in crystals: propagation and control of laser radiation.* Wiley, New York.

[279] Yashchuk, V. V., Budker, D., Gawlik, W., Kimball, D. F., Malakyan, Yu. P., and Rochester, S. M. (2003). Selective addressing of high-rank atomic polarization moments. *Physical Review Letters*, **90**, 253001/1–4.

[280] Ye, J. and Hall, J. L. (2000). Cavity ringdown heterodyne spectroscopy: high sensitivity with microwatt light power. *Physical Review A*, **61**, 061802/1–4.

[281] Zare, R. N. (1988). *Angular momentum: understanding spatial aspects in chemistry and physics.* Wiley, New York.

[282] Zel'dovich, Ya. B. (1958). Electromagnetic interaction with parity violation. *Soviet Physics JETP*, **6**, 1184–6.

[283] Zel'dovich, Ya. B. (1959). Parity nonconservation in the 1st order in the weak-interaction constant in electron scattering and other effects. *Zhurnal Eksperimentalnoi i Teoreticheskoi Fiziki*, **36**, 964.

[284] Zhang, S., Fan, W., Panoiu, N. C., Malloy, K. J., Osgood, R. M., and Brueck, S. R. J. (2005). Experimental Demonstration of Near-Infrared Negative-Index Metamaterials. *Physical Review Letters*, **95**, 137404.

[285] Zolotorev, M. and Budker, D. (1997). Parity nonconservation in relativistic hydrogenic ions. *Physical Review Letters*, **78**, 4717–20.

索　引

■欧　字

■あ　行

■か　行

さ 行

た　行

な　行

は　行

■ ま 行

■ や 行

■ ら 行

Memorandum

Memorandum

訳者紹介

清水康弘（しみず やすひろ）

【略歴】 1977年生
2005年　京都大学大学院理学研究科博士課程修了
博士（理学）（京都大学）
理化学研究所基礎科学特別研究員
2007年　名古屋大学高等研究院　特任講師
2011年－現在　名古屋大学大学院理学研究科　講師
【専門】核磁気共鳴

原子物理学
―量子テクノロジーへの基本概念―
［原著第2版］

原題：*Atomic Physics: An Exploration through Problems and Solutions 2nd Edition*

2019年3月15日　初版1刷発行

検印廃止
NDC 429

ISBN 978–4–320–03608–6

著　者　Dmitry Budker（ドミトリ・ブドゥカー）
Derek F. Kimball（デレック・キンボル）
David P. DeMille（ディビッド・デミル）

訳　者　清水康弘 © 2019

発　行　**共立出版株式会社** / 南條光章
東京都文京区小日向4-6-19
電話 03-3947-2511（代表）
〒112–0006 / 振替口座 00110-2-57035
www.kyoritsu-pub.co.jp

印　刷　藤原印刷

製　本　加藤製本

一般社団法人
自然科学書協会
会員

Printed in Japan